Engineering Mechanics

工程力学

第3版

刘　颖　主编　孙　林　李　伟　副主编
赵淑红　主审

化学工业出版社
·北京·

内 容 简 介

本书共分为四篇二十章内容，分别是刚体静力学篇：静力学基础、平面汇交力系、力矩与平面力偶理论、平面任意力系、空间力系；刚体运动学篇：点的运动学、刚体的基本运动、点的合成运动、刚体的平面运动；刚体动力学篇：质点运动微分方程、动力学普遍定理、达朗伯原理；材料力学篇：材料力学的基本知识、轴向拉伸和压缩、扭转、弯曲应力、弯曲变形、应力状态和强度理论、组合变形、压杆稳定。书后还有附录截面图形的几何性质、附录型钢表。

本书以理论知识适度为原则，简化推导过程，注重理论联系实际，引入较多工程实例，突出应用性，使学生能在有限的时间内掌握基本的质点和刚体静力学、运动学和动力学内容，熟悉变形体的强度、刚度和稳定性问题，为专业课程的学习打好基础。

本书适合应用型本科学校机械类专业，以及其他类型高校近机械类、非机械类专业作为教材使用，并可供有关工程技术人员参考。

图书在版编目（CIP）数据

工程力学/刘颖主编. —3版. —北京：化学工业出版社，2021.2（2023.8重印）
ISBN 978-7-122-38247-4

Ⅰ.①工… Ⅱ.①刘… Ⅲ.①工程力学-高等学校-教材 Ⅳ.①TB12

中国版本图书馆CIP数据核字（2020）第259365号

责任编辑：周　红　　　　装帧设计：张　辉
责任校对：王　静

出版发行：化学工业出版社（北京市东城区青年湖南街13号　邮政编码100011）
印　　装：天津盛通数码科技有限公司
787mm×1092mm　1/16　印张20　字数524千字　　2023年8月北京第3版第3次印刷

购书咨询：010-64518888　　　　售后服务：010-64518899
网　　址：http://www.cip.com.cn
凡购买本书，如有缺损质量问题，本社销售中心负责调换。

定　　价：59.00元　

前 言

我们结合几年来的教学实践和兄弟院校的反馈意见对第2版进行了修订，本次修订主要进行了以下几方面的工作：

1. 删除了"动载荷和交变应力"内容；
2. 部分习题和例题进行了修改，增加了综合性习题和例题，力争更加贴合实际；
3. 对第2版作了全面、认真的校核，更正疏漏之处；
4. 根据最新国家标准对相关内容做了更新。

参加本次修订工作的有：任忠先（第一、二、三、六章），孙林（第四、五章），刘颖（绪论、第七、八、九、二十章），李伟（第十一、十二、十七、十八、十九章），唐玉玲（第十、十五、十六章），王宝芹（第十三、十四、附录）。

本次修订得到了哈尔滨工业大学张莉教授的指导，东北农业大学赵淑红教授审阅了本书，提出了宝贵的修改意见。对她们认真审阅和仔细指点深表谢意。对使用本教材，反馈意见的兄弟院校表示衷心的感谢。

本书虽经多次修订，但限我们的水平，还会有不少缺点和不足之处，衷心希望广大读者和使用者提出批评和指正，使本书不断提高和完善。

编 者

第1版前言

在高等教育大众化、普及化的进程中，教育教学改革不断深化，为适应工程力学学时大幅度减少以及应用型本科学生越来越多的实际情况，编者结合多年的教学实践，在化学工业出版社的帮助下，编写了本教材。

本教材本着理论知识适度的原则，适当简化推导过程，注重理论联系实际，引入较多工程实例，突出了应用性，从而使学生能在有限的时间内掌握基本的质点和刚体的静力学、运动学和动力学的内容，熟悉变形体的强度、刚度和稳定性问题，为专业课程的学习打好基础。

本书共分四篇，分别介绍了刚体静力学、刚体运动学、刚体动力学和材料力学。

本书由黑龙江工程学院、东北农业大学、哈尔滨商业大学、哈尔滨工程大学联合编写。具体分工如下：刘颖编写了绪论、第八、第十三章，任忠先编写了第一至第三章，孙林编写了第四、第五章，滕晓艳编写了第六、第七、第九章，杨银环编写了第十至第十二章，王宝芹编写了第十四、第十五章，唐玉玲编写了第十六、第十八章，权龙哲编写了第十七、第二十、第二十二章，王业成编写了第十九、第二十一、第二十三章。本书由赵淑红担任主审。

本教材适用于应用型本科学校机械类专业，以及其他类型高校近机械类、非机械类专业，也可作为其他专业教材使用，还可作为函授教材，并可供有关工程技术人员参考。

因编者水平有限，书中不妥之处恳望读者批评指正。

编　者

第 2 版前言

本教材第 1 版出版以来，得到了广大教师和学生的真诚关心和大力支持，我们结合几年来的教学体会和兄弟院校的反馈意见进行了修订。本次修订主要进行了以下几方面的工作：

1. 增加了平面简单桁架的计算；
2. 删除了虚位移原理的内容；
3. 在习题选取中，力争更加结合实际；
4. 对第 1 版的部分内容进行了充实和调整；
5. 对第 1 版做了全面、认真的校核，更正了疏漏之处。

参加本次修订工作的有：任忠先（第一、二、三、六章），孙林（第四、五章），刘颖（绪论、第七、八、九、二十一章），杨银环（第十一、十二章），唐玉玲（第十、十五、十六章），王宝芹（第十三、十四章、附录Ⅰ、附录Ⅱ），王业成（第十七、十九章），权龙哲（第十八、二十章）。

本次修订承蒙哈尔滨工业大学张莉教授、东北农业大学赵淑红教授审阅。对她们认真审阅和仔细指点深表谢意。使用该教材第 1 版的教师和学生也对本书提出了许多宝贵意见，在此谨向他们表示衷心的感谢。

虽然经过了我们的努力，但限于笔者的水平，书中难免仍存在不足之处，衷心希望广大读者和使用者提出批评和指正，使本书不断提高和完善。

编　者

目录

绪论 …… 1

第一篇 刚体静力学

引言 …… 2
第一章 静力学基础 …… 3
第一节 静力学基本概念 …… 3
第二节 静力学公理 …… 4
第三节 约束与约束力 …… 6
第四节 物体的受力分析和受力图 …… 9
思考题 …… 11
习题 …… 11
第二章 平面汇交力系 …… 14
第一节 平面汇交力系合成的几何法 …… 14
第二节 平面汇交力系合成的解析法 …… 15
第三节 平面汇交力系的平衡 …… 16
思考题 …… 19
习题 …… 20
第三章 力矩与平面力偶理论 …… 22
第一节 平面力对点之矩的概念及计算 …… 22
第二节 力偶及其性质 …… 23
第三节 平面力偶系的合成与平衡 …… 24
思考题 …… 26
习题 …… 26
第四章 平面任意力系 …… 29
第一节 平面任意力系向一点简化 …… 29
第二节 平面任意力系的平衡 …… 33
第三节 物体系统的平衡问题 …… 37
第四节 平面简单桁架的计算 …… 42
第五节 考虑摩擦时物体的平衡问题 …… 44
思考题 …… 50
习题 …… 51
第五章 空间力系 …… 55
第一节 空间汇交力系的简化与平衡 …… 55
第二节 空间力偶系的简化与平衡 …… 58
第三节 空间任意力系的简化与平衡 …… 61
第四节 物体的重心 …… 66
思考题 …… 70
习题 …… 70

第二篇 刚体运动学

引言 …… 73
第六章 点的运动学 …… 74
第一节 矢量法 …… 74
第二节 直角坐标法 …… 74
第三节 自然法 …… 77
思考题 …… 81
习题 …… 81
第七章 刚体的基本运动 …… 84
第一节 刚体的平行移动 …… 84
第二节 刚体的定轴转动 …… 85
第三节 定轴轮系的传动比 …… 88
第四节 角速度与角加速度的矢量表示、以矢积表示的点的速度和加速度 …… 89
思考题 …… 91
习题 …… 91
第八章 点的合成运动 …… 93
第一节 绝对运动、相对运动和牵连运动 …… 93
第二节 点的速度合成定理 …… 94
第三节 点的加速度合成定理 …… 96
思考题 …… 101
习题 …… 102
第九章 刚体的平面运动 …… 105
第一节 运动方程和平面运动的分解 …… 105

第二节　平面图形上各点的速度 …………… 106
第三节　平面图形上各点加速度 …………… 114
思考题 …………… 117
习题 …………… 118

第三篇　刚体动力学

引言 …………… 121
第十章　质点运动微分方程 …………… 122
第一节　动力学的基本定律 …………… 122
第二节　质点运动微分方程 …………… 123
思考题 …………… 125
习题 …………… 125
第十一章　动力学普遍定理 …………… 127
第一节　动量定理 …………… 127
第二节　动量矩定理 …………… 130
第三节　刚体绕定轴转动微分方程 …………… 132
第四节　转动惯量 …………… 134
第五节　动能定理 …………… 135
思考题 …………… 140
习题 …………… 141
第十二章　达朗伯原理 …………… 145
第一节　达朗伯原理 …………… 145
第二节　刚体惯性力系的简化 …………… 147
第三节　达朗伯原理的应用 …………… 149
第四节　绕定轴转动刚体的轴承动约束力 …………… 151
思考题 …………… 152
习题 …………… 152

第四篇　材料力学

引言 …………… 154
第十三章　材料力学的基本知识 …………… 155
第一节　材料力学的主要研究对象及其基本变形形式 …………… 155
第二节　可变形固体及其基本假设 …………… 157
第三节　内力与应力的概念 …………… 158
第十四章　轴向拉伸和压缩 …………… 159
第一节　轴向拉压杆件的轴力及轴力图 …………… 159
第二节　轴向拉压杆内的应力 …………… 162
第三节　轴向拉压杆件的变形 …………… 164
第四节　材料在拉伸和压缩时的力学性能 …………… 166
第五节　强度条件、安全系数和许用应力 …………… 171
第六节　简单轴向拉压杆件的超静定问题 …………… 176
思考题 …………… 178
习题 …………… 179
第十五章　扭转 …………… 182
第一节　扭矩及扭矩图 …………… 182
第二节　圆轴扭转时的应力及强度计算 …………… 183
第三节　圆轴扭转时的变形及刚度计算 …………… 188
第四节　矩形截面杆的自由扭转 …………… 191
思考题 …………… 192
习题 …………… 192
第十六章　弯曲应力 …………… 195
第一节　平面弯曲的概念 …………… 195
第二节　梁的内力和内力图 …………… 196
第三节　梁的应力及强度计算 …………… 203
第四节　梁的合理设计 …………… 214
思考题 …………… 216
习题 …………… 216
第十七章　弯曲变形 …………… 220
第一节　挠度和转角 …………… 220
第二节　用积分法计算梁的变形 …………… 221
第三节　用叠加法计算梁的变形 …………… 224
第四节　梁的刚度校核与提高梁的刚度的措施 …………… 228
第五节　简单超静定梁的计算 …………… 229
思考题 …………… 231
习题 …………… 231
第十八章　应力状态和强度理论 …………… 236
第一节　应力状态概述 …………… 236
第二节　平面应力状态分析——解析法 …………… 238
第三节　平面应力状态分析——应力圆 …………… 242
第四节　三向应力状态概述 …………… 245
第五节　广义胡克定律 …………… 247
第六节　强度理论 …………… 249
思考题 …………… 252
习题 …………… 252

第十九章　组合变形 ………………………… 255
第一节　概述 ………………………………… 255
第二节　斜弯曲 ……………………………… 255
第三节　拉伸（压缩）与弯曲组合变形 …… 258
第四节　偏心压缩（拉伸） ………………… 260
第五节　扭转与弯曲组合变形 ……………… 262
第六节　连接件的实用计算 ………………… 264
思考题 ……………………………………… 267
习题 ………………………………………… 268

第二十章　压杆稳定 ………………………… 273
第一节　压杆稳定的概念 …………………… 273
第二节　细长压杆的临界力 ………………… 274
第三节　欧拉公式的适用范围和临界应力
总图 ………………………………………… 277
第四节　压杆的稳定计算 …………………… 278
第五节　提高压杆稳定性的措施 …………… 280
思考题 ……………………………………… 281
习题 ………………………………………… 282

附录Ⅰ　截面图形的几何性质 ………………………………………………… 284

附录Ⅱ　型钢表 ………………………………………………………………… 296

部分习题答案 …………………………………………………………………… 303

参考文献 ………………………………………………………………………… 312

绪　论

一、工程力学的研究内容

工程力学是一门研究物体的机械运动以及构件强度、刚度和稳定性的科学。它涵盖了理论力学和材料力学两门课程的主要内容。

工程力学所研究的机械运动主要有两大类：一类是研究物体相对于地球静止或匀速直线运动，即物体的平衡状态。刚体静力学研究物体平衡时作用力所应满足的条件，同时也研究物体受力的分析方法，以及力系简化的方法；另一类是研究物体运动的速度、加速度和轨迹以及物体的受力和运动之间的关系。

各类结构、设备和机械都是由构件组成的，构件在工作时，总要受到载荷的作用。为了使构件在载荷作用下能够正常工作而不损坏，也不发生过度的变形以及不丧失稳定性，就要求构件具有一定的强度、刚度和稳定性，工程力学为构件的设计计算提供必要的理论基础和计算方法。

二、工程力学的力学模型

工程中涉及机械运动的物体有时十分复杂，在研究物体的机械运动时，必须忽略一些次要因素的影响，对其进行合理的简化，抽象出力学模型。

当所研究物体的运动范围远远超过其本身的几何尺寸时，物体的形状和大小对运动的影响很小，这时可将其抽象为只有质量而没有体积的**质点**。由若干质点组成的系统称为**质点系**。质点系中质点之间的联系如果是刚性的，这样的质点系称为**刚体**；如果联系是弹性的，质点系就是弹性体或**变形体**。

实际物体在力的作用下都将发生变形，但对于那些受力后极小的变形，或者虽有变形但对整体运动的影响微乎其微，则可以略去这种变形，将物体简化为刚体。同时需要强调，当研究作用在物体上的力所产生的变形，以及由变形而在物体内部产生相互作用力时，即使变形很小，也不能将物体简化为刚体，而应是变形体。

三、学习方法

工程力学的研究方法有理论方法、试验方法和计算机数值分析方法。在解决工程实际中的力学问题时，首先从实践出发，经过抽象、综合、归纳，运用数学推演得到定理和结论，对于复杂的工程问题往往借助计算进行数值分析和公式推导，最后通过实验验证理论和计算结果的正确性。

在学习工程力学的过程中，要注意观察实际机械设备、工程结构的工作情况，对力学理论要勤于思考，深刻理解工程力学中已被证实的正确的基本概念和基本定理，多做练习，通过掌握领会本课程的内容，为学习后续的课程打好基础，并能初步运用力学理论和方法解决工程实际中的技术问题。

第一篇　刚体静力学

引　　言

静力学是研究物体在力系作用下平衡规律的科学。它主要解决两类问题：一是将作用在物体上的力系进行简化，即用一个简单的力系等效地替换一个复杂的力系；二是建立物体在各种力系下的平衡条件，并借此对物体进行受力分析。

力在物体平衡时所表现出来的基本性质，也同样表现于物体做一般运动的情形中。在静力学里关于力的合成、分解与力系简化的研究结果，可以直接应用于动力学。静力学在工程技术中具有重要的实用意义。

第一章　静力学基础

静力学的基本概念、公理及物体的受力分析是研究静力学的基础。本章将介绍力系的概念与静力学公理，并阐述工程中几种常见的典型约束和约束力的分析，最后介绍物体受力分析的基本方法及受力图，它是解决力学问题的重要环节。

第一节　静力学基本概念

一、刚体的概念

工程实际中的许多物体，在力的作用下，它们的变形一般很微小，对平衡问题影响也很小，为了简化分析，可以把物体视为刚体。所谓**刚体，是指在任何外力的作用下，物体的大小和形状始终保持不变的物体**。静力学的研究对象仅限于刚体，所以又称之为**刚体静力学**。

二、力的概念

力的概念是人们在长期的生产劳动和生活实践中逐步形成的，通过归纳、概括和科学的抽象而建立的。**力是物体之间相互的机械作用**，这种作用使物体的机械运动状态发生改变，或使物体产生变形。力使物体的运动状态发生改变的效应称为外效应，而使物体发生变形的效应称为内效应。刚体只考虑外效应，变形固体还要研究内效应。实践表明力对物体作用的效应完全决定于以下力的三要素。

（1）力的大小　指物体相互作用的强弱程度。在国际单位制中，力的单位为牛顿（N）或千牛顿（kN），$1kN=10^3N$。

（2）力的方向　包含力的方位和指向两方面的含义。如重力的方向是“竖直向下”，“竖直”是力作用线的方位，“向下”是力的指向。

（3）力的作用位置　指物体上承受力的部位。一般来说是一块面积或体积，称为**分布力**。而有些分布力分布的面积很小，可以近似看做一个点，这样的力称为**集中力**。如果改变了力的三要素中的任一要素，也就改变了力对物体的作用效应。

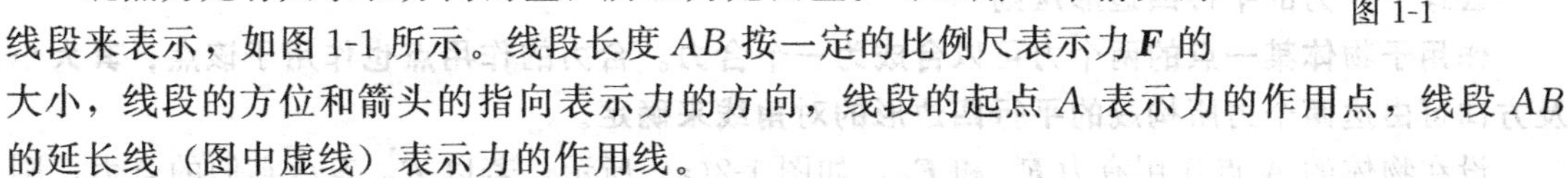

图 1-1

既然力是有大小和方向的量，所以力是**矢量**。可以用一带箭头的线段来表示，如图 1-1 所示。线段长度 AB 按一定的比例尺表示力 $\boldsymbol{F}$ 的大小，线段的方位和箭头的指向表示力的方向，线段的起点 A 表示力的作用点，线段 AB 的延长线（图中虚线）表示力的作用线。

常用黑体字母 $\boldsymbol{F}$ 表示矢量，用普通字母 F 表示矢量的大小。

三、力系的概念

一般来说，作用在刚体上的力不止一个，通常把**作用于物体上的一群力称为力系**。

力系按作用线分布情况的不同可分为下列几种：当所有力的作用线在同一平面内时，称为**平面力系**，否则称为**空间力系**；当所有力的作用线汇交于同一点时，称为**汇交力系**；而所有力的作用线都相互平行时，称为**平行力系**，否则称为**一般力系**。

四、平衡的概念

平衡是指物体相对于惯性参考系（如地面）保持静止或匀速直线运动状态。如桥梁、机床的床身、做匀速直线飞行的飞机等，都处于平衡状态。平衡是物体运动的一种特殊形式。

五、平衡力系的概念

若力系中各力对于物体的作用效应彼此抵消而使物体保持平衡或运动状态不变时，则这种力系称为平衡力系。平衡力系中的任一力对于其余的力来说都称为平衡力，即与其余的力相平衡的力。

六、等效力系的概念

若两力系分别作用于同一物体而效应相同时，则这两力系称为等效力系。若力系与一力等效，则此力就称为该力系的**合力**，而力系中的各力，则称为此合力的分力。

七、力系简化的概念

为了便于寻求各种力系对于物体作用的总效应和力系的平衡条件，需要将力系进行简化，使其变换为另一个与其作用效应相同的简单力系。这种等效简化力系的方法称为力系的简化。

研究力系等效并不限于分析静力学问题。例如：飞行中的飞机，受到升力、牵引力、重力、空气阻力等作用，这群力错综复杂地分布在飞机的各部分，每个力都影响飞机的运动，要想确定飞机的运动规律，必须了解这群力总的作用效果，为此，可以用一个简单的等效力系来代替这群复杂的力，然后再进行运动的分析。所以研究力系的简化不仅是为了导出力系的平衡条件，同时也是为动力学提供基础。所以，在静力学中，将研究以下三个问题。

(1) 物体的受力分析　分析某个物体共受几个力，以及每个力的作用位置和方向。

(2) 力系的简化　研究如何把一个复杂的力系简化为一个简单的力系。

(3) 建立各种力系的平衡条件　研究物体平衡时，作用在物体上的各种力系所需满足的条件。

力系的平衡条件在工程中有着十分重要的意义，是设计结构、构件和机械零件时静力计算的基础。因此，静力学在工程中有着最广泛的应用。

第二节　静力学公理

公理是人类经过长期的观察和经验积累而得到的结论，它可以在实践中得到验证而为大家所公认。静力学公理是人们关于力的基本性质的概括和总结，它们是静力学全部理论的基础。

公理一　力的平行四边形法则

作用于物体某一点的两个力可以合成为一个合力。合力的作用点也作用于该点，其大小及方向可由这两个力所构成的平行四边形的对角线来确定。

设在物体的 A 点作用有力 $\boldsymbol{F}_1$ 和 $\boldsymbol{F}_2$，如图 1-2(a) 所示，若以 $\boldsymbol{F}_R$ 表示它们的合力，则可以写成矢量表达式

$$\boldsymbol{F}_R=\boldsymbol{F}_1+\boldsymbol{F}_2 \tag{1-1}$$

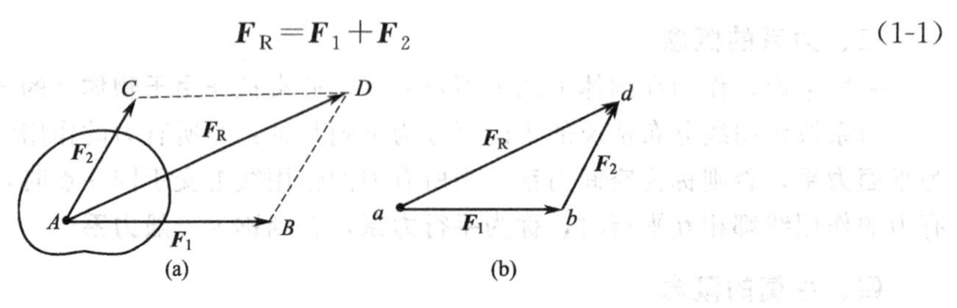

图 1-2

即合力 $\boldsymbol{F}_R$ 等于两分力 $\boldsymbol{F}_1$ 与 $\boldsymbol{F}_2$ 的矢量和。

公理一反映了力的方向性的特征。矢量相加与数量相加不同，必须用平行四边形的关系确定，它是力系简化的重要基础。

因为合力 $\boldsymbol{F}_R$ 的作用点亦为 A 点，求合力的大小及方向实际上无需作出整个平行四边形，可用下述简单的方法来代替：从任选点 a 作 ab 表示力矢 $\boldsymbol{F}_1$，在其末端 b 作 bd 表示力矢 $\boldsymbol{F}_2$，则 ad 即表示合力矢 $\boldsymbol{F}_R$，如图 1-2(b) 所示。由只表示力的大小及方向的分力矢和合力矢所构成的三角形 abd 称为力三角形，这种求合力矢的作图规则称为**力的三角形法则**。

公理二　二力平衡条件

作用于刚体上的两个力，使刚体保持平衡的充要条件是：这两个力的大小相等、方向相反且作用于同一直线上。图 1-3 表示了满足公理二的两种情况，可以表示为

$$\boldsymbol{F}_1=-\boldsymbol{F}_2 \tag{1-2}$$

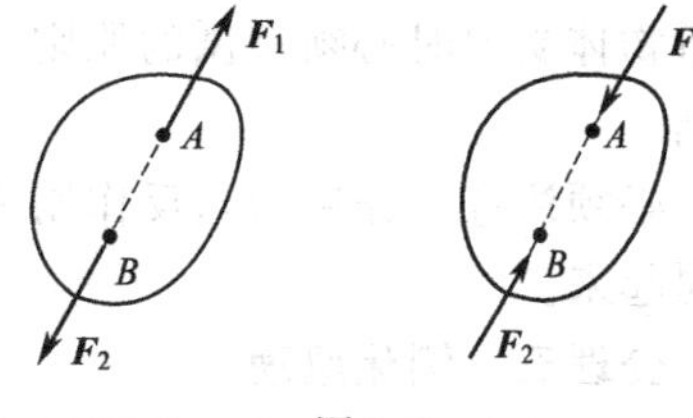

图 1-3

公理二说明了作用于物体上最简单的力系平衡时所必须满足的条件。对于刚体来说，这个条件是充分与必要的。这个公理是今后推证平衡条件的基础，工程上常遇到**只受两个力作用而平衡的构件**，称为**二力构件或二力杆**。

公理三　加减平衡力系原理

在作用于刚体的力系上加上或减去任意的平衡力系，并不改变原力系对刚体的作用效应。公理三是研究力系等效变换的重要依据。注意此公理只适用于刚体，而不适用于变形体。

根据上述公理可以导出下列推论：

推论 1　力的可传性

作用于刚体上某点的力，可以沿着它的作用线移到刚体内的任一点，并不改变该力对刚体的作用。

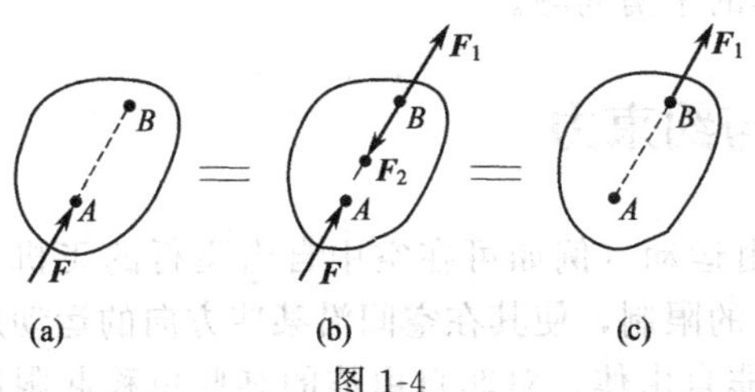

图 1-4

证明：如图 1-4 所示，设力 $\boldsymbol{F}$ 作用于刚体上的点 A，在力 $\boldsymbol{F}$ 作用线上任选一点 B，在点 B 上加一对平衡力 $\boldsymbol{F}_1$ 和 $\boldsymbol{F}_2$，使

$$\boldsymbol{F}_1=-\boldsymbol{F}_2=\boldsymbol{F}$$

则 $\boldsymbol{F}_1$、$\boldsymbol{F}_2$、$\boldsymbol{F}$ 构成的力系与 $\boldsymbol{F}$ 等效。将平衡力系 $\boldsymbol{F}$、$\boldsymbol{F}_2$ 减去，则 $\boldsymbol{F}_1$ 与 $\boldsymbol{F}$ 等效。此时，相当于力 $\boldsymbol{F}$ 已由点 A 沿作用线移到了点 B。

由此可见，对于刚体来说，力的作用点已不是决定力的作用效应的要素，它已被作用线代替。作用于刚体上的力可以沿着作用线移动，这种矢量称为**滑移矢量**。因此作用于刚体上力的三要素为大小、方向和作用线。

推论 2　三力平衡汇交定理

作用于刚体上三个相互平衡的力，若其中两个力的作用线汇交于一点，则此三力必在同一平面内，且第三个力的作用线通过汇交点。

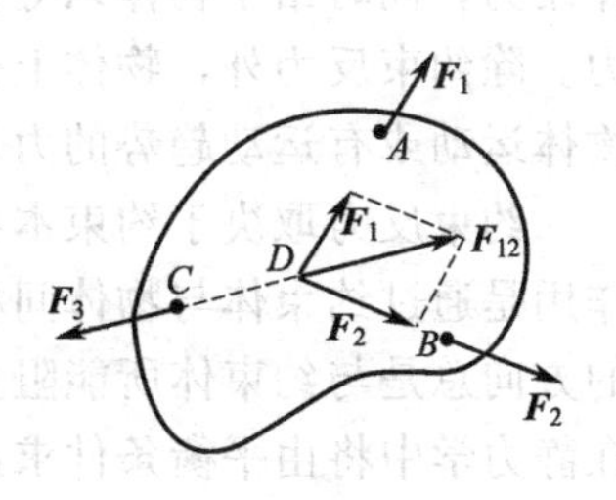

图 1-5

证明：如图 1-5 所示，在刚体的 A、B、C 三点上，分别作用三个相互平衡的力 $\boldsymbol{F}_1$、$\boldsymbol{F}_2$、$\boldsymbol{F}_3$。根据力的可传性，将力 $\boldsymbol{F}_1$ 和 $\boldsymbol{F}_2$ 移到汇交点 O，然后根据力的平行四边形法则，得合力

$\boldsymbol{F}_{12}$。则力 $\boldsymbol{F}_3$ 应与 $\boldsymbol{F}_{12}$ 平衡。由于两个力平衡必须共线，所以力 $\boldsymbol{F}_3$ 必定与力 $\boldsymbol{F}_1$ 和 $\boldsymbol{F}_2$ 共面，且通过力 $\boldsymbol{F}_1$ 与 $\boldsymbol{F}_2$ 的交点 O。

公理四 作用力与反作用力定律

两物体间相互作用的力总是同时存在，且大小相等、方向相反、沿同一直线，分别作用在两个物体上。

如将相互作用力之一视为作用力，而另一力视为反作用力，则公理四还可叙述为：对应于每个作用力，必有一个与其大小相等、方向相反且在同一直线上的反作用力。一般用 $\boldsymbol{F}'$ 表示力 $\boldsymbol{F}$ 的反作用力。

公理四概括了自然界中物体间相互作用的关系，表明作用力与反作用力总是同时存在同时消失，没有作用力也就没有反作用力。根据这个公理，已知作用力则可知反作用力，它是分析物体受力时必须遵循的原则，为研究由一个物体过渡到多个物体组成的物体系统提供了基础。

必须注意，作用力与反作用力是分别作用在两个物体上的，不能错误地与二力平衡公理混同起来。

公理五 刚化原理

变形体在某一力系作用下处于平衡，如将此变形体刚化为刚体，其平衡状态保持不变。

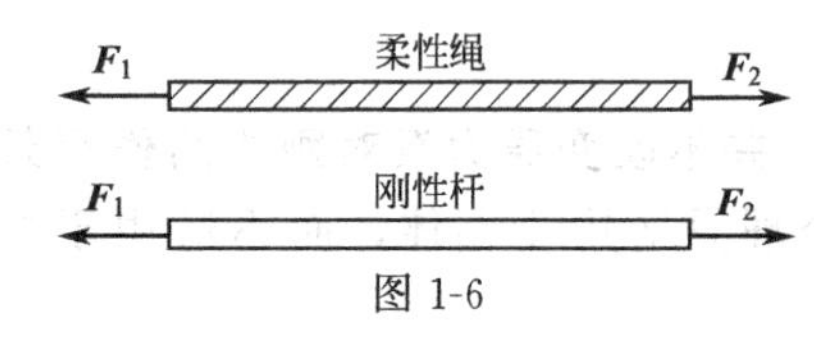

图 1-6

这个公理提供了把变形体看做刚体模型的条件。如图 1-6 所示，绳索在等值、反向、共线的两个拉力作用下处于平衡，如将绳索刚化成刚体，其平衡状态保持不变。若绳索在两个等值、反向、共线的压力作用下并不能平衡，这时绳索就不能刚化为刚体。但刚体在上述两种力系的作用下都是平衡的。

由此可见，刚体的平衡条件是变形体平衡的必要条件，而非充分条件。在刚体静力学的基础上，考虑变形体的特性，可进一步研究变形体的平衡问题。

第三节 约束与约束力

如果一个物体不受任何限制，可以在空间自由运动（例如可在空中自由飞行的飞机），则此物体称为自由体。反之，如一个物体受到一定的限制，使其在空间沿某些方向的运动成为不可能（例如绳子悬挂的物体），则此物体称为非自由体。对非自由体的某些位移起限制作用的周围物体称为**约束**。例如，沿轨道行驶的车辆，轨道事先限制车辆的运动，它就是约束。摆动的单摆，绳子就是约束，它事先限制摆锤只能在不大于绳长的范围内运动，而通常是以绳长为半径的圆弧运动。

约束体阻碍限制物体的自由运动，改变了物体的运动状态，因此约束体必须承受物体的作用力，同时给予物体以等值、反向的反作用力，这种力称为**约束反力**或**约束力**，属于被动力。除约束反力外，物体上受到的各种力如重力、风力、切削力、顶板压力等，它们是促使物体运动或有运动趋势的力，属于主动力，工程上常称为**载荷**。

约束反力取决于约束本身的性质、主动力和物体的运动状态。约束反力阻止物体运动的作用是通过约束体与物体间相互接触来实现的，因此它的作用点应在相互接触处，约束反力的方向总是与约束体所能阻止的运动方向相反，这是确定约束反力方向的准则。它的大小，在静力学中将由平衡条件求出。

下面介绍几种在工程中常见的约束类型和确定约束力方向的方法。

一、柔索约束

属于这类约束的有绳索、皮带、链条等。这类约束的特点是只能限制物体沿着柔索伸长的方向运动，它只能承受拉力，而不能承受压力和抗拒弯曲。所以柔索的约束反力只能是拉力，作用在连接点或假想截割处，方向沿着柔索的轴线而背离物体，一般用 $\boldsymbol{F}$ 或 $\boldsymbol{F}_{\mathrm{T}}$ 表示，如图 1-7 和图 1-8 所示。

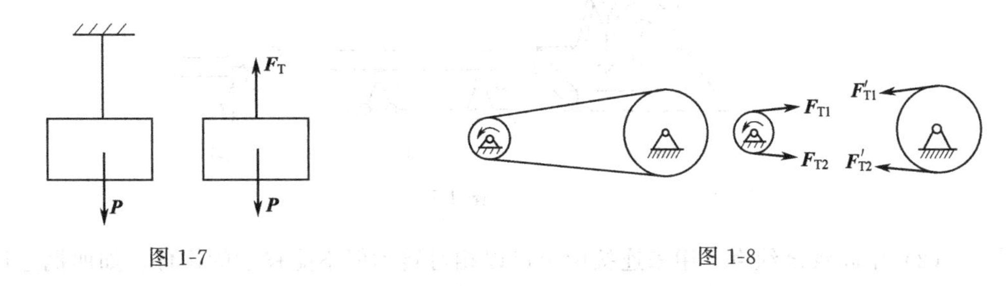

图 1-7　　　　图 1-8

二、光滑接触面约束

当物体接触面上的摩擦力可以忽略时，即可看做光滑接触面约束，这类约束的特点是只能限制物体沿两接触表面在接触处的公法线而趋向支撑接触面的运动，不论支撑接触表面的形状如何，它只能承受压力，而不能承受拉力。所以光滑接触面的约束力只能是压力，作用在接触处，方向沿着接触表面在接触处的公法线而指向物体，一般用 $\boldsymbol{F}_{\mathrm{N}}$ 表示，如图 1-9 和图 1-10 所示。

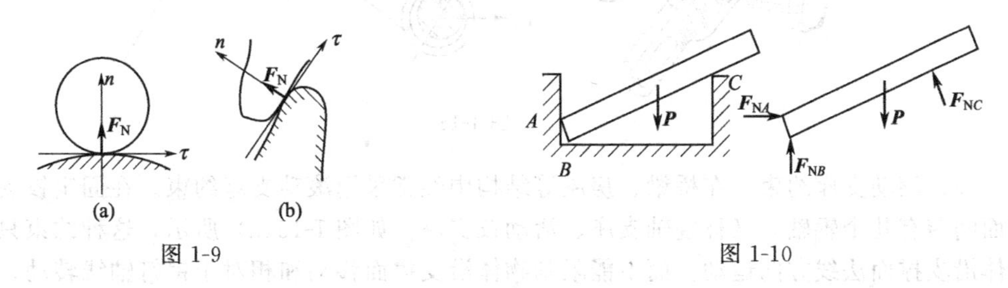

图 1-9　　　　图 1-10

三、光滑铰链约束

铰链是工程上常见的一种约束。它是在两个钻有圆孔的构件之间采用圆柱定位销所形成的连接，如图 1-11 所示。门所用的合页、铡刀与刀架、起重机的动臂与机座的连接等，都是常见的铰链连接。

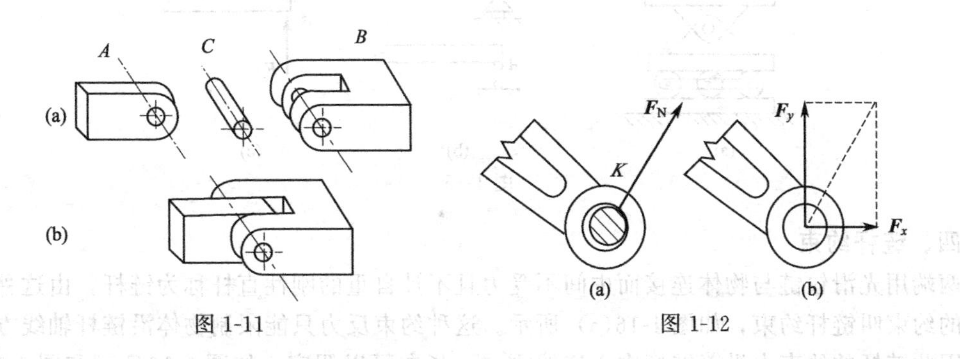

图 1-11　　　　图 1-12

一般认为销钉与构件光滑接触，所以这也是一种光滑表面约束，约束反力应通过接触点 K 沿公法线方向（通过销钉中心）指向构件，如图 1-12(a) 所示。但实际上很难确定 K 的位置，因此反力 $\boldsymbol{F}_{\mathrm{N}}$ 的方向无法确定。所以，这种约束反力通常是用两个通过铰链中心的大小和方向未知的正交分力 $\boldsymbol{F}_x$、$\boldsymbol{F}_y$ 来表示，两分力的指向可以任意设定，如图 1-12(b) 所示。

这种约束在工程上应用广泛，可分为三种类型。

(1) 固定铰支座约束 用以将构件和基础连接，如桥梁的一端与桥墩连接时，常用这种约束，如图 1-13(a) 所示，图 1-13(b) 是这种约束的简图，受力如图 1-13(c) 所示。

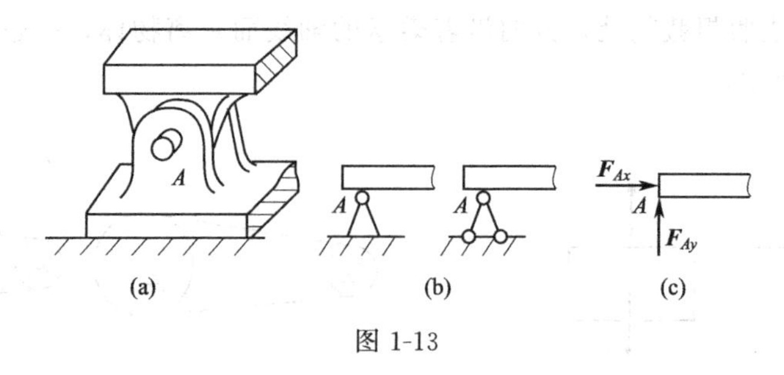

图 1-13

(2) 中间铰链约束 用来连接两个可以相对转动但不能移动的构件，如曲柄连杆机构中曲柄与连杆、连杆与滑块的连接。通常在两个构件连接处用一个小圆圈表示铰链，如图 1-14 所示。

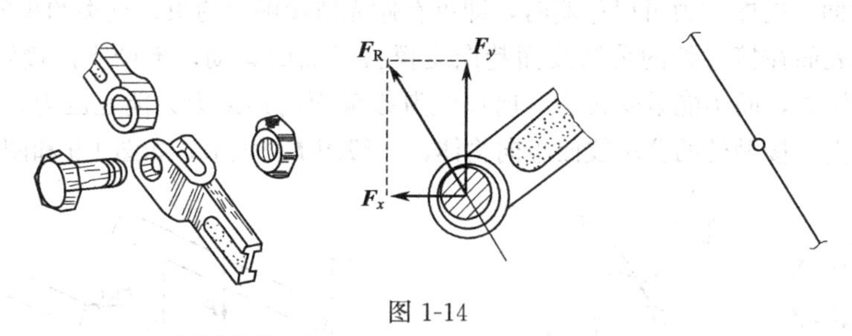

图 1-14

(3) 滚动支座约束 在桥梁、房屋等结构中经常采用滚动支座约束。在固定铰支座和支撑面间装有几个辊轴，又称辊轴支座、活动铰支座。如图 1-15(a) 所示，这种约束只能限制物体沿支撑面法线方向运动，而不能限制物体沿支撑面移动和相对于销钉轴线转动。所以其约束反力垂直于支撑面并过销钉中心，指向可假定，简图如图 1-15(b) 所示，受力如图 1-15(c) 所示。

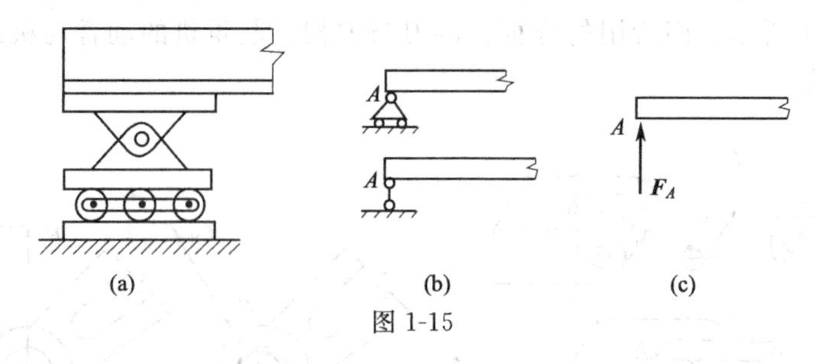

图 1-15

四、链杆约束

两端用光滑铰链与物体连接而中间不受力且不计自重的刚性直杆称为链杆，由这种链杆产生的约束叫链杆约束，如图 1-16(a) 所示。这种约束反力只能限制物体沿链杆轴线方向运动，因此链杆的约束力沿着链杆中心连线方向，指向可以假定，如图 1-16(b) 和图 1-16(c) 所示。

五、固定端约束

将构件的一端插入一固定物体（如墙）中，就构成了固定端约束。在连接处具有较大的

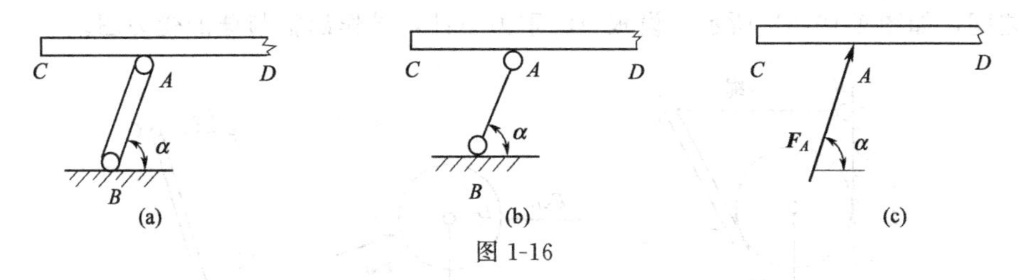

图 1-16

刚性，被约束的物体在该处被完全固定，既不允许相对移动也不可转动。固定端的约束力，一般用两个正交分力和一个约束力偶来代替，如图 1-17 所示。

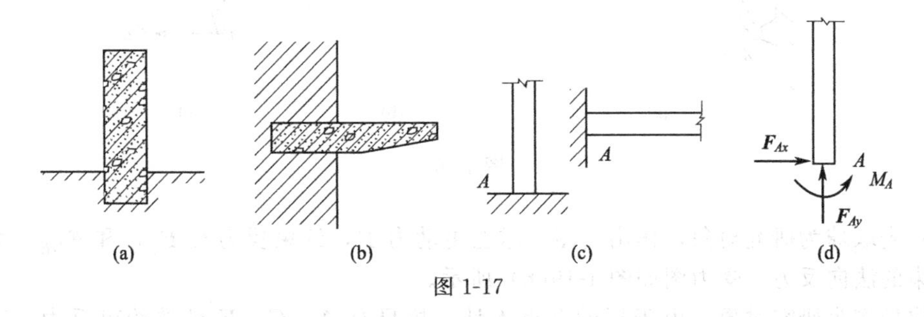

图 1-17

第四节 物体的受力分析和受力图

在工程实际中，为了求出未知的约束力，需要根据已知力，应用平衡条件求解。因此，首先要确定构件受了几个力，每个力的作用位置和力的作用方向，这种分析过程称为物体的**受力分析**。

为了清晰地表示物体的受力情况，可以把需要研究的物体（称为受力体）从周围的物体（称为施力体）中分离出来，单独画出它的简图，这个步骤叫做取研究对象或取分离体。然后把施力物体对研究对象的作用力（包括主动力和约束力）全部画出来。这种**表示物体受力的简明图形**，称为**受力图**。

正确地画出受力图，是求解静力学问题的关键。画受力图时，应按下述步骤进行：

① 根据题意选取研究对象；

② 画作用于研究对象上的主动力；

③ 画约束反力，凡在去掉约束处，根据约束的类型逐一画上约束反力。

【例 1-1】 如图 1-18(a) 所示，均质球重 P，用绳系住，并靠于光滑的斜面上。试分析球的受力情况，并画出受力图。

解： ① 确定球为研究对象，除去约束并画出其简图。

② 画出主动力 $\boldsymbol{P}$、约束力 $\boldsymbol{F}_{\mathrm{T}}$ 和 $\boldsymbol{F}_{\mathrm{N}}$。$A$ 点属于柔索约束，方向沿着柔索的轴线而背离物体。B 点属于光滑接触面约束，方向沿着接触表面在接触处的公法线而指向物体。

球的受力如图 1-18(b) 所示。

注：满足三力平衡汇交定理。

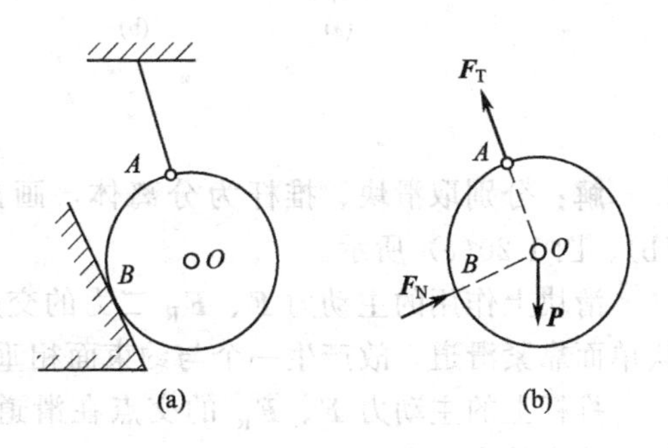

图 1-18

【例 1-2】 重力为 $\boldsymbol{P}$ 的圆球放在板 AC 与墙

壁 AB 之间，如图 1-19(a) 所示。设板 AC 重力不计，试作出板与球的受力图。

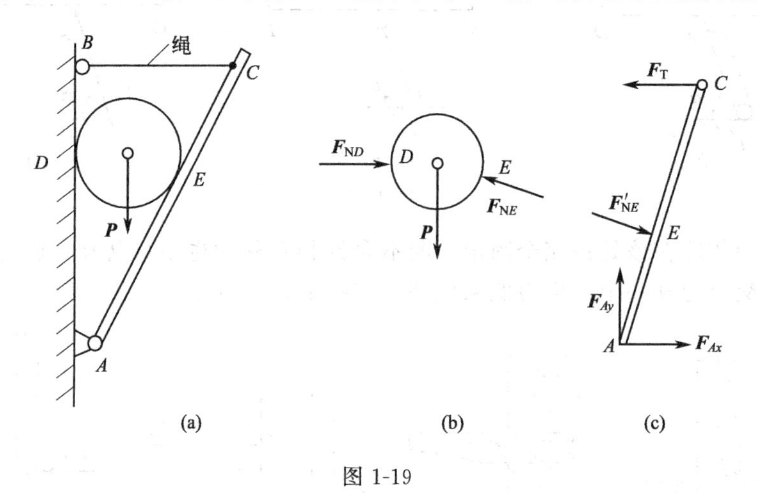

图 1-19

解： 先取球为研究对象，作出简图。球上主动力 P，约束反力有 $\boldsymbol{F}_{ND}$ 和 $\boldsymbol{F}_{NE}$，均属光滑面约束的法向反力。受力图如图 1-19(b) 所示。

再取板作为研究对象。由于板的自重不计，故只有 A、C、E 处的约束反力。其中 A 处为固定铰支座，其反力可用一对正交分力 $\boldsymbol{F}_{Ax}$、$\boldsymbol{F}_{Ay}$ 表示。C 处为柔索约束，其反力为拉力 $\boldsymbol{F}_{T}$。E 处的反力为法向反力 $\boldsymbol{F}'_{NE}$，要注意该反力与球在处所受反力 $\boldsymbol{F}_{NE}$ 为作用与反作用的关系。受力如图 1-19(c) 所示。

【例 1-3】 画出图 1-20(a)、(d) 中滑块及推杆的受力图，并进行比较。图 1-20(a) 是曲柄滑块机构，图 1-20(d) 是凸轮机构。

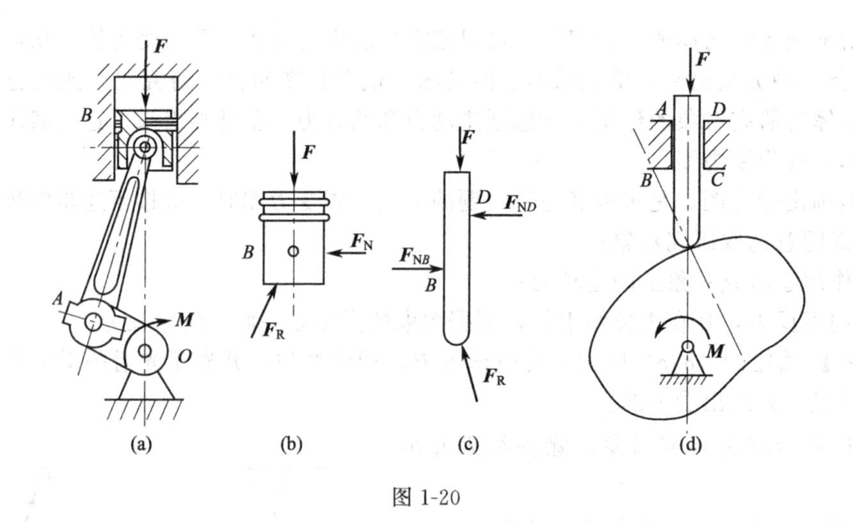

图 1-20

解： 分别取滑块、推杆为分离体，画出它们的主动力和约束反力，其受力如图 1-20(b)、图 1-20(c) 所示。

滑块上作用的主动力 $\boldsymbol{F}$、$\boldsymbol{F}_R$ 二力的交点在滑块与滑道接触长度范围以内，其合力使滑块单面靠紧滑道，故产生一个与约束面相垂直的反力 $\boldsymbol{F}_N$，$\boldsymbol{F}$、$\boldsymbol{F}_R$、$\boldsymbol{F}_N$ 三力汇交。

推杆上的主动力 $\boldsymbol{F}$、$\boldsymbol{F}_R$ 的交点在滑道之外，其合力使推杆倾斜而导致 B、D 两点接触，故有约束反力 $\boldsymbol{F}_{NB}$、$\boldsymbol{F}_{ND}$。

思　考　题

1-1　说明下列式子的意义和区别。

(1) $\boldsymbol{F}_1=\boldsymbol{F}_2$ 和 $F_1=F_2$；(2) $\boldsymbol{F}_R=\boldsymbol{F}_1+\boldsymbol{F}_2$ 和 $F_R=F_1+F_2$

1-2　力的可传性原理的适用条件是什么？如图 1-21 所示，能否根据力的可传性原理，将作用于杆 AC 上的力 $\boldsymbol{F}$ 沿其作用线移至杆 BC 上而成力 $\boldsymbol{F}'$？

1-3　作用于刚体上大小相等、方向相同的两个力对刚体的作用是否等效？

1-4　物体受汇交于一点的三个力作用而处于平衡，此三力是否一定共面？为什么？

1-5　图 1-22 中力 $\boldsymbol{F}$ 作用在销钉 C 上，试问销钉 C 对 AC 的力与销钉 C 对 BC 的力是否等值、反向、共线？为什么？

图 1-21　　图 1-22

1-6　图 1-23 中各物体受力是否正确？若有错误试改正。

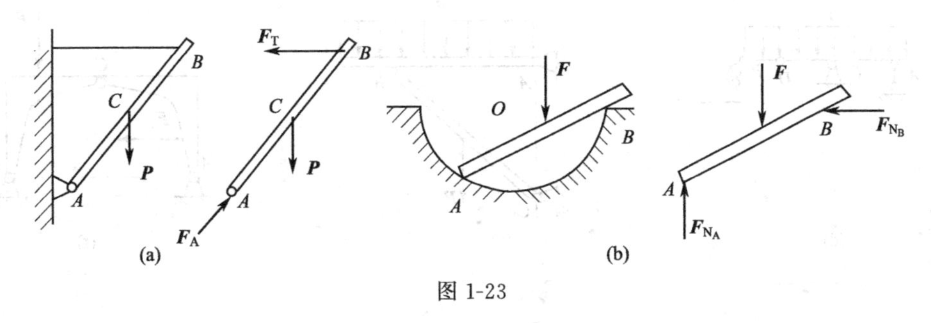

图 1-23

习　　题

1-1　画出图 1-24 中物体 A、ABC 或构件 AB、AC 的受力图。未画重力的各物体的自重不计，所有接触处均为光滑接触。

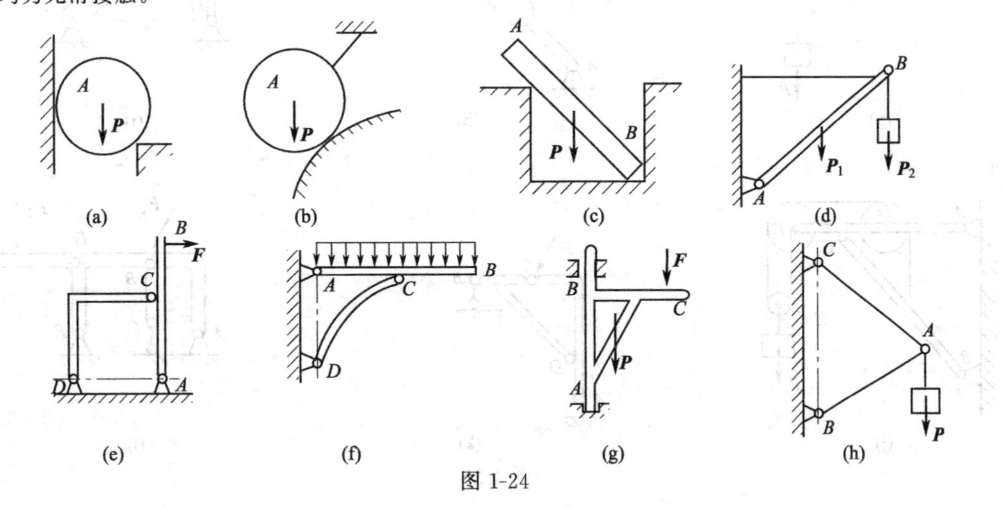

图 1-24

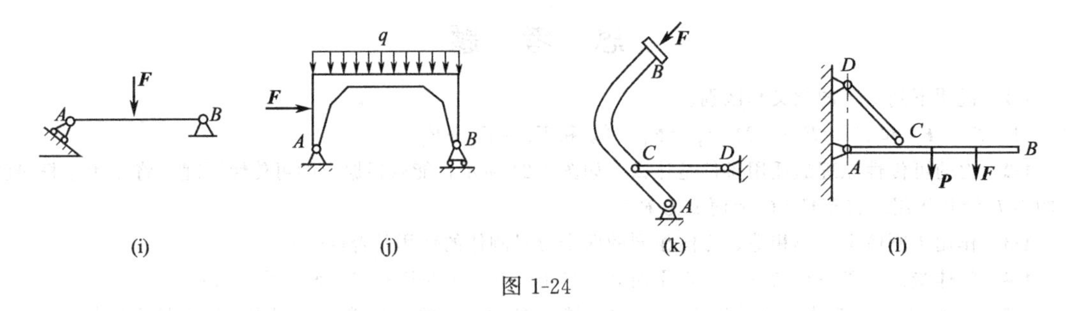

(i)　(j)　(k)　(l)

图 1-24

1-2　画出下列每个标注字符的物体的受力图。图 1-25 中未画重力的各物体的自重不计，所有接触处均为光滑接触。

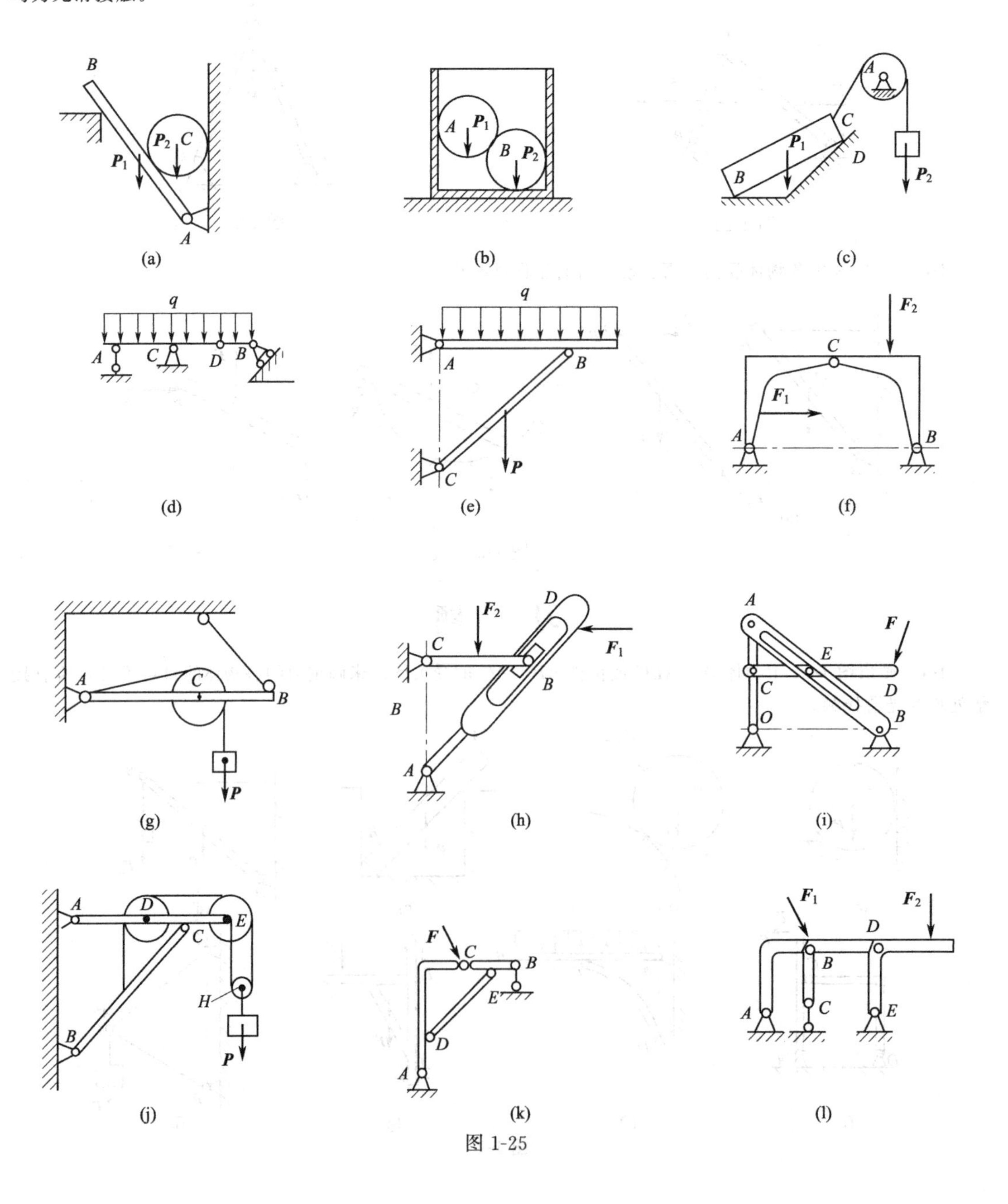

(a)　(b)　(c)　(d)　(e)　(f)　(g)　(h)　(i)　(j)　(k)　(l)

图 1-25

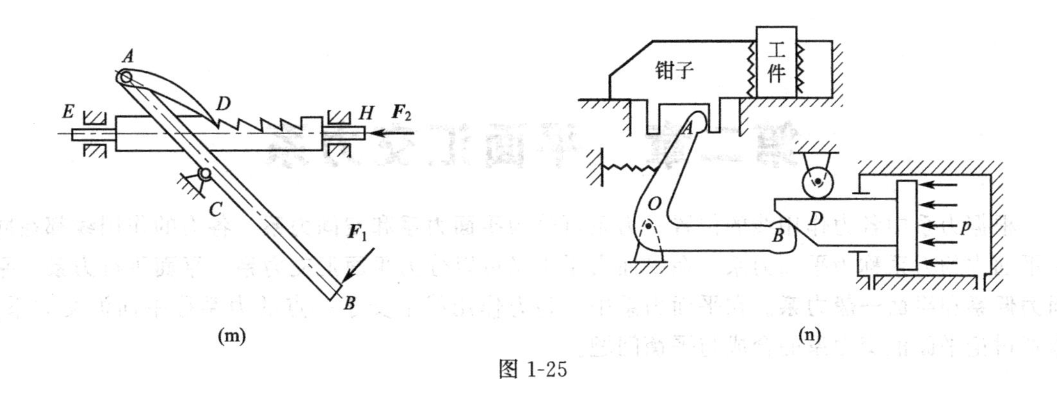

图 1-25

第二章　平面汇交力系

根据力系中各力作用线的位置，力系可分为**平面力系**和**空间力系**。各力的作用线都在同一平面内的力系称为平面力系。在平面力系中又可以分为**平面汇交力系**、**平面平行力系**、**平面力偶系**和**平面一般力系**。在平面力系中，各力作用线汇交于一点的力系称平面汇交力系。本章讨论平面汇交力系的合成与平衡问题。

第一节　平面汇交力系合成的几何法

设在某刚体上作用有 $\boldsymbol{F}_1$、$\boldsymbol{F}_2$、$\boldsymbol{F}_3$、$\boldsymbol{F}_4$ 组成的平面汇交力系，各力的作用线交于点 A，如图 2-1(a) 所示。由力的可传性，将力的作用线移至汇交点 A，然后由力的合成三角形法则将各力依次合成，即从任意点 a 作矢量 ab 代表力矢 $\boldsymbol{F}_1$，在其末端 b 作矢量 bc 代表力矢 $\boldsymbol{F}_2$，则虚线 ac 表示力矢 $\boldsymbol{F}_1$ 和 $\boldsymbol{F}_2$ 的合力矢 $\boldsymbol{F}_{R1}$。再从点 c 作矢量 cd 代表力矢 $\boldsymbol{F}_3$，则 ad 表示 $\boldsymbol{F}_{R1}$ 和 $\boldsymbol{F}_3$ 的合力 $\boldsymbol{F}_{R2}$。最后从点 d 作 de 代表力矢 $\boldsymbol{F}_4$，则 ae 代表力矢 $\boldsymbol{F}_{R2}$ 与 $\boldsymbol{F}_4$ 的合力矢，亦即力 $\boldsymbol{F}_1$、$\boldsymbol{F}_2$、$\boldsymbol{F}_3$、$\boldsymbol{F}_4$ 的合力矢 $\boldsymbol{F}_R$，其大小和方向如图 2-1(b) 所示，其作用线通过汇交点 A。

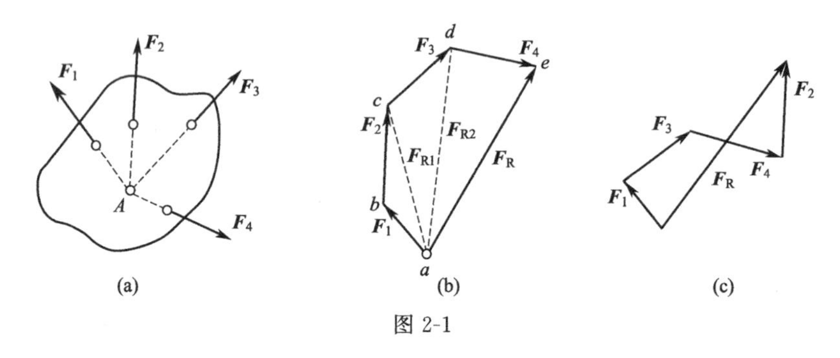

图 2-1

作图 2-1(b) 时，虚线 ac 和 ad 不必画出，只需把各力矢首尾相连，得折线 $abcde$，则第一个力矢 $\boldsymbol{F}_1$ 的起点 a 向最后一个力矢 $\boldsymbol{F}_4$ 的终点 e 作 ae，即得合力矢 $\boldsymbol{F}_R$。各分力矢与合力矢构成的多边形称为力的多边形，表示合力矢的边 ae 称为力的多边形的逆封边。这种求合力的方法称为力的**多边形法则**。

根据矢量相加的交换律，若改变各力矢的作图顺序，所得的力的多边形的形状则不同，但是这并不影响最后所得的封边的大小和方向，如图 2-1(c) 所示。但应注意，各分力矢必须首尾相连，且环绕力多边形周边的同一方向，而合力矢则为力的多边形的封闭边。

上述方法可以推广到由 n 个力 $\boldsymbol{F}_1$、$\boldsymbol{F}_2$、…、$\boldsymbol{F}_n$ 组成的平面汇交力系，则有

$$\boldsymbol{F}_R=\boldsymbol{F}_1+\boldsymbol{F}_2+\cdots+\boldsymbol{F}_n=\sum\boldsymbol{F} \tag{2-1}$$

总之，平面汇交力系可以简化为一合力，其合力的大小和方向等于各分力的矢量和（几何和），合力的作用线通过汇交点。

【例 2-1】 同一平面的三根钢索边连接在一固定环上，如图 2-2 所示，已知三钢索的拉力分别为：$F_1=500\text{N}$，$F_2=1000\text{N}$，$F_3=2000\text{N}$。试用几何作图法求三根钢索在环上作用的合力。

解： 先确定力的比例尺，如图 2-2(a) 所示。作力多边形先将各分力乘以比例尺得到各

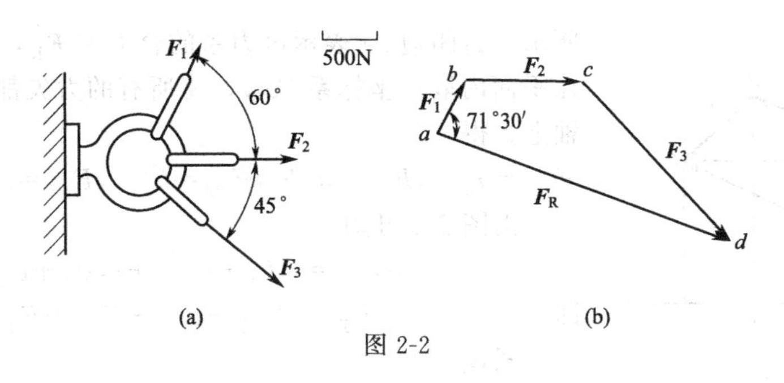

图 2-2

力的长度，然后作出力多边形，如图 2-2(b) 所示，量得代表合力矢的长度为 ad，则 $\boldsymbol{F}_R$ 的实际值为

$$F_R = 2700\text{N}$$

$\boldsymbol{F}_R$ 的方向可由力的多边形图直接量出，$\boldsymbol{F}_R$ 与 $\boldsymbol{F}_1$ 的夹角为 $71°31'$。

第二节　平面汇交力系合成的解析法

求解平面汇交力系问题的几何法，具有直观简洁的优点，但是作图时的误差难以避免。因此，工程中多用解析法来求解力系的合成和平衡问题。解析法是以力在坐标轴上的投影为基础的。

一、力在坐标轴上的投影

如图 2-3 所示，设力 $\boldsymbol{F}$ 作用于刚体上的 A 点，在力作用的平面内建立坐标系 Oxy，由力 $\boldsymbol{F}$ 的起点和终点分别向 x 轴作垂线，得垂足 a_1 和 b_1，则线段 a_1b_1 冠以相应的正负号称为力 $\boldsymbol{F}$ 在 x 轴上的投影，用 F_x 表示。即 $F_x = \pm a_1b_1$。同理，力 $\boldsymbol{F}$ 在 y 轴上的投影用 F_y 表示，即 $F_y = \pm a_2b_2$。

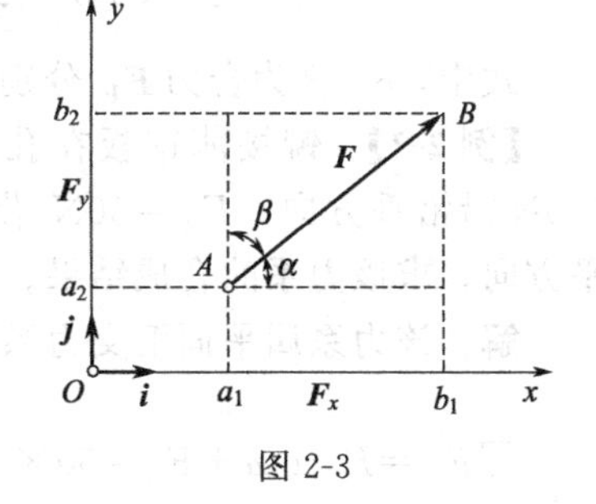

图 2-3

力在坐标轴上的投影是代数量，正负号规定：力的投影由始到末端与坐标轴正向一致其投影取正号，反之取负号。投影与力的大小及方向有关，即

$$\left.\begin{aligned} F_x &= \pm a_1b_1 = F\cos\alpha \\ F_y &= \pm a_2b_2 = F\cos\beta \end{aligned}\right\} \tag{2-2}$$

式中，α、β 分别为 $\boldsymbol{F}$ 与 x、y 轴正向所夹的锐角。

反之，若已知力 $\boldsymbol{F}$ 在坐标轴上的投影 F_x、F_y，则该力的大小及方向余弦为

$$\left.\begin{aligned} F &= \sqrt{F_x^2 + F_y^2} \\ \cos\alpha &= \frac{F_x}{F} \\ \cos\beta &= \frac{F_y}{F} \end{aligned}\right\} \tag{2-3}$$

应当注意，力的投影和力的分量是两个不同的概念。投影是代数量，而分力是矢量。投影无所谓作用点，而分力作用点必须作用在原力的作用点上。另外仅在直角坐标系中坐标上投影的绝对值和力沿该轴的分量的大小相等。

二、合力投影定理

设一平面汇交力系由 $\boldsymbol{F}_1$、$\boldsymbol{F}_2$、$\boldsymbol{F}_3$ 和 $\boldsymbol{F}_4$ 作用于刚体上，其力的多边形 $abcde$ 如图 2-4

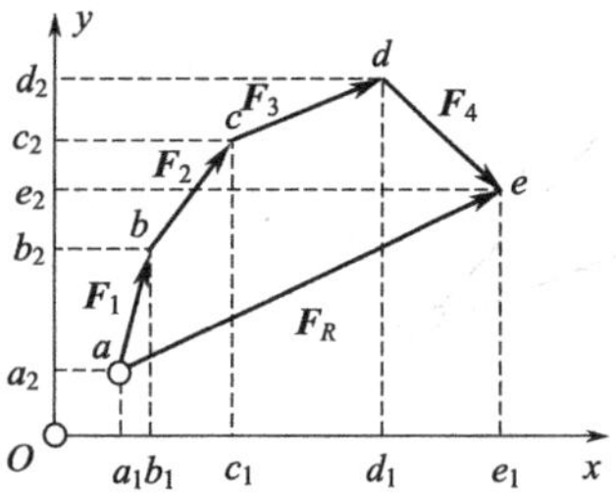

所示。封闭边 ae 表示该力系的合力矢 $\boldsymbol{F}_R$，在力的多边形所在平面内取一坐标系 Oxy，将所有的力矢都投影到 x 轴和 y 轴上。得

$$F_{Rx}=a_1e_1, F_{x1}=a_1b_1, F_{x2}=b_1c_1, F_{x3}=c_1d_1, F_{x4}=d_1e_1$$

由图 2-4 可知

$$a_1e_1=a_1b_1+b_1c_1+c_1d_1+d_1e_1$$

即

$$F_{Rx}=F_{x1}+F_{x2}+F_{x3}+F_{x4}$$

图 2-4

同理

$$F_{Ry}=F_{y1}+F_{y2}+F_{y3}+F_{y4}$$

将上述关系式推广到任意平面汇交力系的情形，得

$$\left.\begin{aligned}F_{Rx}&=F_{x1}+F_{x2}+\cdots+F_{xn}=\sum F_x\\F_{Ry}&=F_{y1}+F_{y2}+\cdots+F_{yn}=\sum F_y\end{aligned}\right\}\tag{2-4}$$

即合力在任一轴上的投影，等于各分力在同一轴上投影的代数和，这就是合力投影定理。

三、平面汇交力系合成的解析法

用解析法求平面汇交力系的合成时，首先在其所在的平面内选定坐标系 Oxy。求出力系中各力在 x 轴和 y 轴上的投影，由合力投影定理得

$$\left.\begin{aligned}F_R&=\sqrt{F_{Rx}^2+F_{Ry}^2}=\sqrt{\left(\sum F_x\right)^2+\left(\sum F_y\right)^2}\\\cos\alpha&=\frac{F_{Rx}}{F_R}=\frac{\sum F_x}{F_R}\\\cos\beta&=\frac{F_{Ry}}{F_R}=\frac{\sum F_y}{F_R}\end{aligned}\right\}\tag{2-5}$$

式中，α、β 为合力 $\boldsymbol{F}_R$ 分别与 x、y 轴正向所夹的锐角。

【例 2-2】 铆接薄钢板在孔心 A、B 和 C 处受三力作用，如图 2-5 所示。已知 $F_1=100\text{N}$ 沿铅垂方向，$F_2=50\text{N}$ 沿 AB 方向，$F_3=50\text{N}$ 沿水平方向，求该力系的合成结果。

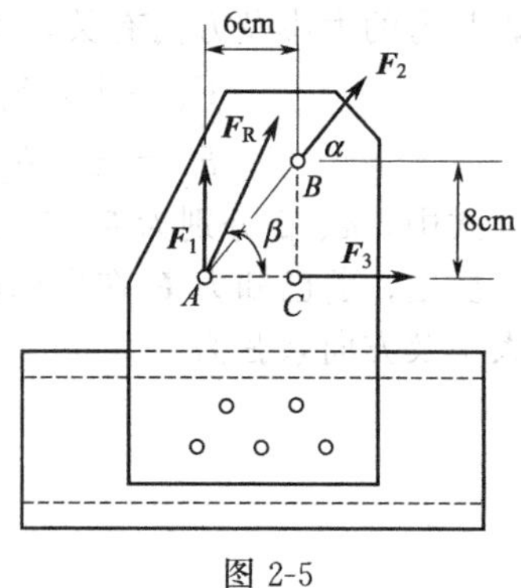

图 2-5

解： 该力系属平面汇交力系。

$$\sum F_x=F_2\cos\alpha+F_3=50\times\frac{6}{\sqrt{6^2+8^2}}+50=80\ (\text{N})$$

$$\sum F_y=F_2\sin\alpha+F_1=50\times\frac{8}{\sqrt{6^2+8^2}}+100=140\ (\text{N})$$

合力大小和方向

$$F_R=\sqrt{\left(\sum F_x\right)^2+\left(\sum F_y\right)^2}=\sqrt{80^2+140^2}=161\ (\text{N})$$

$$\alpha=\arccos\frac{\sum F_x}{F_R}=\arccos\frac{80}{161}=60.3°$$

第三节 平面汇交力系的平衡

平面汇交力系可用其合力来代替，显然，**平面汇交力系平衡的充分和必要条件是：该力系的合力等于零。**即

$$\boldsymbol{F}_{R}=\sum \boldsymbol{F}=0 \tag{2-6}$$

一、平面汇交力系平衡的几何条件

在平衡的情况下，力多边形中最后一力的终点与第一力的起点重合，此时力的多边形称为**封闭的力多边形**。于是，**平面汇交力系平衡的几何充要条件是：该力系的力多边形自行封闭**。

【例 2-3】 电机重 $P=5\text{kN}$ 放在水平梁 AB 的中央，如图 2-6(a) 所示，梁的 A 端以铰链固定，B 端以撑杆 BC 支持。求撑杆 BC 所受的力。

解：(1) 研究整体受力分析，如图 2-6(b) 所示。

(2) 画力三角形，如图 2-6(c) 所示。

(3) 求 BC 受力

$$F_A=F_C=P=5\ (\text{kN})$$

因此撑杆 BC 受力为 5kN。

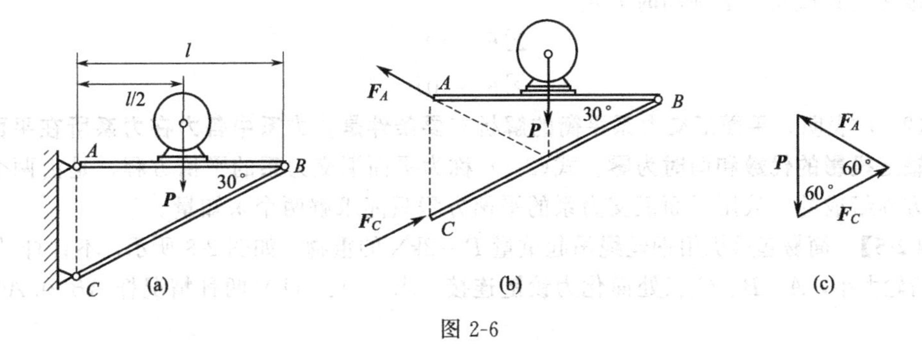

图 2-6

【例 2-4】 如图 2-7(a) 所示，简支梁受集中载荷 $F=20\text{kN}$，求图示两种情况下支座 A、B 的约束反力。

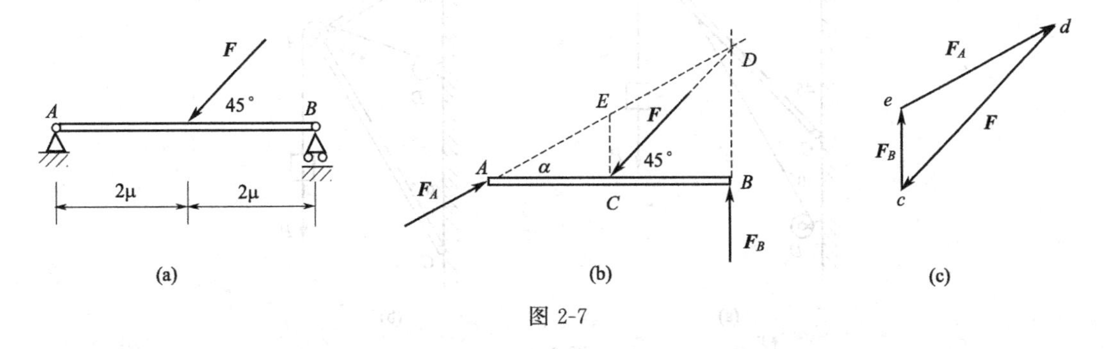

图 2-7

解：研究 AB，受力分析如图 2-7(b) 所示。画力三角形，如图 2-7(c) 所示。

相似关系

$$\text{因为}\quad \Delta CDE \backsim \Delta cde$$

$$\text{所以}\quad \frac{F}{CD}=\frac{F_B}{CE}=\frac{F_A}{ED}$$

几何关系

$$CE=\frac{1}{2}BD=1\ (\text{m})$$

$$CD=\sqrt{2}BC=2.83\ (\text{m})$$

$$ED=\frac{1}{2}AD=\frac{1}{2}\sqrt{4^2+2^2}=2.24\ (\mathrm{m})$$

约束反力

$$F_B=\frac{CE}{CD}\times F=\frac{1}{2.83}\times 20=7.1\ (\mathrm{kN})$$

$$F_A=\frac{ED}{CD}\times F=\frac{2.24}{2.83}\times 20=15.8\ (\mathrm{kN})$$

$$\alpha=\arctan\frac{BD}{AB}=\arctan\frac{2}{4}=26.6^\circ$$

二、平面汇交力系平衡的解析条件

已经知道平面汇交力系平衡的充分和必要条件是其合力等于零，即

$$F_R=\sqrt{(\sum F_x)^2+(\sum F_y)^2}=0$$

则欲使上式成立，必须同时满足

$$\left.\begin{array}{l}\sum F_x=0\\ \sum F_y=0\end{array}\right\} \tag{2-7}$$

式(2-7) 表明，**平面汇交力系平衡的解析充要条件是：力系中各力在力系所在平面内两个相交轴上投影的代数和同时为零**。式(2-7) 称为平面汇交力系的平衡方程，是由两个独立的平衡方程组成的，故用平面汇交力系的平衡方程只能求解两个未知量。

【例 2-5】 简易起重机用钢丝绳吊起重量 $P=2\mathrm{kN}$ 的重物，如图 2-8 所示，不计杆件自重、摩擦及滑轮大小，A、B、C 三处简化为铰链连接，求 (a)、(b) 两种情况杆 AB 和 AC 所受的力。

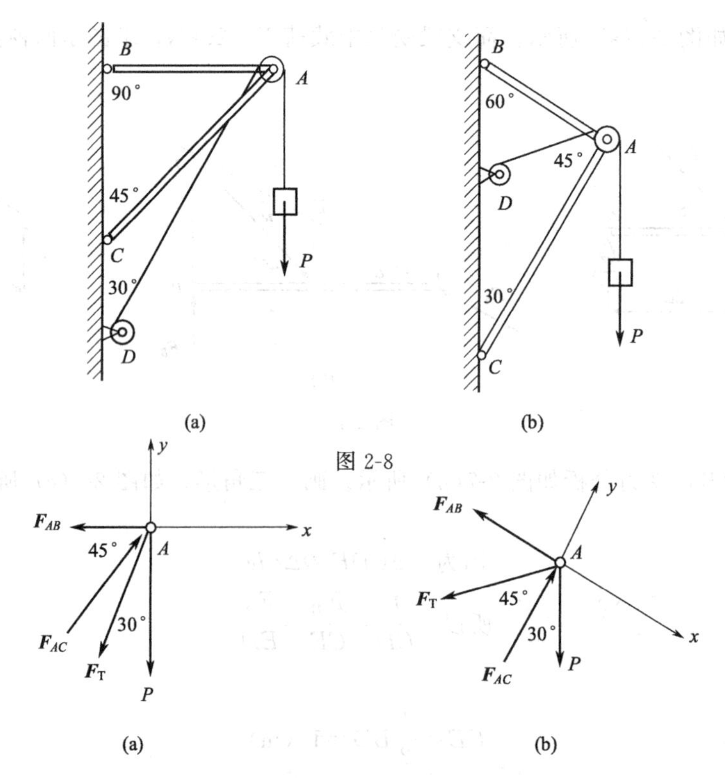

图 2-8

图 2-9

解：（1）研究铰 A 受力分析（AC、AB 是二力杆，不计滑轮大小），建立直角坐标 Axy，如图 2-9(a) 所示，列平衡方程

$$\sum F_x=0 \quad -F_{AB}+F_{AC}\cos45°-F_T\sin30°=0$$

$$\sum F_y=0 \quad F_{AC}\sin45°-F_T\cos30°-P=0$$

$$\boldsymbol{F}_T=P=2\ (\text{kN})$$

解得

$$F_{AB}=2.73\ (\text{kN})$$

$$F_{AC}=5.28\ (\text{kN})$$

AB 杆受拉，AC 杆受压。

(2) 研究铰 A 受力分析（AC、AB 是二力杆，不计滑轮大小），建立直角坐标 Axy，如图 2-9(b) 所示，列平衡方程

$$\sum F_x=0 \quad -F_{AB}+P\sin30°-F_T\sin45°=0$$

$$\sum F_y=0 \quad F_{AC}-F_T\cos45°-P\cos30°=0$$

$$F_T=P=2\ (\text{kN})$$

解得

$$F_{AB}=-0.41\ (\text{kN})$$

$$F_{AC}=3.15\ (\text{kN})$$

AB 杆实际受力方向与假设相反，为受压；BC 杆受压。

【例 2-6】 重量为 P 的重物，放置在倾角为 α 的光滑斜面上，如图 2-10(a) 所示，试求保持重物平衡时需沿斜面方向所加的力 F 和重物对斜面的压力。

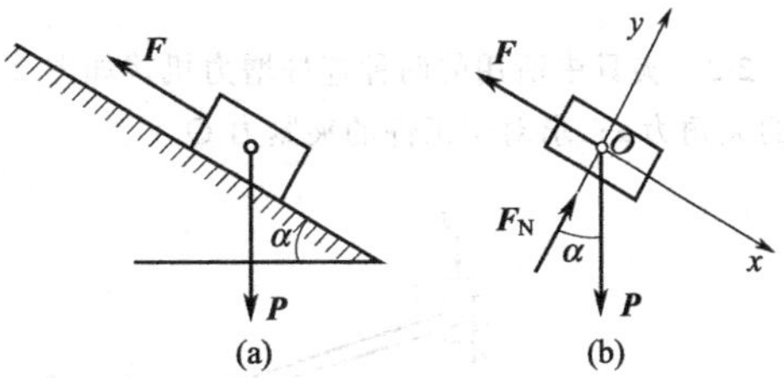

解：以重物为研究对象。重物受到重力 $\boldsymbol{P}$、拉力 $\boldsymbol{F}$ 和斜面对重物的作用力 $\boldsymbol{F}_N$，其受力如图 2-10(b) 所示。取坐标系 Oxy，列平衡方程

$$\sum F_x=0 \qquad P\sin\alpha-F=0$$

$$\sum F_y=0 \qquad -P\cos\alpha+F_N=0$$

图 2-10

解得

$$F=P\sin\alpha \qquad F_N=P\cos\alpha$$

则重物对斜面的压力 $F'_N=P\cos\alpha$，指向和 F_N 相反。

通过以上分析和求解过程可以看出，在求解平衡问题时，要恰当地选取分离体，恰当地选取坐标轴，以最简捷、合理的途径完成求解工作。尽量避免求解联立方程，以提高计算的工作效率，这些都是求解平衡问题所必须注意的。

思　考　题

2-1 如图 2-11(a)、(b)、(c) 所示的平面汇交力系的各力多边形中，各代表什么意义？

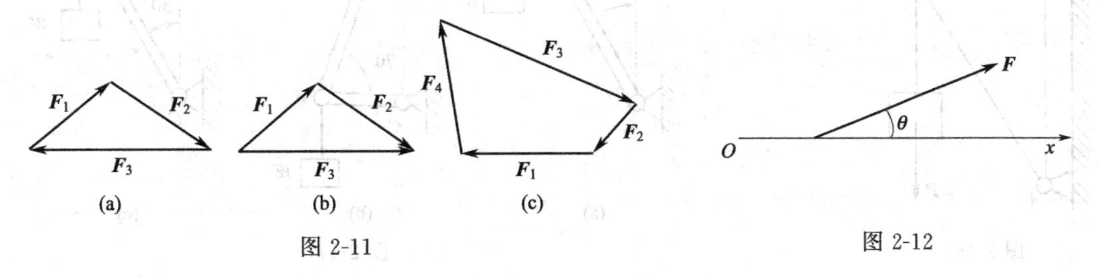

图 2-11　　图 2-12

2-2　如图 2-12 所示，已知力 $\boldsymbol{F}$ 大小和其与 x 轴正向的夹角 θ，试问能否求出此力在 x 轴上的投影？能否求出此力沿 x 轴方向的分力？

2-3　同一个力在两个互相平行的轴上的投影有何关系？如果两个力在同一轴上的投影相等，问这两个力的大小是否一定相等？

2-4　平面汇交力系在任意两根轴上的投影的代数和分别等于零，则力系必平衡，对吗？为什么？

2-5　若选择同一平面内的三个轴 x、y 和 z，其中 x 轴垂直于 y 轴，而 z 轴是任意的，若作用在物体上的平面汇交力系满足下列方程式：$\Sigma F_x=0$、$\Sigma F_y=0$，能否说明该力系一定满足下列方程式：$\Sigma F_z=0$？试说明理由。

习　题

2-1　已知 $F_1=2000\text{N}$，$F_2=2500\ \text{N}$，$F_3=1500\text{N}$，如图 2-13 所示，求力系的合力。

2-2　四根绳索 AC、CB、CE、ED 连接如图 2-14 所示，其中 B、D 两端固定在支架上，A 端系在重物上，人在 E 点向下施力 $\boldsymbol{P}$，若 $P=400\text{N}$，$\alpha=4°$，求所能吊起的重量 G。

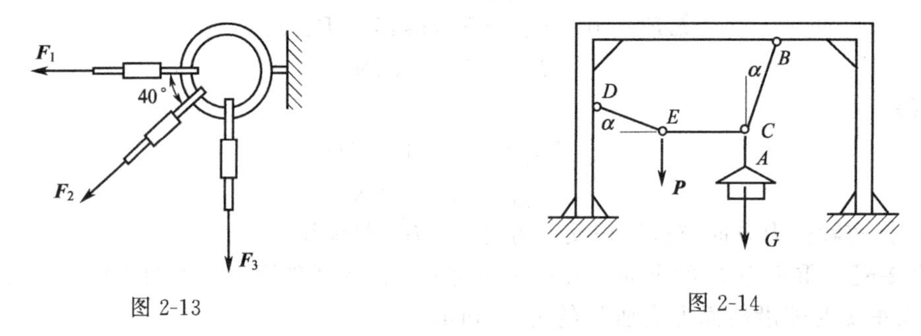

图 2-13　　图 2-14

2-3　夹具中所用的两种连杆增力机构如图 2-15 所示，推力 P 作用于 A 点，夹紧平衡时杆 AB 与水平线的夹角为 α；求对于工件的夹紧力 Q。

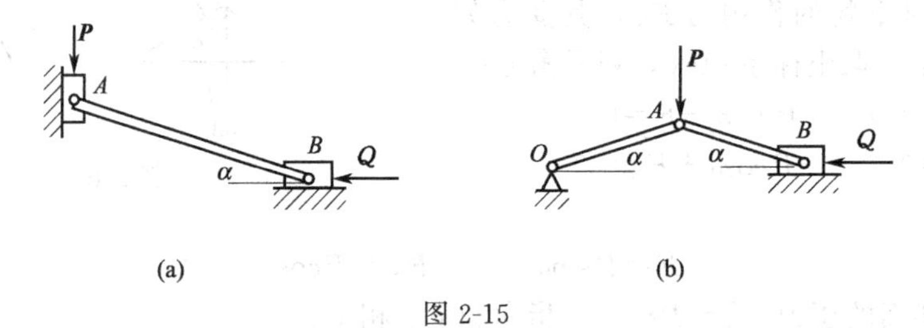

图 2-15

2-4　已知 $AB=AC=2\text{m}$，$BC=1\text{m}$，$P=10\text{kN}$，如图 2-16 所示，求 AC 与 BC 杆受力。

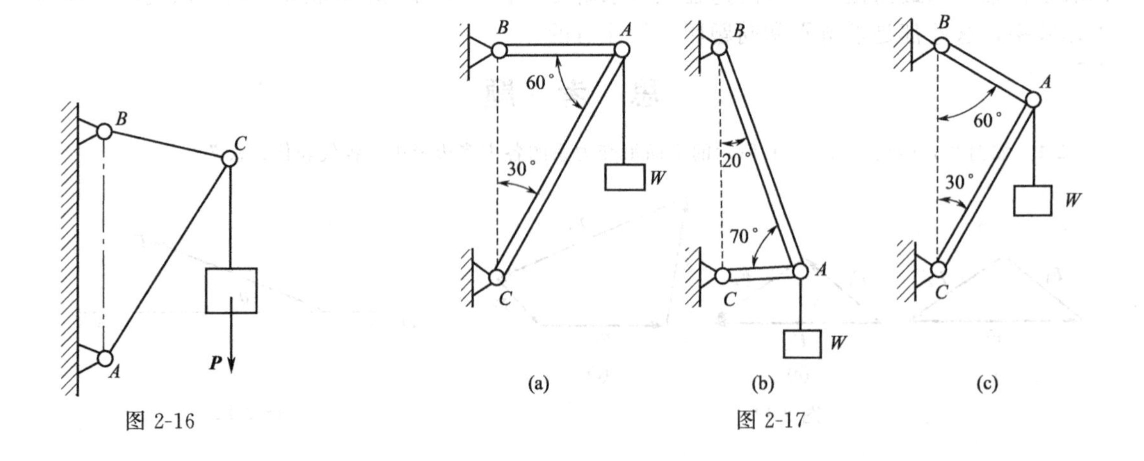

图 2-16　　图 2-17

2-5　支架如图 2-17 所示，由杆 AB 与 AC 组成，A、B 与 C 均为铰链，在销钉 A 上悬挂重量为 W 的重物。试求图示 3 种情形下，杆 AB 与杆 AC 所受的力。

2-6　已知水平力 $\boldsymbol{F}$，不计刚性架重量，如图 2-18 所示，求支座 A、D 的反力。

2-7　图 2-19 所示圆柱体 A 重 W，在其中心系有两绳 AB 和 AC，并分别经过滑轮 B 和 C，两端分别挂重为 G_1 和 G_2 的物体，设 $G_2>G_1$。试求平衡时 D 处的约束反力。

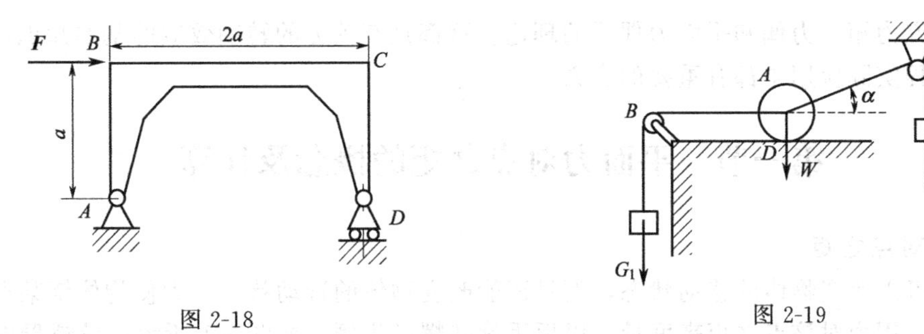

图 2-18　　图 2-19

2-8　图 2-20 所示液压式夹紧机构，D 为固定铰，B、C、E 为中间铰。已知力 P 及几何尺寸，试求平衡时工件 H 所受的紧压力。

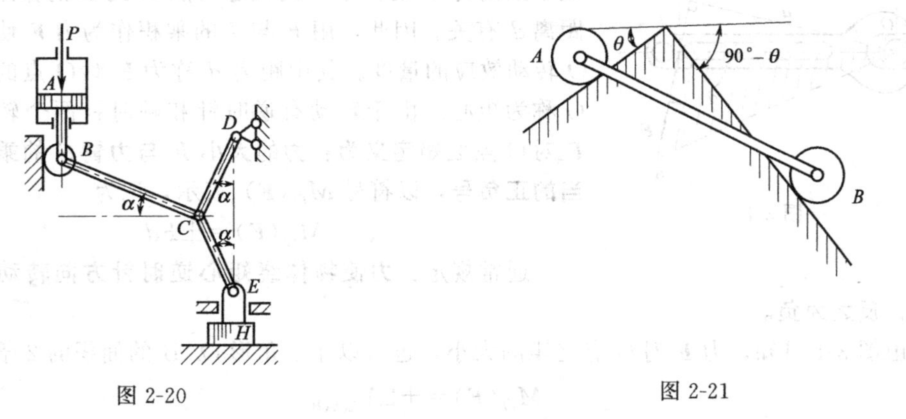

图 2-20　　图 2-21

2-9　两轮 A 和 B 各重为 $P_A=2P$，$P_B=P$，杆 AB 长为 l，连接两轮，可自由地在光滑面上滚动，如图 2-21 所示，不计杆的质量，试求当物体处于平衡时，杆 AB 与水平线的夹角。

第三章　力矩与平面力偶理论

本章研究力矩、力偶和平面力偶系的理论。这都是有关力的转动效应的基本知识，在理论研究和工程实际应用中都有重要的意义。

第一节　平面力对点之矩的概念及计算

一、力对点之矩

力不仅可以改变物体的移动状态，而且还能改变物体的转动状态。力使物体绕某点转动的力学效应，用力对该点之矩来度量。以扳手旋转螺母为例，如图 3-1 所示，设螺母能绕点 O 转动。由经验可知，螺母能否转动，不仅取决于作用在扳手上的力 F 的大小，而且还与点 O 到 $\boldsymbol{F}$ 的作用线的垂直距离 d 有关。因此，用 F 与 d 的乘积作为力 $\boldsymbol{F}$ 使螺母绕点 O 转动效应的量度。其中距离 d 称为 $\boldsymbol{F}$ 对 O 点的力臂，点 O 称为矩心。由于转动有逆时针和顺时针两个转向，则**力 $\boldsymbol{F}$ 对 O 点之矩定义为：力的大小 F 与力臂 d 的乘积冠以适当的正负号**，以符号 $M_O(\boldsymbol{F})$ 表示，记为

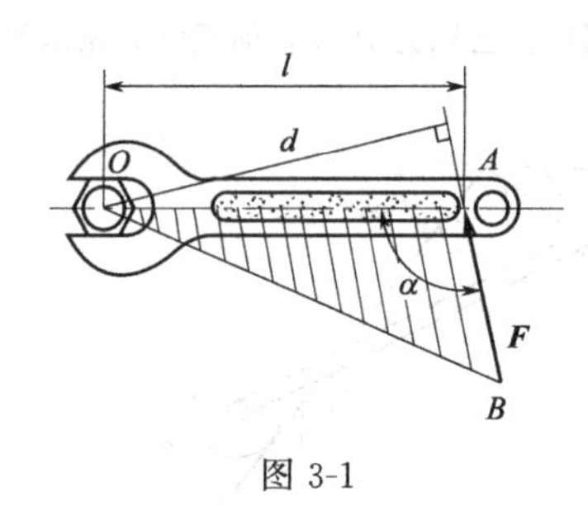

图 3-1

$$M_O(\boldsymbol{F}) = \pm Fd \tag{3-1}$$

通常规定：**力使物体绕矩心逆时针方向转动时，力矩为正，反之为负。**

由图 3-1 可知，力 $\boldsymbol{F}$ 对 O 点之矩的大小，也可以用三角形 OAB 的面积的 2 倍表示即

$$M_O(\boldsymbol{F}) = \pm 2A_{\triangle OAB} \tag{3-2}$$

在国际单位制中，力矩的单位是牛顿·米（N·m）或千牛顿·米（kN·m）。

由上述分析可得力矩的性质：

① 力对点之矩，不仅取决于力的大小，还与矩心的位置有关，力矩随矩心的位置变化而变化；

② 力对任一点之矩，不因该力的作用点沿其作用线移动而改变，再次说明力是滑移矢量；

③ 力的大小等于零或其作用线通过矩心时，力矩等于零。

二、合力矩定理

合力矩定理：平面汇交力系的合力对其平面内任一点的矩等于所有各分力对同一点之矩的代数和。即

$$M_O(\boldsymbol{F}_R) = \sum M_O(\boldsymbol{F}_i) \tag{3-3}$$

按力系等效概念，式(3-3) 易于理解。合力矩定理建立了合力对点之矩与分力对同一点之矩的关系。这个定理也适用于有合力的其他力系。

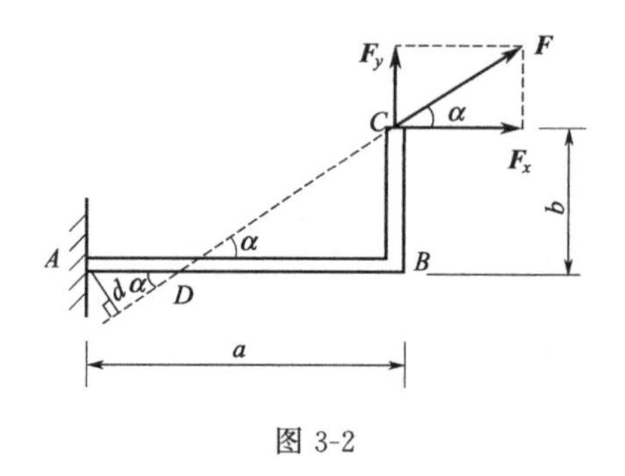

图 3-2

【例 3-1】 试计算图 3-2 中力 $\boldsymbol{F}$ 对 A 点之矩。

解：本题有两种解法。

① 由力矩的定义计算力 $\boldsymbol{F}$ 对 A 点之矩。

先求力臂 d。由图中几何关系有

$$
\begin{aligned}
d &= AD\sin\alpha = (AB - DB)\sin\alpha \\
&= (AB - BC\cot\alpha)\sin\alpha \\
&= (a - b\cot\alpha)\sin\alpha \\
&= a\sin\alpha - b\cos\alpha
\end{aligned}
$$

所以

$$M_A(\boldsymbol{F}) = Fd = F(a\sin\alpha - b\cos\alpha)$$

② 根据合力矩定理计算力 $\boldsymbol{F}$ 对 A 点之矩。

将力 $\boldsymbol{F}$ 在 C 点分解为两个正交的分力，由合力矩定理可得

$$
\begin{aligned}
M_A(\boldsymbol{F}) &= M_A(\boldsymbol{F}_x) + M_A(\boldsymbol{F}_y) \\
&= -F_x \times b + F_y \times a \\
&= F(a\sin\alpha - b\cos\alpha)
\end{aligned}
$$

本例两种解法的计算结果是相同的，当力臂不易确定时，用第二种方法较为简便。

第二节　力偶及其性质

一、力偶与力偶矩

在日常生活和工程实际中，经常见到物体受两个大小相等、方向相反，但不在同一直线上的两个平行力作用的情况。例如，司机驾驶汽车时两手作用在方向盘上的力［图 3-3(a)］，工人用丝锥攻螺纹时两手加在扳手上的力［图 3-3(b)］，以及用两个手指拧动水龙头［图 3-3(c)］所加的力等。在力学中把这样**一对等值、反向而不共线的平行力称为力偶**，如图 3-4 所示，用符号 $(\boldsymbol{F}, \boldsymbol{F}')$ 表示。两个力作用线之间的垂直距离 d 称为**力偶臂**，两个力作用线所决定的平面称为**力偶的作用面**。

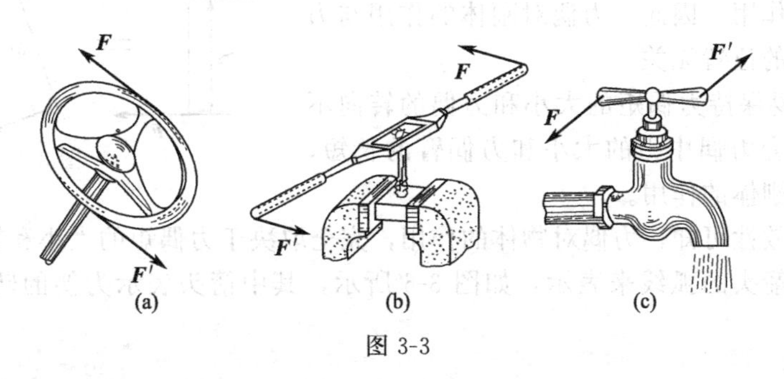

图 3-3

由于力偶不能合成为一个力，所以力偶也不能用一个力来平衡。因此，力和力偶是静力学的两个基本要素。

力偶对物体只能产生转动效应，力偶对物体的转动效应取决于力偶中力的大小、力偶臂的大小以及力偶的转向。在平面问题中，将**力偶中的一个力的大小和力偶臂的乘积冠以正负号**作为力偶对物体转动效应的量度，称为**力偶矩**，用 M 或 $M(\boldsymbol{F}, \boldsymbol{F}')$ 表示，是代数量，如图 3-4 所示，即

$$M(\boldsymbol{F}, \boldsymbol{F}') = \pm Fd = \pm 2A_{\triangle ABC} \qquad (3\text{-}4)$$

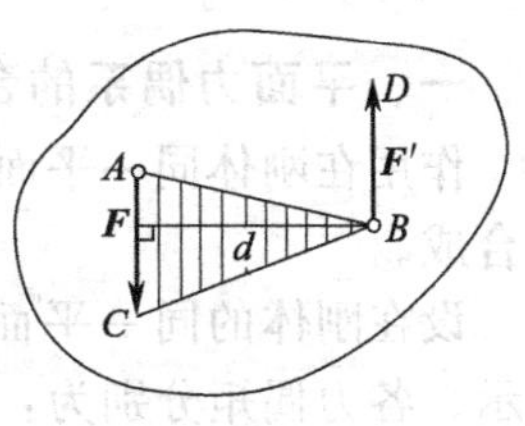

图 3-4

通常规定：**力偶使物体逆时针方向转动时，力偶矩为正，反之为负。**

在国际单位制中，力矩的单位是牛顿·米（N·m）或千牛顿·米（kN·m）。

二、力偶的性质

力和力偶是静力学中的两个基本要素，力偶与力具有不同的性质。

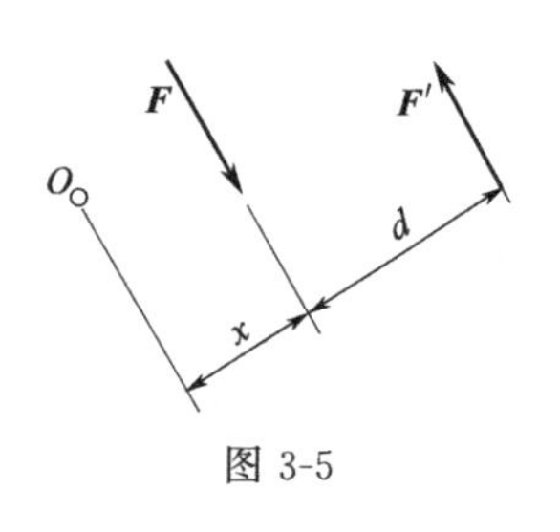

图 3-5

① 力偶在任意轴上的投影等于零。由于力偶中的两个力等值、反向、平行，所以它们在任意轴上的投影的代数和等于零。

② 力偶无合力，力偶不能简化为一个力，即力偶不能用一个力等效代替。因此力偶不能与一个力平衡，力偶只能与力偶平衡。

③ 力偶对其作用面内任一点的矩恒等于该力偶的力偶矩，与矩心位置无关。

力偶对物体只有转动效应，而力的转动效应是用力矩度量的，因此力偶使物体绕某点的转动效应自然可以使用力偶的两个力对于该点力矩的代数和来度量。如图 3-5 所示，在力偶（$\boldsymbol{F},\boldsymbol{F}'$）的作用面内任取 O 点为矩心，设 O 点与力 $\boldsymbol{F}$ 的距离为 x，则力偶（$\boldsymbol{F},\boldsymbol{F}'$）对 O 点之矩为

$$
\begin{aligned}
M_O(\boldsymbol{F},\boldsymbol{F}') &= M_O(\boldsymbol{F}') + M_O(\boldsymbol{F}) \\
&= F'(x+d) - Fx \\
&= F'd = Fd
\end{aligned}
$$

这个结果表明：无论 O 点选在何处，力偶对其矩总等于该力偶的力偶矩。所以，力偶对物体的转动效应取决于力偶矩（包括大小和转向），而与矩心位置无关。

④ 在同平面内的两个力偶，如果力偶矩相等，则两力偶彼此等效。这就是同平面内的力偶的等效定理。

该定理给出了在同一平面内力偶等效的条件。由此可得以下推论。

推论 1　力偶可以在其作用面内任意移动，而不改变它对刚体的作用。因此，力偶对刚体的作用与力偶在其作用面内的位置无关。

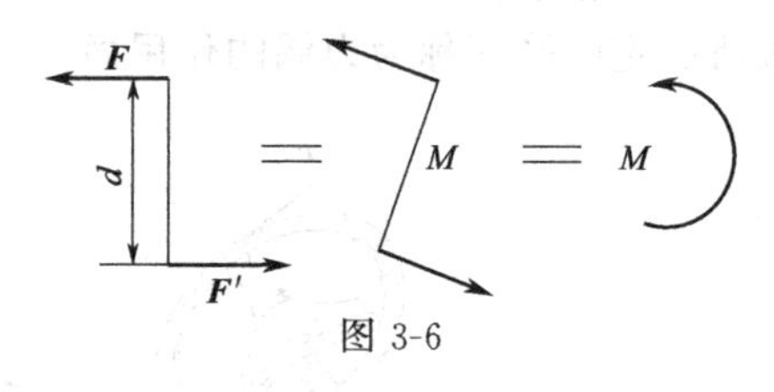

图 3-6

推论 2　只要保持力偶矩的大小和力偶的转向不变，可以同时改变力偶中力的大小和力偶臂的长短，而不改变力偶对刚体的作用。

由力偶的等效性可知，力偶对物体的作用，完全取决于力偶矩的大小和转向。因此，力偶矩可以用一带箭头的弧线来表示，如图 3-6 所示，其中箭头表示力偶的转向，M 表示力偶矩的大小。

第三节　平面力偶系的合成与平衡

一、平面力偶系的合成

作用在刚体同一平面内的各力偶组成平面力偶系，为了计算方便，需要把这个力偶系进行合成。

设在刚体的同一平面内作用三个力偶（$\boldsymbol{F}_1,\boldsymbol{F}_1'$）、（$\boldsymbol{F}_2,\boldsymbol{F}_2'$）和（$\boldsymbol{F}_3,\boldsymbol{F}_3'$），如图 3-7(a) 所示。各力偶矩分别为：

$$M_1 = F_1 d_1, M_2 = F_2 d_2, M_3 = -F_3 d_3$$

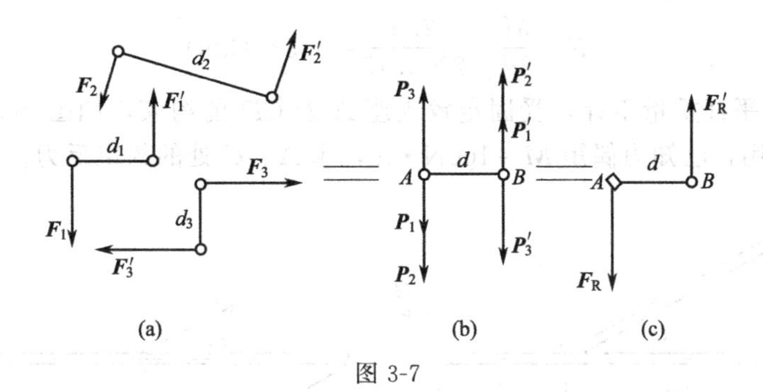

图 3-7

在力偶作用面内任取一线段 $AB=d$，按力偶等效条件，将这三个力偶都等效地改为以 d 为力偶臂的力偶（$\boldsymbol{P}_1,\boldsymbol{P}_1'$）、（$\boldsymbol{P}_2,\boldsymbol{P}_2'$）和（$\boldsymbol{P}_3,\boldsymbol{P}_3'$），然后移转各力偶，使它们的力偶臂都与 AB 重合，则原平面力偶系变换为作用于点 A、B 的两个共线力系，如图 3-7(b) 所示。由等效条件可知

$$P_1d=F_1d_1,P_2d=F_2d_2,-P_3d=-F_3d_3$$

将这两个共线力系分别合成，得

$$F_R=P_1+P_2-P_3\quad F_R'=P_1'+P_2'-P_3'$$

可见，力 $\boldsymbol{F}_R$ 与 $\boldsymbol{F}_R'$等值、反向作用线平行但不共线，构成一新的力偶（$\boldsymbol{F}_R,\boldsymbol{F}_R'$），如图 3-7(c) 所示。力偶（$\boldsymbol{F}_R,\boldsymbol{F}_R'$）称为原来的三个力偶的合力偶。用 M 表示此合力偶矩，则

$$M=F_Rd=(P_1+P_2-P_3)d=P_1d+P_2d-P_3d=F_1d_1+F_2d_2-F_3d_3$$

所以

$$M=M_1+M_2+M_3$$

若作用在同一平面内有 n 个力偶，则上式可以推广为

$$M=M_1+M_2+\cdots+M_n=\Sigma M$$

由此可得到如下结论：

平面力偶系可以合成为一合力偶，此合力偶的力偶矩等于力偶系中各力偶的力偶矩的代数和。

二、平面力偶系的平衡条件

平面力偶系中可以用它的合力偶等效代替，由合成结果可知，力偶系平衡时，其合力偶矩必等于零。由此可得到**平面力偶系平衡的必要与充分条件：平面力偶系中所有各力偶的力偶矩的代数和等于零**。即

$$\Sigma M=0 \tag{3-5}$$

平面力偶系有一个平衡方程，可以求解一个未知量。

【例 3-2】 如图 3-8 所示，电动机轴通过联轴器与工作轴相连，联轴器上 4 个螺栓 A、B、C、D 的孔心均匀地分布在同一圆周上，此圆的直径 $d=150\text{mm}$，电动机轴传给联轴器的力偶矩 $M=2.5\text{kN}\cdot\text{m}$，试求每个螺栓所受的力为多少？

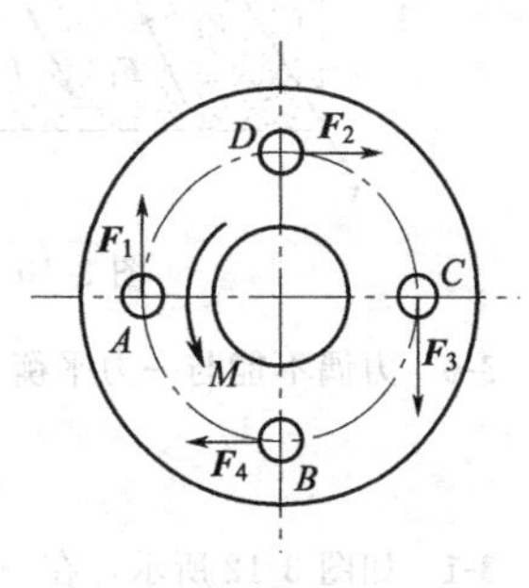

图 3-8

解： 取联轴器为研究对象，作用于联轴器上的力有电动机传给联轴器的力偶，每个螺栓的反力，受力如图 3-8 所示。设 4 个螺栓的受力均匀，即 $F_1=F_2=F_3=F_4=F$，则组成两个力偶并与电动机传给联轴器的力偶平衡。由力偶平衡条件，得

$$\Sigma M=0,\ M-Fd-Fd=0$$

解得
$$F=\frac{M}{2d}=\frac{2.5}{2\times0.15}=8.33\ (\mathrm{kN})$$

【例 3-3】 水平杆重量不计，受固定铰支座 A 及 CD 的约束，如图 3-9(a) 所示，在杆端 B 受一力偶作用，已知力偶矩 $M=100\mathrm{N\cdot m}$，求 A、C 处的约束反力。

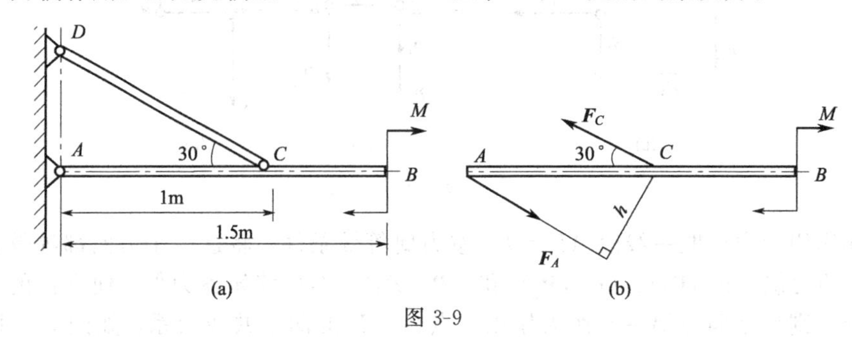

图 3-9

解： 取 AB 杆为研究对象。作用于 AB 杆的是一个主动力偶，A、C 两点的约束反力也必然组成一个力偶才能与主动力偶平衡。受力如图 3-9(b) 所示。由于 CD 杆是二力杆，$\boldsymbol{F}_C$ 必沿 C、D 两点的连线，而 $\boldsymbol{F}_A$ 应与 $\boldsymbol{F}_C$ 平行，且有 $F_A=F_C$ 由平面力偶系平衡条件可得
$$\sum M=0,\ F_A\times h-M=0$$

其中
$$h=AC\sin30°=1\times0.5=0.5\ (\mathrm{m})$$

则
$$F_A=F_C=\frac{M}{h}=\frac{100}{0.5}=200\ (\mathrm{N})$$

思　考　题

3-1　什么是力矩？什么是力偶？有何异同？举例说明。

3-2　力偶有哪几条性质？

3-3　力偶的三要素是什么？

3-4　怎样的力偶才是等效力偶？

3-5　如图 3-10 所示，一力偶（$\boldsymbol{F}_1,\boldsymbol{F}_1'$）作用在 Oxy 平面内，另一力偶（$\boldsymbol{F}_2,\boldsymbol{F}_2'$）作用在 Oyz 平面内，力偶矩之绝对值相等，试问两力偶是否等效？为什么？

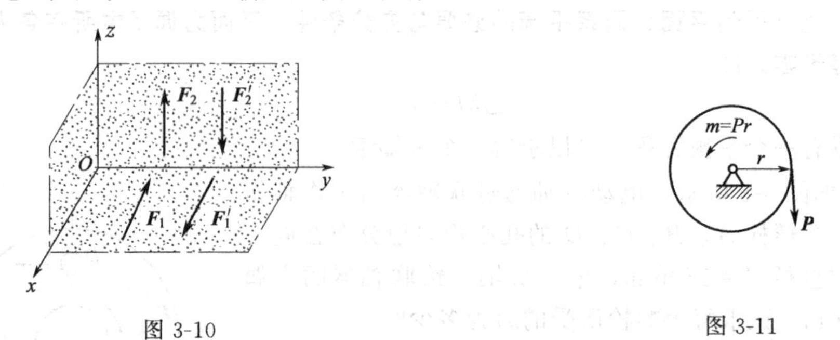

图 3-10　　　　图 3-11

3-6　力偶不能与一力平衡，那么如何解释图 3-11 所示的平衡现象？

习　　题

3-1　如图 3-12 所示，在一钻床上水平放置工件，在工件上同时钻四个等直径的孔，每个钻头的力偶矩为 $M_1=M_2=M_3=M_4=15\mathrm{N\cdot m}$，求工件的总切削力偶矩。

3-2 图 3-13 所示 $F_1=F_1'=150\text{N}$，$F_2=F_2'=200\text{N}$，$F_3=F_3'=250\text{N}$，图中长度单位为 m 求合力偶。

3-3 构件的支撑及载荷情况如图 3-14 所示，$l=4\text{m}$。求支座 A、B 的约束反力。

3-4 如图 3-15 所示，锻锤工作时，若锻件给它的反作用力有偏心，就会使锤头发生偏斜，在导轨上产生很大的压力，从而加速导轨的磨损，影响锻件的精度。已知打击力 $F=1000\text{kN}$，偏心矩 $e=20\text{mm}$，锤头高度 $h=200\text{mm}$，求锤头给两侧导轨的压力。

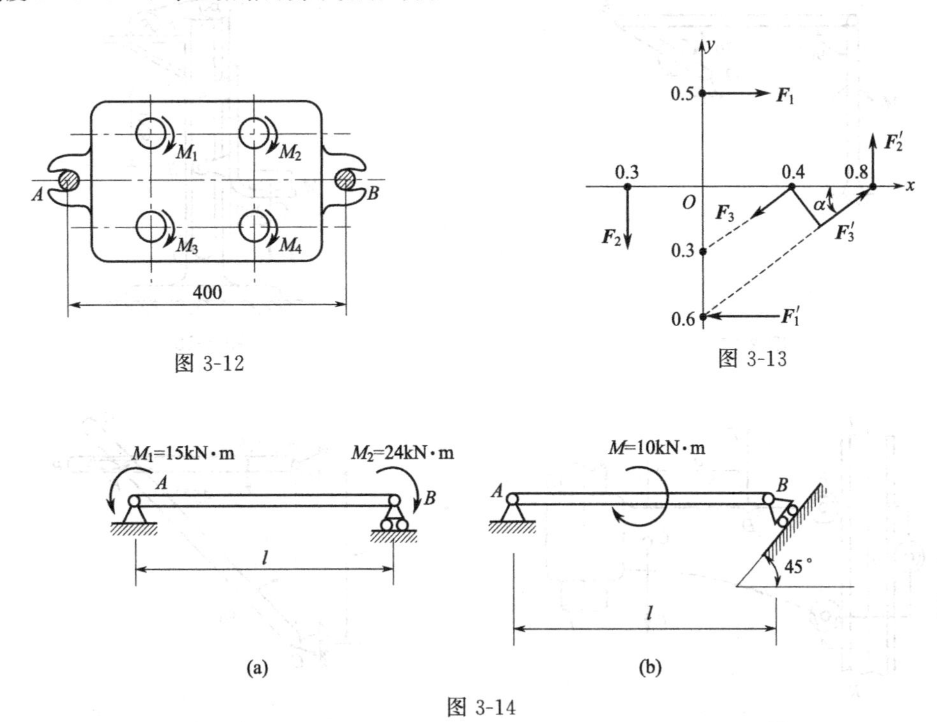

图 3-12　　图 3-13

图 3-14

3-5 图 3-16 所示为轧钢机工作机构，机架和轧辊共重 $P=650\text{kN}$，为了轧制钢板，在轧辊上各作用一力偶，力偶矩大小为 $M_1=M_2=828\text{kN}$，机架的支点距离 $l=1380\text{mm}$。当发生事故时，$M_1=0$，$M_2=1656\text{kN}\cdot\text{m}$，求在正常工作与发生事故两种情形下支点 A、B 的反力。

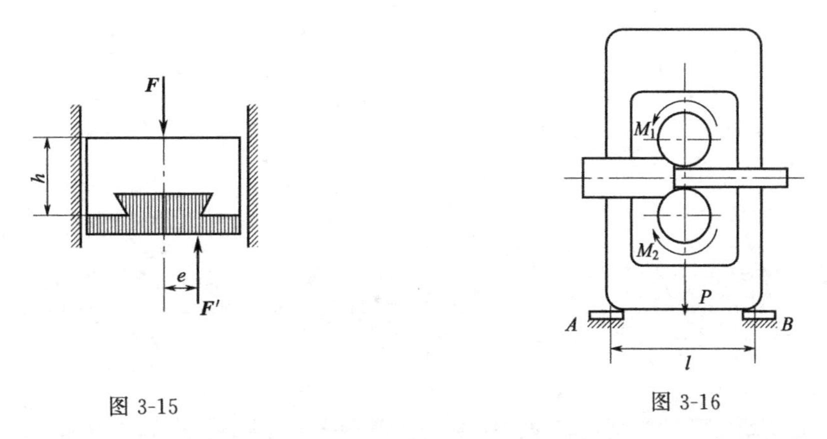

图 3-15　　图 3-16

3-6 四连杆机构 $OABO_1$ 在图 3-17 所示位置平衡，已知 $OA=60\text{cm}$，$O_1B=40\text{cm}$，作用在摇杆 OA 上的力偶矩大小为 $M_1=1\text{N}\cdot\text{m}$，不计杆重，求力偶矩 M_2 的大小及连杆 AB 所受的力。

3-7 图 3-18 所示为卷扬机简图，重物 M 放在小台车 C 上，小台车上装有 A 轮和 B 轮，可沿导轨 ED 上下运动。已知重物重量 $P=2\text{kN}$，图中长度单位为 mm，试求导轨对 A 轮和 B 轮的约束反力。

3-8 炼钢用的电炉上，有一电极提升装置，如图 3-19 所示，设电极 HI 和支架共重 P，重心在 C 上。支架上 A、B 和 E 三个导轮可沿固定立柱 JK 滚动，钢丝绳在 D 点。求电极等速直线上升时的钢丝绳的拉

力及 A、B、E 三处的约束反力。

3-9　图 3-20 所示曲柄滑道机构中，杆 AB 上有一导槽，套在杆 CD 的销子 E 上，销子 E 可在光滑导槽内滑动，已知 $M_1=100\text{N}\cdot\text{m}$，转向如图 3-20 所示，$AC=2\text{m}$，在图示位置处于平衡，试求 M_2 及铰链 A 和 C 的反力。

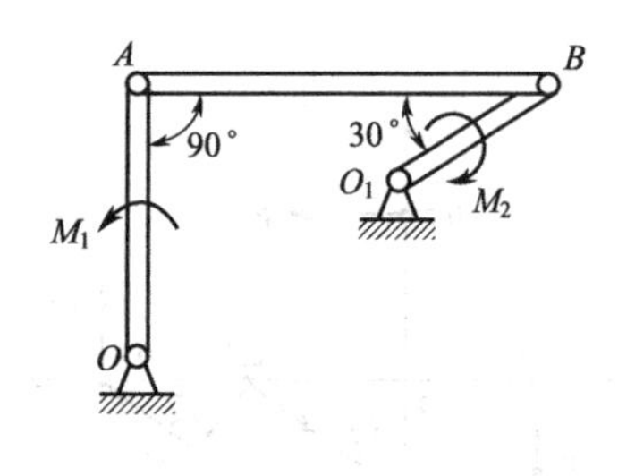

图 3-17

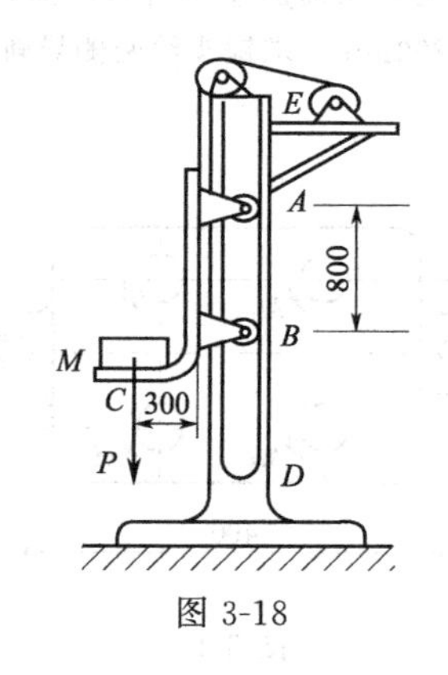

图 3-18

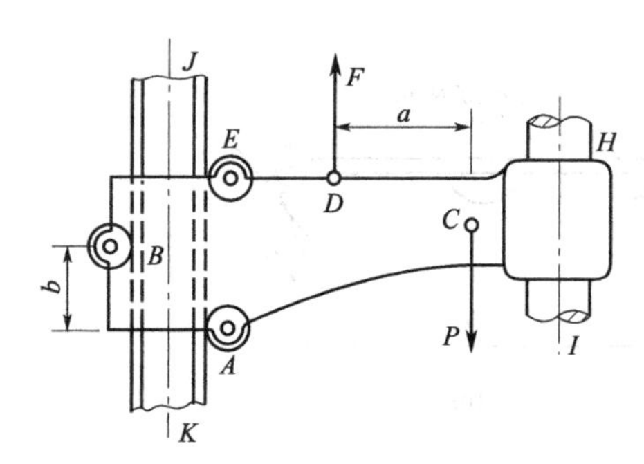

图 3-19

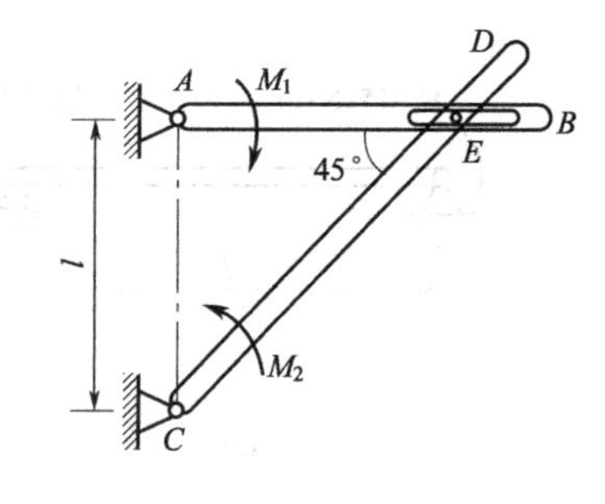

图 3-20

第四章　平面任意力系

当物体所受的力都作用于同一平面内或对称于某一平面时，可将其视为该对称平面内作用的平面力系问题。平面任意力系不仅是工程计算中最常见的一种力系形式，其分析方法也将为研究空间力系问题打下基础。本章将研究平面任意力系的简化与平衡，并讨论有摩擦存在时物体的平衡问题。

第一节　平面任意力系向一点简化

一、力的平移定理

根据力系简化的要求，需将原作用于图 4-1(a) 中刚体上 A 点的力 $\boldsymbol{F}_A$ 平移至 B 点。可先在 B 点加一平衡力系（$\boldsymbol{F}_B$，$\boldsymbol{F}'_B$），令 $\boldsymbol{F}_B=-\boldsymbol{F}'_B=\boldsymbol{F}_A$，如图 4-1(b) 所示，则力系（$\boldsymbol{F}_{\mathrm{B}}$，$\boldsymbol{F}'_B$，$\boldsymbol{F}_A$）与力 $\boldsymbol{F}$ 等效。而力 $\boldsymbol{F}'_B$ 与 $\boldsymbol{F}_A$ 组成一个力偶，亦即原力 $\boldsymbol{F}_A$ 与力 $\boldsymbol{F}_B$ 及力偶（$\boldsymbol{F}'_B$，$\boldsymbol{F}_A$）等效 [图 4-1(c)]。这样，就把作用于点 A 的力平移到了另一点 B，但同时附加了一个相应的力偶，这个力偶称为**附加力偶**。显然，附加力偶的矩为

$$M=F_A\cdot\overline{AB}=M_B(\boldsymbol{F}_A)$$

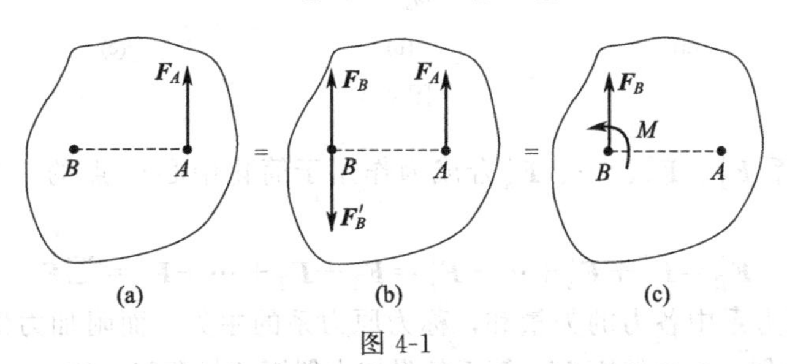

图 4-1

这个过程可以表述为**力的平移定理，即作用在刚体上的力可以平行移到任意一点，而不改变对刚体的作用效果，但平移时需附加一个力偶，附加力偶的力偶矩等于原力对平移点之矩。**

该定理指出，一个力可等效于一个力和一个力偶，或者说一个力可分解为作用在同平面内的一个力和一个力偶。反过来，根据力的平移定理，可证明其逆定理也成立，即同平面内的一个力和一个力偶可合成一个力。

力的平移定理既是复杂力系简化的理论依据，又是分析力对物体作用效应的重要方法。

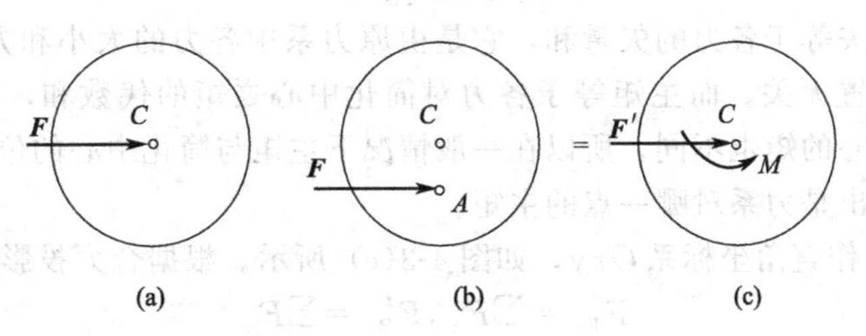

图 4-2

如图 4-2(a) 所示，力 $\boldsymbol{F}$ 的作用线通过球中心 C 时，球向前移动，如果力 $\boldsymbol{F}$ 作用线偏离球中心，如图 4-2(b) 所示，根据力的平移定理，力 $\boldsymbol{F}$ 向点 C 简化的结果为一个力 $\boldsymbol{F}'$ 和一个力偶 M，这个力偶使球产生转动，因此球既向前移动，又做转动。乒乓球运动员用球拍打乒乓球时，之所以能打出“旋转球”，就是根据这个原理。

二、平面任意力系向平面内一点的简化

平面任意力系向平面内一点简化的基本思路是应用力的平移定理，将平面任意力系分解成两个基本力系——平面汇交力系和平面力偶系，并根据这两个力系的简化结果，得到平面任意力系的简化结果。

设在刚体上作用一平面力系 $\boldsymbol{F}_1$、$\boldsymbol{F}_2$、…、$\boldsymbol{F}_n$，如图 4-3(a) 所示。在平面内任选一点 O，称为**简化中心**。根据力的平移定理，将各力平移到 O 点，于是得到一个作用于 O 点的平面汇交力系 $\boldsymbol{F}'_1$、$\boldsymbol{F}'_2$、…、$\boldsymbol{F}'_n$，一个相应的附加力偶系 M_1、M_2、…、M_n，如图 4-3(b) 所示，它们的力偶矩分别为：$M_1=M_O(\boldsymbol{F}_1)$、$M_2=M_O(\boldsymbol{F}_2)$、…、$M_n=M_O(\boldsymbol{F}_n)$。这样，原力系与作用于简化中心 O 点的平面汇交力系和附加的平面力偶系是等效的。

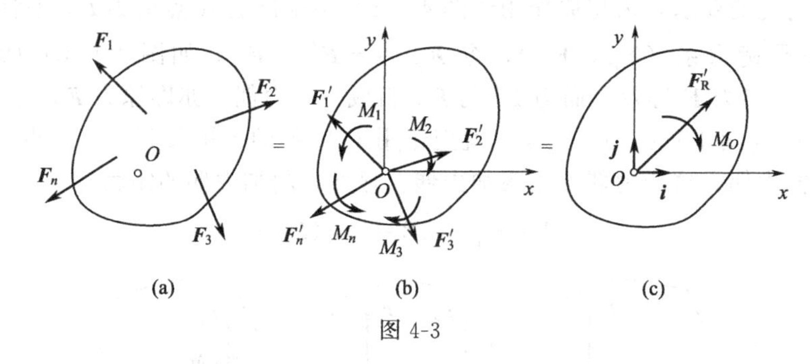

图 4-3

将平面汇交力系 $\boldsymbol{F}'_1$、$\boldsymbol{F}'_2$、…、$\boldsymbol{F}'_n$ 合成为作用于简化中心 O 点的一个力 $\boldsymbol{F}'_{\mathrm{R}}$，如图 4-3(c) 所示。则

$$\boldsymbol{F}'_{\mathrm{R}}=\boldsymbol{F}'_1+\boldsymbol{F}'_2+\cdots+\boldsymbol{F}'_n=\boldsymbol{F}_1+\boldsymbol{F}_2+\cdots+\boldsymbol{F}_n=\sum\boldsymbol{F}$$

即，力矢 $\boldsymbol{F}'_{\mathrm{R}}$ 等于原力系中各力的矢量和，称为原力系的主矢。而附加力偶系 M_1、M_2、…、M_n 可合成为一个力偶，合力偶矩 M_O 等于各附加力偶矩的代数和。故

$$M_O=M_1+M_2+\cdots+M_n=M_O(\boldsymbol{F}_1)+M_O(\boldsymbol{F}_2)+\cdots+M_O(\boldsymbol{F}_n)=\sum M_O(\boldsymbol{F})$$

即合力偶矩 M_O 等于原来各力对简化中心 O 点之矩的代数和，称为原力系对于简化中心的主矩。

可见，在一般情况下，**平面任意力系向作用面内任选一点 O 简化，一般可得一个力和一个力偶，这个力等于该力系的主矢，作用于简化中心 O；这个力偶的矩等于该力系对于 O 点的主矩**。

$$\left.\begin{aligned}\boldsymbol{F}'_{\mathrm{R}}&=\sum\boldsymbol{F}\\M_O&=\sum M_O(\boldsymbol{F})\end{aligned}\right\}\tag{4-1}$$

应该注意，主矢等于各力的矢量和，它是由原力系中各力的大小和方向决定的，所以，它与简化中心的位置无关。而主矩等于各力对简化中心之矩的代数和，简化中心选择不同时，各力对简化中心的矩也不同，所以在一般情况下主矩与简化中心的位置有关。以后在说到主矩时，必须指出是力系对哪一点的主矩。

过简化中心 O 作直角坐标系 Oxy，如图 4-3(c) 所示。根据合力投影定理，有

$$F'_{\mathrm{R}x}=\sum F_x,F'_{\mathrm{R}y}=\sum F_y\tag{4-2}$$

故主矢的大小和方向为

$$\left.\begin{array}{l} F'_R=\sqrt{(F'_{Rx})^2+(F'_{Ry})^2}=\sqrt{(\sum F_x)^2+(\sum F_y)^2} \\ \cos(\boldsymbol{F}'_R,\boldsymbol{i})=\dfrac{\sum F_x}{F'_R},\cos(\boldsymbol{F}'_R,\boldsymbol{j})=\dfrac{\sum F_y}{F'_R} \end{array}\right\} \tag{4-3}$$

需要指出的是，力系向一点简化的方法是一种普遍适用的分析方法，与刚体的运动状态无关，在静力学和动力学中都是有效的。

三、平面任意力系的简化结果分析

平面任意力系向作用面内一点简化的结果一般为一个主矢 $\boldsymbol{F}'_R$ 和一个主矩 M_O，对它们做进一步分析最终将会得到下面三种情况。

(1) 力系平衡　当力系的主矢 $\boldsymbol{F}'_R$、主矩 M_O 均等于零时，原力系平衡，这种情形将在下一节详细讨论。

(2) 力系简化为一个力偶　当力系的主矢 $\boldsymbol{F}'_R$ 等于零，而主矩 M_O 不等于零时，显然，主矩与原力系等效，即原力系可简化为一个合力偶，其力偶矩为

$$M_O=\sum M_O(\boldsymbol{F})$$

因为力偶对于平面内任意一点之矩都相同，所以，在这种情况下，主矩与简化中心的选择无关。

(3) 力系简化为一个合力

① 力系的主矩 M_O 等于零，主矢 $\boldsymbol{F}'_R$ 不等于零时，显然，主矢与原力系等效，即原力系可合成为一个合力，合力等于主矢，合力的作用线通过简化中心 O。

② 力系的主矢 $\boldsymbol{F}'_R$、主矩 M_O 都不等于零时，如图 4-4(a) 所示，根据力的平移定理的逆定理，主矢和主矩可合成为一合力。

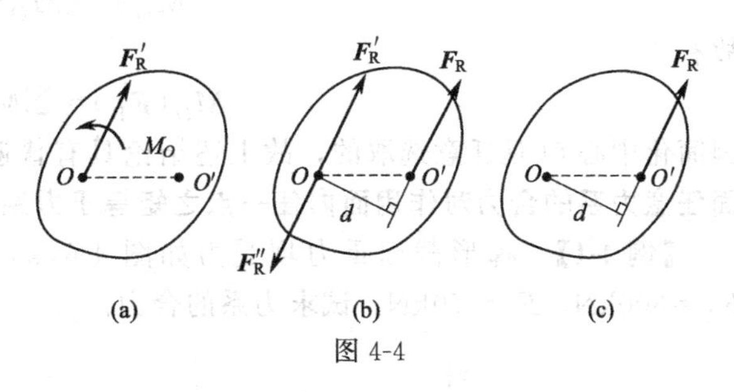

图 4-4

如图 4-4(b) 所示，将矩为 M_O 的力偶用两个力 $\boldsymbol{F}_R$ 和 $\boldsymbol{F}''_R$ 表示，并令 $\boldsymbol{F}'_R=\boldsymbol{F}_R=\boldsymbol{F}''_R$，然后去掉平衡力系（$\boldsymbol{F}'_R$，$\boldsymbol{F}''_R$），则主矢和主矩合成为一个作用在点 O' 的力，如图 4-4(c) 所示，这个力 $\boldsymbol{F}_R$ 就是原力系的合力，合力矢等于主矢；合力的作用线在 O 点的哪一侧，应根据主矢和主矩的方向确定；合力作用线到 O 点的距离 d 可按下式计算：

$$d=\frac{M_O}{F'_R}$$

四、固定端与合力矩定理

以上平面任意力系的简化方法，可用于对固定端的约束力分析以及对合力矩定理的证明。

1. 固定端

当一个物体的一端完全固接于另一物体上时，这种刚性的约束方式称为**固定端**。例如，车床上的车刀和工件分别被刀架和卡盘牢固地夹持，建筑物的雨篷和阳台楼板的一端插入墙体并被水泥砂浆封固，这些都是固定端约束的实例。

图 4-5(a) 所示即为一物体通过固定端连接在基础上。当物体上作用有主动力时（未画出），物体与基础的接触面上将作用有一群约束力，在平面问题中，这些约束力构成一个平面任意力系［图 4-5(b)］。若将力系向平面内一点 A（一般在物体与基础表面的交点）简化，得到一个力 $\boldsymbol{F}_A$ 和一个力偶 M_A，如图 4-5(c) 所示。一般情况下力 $\boldsymbol{F}_A$ 的大小和方向均

未知，可用一对正交分力 F_{Ax} 和 F_{Ay} 来代替。因此，在平面问题中固定端的约束力将简化为两个约束力和一个约束力偶［图 4-5(d)］。为简便起见，今后在计算简图中固定端将不再画出插入部分，而用图 4-5(e) 所示的形式表达。

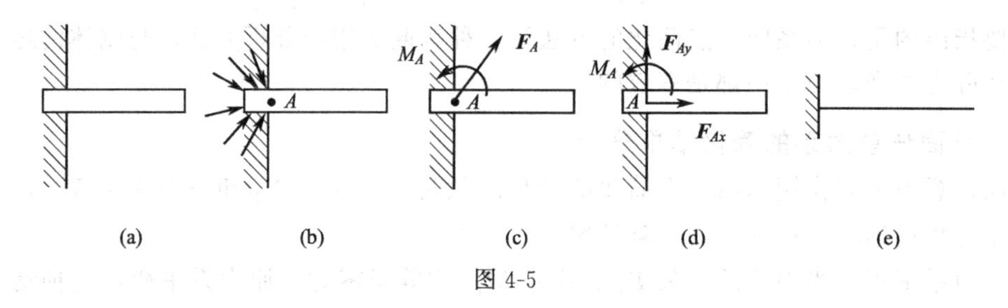

图 4-5

固定端与固定铰支座是两种不同的约束。固定端不仅能限制物体沿水平方向和铅直方向的移动，还能限制物体在平面内的转动。因此，除约束力外还产生约束力偶。而固定铰支座并不能限制物体在平面内的转动，因而也就不会产生约束力偶。

2. 合力矩定理

平面汇交力系中的合力矩定理也适用于平面任意力系。由图 4-4(c) 可知，力系的合力 $\boldsymbol{F}_{\mathrm{R}}$ 对点 O 的矩为

$$M_O(\boldsymbol{F}_{\mathrm{R}})=F_{\mathrm{R}}d=M_O$$

又由式(4-1) 有

$$M_O=\sum M_O(\boldsymbol{F})$$

故有

$$M_O(\boldsymbol{F}_{\mathrm{R}})=\sum M_O(\boldsymbol{F})$$

因简化中心 O 是任意选取的，故上述结论具有普遍意义。这个结论就是**合力矩定理，即平面任意力系的合力对作用面内任一点之矩等于力系中各力对同一点之矩的代数和。**

【例 4-1】 梯形截面重力坝受力如图 4-6(a) 所示。已知 $P_1=450\mathrm{kN}$，$P_2=200\mathrm{kN}$，$F_1=300\mathrm{kN}$，$F_2=70\mathrm{kN}$。试求力系的合力。

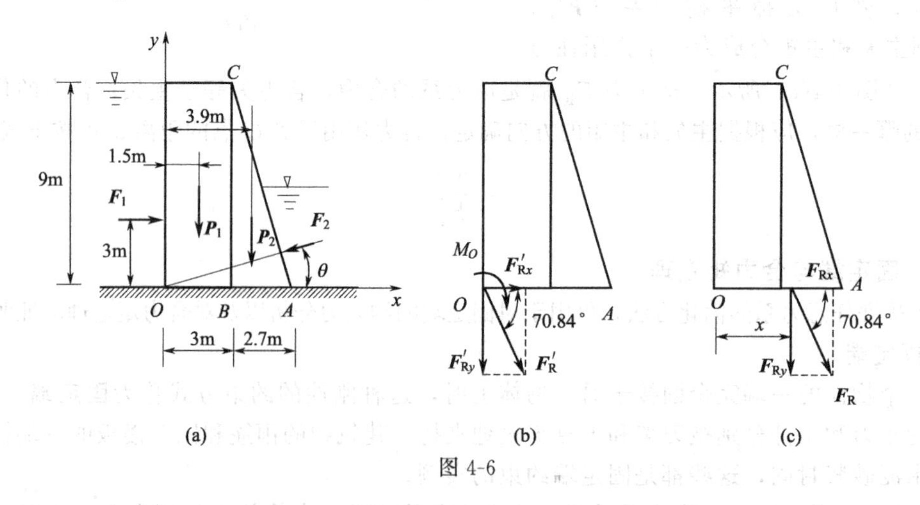

图 4-6

解：(1) 先将力系向 O 点简化，求主矢 $\boldsymbol{F}'_{\mathrm{R}}$ 和主矩 M_O。

由式(4-2) 计算主矢 $\boldsymbol{F}'_{\mathrm{R}}$ 在 x、y 轴上的投影

$$\theta=\angle ACB=\arctan\frac{AB}{CB}=16.7^\circ$$

$$F'_{Rx}=\sum F_x=F_1-F_2\cos\theta=232.9\ (\text{kN})$$

$$F'_{Ry}=\sum F_y=-P_1-P_2-F_2\sin\theta=-670.1\ (\text{kN})$$

由式（4-3），主矢 $\boldsymbol{F}'_R$的大小为

$$F'_R=\sqrt{(F_{Rx})^2+(F_{Ry})^2}=709.4\ (\text{kN})$$

主矢 $\boldsymbol{F}'_R$与 x 轴的夹角

$$\cos\alpha=\frac{F_{Rx}}{F'_R},\ \alpha=-70.84°$$

因 $\boldsymbol{F}'_{Ry}$为负，故主矢 $\boldsymbol{F}'_R$在第四象限内，与 x 轴的夹角为 70.84°，如图 4-6(b) 所示。力系对 O 点的主矩

$$M_O=\sum M_O(\boldsymbol{F})=-3F_1-1.5P_1-3.9P_2=-2355\ (\text{kN}\cdot\text{m})(\text{顺时针})$$

（2）求力系的合力 $\boldsymbol{F}_R$ 及位置。

合力 $\boldsymbol{F}_R$ 的大小和方向与主矢 $\boldsymbol{F}'_R$相同；其作用线位置根据合力矩定理求得，如图 4-6(c) 所示，有

$$M_O=M_O(\boldsymbol{F}_R)=M_O(\boldsymbol{F}_{Rx})+M_O(\boldsymbol{F}_{Ry})$$

解得

$$x=\frac{M_O}{F_{Ry}}=3.514\ (\text{m})$$

本题也可将力系向 A 点简化，然后再求出合力的作用线位置，请自行分析。

【例 4-2】 试求图 4-7 所示三角形分布载荷的合力。已知最大载荷集度为 q，分布长度为 l。

解：本题属于平面平行力系的合成问题。由于载荷集度相互平行，因此合力也必与诸分力方向相同。

以 A 为原点，建立坐标轴 x。在 x 处取微段 dx，此处的分布载荷集度为 $q(x)$。由几何关系可知 $q(x)=\frac{x}{l}q$。微段上载荷的合力为 $q(x)dx$。则总的合力大小为

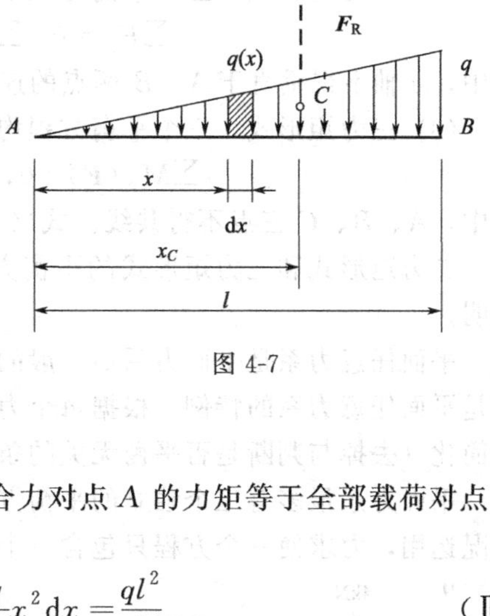

图 4-7

$$F_R=\int_0^l q(x)dx=\int_0^l \frac{q}{l}x\,dx=\frac{ql}{2} \qquad (\text{Ⅰ})$$

设合力的作用线距 A 端 x_C。根据合力矩定理，合力对点 A 的力矩等于全部载荷对点 A 力矩之和，即

$$F_Rx_C=\int_0^l q(x)x\,dx=\int_0^l \frac{q}{l}x^2dx=\frac{ql^2}{3} \qquad (\text{Ⅱ})$$

将式（Ⅰ）代入式（Ⅱ），则得

$$x_C=\frac{2}{3}l$$

由此可知：平行分布力系的合力，大小等于载荷图的面积，作用线与载荷集度平行且通过载荷图的几何中心（形心）。

第二节　平面任意力系的平衡

一、平衡条件和平衡方程

当平面任意力系向一点简化，其主矢和主矩均等于零时，即

$$F'_R=0, M_O=0 \tag{4-4}$$

显然，此时原力系必为平衡力系。故式(4-4) 为平面任意力系平衡的充分条件。

另外，只有当主矢和主矩均等于零时，力系才能平衡；只要主矢和主矩中有一个不等于零，则原力系简化为一合力或一合力偶，力系不能平衡。故式(4-4) 又是平面任意力系平衡的必要条件。

因此，**平面任意力系平衡的充分和必要条件是：力系的主矢和对于任一点的主矩都等于零。**

由式(4-3) 和式(4-4)，可得

$$\sum F_x=0, \sum F_y=0, \sum M_O(\boldsymbol{F})=0 \tag{4-5}$$

于是，平面任意力系平衡的充分和必要条件又可写为：**力系中各力在两个任选的坐标轴上投影的代数和分别等于零，以及各力对于任一点之矩的代数和也等于零。**

式(4-5) 称为**平面任意力系的平衡方程**。

二、平衡方程的三种形式

(1) 基本形式　平面任意力系平衡方程的第一种形式为式(4-5) 表示的基本形式。

由于平面力系的简化中心是任意选取的，因此，在求解平面任意力系平衡问题时，可取不同的矩心，列出不同的力矩方程。用力矩方程代替投影方程进行求解，可以灵活地选取未知力作用线的汇交点作为矩心，使这些未知力在方程中不出现，计算往往比较简便。

(2) 二力矩形式　三个平衡方程中有两个力矩方程，即

$$\sum F_x=0, \sum M_A(\boldsymbol{F})=0, \sum M_B(\boldsymbol{F})=0 \tag{4-6}$$

其中，x 轴不得垂直于 A、B 两点的连线。式(4-6) 为平衡方程的二力矩形式。

(3) 三力矩形式　三个平衡方程均为力矩方程，即

$$\sum M_A(\boldsymbol{F})=0, \sum M_B(\boldsymbol{F})=0, \sum M_C(\boldsymbol{F})=0 \tag{4-7}$$

其中，A、B、C 三点不得共线。式(4-7) 为平衡方程的三力矩形式。

二力矩形式和三力矩形式的平衡方程也是平面任意力系平衡的充要条件，请读者自行证明。

平面任意力系是平面力系最一般的情况，平面汇交力系、平面力偶系以及平面平行力系都是平面任意力系的特例。根据每个力系的具体特征，对平面任意力系的平衡方程进行相应的简化（去掉与判断是否平衡无关的条件）即得到该力系的平衡方程。

平面力系最多有三个独立的平衡方程，能求解三个未知量。在实际应用时，需根据具体情况选用，力求使一个方程只包含一个未知量，以减少解联立方程的麻烦。

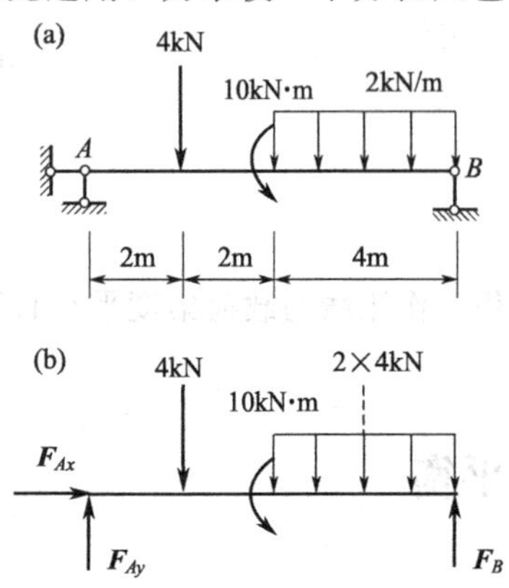

图 4-8

三、平衡方程的应用

求解平面任意力系的平衡问题时，一般按如下步骤进行：

① 选定研究对象，取出隔离体；

② 画受力图；

③ 取适当的投影轴和矩心，列平衡方程并求解。

【例 4-3】 试计算图 4-8(a) 所示简支梁 AB 的支座约束力。

解： 取梁 AB 为研究对象，解除 A、B 两处的约束并画出梁的受力图，如图 4-8(b) 所示。

考虑到 B 处只有竖向约束力且梁上并无水平载荷，可先由平衡方程 $\sum F_x=0$ 解出 A 处的水平约束力 F_{Ax}。

$$\sum F_x=0, F_{Ax}=0$$

竖向约束力 $\boldsymbol{F}_{Ay}$ 和 $\boldsymbol{F}_B$ 平行相互，为避免解联立方程，一般可先采用力矩方程解出其中的一个。

$$\sum M_B(F)=0, -F_{Ay}\times 8+4\times 6+10+2\times 4\times 2=0$$

解得，$F_{Ay}=6.25$ (kN)

再由投影方程 $\sum F_y=0$ 解出 F_B。

$$\sum F_y=0, F_{Ay}+F_B-4-2\times 4=0$$

解得，$F_B=5.75$ (kN)

以上计算结果可取其他平衡方程进行校核。如

$$\sum M_A(\boldsymbol{F})=5.75\times 8-4\times 2+10-2\times 4\times 6=0$$

计算结果无误。

由于约束力的计算结果关系到后面所有的计算是否正确，关系重大，因此应养成校核的习惯。

【例 4-4】 试计算图 4-9(a) 所示悬臂梁 AB 的支座约束力。

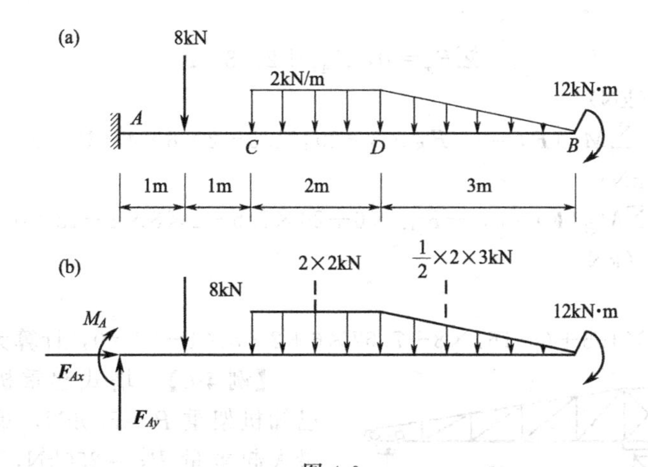

图 4-9

解：取梁 AB 为研究对象，解除 A 处的约束并画出梁的受力图［图 4-9(b)］。

由于存在未知力偶 M_A，采用力矩方程并无明显优势。取投影方程

$$\sum F_x=0, F_{Ax}=0$$

$$\sum F_y=0, F_{Ay}-8-2\times 2-\frac{1}{2}\times 2\times 3=0$$

解得，$F_{Ay}=15$ (kN)

列力矩方程

$$\sum M_A(\boldsymbol{F})=0, -M_A-8\times 1-2\times 2\times 3-\frac{1}{2}\times 2\times 3\times 5-12=0$$

解得，$M_A=-47$ (kN·m)

校核：$\sum M_D(\boldsymbol{F})=-(-47)-15\times 4+8\times 3+2\times 2\times 1-\frac{1}{2}\times 2\times 3\times 1-12=0$，计算无误。

约束力偶 M_A 计算结果中，负号表示其实际转向与所设的不同，应为逆时针转向。但这并不影响计算结果的正确性。

从以上两个例题的计算结果中可以看出，梁在竖向载荷作用下不产生水平约束力，这是

梁的一个基本特征。今后在画梁的受力图时，可不画出水平约束力。

【例 4-5】 试计算图 4-10(a) 所示刚架的支座约束力。

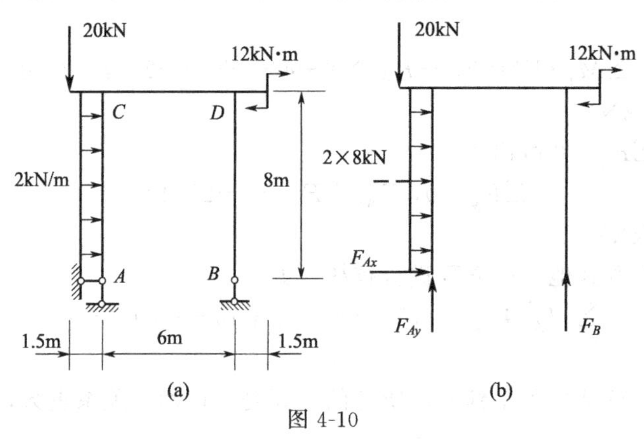

图 4-10

解：取刚架为研究对象，解除 A、B 两处的约束并画出受力图［图 4-7(b)］。

列平衡方程

$$\sum F_x=0,\ F_{Ax}+2\times8=0$$

解得，$F_{Ax}=-16$ (kN)

$$\sum M_A(\boldsymbol{F})=0\quad F_B\times6+20\times1.5-2\times8\times4-12=0$$

解得，$F_B=7.67$ (kN)

$$\sum M_B(\boldsymbol{F})=0,\ -F_{Ay}\times6+20\times7.5-2\times8\times4-12=0$$

解得，$F_{Ay}=12.33$ (kN)

校核：

$\sum M_C(\boldsymbol{F})=20\times1.5+(-16)\times8+7.67\times6+2\times8\times4-12=0$，计算无误。

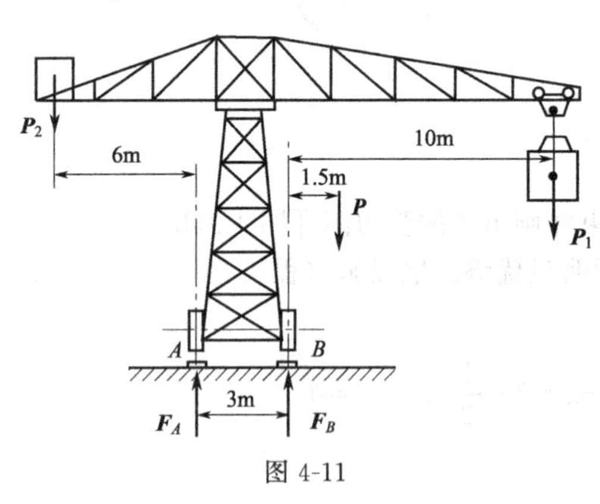

图 4-11

【例 4-6】 塔式起重机如图 4-11 所示。已知机架重 $P=500$kN，重心距右轨 1.5m，最大起重量 $P_1=250$kN，突臂端部距右轨 10m。欲使起重机满载时不向右倾倒，空载时不向左倾倒，试确定平衡锤的重量 P_2。设 $\boldsymbol{P}_2$ 的作用线距左轨 6m。

解：取起重机为研究对象，并画出受力图。起重机受主动力 $\boldsymbol{P}$、$\boldsymbol{P}_1$、$\boldsymbol{P}_2$ 和约束力 $\boldsymbol{F}_A$、$\boldsymbol{F}_B$ 的作用，构成一个平面平行力系（约束力直接在图中画出）。

起重机正常工作时，约束力 $\boldsymbol{F}_A$、$\boldsymbol{F}_B$ 可由力矩方程分别求出。

$$\sum M_B(\boldsymbol{F})=0,\ -F_A\times3+P_2\times9-P\times1.5-P_1\times10=0$$

$$\sum M_A(\boldsymbol{F})=0,\ F_B\times3+P_2\times6-P\times4.5-P_1\times13=0$$

代入各力数值，有

$$F_A=\frac{P_2\times9-3250}{3}\geqslant0$$

$$F_B=\frac{2250-P_2\times6}{3}\geqslant0$$

解得，361 (kN)$\leqslant P_2 \leqslant$375 (kN)。

本题也可以分别考虑满载和空载（即将倾倒的临界状态）时，约束力 $\boldsymbol{F}_A$ 或 $\boldsymbol{F}_B$ 的值为零，从而计算出 $\boldsymbol{P}_2$ 取值范围的上限和下限，从而确定 $\boldsymbol{P}_2$ 的取值范围。

第三节 物体系统的平衡问题

一、物体系统的平衡

若干个物体通过适当的连接方式（约束）组成的系统称为**物体系统**，简称**物系**。工程实际中的结构或机构，如多跨梁、三铰拱、组合构架、各种机械等都可看做物体系统。

研究物体系统的平衡问题时，必须综合考察整体与局部的平衡。当物体系统平衡时，组成该系统的任何一个局部系统以至任何一个物体也必然处于平衡状态，因此在求解物体系统的平衡问题时，不仅要研究整个系统的平衡，而且要研究系统内某个局部或单个物体的平衡。在画物体系统、局部、单个物体的受力图时，特别要注意施力体与受力体、作用力与反作用力的关系，由于力是物体之间相互的机械作用，因此，对于受力图上的任何一个力，必须明确它是哪个物体所施加的，绝不能凭空臆造。

在求解物体系统的平衡问题时，应根据问题的具体情况，恰当地选取研究对象，这是对问题求解过程的繁简起决定性作用的一步，同时要注意在列平衡方程时，适当地选取矩心和投影轴，选择的原则是尽量做到一个平衡方程中只有一个未知量，以避免求解联立方程。

二、静定与超静定问题的概念

在静力平衡问题中，每一种力系所具有的独立平衡方程数目是有限的，若未知量的数目等于独立平衡方程的数目，则全部未知量都能由静力平衡方程解出，这类问题称为**静定问题**，显然第二节中所举各例都是静定问题。

如果未知量的数目多于独立平衡方程的数目，则由静力平衡方程就不能解出全部未知量，这类问题称为**超静定问题**，在超静定问题中，未知量的数目减去独立平衡方程的数目称为**超静定次数**。

在工程实际中，有时为了提高结构的承载能力，经常在结构上增加更多的约束，这样原来的静定结构就变成了超静定结构。如图 4-12(a) 所示的简支梁 AB 是一个平面任意力系，有 3 个未知量 $\boldsymbol{F}_{Ax}$、$\boldsymbol{F}_{Ay}$、$\boldsymbol{F}_B$，可列出 3 个独立的平衡方程，是一个静定问题；若在梁的中间增加一个支座 C 成为连续梁，如图 4-12(b) 所示，则有 4 个未知量（$\boldsymbol{F}_{Ax}$、$\boldsymbol{F}_{Ay}$、$\boldsymbol{F}_B$、$\boldsymbol{F}_C$），独立的平衡方程数仍为 3 个，未知量数比方程数多 1 个，故为一次超静定问题。又如图 4-13(a) 所示，用两根钢丝绳吊起一重物，未知量有 2 个，独立的平衡方程数也是 2 个（重物受平面汇交力系作用），因此是静定的。若用 3 根钢丝绳吊起重物，如图 4-13(b) 所示，则未知量有 3 个，而平衡方程仍只有 2 个，因此是一次超静定问题。

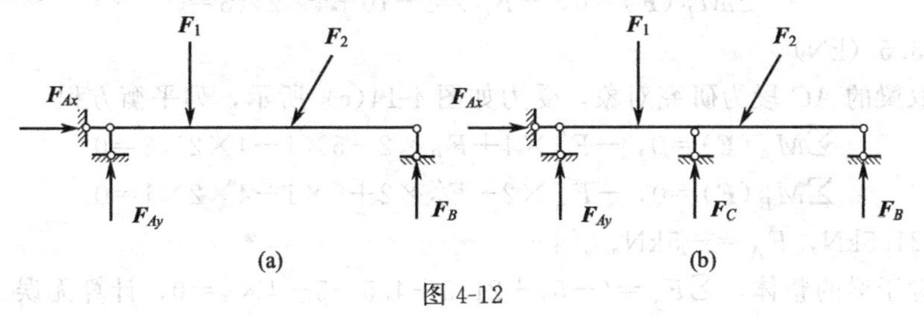

图 4-12

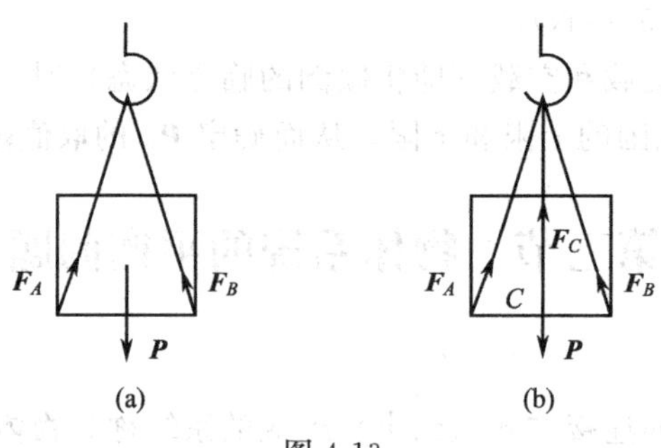

图 4-13

求解超静定问题时，必须考虑物体在受力后产生的变形，根据物体的变形条件，列出足够的补充方程后，才能求出全部未知量。这类问题将在材料力学中讨论。

【例 4-7】 组合梁由 AC 和 CE 用铰链连接而成，结构的尺寸和载荷如图 4-14(a) 所示，试求梁各支座处的约束力。

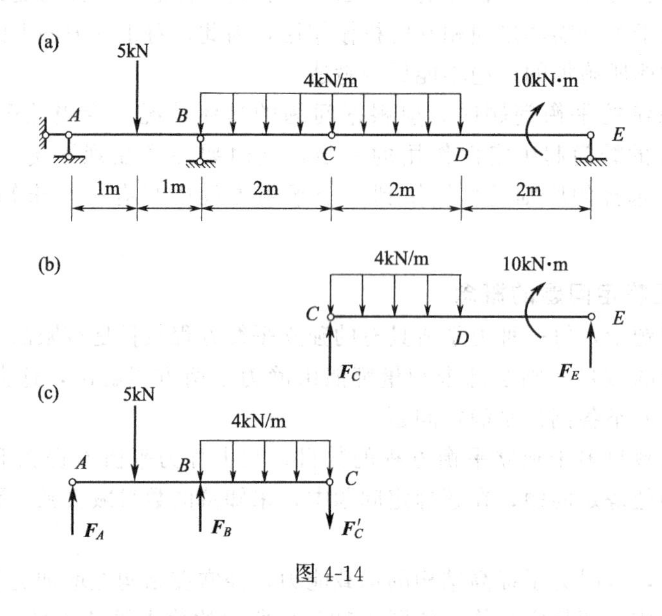

图 4-14

解：梁由两部分组成，每一部分相当于一个平面任意力系，共有 6 个平衡方程，3 个支座和一个铰接点共有 6 个约束力，因此这是一个静定问题。

首先取梁的 CE 段为研究对象，受力如图 4-14(b) 所示（梁在竖向载荷作用下水平约束力为零，未画出）。列平衡方程，求出 C、E 处的约束力。

$$\sum M_C(\boldsymbol{F})=0,\ F_E\times4-10-4\times2\times1=0$$

解得，$F_E=4.5$ (kN)

$$\sum M_E(\boldsymbol{F})=0,\ -F_C\times4-10+4\times2\times3=0$$

解得，$F_C=3.5$ (kN)

然后，取梁的 AC 段为研究对象，受力如图 4-14(c) 所示，列平衡方程

$$\sum M_A(\boldsymbol{F})=0,\ -F'_C\times4+F_B\times2-5\times1-4\times2\times3=0$$

$$\sum M_B(\boldsymbol{F})=0,\ -F_A\times2-F'_C\times2+5\times1-4\times2\times1=0$$

解得，$F_B=21.5\text{kN}$，$F_A=-5\text{kN}$。

校核：对于梁的整体，$\sum F_y=(-5)+21.5+4.5-5-4\times4=0$，计算无误。

本题也可先取梁的 CE 段为研究对象，求出 E 处的约束力 $\boldsymbol{F}_E$，然后，再取整体为研究对象，列方程求出 A、B 处的约束力 $\boldsymbol{F}_A$、$\boldsymbol{F}_B$。请读者自行分析。

【例 4-8】 卧式刮刀离心机的耙料装置如图 4-15(a) 所示。耙齿 D 对物料的作用力是借助于物块 E 的重量产生的。耙齿装在耙杆 OD 上。已知 $OA=50\text{mm}$，$OD=200\text{mm}$，$AB=300\text{mm}$，$BC=CE=150\text{mm}$，物块 E 重 $P=360\text{N}$，试求在图示位置作用在耙齿上的力 $\boldsymbol{F}$ 的大小。

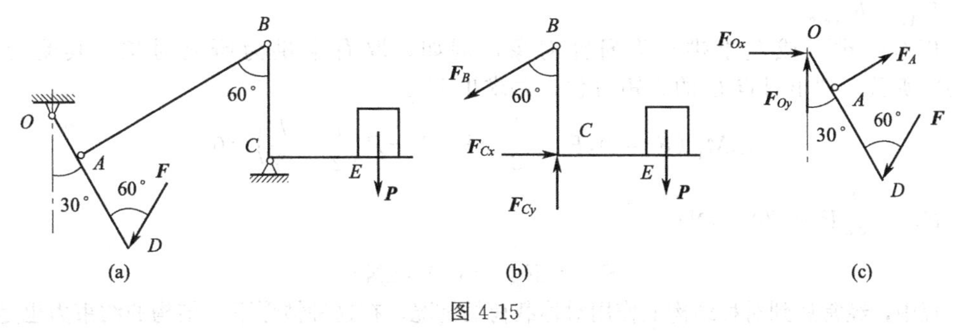

图 4-15

解：先取曲杆 BCE 及物块为研究对象，其受力如图 4-15(b) 所示，列出对 C 点的力矩方程。

$$\sum M_C(\boldsymbol{F})=0,\ F_B\sin60°\times150-P\times150=0$$

解得，$F_B=\dfrac{P}{\sin60°}=\dfrac{2\sqrt{3}}{3}P$。

再取耙杆 OD 为研究对象，其受力图如图 4-15(c) 所示。以 O 点为矩心，列出力矩方程。

$$\sum M_O(\boldsymbol{F})=0,\ F_A\times50-F\sin60°\times200=0$$

解得，$F=\dfrac{50F_A}{200\sin60°}=\dfrac{\sqrt{3}}{6}F_A$。

由于连杆 AB 为二力杆，可知 $F_A=F_B$，因而可得

$$F=\frac{\sqrt{3}}{6}F_B=\frac{P}{3}=120\text{N}$$

【例 4-9】 三铰拱如图 4-16(a) 所示，已知每个半拱重 $P=300\text{kN}$，跨度 $l=32\text{m}$，高 $h=10\text{m}$。试求支座 A、B 处的约束力。

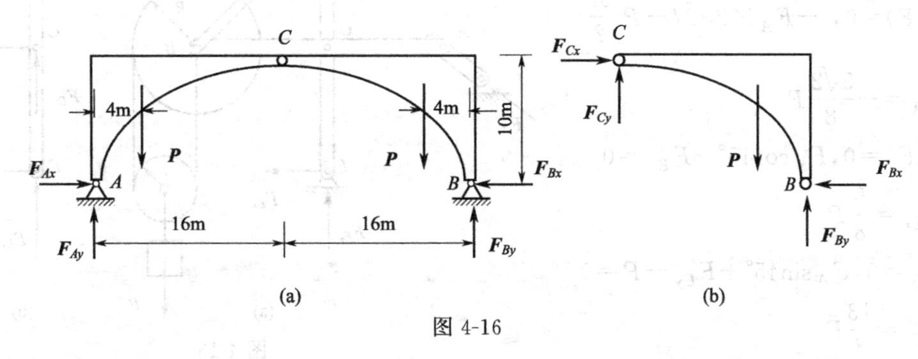

图 4-16

解：首先取整体为研究对象。其受力如图 4-16(a) 所示。可见此时 A、B 两处共有 4 个未知力，而独立的平衡方程只有 3 个，显然不能解出全部未知力。但其中的 3 个约束力的作用线通过 A 点或 B 点，可列出对 A 点或 B 点的力矩方程，求出部分未知力。

$$\sum M_A(\boldsymbol{F})=0, F_{By}l-P\frac{l}{8}-P\left(l-\frac{l}{8}\right)=0$$

解得，$F_{By}=P=300$ (kN)

$$\sum F_y=0, F_{Ay}+F_{By}-2P=0$$

解得，$F_{Ay}=P=300$ (kN)

$$\sum F_x=0, F_{Ax}-F_{Bx}=0$$

解得，$F_{Ax}=F_{Bx}$。

再以右半拱（或左半拱）为研究对象，例如，取右半拱为研究对象，其受力如图 4-16(b) 所示。列出对点 C 的力矩方程，并求出 F_{Bx}

$$\sum M_C(\boldsymbol{F})=0, F_{By}\frac{l}{2}-F_{Bx}h-P\left(\frac{l}{2}-\frac{l}{8}\right)=0$$

解得，$F_{Bx}=\frac{l}{8h}P=120$ (kN)

$$F_{Ax}=F_{Bx}=120 \text{ (kN)}$$

工程中，经常遇到对称结构上作用对称载荷的情况，在这种情形下，结构的约束力也是对称的。有时，可以根据这种对称性直接判断出某些约束力的大小，但这些结果及关系都包含在平衡方程中。例如，本题中，根据对称性，可得 $F_{Ax}=F_{Bx}$，$F_{Ay}=F_{By}$，再根据铅垂方向力的投影方程，容易得到 $F_{Ay}=F_{By}=P$。

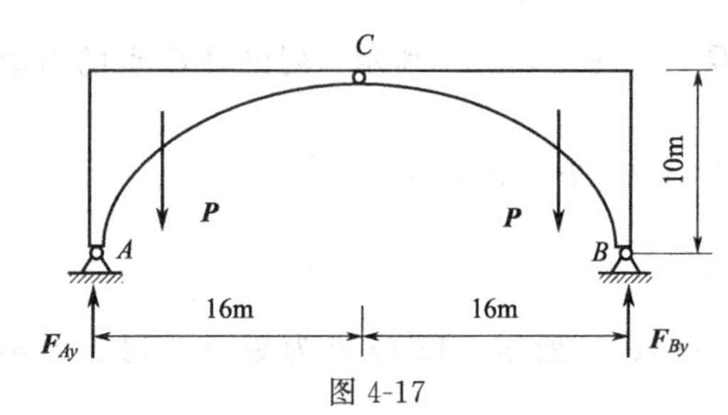

图 4-17

从本题的讨论还可看出，所谓“某一方向的主动力只会引起该方向的约束力”的说法是完全错误的。如本题中，在研究整体的平衡时，图 4-17 所示的受力图是错误的。根据这种受力分析，整体虽然是平衡的，但局部（左半拱、右半拱）却是不平衡的，读者可自行分析。

【例 4-10】 平面构架如图 4-18(a) 所示。已知物块重 P，$DC=CE=AC=CB=2l$，$R=2r=l$。试求支座链杆 A、铰支座 E 处的约束力及 BD 杆所受的力。

解：首先取整体为研究对象，其受力如图 4-18(a) 所示。列平衡方程，可求出 A、E 处的约束力。

$$\sum M_E(\boldsymbol{F})=0,\ -F_A\times 2\sqrt{2}l-P\frac{5l}{2}=0$$

解得 $F_A=-\frac{5\sqrt{2}}{8}P$

$$\sum F_x=0, F_A\cos 45°+F_{Ex}=0$$

解得 $F_{Ex}=\frac{5}{8}P$

$$\sum F_y=0, F_A\sin 45°+F_{Ey}-P=0$$

解得 $F_{Ey}=\frac{13}{8}P$

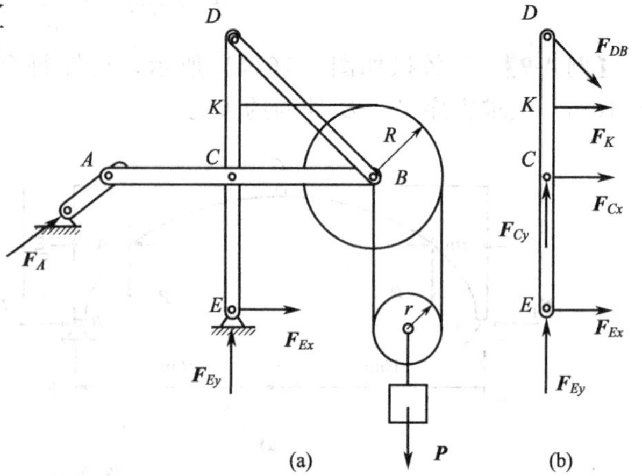

图 4-18

为求 BD 杆所受的力，应取包含此力的物体或局部系统为研究对象，可取杆 DE 或杆 AB 连同滑轮、重物为研究对象进行分析。为求解方便，在此，取杆 DE 为研究对象，其受力如图 4-18(b) 所示。列平

衡方程

$$\sum M_C(\boldsymbol{F})=0,\ -F_{DB}\cos45^\circ\times 2l-F_K l+F_{Ex}\times 2l=0$$

将 $F_K=\dfrac{P}{2}$，$F_{Ex}=\dfrac{5}{8}P$ 代入上式，解得

$$F_{DB}=\frac{3\sqrt{2}}{8}P$$

【例 4-11】 一模板支架如图 4-19(a) 所示。A 点为固定铰支座，C 点置于光滑的地面上，B、D、E 各点均为铰链连接，试确定 A、B、C、D、E 各点处的约束力。

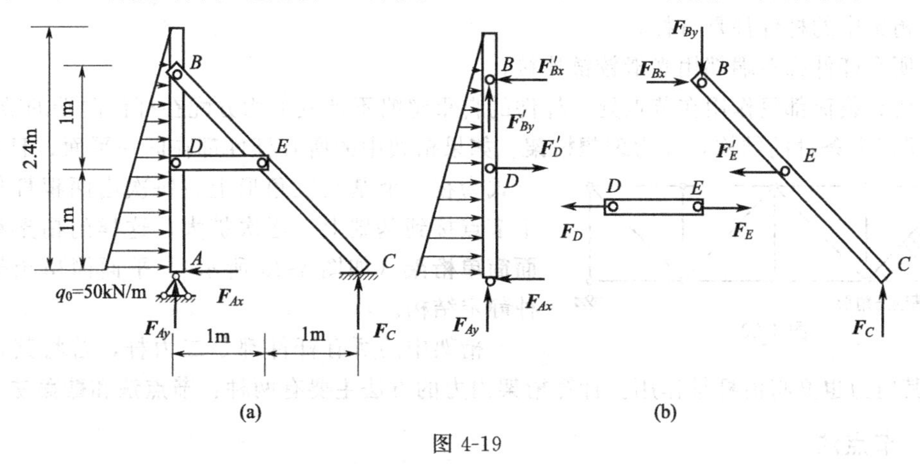

图 4-19

解： 分别画出支架各部分的受力图［图 4-19(b)］。可以发现，DE 为二力杆，杆 BEC 含有 4 个未知力，杆 ADB 含有 5 个未知力，都无法单独求解。但支架整体与地基之间却只有 3 个约束力，因此先由整体平衡算起。列平衡方程

$$\sum F_x=0,\ -F_{Ax}+\frac{1}{2}\times 50\times 2.4=0$$

解得，$F_{Ax}=60$ (kN)

$$\sum M_A(\boldsymbol{F})=0,\ F_C\times 2-\frac{1}{2}\times 50\times 2.4\times\frac{1}{3}\times 2.4=0$$

解得，$F_C=24$ (kN)

$$\sum F_y=0,\ F_{Ay}+F_C=0$$

解得，$F_{Ay}=-24$ (kN)

再以杆 BEC 为研究对象，列平衡方程

$$\sum F_y=0,\ -F_{By}+F_C=0$$

解得，$F_{By}=24$ (kN)

$$\sum M_B(\boldsymbol{F})=0,\ F_C\times 2-F'_E\times 1=0$$

解得，$F'_E=48$ (kN)

$$\sum F_x=0,\ F_{Bx}-F'_E=0$$

解得，$F_{Bx}=48$ (kN)

DE 为二力杆，$F_D=F_E=F'_E=48$ (kN)。

校核：取杆 ADB 为研究对象，$F'_D=F_D=48$ (kN)，$F'_{Bx}=F_{Bx}=48$ (kN)

$\sum M_A(\boldsymbol{F})=48\times 2-48\times 1-\dfrac{1}{2}\times 50\times 2.4\times\dfrac{1}{3}\times 2.4=0$，计算无误。

第四节 平面简单桁架的计算

桁架是一种常见的工程结构，其中的各杆主要承受拉力或压力，杆内受力均匀，能够充分发挥材料的性能，因此具有自重轻、承载能力大的优点，特别适用于大跨度建筑物和大型工程机械，如体育馆、铁路桥梁、塔式起重机和输变电线路铁塔等。

实际桁架的杆件和连接情况比较复杂，在计算简图中，为保证桁架中的杆件都只承受拉力或压力，对实际桁架采取了几项简化措施：

① 桁架中的杆件都是直杆；

② 所有杆件都在端部用光滑铰链连接；

③ 所有载荷都只作用在节点处，杆件的自重忽略不计或平均分配在杆件两端的节点上。

满足以上条件的结构，称为**理想桁架**。如果桁架中的所有杆件都在同一平面，且其构造方式为在一个基础三角形上，每次由两根杆件将一个节点接到基础上，逐次扩大，这样的桁架称为**平面简单桁架**（如图 4-20 所示）。平面简单桁架是一种静定结构。

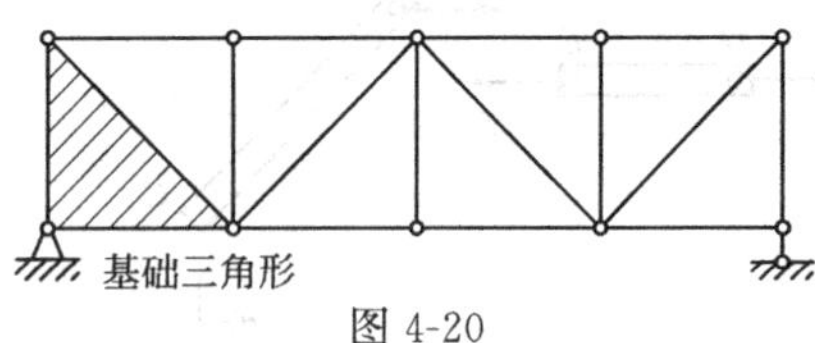

图 4-20

桁架中的所有杆件都是二力杆，若将其视为变形体，其内力也必将沿杆轴作用。计算桁架内力的方法主要有两种：**节点法**和**截面法**。

一、节点法

取桁架的节点为隔离体，由于载荷及节点所连接各杆的内力都通过节点，因此节点受一个平面汇交力系作用。从只连接两根杆的节点开始，依次取各节点为研究对象，解出全部未知杆件的内力。

【例 4-12】 图 4-21(a) 所示平面桁架，在节点 D 作用有 12kN，方向水平向左的载荷 $\boldsymbol{F}$，桁架的几何尺寸如图所示，试求各杆的内力。

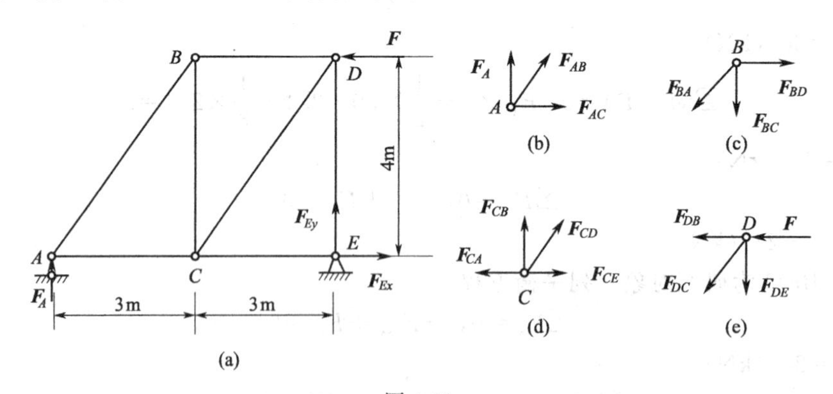

图 4-21

解：取桁架整体为研究对象，受力图如图 4-21(a) 所示。列平衡方程计算支座反力 $\boldsymbol{F}_A$。

$$\sum M_E(\boldsymbol{F})=0, F\times4-F_A\times6=0, F_A=8\text{kN}$$

取节点 A 为研究对象，受力图如图 4-21(b) 所示，将各杆内力均设为拉力。列平衡方程

$$\sum F_y=0,\ F_A+F_{AB}\times\frac{4}{5}=0,\ F_{AB}=-10\text{kN}\ (\text{压力})$$

$$\sum F_x=0, F_{AC}+F_{AB}\times\frac{3}{5}=0, F_{AC}=6\text{kN}\ (拉力)$$

依次取节点 B、C、D 为研究对象，受力图如图 4-21(c)、(d)、(e) 所示，列平衡方程计算各杆内力。

节点 B：

$$\sum F_y=0, -F_{BC}-F_{BA}\times\frac{4}{5}=0, F_{BC}=8\text{kN}\ (拉力)$$

$$\sum F_x=0, F_{BD}-F_{BA}\times\frac{3}{5}=0, F_{BD}=-6\text{kN}\ (压力)$$

节点 C：

$$\sum F_y=0, F_{CB}+F_{CD}\times\frac{4}{5}=0, F_{CD}=-10\text{kN}\ (压力)$$

$$\sum F_x=0, F_{CE}-F_{CA}+F_{CD}\times\frac{3}{5}=0, F_{CE}=12\text{kN}\ (拉力)$$

节点 D：

$$\sum F_y=0, -F_{DE}-F_{DC}\times\frac{4}{5}=0, F_{DE}=8\text{kN}\ (拉力)$$

最后校核计算结果。利用节点 D

$$\sum F_x=-F_{DB}-F_{DC}\times\frac{3}{5}-F=0$$

正确无误。

由例 4-12 的计算过程可以看出，用节点法计算桁架的内力时，应该从只包含两根未知杆件的节点开始，将计算结果代入其他节点。由于各杆的内力计算结果存在传递关系，若某一步的计算存在近似，则其后各杆的内力值均可能存在近似，即可能导致误差积累。

二、截面法

如果只计算桁架中的某几根杆件的内力，可在适当的位置用一个平面假想地将桁架截开，然后考虑其中一部分（至少包含两个节点）的平衡。这时研究对象上作用的是平面一般力系，可以解出三根杆件的内力。

【例 4-13】 图 4-22(a) 所示平面桁架，在节点 D 作用有载荷 $\boldsymbol{F}$，桁架的几何尺寸如图所示，试求杆 CD、DF、FE 的内力。

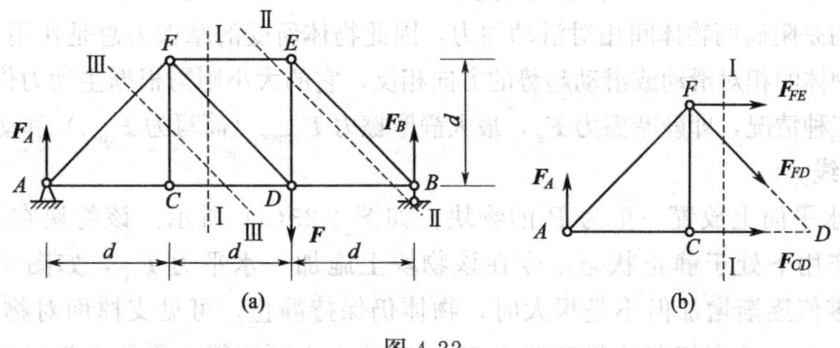

图 4-22

解：取桁架整体为研究对象，受力图如图 4-22(a) 所示。列平衡方程，计算支座反力。

$$\sum M_B(\boldsymbol{F})=0, F\times d-F_A\times 3d=0, F_A=\frac{F}{3}$$

$$\sum M_A(\boldsymbol{F})=0, F_B\times 3d-F\times 2d=0, F_B=\frac{2F}{3}$$

用截面Ⅰ—Ⅰ假想地将桁架截开，保留左侧为研究对象，受力图如图 4-22(b) 所示。写出 3 个平衡方程，解出所求各杆的内力。

$$\sum M_D(\boldsymbol{F})=0, -F_{FE}\times d-F_A\times 2d=0, F_{FE}=-\frac{2F}{3}\ (\text{压力})$$

$$\sum M_F(\boldsymbol{F})=0, F_{CD}\times d-F_A\times d=0, F_{CD}=\frac{F}{3}\ (\text{拉力})$$

$$\sum F_y=0, F_A-F_{DF}\times\frac{\sqrt{2}}{2}=0, F_{DF}=\frac{\sqrt{2}}{3}F\ (\text{拉力})$$

最后校核计算结果。

$$\sum F_x=F_{FE}+F_{DF}\times\frac{\sqrt{2}}{2}+F_{CD}=0$$

正确无误。

例 4-13 也可以选取其他的隔离体进行计算，如用图 4-22(a) 中的截面Ⅱ—Ⅱ截开桁架计算 FE 杆的内力，或用截面Ⅲ—Ⅲ截开桁架计算 CD 杆的内力。

从例 4-13 的计算过程可知，相对于节点法，截面法研究对象的选取比较灵活，一般来说，只要每次截开三根不完全平行也不汇交于同一点的杆件，这三根杆件的内力都可以计算出来，截面的选取不存在顺序性。

第五节　考虑摩擦时物体的平衡问题

摩擦是接触面对物体的相对运动或相对运动趋势的阻碍作用。这种阻碍作用表现为**摩擦力**。工程中无论是要利用摩擦完成某些工作，还是要防止或减少摩擦带来的损害，都必须了解摩擦的相关理论。本节将介绍滑动摩擦和滚动摩擦定律，并重点研究有摩擦存在时物体的平衡问题。

一、滑动摩擦

两个表面粗糙相互接触的物体，当发生相对滑动或有相对滑动趋势时，在接触面上会产生阻碍相对滑动的力，这种阻力称为**滑动摩擦力**，简称**摩擦力**，一般以 $\boldsymbol{F}$ 表示。在两物体开始相对滑动之前的摩擦力，称为**静摩擦力**；滑动之后的摩擦力，称为**动摩擦力**。

由于摩擦力是阻碍两物体间相对滑动的力，因此物体所受的摩擦力总是作用在相互接触处，其作用方向与物体的相对滑动或滑动趋势的方向相反，它的大小则需根据主动力作用的不同来分析，可以分为三种情况，即静摩擦力 $\boldsymbol{F}_s$，最大静摩擦力 $\boldsymbol{F}_{smax}$（简写为 $\boldsymbol{F}_{max}$）和动摩擦力 $\boldsymbol{F}_d$。

1. 试验曲线

在粗糙的水平面上放置一重为 P 的物块，如图 4-23(a) 所示。该物块在重力 $\boldsymbol{P}$ 和法向约束力 $\boldsymbol{F}_N$ 的作用下处于静止状态。今在该物块上施加一水平力 $\boldsymbol{F}_T$，如图 4-23(b) 所示。当拉力 $\boldsymbol{F}_T$ 由零值逐渐增加但不是很大时，物体仍保持静止，可见支撑面对物块的约束力除法向约束力 $\boldsymbol{F}_N$ 外，还有切向的静摩擦力 $\boldsymbol{F}_s$，它的大小可用静力平衡方程确定，即

$$\sum F_x=0,\ F_s=F_T$$

可见，当水平力 $\boldsymbol{F}_T$ 增大时，静摩擦力 $\boldsymbol{F}_s$ 亦随之增大，这是静摩擦力和一般约束力共同的性质。

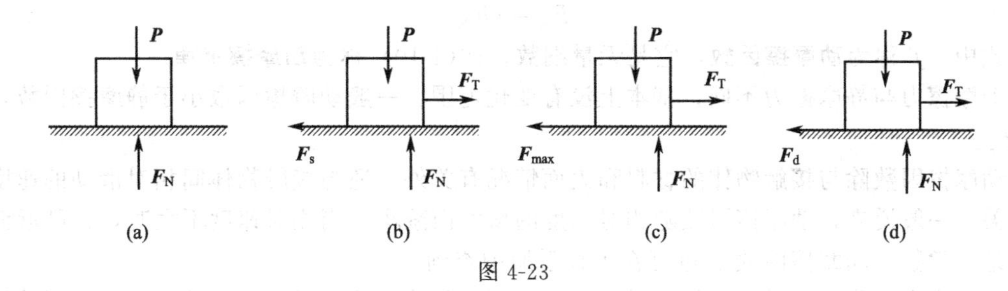

图 4-23

静摩擦力又与一般约束力不同，它并不随力 $\boldsymbol{F}_T$ 的增大而无限度地增大。当力 $\boldsymbol{F}_T$ 的大小达到一定数值时，物块处于将要滑动、但尚未开始滑动的临界状态，此时静摩擦力达到最大值，即为最大静摩擦力 $\boldsymbol{F}_{max}$，如图 4-23(c) 所示。此后，如果 $\boldsymbol{F}_T$ 继续增大，静摩擦力不能再随之增大，物块将失去平衡而开始滑动。这就是静摩擦力的特点。

在物块开始滑动时，摩擦力从 $\boldsymbol{F}_{max}$ 突变至动摩擦力 $\boldsymbol{F}_d$($\boldsymbol{F}_d$ 略低于 $\boldsymbol{F}_{max}$)，如图 4-23(d) 所示。此后，如 $\boldsymbol{F}_T$ 继续增加，摩擦力 $\boldsymbol{F}$ 基本上保持常值 $\boldsymbol{F}_d$。若速度更高，则 $\boldsymbol{F}_d$ 值下降。以上过程中 $\boldsymbol{F}_T$-$\boldsymbol{F}$ 关系曲线如图 4-24 所示。

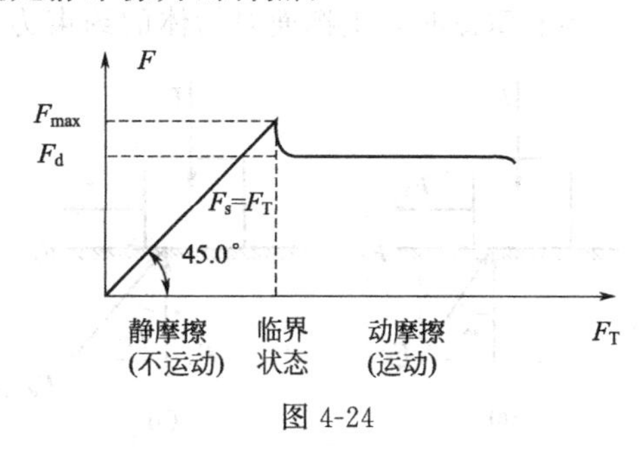

图 4-24

2. 最大静摩擦力——静摩擦定律

根据上述试验曲线可知，当物块平衡时，静摩擦力的数值在零与最大静摩擦力 F_{max} 之间，即

$$0 \leqslant F_s \leqslant F_{max} \tag{4-8}$$

大量试验表明：最大静摩擦力的大小与两物体间的正压力（即法向反约束力）成正比，而与接触面积的大小无关，即

$$F_{max} = f_s F_N \tag{4-9}$$

式中，比例常数 f_s 称为**静摩擦因数**，它是无量纲数。式(4-9) 称为**静摩擦定律**（又称**库仑摩擦定律**）。

静摩擦因数 f_s 主要与接触物体的材料和表面状况（如粗糙度、温度、湿度和润滑情况等）有关，可由试验测定，也可在工程手册中查到。常用材料的静滑动摩擦因数见表 4-1。

表 4-1　常用材料的静滑动摩擦因数

材料名称	静滑动摩擦因数 f_s	材料名称	静滑动摩擦因数 f_s
钢-钢	0.1～0.2	混凝土-岩石	0.5～0.8
铸铁-木材	0.4～0.5	混凝土-砖	0.7～0.8
铸铁-橡胶	0.5～0.7	混凝土-土	0.3～0.4
铸铁-石棉基材料	0.3～0.4	土-土	0.25～1.00
木材-木材	0.4～0.6	土-木材	0.3～0.7

应该指出，式(4-9) 只是一个近似公式，它远不能完全反映出静摩擦的复杂现象。但由于它比较简单，计算方便，并且所得结果又有足够的准确性，故在实际工程中仍被广泛应用。

3. 动摩擦力

试验表明：动摩擦力的大小也与接触体间的正压力成正比，即

$$F_d = fF_N \tag{4-10}$$

式中，f 称为**动摩擦因数**，它是无量纲数。式(4-10) 称为**动摩擦定律**。

动摩擦力与静摩擦力不同，基本上没有变化范围。一般动摩擦因数小于静摩擦因数，即 $f<f_s$。

动摩擦因数除与接触物体的材料和表面情况有关外，还与接触物体间相对滑动的速度大小有关。一般说来，动摩擦因数随相对速度的增大而减小。当相对速度不大时，f 可近似地认为是个常数。动摩擦因数 f 也可在工程手册中查到。

工程中常用降低接触表面的粗糙度或加入润滑剂等方法降低摩擦因数，从而达到减小摩擦和磨损的目的。

二、摩擦角与自锁现象

1. 摩擦角

当有摩擦时，支撑面对物体的约束力有法向约束力 $\boldsymbol{F}_N$ 和摩擦力 $\boldsymbol{F}_s$，如图 4-25(a) 所示，这两个力的合力 $\boldsymbol{F}_R=\boldsymbol{F}_N+\boldsymbol{F}_s$ 称为支撑面的**全约束力**，其作用线与接触面的公法线成一偏角 φ。当达到临界平衡状态时，静摩擦力达到最大值 $\boldsymbol{F}_{max}$，偏角 φ 也达到最大值 φ_m，如图 4-25(b) 所示。全约束力与法线间夹角的最大值 φ_m 称为**摩擦角**。由图可得

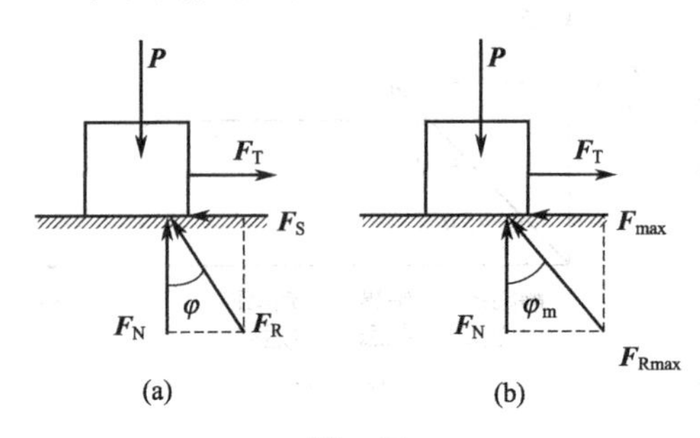

图 4-25

$$\tan\varphi_m=\frac{F_{max}}{F_N}=\frac{f_sF_N}{F_N}=f_s \tag{4-11}$$

式(4-11) 表明：**摩擦角的正切等于静摩擦因数**。可见，φ_m 与 f_s 都是表示材料摩擦性质的物理量。

根据摩擦角的定义可知，全约束力的作用线不可能超出摩擦角以外，即全约束力必在摩擦角之内。因此与式(4-9) 相对应，物块平衡时，有

$$0\leqslant\varphi\leqslant\varphi_m \tag{4-12}$$

2. 自锁现象

如图 4-26(a) 所示，设主动力的合力为 $\boldsymbol{F}'_R$，其作用线与法线间的夹角为 α，现研究 α 取不同值时，物块平衡的可能性。

① $\alpha\leqslant\varphi_m$ 时，如图 4-26(b) 所示，在这种情况下，主动力的合力 $\boldsymbol{F}'_R$ 与全反约束力 $\boldsymbol{F}_R$ 必能满足二力平衡条件，且 $\varphi=\alpha\leqslant\varphi_m$。

② $\alpha>\varphi_m$ 时，如图 4-26(c) 所示，在这种情况下，主动力的合力 $\boldsymbol{F}'_R$ 与全约束力 $\boldsymbol{F}_R$ 不可能共线，不能满足二力平衡条件，因此，物块不可能保持平衡。

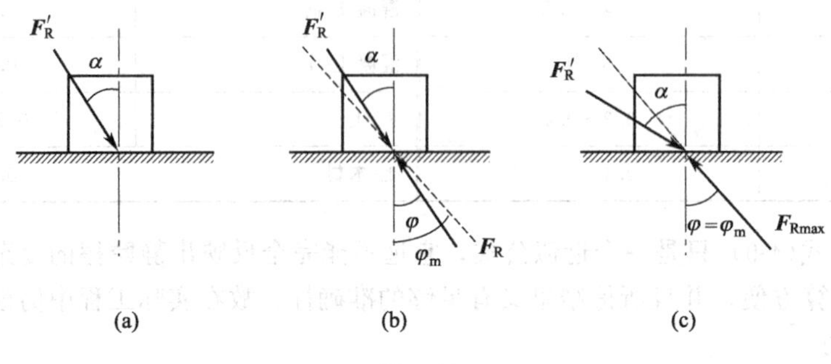

图 4-26

结论：**当主动力合力的作用线在摩擦角范围之内时，则无论主动力有多大，物体必定保持平衡**。这种力学现象称为**自锁**。相反，当主动力合力的作用线在摩擦角范围之外时，则无论主动力有多小，物体必定滑动。

在空间问题中，不同方向的摩擦角形成一个圆锥形，称为**摩擦锥**。

实际工程中常应用自锁原理设计一些机构或夹具，使它们始终保持在平衡状态下工作，如用螺旋千斤顶举起重物、攀登电线杆用的套钩等；而有时又要设法避免自锁，如升降机在工作中不能被卡死。

三、有摩擦的平衡问题

有摩擦的平衡问题和与忽略摩擦的平衡问题其解法基本上是相同的，不同的是，在进行受力分析时，应画上摩擦力。求解此类问题时，最重要的一点是判断摩擦力的方向和计算摩擦力的大小。由于摩擦力与一般的未知约束力不完全相同，因此，此类问题有如下特点。

① 分析物体受力时，摩擦力 $\boldsymbol{F}$ 的方向一般不能任意假设，要根据相关物体接触面的相对滑动趋势预先判断确定。必须记住：摩擦力的方向总是与物体的相对滑动趋势的方向相反。

② 作用于物体上的力系，包括摩擦力 $\boldsymbol{F}$ 在内，除应满足平衡条件外，摩擦力 $\boldsymbol{F}$ 还必须满足摩擦的物理条件（补充方程），即 $\boldsymbol{F}_s \leqslant \boldsymbol{F}_{max}$，补充方程的数目与摩擦力的数目相同。

③ 由于物体平衡时摩擦力有一定的范围（$0 \leqslant \boldsymbol{F}_s \leqslant \boldsymbol{F}_{max}$），故有摩擦的平衡问题的解也有一定的范围，而不是一个确定的值。但为了计算方便，一般先在临界状态下计算，求得结果后再分析、讨论其解的平衡范围。

【例 4-14】 物块重 $P=1500$N，放于倾角为 30°的斜面上，它与斜面间的静摩擦因数为 $f_s=0.2$，动摩擦因数 $f=0.18$。物块受水平力 $F_1=400$N 作用，如图 4-27(a) 所示。问物块是否静止，并求此时摩擦力的大小与方向。

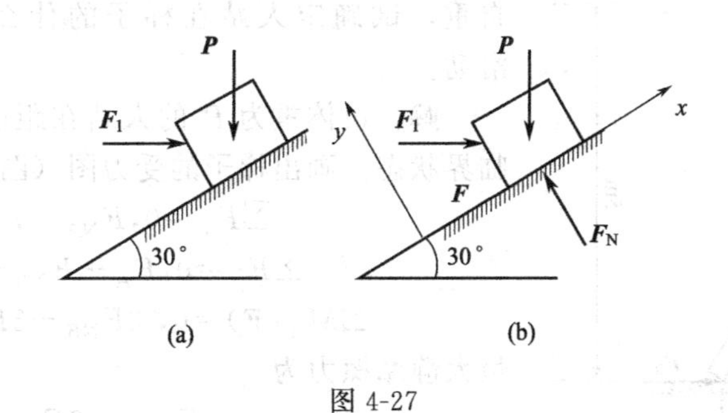

图 4-27

解：本题为判断物体是否平衡的问题，求解此类问题的思路是：先假设物体静止和摩擦力的方向，应用平衡方程求解，将求得的摩擦力与最大摩擦力比较，确定物体是否静止。取物块为研究对象，设摩擦力沿斜面向下，受力如图 4-27(b) 所示。由平衡方程

$$\sum F_x=0, -P\sin 30°+F_1\cos 30°-F=0$$

$$\sum F_y=0, -P\cos 30°-F_1\sin 30°+F_N=0$$

解得 $F=-403.6$ (N)，$F_N=1499$ (N)

F 为负值，说明平衡时摩擦力方向与所设的相反，即沿斜面向上。最大摩擦力为

$$F_{max}=f_s F_N=299.8 \text{ (N)}$$

结果表明，为保持平衡需有 $|F|>F_{max}$，这是不可能的。说明物块不可能在斜面上静止，而是向下滑动。此时的摩擦力应为动滑动摩擦力，方向沿斜面向上，大小为 $F=F_d=fF_N=269.8$ (N)

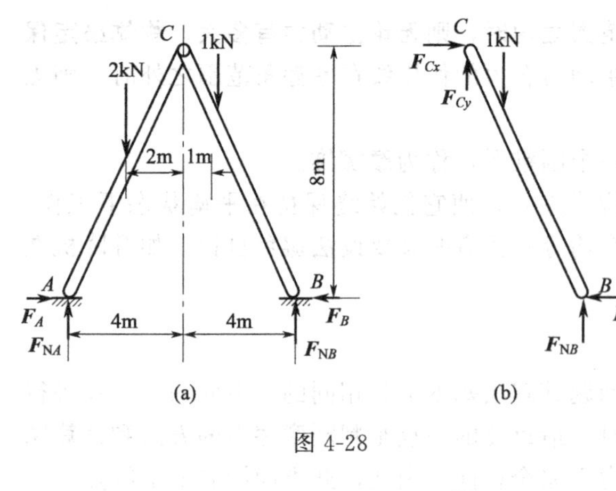

图 4-28

【例 4-15】 图 4-28(a) 所示拱形结构，其水平约束力靠杆与地面间的摩擦来维持，静滑动摩擦因数为 $f_s=0.3$，不计杆的自重，问此结构能否维持平衡？

解：首先画出结构整体的受力图［图 4-28(a)］，计算地面的法向约束力和摩擦力。列平衡方程

$$\sum M_A(\boldsymbol{F})=0,\ F_{NB}\times 8-2\times 2-1\times 5=0$$

解得，$F_{NB}=1.125$ (kN)

$$\sum M_B(\boldsymbol{F})=0,\ -F_{NA}\times 8+2\times 6+1\times 3=0$$

解得，$F_{NA}=1.875$ (kN)

$$\sum F_x=0,\ F_A-F_B=0$$

解得，$F_A=F_B$。

再画出 BC 杆的受力图［图 4-28(b)］，计算摩擦力的大小。列平衡方程

$$\sum M_C(\boldsymbol{F})=0,\ -F_N\times 8+F_{NB}\times 4-1\times 1=0$$

解得，$F_B=F_A=0.4375$ (kN)

最大静滑动摩擦力

$$F_{A\max}=f_sF_{NA}=0.3\times 1.875=0.5625\ (\text{kN})$$

$$F_{B\max}=f_sF_{NB}=0.3\times 1.125=0.3375\ (\text{kN})$$

由于 $F_A<F_{A\max}$，故 A 点不滑动；而 $F_B>F_{B\max}$，则 B 点将滑动。

【例 4-16】 如图 4-29 所示，梯子 AB 支撑在墙与地面之间。若已知梯子与墙之间、梯子与地面之间的静滑动摩擦因数均为 0.3，不计梯子的自重，试确定人站在梯子的什么位置时，梯子开始滑动。

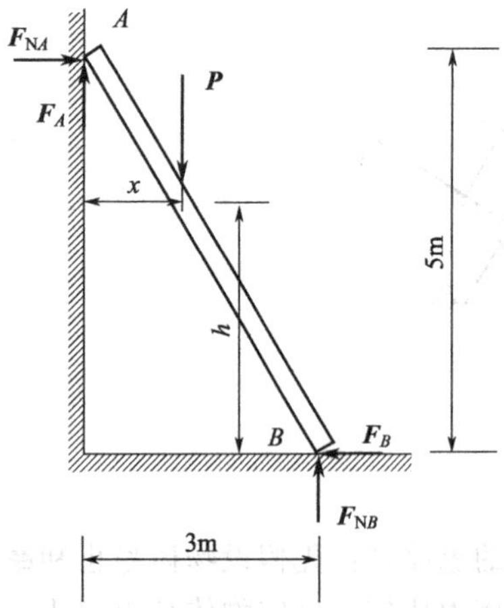

图 4-29

解：设体重为 P 的人站在距墙 x 处时，梯子处于临界状态。画出梯子的受力图（图 4-29）。列平衡方程

$$\sum F_x=0,F_{NA}-F_B=0 \quad (\text{I})$$

$$\sum F_y=0,F_A+F_{NB}-P=0 \quad (\text{II})$$

$$\sum M_A(\boldsymbol{F})=0,\ 3F_{NB}-5F_B-Px=0 \quad (\text{III})$$

最大静摩擦力为

$$F_A=0.3F_{NA} \quad (\text{IV})$$

$$F_B=0.3F_{NB} \quad (\text{V})$$

将式(Ⅳ)、(Ⅴ)代入式(Ⅰ)、(Ⅱ)、(Ⅲ)中，解得，$x=1.376$ (m)。

换算成高度为

$$h=5-1.376\times\frac{5}{3}=2.707\ (\text{m})$$

即人沿梯子登到 2.707m 高时，梯子开始滑动。

【例 4-17】 试确定图 4-30(a)所示砖卡的尺寸 b。已知砖卡与砖之间的静滑动摩擦因数为 0.4。

解：取砖卡-砖系统为研究对象，画出受力图［图 4-30(a)］。向上提砖的力与砖的重量相等，即 $F=P$。取砖卡为研究对象，画出受力图［图 4-30(b)］。由于系统平衡，B 处的静摩擦力为

$$F_B\leqslant 0.4F_{NB} \quad (\text{I})$$

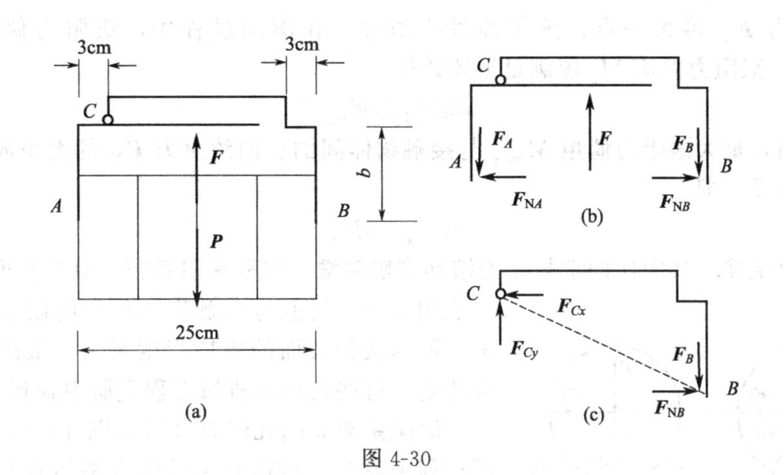

图 4-30

再取砖卡的 CB 部分为研究对象，画出受力图［图 4-30(c)］。建立力矩平衡方程

$$\sum M_C(\boldsymbol{F})=0,\ F_{NB}b-F_B\times22=0 \qquad (\text{Ⅱ})$$

将式(Ⅰ)代入式(Ⅱ)中，解得，$b\leqslant8.8$cm。即 b 的最大尺寸为 8.8cm。

四、滚动摩阻的概念

由经验可知，用滚动代替滑动，可以大大减轻劳动强度，提高效率，因而在实践被广泛地采用。例如，搬运笨重物体时，常在物体下面垫上一排钢管或圆木，这样要比将重物直接放在地面上推动要省力得多。用滚动代替滑动为什么会省力？滚动时还有没有摩擦？滚动阻碍与滑动摩擦有什么不同？下面将用一个简单的实例来分析滚动阻碍的特性及其产生的原因。

设有一滚子，重量为 P，半径为 r，置于水平地面上，在轮心施加一水平拉力 $\boldsymbol{F}_T$。若将轮子与水平地面间的接触视为刚性约束，则二者仅在 A 点接触，图 4-31(a) 所示的受力情况表明，当拉力 $\boldsymbol{F}_T$ 极小时，滚子就不能平衡，而开始滚动。但在实际问题中，当拉力 $\boldsymbol{F}_T$ 不超过一定值时，滚子将保持静止。造成这种现象的原因是因为任何物体都不是刚体，会因相互作用而产生变形。滚子与地面间由于变形，实际上不是点接触，而是在一条弧线上接触（纸面内），地面对滚子的约束力即分布在这条弧线上，组成一个平面任意力系［图 4-31(b)］。将这一约束力系向 A 点简化，得到一个力 $\boldsymbol{F}_R$ 和一个矩为 M_f 的力偶，如图 4-31(c) 所示。这个力 $\boldsymbol{F}_R$ 可分解为摩擦力 $\boldsymbol{F}_s$ 和法向约束力 $\boldsymbol{F}_N$，这个矩为 M_f 的力偶称为**静滚动摩擦阻力偶**，简称**滚阻力偶**［图 4-31(d)］。滚阻力偶作用在接触部位，转向与滚子的相对滚动方向相反，其大小为 $M_f=F_Tr$，与主动力有关。当拉力 $\boldsymbol{F}_T$ 增大到一定值时，滚子进入将要滚动的临界平衡状态，此时的滚阻力偶矩 M_f 也达到最大值，称为**最大滚阻力偶矩**

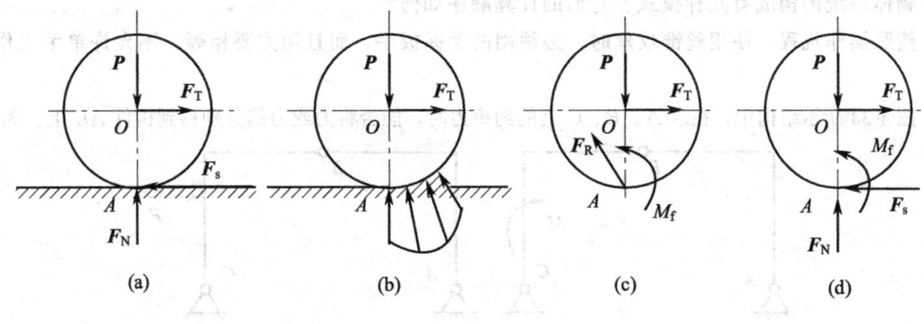

图 4-31

M_{max}。若拉力 $\boldsymbol{F}_T$ 再大一点，滚子即发生滚动。在滚动过程中，滚阻力偶矩近似等于 M_{max}。因此，滚阻力偶矩 M_f 应满足下述条件

$$0 \leqslant M_f \leqslant M_{max} \tag{4-13}$$

试验表明，最大滚阻力偶矩 M_{max} 与接触物体间的法向约束力 $\boldsymbol{F}_N$ 的大小成正比，与滚动趋势方向相反，即

$$M_{max} = \delta F_N \tag{4-14}$$

称为**滚动摩阻定律**。其中比例常数 δ 为**滚动摩阻系数**，简称滚阻系数，具有长度量纲，单位一般用 mm。其值与接触物体材料的硬度和湿度等有关，而与接触表面的粗糙程度无关。滚阻系数可由试验测定，有些也可在机械工程手册中查到。

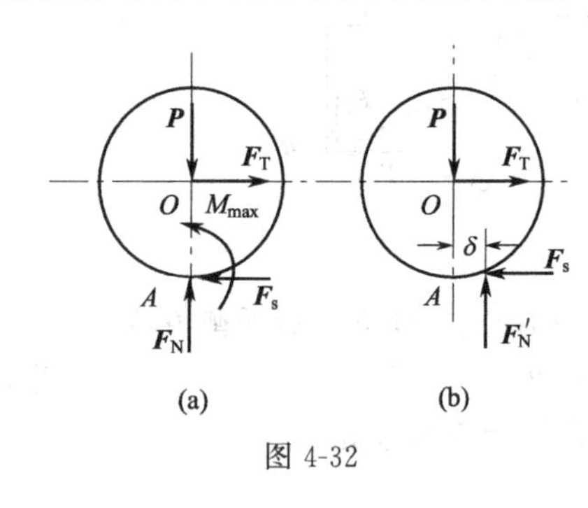

图 4-32

滚阻系数 δ 的几何意义可由图 4-32 所示的受力分析过程来说明。当达到滚动临界平衡状态时，约束力系向 A 点简化得到摩擦力 $\boldsymbol{F}_s$、法向约束力 $\boldsymbol{F}_N$ 和最大滚阻力偶 M_{max}。根据合力矩定理，$\boldsymbol{F}_N$ 与 M_{max} 可合成一个力 $\boldsymbol{F}'_N$，$\boldsymbol{F}'_N = \boldsymbol{F}_N$，作用线平移了距离 δ。这表明，滚动摩擦使法向约束力向滚动趋势的方向平移，平移的距离即为滚阻系数 δ，因此，滚阻系数 δ 具有长度量纲。根据滚动临界平衡条件

$$\sum M_A(\boldsymbol{F}) = 0,\ F_{T1} r - F_N \delta = 0$$

$$F_{T1} = \frac{\delta}{r} F_N = \frac{\delta}{r} P$$

又由滑动临界平衡条件

$$\sum F_x = 0,\ F_{T2} - F_{max} = 0$$

$$F_{T2} = F_{max} = f_s F_N = f_s P$$

一般情况下，有

$$\frac{\delta}{r} \ll f_s$$

由此可见，使滚子滚动比使滚子滑动省力得多。

思　考　题

4-1　平面任意力系向一点简化的结果是什么？如果主矢不为零，力系简化的最终结果如何？如果主矢为零，力系简化的最终结果如何？

4-2　平面平行力系有几个独立的平衡方程？

4-3　平面任意力系可以写出三个独立的力矩平衡方程，它们能反映力的投影平衡关系吗？

4-4　物体系统的构成有几种模式？它们的计算顺序如何？

4-5　按照操作规程，使用丝锥攻丝时，必须用两手握扳手，而且用力要相等，不允许单手工作。这是为什么？

4-6　图 4-33 所示结构中，在求 A、B、C 处的约束力时，能否将力或力偶分别移到构件 AB 上？为什么？

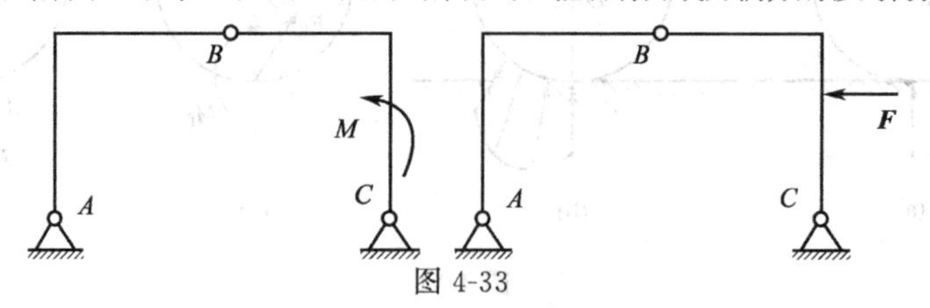

图 4-33

4-7　物体受到的滑动静摩擦力如何确定？它总是与法向约束力成正比吗？

4-8　摩擦角和自锁的概念对于分析物体的平衡问题有什么意义？

4-9　为什么骑自行车时，车轮充满气就感觉轻松，气不足就感觉费力？

4-10　判断图 4-34 所示各结构是静定的还是超静定的，并确定超静定的次数。

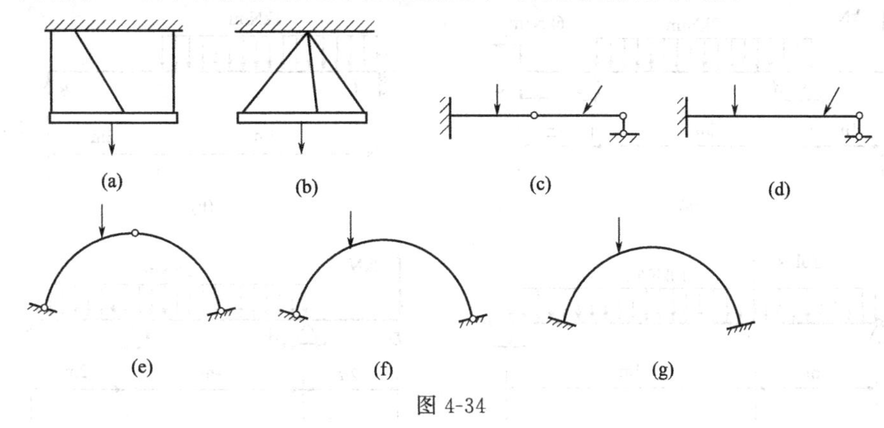

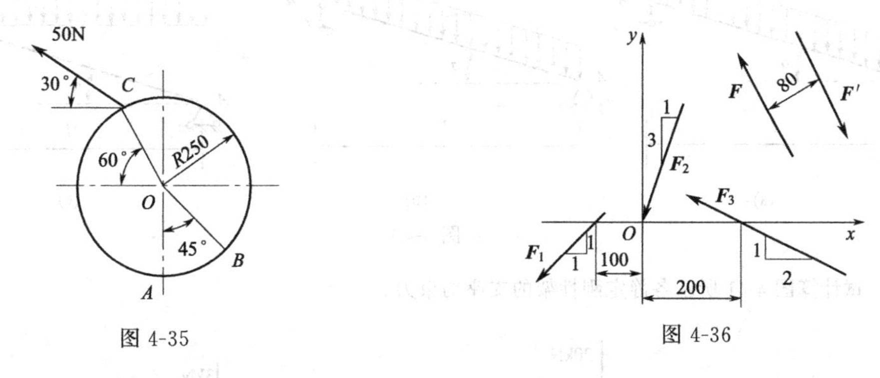

图 4-34

习　　题

4-1　一大小为 50N 的力作用在圆盘边缘的 C 点上，如图 4-35 所示。试分别计算此力对 O、A、B 三点之矩。

4-2　如图 4-36 所示，已知 $F_1=150\text{N}$，$F_2=200\text{N}$，$F_3=300\text{N}$，$F=F'=200\text{N}$。试求力系向 O 点的简化结果，并求力系合力的大小及其与原点 O 的距离 d。

图 4-35

图 4-36

4-3　平面力系中各力大小分别为 $F_1=60\sqrt{2}\text{kN}$，$F_2=F_3=60\text{kN}$，$F_4=150\text{N}$，作用位置如图 4-37 所示，图中尺寸的单位为 mm。试求力系向 O 点和 O_1 点简化的结果。

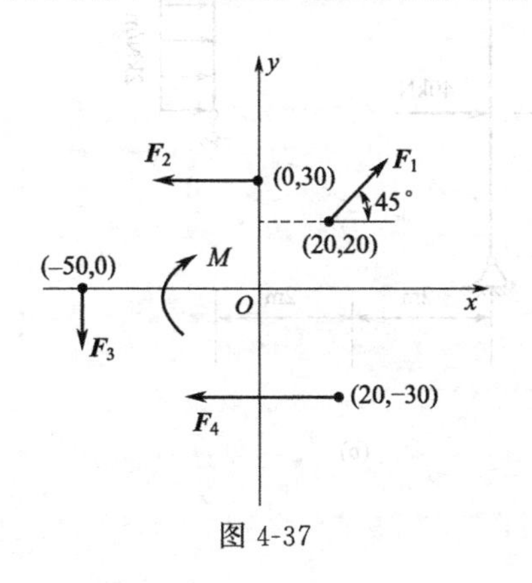

图 4-37

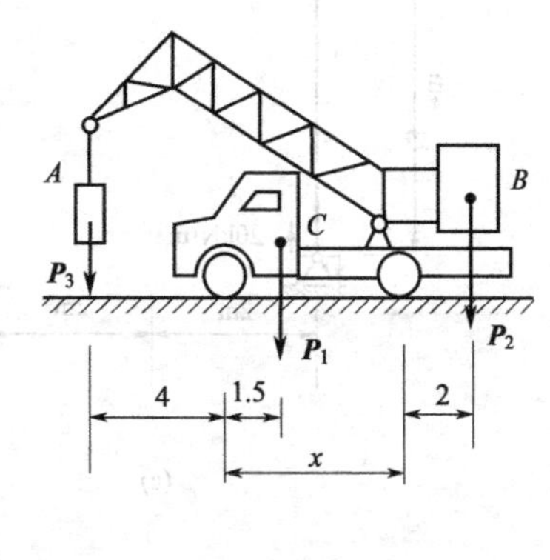

图 4-38

4-4　汽车起重机本身重 $P_1=20\text{kN}$，重心在点 C。起重机上的平衡锤 B，重量 $P_2=20\text{kN}$。已知各尺寸如图 4-38 所示，单位均为 m。为保证安全工作，起重载荷 P_3 以及前后轮间的距离 x 应为何值？

4-5　试计算图 4-39 所示各单跨静定梁的支座约束力。

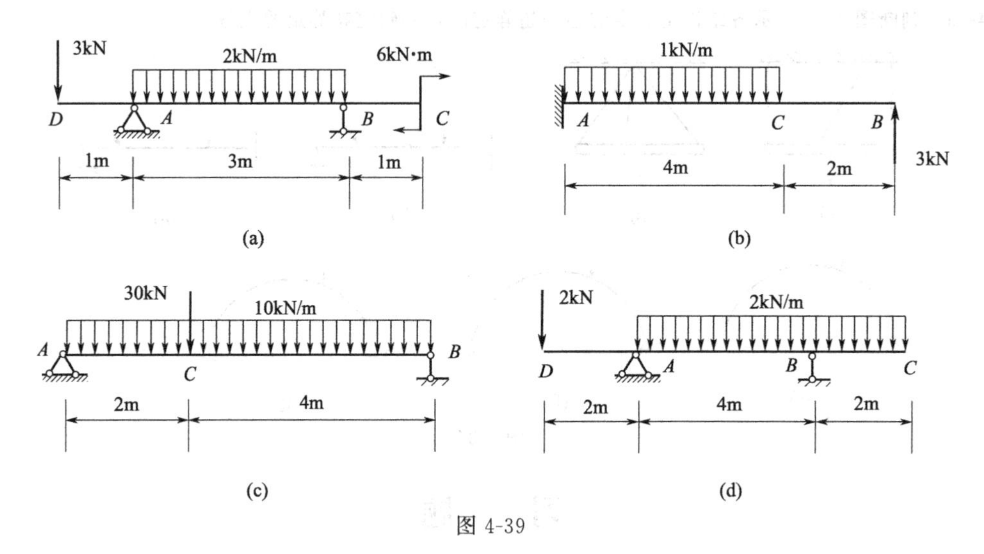

图 4-39

4-6　试计算图 4-40 所示各斜梁的支座约束力。

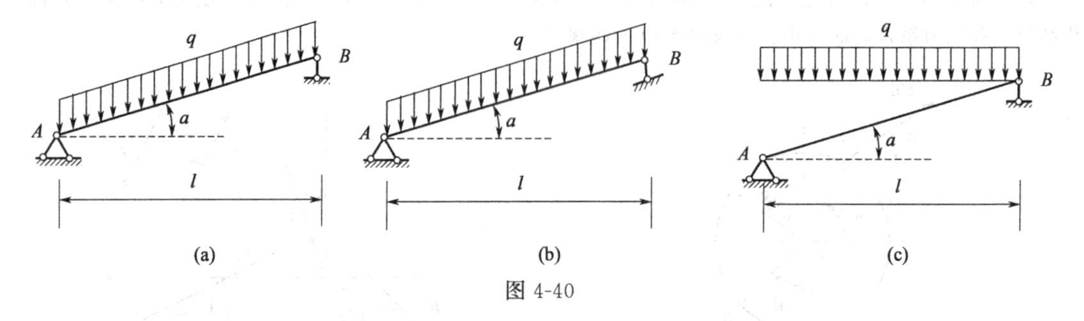

图 4-40

4-7　试计算图 4-41 所示各静定刚性架的支座约束力。

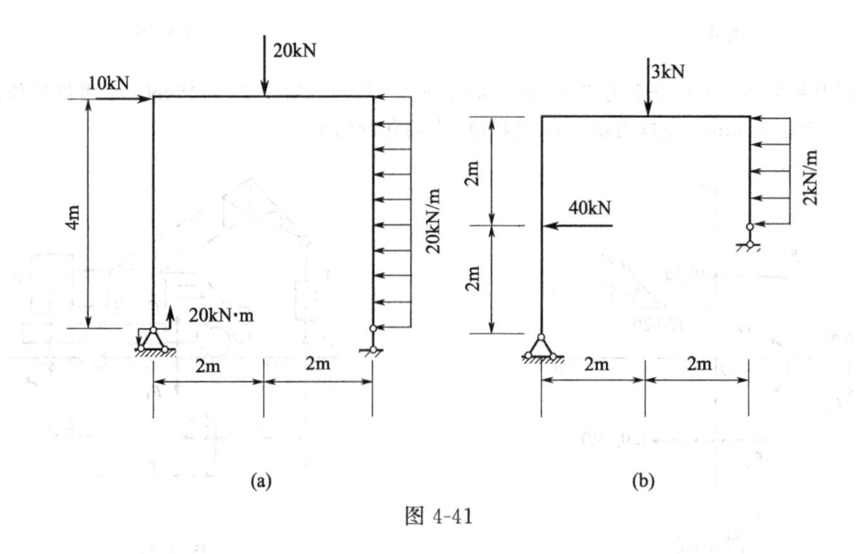

图 4-41

4-8　试计算图 4-42 所示各多跨静定梁的支座约束力。

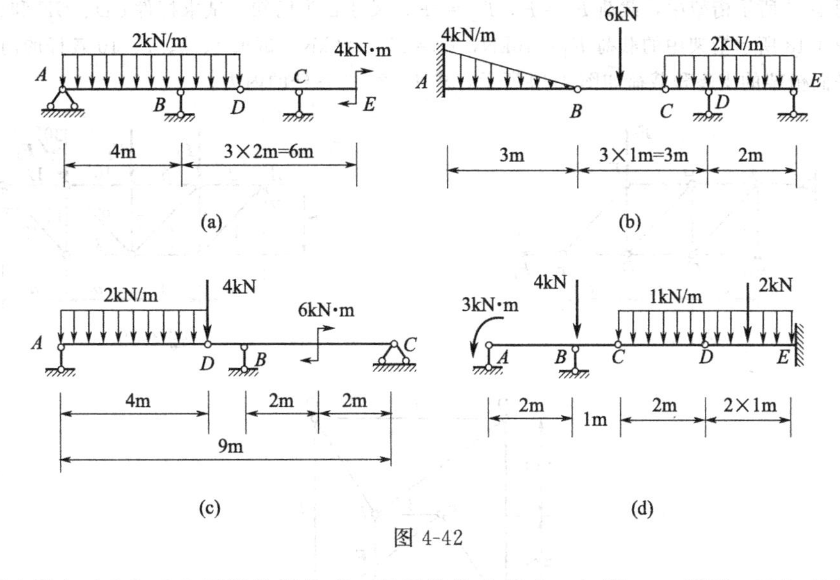

图 4-42

4-9　组合梁由 AC 和 DC 两段铰接构成，起重机放在梁上，如图 4-43 所示。已知起重机重 $P_1=50\text{kN}$，重心在铅直线 EC 上，起重载荷 $P_2=10\text{kN}$。不计梁重，试求支座 A、B 和 D 三处的约束力。

4-10　在图 4-44 所示的构架中，物体重 $P=1200\text{N}$，由细绳跨过滑轮 E 而水平系于墙上，尺寸如图所示。不计杆和滑轮的重量，试求支座 A、B 处的约束力和杆 BC 的内力。

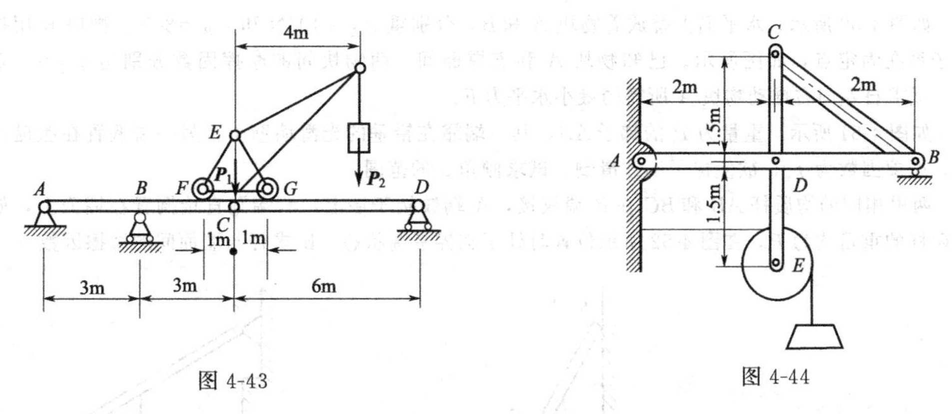

图 4-43　　　　图 4-44

4-11　如图 4-45 所示，构架在 AE 杆的中点作用一大小为 20kN 水平力，各杆自重不计，试求铰链 E 所受的力。

4-12　如图 4-46 所示的构架，重为 $P=1\text{kN}$ 的重物 B 通过滑轮 A 用绳系于杆 CD 上。忽略各杆及滑轮的重量，试求铰链 E 处的约束力和销子 C 的受力。

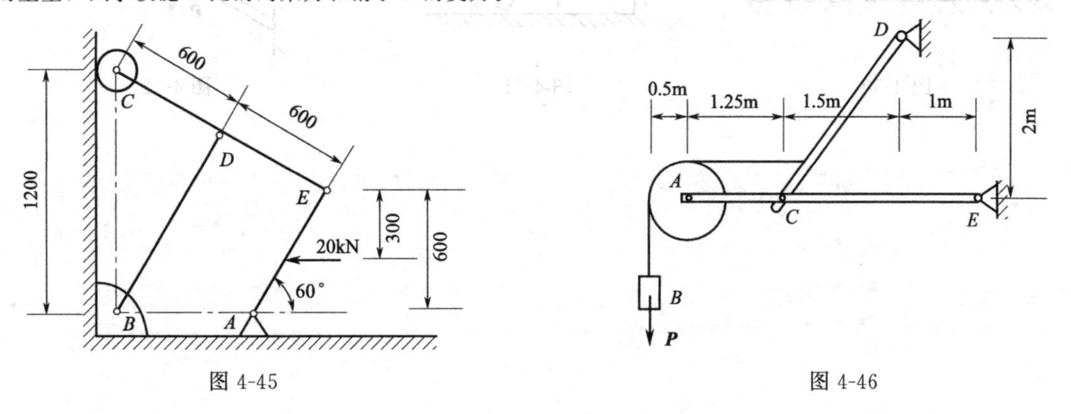

图 4-45　　　　图 4-46

4-13　图 4-47 所示桁架中，载荷 $F_1=F$，$F_2=2F$，尺寸 a 为已知。试求杆件 CD、GF 和 GD 的内力。

4-14　图 4-48 所示桁架中的载荷 $F_1=10\text{kN}$，$F_2=F_3=20\text{kN}$。试求 4、5、7、10 各杆的内力。

4-15　平面桁架的支座和载荷如图 4-49 所示，求 1、2、3 各杆的内力。

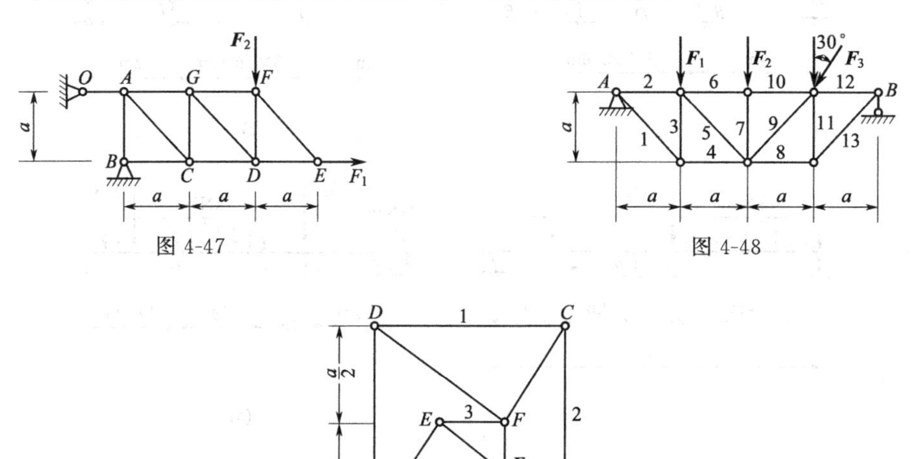

图 4-47

图 4-48

图 4-49

4-16　如图 4-50 所示，水平面上叠放着物块 A 和 B，分别重 $P_A=100\text{N}$ 和 $P_B=80\text{N}$。物块 B 用拉紧的水平绳子系在固定点，如图所示。已知物块 A 和支撑面间、两物块间的摩擦因数分别是 $f_{s1}=0.8$ 和 $f_{s2}=0.6$。试求自左向右推动物块 A 所需的最小水平力 F。

4-17　如图 4-51 所示，重量为 P 的梯子 AB，其一端靠在铅垂的光滑墙壁上，另一端搁置在粗糙的水平地面上，摩擦因数为 f_s，欲使梯子不致滑倒，试求倾角 α 的范围。

4-18　两根相同的均质杆 AB 和 BC 在 B 端铰接，A 端铰接于墙上，C 端则直接搁置在墙面上，如图所示。设两杆的重量均为 P，在图 4-52 所示位置时处于临界平衡状态，试求杆与墙面间的摩擦因数。

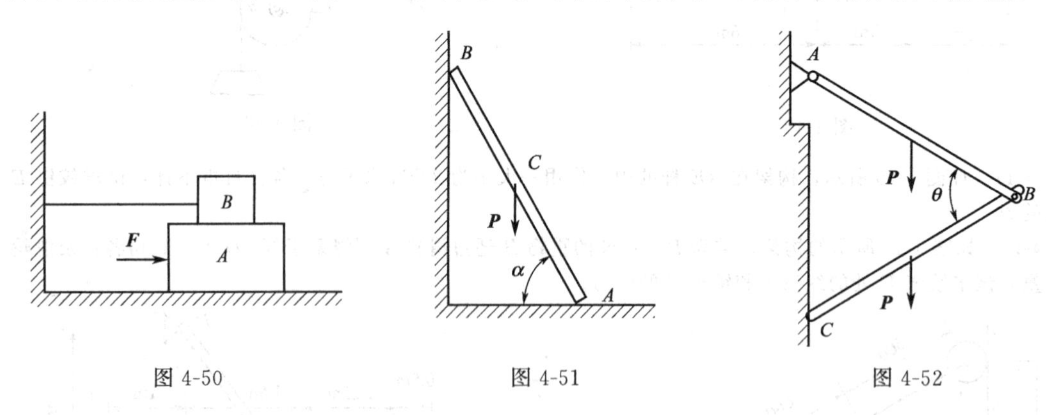

图 4-50

图 4-51

图 4-52

第五章　空 间 力 系

空间力系是力系中最一般的情形。严格地讲，工程结构都受空间力系的作用，虽然其中很多问题可以转化为平面力系进行研究，但也还有一些问题需要按空间力系来处理。本章将研究空间力系的简化和平衡问题，并介绍物体重心的概念和确定重心位置的方法。

第一节　空间汇交力系的简化与平衡

一、力在直角坐标轴上的投影

与平面问题相同，若已知力 $\boldsymbol{F}$ 与空间直角坐标轴 x、y、z 正向之间的夹角分别为 α、β、γ，如图 5-1(a) 所示，以 F_x、F_y、F_z 表示力 $\boldsymbol{F}$ 在 x、y、z 三轴上的投影，则

$$F_x = F\cos\alpha，F_y = F\cos\beta，F_z = F\cos\gamma \tag{5-1}$$

这种方法称为**直接投影法**。

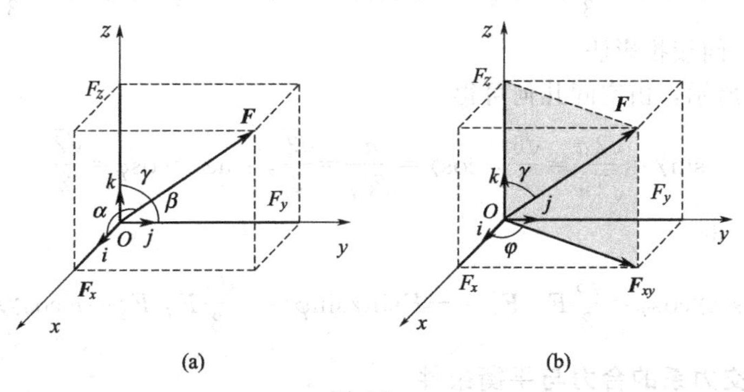

图 5-1

若力 $\boldsymbol{F}$ 在空间的方位用图 5-1(b) 所示的形式来表示，其中 γ 为力 $\boldsymbol{F}$ 与 z 轴的夹角，φ 为力 $\boldsymbol{F}$ 所在铅垂平面与 x 轴的夹角，则可先将力 $\boldsymbol{F}$ 向 z 轴和 Oxy 平面投影，再将分力 $\boldsymbol{F}_{xy}$ 分别向 x、y 轴投影，这种方法称为**间接投影法**。力 $\boldsymbol{F}$ 在三个坐标轴上的投影为

$$\left.\begin{aligned} F_x &= F\sin\gamma\cos\varphi \\ F_y &= F\sin\gamma\sin\varphi \\ F_z &= F\cos\gamma \end{aligned}\right\} \tag{5-2}$$

反之，若已知力在直角坐标轴上的投影，则可以确定该力的大小和方向余弦。

$$\left.\begin{aligned} & F = \sqrt{F_x^2 + F_y^2 + F_z^2} \\ & \cos\alpha = \frac{F_x}{F}，\cos\beta = \frac{F_x}{F}，\cos\gamma = \frac{F_z}{F} \end{aligned}\right\} \tag{5-3}$$

在空间，力的解析表达式为

$$\boldsymbol{F} = F_x\boldsymbol{i} + F_y\boldsymbol{j} + F_z\boldsymbol{k} \tag{5-4}$$

【例 5-1】 在边长为 a 的正六面体的对角线上作用一力 $\boldsymbol{F}$，如图 5-2(a) 所示。试求该力

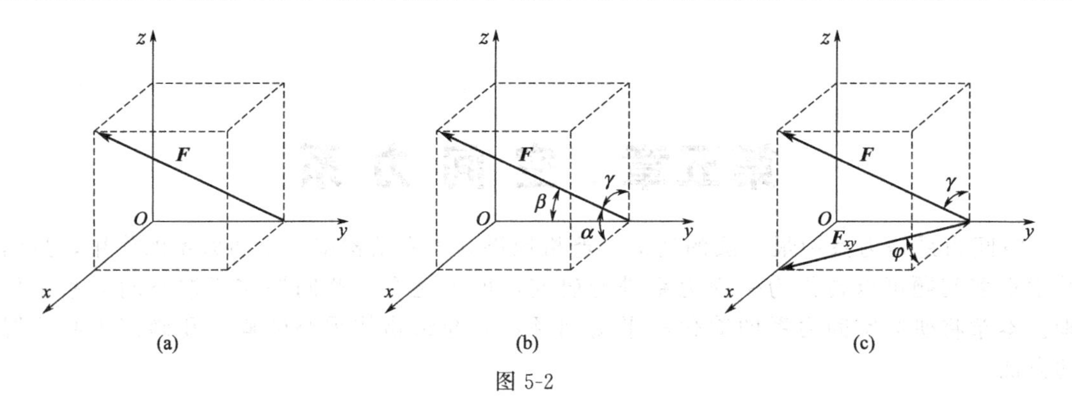

图 5-2

分别在 x、y、z 轴上的投影。

解：(1) 方法一　直接投影法

如图 5-2(b) 所示，由空间几何可得

$$\cos\alpha=\frac{\sqrt{3}}{3},\ \cos\beta=\frac{\sqrt{3}}{3},\ \cos\gamma=\frac{\sqrt{3}}{3}$$

则力在三轴上的投影为

$$F_x=F\cos\alpha=\frac{\sqrt{3}}{3}F,\ F_y=-F\cos\beta=-\frac{\sqrt{3}}{3}F,\ F_z=F\cos\gamma=\frac{\sqrt{3}}{3}F$$

(2) 方法二　间接投影法

如图 5-2(c) 所示，由空间几何可得

$$\sin\gamma=\frac{\sqrt{2}a}{\sqrt{3}a}=\frac{\sqrt{6}}{3},\ \cos\gamma=\frac{a}{\sqrt{3}a}=\frac{\sqrt{3}}{3},\ \sin\varphi=\cos\varphi=\frac{\sqrt{2}}{2}$$

根据二次投影法，得

$$F_x=F\sin\gamma\cos\varphi=\frac{\sqrt{3}}{3}F,\ F_y=-F\sin\gamma\sin\varphi=-\frac{\sqrt{3}}{3}F,\ F_z=F\cos\gamma=\frac{\sqrt{3}}{3}F$$

二、空间汇交力系的合力与平衡条件

与平面汇交力系的简化方法相同，将力系中的各力按平行四边形法则逐一合成，最后得到一个合力。即，**空间汇交力系简化的结果是一个合力，该合力等于力系中各力的矢量和，其作用线通过力系的汇交点。**

合力矢为

$$\boldsymbol{F}_{\mathrm{R}}=\boldsymbol{F}_1+\boldsymbol{F}_2+\cdots+\boldsymbol{F}_n=\sum\boldsymbol{F} \tag{5-5}$$

根据合力投影定理，有

$$F_{\mathrm{R}x}=\sum F_x,F_{\mathrm{R}y}=\sum F_y,F_{\mathrm{R}z}=\sum F_z$$

合力的解析表达式为

$$\boldsymbol{F}_{\mathrm{R}}=\sum F_x\boldsymbol{i}+\sum F_y\boldsymbol{j}+\sum F_z\boldsymbol{k} \tag{5-6}$$

式中的 $\sum F_x$，$\sum F_y$，$\sum F_z$ 等于合力 $\boldsymbol{F}_{\mathrm{R}}$ 在 x、y、z 三轴上的投影。由此可得合力的大小和方向余弦为

$$\left.\begin{aligned}&F_{\mathrm{R}}=\sqrt{(\sum F_x)^2+(\sum F_y)^2+(\sum F_z)^2}\\&\cos(\boldsymbol{F}_{\mathrm{R}},\boldsymbol{i})=\frac{\sum F_x}{F_{\mathrm{R}}},\cos(\boldsymbol{F}_{\mathrm{R}},\boldsymbol{j})=\frac{\sum F_y}{F_{\mathrm{R}}},\cos(\boldsymbol{F}_{\mathrm{R}},\boldsymbol{k})=\frac{\sum F_z}{F_{\mathrm{R}}}\end{aligned}\right\} \tag{5-7}$$

空间汇交力系的简化结果既然为一个合力，其**平衡的充分和必要条件则为：该力系的合**

力等于零。即

$$\boldsymbol{F}_R=\sum\boldsymbol{F}=0 \tag{5-8}$$

由式(5-7) 可知，欲使合力 F_R 为零，必须同时满足

$$\sum F_x=0,\ \sum F_y=0,\ \sum F_z=0 \tag{5-9}$$

即空间汇交力系平衡的充分和必要条件又可表述为：**该力系中所有各力在三个坐标轴上投影的代数和分别等于零**。式(5-9) 称为**空间汇交力系平衡方程**。

空间汇交力系也可以使用图解法和解析法进行简化与平衡分析，但由于使用图解法时所画的空间力多边形几何关系过于复杂，因此一般只使用解析法对空间汇交力系进行分析计算。一个空间汇交力系有三个独立的平衡方程，能解出三个未知量。

【例 5-2】 图 5-3(a) 所示为简易起重设备。杆 AC 与绳索 BC 所在平面可绕 z 轴旋转[如俯视图 5-3(b) 所示]。已知 $AB=BC=AD=AE$；A、B、D、E 各点均为铰接，被起吊物体重 $P=30\text{kN}$。试求杆 AC 旋转 20°时，铅垂立柱 AB 及斜杆 BD、BE 所受的力。

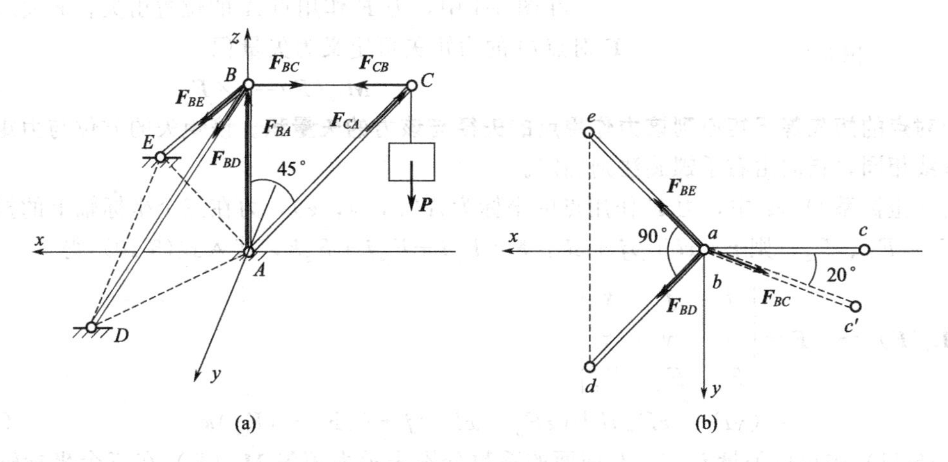

图 5-3

解：本题虽为空间力系问题，但无论杆 AC 旋转到什么位置，C 点所受的力都是一个平面汇交力系。不难求得 $F_{CB}=P=30\text{kN}$。

再取 B 点为隔离体，画出受力图。四个力 $\boldsymbol{F}_{BC}$、$\boldsymbol{F}_{BA}$、$\boldsymbol{F}_{BD}$ 和 $\boldsymbol{F}_{BE}$ 构成一个空间汇交力系。列平衡方程

$$\sum F_x=0,\ F_{BD}\cos45°\times\cos45°+F_{BE}\cos45°\times\cos45°-F_{BC}\cos20°=0$$

解得

$$F_{BD}+F_{BE}=2P\cos20° \tag{Ⅰ}$$

$$\sum F_y=0,\ F_{BD}\cos45°\times\sin45°-F_{BE}\cos45°\times\sin45°+F_{BC}\sin20°=0$$

解得

$$F_{BD}-F_{BE}=-2P\sin20° \tag{Ⅱ}$$

由式(Ⅰ)、(Ⅱ) 联立解得

$$F_{BD}=P(\cos20°-\sin20°)=17.9\ (\text{kN})$$

$$F_{BE}=P(\cos20°+\sin20°)=38.5\ (\text{kN})$$

$$\sum F_z=0,\ F_{BA}-F_{BD}\sin45°-F_{BE}\sin45°=0$$

解得

$$F_{BA}=\sqrt{2}P\cos20°=39.9\ (\text{kN})$$

第二节　空间力偶系的简化与平衡

一、力对点的矩和力对轴的矩

1. 力对点的矩

在平面问题中，力对点的矩是个代数量，只需要考虑矩的大小和在平面内的转动方向即可。但是在空间问题中，力对点的矩不仅要考虑矩的大小和在作用平面（力的作用线与矩心构成的平面）内的转动方向，而且还要考虑作用平面的方位。方位不同平面上作用的力矩，即使大小相同，作用效果也完全不一样。因此，需要用力矩矢 $\boldsymbol{M}_O(\boldsymbol{F})$ 来描述空间的力 $\boldsymbol{F}$ 对一点 O 的矩。

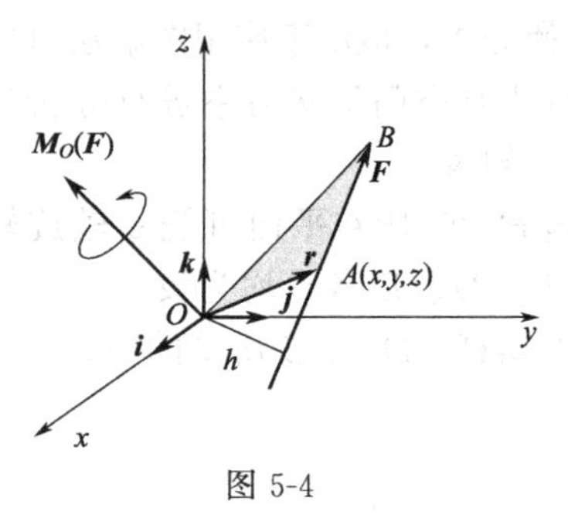

图 5-4

在图 5-4 中，力 $\boldsymbol{F}$ 作用点 A 的位置由矢径 $\boldsymbol{r}$ 表示，力 $\boldsymbol{F}$ 对点 O 的力矩矢可定义为矢量积

$$\boldsymbol{M}_O(\boldsymbol{F})=\boldsymbol{r}\times\boldsymbol{F} \tag{5-10}$$

即，**力对点的矩矢等于矩心到该力作用点的矢径与该力的矢量积**。该矩矢的方位与力矩作用面的法线相同，指向由右手螺旋法则确定。

若在坐标系 $Oxyz$ 中，力 $\boldsymbol{F}$ 作用点的坐标为 $A(x，y，z)$，力在三个坐标轴上的投影分别为 F_x、F_y、F_z，则 $\boldsymbol{r}=x\boldsymbol{i}+y\boldsymbol{j}+z\boldsymbol{k}$，$\boldsymbol{F}=F_x\boldsymbol{i}+F_y\boldsymbol{j}+F_z\boldsymbol{k}$，代入式(5-10) 得

$$\boldsymbol{M}_O(\boldsymbol{F})=\boldsymbol{r}\times\boldsymbol{F}=\begin{vmatrix}\boldsymbol{i} & \boldsymbol{j} & \boldsymbol{k}\\ x & y & z\\ F_x & F_y & F_z\end{vmatrix}$$

$$=(yF_z-zF_y)\boldsymbol{i}+(zF_x-xF_z)\boldsymbol{j}+(xF_y-yF_x)\boldsymbol{k} \tag{5-11}$$

式(5-11) 中单位矢量 $\boldsymbol{i}$、$\boldsymbol{j}$、$\boldsymbol{k}$ 前面的系数分别表示力矩矢 $\boldsymbol{M}_O(\boldsymbol{F})$ 在三个坐标轴上的投影，即

$$\left.\begin{aligned}[\boldsymbol{M}_O(\boldsymbol{F})]_x&=yF_x-zF_y\\ [\boldsymbol{M}_O(\boldsymbol{F})]_y&=zF_x-xF_z\\ [\boldsymbol{M}_O(\boldsymbol{F})]_z&=xF_y-yF_x\end{aligned}\right\} \tag{5-12}$$

力矩矢 $\boldsymbol{M}_O(\boldsymbol{F})$ 的作用效果与矩心 O 的位置有关，因此这是一个**定位矢量**。

2. 力对轴的矩

在空间问题中，力的作用也可以使物体对轴产生转动效应。例如用手推门使其产生绕门轴的转动，齿轮所受的啮合力使其产生绕轴的转动等。这时，力的作用效应可用力对轴的矩来描述。

如图 5-5 所示，在门边上的 A 点作用一个力 $\boldsymbol{F}$。为了研究力 $\boldsymbol{F}$ 使门绕 z 轴转动的效应，可将力分解为两个分力 $\boldsymbol{F}_z$ 和 $\boldsymbol{F}_{xy}$。其中 $\boldsymbol{F}_z$ 与 z 轴平行，$\boldsymbol{F}_{xy}$ 与 z 轴垂直。实践证明，分力 $\boldsymbol{F}_z$ 并不能使门转动，只有分力 $\boldsymbol{F}_{xy}$ 才能使门绕 z 轴转动。

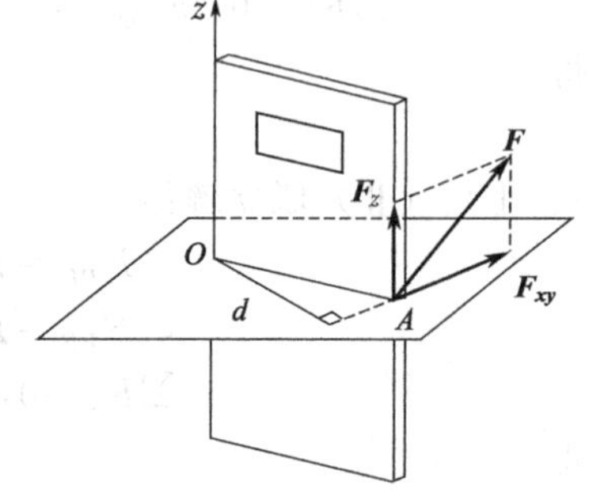

图 5-5

过 A 点作平面与 z 轴垂直，并与 z 轴相交于 O 点。分力 $\boldsymbol{F}_{xy}$ 产生使门绕 z 轴转动的效应，相当于在平面问题中力 $\boldsymbol{F}_{xy}$ 绕矩心 O 转动的效应。

于是，力 $\boldsymbol{F}$ 对 z 轴之矩 $M_z(\boldsymbol{F})$ 定义为

$$M_z(\boldsymbol{F}) = \pm F_{xy} d \tag{5-13}$$

式(5-13) 可表述为：**力对轴的矩是力使刚体绕该轴转动效应的度量，是一个代数量，其大小等于力在垂直于轴的平面内的分力对该轴与平面交点的矩。其正负号规定为：从轴的正端来看，绕该轴逆时针转的力矩为正，反之为负。**力对轴的矩也可以按右手螺旋法则确定正负。

下面几种情形中，力对轴的矩等于零。

(1) 当力与轴相交时，力臂 d 等于零。

(2) 当力与轴平行时，分力 $\boldsymbol{F}_{xy}$ 的大小等于零。即

当力与轴在同一平面内时，力对轴的矩等于零。

从上面的例子不难看出，在平面问题中所定义的力对平面内某点 O 之矩，实际上就是力对通过此点且与平面垂直的轴之矩。因此平面力系的合力矩定理，也可以推广到空间情形。可表述为：**若以 $\boldsymbol{F}_R$ 表示空间力系 $\boldsymbol{F}_1$，$\boldsymbol{F}_2$，…，$\boldsymbol{F}_n$ 的合力，则合力 $\boldsymbol{F}_R$ 对某轴之矩，等于各分力对同一轴之矩的代数和，**即

$$M_z(\boldsymbol{F}_R) = M_z(\boldsymbol{F}_1) + M_z(\boldsymbol{F}_2) + \cdots + M_z(\boldsymbol{F}_n) \tag{5-14}$$

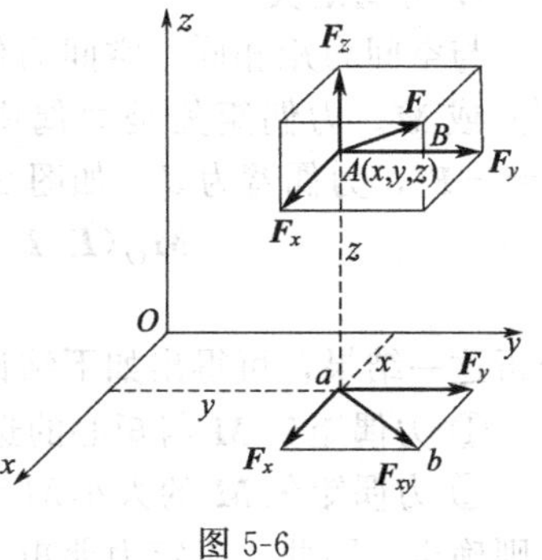

图 5-6

3. 力对轴的矩与力对点的矩之间的关系

在图 5-6 中，力 $\boldsymbol{F}$ 作用点的坐标为 $A(x, y, z)$，力在三个坐标轴上的分力分别为 $\boldsymbol{F}_x$、$\boldsymbol{F}_y$、$\boldsymbol{F}_z$。根据合力矩定理

$$M_x(\boldsymbol{F}) = M_O(\boldsymbol{F}_{yz}) = M_O(\boldsymbol{F}_y) + M_O(\boldsymbol{F}_z)$$

即

$$M_x(\boldsymbol{F}) = yF_z - zF_y$$

同理可求出 $M_y(\boldsymbol{F})$ 和 $M_z(\boldsymbol{F})$。将此三项计算结果合并为

$$\left.\begin{aligned} M_x(\boldsymbol{F}) &= yF_z - zF_y \\ M_y(\boldsymbol{F}) &= zF_x - xF_z \\ M_z(\boldsymbol{F}) &= xF_y - yF_x \end{aligned}\right\} \tag{5-15}$$

并与式(5-12) 比较可得

$$\left.\begin{aligned} [\boldsymbol{M}_O(\boldsymbol{F})]_x &= M_x(\boldsymbol{F}) \\ [\boldsymbol{M}_O(\boldsymbol{F})]_y &= M_y(\boldsymbol{F}) \\ [\boldsymbol{M}_O(\boldsymbol{F})]_z &= M_z(\boldsymbol{F}) \end{aligned}\right\} \tag{5-16}$$

即：**力对点的矩矢在通过该点的某轴上的投影等于力对该轴的矩。**

通过上述关系，可由力 $\boldsymbol{F}$ 对 x、y、z 各坐标轴之矩求得力对坐标原点 O 之矩

$$\left.\begin{aligned} &|\boldsymbol{M}_O(\boldsymbol{F})| = |\boldsymbol{M}_O| = \sqrt{[M_x(\boldsymbol{F})]^2 + [M_y(\boldsymbol{F})]^2 + [M_z(\boldsymbol{F})]^2} \\ &\cos(\boldsymbol{M}_O, \boldsymbol{i}) = \frac{M_x(\boldsymbol{F})}{|\boldsymbol{M}_O|}, \cos(\boldsymbol{M}_O, \boldsymbol{j}) = \frac{M_y(\boldsymbol{F})}{|\boldsymbol{M}_O|}, \cos(\boldsymbol{M}_O, \boldsymbol{k}) = \frac{M_z(\boldsymbol{F})}{|\boldsymbol{M}_O|} \end{aligned}\right\} \tag{5-17}$$

【例 5-3】 在图 5-7 所示边长为 a、b、c 的长方体顶点 A 处，沿体对角线 AB 作用有力 $\boldsymbol{F}$。试计算力 $\boldsymbol{F}$ 对坐标原点 O 及坐标轴 x、y、z 的矩。已知 $F=400\text{N}$，$a=b=\sqrt{3}\,\text{m}$，$c=\sqrt{2}\,\text{m}$。

解：由 $\tan\alpha = \dfrac{c}{\sqrt{2}a} = \dfrac{\sqrt{3}}{3}$ 得 $\alpha = 30°$。

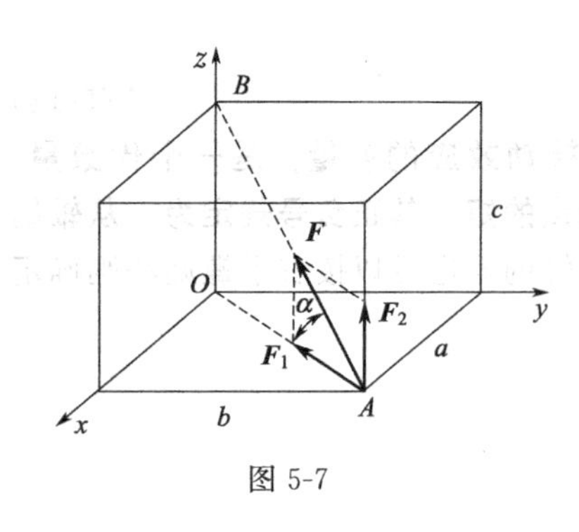

图 5-7

将力 $\boldsymbol{F}$ 沿 OA 及 z 轴方向分解得

$$F_1=F\cos\alpha,\ F_2=F\sin\alpha$$

因 $\boldsymbol{F}_1$ 的作用线过原点 O，与坐标轴 x、y、z 均相交，所以对坐标原点 O 及坐标轴 x、y、z 的矩均为零。由式(5-15) 计算各力矩如下：

$$M_x(\boldsymbol{F})=M_x(\boldsymbol{F}_2)=F_2b=200\sqrt{3}\ (\text{N}\cdot\text{m})$$

$$M_y(\boldsymbol{F})=M_y(\boldsymbol{F}_2)=-F_2a=-200\sqrt{3}\ (\text{N}\cdot\text{m})$$

$$M_z(\boldsymbol{F})=M_z(\boldsymbol{F}_2)=0$$

$$\boldsymbol{M}_O(\boldsymbol{F})=(200\sqrt{3}\boldsymbol{i}-200\sqrt{3}\boldsymbol{j})$$

二、空间力偶系

1. 力偶矩矢

与空间力矩相同，空间力偶也是矢量，称为**力偶矩矢量**，简称**力偶矩矢**，记为 $\boldsymbol{M}(\boldsymbol{F},\boldsymbol{F}')$ 或 $\boldsymbol{M}$。力偶矩矢是力偶中的两个力对空间某点之矩的矢量和。设有力偶 $(\boldsymbol{F},\boldsymbol{F}')$，$\boldsymbol{F}=-\boldsymbol{F}'$，力偶臂为 d，如图 5-7 所示。力偶对空间任一点 O 之矩 $\boldsymbol{M}_O(\boldsymbol{F},\boldsymbol{F}')$ 计算如下。

$$\begin{aligned}\boldsymbol{M}_O(\boldsymbol{F},\boldsymbol{F}')&=\boldsymbol{M}_O(\boldsymbol{F})+\boldsymbol{M}_O(\boldsymbol{F}')=\boldsymbol{r}_A\times\boldsymbol{F}+\boldsymbol{r}_B\times\boldsymbol{F}'\\&=\boldsymbol{r}_A\times\boldsymbol{F}-\boldsymbol{r}_B\times\boldsymbol{F}=(\boldsymbol{r}_A-\boldsymbol{r}_B)\times\boldsymbol{F}=\boldsymbol{r}_{AB}\times\boldsymbol{F}=\boldsymbol{M}\end{aligned}$$

分析这一结果，可得出如下结论。

① 力偶矩矢 $\boldsymbol{M}$ 与矩心的选择无关，因而是一个自由矢量。

② 力偶矩矢 $\boldsymbol{M}$ 的大小 $M=r_{AB}F\sin\alpha$，方向为力偶作用面的法线方向，指向由右手螺旋法则确定。因此，决定力偶矩矢的三要素为：力偶矩的大小、力偶作用面及力偶的转向。

③ 因为力偶矩矢是自由矢量，所以在保持这一矢量的大小和方向不变的条件下，可以任意移动力偶而不会改变其对刚体的作用效果，这一结论称为**力偶的等效性**。

力偶等效性的具体内容包括：在保持力偶矩矢的大小和方向不变的条件下，力偶可以在其作用面内或在相互平行的平面之间任意移动，或任意转动力的方向，或同时改变力偶中力和力偶臂的大小，都不影响其对刚体的作用效果。

2. 空间力偶系的简化与平衡条件

空间力偶是矢量，服从矢量的运算法则。设有任意个空间分布的力偶构成的力偶系，根据力偶的等效性可先将各力偶移至任意的指定位置，并按照平行四边形法则逐次合成，最后将得到一个合力偶。**合力偶矩矢等于各分力偶矩矢的矢量和，**即

$$\boldsymbol{M}=\boldsymbol{M}_1+\boldsymbol{M}_2+\cdots+\boldsymbol{M}_n=\sum\boldsymbol{M}_i \tag{5-18}$$

合力偶矩矢的解析表达式为

$$\boldsymbol{M}=M_x\boldsymbol{i}+M_y\boldsymbol{j}+M_z\boldsymbol{k} \tag{5-19}$$

结合式(5-18) 和式(5-19) 可得

$$\left.\begin{aligned}M_x&=M_{1x}+M_{2x}+\cdots+M_{nx}=\sum M_{ix}\\M_y&=M_{1y}+M_{2y}+\cdots+M_{ny}=\sum M_{iy}\\M_z&=M_{1z}+M_{2z}+\cdots+M_{nz}=\sum M_{iz}\end{aligned}\right\} \tag{5-20}$$

即合力偶矩矢在某坐标轴上的投影等于各分力偶矩矢在同一坐标轴上的投影的代数和。由此可求得合力偶矩矢的大小和方向余弦

$$\left.\begin{aligned}&M=\sqrt{M_x^2+M_y^2+M_z^2}\\&\cos(\boldsymbol{M},\boldsymbol{i})=\frac{M_x}{M},\cos(\boldsymbol{M},\boldsymbol{j})=\frac{M_y}{M},\cos(\boldsymbol{M},\boldsymbol{k})=\frac{M_z}{M}\end{aligned}\right\} \tag{5-21}$$

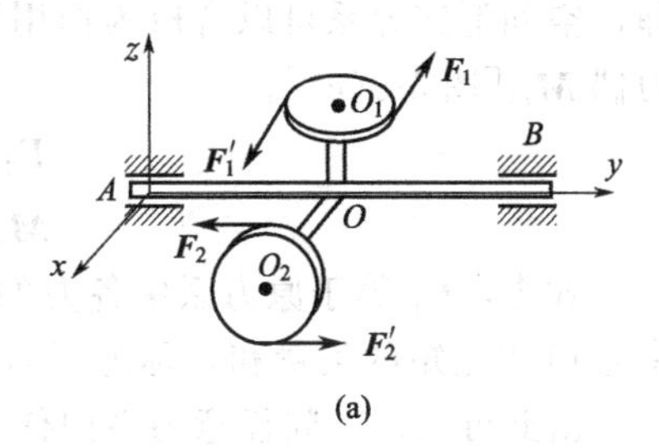

(a)

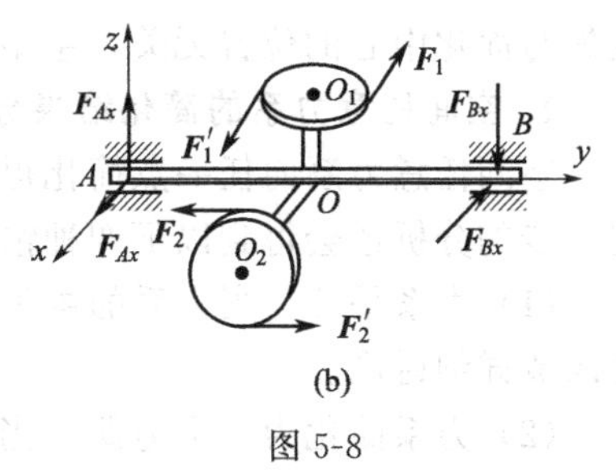

(b)

图 5-8

因为空间力偶系可以简化为一个合力偶，所以空间**力偶系平衡的充分和必要条件是：该力偶系的合力偶矩等于零，亦即该力偶系所有力偶矩矢的矢量和等于零**，即

$$\sum \boldsymbol{M}=0 \tag{5-22}$$

欲使式(5-22) 成立，必须同时满足

$$\sum M_x=0，\sum M_y=0，\sum M_z=0 \tag{5-23}$$

为空间力偶系的平衡方程。即**空间力偶系平衡的充分和必要条件是：该力偶系所有力偶矩矢在三个坐标轴上投影的代数和分别等于零。**

每个空间力偶系有三个平衡方程，可求解三个未知量。

【例 5-4】 圆盘 O_1 和 O_2 与水平轴 AB 固连，O_1 盘面垂直于 z 轴，O_2 盘面垂直于 x 轴，盘面上分别作用有力偶 ($\boldsymbol{F}_1$，$\boldsymbol{F}_1'$)、($\boldsymbol{F}_2$，$\boldsymbol{F}_2'$)，如图 5-8(a) 所示。若两盘半径均为 200mm，$F_1=3$N，$F_2=5$N，$AB=800$mm，不计构件自重。试求轴承 A、B 处的约束力。

解：取整体为研究对象，由于不计自重，主动力为两个力偶，轴承 A、B 处的约束力也必然形成力偶与之平衡。画出受力图 [图 5-8(b)]。由力偶系的平衡方程

$$\sum M_x=0，400F_2-800F_{Az}=0$$

$$\sum M_z=0，400F_1+800F_{Ax}=0$$

解得

$$F_{Ax}=F_{Bx}=-1.5\ (\mathrm{N}),F_{Az}=F_{Bz}=2.5\ (\mathrm{N})$$

第三节　空间任意力系的简化与平衡

一、空间任意力系向一点的简化

1. 空间任意力系向一点的简化

与平面任意力系的简化过程相同，将空间任意力系 $\boldsymbol{F}_1$，$\boldsymbol{F}_2$，…，$\boldsymbol{F}_n$ [图 5-9(a)] 中的各力向简化中心 O 平移时，每个力同时会产生一个附加力偶。这样，原力系将由一个空间汇交力系和一个空间力偶系等效替换，如图 5-9(b) 所示。其中：

$$\boldsymbol{F}_i'=\boldsymbol{F}_i，\boldsymbol{M}_i=\boldsymbol{M}_O(\boldsymbol{F}_i)$$

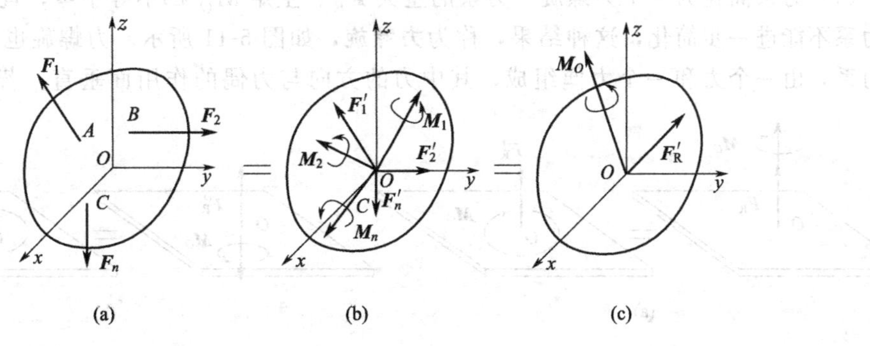

图 5-9

即，空间汇交力系可以合成为作用于简化中心 O 的一个力 $\boldsymbol{F}'_R$，空间力偶系可以合成为一个力偶 $\boldsymbol{M}_O$[图 5-9(c)]。

$$\left.\begin{aligned}\boldsymbol{F}'_R=\sum\boldsymbol{F}'_i=\sum\boldsymbol{F}_i\\ \boldsymbol{M}_O=\sum\boldsymbol{M}_{Oi}=\sum\boldsymbol{M}_O(\boldsymbol{F}_i)\end{aligned}\right\}\tag{5-24}$$

式中，$\boldsymbol{F}'_R$ 等于原力系中各力的矢量和，称为原力系的主矢；$\boldsymbol{M}_O$ 等于原来各力对简化中心 O 点之矩的矢量和，称为原力系对于简化中心的主矩。

由此可见，空间任意力系向任一点简化，可以得到一个主矢 $\boldsymbol{F}'_R$ 和一个主矩 $\boldsymbol{M}_O$。其中，主矢与简化中心的位置无关，主矩一般与简化中心的位置有关。

2. 空间任意力系的简化结果分析

空间任意力系向任一点简化得到一个主矢 $\boldsymbol{F}'_R$ 和一个主矩 $\boldsymbol{M}_O$，这并不是最简单的结果，进一步的分析还会得到以下四种情况。

(1) 力系平衡　当力系的主矢 $\boldsymbol{F}'_R$、主矩 $\boldsymbol{M}_O$ 均等于零时，原力系平衡，这种情形将在第四节详细讨论。

(2) 力系简化为一个力偶　当力系的主矢 $\boldsymbol{F}'_R$ 等于零，而主矩 $\boldsymbol{M}_O$ 不等于零时，显然，主矩与原力系等效，即原力系可简化为一个合力偶。因为力偶对于平面内任意一点之矩都相同，所以，在这种情况下，主矩与简化中心的选择无关。

(3) 力系简化为一个合力　力系的主矩 $\boldsymbol{M}_O$ 等于零，主矢 $\boldsymbol{F}'_R$ 不等于零时，显然，主矢与原力系等效，即原力系可合成为一个合力，合力等于主矢，合力的作用线通过简化中心 O。

另外，当力系的主矢 $\boldsymbol{F}'_R$、主矩 $\boldsymbol{M}_O$ 都不等于零，且 $\boldsymbol{F}'_R\perp\boldsymbol{M}_O$ 时 [图 5-10(a)]，力 $\boldsymbol{F}'_R$ 与力偶矩矢为 $\boldsymbol{M}_O$ 的力偶在同一平面内，如图 5-10(b) 所示。根据力的平移定理的逆定理，这两个力与力偶可以合成为平面内的一个合力 $\boldsymbol{F}_R$[图 5-10(c)]。此力即为原力系的合力，其大小和方向与主矢 $\boldsymbol{F}'_R$ 相同，作用线离简化中心 O 的距离为

$$d=\frac{|\boldsymbol{M}_O|}{F'_R}\tag{5-25}$$

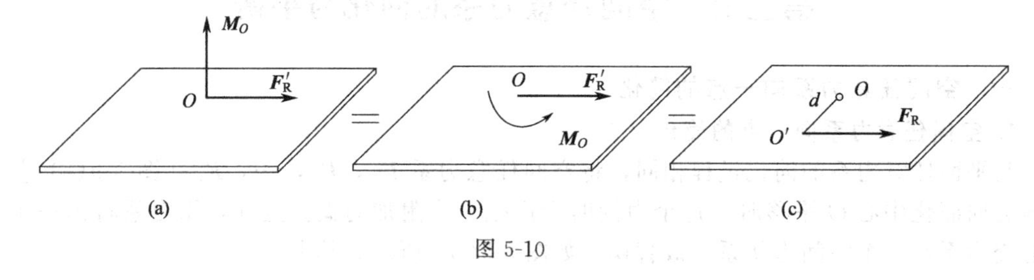

图 5-10

(4) 力系简化为一个力螺旋　力系的主矢 $\boldsymbol{F}'_R$、主矩 $\boldsymbol{M}_O$ 都不等于零，且 $\boldsymbol{F}'_R/\!/\boldsymbol{M}_O$，此时力系不能进一步简化，这种结果，称为**力螺旋**，如图 5-11 所示。力螺旋也是一种最简单的力系，由一个力和一个力偶组成，其中力的方向与力偶的作用面垂直。若 $\boldsymbol{F}'_R$ 与 $\boldsymbol{M}_O$ 同

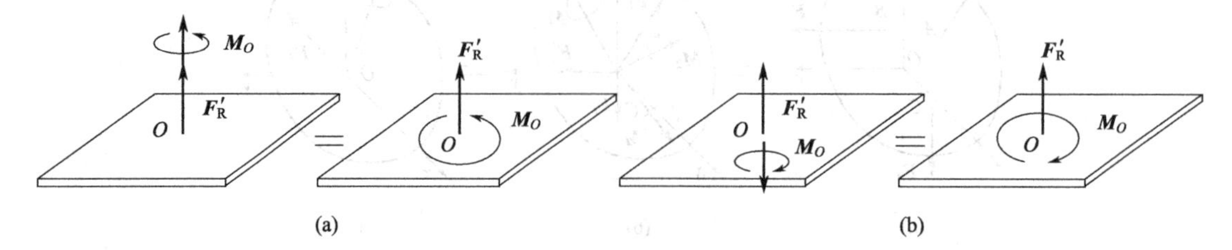

图 5-11

向，则称为右力螺旋；反之称为左力螺旋。工程中力螺旋的例子很多，如钻孔时工件对钻头的阻力和阻力偶，飞机螺旋桨上受到的推力和空气的阻力偶等。

至于力系的主矢 $\boldsymbol{F}'_{\mathrm{R}}$、主矩 $\boldsymbol{M}_O$ 都不等于零，且 $\boldsymbol{F}'_{\mathrm{R}}$ 与 $\boldsymbol{M}_O$ 成任意夹角的情形，请读者自行分析。

二、空间任意力系的平衡方程

1. 空间任意力系的平衡方程

由简化结果可知，**空间任意力系平衡的充分和必要条件是：力系的主矢和对于任一点的主矩都等于零。**即

$$\boldsymbol{F}'_{\mathrm{R}}=0;\ \boldsymbol{M}_O=0$$

根据式(5-24)和式(5-7)、式(5-20)，上述平衡条件写成空间任意力系的平衡方程

$$\left.\begin{array}{l}\sum F_x=0,\ \sum F_y=0,\ \sum F_z=0\\ \sum M_x(\boldsymbol{F})=0,\ \sum M_y(\boldsymbol{F})=0,\ \sum M_z(\boldsymbol{F})=0\end{array}\right\}\tag{5-26}$$

即，空间任意力系平衡的充分和必要条件又可写为：力系中各力在三个任选的坐标轴上投影的代数和分别等于零，以及各力对于任一坐标轴之矩的代数和也等于零。

空间任意力系的平衡方程有三个投影式和三个力矩式，共六个方程，能解出六个未知量，是所有力系中最多的。在利用这些平衡方程求解问题时，应注意合理选择坐标轴投影和取力矩，尽量避免解联立方程。

空间任意力系是所有力系中最一般的形式，其平衡规律具有普遍性，其他任何力系都是它的特例。在研究其他力系的平衡条件时，应注意哪些条件对于判断平衡的充分性是失效的（一般在平衡方程中表现为恒等式），这样才能正确地判断出该力系独立平衡方程的数目，为顺利地解决问题创造有利条件。

2. 平衡方程的应用

【例 5-5】 试求图 5-12 所示空间刚性架 A 端的约束力。已知 $F_1=10\mathrm{kN}$，过杆 AB 且与 y 轴平行；$F_2=15\mathrm{kN}$，与 x 轴平行；$q=5\mathrm{kN/m}$，与 z 轴平行。

解：本题为空间任意力系问题。画出刚性架的受力图（图 5-12），A 端为空间固定端，能限制沿 3 个坐标方向的移动和绕 3 根坐标轴的转动，因此会产生 3 个约束力和 3 个约束力偶。逐一列投影和力矩平衡方程，解出各约束力。

$$\sum F_x=0,\ F_{Ax}+F_2=0$$

解得 $F_{Ax}=-15\ (\mathrm{kN})$

$$\sum F_y=0,\ F_{Ay}+F_1=0$$

解得 $F_{Ay}=-10\ (\mathrm{kN})$

$$\sum F_z=0,\ F_{Az}-4q=0$$

解得 $F_{Az}=4\times5=20\ (\mathrm{kN})$

$$\sum M_x(F)=0,\ M_{Ax}-4F_1-4q\times2=0$$

解得 $M_{Az}=4\times10+4\times5\times2=80\ (\mathrm{kN\cdot m})$

$$\sum M_y(F)=0,\ M_{Ay}+6F_2=0$$

解得 $M_{Ay}=-15\times6=-90\ (\mathrm{kN\cdot m})$

$$\sum M_z(F)=0,\ M_{Az}-4F_2=0$$

解得 $M_{Az}=15\times4=60\ (\mathrm{kN\cdot m})$

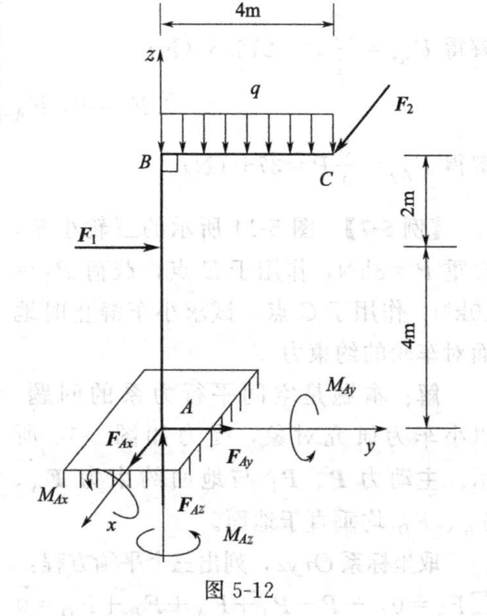

图 5-12

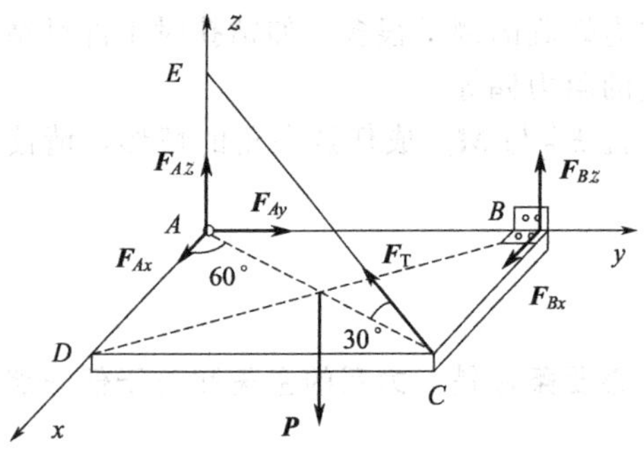

图 5-13

【例 5-6】 均质长方形板 $ABCD$ 重 $P=500\text{N}$，用球形铰链 A 和碟形铰链 B 固定在墙上，并用绳 EC 维持在水平位置，如图 5-13 所示。试求绳 EC 的拉力及铰链 A 和 B 处的约束力。

解：本题为空间任意力系问题。板受球形铰链 A 的 3 个约束力 $\boldsymbol{F}_{Ax}$、$\boldsymbol{F}_{Ay}$、$\boldsymbol{F}_{Az}$，碟形铰链 B 的 2 个约束力 $\boldsymbol{F}_{Bx}$、$\boldsymbol{F}_{Bz}$，绳的拉力 $\boldsymbol{F}_{\mathrm{T}}$ 和重力 $\boldsymbol{P}$ 共同作用。由于未知力 $\boldsymbol{F}_{Ax}$、$\boldsymbol{F}_{Ay}$、$\boldsymbol{F}_{Az}$、$\boldsymbol{F}_{\mathrm{T}}$ 均通过 z 轴，对 z 轴之矩为零，故先列平衡方程 $\sum M_z(\boldsymbol{F})=0$，有

$$-F_{Bx}\times AB=0$$

解得 $F_{Bx}=0$。

再列平衡方程 $\sum M_y(\boldsymbol{F})=0$，有

$$-F_{\mathrm{T}}\sin30^\circ\times CB+P\times\frac{CB}{2}=0$$

解得 $F_{\mathrm{T}}=P=500\text{N}$。

列平衡方程

$$\sum M_x(\boldsymbol{F})=0,\ F_{Bz}\times AB+F_{\mathrm{T}}\sin30^\circ\times AB-P\times\frac{AB}{2}=0$$

解得 $F_{Bz}=0$

$$\sum M_{BD}(\boldsymbol{F})=0,\ F_{Az}\times AB\sin30^\circ-F_{\mathrm{T}}\sin30^\circ\times AB\sin30^\circ=0$$

解得 $F_{Az}=\dfrac{P}{2}=250\ (\text{N})$

$$\sum F_x=0,\ F_{Ax}+F_{Bx}-F_{\mathrm{T}}\cos30^\circ\times\cos60^\circ=0$$

解得 $F_{Ax}=\dfrac{\sqrt{3}}{4}P=216.5\ (\text{N})$

$$\sum F_y=0,\ F_{Ay}-F_{\mathrm{T}}\cos30^\circ\times\sin60^\circ=0$$

解得 $F_{Ay}=\dfrac{3}{4}P=375\ (\text{N})$。

【例 5-7】 图 5-14 所示的三轮小车，自重 $P=8\text{kN}$，作用于 E 点，载荷 $P_1=10\text{kN}$，作用于 C 点。试求小车静止时地面对车轮的约束力。

解：本题是空间平行力系的问题。以小车为研究对象，受力如图 5-14 所示。主动力 $\boldsymbol{P}$、$\boldsymbol{P}_1$ 与地面约束力 $\boldsymbol{F}_A$、$\boldsymbol{F}_B$、$\boldsymbol{F}_D$ 均垂直于地面。

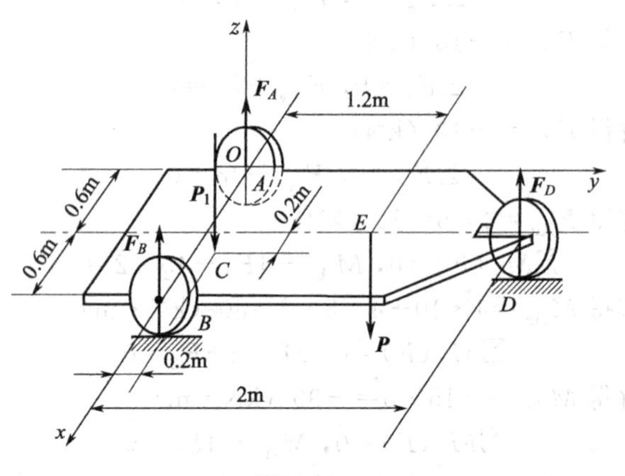

图 5-14

取坐标系 $Oxyz$，列出三个平衡方程：

$$\sum F_z=0,\ -P-P_1+F_A+F_B+F_D=0$$

$$\sum M_x(\boldsymbol{F})=0,\ -1.2P-0.2P_1+2F_D=0$$

$$\sum M_y(\boldsymbol{F})=0,\ 0.6P+0.8P_1-0.6F_D-1.2F_B=0$$

解得

$$F_A=5.8\ (\mathrm{kN}),\ F_B=7.777\ (\mathrm{kN}),\ F_D=4.423\ (\mathrm{kN})$$

【例 5-8】 传动轴由主动轴 AB 与从动轴 CD 组成，其结构尺寸如图 5-15(a) 所示。已知作用在锥齿轮上的轴向力 $F_n=1.65\mathrm{kN}$，切向力 $F_t=4.55\mathrm{kN}$，径向力 $F_r=0.414\mathrm{kN}$，方向如图所示。圆柱直齿轮Ⅰ、Ⅱ的压力角 $\theta=20°$，不计摩擦。求：(1) 当齿轮等速转动时，作用在从动轴的平衡力偶的力偶矩 M_{II} 的大小；(2) 作用在圆柱直齿轮Ⅰ上的切向力 F_{tE} 和径向力 F_{rE}；(3) 径向轴承 A 与止推轴承 B 的约束力。

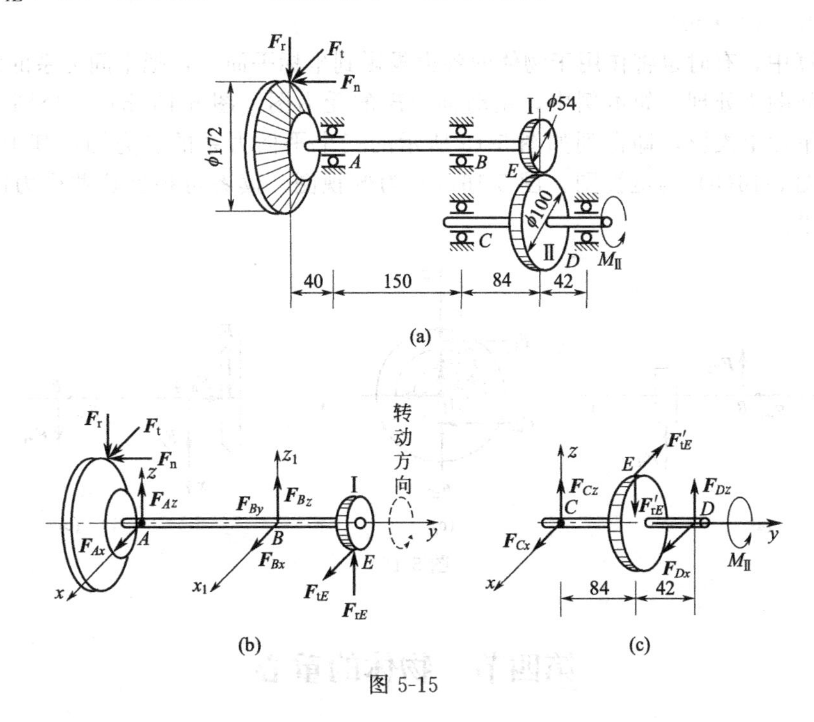

图 5-15

解：本题中传动轴等速转动，可以认为处于平衡状态。

先选主动轴 AB(包括锥齿轮和圆柱直齿轮Ⅰ) 为研究对象，画出受力图，如图 5-15(b) 所示。取坐标系 $Axyz$，其中 x 轴与切向力 F_t 平行，y 轴沿 AB 轴线，z 轴铅垂向上。系统受力情况为：(1) 作用在锥齿轮上的已知力 $\boldsymbol{F}_t$、$\boldsymbol{F}_n$、$\boldsymbol{F}_r$；(2) 作用在圆柱直齿轮Ⅰ上 E 处的啮合力 $\boldsymbol{F}_{tE}$ 和 $\boldsymbol{F}_{rE}$；(3) 径向轴承 A 处的约束力 $\boldsymbol{F}_{Ax}$ 和 $\boldsymbol{F}_{Az}$；(4) 止推轴承 B 处的约束力 $\boldsymbol{F}_{Bx}$、$\boldsymbol{F}_{By}$、$\boldsymbol{F}_{Bz}$。

由于不计摩擦时，轴承约束力均通过 y 轴，对该轴之矩为零，故先列对 y 轴的力矩平衡方程

$$\sum M_y(\boldsymbol{F})=0,\ 86F_t-27F_{tE}=0$$

得 $F_{tE}=14.49\ (\mathrm{kN})$，则 $F_{rE}=F_{tE}\tan 20°=5.274\ (\mathrm{kN})$。

再列其他的平衡方程求轴承的约束力。由

$$\sum M_x(\boldsymbol{F})=0,\ 86F_n+40F_r+150F_{Bz}+234F_{rE}=0$$

得 $F_{Bz}=-9.284\ (\mathrm{kN})$

$$\sum F_z=0,\ -F_r+F_{Az}+F_{Bz}+F_{rE}=0$$

得 $F_{Az}=4.424\ (\mathrm{kN})$

$$\sum M_z(\boldsymbol{F})=0,\ 40F_t-150F_{Bx}-234F_{tE}=0$$

得 $F_{Bx}=-21.39$ (kN)

$$\sum F_x=0,\ F_t+F_{Ax}+F_{Bx}+F_{tE}=0$$

得 $F_{Ax}=2.35$ (kN)

$$\sum F_y=0,\ -F_n+F_{By}=0$$

得 $F_{By}=1.65$ (kN)

再选从动轴 CD 为研究对象，受力图如图 5-15(c) 所示。由于只需求力偶矩 M_{II}，故列对 y 轴的力矩平衡方程

$$\sum M_y(\boldsymbol{F})=0,\ -50F'_{tE}+M_{\mathrm{II}}=0$$

得 $M_{\mathrm{II}}=724.5$ (N·m)。

工程计算中，有时也将作用于物体的各力投影到坐标平面上，把空间力系的问题转化为平面力系的问题来处理。如本例中，主动轴 AB 的受力图［图 5-15(b)］分别向三个相互垂直的坐标平面上投影，即得到如图 5-16 所示的三个平面力系的受力图，其中图 5-16(a) 为正视图，图 5-16(b) 为侧视图，图 5-16(c) 为俯视图。读者可根据这些受力图自行验算上述计算结果。

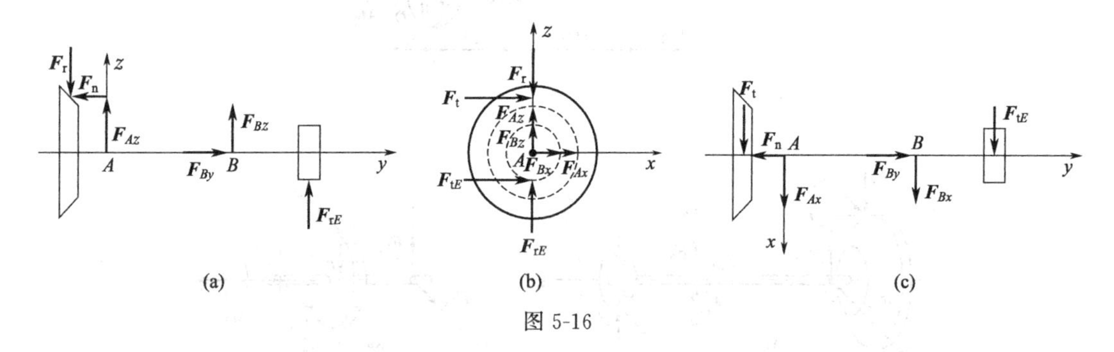

图 5-16

第四节　物体的重心

一、平行力系中心

若平行力系的主矢 $\boldsymbol{F}'_R\neq 0$，该力系必存在合力 $\boldsymbol{F}_R$。平行力系中心是平行力系合力作用线上的一个点，当力系中各力的大小和作用位置不变时，作用方向同向旋转任意角度，合力的作用线均通过该点。

在图 5-17 所示的平行力系中，C 为力系中心。根据合力矩定理，合力对坐标原点 O 的力矩等于各分力对该点之矩的矢量和，即

$$\boldsymbol{r}_C\times\boldsymbol{F}_R=\sum\boldsymbol{r}_i\times\boldsymbol{F}_i$$

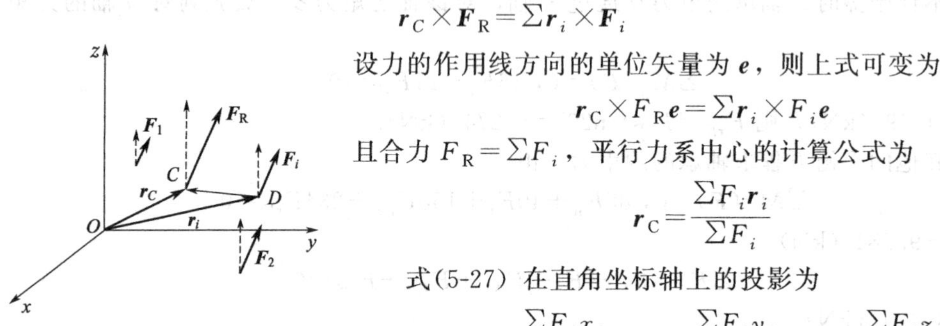

图 5-17

设力的作用线方向的单位矢量为 $\boldsymbol{e}$，则上式可变为

$$\boldsymbol{r}_C\times F_R\boldsymbol{e}=\sum\boldsymbol{r}_i\times F_i\boldsymbol{e}$$

且合力 $F_R=\sum F_i$，平行力系中心的计算公式为

$$\boldsymbol{r}_C=\frac{\sum F_i\boldsymbol{r}_i}{\sum F_i}\tag{5-27}$$

式(5-27) 在直角坐标轴上的投影为

$$x_C=\frac{\sum F_ix_i}{\sum F_i},\ y_C=\frac{\sum F_iy_i}{\sum F_i},\ z_C=\frac{\sum F_iz_i}{\sum F_i}\tag{5-28}$$

二、重心和形心

地球的半径很大，地面上的重力可以视为平行力系，该力系的重心即为物体的重心。重心与物体的空间位置无关。

根据式(5-28)，重心的计算公式为

$$x_C=\frac{\sum P_i x_i}{\sum P_i},\ y_C=\frac{\sum P_i y_i}{\sum P_i},\ z_C=\frac{\sum P_i z_i}{\sum P_i} \tag{5-29}$$

式中的 P_i 为组成物体的第 i 部分的重量，其重心坐标为 $(x_i,\ y_i,\ z_i)$。

若物体为均质的，由式(5-29) 可得

$$x_C=\frac{\sum V_i x_i}{\sum V_i},\ y_C=\frac{\sum V_i y_i}{\sum V_i},\ z_C=\frac{\sum V_i z_i}{\sum V_i} \tag{5-30}$$

对于连续分布的物体上式可写为

$$x_C=\frac{\int_V x\mathrm{d}V}{V},\ y_C=\frac{\int_V y\mathrm{d}V}{V},\ z_C=\frac{\int_V z\mathrm{d}V}{V} \tag{5-31}$$

如果物体为均质等厚（厚度$=t$）的构件，由于体积与面积的关系是 $V=At$，式(5-31) 还可以进一步改写为

$$x_C=\frac{\sum A_i x_i}{A},\ y_C=\frac{\sum A_i y_i}{A},\ z_C=\frac{\sum A_i z_i}{A} \tag{5-32}$$

由式(5-30)～式(5-32) 可以看出，显然均质物体的重心就是其几何中心，即**形心**。其位置完全取决于物体的几何形状，而与物体的重量无关。

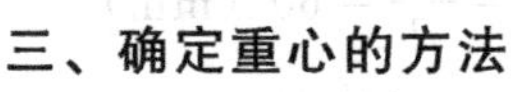

三、确定重心的方法

确定物体重心的计算方法有：积分法，分割法，负面积法等。

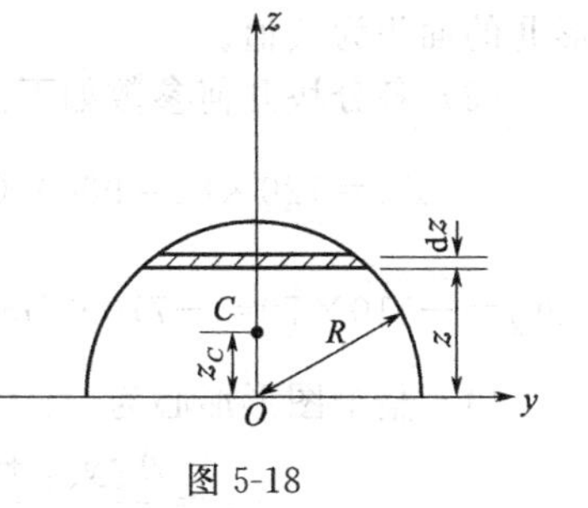

图 5-18

【例 5-9】 求图 5-18 所示半圆形的形心位置。

解： 由于图形关于 z 轴对称，可知 $y_C=0$。

取平行于 y 轴的狭长条作为微面积 $\mathrm{d}A$

$$\int_A z\mathrm{d}A=\int_0^R z\cdot 2\sqrt{R^2-z^2}\,\mathrm{d}z=\frac{2}{3}R^3,A=\frac{\pi R^2}{2}$$

由式(5-31)、式(5-32) 可得

$$z_C=\frac{\int_A z\mathrm{d}A}{A}=\frac{4R}{3\pi}$$

【例 5-10】 求图 5-19 所示图形的形心位置。

解： 第一种做法：分割法

(1) 选取坐标。以 O 为坐标原点，沿边长建立 y、z 坐标轴。

(2) 分块。将图形分割成Ⅰ和Ⅱ两个矩形 [图 5-19(a)]。

(3) 各分块的几何参数如下。

矩形Ⅰ：$A_1=120\times10=1200\ (\mathrm{mm}^2)$，$y_{C1}=\frac{10}{2}=5\ (\mathrm{mm})$，$z_{C1}=\frac{120}{2}=60\ (\mathrm{mm})$；

矩形Ⅱ：$A_2=70\times10=700\ (\mathrm{mm}^2)$，$y_{C2}=10+\frac{70}{2}=45\ (\mathrm{mm})$，$z_{C1}=\frac{10}{2}=5\ (\mathrm{mm})$。

(4) 整个图形形心 C 的坐标为

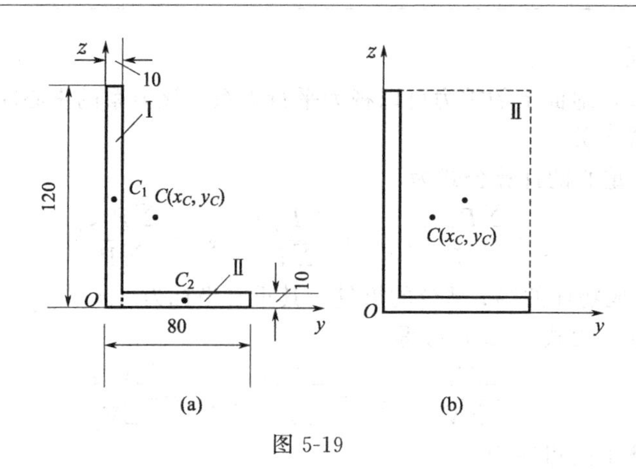

图 5-19

$$y_C=\frac{A_1 y_{C1}+A_2 y_{C2}}{A_1+A_2}=\frac{1200\times 5+700\times 45}{1200+700}=19.7\ (\text{mm})$$

$$z_C=\frac{A_1 z_{C1}+A_2 z_{C2}}{A_1+A_2}=\frac{1200\times 60+700\times 5}{1200+700}=39.7\ (\text{mm})$$

第二种做法：负面积法

(1) 建立坐标。以 O 为坐标原点，沿边长建立 y、z 坐标轴。

(2) 分块。将图形看做在大矩形Ⅰ中挖去小矩形Ⅱ(虚线部分)［图 5-19(b)］，因此矩形Ⅱ的面积为负值。

(3) 各分块几何参数如下。

$$A_1=120\times 80=9600\ (\text{mm}^2),\ y_{C1}=\frac{80}{2}=40\ (\text{mm}),\ z_{C1}=\frac{120}{2}=60\ (\text{mm})$$

$$A_2=-110\times 70=-7700\ (\text{mm}^2),\ y_{C2}=10+\frac{70}{2}=45\ (\text{mm}),\ z_{C1}=\frac{110}{2}+10=65\ (\text{mm})$$

(4) 整个图形形心为

$$y_C=\frac{A_1 y_{C1}+A_2 y_{C2}}{A_1+A_2}=\frac{9600\times 40-7700\times 45}{9600-7700}=19.7\ (\text{mm})$$

$$z_C=\frac{A_1 z_{C1}+A_2 z_{C2}}{A_1+A_2}=\frac{9600\times 60-7700\times 65}{9600-7700}=39.7\ (\text{mm})$$

若物体的外形比较复杂，或质量分布不均匀，难以用计算的方法求得重心位置，则可采用试验的方法来确定物体的重心。如悬挂法、称重法等。

简单形体的重心见表 5-1。

表 5-1 简单形体的重心

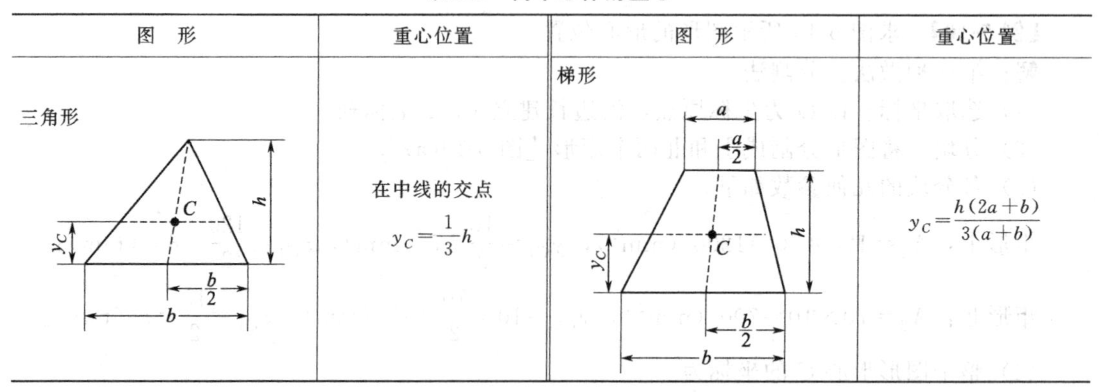

图 形	重心位置	图 形	重心位置
三角形	在中线的交点 $y_C=\frac{1}{3}h$	梯形	$y_C=\frac{h(2a+b)}{3(a+b)}$

续表

图　形	重心位置	图　形	重心位置
圆弧	$x_C=\frac{r\sin\varphi}{\varphi}$ 对于半圆弧 $x_C=\frac{2r}{\pi}$	弓形	$x_C=\frac{2}{3}\frac{r^3\sin^3\varphi}{A}$ 面积 A $=\frac{r^2(2\varphi-\sin2\varphi)}{2}$
扇形	$x_C=\frac{2}{3}\frac{r\sin\varphi}{\varphi}$ 对于半圆 $x_C=\frac{4r}{3\pi}$	部分圆环	$x_C=\frac{2}{3}\frac{R^3-r^3}{R^2-r^2}\frac{\sin\varphi}{\varphi}$
二次抛物线面	$x_C=\frac{5}{8}a$ $y_C=\frac{2}{5}b$	二次抛物线面	$x_C=\frac{3}{4}a$ $y_C=\frac{3}{10}b$
正圆锥体	$z_C=\frac{1}{4}h$	正角锥体	$z_C=\frac{1}{4}h$

续表

图　形	重心位置	图　形	重心位置
半圆球	$z_C=\frac{3}{8}r$	锥形筒体	$y_C=\frac{4R_1+2R_2-3t}{6(R_1+R_2-t)}L$

思　考　题

5-1 设一个力 $\boldsymbol{F}$，并选取 x 轴，问力 $\boldsymbol{F}$ 与 x 轴在何种情况下 $F_x=0$，$M_x(\boldsymbol{F})=0$？在何种情况下 $F_x=0$，$M_x(\boldsymbol{F})\neq0$？又在何种情况下 $F_x\neq0$，$M_x(\boldsymbol{F})=0$？

5-2 若（1）空间力系中各力的作用线平行于某一固定平面；（2）空间力系中各力的作用线分别汇交于两个固定点。试分析这两种力系各有几个平衡方程。

5-3 空间力系中的力矩与平面力系中的力矩有什么不同之处？

5-4 若空间力系向一点简化的主矢不为零，该力系简化的最终结果是一个合力吗？

5-5 什么是物体的重心？它和形心在什么情况下会重合？

5-6 试验方法确定物体重心的原理是什么？

习　　题

5-1 力系中，$F_1=100\text{N}$，$F_2=300\text{N}$，$F_3=200\text{N}$，各力作用线的位置如图 5-20 所示。试求将力系向坐标原点 O 简化的结果。

5-2 一力系由五个力组成，力的大小和作用线位置如图 5-21 所示。图中小正方格的边长为 10mm。求平行力系的合力。

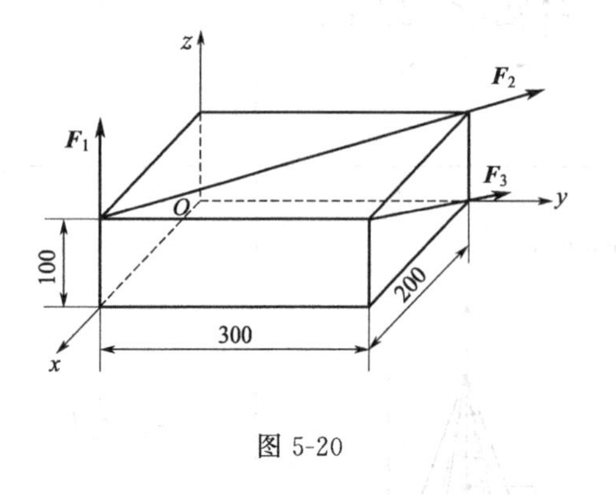

图 5-20

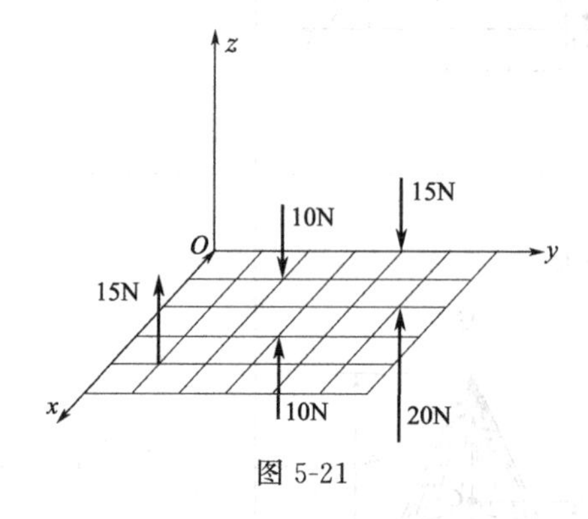

图 5-21

5-3 曲拐手柄如图 5-22 所示。已知作用在手柄上的力 $F=100\text{N}$，$AB=100\text{mm}$，$BC=400\text{mm}$，$CD=200\text{mm}$，$\alpha=30°$，试求力 $\boldsymbol{F}$ 对 x、y、z 轴之矩。

5-4 如图 5-23 所示，同时钻工件上 4 个孔，每个孔所受的切削力偶矩均为 8N·m，每个孔的轴线垂直于相应的平面，求这 4 个力偶的合力偶。

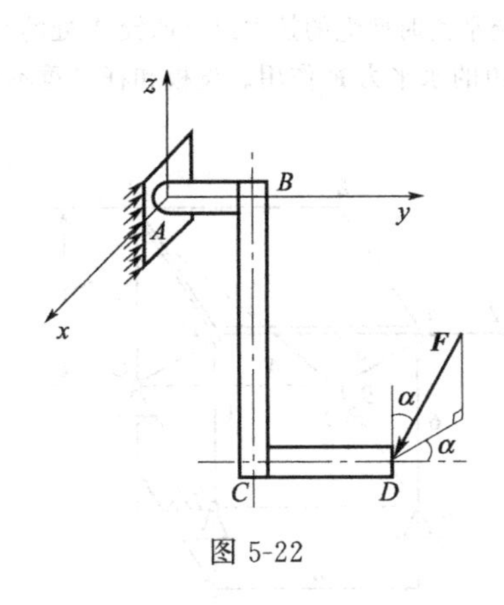

图 5-22

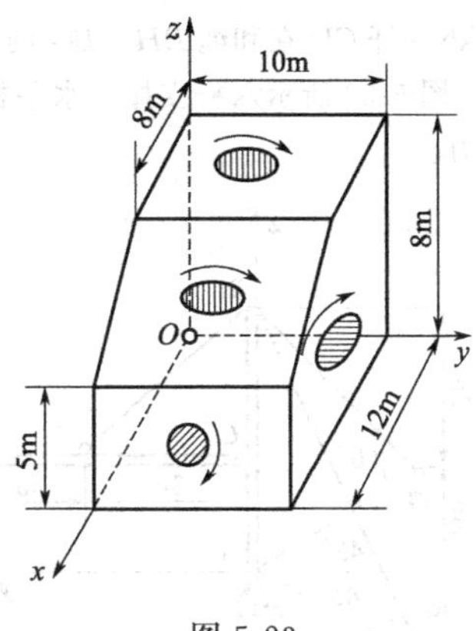

图 5-23

5-5　图 5-24 所示空间构架由三根无重直杆组成，在 D 端用球铰链连接，如图所示。A、B 和 C 端则用球铰链固定在水平地面上。如果挂在 D 端的物重 $P=10\text{kN}$，求铰链 A、B 和 C 处的约束力。

5-6　图 5-25 所示空间桁架由六根杆 1、2、3、4、5 和 6 构成。在节点 A 上作用一个力 $\boldsymbol{F}$，此力在矩形 $ABCD$ 平面内，且与铅垂线成 45°角。$\triangle EAK=\triangle FBM$，等腰三角形 EAK、FBM 和 NDB 在顶点 A、B 和 D 处均为直角，又 $EC=FD=DM$，若 $F=10\text{kN}$，求各杆的内力。

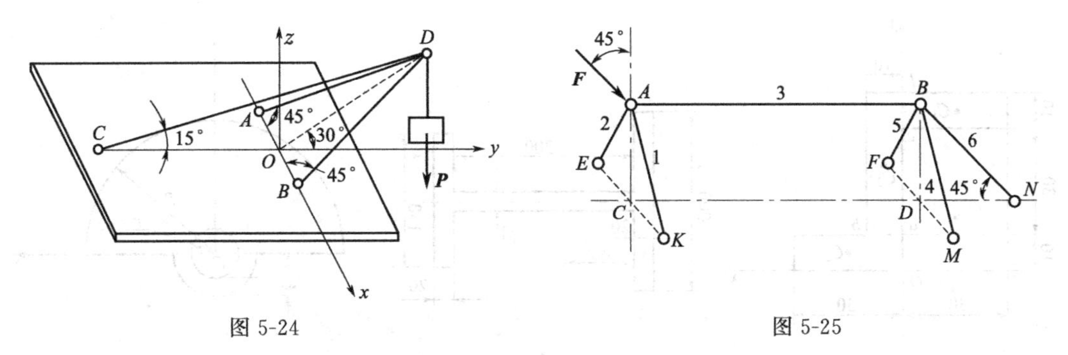

图 5-24　　　　图 5-25

5-7　如图 5-26 所示，水平轴上装有两个凸轮，凸轮上分别作用有已知力 $\boldsymbol{F}_1$（大小为 800N）和未知力 $\boldsymbol{F}$。如轴保持平衡，求力 $\boldsymbol{F}$ 的大小和轴承 A、B 处的约束力。

5-8　作用在齿轮上的啮合力 $\boldsymbol{F}$ 推动胶带轮绕水平轴 AB 做匀速转动。已知胶带紧边拉力为 200N，松边拉力为 100N，尺寸如图 5-27 所示。求力 $\boldsymbol{F}$ 的大小和轴承 A、B 处的约束力。

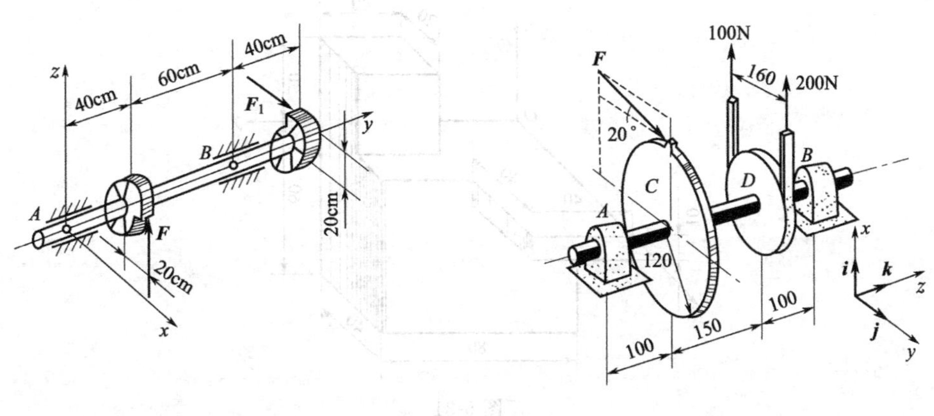

图 5-26　　　　图 5-27

5-9 如图 5-28 所示，立柱 AB 以球铰链支撑于点 A，并用绳 BH、BG 拉住。D 处铅锤方向作用力 $\boldsymbol{P}$ 的大小为 20kN，杆 CD 在和绳 BH、BG 的铅直对称面内。试求系统平衡时两绳的拉力以及球铰 A 处的约束力。

5-10 图 5-29 所示六杆支撑一水平板，在板角 A 处受 AD 边的水平力 $\boldsymbol{F}$ 作用。设板和杆自重不计，求各杆的内力。

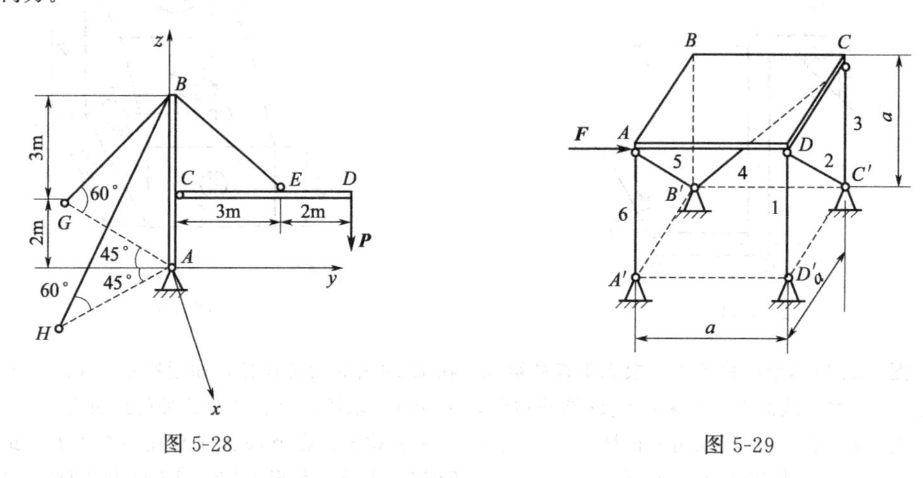

图 5-28　　图 5-29

5-11 试确定图 5-30 所示各平面图形的形心位置。

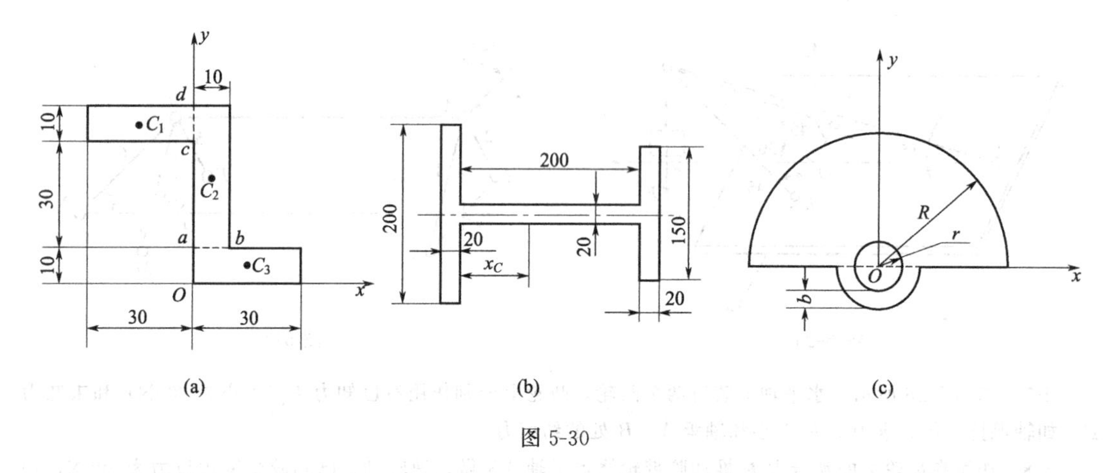

图 5-30

5-12 试确定图 5-31 所示物体的形心位置。

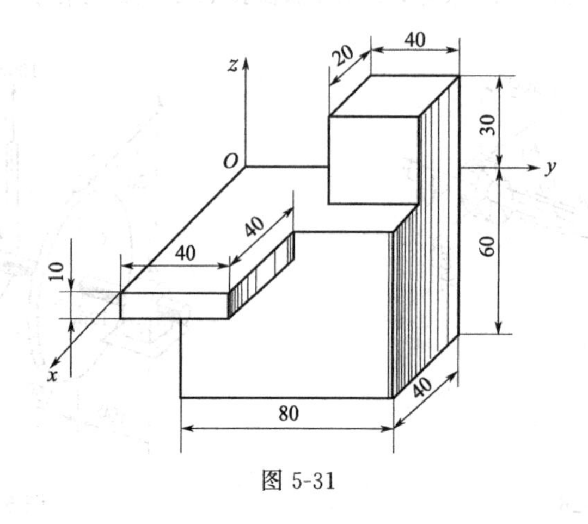

图 5-31

第二篇　刚体运动学

引　言

静力学研究作用在物体上的力系的平衡条件。若作用于物体上的力系不平衡，物体的机械运动状态将发生改变。运动状态的改变涉及两个方面的内容：一是物体运动的几何性质（如轨迹、运动方程、速度、加速度等）；二是引起物体运动状态改变的物理原因（如力、质量等）。在运动学中，暂不考虑力和质量等与运动变化有关的物理因素，以几何的观点来研究物体运动的几何性质，而不涉及改变运动的原因。

运动学是动力学的基础，而且具有其独立的应用价值，运动学知识是机构运动分析的基础。

运动是绝对的，而运动的描述是相对的。研究一个物体的机械运动，必须选取另一个物体作为**参考体**。与参考体所固连的坐标系称为参考坐标系，简称**参考系**。参考系是参考体的抽象，由于坐标轴可以向空间无限延伸，因此参考系不受参考体大小和形状的限制，而应理解为与参考体所固连的整个空间。同一个运动物体，对于不同的参考体来说，运动情况不相同。

在运动学中，把所考察的物体抽象为**点**和**刚体**两种模型，一个物体究竟应当作为点还是作为刚体看待，主要在于所讨论的问题的性质，而不决定于物体本身的大小和形状。例如，一粒子弹，尺寸很小，若要考虑它出枪膛后的旋转，就应视其为刚体。一列火车的长度虽然以百米计，但当将列车作为一个整体来考察它沿铁道线路运行的距离、速度和加速度时，却可以作为一个点看待。即使同一个物体，在不同的问题里，随着研究问题性质的不同，有时作为刚体，有时则作为点。例如，在研究地球的自转时，可视其为刚体，而在研究它绕太阳公转的运动规律时，可视为点。

第六章　点的运动学

点是运动物体在一定条件下的力学抽象。本章将讨论点的运动方程、运动轨迹、速度、加速度等。点的运动学也是研究刚体运动的基础。点在空间运动的路线称为运动轨迹，点在取定的坐标系中位置坐标随时间连续变化的规律称为点的运动方程。在某一参考体上建立不同的参考系，点的运动方程有不同的形式。

第一节　矢 量 法

选取参考系中某固定点 O 为坐标原点，自点 O 向动点 M 作矢量 $\boldsymbol{r}$，称 $\boldsymbol{r}$ 为点 M 相对于原点 O 的矢径。当动点 M 运动时，矢径 $\boldsymbol{r}$ 随时间而变化，并且是时间的单值连续函数，即

$$\boldsymbol{r}=\boldsymbol{r}(t) \tag{6-1}$$

式(6-1) 称为矢量形式表示的点的运动方程。

显然，矢径 $\boldsymbol{r}$ 的矢端曲线就是动点的运动轨迹，如图 6-1 所示。动点的速度定义为

$$\boldsymbol{v}=\frac{\mathrm{d}\boldsymbol{r}}{\mathrm{d}t} \tag{6-2}$$

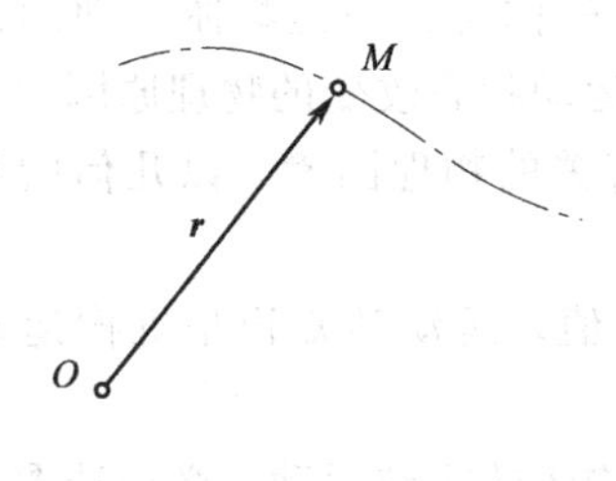

图 6-1

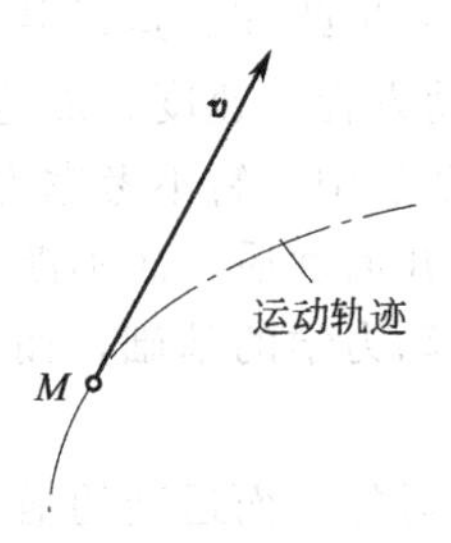

图 6-2

即动点的速度等于动点的矢径 $\boldsymbol{r}$ 对时间的一阶导数。点的速度是矢量，方向沿矢径 $\boldsymbol{r}$ 的矢端曲线的切线，即沿动点运动轨迹的切线，指向动点前进的方向，如图 6-2 所示。速度的大小为速度矢量 $\boldsymbol{v}$ 的模，表明点运动的快慢，在国际单位制中，速度的单位为 m/s。

动点的加速度定义为

$$\boldsymbol{a}=\frac{\mathrm{d}\boldsymbol{v}}{\mathrm{d}t}=\frac{\mathrm{d}^2\boldsymbol{r}}{\mathrm{d}t^2} \tag{6-3}$$

即动点的加速度等于该点的速度对时间的一阶导数，或等于矢径对时间的二阶导数。加速度也是矢量，在国际单位制中，加速度的单位为 $\mathrm{m/s^2}$。

有时为了方便，在字母上方加“·”表示该量对时间的一阶导数，加“··”表示该量对时间的二阶导数。因此式(6-2) 和式(6-3) 亦可写为 $\boldsymbol{v}=\dot{\boldsymbol{r}}$ 和 $\boldsymbol{a}=\dot{\boldsymbol{v}}=\ddot{\boldsymbol{r}}$。

第二节　直角坐标法

取一固定的直角坐标系 $Oxyz$，则动点 M 在任意瞬时的空间位置也可以用它的三个直角坐标 x、y、z 表示，如图 6-3 所示。由于矢径的原点和直角坐标系的原点重合，矢径 $\boldsymbol{r}$ 可表

示为

$$\boldsymbol{r}=x\boldsymbol{i}+y\boldsymbol{j}+z\boldsymbol{k} \tag{6-4}$$

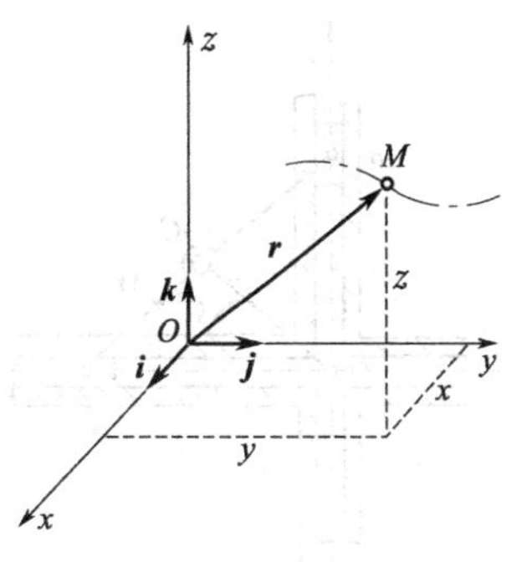

图 6-3

式中，$\boldsymbol{i}$、$\boldsymbol{j}$、$\boldsymbol{k}$ 分别为沿三个坐标轴的单位矢量。由于 $\boldsymbol{r}$ 是时间的单值连续函数，因此坐标 x、y、z 也是时间的单值连续函数，即

$$\left.\begin{aligned}x&=f_1(t)\\y&=f_2(t)\\z&=f_3(t)\end{aligned}\right\} \tag{6-5}$$

式(6-5) 称为点的直角坐标形式的运动方程，也是点的轨迹的参数方程。

工程中经常遇到点在某平面内运动的情形，此时点的轨迹为一平面曲线。取轨迹所在的平面为坐标平面 Oxy，则点的运动方程为

$$\left.\begin{aligned}x&=f_1(t)\\y&=f_2(t)\end{aligned}\right\} \tag{6-6}$$

从式(6-6) 中消去时间 t，即得轨迹方程

$$f(x, y)=0 \tag{6-7}$$

因 $\boldsymbol{r}=x\boldsymbol{i}+y\boldsymbol{j}+z\boldsymbol{k}$，将其对时间求一阶导数，并注意到 $\boldsymbol{i}$、$\boldsymbol{j}$、$\boldsymbol{k}$ 为大小、方向都不变的常矢量，则

$$\boldsymbol{v}=\dot{\boldsymbol{r}}=\dot{x}\boldsymbol{i}+\dot{y}\boldsymbol{j}+\dot{z}\boldsymbol{k} \tag{6-8}$$

设动点 M 的速度矢 $\boldsymbol{v}$ 在直角坐标轴上的投影为 $\boldsymbol{v}_x$、$\boldsymbol{v}_y$、$\boldsymbol{v}_z$，则

$$\boldsymbol{v}=v_x\boldsymbol{i}+v_y\boldsymbol{j}+v_z\boldsymbol{k} \tag{6-9}$$

比较式(6-8) 和式(6-9)，得

$$\left.\begin{aligned}v_x&=\dot{x}\\v_y&=\dot{y}\\v_z&=\dot{z}\end{aligned}\right\} \tag{6-10}$$

即速度在各坐标轴上的投影等于动点的各对应坐标对时间的一阶导数。求得 v_x、v_y、v_z 后，速度 $\boldsymbol{v}$ 的大小和方向就可由它的三个投影完全确定。

同样，设

$$\boldsymbol{a}=a_x\boldsymbol{i}+a_y\boldsymbol{j}+a_z\boldsymbol{k} \tag{6-11}$$

可得

$$\left.\begin{aligned}a_x&=\dot{v}_x=\ddot{x}\\a_y&=\dot{v}_y=\ddot{y}\\a_z&=\dot{v}_z=\ddot{z}\end{aligned}\right\} \tag{6-12}$$

即加速度在各坐标轴上的投影等于动点的各速度的投影对时间的一阶导数，或各对应坐标对时间的二阶导数。加速度 $\boldsymbol{a}$ 的大小和方向亦可由它的三个投影完全确定。

【例6-1】 椭圆规的曲柄 OC 可绕定轴 O 转动，其端点 C 与规尺 AB 的中点以铰链相连接，规尺的两端分别在互相垂直的滑槽中运动，如图 6-4 所示。已知：$OC=AC=BC=l$，$MC=a$，$\varphi=\omega t$，试求规尺上点 A、B、C、M 的运动方程和运动轨迹及 M 点的速度和加速度。

解： 分析各点的运动情况，点 A、B 的轨迹为直线，点 M 的轨迹为平面曲线，取直角坐标系，如图 6-4 所示，建立它们的运动方程。

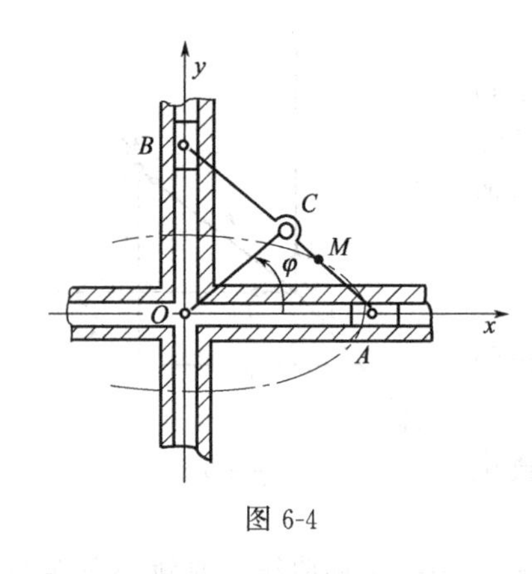

图 6-4

点 A 的运动方程　　$x_A = AB\cos\varphi = 2l\cos\omega t$

点 B 的运动方程　　$y_B = AB\sin\varphi = 2l\sin\omega t$

点 A、B 的运动轨迹分别为长 $4l$ 的铅直、水平直线段。

点 C 的运动方程为 $\begin{cases} x_C = OC\cos\varphi = l\cos\omega t \\ y_C = OC\sin\varphi = l\sin\omega t \end{cases}$

消去时间 t，得点 C 的轨迹方程

$$x^2 + y^2 = l^2$$

点 C 的轨迹是半径为 l 的圆。

点 M 的运动方程为

$$x_M = (OC + CM)\cos\varphi = (l + a)\cos\omega t$$

$$y_M = (CA - CM)\sin\varphi = (l - a)\sin\omega t$$

消去时间 t，得点 M 的轨迹方程

$$\frac{x^2}{(l+a)^2} + \frac{y^2}{(l-a)^2} = 1$$

可见，点 M 的轨迹是一个椭圆，长轴和 x 轴重合，短轴和 y 轴重合。

为求点 M 的速度，应将点的坐标对时间取一次导数。得

$$v_x = \dot{x} = -(l+a)\omega\sin\omega t \qquad v_y = \dot{y} = (l-a)\omega\cos\omega t$$

故点 M 的速度大小为

$$v = \sqrt{v_x^2 + v_y^2} = \omega\sqrt{l^2 + a^2 - 2al\cos\omega t}$$

其方向余弦为

$$\cos(\boldsymbol{v}, \boldsymbol{i}) = \frac{v_x}{v} = \frac{-(l+a)\sin\omega t}{\sqrt{l^2 + a^2 - 2al\cos 2\omega t}}$$

$$\cos(\boldsymbol{v}, \boldsymbol{j}) = \frac{v_y}{v} = \frac{(l-a)\cos\omega t}{\sqrt{l^2 + a^2 - 2al\cos 2\omega t}}$$

为求点的加速度，应将点的坐标对时间取二次导数，得

$$a_x = \dot{v}_x = \ddot{x} = -(l+a)\omega^2\cos\omega t$$

$$a_y = \dot{v}_y = \ddot{y} = -(l-a)\omega^2\sin\omega t$$

故点 M 的加速度的大小为

$$a = \sqrt{a_x^2 + a_y^2} = \omega^2\sqrt{l^2 + a^2 + 2al\cos 2\omega t}$$

其方向余弦为

$$\cos(\boldsymbol{a}, \boldsymbol{i}) = \frac{a_x}{a} = \frac{-(l+a)\cos\omega t}{\sqrt{l^2 + a^2 + 2al\cos 2\omega t}}$$

$$\cos(\boldsymbol{a}, \boldsymbol{j}) = \frac{a_y}{a} = \frac{-(l-a)\sin\omega t}{\sqrt{l^2 + a^2 + 2al\cos 2\omega t}}$$

【例6-2】 如图 6-5 所示，半圆形凸轮以匀速 $v_0 = 10\text{mm/s}$ 沿水平方向向左运动，从而推动活塞杆 AB 沿铅直方向运动。当运动开始时，活塞杆 A 端在凸轮的最高点上。如凸轮半径 $R = 80\text{mm}$，试求活塞 B 相对于地面的运动方程、速度和加速度。

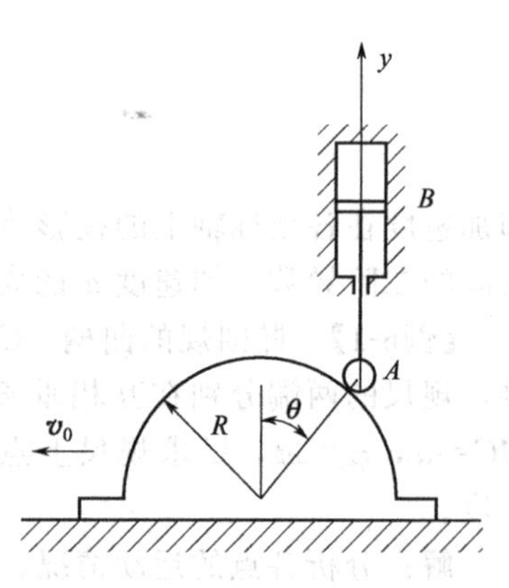

图 6-5

解： 活塞连同活塞杆在铅直方向运动，可用其上一点的运动来描述。以下研究点 A 的运动情况。点 A 相对于

地面做直线运动。沿点 A 的轨迹取 y 轴，如图 6-5 所示。点 A 的运动方程为

$$y=R\cos\theta=\sqrt{R^2-(v_0t)^2}=10\sqrt{64-t^2}\ (\mathrm{mm})$$

求导得

$$v=\dot{y}=-\frac{10t}{\sqrt{64-t^2}}(\mathrm{mm/s})$$

$$a=\dot{v}=-\frac{640}{\sqrt{(64-t^2)^3}}(\mathrm{mm/s^2})$$

第三节　自 然 法

当动点相对于所选的参考系的轨迹已知时，可以沿此轨迹确定动点的位置。利用点的运动轨迹建立弧坐标及自然轴系，并用它们来描述和分析点的运动的方法称为自然法。

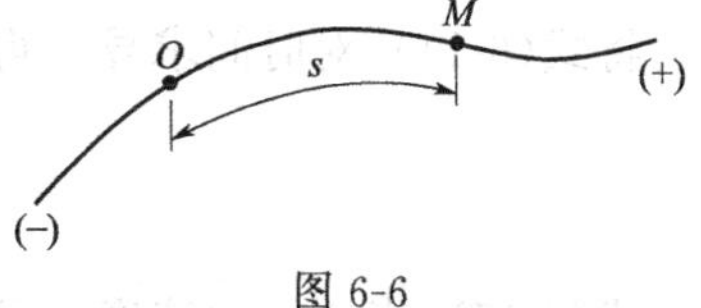

图 6-6

一、弧坐标

在动点 M 的运动轨迹上任取固定点 O 作为原点，并设点 O 的某一侧为正方向，则动点的位置可用弧坐标 s（代数量，$s=\widehat{OM}$）来确定，如图 6-6 所示。动点沿轨迹运动时，弧长 s 是时间的单值连续函数

$$s=f(t) \tag{6-13}$$

式(6-13) 称为点用自然法描述的运动方程。

二、自然轴系

在点的运动轨迹曲线上取极为接近的两点 M 和 M_1，其间的弧长为 Δs，这两点切线的单位矢量分别为 $\boldsymbol{\tau}$ 和 $\boldsymbol{\tau}_1$，其指向与弧坐标正向一致，如图 6-7 所示。将 $\boldsymbol{\tau}_1$ 平移至点 M，则 $\boldsymbol{\tau}$ 和 $\boldsymbol{\tau}_1$ 决定一平面。令 M_1 无限趋近点 M，则此平面趋近于某一极限位置，此极限平面称为曲线在点 M 的密切面。过点 M 并与切线垂直的平面称为法平面，法平面与密切面的交线称主法线。令主法线的单位矢量为 $\boldsymbol{n}$，指向曲线内凹一侧。过点 M 且垂直于切线及主法线的直线称为副法线，其单位矢量为 $\boldsymbol{b}$，指向与 $\boldsymbol{\tau}$ 构成右手系，即

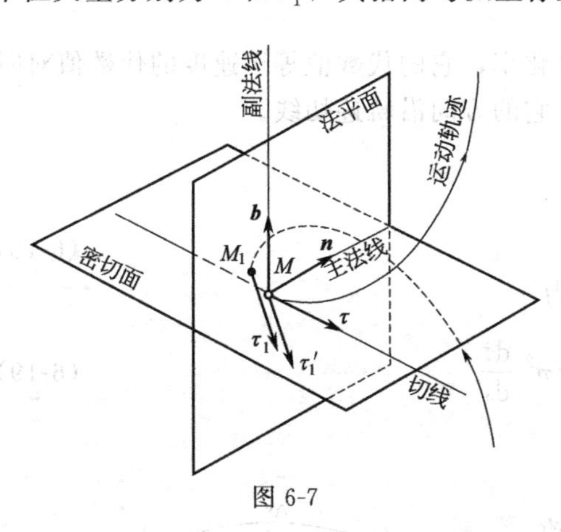

图 6-7

$$\boldsymbol{b}=\boldsymbol{\tau}\times\boldsymbol{n}$$

以点 M 为原点，以切线、主法线和副法线为坐标轴组成的正交坐标系称为曲线在点 M 的自然坐标系，这三个轴称为自然轴。注意，随着点 M 在轨迹上运动，$\boldsymbol{\tau}$、$\boldsymbol{n}$、$\boldsymbol{b}$ 的方向也在不断变动，自然坐标系是沿曲线而变动的游动坐标系。

三、点的速度

点沿轨迹由 M 到 M' 点，经过 Δt 时间其矢径有增量 $\Delta\boldsymbol{r}$，如图 6-8 所示。当 $\Delta t\to 0$ 时，$|\Delta\boldsymbol{r}|=|\widehat{MM'}|=|\Delta s|$，所以由速度的定义，得

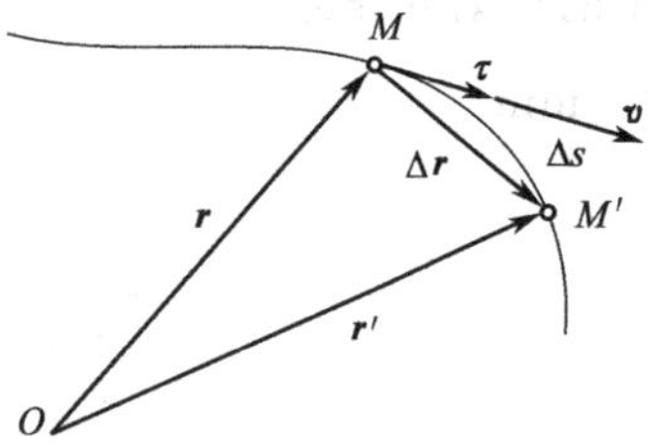

图 6-8

$$\boldsymbol{v}=\frac{\mathrm{d}\boldsymbol{r}}{\mathrm{d}t}=\frac{\mathrm{d}\boldsymbol{r}}{\mathrm{d}s}\frac{\mathrm{d}s}{\mathrm{d}t}$$

式中，$\frac{\mathrm{d}s}{\mathrm{d}t}$为弧坐标对时间的一阶导数，为速度的大小 v，即$v=\frac{\mathrm{d}s}{\mathrm{d}t}$；$\frac{\mathrm{d}\boldsymbol{r}}{\mathrm{d}s}=\lim\limits_{\Delta s\to 0}\frac{\Delta \boldsymbol{r}}{\Delta s}$。由图 6-8 可知，此极限的模等于 1，方向沿点 M 处轨迹切线且指向 s 的正向，因此，它与 $\boldsymbol{\tau}$ 相同。于是，可得用自然法表示的速度公式

$$\boldsymbol{v}=\dot{s}\boldsymbol{\tau}=v\boldsymbol{\tau} \tag{6-14}$$

v 是一个代数量，它是速度$\boldsymbol{v}$ 在切线上的投影。v 为正，$\boldsymbol{v}$ 的方向和 $\boldsymbol{\tau}$ 一致，点沿轨迹的正向运动；v 为负，$\boldsymbol{v}$ 的方向和 $\boldsymbol{\tau}$ 相反，点沿轨迹的负向运动。

四、点的加速度

将式(6-14) 对时间求导，得

$$\boldsymbol{a}=\frac{\mathrm{d}\boldsymbol{v}}{\mathrm{d}t}=\frac{\mathrm{d}v}{\mathrm{d}t}\boldsymbol{\tau}+v\frac{\mathrm{d}\boldsymbol{\tau}}{\mathrm{d}t} \tag{6-15}$$

式(6-15) 表明，加速度 $\boldsymbol{a}$ 可分为两个分量。第一个分量 $\dot{v}\boldsymbol{\tau}$ 是反映速度大小变化情况的加速度，记为 $\boldsymbol{a}_{\mathrm{t}}$；第二个分量 $v\dot{\boldsymbol{\tau}}$ 是反映速度方向变化的加速度，记为 $\boldsymbol{a}_{\mathrm{n}}$。下面分别求它们的大小和方向。

1. 反映速度大小变化的切向加速度 $\boldsymbol{a}_{\mathrm{t}}$

因为

$$\boldsymbol{a}_{\mathrm{t}}=\dot{v}\boldsymbol{\tau} \tag{6-16}$$

方向沿轨迹切线，因此称为切向加速度。

令
$$a_{\mathrm{t}}=\dot{v} \tag{6-17}$$

a_{t} 是加速度矢量 $\boldsymbol{a}$ 在切线方向的投影，它是一个代数量。如 $\dot{v}>0$，$\boldsymbol{a}_{\mathrm{t}}$ 指向轨迹的正向；如 $\dot{v}<0$，$\boldsymbol{a}_{\mathrm{t}}$ 指向轨迹的负向。

因此，切向加速度反映速度的大小随时间的变化率，它的代数值等于速度的代数值对时间的一阶导数，或等于弧坐标对时间的二阶导数，它的方向沿轨迹切线。

2. 反映速度方向变化的法向加速度 $\boldsymbol{a}_{\mathrm{n}}$

因为

$$\boldsymbol{a}_{\mathrm{n}}=v\dot{\boldsymbol{\tau}} \tag{6-18}$$

它反映了速度方向的变化。式(6-18) 可改写为

$$\boldsymbol{a}_{\mathrm{n}}=v\frac{\mathrm{d}\boldsymbol{\tau}}{\mathrm{d}s}\frac{\mathrm{d}s}{\mathrm{d}t}=v^2\frac{\mathrm{d}\boldsymbol{\tau}}{\mathrm{d}s} \tag{6-19}$$

其中，$\frac{\mathrm{d}\boldsymbol{\tau}}{\mathrm{d}s}=\lim\limits_{\Delta s\to 0}\frac{\Delta\boldsymbol{\tau}}{\Delta s}$。

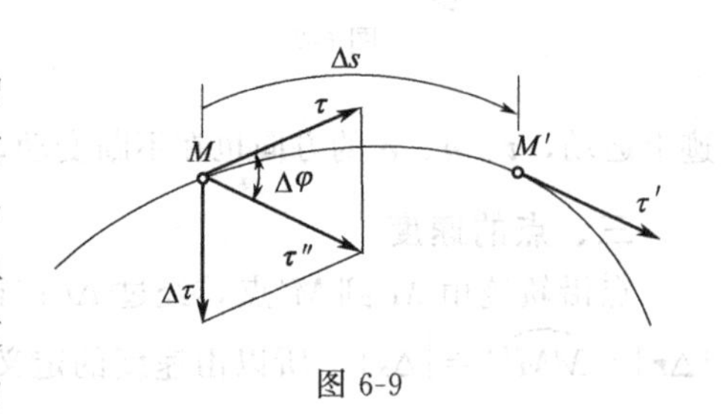

图 6-9

下面分析该极限的大小和方向。在曲线运动中，轨迹的曲率或曲率半径是一个重要的参数，它表示曲线的弯曲程度。如点 M 沿轨迹经过弧长 Δs 到达点 M'，如图 6-9 所示。设点 M 处曲线切向单位矢量为 $\boldsymbol{\tau}$，点 M'处单位矢量为 $\boldsymbol{\tau}'$，而切线经过 Δs 时转过的角度为 $\Delta\varphi$。曲率的定义为曲线切线的

转角对弧长一阶导数的绝对值。曲率的倒数称为曲率半径。如曲率半径以 ρ 表示，则有

$$\frac{1}{\rho}=\lim_{\Delta s\to 0}\left|\frac{\Delta\varphi}{\Delta s}\right|=\left|\frac{\mathrm{d}\varphi}{\mathrm{d}s}\right| \tag{6-20}$$

由图 6-9 可知

$$|\Delta\boldsymbol{\tau}|=2|\boldsymbol{\tau}|\sin\frac{\Delta\varphi}{2}=2\sin\frac{\Delta\varphi}{2}$$

当 $\Delta s\to 0$ 时，$\Delta\varphi\to 0$，$\Delta\boldsymbol{\tau}$ 与 $\boldsymbol{\tau}$ 垂直，且有 $|\boldsymbol{\tau}|=1$，由此可得

$$|\Delta\boldsymbol{\tau}|\doteq\Delta\varphi$$

注意到 Δs 为正时，点沿切向 $\boldsymbol{\tau}$ 的正向运动，$\Delta\boldsymbol{\tau}$ 指向轨迹内凹一侧；Δs 为负时，$\Delta\boldsymbol{\tau}$ 指向轨迹外凸一侧，因此有

$$\frac{\mathrm{d}\boldsymbol{\tau}}{\mathrm{d}s}=\lim_{\Delta s\to 0}\frac{\Delta\boldsymbol{\tau}}{\Delta s}=\lim_{\Delta s\to 0}\frac{\Delta\varphi}{\Delta s}\boldsymbol{n}=\frac{1}{\rho}\boldsymbol{n} \tag{6-21}$$

将式(6-21) 代入式(6-19) 得

$$\boldsymbol{a}_{\mathrm{n}}=\frac{v^2}{\rho}\boldsymbol{n} \tag{6-22}$$

由此可见，$\boldsymbol{a}_{\mathrm{n}}$ 的方向和主法线的正向一致，称为法向加速度。法向加速度反映点的速度方向改变的快慢程度，它的大小等于速度的平方除以曲率半径，方向沿着主法线，指向曲率中心。

将式(6-16) 和式(6-22) 代入式(6-15)，得动点加速度的自然法表示公式

$$\boldsymbol{a}=\boldsymbol{a}_{\mathrm{t}}+\boldsymbol{a}_{\mathrm{n}}=a_{\mathrm{t}}\boldsymbol{\tau}+a_{\mathrm{n}}\boldsymbol{n}=\frac{\mathrm{d}v}{\mathrm{d}t}\boldsymbol{\tau}+\frac{v^2}{\rho}\boldsymbol{n} \tag{6-23}$$

$\boldsymbol{a}$ 在副法线方向的投影为零，由 a_{t} 和 a_{n} 可求得加速度 $\boldsymbol{a}$ 的大小和方向。如图 6-10 所示。

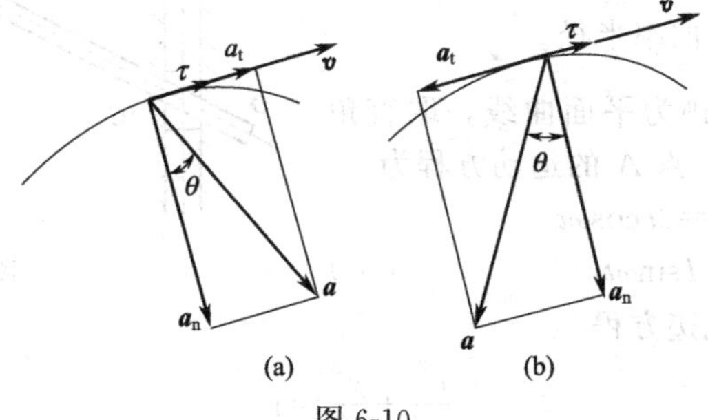

图 6-10

其大小

$$a=\sqrt{a_{\mathrm{t}}^2+a_{\mathrm{n}}^2}=\sqrt{\left(\frac{\mathrm{d}v}{\mathrm{d}t}\right)^2+\left(\frac{v^2}{\rho}\right)^2} \tag{6-24}$$

加速度和主法线所夹的锐角的正切

$$\tan\theta=\frac{|a_{\mathrm{t}}|}{a_{\mathrm{n}}} \tag{6-25}$$

如果动点的切向加速度的代数值保持不变，即 $a_{\mathrm{t}}=$常数，则点做匀变速运动时，有

$$\left.\begin{aligned}&v=v_0+a_{\mathrm{t}}t\\&s=s_0+v_0t+\frac{1}{2}a_{\mathrm{t}}t^2\\&v^2=v_0^2+2a_{\mathrm{t}}(s-s_0)\end{aligned}\right\} \tag{6-26}$$

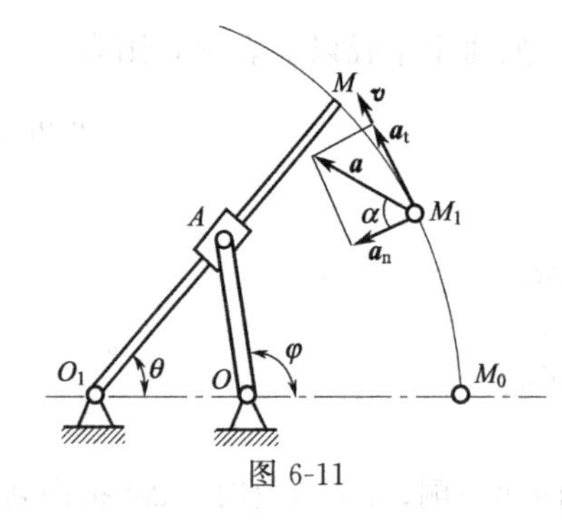

图 6-11

【例6-3】 曲柄摇杆机构如图 6-11 所示。曲柄长 $OA=100\text{mm}$，绕轴 O 转动，$\varphi=\pi t^2/4$，摇杆长 $O_1M=240\text{mm}$，距离 $O_1O=100\text{mm}$。试求点 M 的运动方程和 $t=1\text{s}$ 时的位置、速度和加速度。

解： 点 M 的轨迹是以 O_1M 为半径的圆弧，$t=0$ 时，点 M 在 M_0 处。取 M_0 为弧坐标原点，由图 6-11 得点 M 点的弧坐标为

$$s=O_1M\cdot\theta$$

由于 $\triangle OAO_1$ 是等腰三角形，故 $\varphi=2\theta$，代入上式，得

$$s=O_1M\times\frac{\varphi}{2}=240\times\frac{\pi}{8}t^2=30\pi t^2(\text{mm})$$

这就是点 M 以弧坐标表示的运动方程。点 M 的速度、加速度的大小分别为

$$v_M=\dot{s}=60\pi t\ (\text{mm/s})$$

$$a_t=\ddot{s}=60\pi\ (\text{mm/s}^2)$$

$$a_n=\frac{v^2}{\rho}=\frac{(60\pi t)^2}{240}=15\pi^2t^2(\text{mm/s}^2)$$

$t=1\text{s}$ 时，$s=30\pi(\text{mm})$，$v=60\pi(\text{mm/s})$，$a_t=60\pi(\text{mm/s}^2)$，$a_n=15\pi^2(\text{mm/s}^2)$。在点 M 的轨迹上量取 $s=30\pi\text{mm}$，M_1 点就是 $t=1\text{s}$ 时动点的位置。

【例6-4】 如图 6-12 所示的平面机构中，尺 AD 铰接于滑块 B、C，滑块在互相垂直的直线轨道上运动，尺和 x 轴的夹角 $\varphi=\omega t$，ω 为常数。设 $AB=BC=l$，试求：(1) 点 A 的轨迹；(2) 当 $t=0$，$t=\dfrac{\pi}{2\omega}$时，点 A 的曲率半径。

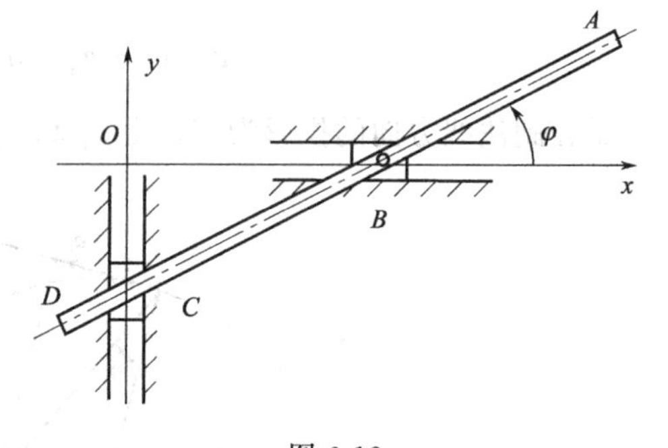

图 6-12

解： 点 A 的运动轨迹为平面曲线，取直角坐标系，如图 6-12 所示。点 A 的运动方程为

$$x=2l\cos\varphi=2l\cos\omega t$$

$$y=l\sin\varphi=l\sin\omega t \qquad (\text{Ⅰ})$$

消去时间 t，得点 A 的轨迹方程

$$\frac{x^2}{4l^2}+\frac{y^2}{l^2}=1$$

可见点 A 的轨迹为椭圆。

将式(Ⅰ)对时间求一阶导数，得

$$v_x=\dot{x}=-2l\omega\sin\omega t$$

$$v_y=\dot{y}=l\omega\cos\omega t \qquad (\text{Ⅱ})$$

$$v=\sqrt{v_x^2+v_y^2}=l\omega\sqrt{1+3\sin^2\omega t} \qquad (\text{Ⅲ})$$

再将式(Ⅱ)对时间求一阶导数，得

$$a_x=\dot{v}_x=-2l\omega^2\cos\omega t$$

$$a_y=\dot{v}_y=-l\omega^2\sin\omega t$$

$$a=\sqrt{a_x^2+a_y^2}=l\omega^2\sqrt{3\cos^2\omega t+1}$$

式(Ⅲ）对时间求一阶导数可得点 A 的切向加速度

$$a_{\rm t}=\dot{v}=\frac{\omega^2 l}{2\sqrt{1+3\sin^2\omega t}}6\sin\omega t\cos\omega t=\frac{3\omega^2 l\sin 2\omega t}{2\sqrt{1+3\sin^2\omega t}}$$

故点 A 的法向加速度

$$a_{\rm n}=\sqrt{a^2-a_{\rm t}^2}$$

点 A 的曲率半径为

$$\rho=\frac{v^2}{a_{\rm n}}$$

$t=0$ 时，$a_{\rm t}=0$，$a_{\rm n}=2l\omega^2$，$v=l\omega$，得

$$\rho=\frac{l^2\omega^2}{2l\omega^2}=\frac{l}{2}$$

$t=\frac{\pi}{2\omega}$时，$a_{\rm t}=0$，$a_{\rm n}=l\omega^2$，$v=2l\omega$，得

$$\rho=4l$$

思考题

6-1　点沿曲线运动，如图 6-13 所示，各点所给出的速度和加速度哪些是可能的？哪些是不可能的？

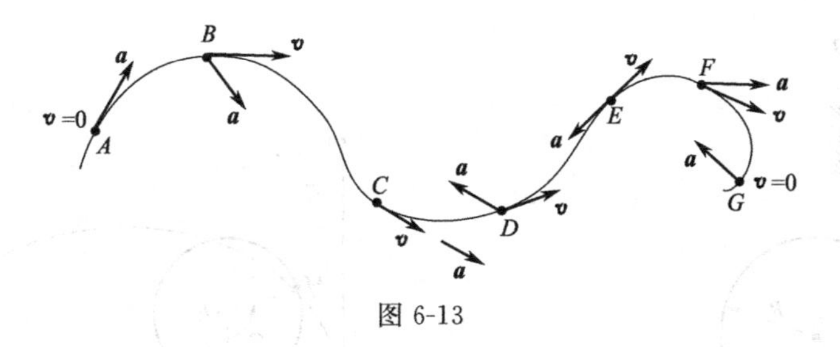

图 6-13

6-2　点 M 沿螺线自外向内运动，如图 6-14 所示，它走过的弧长与时间的一次方成正比，问点的加速度是越来越大，还是越来越小？点 M 越跑越快，还是越跑越慢？

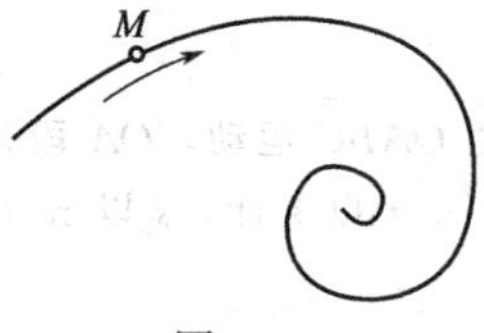

图 6-14

6-3　做曲线运动的两个动点，初速度相同、运动中两点的法向加速度也相同。判断下述说法是否正确：

(1) 任一瞬时两动点的切向加速度必相同；

(2) 任一瞬时两动点的速度必相同；

(3) 两动点的运动方程必相同。

习　题

6-1　已知动点的运动方程为：$x=t^2-t$，$y=2t$。试求其轨迹方程和速度、加速度（x、y 的单位为 m，t 的单位为 s)。

6-2　点 M 以匀速 v_0 在直管 OA 内运动，直管 OA 又按 $\varphi=\omega t$ 规律绕 O 转动，如图 6-15 所示。当 $t=0$

时，M 在点 O 处，试求在任一瞬时点 M 的速度和加速度的大小。

6-3 已知杆 OA 与铅直线夹角 $\varphi=\pi t/6$（φ 以 rad 计，t 以 s 计），小环 M 套在杆 OA、CD 上，如图 6-16 所示。铰 O 至水平杆 CD 的距离 $h=400$mm。试求 $t=1$s 时，小环 M 的速度和加速度。

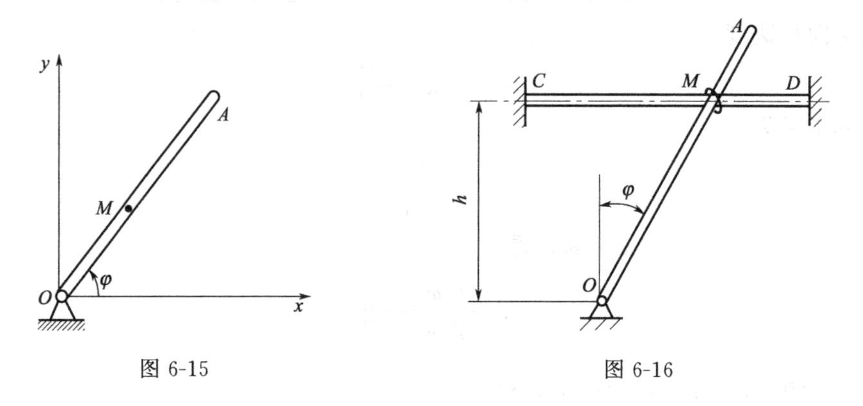

图 6-15　　图 6-16

6-4 如图 6-17 所示，偏心轮半径为 R，绕轴 O 转动，转角 $\varphi=\omega t$（ω 为常量），偏心距 $OC=e$，偏心轮带动顶杆 AB 沿铅垂直线做往复运动。试求顶杆的运动方程和速度。

6-5 如图 6-18 所示，机车以匀速 $v_0=20$m/s 沿直线轨道行驶，机车车轮的半径为 1m，车轮做纯滚动。以轮缘上的 M 点在轨道上的起始位置为坐标原点取 x 轴，求 M 点的运动方程、初瞬时的速度和加速度。

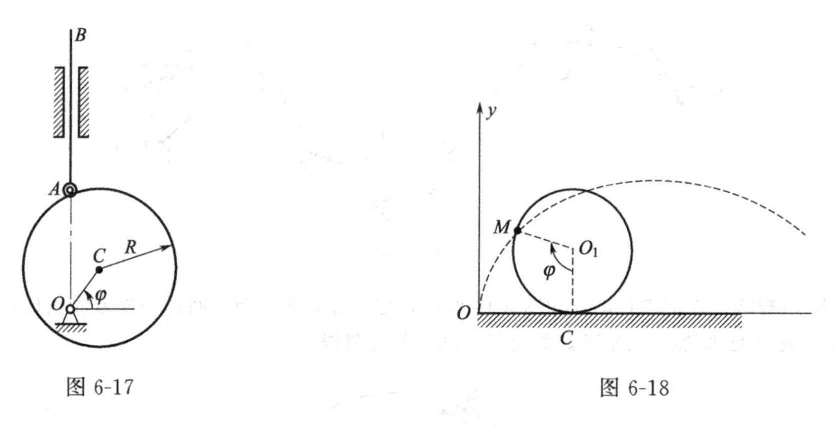

图 6-17　　图 6-18

6-6 如图 6-19 所示，动点 M 沿轨道 $OABC$ 运动，OA 段是直线，AB 和 BC 两段分别为四分之一圆弧。已知点的运动方程为 $s=30t+5t^2$，t 以 s 计，s 以 m 计。求动点在 $t=0$、1、2 和 4s 时的加速度。

6-7 如图 6-20 所示的摇杆滑道机构中的销钉 B 同时在固定的圆弧槽 DE 和摇杆 OA 的滑道中滑动。如 DE 的半径为 R，摇杆 OA 的轴 O 在弧 DE 的圆周上。摇杆绕轴 O 以等角速度 ω 转动，当运动开始时，

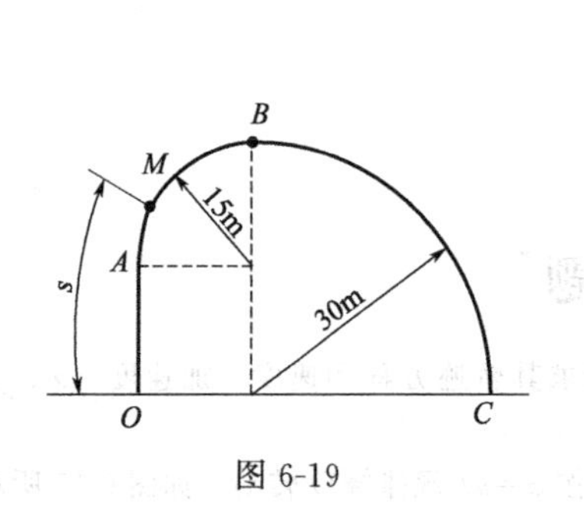

图 6-19

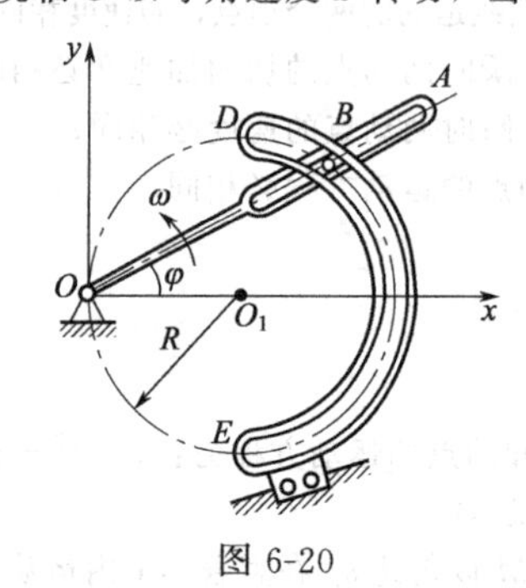

图 6-20

摇杆在水平位置。试分别用直角坐标法和自然法给出点 B 的运动方程，并求其速度和加速度。

6-8　飞轮加速转动时，其轮缘上一点 M 的运动规律为 $s=0.02t^2$，s 单位为 m，t 单位为 s，飞轮的半径 $R=0.4\text{m}$。求该点的速度达到 $v=6\text{m/s}$ 时，它的切向及法向加速度。

6-9　已知点的运动方程：$x=50t$，$y=500-5t^2$，x、y 单位为 m，t 单位为 s。求当 $t=0$ 时，点的切向加速度、法向加速度及轨迹的曲率半径。

第七章　刚体的基本运动

在工程实际中，有时不能把运动物体看做一个点，即需要考虑其本身的几何形状和尺寸。一般情况下，运动刚体上各点的轨迹、速度和加速度是各不相同的，但彼此间存在着一定的关系。研究刚体的运动，包括研究刚体整体运动的情况和刚体上各点的运动之间的关系。

本章研究刚体的两种基本运动：**平动和定轴转动**。这两种运动都是工程中最常见、最简单的运动，也是研究刚体复杂运动的基础。

第一节　刚体的平行移动

刚体运动时，若其上任一直线始终保持与它的初始位置平行，则称刚体做平行移动，简称为**平动**或**平移**。工程实际中刚体平动的例子很多，例如，沿直线轨道行驶的火车车厢的运动、振动筛筛体的运动等。刚体平动时，其上各点的轨迹如为直线，则称为直线平动。如为曲线，则称为曲线平动。上面所举的火车车厢做直线平动，而振动筛筛体的运动为曲线平动。

现在来研究刚体平动时其上各点的轨迹、速度和加速度之间的关系。

设刚体相对于坐标系 $Oxyz$ 做平动，在刚体上任取两点 A 和 B，令两点的矢径分别为 $\boldsymbol{r}_A$ 和 $\boldsymbol{r}_B$，并作矢量$\overrightarrow{BA}$，如图 7-1 所示。则两条矢端曲线就是两点的轨迹。由图可知：

$$\boldsymbol{r}_A=\boldsymbol{r}_B+\overrightarrow{BA}$$

由于刚体做平动，线段 BA 的长度和方向均不随时间而变，即$\overrightarrow{BA}$ 是常矢量。因此，在运动过程中，A、B 两点的轨迹曲线的形状完全相同。

把上式两边对时间 t 连续求导数，由于常矢量$\overrightarrow{BA}$ 的导数等于零，于是得

$$\boldsymbol{v}_A=\boldsymbol{v}_B \qquad \boldsymbol{a}_A=\boldsymbol{a}_B$$

此式表明，在任一瞬时，A、B 两点的速度相同，加速度也相同。因为点 A、B 是任取的两点，因此可得如下结论：**刚体平动时，其上各点的轨迹形状相同；同一瞬时，各点的速度相等，加速度也相等。**

综上所述，对于平动刚体，只要知道其上任一点的运动就知道了整个刚体的运动。这样，刚体的平动问题就归结为研究刚体内任一点（例如机构的连接点、质心等）的运动，也就是归结为第六章所研究过的点的运动学问题。

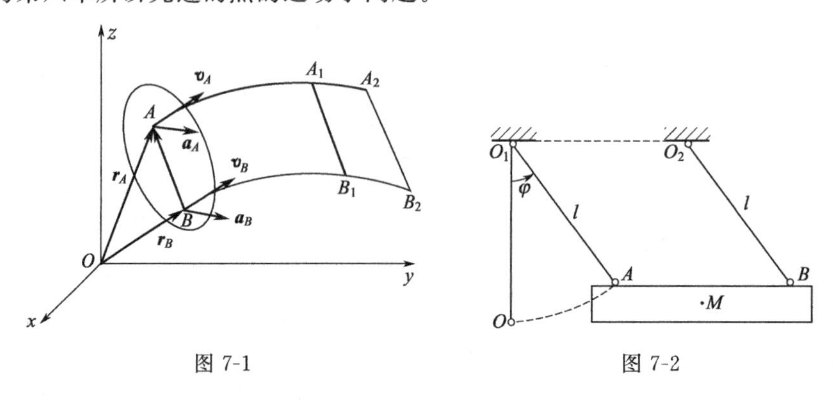

图 7-1　　　　图 7-2

【例 7-1】 荡木用两根等长的绳索平行吊起，如图 7-2 所示。已知 $O_1O_2=AB$，绳索长

$O_1A=O_2B=l$，摆动规律为 $\varphi=\varphi_0\sin(\pi t/4)$。试求当 $t=0$ 和 $t=2\text{s}$ 时，荡木中点 M 的速度和加速度。

解： 根据题意，O_1ABO_2 是一平行四边形，运动中荡木 AB 始终平行于固定不动的连线 O_1O_2，故荡木做平动。由平动刚体的特点知：在同一瞬时，荡木上各点的速度、加速度相等，即有 $\boldsymbol{v}_M=\boldsymbol{v}_A$，$\boldsymbol{a}_M=\boldsymbol{a}_A$，因此欲求点 M 的速度、加速度，只需求出点 A 的速度、加速度即可。

点 A 不仅是荡木上的一点，而且也是摆索 O_1A 上的一个端点。点 A 沿圆心在 O_1、半径为 l 的圆弧运动，规定弧坐标 s 向右为正，则点 A 的运动方程为

$$s=l\varphi=l\varphi_0\sin\frac{\pi}{4}t$$

得任一瞬时 t 点 A 的速度、加速度为

$$v=\dot{s}=\frac{\pi l\varphi_0}{4}\cos\frac{\pi}{4}t$$

$$a_{\mathrm{t}}=\dot{v}=-\frac{\pi^2 l\varphi_0}{16}\sin\frac{\pi}{4}t$$

$$a_{\mathrm{n}}=\frac{v^2}{\rho}=\frac{\pi^2 l\varphi_0^2}{16}\cos^2\frac{\pi}{4}t$$

当 $t=0$ 时，$\varphi=0$，摆索 O_1A 位于铅垂位置，此时

$$v_M=v_A=\frac{\pi l\varphi_0}{4}$$

$$a_{\mathrm{t}}=0$$

$$a_{\mathrm{n}}=\frac{v^2}{\rho}=\frac{\pi^2 l\varphi_0}{16}$$

$$a_M=\sqrt{a_{\mathrm{t}}^2+a_{\mathrm{n}}^2}=\frac{\pi^2 l\varphi_0^2}{16}$$

加速度的方向与 a_{n} 相同，即铅垂向上。

当 $t=2\text{s}$ 时，$\varphi=\varphi_0$，此时

$$v_M=0$$

$$a_{\mathrm{t}}=-\frac{\pi^2 l\varphi_0}{16}$$

$$a_{\mathrm{n}}=0$$

$$a_M=\sqrt{a_{\mathrm{t}}^2+a_{\mathrm{n}}^2}=\frac{\pi^2 l\varphi_0}{16}$$

加速度的方向与 a_{t} 相同，即沿轨迹的切线方向，指向弧坐标的负向。

第二节 刚体的定轴转动

刚体运动时，若其上有一直线始终保持不动，则称这种运动为刚体做**定轴转动**。该固定不动的直线称为**转轴**或**轴线**。定轴转动是工程中较为常见的一种运动形式。例如电机的转子、机床的主轴、变速箱中的齿轮以及绕固定铰链开关的门窗等，都是刚体绕定轴转动的实例。

一、刚体的转动方程

设有一刚体绕固定轴 z 转动，如图 7-3 所示。为了确定刚体的位置，过轴 z 作 A、B 两

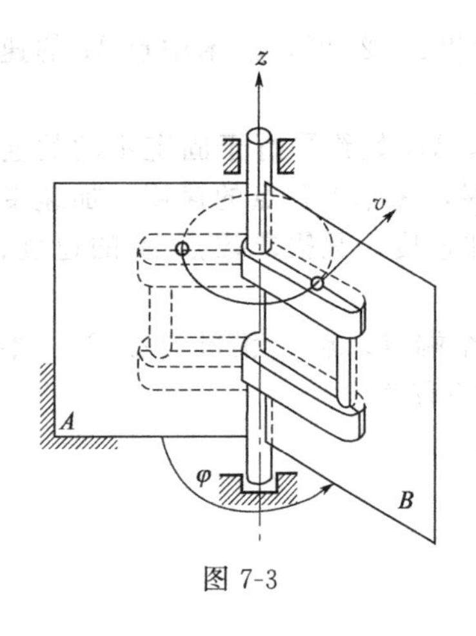

图 7-3

个平面，其中 A 为固定平面；B 是与刚体固连并随同刚体一起绕 z 轴转动的平面。两平面间的夹角用 φ 表示，它确定了刚体的位置，称为刚体的**转角**。转角 φ 的符号规定如下：从 z 轴的正向往负向看去，自固定面 A 起沿逆时针转向所量得的 φ 取为正值，反之为负值。

当刚体转动时，转角 φ 随时间 t 变化，是时间 t 的单值连续函数，即

$$\varphi=f(t) \tag{7-1}$$

该方程称为刚体定轴转动的转动方程，简称为刚体的**转动方程**。转角 φ 的常用单位为 rad（弧度）。

二、角速度和角加速度

转角 φ 对时间的一阶导数，称为**刚体的瞬时角速度**，表征刚体转动的快慢及转向，用字母 ω 表示，即

$$\omega=\frac{\mathrm{d}\varphi}{\mathrm{d}t}=\dot{\varphi} \tag{7-2}$$

单位为 rad/s（弧度/秒）。角速度是代数量，从轴的正端向负端看，刚体逆时针转动时，角速度取正值，反之取负值。

角速度 ω 对时间的一阶导数，或转角 φ 对时间的二阶导数，称为**刚体的瞬时角加速度**，表征刚体角速度变化的快慢，用字母 α 表示，即

$$\alpha=\dot{\omega}=\ddot{\varphi} \tag{7-3}$$

单位为 $\mathrm{rad/s^2}$（弧度/秒^2）。角加速度也是代数量，若为正值，则其转向与转角 φ 的增大转向一致；若为负值，则相反。如果 ω 与 α 同号（即转向相同），则刚体做加速转动；如果 ω 与 α 异号，则刚体做减速转动。

机器中的转动部件或零件，常用转速 n（每分钟内的转数，以 r/min 为单位）来表示转动的快慢。角速度与转速之间的关系是

$$\omega=\frac{2\pi n}{60}=\frac{\pi n}{30} \tag{7-4}$$

三、匀变速转动和匀速转动

若角加速度不变，即 α 等于常量，则刚体做匀变速转动（当 ω 与 α 同号时，称为匀加速转动；当 ω 与 α 异号时，称为匀减速转动）。这种情况下，有

$$\omega=\omega_0+\alpha t \tag{7-5}$$

$$\varphi=\varphi_0+\omega_0 t+\frac{1}{2}\alpha t^2 \tag{7-6}$$

$$\omega^2-\omega_0^2=2\alpha(\varphi-\varphi_0) \tag{7-7}$$

式中，ω_0 和 φ_0 分别是 $t=0$ 时的角速度和转角。

对于匀速转动，$\alpha=0$，$\omega=$常量，则有

$$\varphi=\varphi_0+\omega t \tag{7-8}$$

四、转动刚体内各点的速度和加速度

刚体绕定轴转动时，转轴上各点都固定不动，其他各点都在通过该点并垂直于转轴的平面内做圆周运动，圆心在转轴上，圆周的半径 r 称为该点的转动半径，它等于该点到转轴的垂直距离。下面用自然法研究转动刚体上任一点的运动量（速度、加速度）与转动刚体本身

的运动量（角速度、角加速度）之间的关系。

如图 7-4 所示，刚体绕定轴 O 转动。开始时，动平面在 OM_0 位置，经过一段时间 t，动平面转到 OM 位置，对应的转角为 φ，刚体上一点由 M_0 运动到了 M。以固定点 M_0 为弧坐标 s 的原点，按 φ 角的正向规定弧坐标的正向，于是，由图 7-4 可知 s 与 φ 有如下关系

$$s=r\varphi \tag{7-9}$$

任一瞬时，点 M 的速度 $\boldsymbol{v}$ 的值为

$$v=\dot{s}=r\dot{\varphi}=r\omega \tag{7-10}$$

即转动刚体内任一点的速度，其大小等于该点的转动半径与刚体角速度的乘积，方向沿轨迹的切线（垂直于该点的转动半径），指向刚体转动的一方。速度分布规律如图 7-5 所示。

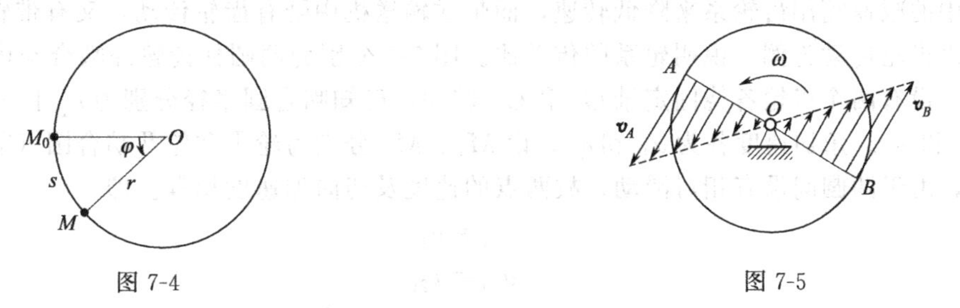

图 7-4　　　　图 7-5

任一瞬时，点 M 的切向加速度 $\boldsymbol{a}_t$ 的大小为

$$a_t=\dot{v}=r\dot{\omega}=r\alpha \tag{7-11}$$

即转动刚体内任一点的切向加速度的大小，等于该点的转动半径与刚体角加速度的乘积，方向沿轨迹的切线，指向与 α 的转向一致。如图 7-6(a) 所示。

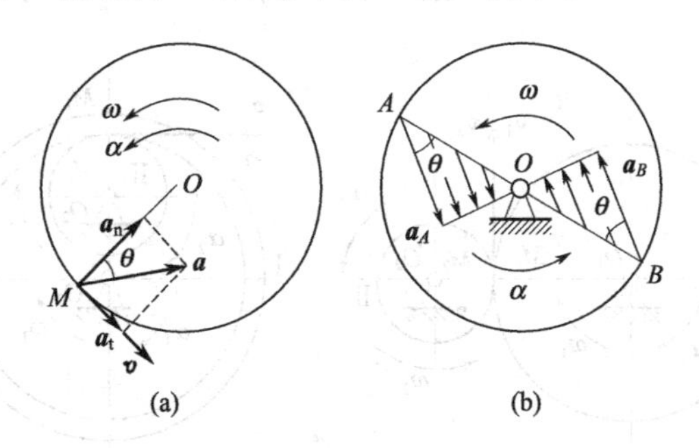

图 7-6

点 M 的法向加速度 $\boldsymbol{a}_n$ 的大小为

$$a_n=\frac{v^2}{\rho}=\frac{(r\omega)^2}{r}=r\omega^2 \tag{7-12}$$

即转动刚体内任一点的法向加速度的大小，等于该点的转动半径与刚体角速度平方的乘积，方向沿转动半径并指向转轴。如图 7-6(a) 所示。

点 M 的全加速度 $\boldsymbol{a}$ 等于其切向加速度 $\boldsymbol{a}_t$ 与法向加速度 $\boldsymbol{a}_n$ 的矢量和，如图 7-6(a) 所示。其大小为

$$a=\sqrt{a_t^2+a_n^2}=\sqrt{(r\alpha)^2+(r\omega^2)^2}=r\sqrt{\alpha^2+\omega^4} \tag{7-13}$$

用 θ 表示 $\boldsymbol{a}$ 与转动半径 OM（即 $\boldsymbol{a}_n$）之间的夹角，则

$$\tan\theta=\frac{|a_t|}{a_n}=\frac{|r\alpha|}{r\omega^2}=\frac{|\alpha|}{\omega^2} \tag{7-14}$$

由上述分析可以看出，刚体定轴转动时，其上各点的速度、加速度有如下分布规律。

① 转动刚体内各点速度、加速度的大小，都与该点的转动半径成正比。

② 转动刚体内各点速度的方向，垂直于转动半径，并指向刚体转动的一方。

③ 同一瞬时，转动刚体内各点的全加速度与其转动半径具有相同的夹角 θ，并偏向角加速度 α 转向的一方。

加速度分布规律如图 7-6(b) 所示。

第三节　定轴轮系的传动比

工程中，常用轮系传动来提高或降低机械的转速，最常见的有齿轮传动和皮带轮传动。如机床中的减速箱用齿轮系来降低转速，而带式输送机中既有齿轮传动，又有带轮传动。

现以齿轮传动为例，说明轮系的传动比。图 7-7 分别为两圆柱齿轮外啮合与内啮合传动的简图。设有两个齿轮各绕固定轴 O_1 和 O_2 转动，已知啮合圆半径分别为 r_1 和 r_2；角速度各为 ω_1 和 ω_2。角加速度各为 α_1 和 α_2。设 M_1、M_2 分别为轮Ⅰ和轮Ⅱ啮合圆（节圆）上的接触点，由于两圆间没有相对滑动，故两点的速度及切向加速度相等。即

$$v_A = v_B$$

$$a_{1t} = a_{2t}$$

因 $v_A = r_1\omega_1$，$v_B = r_2\omega_2$，$a_{1t} = r_1\alpha_1$，$a_{2t} = r_2\alpha_2$，故

$$r_1\omega_1 = r_2\omega_2$$

$$r_1\alpha_1 = r_2\alpha_2$$

或

$$\frac{\omega_1}{\omega_2} = \frac{r_2}{r_1} = \frac{\alpha_1}{\alpha_2}$$

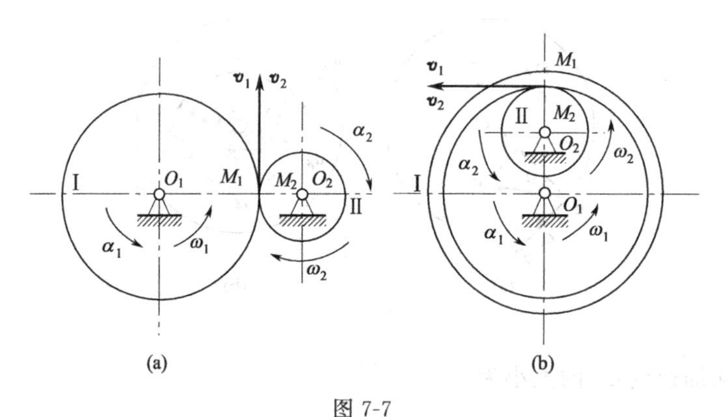

图 7-7

由于一对齿轮啮合时，两齿轮的齿数与它们的节圆半径成正比，设轮Ⅰ和轮Ⅱ的齿数分别为 z_1 和 z_2，故

$$\frac{\omega_1}{\omega_2} = \frac{r_2}{r_1} = \frac{\alpha_1}{\alpha_2} = \frac{z_2}{z_1} \tag{7-15}$$

设轮Ⅰ是主动轮，轮Ⅱ是从动轮。工程中，通常将主动轮的角速度与从动轮的角速度之比称为**传动比**，用 i_{12} 表示，于是得计算传动比的基本公式

$$i_{12} = \frac{\omega_1}{\omega_2}$$

把式(7-15) 代入上式，得

$$i_{12}=\frac{\omega_1}{\omega_2}=\frac{\alpha_1}{\alpha_2}=\frac{r_2}{r_1}=\frac{z_2}{z_1} \tag{7-16}$$

式(7-16) 定义的传动比是两个角速度大小之比，与转动方向无关，因此它不仅适用于圆柱齿轮传动，也适用于传动轴成任意角度的圆锥齿轮传动、摩擦轮传动、带轮传动和链轮传动。

【例 7-2】 绕于半径为 r 的鼓轮上的绳子下挂重物 B 由静止开始以等加速度 a 做直线运动，如图 7-8 所示。该鼓轮固连一节圆半径为 r_1 的齿轮 1，齿轮 1 带动节圆半径为 r_2 的齿轮 2 转动，试建立齿轮 2 的转动方程。

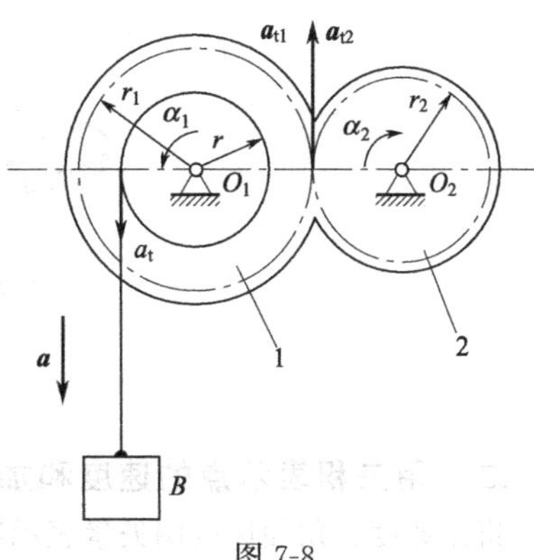

图 7-8

解： 鼓轮边缘上任一点的切向加速度和重物 B 的加速度的大小相等，即 $a_t=a$，因此鼓轮的角加速度为

$$\alpha=\frac{a_1}{r}=\frac{a}{r}$$

齿轮 1 与鼓轮固连，故两者的角加速度相等，即 $\alpha_1=\alpha$（α_1 为齿轮 1 的角加速度）。则齿轮 2 的角加速度满足

$$\frac{\alpha_2}{\alpha_1}=\frac{r_1}{r_2}$$

故
$$\alpha_2=\frac{r_1}{r_2}\alpha_1=\frac{r_1}{r_2}\alpha=\frac{r_1}{r_2}\times\frac{a}{r}=\text{常量}$$

所以，齿轮 2 亦做匀加速度转动，转动方程为

$$\varphi=\varphi_0+\omega_0 t+\frac{1}{2}\alpha_2 t^2$$

由题意知，初角速度 $\omega_0=0$，设初转角 $\varphi_0=0$，将 α_2 的值代入得

$$\varphi=\frac{1}{2}\alpha_2 t^2=\frac{r_1 a}{2r_2 r}t^2$$

这就是齿轮 2 的转动方程。

第四节　角速度与角加速度的矢量表示、以矢积表示的点的速度和加速度

一、角速度矢和角加速度矢

在分析较为复杂的运动问题时，用矢量表示转动刚体的角速度与角加速度通常较为方便。

角速度的矢量表示方法如下：当刚体转动时，从转轴上任取一点作为起点，沿转轴作一矢量 $\boldsymbol{\omega}$，如图 7-9 所示，使其模等于角速度的绝对值；指向按右手螺旋法则由角速度的转向确定，即从矢量 $\boldsymbol{\omega}$ 的末端向起点看，刚体绕转轴应做逆时针转向的转动。该矢量 $\boldsymbol{\omega}$ 称为转动刚体的角速度矢。

若以 $\boldsymbol{k}$ 表示沿转轴 z 正向的单位矢量，则转动刚体的角速度矢可写成

$$\boldsymbol{\omega}=\omega\boldsymbol{k} \tag{7-17}$$

同样，转动刚体的角加速度也可用一个沿轴线的矢量表示，称为角加速度矢

$$\boldsymbol{\alpha}=\alpha\boldsymbol{k} \tag{7-18}$$

注意到 $\boldsymbol{k}$ 是一常矢量，于是

$$\boldsymbol{\alpha}=\alpha\boldsymbol{k}=\dot{\omega}\boldsymbol{k}=\dot{\boldsymbol{\omega}} \tag{7-19}$$

即角加速度矢等于角速度矢对时间的一阶导数。

因为角速度矢、角加速度矢的起点可在轴线上任意选取，所以 $\boldsymbol{\omega}$、$\boldsymbol{\alpha}$ 都是滑动矢量。

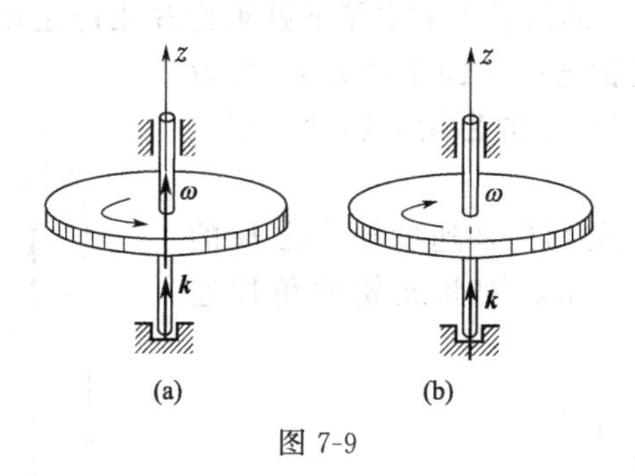

图 7-9

二、用矢积表示点的速度和加速度

将角速度、角加速度用矢量表示后，转动刚体内任一点的速度、加速度就可以用矢积表示。

在转轴上任取一点 O 为原点，用矢径 $\boldsymbol{r}$ 表示转动刚体上任一点 M 的位置，如图 7-10 所示。则点 M 的速度可用角速度矢与矢径的矢积表示为

$$\boldsymbol{v}=\boldsymbol{\omega}\times\boldsymbol{r} \tag{7-20}$$

下面从速度的大小和方向上来证明此式的正确性。由矢积的定义知，矢量 $\boldsymbol{\omega}\times\boldsymbol{r}$ 的大小为

$$|\boldsymbol{\omega}\times\boldsymbol{r}|=|\boldsymbol{\omega}|\times|\boldsymbol{r}|\sin\theta=|\boldsymbol{\omega}|\times R=|\boldsymbol{v}|$$

式中，θ 是角速度 $\boldsymbol{\omega}$ 与矢径 $\boldsymbol{r}$ 之间的夹角。这样就证明了矢积 $\boldsymbol{\omega}\times\boldsymbol{r}$ 的大小等于速度 v 的大小。

矢积 $\boldsymbol{\omega}\times\boldsymbol{r}$ 的方向垂直于 $\boldsymbol{\omega}$ 和 $\boldsymbol{r}$ 所组成的平面，即垂直于平面 OMO_1；从 $\boldsymbol{v}$ 的终点向起点看，可见矢量 $\boldsymbol{\omega}$ 按逆时针转向转过角 θ 而与 $\boldsymbol{r}$ 重合，从而可以看出，矢积 $\boldsymbol{\omega}\times\boldsymbol{r}$ 的方向正好与点 M 的速度方向相同。

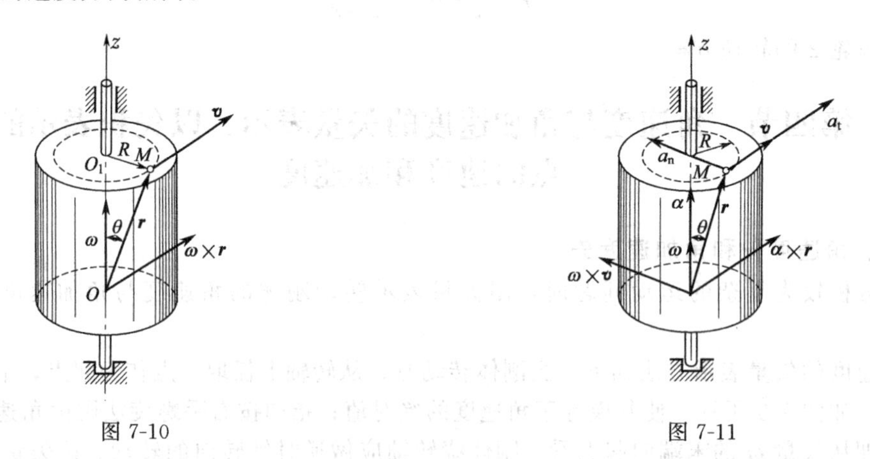

图 7-10　　图 7-11

转动刚体上任一点的加速度也可用矢积表示。如图 7-11 所示。将式(7-20) 代入加速度的矢量表达式中，可得点 M 的加速度为

$$\boldsymbol{a}=\dot{\boldsymbol{v}}=\frac{\mathrm{d}}{\mathrm{d}t}(\boldsymbol{\omega}\times\boldsymbol{r})=\dot{\boldsymbol{\omega}}\times\boldsymbol{r}+\boldsymbol{\omega}\times\dot{\boldsymbol{r}}$$

将 $\dot{\boldsymbol{\omega}}=\boldsymbol{\alpha}$，$\dot{\boldsymbol{r}}=\boldsymbol{v}$ 代入，得

$$\boldsymbol{a}=\boldsymbol{\alpha}\times\boldsymbol{r}+\boldsymbol{\omega}\times\boldsymbol{v} \tag{7-21}$$

式中 $\boldsymbol{\alpha}\times\boldsymbol{r}$ 就是点 M 的切向加速度，$\boldsymbol{\omega}\times\boldsymbol{v}$ 就是其法向加速度，即

$$\boldsymbol{a}_{\mathrm{t}}=\boldsymbol{\alpha}\times\boldsymbol{r} \tag{7-22}$$

$$\boldsymbol{a}_{\mathrm{n}}=\boldsymbol{\omega}\times\boldsymbol{v} \tag{7-23}$$

综上所述可得结论：**转动刚体上任一点的速度等于刚体的角速度矢与该点矢径的矢积；任一点的切向加速度等于刚体的角加速度矢与该点矢径的矢积，法向加速度等于刚体的角速度矢与该点速度的矢积。**

思　考　题

7-1　各点都做圆周运动的刚体一定是定轴转动吗？

7-2　“刚体做平动时，各点的轨迹一定是直线或平面曲线；刚体绕定轴转动时，各点的轨迹一定是圆”。这种说法对吗？

7-3　有人说：“刚体绕定轴转动时，角加速度为正，表示加速转动；角加速度为负，表示减速转动。”对吗？为什么？

7-4　如图 7-12 所示，一绳缠绕在鼓轮上，绳端系一重物 M，M 以速度 v 和加速度 a 向下运动。问绳上两点 A、D 和轮缘上两点 B、C 的加速度是否相同？

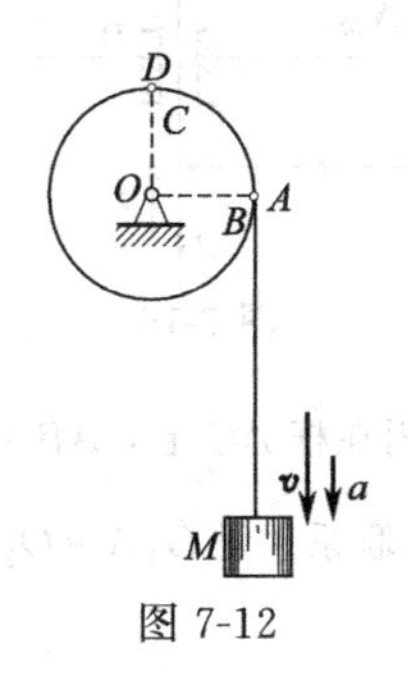

图 7-12

习　题

7-1　搅拌机运动机构简图如图 7-13 所示，已知 $O_1A=O_2B=R$，$O_1O_2=AB$，杆 O_1A 以不变的转速 n 转动。若 $R=100\mathrm{mm}$，$n=30\mathrm{r/min}$。试求搅拌头点 M 的轨迹、速度和加速度。

7-2　如图 7-14 所示的曲柄滑杆机构中，滑杆 BC 上有一圆弧形轨道，其半径 $R=100\mathrm{mm}$，圆心 O_1 在导杆 BC 上。曲柄长 $OA=100\mathrm{mm}$，以等角速度 $\omega=4\mathrm{rad/s}$ 绕 O 轴转动。设 $t=0$，$\varphi=0$，求导杆 BC 的运动规律以及曲柄与水平线的夹角 $\varphi=30°$时导杆 BC 的速度和加速度。

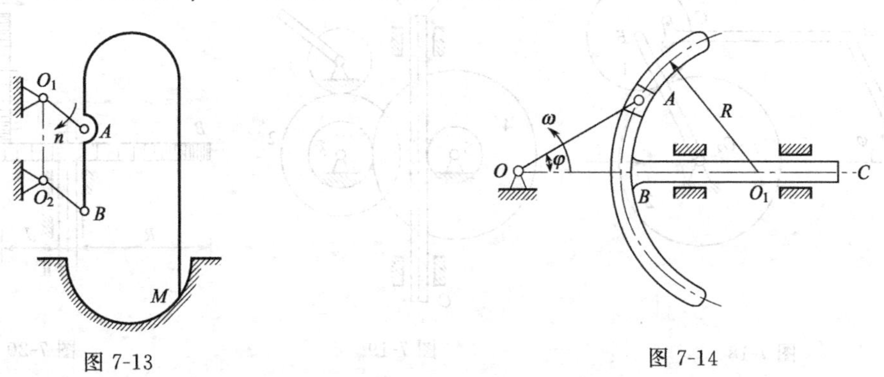

图 7-13　　　　图 7-14

7-3　物体绕定轴转动的转动方程为 $\varphi=4t-3t^3$。试求物体内与转轴相距 $R=0.5\mathrm{m}$ 的一点，在 $t=0$ 及 $t=1\mathrm{s}$ 时的速度和加速度的大小，并问物体在什么时刻改变其转向。

7-4 一定轴转动的刚体，在初瞬时的角速度 $\omega_0=20\text{rad/s}$，刚体上一点的运动规律为 $s=t+t^3$，s、t 单位分别为 m、s。求 $t=1\text{s}$ 时刚体的角速度和角加速度，以及该点到转轴的距离。

7-5 如图 7-15 所示，汽轮机叶轮由静止开始做匀加速运动。轮上 M 点离轴 O 为 0.4m，在某瞬时其全加速度的大小为 40m/s^2，方向与通过 M 点的半径成 $\theta=30°$ 角。求叶轮的转动方程，以及 $t=5\text{s}$ 时 M 点的速度和法向加速度。

7-6 如图 7-16 所示机构中，杆 AB 以匀速 v 向上滑动，通过滑块 A 带动摇杆 OC 绕 O 轴做定轴转动。开始时 $\varphi=0$。试求当 $\varphi=\dfrac{\pi}{4}$ 时，摇杆 OC 的角速度和角加速度。

7-7 如图 7-17 所示，电动绞车由皮带轮Ⅰ和Ⅱ以及鼓轮组成，鼓轮Ⅲ和皮带轮Ⅱ刚性地固定在同一轴上。各轮的半径分别为 $r_1=30\text{cm}$、$r_2=75\text{cm}$、$r_3=40\text{cm}$，轮Ⅰ的转速为 $n_1=100\text{r/min}$。设皮带轮与皮带之间无相对滑动，求重物 M 上升的速度和皮带各段上点的加速度的大小。

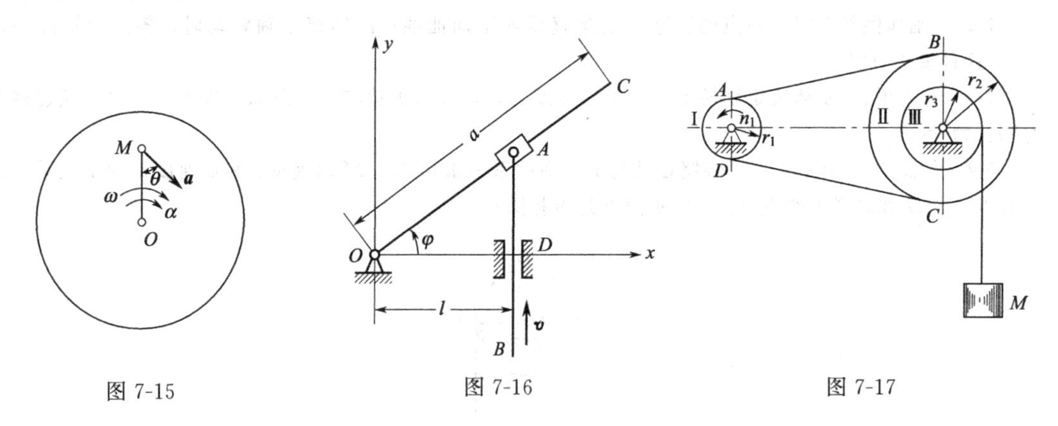

图 7-15　　图 7-16　　图 7-17

7-8 如图 7-18 所示，机构中齿轮 1 紧固在杆 AC 上，$AB=O_1O_2$，齿轮 1 与半径为 r_2 的齿轮 2 啮合，齿轮 2 可绕 O_2 轴转动，且与曲柄 O_2B 没有联系。设 $O_1A=O_2B=l$，$\varphi=b\sin\omega t$，试确定 $t=\dfrac{\pi}{2\omega}$ 时，齿轮 2 的角速度和角加速度。

7-9 如图 7-19 所示仪表机构中，已知各齿轮的齿数为 $z_1=6$、$z_2=24$、$z_3=8$、$z_4=32$，齿轮 5 的半径为 $r_5=40\text{mm}$。如齿条移动 10mm，求指针 A 转过的角度 φ（指针和齿轮 1 一起转动）。

7-10 如图 7-20 所示，摩擦传动机构的主动轴Ⅰ的转速为 $n=600\text{r/min}$。轴Ⅰ的轮盘与轴Ⅱ的轮盘接触，接触点按箭头 A 所示的方向移动。距离 d 的变化规律为 $d=100-5t$，其中 d 以 mm 计，t 以 s 计。已知 $r=50\text{mm}$、$R=150\text{mm}$。求：(1) 以距离 d 表示的轴Ⅱ的角加速度；(2) 当 $d=r$ 时，轮 B 边缘上一点的全加速度。

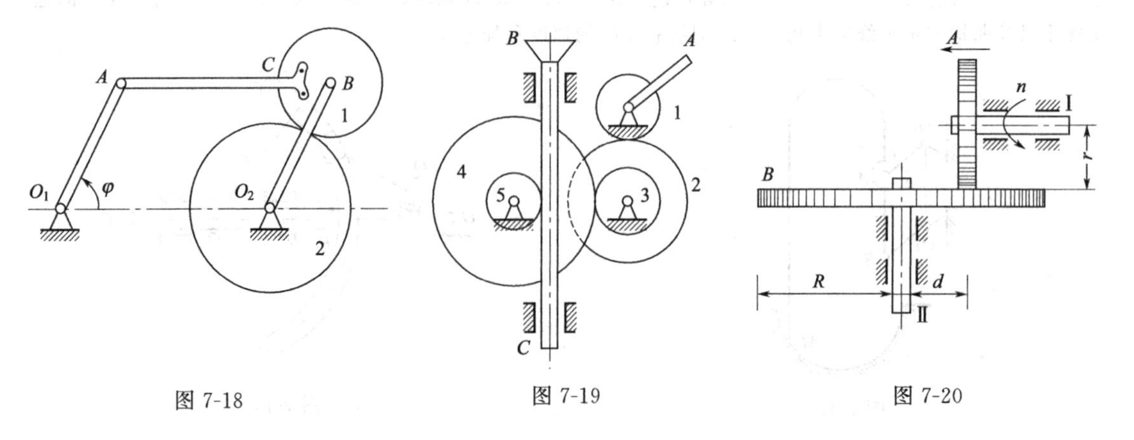

图 7-18　　图 7-19　　图 7-20

第八章　点的合成运动

第六、第七章分析了点或刚体相对于一个坐标系的运动。本章研究点相对于两个坐标系运动时运动量之间的关系，即研究点的合成运动问题。

第一节　绝对运动、相对运动和牵连运动

在不同的参考体中研究同一个物体的运动，看到的运动情况是不同的。例如，图 8-1 所示的车轮沿水平地面直线行驶，其轮缘上的点 M，对于站在地面的观察者来说，轨迹为旋轮线，但对于车上的观察者而言，轨迹则是圆。又如图 8-2 所示，在车床上加工螺纹，对于操作者来说，车刀刀尖做直线运动，但它在旋转的工件上切出的却是螺旋线。

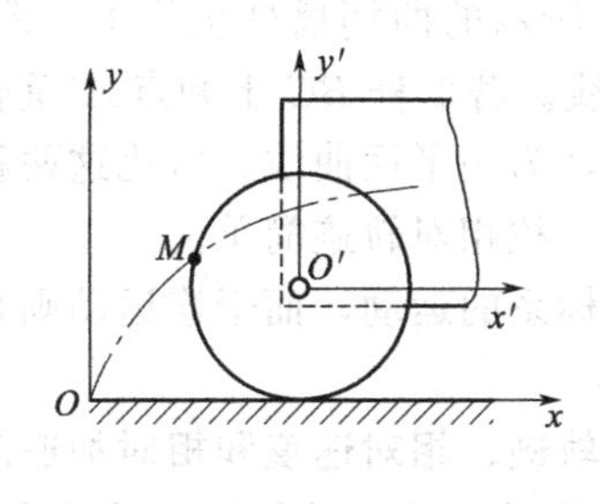

图 8-1

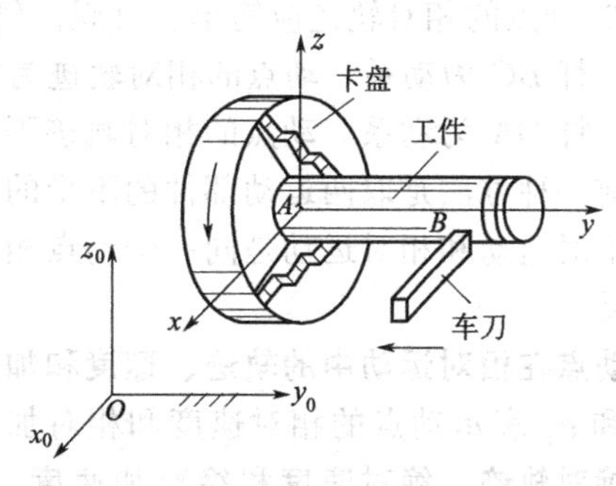

图 8-2

同一个物体相对于不同的参考体的运动量之间，存在着确定的关系。例如，图 8-1 中，点 M 相对于地面做旋轮线运动，若以车架为参考体，车架本身做直线平动，点 M 相对于车架做圆周运动，点 M 的旋轮线运动可视为车架的平动和点 M 相对于车架的圆周运动的合成。将一种运动看做两种运动的合成，这就是合成运动的方法。

可用合成运动的方法解决的问题，大致分为三类。

① 把复杂的运动分解成两种简单的运动，求得简单运动的运动量后，再加以合成。这种化繁为简的研究问题的方法，在解决工程实际问题时，具有重要意义。

② 讨论机构中运动构件运动量之间的关系。例如，图 8-3 所示的曲柄摇杆机构，已知曲柄 OA 的角速度，可用合成运动的方法求得摇杆 BC 的角速度。

③ 研究无直接联系的两运动物体运动量之间的关系。例如，大海上有甲、乙两艘行船，可用合成运动的方法求在甲船上所看到的乙船的运动量。

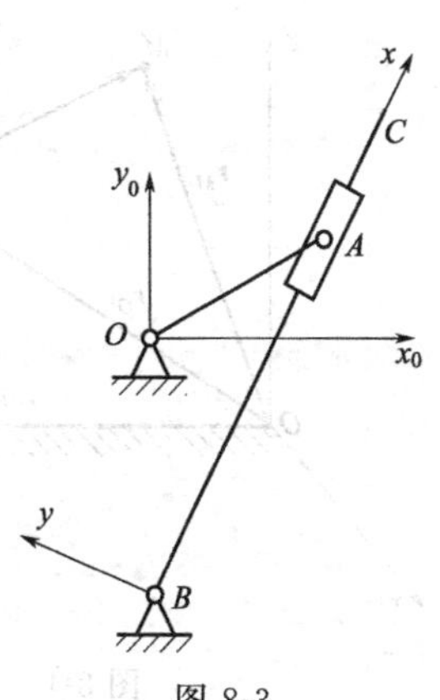

图 8-3

在点的合成运动中，将所考察的点称为**动点**。动点可以是运动刚体上的一个点，也可以是一个被抽象为点的物体。在工程问题中，一般将**静参考系**（简称为静系）$Oxyz$ 固连于地球，而把**动参考系**（简称为动系）$O'x'y'z'$ 建立在相对于静系运动的物体上，习惯上也将该物体称为动系。图 8-1 中，静系固连于地球，

动系则固连于车架。静系一般可不画出来，和地球相固连时也不必说明。动系也可不画，但一定要指明取哪个物体作为动系。

选定了动点、动系和静系以后，可将运动区分为三种。

① 动点相对于静系的运动，称为**绝对运动**。在静系中看到的动点的轨迹为绝对轨迹。

② 动点相对于动系的运动，称为**相对运动**。在动系中看到的动点的轨迹为相对轨迹。

③ 动系相对于静系的运动，称为**牵连运动**。牵连运动为刚体运动，它可以是平动、定轴转动或复杂运动。仍以图 8-1 为例，取后车轮上的点 M 为动点，车架为动系，点 M 相对于地面的运动为绝对运动，绝对轨迹为旋轮线；点 M 相对于车架的运动为相对运动，相对轨迹为圆；车架的牵连运动为平动。在图 8-2 中，取刀尖 M 为动点，工件为动系，点 M 相对于地面的运动为绝对运动，绝对轨迹为直线；点 M 相对于工件的运动为相对运动，相对轨迹为螺旋线；工件的牵连运动为转动。

用合成运动的方法研究问题的关键在于合理地选择动点、动系。动点、动系的选择原则如下。

① 动点相对于动系有相对运动。如在图 8-1 中，取后车轮上的点 M 为动点，就不能再取后轮为动系，必须把动系建立在车架上。

② 动点的相对轨迹应简单、直观。例如，在图 8-3 所示的曲柄摇杆机构中，取点 A 为动点，杆 BC 为动系，动点的相对轨迹为沿着 BC 的直线。若取杆 BC 上和点 A 重合的点为动点，杆 OA 为动系，动点的相对轨迹不便直观地判断，为一平面曲线。对比这两种选择方法，前一种方法是取两运动部件的不变的接触点为动点，故相对轨迹简单。

绝对运动和相对运动是同一个动点相对于不同的坐标系的运动，而牵连运动则是参考体的运动。

动点在相对运动中的轨迹、速度和加速度称为相对轨迹、相对速度和相对加速度。分别用$\boldsymbol{v}_{\mathrm{r}}$和 $\boldsymbol{a}_{\mathrm{r}}$ 表示动点的相对速度和相对加速度；**动点在绝对运动中的轨迹、速度和加速度，称为绝对轨迹、绝对速度和绝对加速度**。分别用$\boldsymbol{v}_{\mathrm{a}}$和 $\boldsymbol{a}_{\mathrm{a}}$ 表示动点的绝对速度和绝对加速度。至于动点的牵连速度和牵连加速度的定义，必须特别注意。由于牵连运动是刚体运动，是整个动系的运动。将某一瞬时动系上和动点相重合的一点称为**牵连点**。**牵连点的速度、加速度称为动点的牵连速度和牵连加速度**，分别用$\boldsymbol{v}_{\mathrm{e}}$和 $\boldsymbol{a}_{\mathrm{e}}$ 来表示。牵连点是一个瞬时的概念，随着动点的运动，动系上牵连点的位置亦不断变动。

第二节　点的速度合成定理

下面研究点的相对速度、牵连速度和绝对速度三者之间的关系。

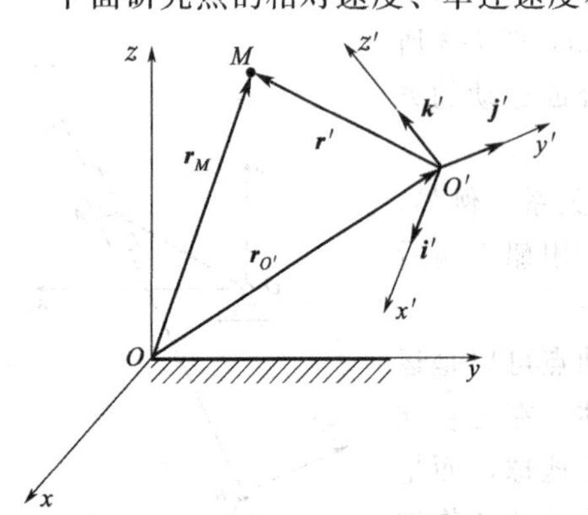

图 8-4

在图 8-4 中，$Oxyz$ 为静参考系，$O'x'y'z'$为动参考系。动系坐标原点 O' 在静系中的矢径为 $\boldsymbol{r}_{O'}$，动系的三个单位矢量分别为 $\boldsymbol{i}'$、$\boldsymbol{j}'$、$\boldsymbol{k}'$。动点 M 在静系中的矢径为$\boldsymbol{r}_M$，在动系中的矢径为 $\boldsymbol{r}'$。动系上与动点重合的点（即牵连点）记为 M'，它在静系中的矢径为 $\boldsymbol{r}_{M'}$，则有

$$\boldsymbol{r}_M=\boldsymbol{r}_{O'}+\boldsymbol{r}'$$

$$\boldsymbol{r}'=x'\boldsymbol{i}'+y'\boldsymbol{j}'+z'\boldsymbol{k}'$$

在图 8-4 所示瞬时还有

$$\boldsymbol{r}_M=\boldsymbol{r}_{M'}$$

动点的相对速度$\boldsymbol{v}_{\mathrm{r}}$为

$$\boldsymbol{v}_{\mathrm{r}}=\frac{\widetilde{\mathrm{d}}\boldsymbol{r}'}{\mathrm{d}t}=\dot{x}'\boldsymbol{i}'+\dot{y}'\boldsymbol{j}'+\dot{z}'\boldsymbol{k}' \tag{8-1}$$

由于相对速度$\boldsymbol{v}_{\mathrm{r}}$是动点相对于动系的速度，因此在求导时将动系的三个单位矢量$\boldsymbol{i}'$、$\boldsymbol{j}'$、$\boldsymbol{k}'$视为常矢量。这种导数称为相对导数，在导数符号上加“～”表示。

动点的牵连速度$\boldsymbol{v}_{\mathrm{e}}$为

$$\boldsymbol{v}_{\mathrm{e}}=\frac{\mathrm{d}\boldsymbol{r}_{M'}}{\mathrm{d}t}=\dot{\boldsymbol{r}}_{O'}+x'\dot{\boldsymbol{i}}'+y'\dot{\boldsymbol{j}}'+z'\dot{\boldsymbol{k}}' \tag{8-2}$$

牵连速度是牵连点M'的速度，该点是动系上的点，因此它在动系上的坐标x'、y'、z'是常量。

动点的绝对速度$\boldsymbol{v}_{\mathrm{a}}$为

$$\boldsymbol{v}_{\mathrm{a}}=\frac{\mathrm{d}\boldsymbol{r}_{M}}{\mathrm{d}t}=\dot{\boldsymbol{r}}_{O'}+x'\dot{\boldsymbol{i}}'+y'\dot{\boldsymbol{j}}'+z'\dot{\boldsymbol{k}}'+\dot{x}'\boldsymbol{i}'+\dot{y}'\boldsymbol{j}'+\dot{z}'\boldsymbol{k}' \tag{8-3}$$

绝对速度是动点相对于静系的速度，动点在动系中的三个坐标x'、y'、z'是时间的函数；同时由于动系在运动，动系的三个单位矢量的方向也在不断变化，因此$\boldsymbol{i}'$、$\boldsymbol{j}'$、$\boldsymbol{k}'$也是时间的函数。

由于动点M与牵连点M'仅在该瞬时重合，其他瞬时并不重合，因此$\boldsymbol{r}_{\mathrm{M}}$与$\boldsymbol{r}_{M'}$对时间的导数是不同的。

将式(8-1)、式(8-2)代入式(8-3)得

$$\boldsymbol{v}_{\mathrm{a}}=\boldsymbol{v}_{\mathrm{r}}+\boldsymbol{v}_{\mathrm{e}} \tag{8-4}$$

由此得到**点的速度合成定理：动点在某瞬时的绝对速度等于它在该瞬时的相对速度与牵连速度的矢量和**。

这个定理适用于牵连运动是任何运动的情况。

【例 8-1】 图 8-5 所示的摆杆机构中的滑杆AB以匀速u向上运动，铰链O与滑槽间的距离为l，开始时$\varphi=0$，试求$\varphi=\dfrac{\pi}{4}$时摆杆OD上D点的速度的大小。

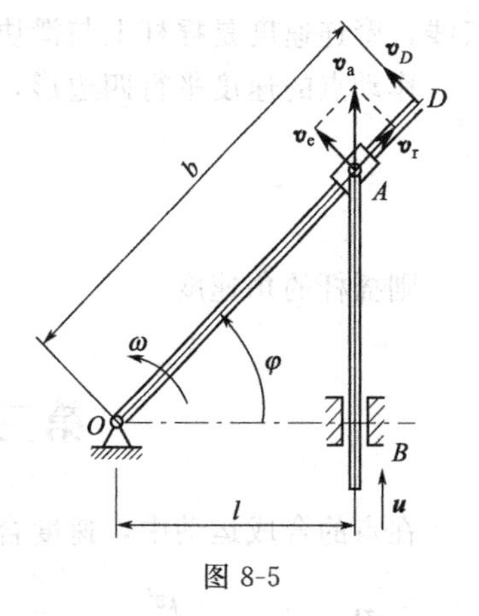

图 8-5

解：D是做定轴转动刚体上的点，要求点D的速度，必须先求得杆OD的角速度。因此，应通过对两运动部件的连接点A的运动分析，由已知运动量求得待求运动量。

取A为动点，动系固连于杆OD，静系固连于机架。

点A的绝对运动为直线运动，其绝对轨迹为铅垂直线。滑块在OD上滑动，点A的相对运动为沿杆OD直线运动，其相对轨迹为沿OD的直线。动系OD的牵连运动为绕轴O的定轴转动。

作动点的速度平行四边形，如图 8-5 所示。$v_{\mathrm{a}}=u$

由图 8-5 可知

$$v_{\mathrm{e}}=v_{\mathrm{a}}\cos45^{\circ}=\frac{\sqrt{2}}{2}u$$

杆OD做定轴转动，得

$$\omega=\frac{v_{\mathrm{e}}}{OA}=\frac{\frac{\sqrt{2}}{2}u}{\sqrt{2}l}=\frac{u}{2l}$$

由图 8-5 可知，ω为逆时针转向。D点的速度大小为

$$v_D = b\omega = \frac{bu}{2l}$$

方向垂直于 OD，指向如图 8-5 所示。

【例 8-2】 牛头刨床示意图如图 8-6(a) 所示，其主要传动机构简化为曲柄摇杆机构，如图 8-6(b) 所示。已知曲柄长 $OA=r$，以等角速度 ω_0 绕 O 轴转动，$OO_1=l$。求当 $\varphi=90°$时，摇杆 O_1B 的角速度 ω_1。

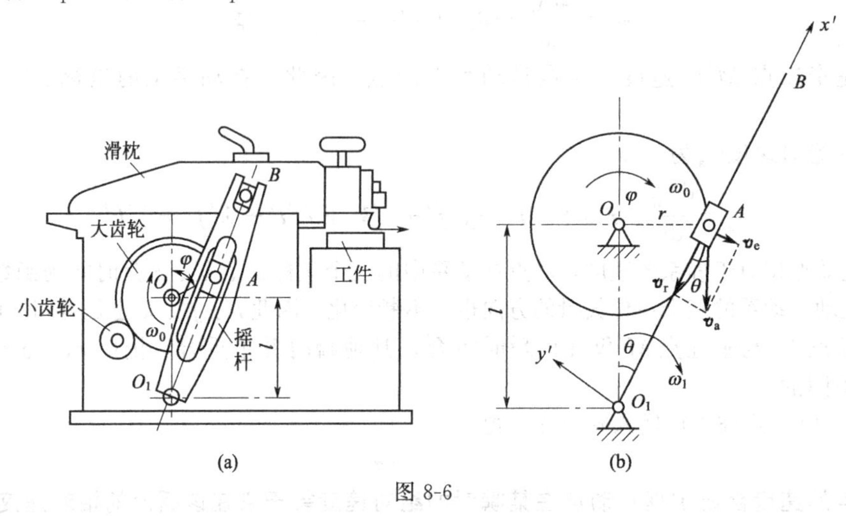

图 8-6

解： 要求摇杆 O_1B 的角速度，必须先求得摇杆上点的速度。

取滑块 A 为动点，动系固连于摇杆 O_1B 上，静系固连于机架。

动点的绝对运动为以 O 为圆心、r 为半径的圆周运动，$v_a=r\omega_0$，相对轨迹是沿摇杆的直线，牵连速度是摇杆上与滑块 A 重合点的速度。

作动点的速度平行四边形，如图 8-6(b) 所示，得

$$v_e = v_a\sin\theta = r\omega_0\frac{r}{\sqrt{r^2+l^2}}$$

则摇杆的角速度

$$\omega_1 = \frac{v_e}{O_1A} = \frac{r^2\omega_0}{r^2+l^2}$$

第三节　点的加速度合成定理

在点的合成运动中，速度合成定理和牵连运动的形式无关，加速度合成定理则和牵连运动的形式有关。

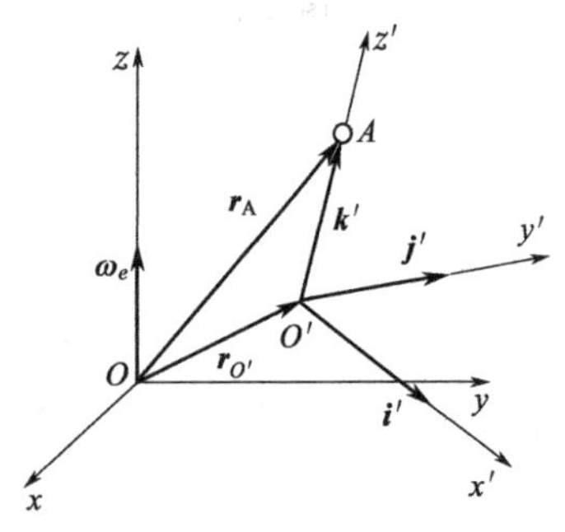

图 8-7

为便于推导，先分析动参考系为定轴转动时，其单位矢量 $\boldsymbol{i}'$、$\boldsymbol{j}'$、$\boldsymbol{k}'$对时间的导数。设动系 $O'x'y'z'$以角速度 ω_e 绕定轴转动，角速度矢为 $\boldsymbol{\omega}_e$。不失一般性，可把定轴取为静坐标系的 z 轴，如图 8-7 所示。

先分析 $\boldsymbol{k}'$对时间的导数。设 $\boldsymbol{k}'$的矢端点 A 的矢径为 $\boldsymbol{r}_A$，则点 A 的速度既等于矢径 $\boldsymbol{r}_A$ 对时间的一阶导数，又可用角速度矢 $\boldsymbol{\omega}_e$ 和矢径 $\boldsymbol{r}_A$ 的矢积表示，即

$$\boldsymbol{v}_A = \frac{d\boldsymbol{r}_A}{dt} = \boldsymbol{\omega}_e \times \boldsymbol{r}_A \tag{Ⅰ}$$

由图 8-7，有

$$\boldsymbol{r}_A=\boldsymbol{r}_{O'}+\boldsymbol{k}' \tag{Ⅱ}$$

其中 $\boldsymbol{r}_{O'}$ 为动系原点 O' 的矢径，将式（Ⅱ）代入式（Ⅰ），得

$$\frac{\mathrm{d}\boldsymbol{r}_{O'}}{\mathrm{d}t}+\frac{\mathrm{d}\boldsymbol{k}'}{\mathrm{d}t}=\boldsymbol{\omega}_{\mathrm{e}}\times(\boldsymbol{r}_{O'}+\boldsymbol{k}') \tag{Ⅲ}$$

由于动系原点 O' 的速度为

$$\boldsymbol{v}_{O'}=\frac{\mathrm{d}\boldsymbol{r}_{O'}}{\mathrm{d}t}=\boldsymbol{\omega}_{\mathrm{e}}\times\boldsymbol{r}_{O'}$$

代入式（Ⅲ），得

$$\frac{\mathrm{d}\boldsymbol{k}'}{\mathrm{d}t}=\boldsymbol{\omega}_{\mathrm{e}}\times\boldsymbol{k}'$$

$\boldsymbol{i}'$、$\boldsymbol{j}'$ 的导数与上式相似，合写为

$$\dot{\boldsymbol{i}}'=\boldsymbol{\omega}_{\mathrm{e}}\times\boldsymbol{i}',\ \dot{\boldsymbol{j}}'=\boldsymbol{\omega}_{\mathrm{e}}\times\boldsymbol{j}',\ \dot{\boldsymbol{k}}'=\boldsymbol{\omega}_{\mathrm{e}}\times\boldsymbol{k}' \tag{8-5}$$

式(8-5) 是在动系做定轴转动情况下证明的。当动参考系做任意运动时，可以证明式(8-5) 仍然是正确的，这时 $\boldsymbol{\omega}_{\mathrm{e}}$ 为动系在该瞬时的角速度矢。

下面推导点的加速度合成定理。如图 8-4 所示，各符号及字母的意义与第二节相同，并设动系在该瞬时的角速度矢为 $\boldsymbol{\omega}_{\mathrm{e}}$。

动点的相对加速度为

$$\boldsymbol{a}_{\mathrm{r}}=\frac{\tilde{\mathrm{d}}^2\boldsymbol{r}'}{\mathrm{d}t^2}=\ddot{x}'\boldsymbol{i}'+\ddot{y}'\boldsymbol{j}'+\ddot{z}'\boldsymbol{k}' \tag{8-6}$$

由于相对加速度是动点相对于动系的加速度，即在动系上观察的动点的加速度，因此使用相对导数，$\boldsymbol{i}'$、$\boldsymbol{j}'$、$\boldsymbol{k}'$ 为常矢量。

动点的牵连加速度为

$$\boldsymbol{a}_{\mathrm{e}}=\frac{\mathrm{d}^2\boldsymbol{r}_{M'}}{\mathrm{d}t^2}=\ddot{\boldsymbol{r}}_{O'}+x'\ddot{\boldsymbol{i}}'+y'\ddot{\boldsymbol{j}}'+z'\ddot{\boldsymbol{k}}' \tag{8-7}$$

由于牵连加速度是动系上与动点重合的那一点，即牵连点 M' 的加速度，该点是动系上的点，因此点 M' 在动系上的坐标 x'、y'、z' 是常量。

动点的绝对加速度为

$$\boldsymbol{a}_{\mathrm{a}}=\frac{\mathrm{d}^2\boldsymbol{r}_M}{\mathrm{d}t^2}=\ddot{\boldsymbol{r}}_{O'}+x'\ddot{\boldsymbol{i}}'+y'\ddot{\boldsymbol{j}}'+z'\ddot{\boldsymbol{k}}'+\ddot{x}'\boldsymbol{i}'+\ddot{y}'\boldsymbol{j}'+\ddot{z}'\boldsymbol{k}'+2(\dot{x}'\dot{\boldsymbol{i}}'+\dot{y}'\dot{\boldsymbol{j}}'+\dot{z}'\dot{\boldsymbol{k}}') \tag{8-8}$$

绝对加速度是动点相对于静系的加速度，动点在动系中的坐标 x'、y'、z' 是时间的函数；同时由于动系在运动，动系的三个单位矢量 $\boldsymbol{i}'$、$\boldsymbol{j}'$、$\boldsymbol{k}'$ 的方向也在不断变化，它们也是时间的函数，因此有式(8-8) 的结果。

由式(8-5) 及式(8-1) 有

$$\begin{aligned}2(\dot{x}'\dot{\boldsymbol{i}}'+\dot{y}'\dot{\boldsymbol{j}}'+\dot{z}'\dot{\boldsymbol{k}}')&=2[\dot{x}'(\boldsymbol{\omega}_{\mathrm{e}}\times\boldsymbol{i}')+\dot{y}'(\boldsymbol{\omega}_{\mathrm{e}}\times\boldsymbol{j}')+\dot{z}'(\boldsymbol{\omega}_{\mathrm{e}}\times\boldsymbol{k}')]\\&=2\boldsymbol{\omega}_{\mathrm{e}}\times(\dot{x}'\boldsymbol{i}'+\dot{y}'\boldsymbol{j}'+\dot{z}'\boldsymbol{k}')\\&=2\boldsymbol{\omega}_{\mathrm{e}}\times\boldsymbol{v}_{\mathrm{r}}\end{aligned} \tag{8-9}$$

将式(8-6)、式(8-7) 及式(8-9) 代入式(8-8)，得

$$\boldsymbol{a}_{\mathrm{a}}=\boldsymbol{a}_{\mathrm{e}}+\boldsymbol{a}_{\mathrm{r}}+2\boldsymbol{\omega}_{\mathrm{e}}\times\boldsymbol{v}_{\mathrm{r}}$$

令

$$\boldsymbol{a}_{\mathrm{C}}=2\boldsymbol{\omega}_{\mathrm{e}}\times\boldsymbol{v}_{\mathrm{r}} \tag{8-10}$$

称 $\boldsymbol{a}_C$ 为科氏加速度，其等于动系角速度矢与点的相对速度矢的矢积的两倍。于是有

$$\boldsymbol{a}_a = \boldsymbol{a}_e + \boldsymbol{a}_r + \boldsymbol{a}_C \tag{8-11}$$

式(8-11) 表示**点的加速度合成定理：动点在某瞬时的绝对加速度等于该瞬时它的牵连加速度、相对加速度与科氏加速度的矢量和。**

当牵连运动为任意运动时式(8-11) 都成立，它是点的加速度合成定理的普遍形式。

根据矢积运算规则，$\boldsymbol{a}_C$ 的大小为

$$a_C = 2\omega_e v_r \sin\theta$$

其中，θ 为 $\boldsymbol{\omega}_e$ 和 $\boldsymbol{v}_r$ 两矢量间的最小夹角。矢量 $\boldsymbol{a}_C$ 垂直于 $\boldsymbol{\omega}_e$ 和 $\boldsymbol{v}_r$ 组成的平面，指向按右手法则确定，如图 8-8 所示。

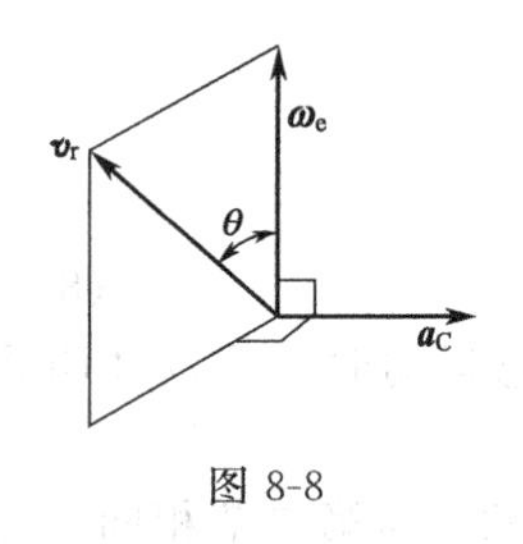

图 8-8

当牵连运动为平行移动时，$\boldsymbol{\omega}_e = 0$，因此 $\boldsymbol{a}_C = 0$，此时有

$$\boldsymbol{a}_a = \boldsymbol{a}_e + \boldsymbol{a}_r \tag{8-12}$$

这表明，当牵连运动为平动时，动点在某瞬时的绝对加速度等于该瞬时它的牵连加速度与相对加速度的矢量和。式(8-12) 称为牵连运动为平动时点的加速度合成定理。

科氏加速度是由于动系为转动时，牵连运动与相对运动相互影响而产生的。

由于 $\boldsymbol{a}_a$、$\boldsymbol{a}_e$、$\boldsymbol{a}_r$ 三种加速度都可能有切向和法向两个分量，故用加速度合成定理解题时，常采用取轴向矢量式投影的方法求未知量。若为平面问题，可写出两个独立的投影方程，求得两个未知量。另外，作加速度图时，未知加速度的指向可先假设，由求得的结果的正负决定其指向是否设对。

【例 8-3】 在图 8-9 所示位置，小车以速度 $v_A = 0.8\text{m/s}$、加速度 $a_A = 0.2\text{m/s}^2$ 向右移动，杆 AB 长 0.7m，在 A 处与小车铰接，并在铅垂平面内摆动，该瞬时角速度 $\omega = 1\text{rad/s}$，角加速度 $\alpha = 2\text{rad/s}^2$，转向如图所示。试求此时点 B 的速度、加速度的大小。

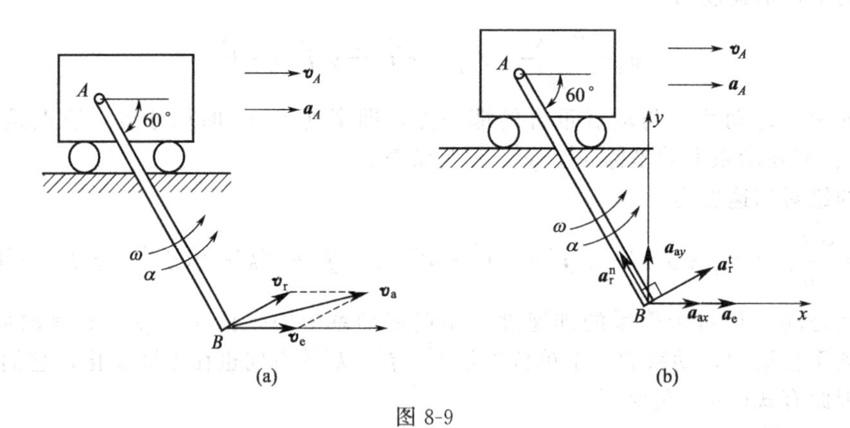

图 8-9

解： 取 B 为动点，动系固连于小车 A，定系固连于机架。

动点的绝对轨迹为平面曲线，相对轨迹为圆心在 A 点、半径等于 AB 的圆，牵连运动为小车平动。其速度平行四边形如图 8-9(a) 所示。由几何关系可知

$$v_a = \sqrt{v_e^2 + v_r^2 + 2v_e v_r \cos 30^\circ}$$

因

$$v_r = AB \times \omega = 0.7 \times 1 = 0.7 \ (\text{m/s})$$

代入上式得 $v_a = \sqrt{0.8^2 + 0.7^2 + 2 \times 0.8 \times 0.7 \times \dfrac{\sqrt{3}}{2}} = 1.27 \ (\text{m/s})$

作加速度图。$\boldsymbol{a}_a$ 大小方向未知，用 $\boldsymbol{a}_{ax}$、$\boldsymbol{a}_{ay}$ 表示，取投影轴 x、y，如图 8-9(b) 所示。

由
$$\boldsymbol{a}_{ax}+\boldsymbol{a}_{ay}=\boldsymbol{a}_e+\boldsymbol{a}_r^t+\boldsymbol{a}_r^n$$
向 x、y 投影，得
$$a_{ax}=a_e+a_r^t\cos30°-a_r^n\sin30°$$
$$a_{ay}=a_r^t\sin30°+a_r^n\cos30°$$
式中　$a_r^t=AB\times\alpha=0.7\times2=1.4\ (\mathrm{m/s^2})$　　$a_r^n=AB\times\omega^2=0.7\times1=0.7\ (\mathrm{m/s^2})$
$$a_e=a_A=0.2\ (\mathrm{m/s^2})$$
解得
$$a_{ax}=1.06\ (\mathrm{m/s^2})\qquad a_{ay}=1.31\ (\mathrm{m/s^2})$$
$$a_a=\sqrt{a_{ax}^2+a_{ay}^2}=\sqrt{1.06^2+1.31^2}=1.69\ (\mathrm{m/s^2})$$

【例 8-4】 图 8-10 是摆式送料机简图，OA 杆做往复摆动，送料槽受套筒的限制只能做往复平移。与 OA 杆端点铰接的滑块放在与料槽固连的滑道内。当曲柄 OA 摆动时，通过滑块带动送料槽做往复平移，设 OA 长 l，当它与铅垂线的夹角等于 θ 时，其角速度、角加速度分别为 ω 和 α。求此瞬时料槽的速度和加速度。

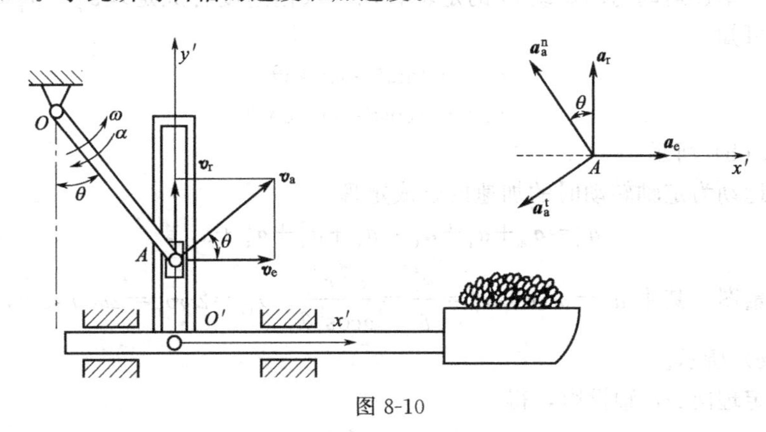

图 8-10

解： 取滑块 A 为动点，动系固连于料槽，静系固连于机架。

动点的绝对运动为以 O 点为圆心的圆周运动，故绝对速度 $v_a=l\omega$，垂直于杆 OA，切向加速度 $a_a^t=l\alpha$，垂直于杆 OA，法向加速度 $a_a^n=l\omega^2$，沿半径 OA，相对运动为沿滑道的铅垂直线运动，牵连运动为料槽的水平直线平动。根据速度合成定理 $\boldsymbol{v}_a=\boldsymbol{v}_r+\boldsymbol{v}_e$，作速度矢量图（图 8-10），求出牵连速度（即料槽的速度）。

由几何关系得
$$v_e=v_a\cos\theta=l\omega\cos\theta$$
根据牵连运动为平动时的加速度合成定理　$\boldsymbol{a}_a^t+\boldsymbol{a}_a^n=\boldsymbol{a}_e+\boldsymbol{a}_r$

向 x' 轴投影，得
$$-a_a^t\cos\theta-a_a^n\sin\theta=a_e$$
得料槽的加速度
$$a_e=-l(\alpha\cos\theta+\omega^2\sin\theta)$$

【例 8-5】 气阀上的凸轮机构如图 8-11 所示。顶杆可沿铅垂导向套运动，其端点 A 由弹簧压紧在凸轮表面上，当凸轮绕 O 轴转动时，推动顶杆上下直线平动。已知凸轮以匀角速度 ω 转动，图示位置时 $OA=r$，轮廓曲线上 A 点的法线与 AO 的夹角为 θ，A 处凸轮轮廓线的曲率半径为ρ。求图示瞬时顶杆的速度和加速度。

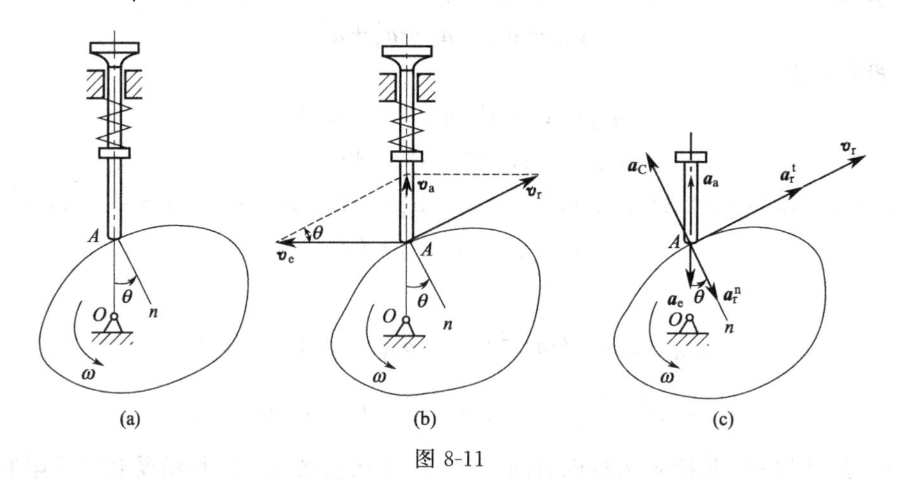

图 8-11

解：取顶杆上的A点为动点，动系固连于凸轮，静系固连于地面。

绝对运动为动点A的上下直线运动；相对运动为A点沿凸轮轮廓线的曲线运动，轨迹为凸轮轮廓线；牵连运动为凸轮绕O的定轴转动。根据速度合成定理$\boldsymbol{v}_a=\boldsymbol{v}_r+\boldsymbol{v}_e$，作速度矢量图，由图可知

$$v_a=v_e\tan\theta=\omega r\tan\theta$$
$$v_r=v_e/\cos\theta=\omega r/\cos\theta$$

方向如图 8-11（b）所示。

根据牵连运动为定轴转动时的加速度合成定理

$$\boldsymbol{a}_a=\boldsymbol{a}_e+\boldsymbol{a}_r+\boldsymbol{a}_C=\boldsymbol{a}_e+\boldsymbol{a}_r^t+\boldsymbol{a}_r^n+\boldsymbol{a}_C$$

作出加速度矢量图，其中$a_e=\omega^2 r$，$a_r^n=\dfrac{v_r^2}{\rho}=\dfrac{\omega^2 r^2}{\rho\cos^2\theta}$，$a_C=2\omega v_r=2\omega^2 r\sec\theta$，各加速度方向如图 8-11（c）所示。

将加速度合成定理向An轴投影，得

$$-a_a\cos\theta=a_e\cos\theta+a_r^n-a_C$$

解得

$$a_a=\frac{-1}{\cos\theta}\left(\omega^2 r\cos\theta+\frac{r^2}{\rho}\omega^2\sec^2\theta-2\omega^2 r\sec\theta\right)=-\omega^2 r\left(1+\frac{r}{\rho}\sec^3\theta-2\sec^2\theta\right)$$

【例 8-6】 图 8-12 所示的摆杆机构中的滑杆AB以匀速u向上运动，铰链O与滑槽间的距离为l，开始时$\varphi=0$，试求$\varphi=\dfrac{\pi}{4}$时摆杆OD上D点的速度和加速度。

解：D是做定轴转动刚体上的点，要求点D的速度，必须先求得杆OD的角速度。因此，应通过对两运动部件的连接点A的运动分析，由已知运动量求得待求运动量。

取A为动点，动系固连于杆OD。A为做直线平动的杆AB上的点，其绝对轨迹为铅垂直线。滑块在OD上滑动，A的相对轨迹为沿OD的直线。动系OD的牵连运动为绕轴O的定轴转动。

作动点的速度平行四边形，如图 8-12(a) 所示。

由图可见

$$v_e=v_a\cos45°=\frac{\sqrt{2}}{2}u$$

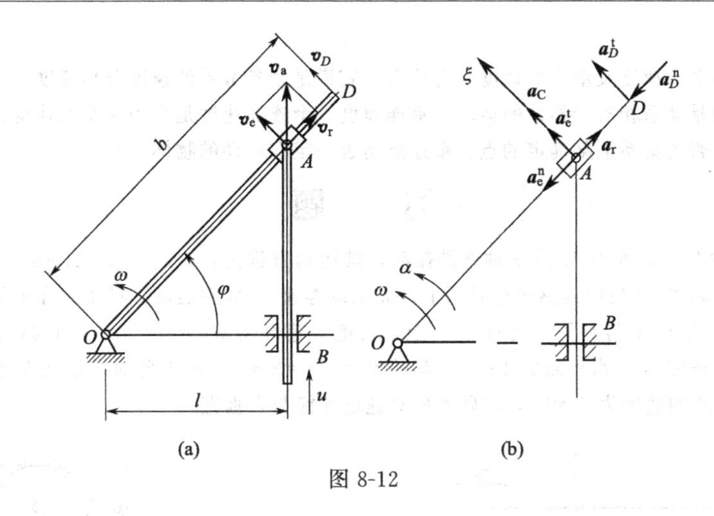

图 8-12

杆 OD 做定轴转动，得

$$\omega=\frac{v_{e}}{OA}=\frac{\frac{\sqrt{2}}{2}u}{\sqrt{2}l}=\frac{u}{2l}$$

由图可知，ω 为逆时针转向。D 点的速度大小

$$v_{D}=b\omega=\frac{bu}{2l}$$

方向垂直于 OD，指向如图 8-12（a）所示。

作动点的加速度图。绝对加速度 $a_{a}=0$，$\boldsymbol{a}_{e}^{n}$指向点 O，将$\boldsymbol{v}_{r}$按 ω 的方向转过 90°即得$\boldsymbol{a}_{C}$的正确指向。$\boldsymbol{a}_{e}^{t}$垂直于 OA 连线，$\boldsymbol{a}_{r}$沿相对轨迹，它们的指向假设如图 8-12(b) 所示。由牵连运动为转动时的加速度合成定理

$$\boldsymbol{a}_{a}=\boldsymbol{a}_{e}+\boldsymbol{a}_{r}+\boldsymbol{a}_{C}=\boldsymbol{a}_{e}^{t}+\boldsymbol{a}_{e}^{n}+\boldsymbol{a}_{r}+\boldsymbol{a}_{C}$$

式中

$$a_{C}=2\omega v_{r}=\frac{\sqrt{2}}{2l}u^{2}$$

注意到 $a_{a}=0$，将加速度合成式向垂直于 a_{r} 的 ξ 轴投影，得

$$0=a_{e}^{t}+a_{C}$$

$$a_{e}^{t}=-a_{C}=OA\times\alpha$$

$$\alpha=-\frac{a_{C}}{OA}=-\frac{u^{2}}{2l^{2}}$$

负号说明杆 OA 的角加速度的方向与图 8-12 所设方向相反，即为顺时针。
点 D 的加速度为

$$a_{D}^{t}=b\alpha=-\frac{bu^{2}}{2l^{2}}\qquad a_{D}^{n}=b\omega^{2}=\frac{bu^{2}}{4l^{2}}$$

$$a_{D}=\sqrt{(a_{D}^{t})^{2}+(a_{D}^{n})^{2}}=\frac{bu^{2}}{4l^{2}}\sqrt{4+1}=\frac{\sqrt{5}bu^{2}}{4l^{2}}$$

由以上例可见，用加速度合成定理解题的步骤和用速度合成定理基本相同。在求加速度量时，常常需先求出部分速度量。

思 考 题

8-1 何谓点的相对速度及相对加速度？在静参考系中相对速度的改变是否就是相对加速度所度量的那

个改变?

8-2 何谓点的牵连速度及牵连加速度?为什么不宜说是动参考系的速度及加速度?

8-3 牵连运动是动系相对于静系的运动,牵连速度、牵连加速度是否为动系的速度、加速度?

8-4 牵连点是否为动系上某确定的点?牵连点是否一定在运动的物体上?

习 题

8-1 如图 8-13 所示,光点 M 沿 y 轴做谐振动,其运动方程为:$x=0$,$y=A\cos(\omega t+\theta)$,式中,A、ω、θ 均为常数。如将点 M 投影到感光记录纸上,此纸以等速 v_e 向左运动,试求点在记录纸上的轨迹。

8-2 矿砂从传送带 A 落到另一传送带 B 上,其绝对速度为 $v_1=4\text{m/s}$,方向与铅直线成 30°角,如图 8-14 所示。设传送带 B 与水平面成 15°角,其速度为 $v_2=2\text{m/s}$。试求此时矿砂相对于传送带的相对速度,并问当传送带 B 的速度为多大时,矿砂的相对速度才能与它垂直?

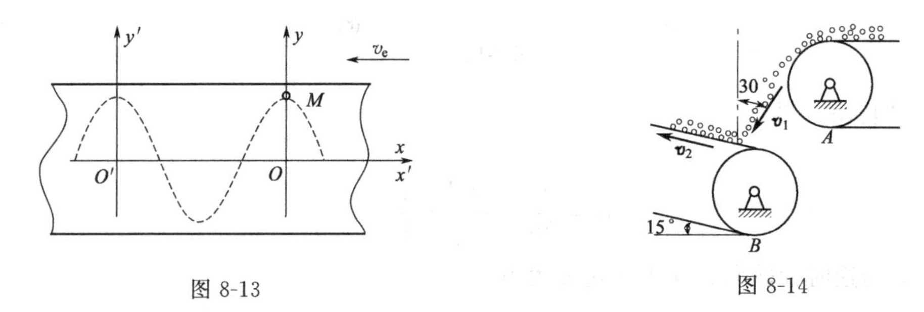

图 8-13　　图 8-14

8-3 如图 8-15 所示,瓦特离心调速器以角速度 ω 绕铅直轴转动。由于机器负荷的变化,调速器重球以角速度 ω_1 向外张开。如 $\omega=10\text{rad/s}$,$\omega_1=1.2\text{rad/s}$,球柄长 $l=500\text{mm}$,悬挂球柄的支点到铅直轴的距离为 $e=50\text{mm}$,球柄与铅直轴所成的夹角 $\beta=30°$。试求此时重球的绝对速度。

8-4 在图 8-16(a) 和 (b) 所示的两种机构中,已知 $O_1O_2=a=200\text{mm}$,$\omega_1=3\text{rad/s}$。求图示位置时杆 O_2A 的角速度。

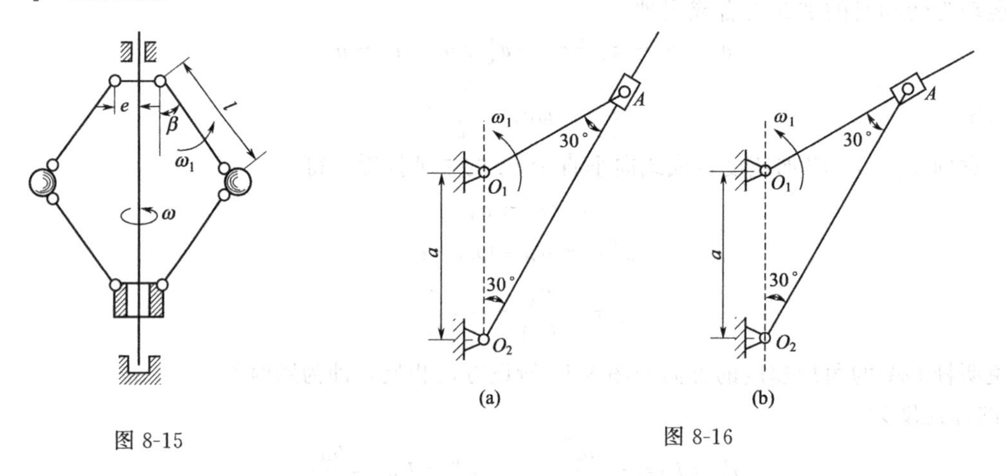

图 8-15　　图 8-16

8-5 刨床机构如图 8-17 所示。已知 $R=200\text{mm}$,$l=200\sqrt{3}\,\text{mm}$,$L=400\sqrt{3}\,\text{mm}$。曲柄 OA 以匀角速度 $\omega=2\text{rad/s}$ 绕轴 O 转动。求在图示位置(OA 为水平)时 DE 杆的移动速度以及滑块 C 沿摇杆 O_1B 的滑动速度。

8-6 如图 8-18 所示,两圆盘匀速转动的角速度分别为 $\omega_1=1\text{rad/s}$,$\omega_2=2\text{rad/s}$,两圆盘的半径均为 $R=50\text{mm}$,两盘转轴之间的距离 $l=250\text{mm}$。图示瞬时,两盘位于同一平面内。试求此时盘Ⅱ上的点 A 相对于盘Ⅰ的速度。

8-7 绕轴 O 转动的圆盘及直杆 OA 上均有一导槽,两导槽间有一活动销子 M,如图 8-19 所示,$b=0.1\text{m}$。设在图示位置时,圆盘及直杆的角速度分别为 $\omega_1=9\text{rad/s}$ 和 $\omega_2=3\text{rad/s}$。求此瞬时销子 M 的速度。

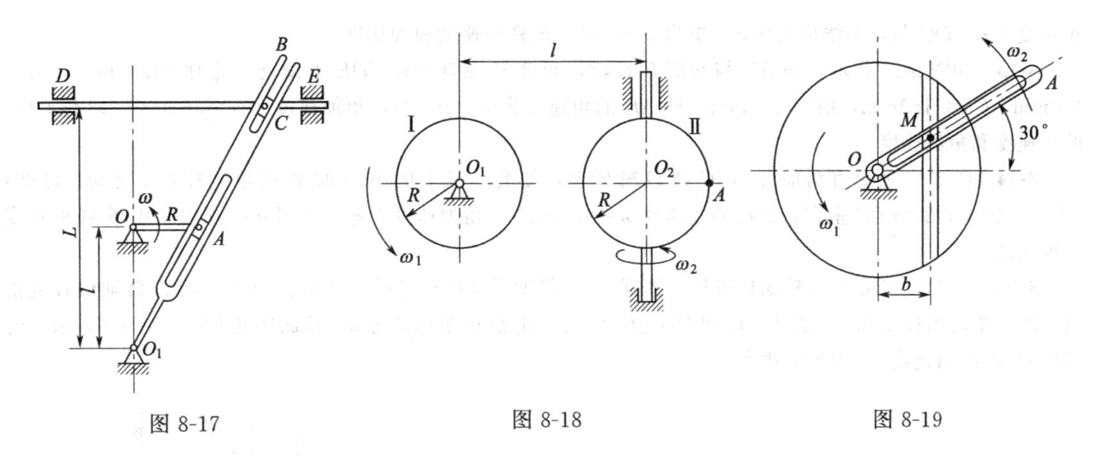

图 8-17　　图 8-18　　图 8-19

8-8　如图 8-20 所示，已知倾角为 $\varphi=30°$ 的三角块沿水平面匀速向右运动，$v=200\text{mm/s}$，推动杆长 $l=200\sqrt{3}\,\text{mm}$ 的杆 OB 绕定轴 O 转动。试求 $\theta=\varphi$ 时，杆 OB 的角速度和角加速度。

8-9　如图 8-21 所示，曲柄 OA 长 0.4m，以等角速度 $\omega=0.5\text{rad/s}$ 绕轴 O 逆时针方向转动，推动滑杆 BC 沿铅直方向运动。试求曲柄和水平线间的夹角 $\theta=30°$ 时，滑杆 BC 的速度和加速度。

8-10　$AB=CD=r$，$GE=1.5r$。在图 8-22 所示位置，$\theta=60°$，杆 AB 的角速度为 ω，角加速度为零，$GE/\!/BD$。求此时杆 GE 的角速度和角加速度。

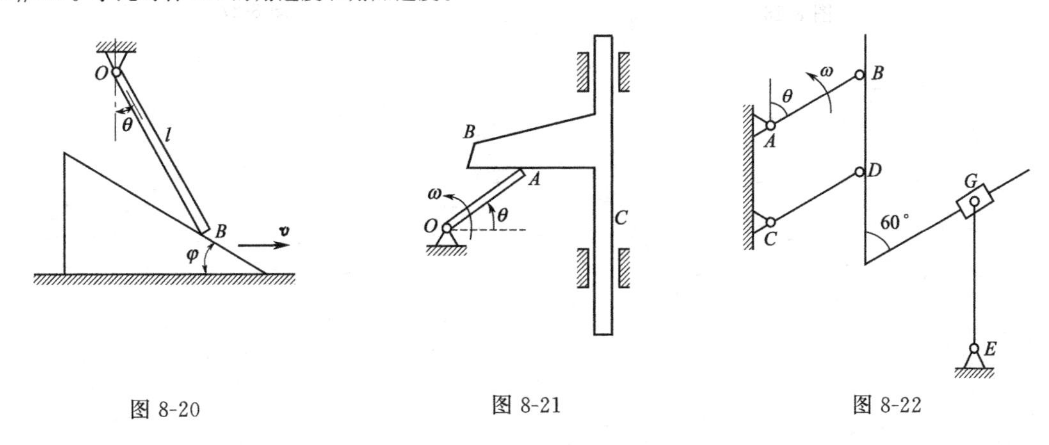

图 8-20　　图 8-21　　图 8-22

8-11　图 8-23 所示平面四杆机构由直杆 AB、CD 和半圆杆 BC 组成。$AB=CD=180\text{mm}$，$AD=BC=360\text{mm}$，$\varphi=(\pi t/6)\text{rad}$，$t$ 以 s 计。动点 M 沿圆弧 $\overset{\frown}{CB}$ 运动，弧 $\overset{\frown}{CM}=10\pi t^2\,\text{mm}$，$t$ 以 s 计。求 $t=3\text{s}$ 时点 M 的绝对速度、绝对加速度。

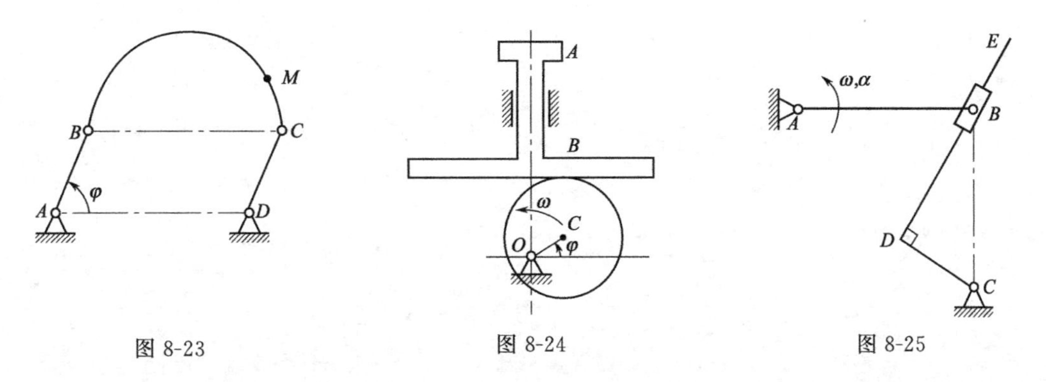

图 8-23　　图 8-24　　图 8-25

8-12　平底顶杆凸轮机构如图 8-24 所示，顶杆可沿导槽上下移动，偏心圆盘绕轴 O 转动，轴 O 位于顶杆轴线上。工作时顶杆的平底始终接触凸轮表面。该凸轮半径为 R，偏心距 $OC=e$，凸轮绕轴 O 转动的角速度为ω，OC与水平线成夹角φ，求当$\varphi=0°$时，顶杆的速度和加速度。

8-13　如图8-25所示，杆AB与套筒B铰接，套筒B在直角杆CDE上滑动，此时$AB\perp BC$，$AB=400\text{mm}$，$CD=150\text{mm}$，$BC=300\text{mm}$，杆AB的角速度为$\omega=2\text{rad/s}$，角加速度为$\alpha=5\text{rad/s}^2$。求杆CDE的角速度和角加速度。

8-14　图8-26所示直角曲杆OBC绕O轴转动，使套在其上的小环M沿固定直杆OA滑动。已知：$OB=0.1\text{m}$，OB与BC垂直，曲杆的角速度$\omega=0.5\text{rad/s}$，角加速度为零。求当$\varphi=60°$时，小环M的速度和加速度。

8-15　图8-27所示偏心轮摇杆机构，摇杆O_1A借助弹簧压在半径为R的轮D上，轮D绕轴O往复摆动，从而带动摇杆绕轴O_1摆动，已知$OD\perp OO_1$时，轮D的角速度为ω，角加速度为零，$\theta=60°$，求此时摇杆O_1A的角速度ω_1和角加速度α_1。

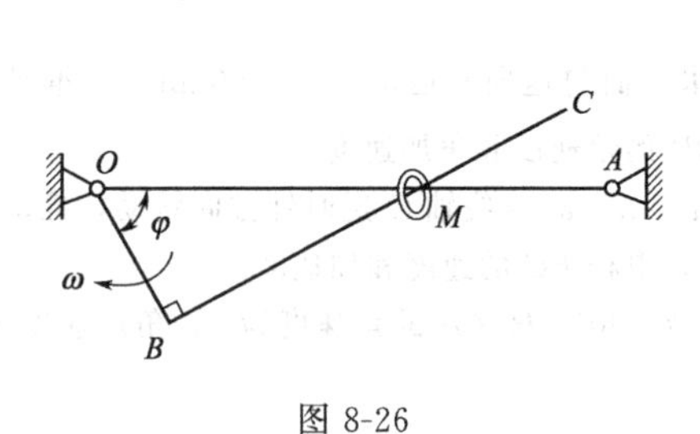

图8-26

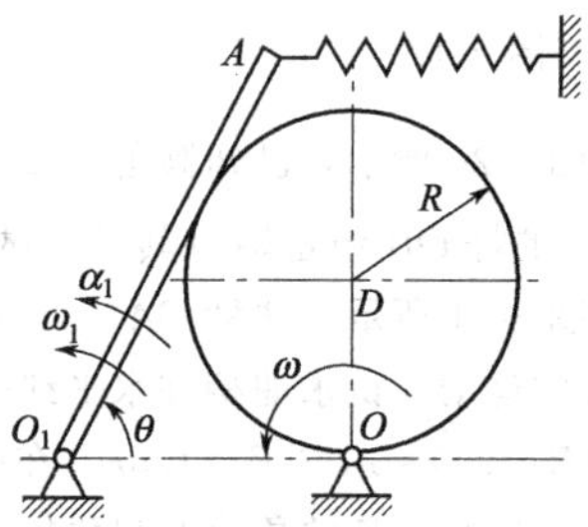

图8-27

第九章　刚体的平面运动

平动和定轴转动是刚体的两种基本运动，但在工程中常常会遇到刚体的另一种较复杂的运动形式——平面运动。

第一节　运动方程和平面运动的分解

一、平面运动方程

刚体的平面运动是工程中常见的一种运动形式，例如图 9-1(a) 所示的车轮沿直线轨道的滚动，图 9-1(b) 所示的曲柄连杆机构中连杆 AB 的运动以及图 9-1(c) 所示的行星齿轮机构中动齿轮 A 的运动等。这些刚体的运动既不是平行移动，也不是定轴转动，但它们有一个共同的特点，**即刚体运动时，若其上各点到某一固定平面的距离始终保持不变**，刚体的这种运动称为**平面运动**。不难看出，平面运动刚体上的各点都在平行于某一固定平面的平面内运动，平面运动刚体上各点的轨迹都是平面曲线（或直线）。

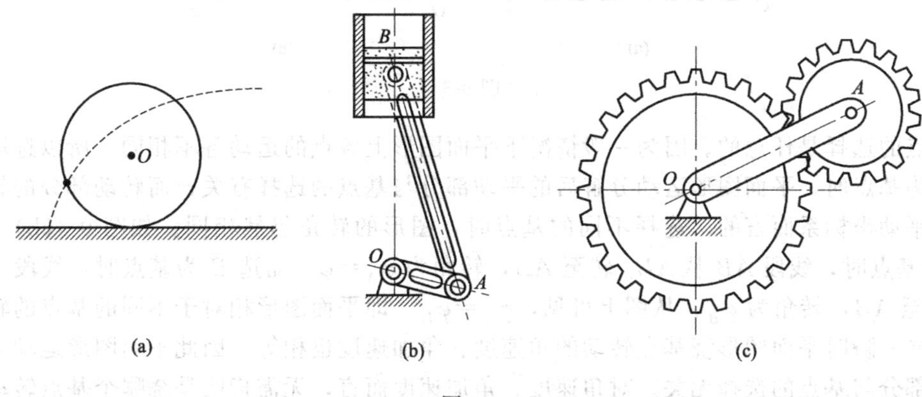

图 9-1

设一刚体做平面运动，运动中刚体内每一点到固定平面Ⅰ的距离始终保持不变，如图 9-2 所示。作一个与固定平面Ⅰ平行的平面Ⅱ来截割刚体，得截面 S，该截面称为平面运动刚体的平面图形。刚体运动时，平面图形 S 始终在平面Ⅱ内运动，即始终在其自身平面内运动，而刚体内与 S 垂直的任一直线 A_1AA_2 都做平动。因此，只要知道平面图形上点 A 的运动，便可知道 A_1AA_2 线上所有各点的运动。从而，只要知道平面图形 S 内各点的运动，就可以知道整个刚体的运动。由此可知，平面图形上各点的运动可以代表刚体内所有各点的运动，即刚体的平面运动可以简化为平面图形在其自身平面内的运动。

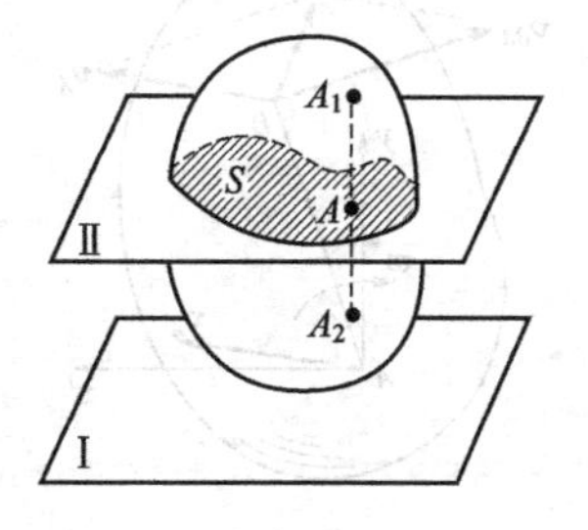

图 9-2

平面图形在其平面上的位置完全可由图形内任意线段 AB 的位置来确定［图 9-3(a)］，而要确定此线段在平面内的位置，只需确定线段上任一点 A 的位置和线段 AB 与固定坐标轴 Ox 间的夹角 φ 即可。

平面图形运动时，点 A 的坐标和 φ 都是时间的函数，即

$$x_A=f_1(t) \quad y_A=f_2(t) \quad \varphi=f_3(t) \tag{9-1}$$

这就是平面图形的运动方程，也就是刚体平面运动的运动方程。

二、平面运动分解为平动和转动

由式(9-1) 可知，若 x_A、y_A 保持不变，平面图形做定轴转动。若 φ 为常数，平面图形做平动。因此，平面图形的运动可分解为平动和转动。

在平面图形上任取一点 A 作为运动分解的基准点，简称为基点；在基点假想地安上一个平动坐标系 $Ax'y'$，当平面图形运动时，该平动坐标系随基点做平动，如图 9-3(a) 所示。这样按照合成运动的观点，平面图形的运动可以看成是随同动系做平动（又称为随同基点的平动）和绕基点相对于动系做转动这两种运动的合成，**即平面图形的运动可以分解为随基点的平动和绕基点的转动**。其中“随基点的平动”是牵连运动，“绕基点的转动”是相对运动。

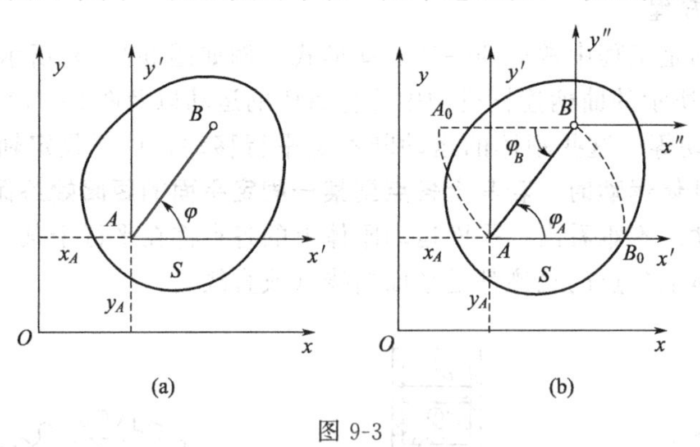

图 9-3

基点的选择是任意的。因为一般情况下平面图形上各点的运动各不相同，所以选取不同的点作为基点时，平面图形运动分解后的平动部分与基点的选择有关；而转动部分的转角是相对于平动坐标系而言的，选择不同的基点时，图形的转角仍然相同。如图 9-3(b) 所示，选 A 为基点时，线段 AB 从 AB_0 转至 AB，转角为 $\varphi_A=\varphi$，而选 B 为基点时，线段 AB 从 BA_0 转至 AB，转角为 φ_B，从图上可见，$\varphi_A=\varphi_B$，即平面图形相对于不同的基点的转角相等，在同一瞬时平面图形绕基点转动的角速度、角加速度也相等。因此平面图形运动分解后的转动部分与基点的选择无关。对角速度、角加速度而言，无需指明是绕哪个基点转动，而统称为平面图形的角速度、角加速度。

第二节 平面图形上各点的速度

一、基点法

平面图形的运动可以看成是牵连运动（随同基点 A 的平动）与相对运动（绕基点 A 的转动）的合成，因此平面图形上任意一点 B 的运动也可用合成运动的概念进行分析，其速度可用速度合成定理求解。

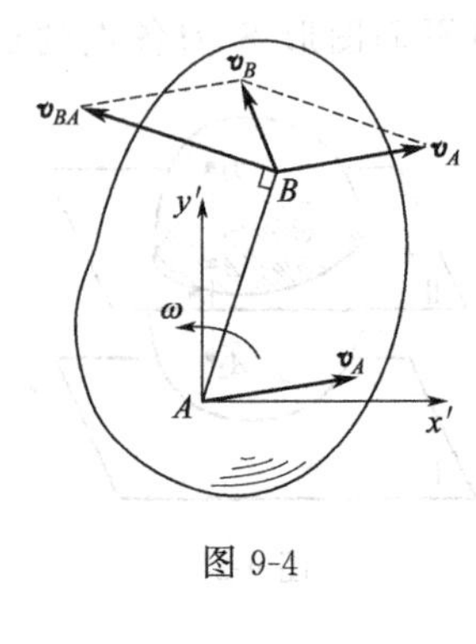

因为牵连运动是平动，所以点 B 的牵连速度就等于基点 A 的速度$\boldsymbol{v}_A$，而点 B 的相对速度就是点 B 随同平面图形绕基点 A 转动的速度，以$\boldsymbol{v}_{BA}$表示，其大小等于 $BA\times\omega$(ω 为图形的角速度)，方向垂直于 BA 连线而指向图形的转动方向，如图 9-4 所示。

图 9-4

以$\boldsymbol{v}_A$和$\boldsymbol{v}_{BA}$为两邻边作速度平行四边形，则点B的绝对速度由这个平行四边形的对角线所表示，即

$$\boldsymbol{v}_B=\boldsymbol{v}_A+\boldsymbol{v}_{BA} \tag{9-2}$$

式(9-2) 称为速度合成的矢量式。注意A、B是平面图形上的任意两点，选取点A为基点时，另一点B的速度由式(9-2) 确定；但若选取点B为基点，则点A的速度表达式应写为$\boldsymbol{v}_A=\boldsymbol{v}_B+\boldsymbol{v}_{AB}$。由此可得**速度合成定理：平面图形上任一点的速度等于基点的速度与该点随图形绕基点转动速度的矢量和**。

应用式(9-2) 分析求解平面图形上点的速度问题的方法称为**速度基点法**，又叫做**速度合成法**。式(9-2) 中共有三个矢量，各有大小和方向两个要素，总计六个要素，要使问题可解，一般应有四个要素是已知的。考虑到相对速度$\boldsymbol{v}_{BA}$的方向必定垂直于连线BA，于是只需再知道任何其他三个要素，即可解得剩余的两个未知量。

二、速度投影定理

设A、B是平面图形上的任意两点，速度分别为$\boldsymbol{v}_A$和$\boldsymbol{v}_B$，如图 9-4 所示。将式(9-2) 投影到AB连线上，并注意到$\boldsymbol{v}_{BA}$垂直于AB，在AB连线上的投影为零，则可得$\boldsymbol{v}_B$在连线AB上的投影$[\boldsymbol{v}_B]_{AB}$等于$\boldsymbol{v}_A$在连线AB上的投影$[\boldsymbol{v}_A]_{AB}$，即

$$[\boldsymbol{v}_B]_{AB}=[\boldsymbol{v}_A]_{AB} \tag{9-3}$$

即同一瞬时，平面图形上任意两点的速度在这两点连线上的投影相等。

这个定理反映了刚体不变形的特性，因刚体上任意两点间的距离应保持不变，所以刚体上任意两点的速度在这两点连线上的投影应该相等，否则，这两点间的距离不是伸长，就要缩短，这将与刚体的性质相矛盾。因此，速度投影定理不仅适用于刚体做平面运动，而且也适用于刚体的一般运动。

应用速度投影定理求解平面图形上点的速度问题，有时是很方便的。但由于式(9-3) 中不出现转动时的相对速度，故用此定理不能直接解得平面图形的角速度。

【例 9-1】 在图 9-5 所示的四连杆机构中，$O_1A=r$，$AB=b$，$O_2B=d$，已知曲柄O_1A以匀角速度ω_1绕轴O_1转动。试求在图示位置时，杆AB的角速度ω_{AB}以及摇杆O_2B的角速度ω_2。

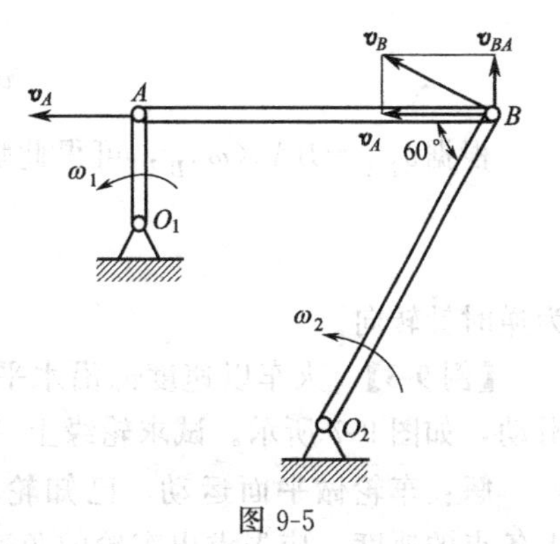

图 9-5

解： 杆O_1A和O_2B做定轴转动，杆AB做平面运动。由O_1A轴转动可知点A的速度$\boldsymbol{v}_A$的大小为$v_A=r\omega$，方向垂直于O_1A，水平向左。杆AB做平面运动，取点A为基点，由基点法得点B速度的矢量表达式为

$$\boldsymbol{v}_B=\boldsymbol{v}_A+\boldsymbol{v}_{BA}$$

式中，$\boldsymbol{v}_A$的大小和方向均为已知，点B相对于基点A的速度$\boldsymbol{v}_{BA}$的方向与AB垂直，点B的速度$\boldsymbol{v}_B$与O_2B垂直。这样上式中四个要素是已知的，在点B作出其速度平行四边形，如图 9-5 所示。

由几何关系得

$$v_{BA}=v_A\tan30°=\frac{\sqrt{3}}{3}r\omega$$

$$v_B=\frac{v_A}{\cos30°}=\frac{2\sqrt{3}}{3}r\omega$$

于是得到此瞬时杆AB平面运动的角速度为

$$\omega_{AB}=\frac{v_{BA}}{AB}=\frac{v_{BA}}{b}=\frac{\sqrt{3}r\omega}{3b}$$

摇杆 O_2B 绕轴 O_2 转动的角速度为

$$\omega_2=\frac{v_B}{O_2B}=\frac{2\sqrt{3}r\omega}{3d}$$

转向如图 9-5 所示。

如果本题只需求摆杆 O_2B 的角速度 ω_2，则可用速度投影定理求 $\boldsymbol{v}_B$。

由
$$[\boldsymbol{v}_B]_{AB}=[\boldsymbol{v}_A]_{AB}$$

得
$$v_B\cos30°=v_A$$

故
$$v_B=\frac{v_A}{\cos30°}=\frac{2\sqrt{3}r\omega}{3}$$

结果与上面相同。

【例 9-2】 曲柄连杆机构如图 9-6 所示，$OA=r$，$AB=\sqrt{3}r$。如曲柄 OA 以匀角速度 ω 转动，试求当 $\varphi=60°$时点 B 的速度和杆 AB 的角速度。

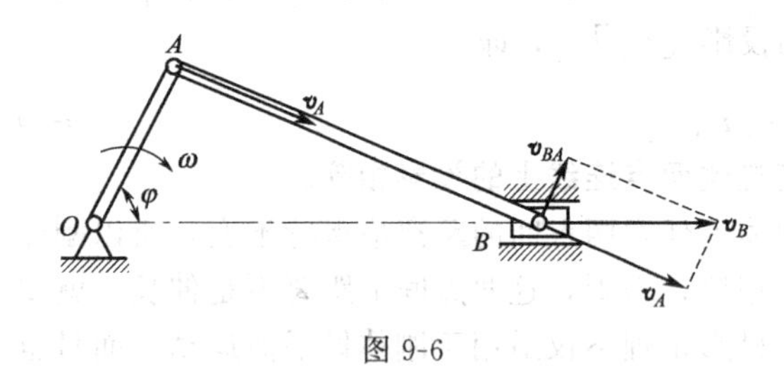

图 9-6

解： 连杆 AB 做平面运动，以点 A 为基点，则点 B 的速度为

$$\boldsymbol{v}_B=\boldsymbol{v}_A+\boldsymbol{v}_{BA}$$

式中，$v_A=r\omega$，方向垂直于 OA，指向左上方；$\boldsymbol{v}_B$ 水平向左，$\boldsymbol{v}_{BA}$ 垂直于 AB。再注意当$\varphi=60°$时，OA 恰好与 AB 垂直，$\boldsymbol{v}_A$ 恰沿 BA 连线，故其速度平行四边形如图 9-6 所示。由图可得

$$v_B=\frac{v_A}{\cos30°}=\frac{2\sqrt{3}r\omega}{3}$$

$$v_{BA}=v_A\tan30°=\frac{\sqrt{3}}{3}r\omega$$

根据$v_{BA}=BA\times\omega_{AB}$，可得此瞬时杆 AB 平面运动的角速度为

$$\omega_{AB}=\frac{v_{BA}}{AB}=\frac{\omega}{3}$$

为逆时针转向。

【例 9-3】 火车以速度$\boldsymbol{v}_0$沿水平直线轨道行驶，设车轮的半径为 r，在轨道上滚动而无滑动，如图 9-7 所示。试求轮缘上 A、B 两点的速度。

解： 车轮做平面运动，已知轮心的速度$\boldsymbol{v}_0$，为求车轮上各点的速度，应先求出车轮的角速度 ω。由于车轮在轨道上滚动而无滑动，因此轮缘上与轨道相接触的点 C 的速度必等于零。

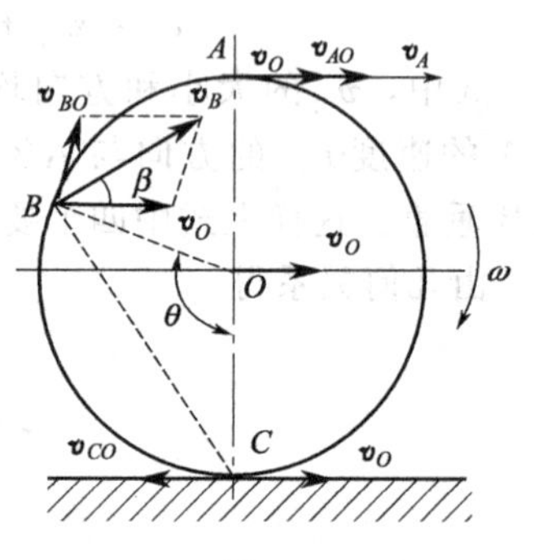

图 9-7

以轮心 O 为基点，则点 C 的速度可表示为

$$\boldsymbol{v}_C=\boldsymbol{v}_O+\boldsymbol{v}_{CO}$$

式中，$\boldsymbol{v}_C$等于零，$\boldsymbol{v}_O$与$\boldsymbol{v}_{CO}$方向水平，但指向相反。故由

$$v_C=v_O-v_{CO}=v_O-r\omega=0$$

得
$$\omega=\frac{v_O}{r}$$

下面分别求解 A、B 两点的速度。以点 O 为基点，点 A 的速度为
$$\boldsymbol{v}_A=\boldsymbol{v}_O+\boldsymbol{v}_{AO}$$
式中，$\boldsymbol{v}_{AO}$的大小为$v_{AO}=r\omega=v_O$，方向与$\boldsymbol{v}_O$一致，所以得
$$v_A=v_O+v_{AO}=2v_O$$
方向也水平向右，如图 9-7 所示。

仍以点 O 为基点，点 B 的速度为
$$\boldsymbol{v}_B=\boldsymbol{v}_O+\boldsymbol{v}_{BO}$$
式中，$\boldsymbol{v}_O$的大小和方向均已知，$\boldsymbol{v}_{BO}$的大小为$v_{BO}=r\omega=v_O$，方向垂直于 OB，指向右上方。作速度平行四边形，因$v_{BO}=v_O$，故两三角形为等腰三角形，设$\boldsymbol{v}_B$与$\boldsymbol{v}_O$的夹角为β，由几何关系得
$$\beta=90°-\frac{\theta}{2}$$
$$v_B=2v_O\cos\left(90°-\frac{\theta}{2}\right)=2v_O\sin\frac{\theta}{2}$$

从图中可以看出，$\angle BCO=90-\theta/2$，因此$\boldsymbol{v}_B$垂直于 BC，即沿 BA 方向。

【例 9-4】 双摇杆机构中，$O_1A=\sqrt{3}l$，$O_2B=l$。在图 9-8 所示瞬时，杆 O_1A 铅直，杆 AC、O_2B 水平，杆 BC 与铅垂方向成 30°角。已知杆 O_1A 的角速度为ω_1，杆 O_2B 的角速度为ω_2。试求该瞬时连杆 AC 和 BC 的连接点 C 的速度。

解： 根据题意，摇杆 O_1A 绕轴 O_1 做定轴转动，点 A 的速度$\boldsymbol{v}_A$的大小为$v_A=\sqrt{3}l\omega_1$，方向水平向右。杆 O_2B 绕轴 O_2 做定轴转动，点 B 的速度$\boldsymbol{v}_B$ 的大小为$v_B=l\omega_2$，方向铅直向下。点 C 速度$\boldsymbol{v}_C$的大小和方向均未知，用两分量$\boldsymbol{v}_{Cx}$、$\boldsymbol{v}_{Cy}$表示，如图 9-8 所示。

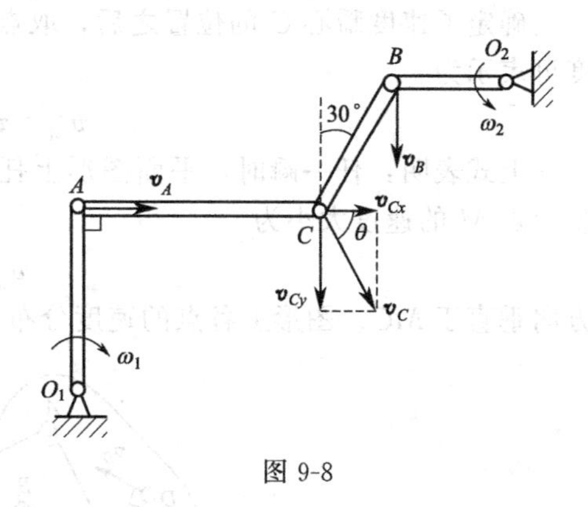

图 9-8

由速度投影定理，杆 AC 上 A、C 两点的速度在 AC 连线上的投影相等，即
$$v_{Cx}=v_A=\sqrt{3}l\omega_1$$

同样，杆 BC 上 B、C 两点的速度在 BC 连线上的投影相等，即
$$v_{Cy}\cos30°-v_{Cx}\sin30°=v_B\cos30°$$
得
$$v_{Cy}=v_B+v_{Cx}\tan30°=l(\omega_1+\omega_2)$$
$\boldsymbol{v}_C$的大小为
$$v_C=\sqrt{v_{Cx}^2+v_{Cy}^2}=l\sqrt{4\omega_1^2+2\omega_1\omega_2+\omega_2^2}$$
与水平线的夹角
$$\theta=\arctan\frac{\omega_1+\omega_2}{\sqrt{3}\omega_1}$$

三、速度瞬心法

1. 定理

一般情况下，每一瞬时，平面图形上都唯一地存在一个速度为零的点。

证明：设有一平面图形 S，已知其上点 A 的速度为$\boldsymbol{v}_A$，图形的角速度为 ω。自点 A 由 $\boldsymbol{v}_A$ 的指向按图形角速度 ω 的转向转过 90°，得半直线 AN，如图 9-9 所示。

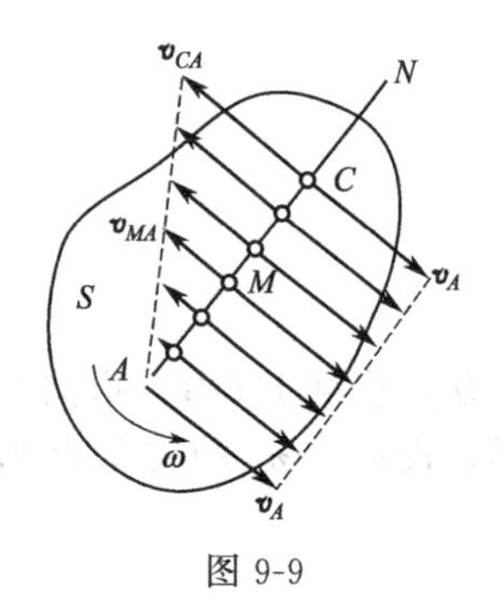

图 9-9

取点 A 为基点，根据速度基点法，AN 上任一点 M 的速度均可按下式计算

$$\boldsymbol{v}_M=\boldsymbol{v}_A+\boldsymbol{v}_{MA}$$

由图中看出，$\boldsymbol{v}_M$与$\boldsymbol{v}_{MA}$反向共线，故$\boldsymbol{v}_M$的大小为

$$v_M=v_A-AM\times\omega$$

由上式可知，随着距离 AM 从零开始的逐渐增大，$\boldsymbol{v}_M$的数值将不断减小。所以在半直线 AN 上，总可以找到一点 C，点 C 的位置由下式确定：

$$AC=\frac{v_A}{\omega}$$

点 C 的速度大小为

$$v_C=v_A-AC\times\omega$$

显然，这样的 C 点是唯一的，于是定理得到证明。

在某瞬时，平面图形上速度为零的点称为平面图形在该瞬时的瞬时速度中心，简称为**速度瞬心或瞬心**。

2. 平面图形上各点速度及其分布

确定了速度瞬心 C 的位置之后，取点 C 为基点，则该瞬时平面图形上任意一点 M 的速度可表示为

$$\boldsymbol{v}_M=\boldsymbol{v}_C+\boldsymbol{v}_{MC}=\boldsymbol{v}_{MC}$$

上式表明：任一瞬时，平面图形上任一点的速度等于该点随图形绕速度瞬心转动的速度。点 M 的速度大小为

$$v_M=MC\times\omega$$

方向垂直于 MC。图形上各点的速度分布如图 9-10 所示。

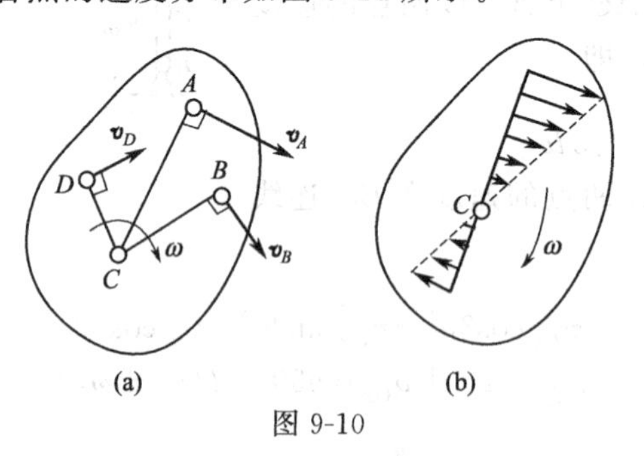

图 9-10

因此，平面图形上各点速度的大小与该点到速度瞬心的距离成正比，速度方向垂直于该点到速度瞬心的连线，指向图形转动的一方。与图形做定轴转动时各点速度的分布情况相似。

必须强调指出，在不同瞬时，速度瞬心在图形上的位置是不同的。速度瞬心在该瞬时的速度等于零，但加速度一般并不为零。

3. 速度瞬心位置的确定

综上所述，如果已知平面图形在某一瞬时的速度瞬心的位置和角速度，则在该瞬时，图形上任一点速度的大小和方向就可以完全确定。解题时，根据运动机构的几何条件，确定速度瞬心的位置有如下几种情况。

① 若平面图形沿一固定面滚动而无滑动，如图 9-11 所示，则图形与固定面的接触点 C 就是该瞬时图形的速度瞬心。例 9-3 中轮缘上与轨道的接触点 C 即为速度瞬心，车轮在滚动过程中，轮缘上各点相继与地面接触而成为车轮在不同瞬时的速度瞬心。

② 已知某瞬时平面图形上任意两点的速度方向，且两者不相平行，则速度瞬心必在过每一点且与该点速度垂直的直线上。在图 9-12 中，已知图形上 A、B 两点的速度分别是 $\boldsymbol{v}_A$ 和 $\boldsymbol{v}_B$，过点 A 作 $\boldsymbol{v}_A$ 的垂线；再过点 B 作 $\boldsymbol{v}_B$ 的垂线，则这两垂线的交点 C 就是该瞬时平面图形的速度瞬心。

图 9-11　　图 9-12

③ 已知某瞬时平面图形上两点的速度相互平行，并且速度的方向垂直于这两点的连线，但两速度的大小不等，则图形的速度瞬心必在这两点的连线与两速度矢端的连线的交点。在图 9-13(a) 中，A、B 两点的速度 $\boldsymbol{v}_A$ 和 $\boldsymbol{v}_B$ 同向平行且垂直于连线 AB 的情况，此时速度瞬心 C 就在 AB 连线与速度矢 $\boldsymbol{v}_A$ 和 $\boldsymbol{v}_B$ 端点连线的交点，显然，此时速度瞬心 C 位于 A、B 两点之外；在图 9-13(b) 中，A、B 两点的速度 $\boldsymbol{v}_A$ 和 $\boldsymbol{v}_B$ 反向平行的情况，此时速度瞬心 C 位于 A、B 两点之间。当然，欲确定速度瞬心 C 的具体位置，不仅需要知道 A、B 两点间的距离，而且还应知道 $\boldsymbol{v}_A$ 和 $\boldsymbol{v}_B$ 的大小。

④ 已知某瞬时平面图形上两点的速度相互平行，但速度方向与这两点的连线不相垂直，如图 9-14(a) 所示；或虽然速度方向与这两点的连线垂直，但两速度的大小相等，如图 9-14(b) 所示，则该瞬时图形的速度瞬心在无限远处，图形的这种运动状态称为瞬时平动。此时，图形的角速度等于零，图形上各点的速度大小相等，方向相同，速度分布与平动时相似。

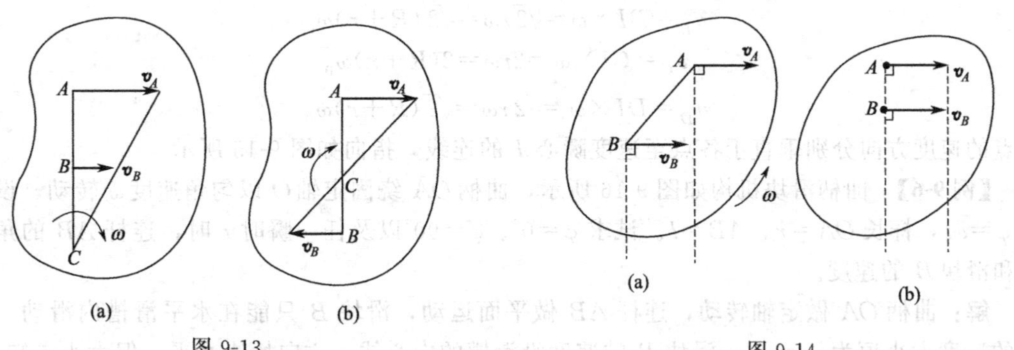

图 9-13　　图 9-14

必须注意，瞬时平动只是刚体平面运动的一个瞬态，与刚体的平动是两个不同的概念，瞬时平动时，虽然图形的角速度为零，图形上各点的速度相等，但图形的角加速度一般不等于零，图形上各点的加速度也不相同。

综上所述，对于平面运动速度问题可用三种方法进行求解。速度基点法是一种基本方法，可以求解图形上一点的速度或图形的角速度，作图时必须保证所求点的速度为平行四边形的对角线；当已知平面图形上某一点的速度大小和方向以及另一点的速度方向时，用速度投影定理可方便地求得该点的速度大小，但不能直接求出图形的角速度；速度瞬心法既可求解平面图形的角速度，也可求解其上一点的速度，是一种直观、方便的方法。

【例 9-5】 如图 9-15 所示的行星轮系中，大齿轮Ⅰ固定不动，半径为 R；行星齿轮Ⅱ在轮Ⅰ上做无滑动的滚动，半径为 r；系杆 OA 的角速度为 ω_0。试求轮Ⅱ的角速度以及其上 B、C、D 三点的速度。

解： 系杆 OA 做定轴转动，行星齿轮Ⅱ做平面运动，轮心 A 的速度可由系杆 OA 的转动求得

$$v_A = OA \times \omega_0 = (R+r)\omega_0$$

方向如图 9-15 所示。

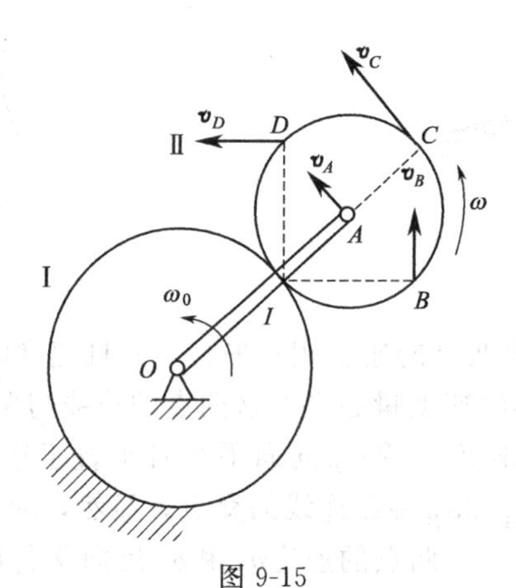

图 9-15

因为行星齿轮Ⅱ在固定不动的大齿轮Ⅰ上滚动而无滑动，故轮Ⅱ与轮Ⅰ的接触点 I 就是轮Ⅱ的速度瞬心。设轮Ⅱ的角速度为 ω，则由 $v_A = AI \times \omega = r\omega$，求得轮Ⅱ角速度的大小为

$$\omega = \frac{v_A}{r} = \frac{R+r}{r}\omega_0$$

转向如图 9-15 所示。

轮Ⅱ上 B、C、D 三点的速度大小分别为

$$v_B = BI \times \omega = \sqrt{2}\, r\omega = \sqrt{2}\,(R+r)\omega_0$$

$$v_C = CI \times \omega = 2r\omega = 2(R+r)\omega_0$$

$$v_D = DI \times \omega = \sqrt{2}\, r\omega = \sqrt{2}\,(R+r)\omega_0$$

三点的速度方向分别垂直于各点至速度瞬心 I 的连线，指向如图 9-15 所示。

【例 9-6】 曲柄滑块机构如图 9-16 所示，曲柄 OA 绕固定轴 O 以匀角速度 ω 转动，设转角 $\varphi=\omega t$，杆长 $OA=r$，$AB=l$。试求 $\varphi=0°$、$\varphi=90°$以及任一瞬时 t 时，连杆 AB 的角速度和滑块 B 的速度。

解： 曲柄 OA 做定轴转动，连杆 AB 做平面运动，滑块 B 只能在水平滑槽内滑动。点 A 的速度大小恒为 $v_A = r\omega$；滑块 B 的速度沿滑槽的中心线，方向始终水平，但大小未知。

当 $\varphi=0°$时，$\boldsymbol{v}_A$ 的方向垂直于 OA 铅直向上，如图 9-16(b) 所示。过点 A 作速度 $\boldsymbol{v}_A$ 的

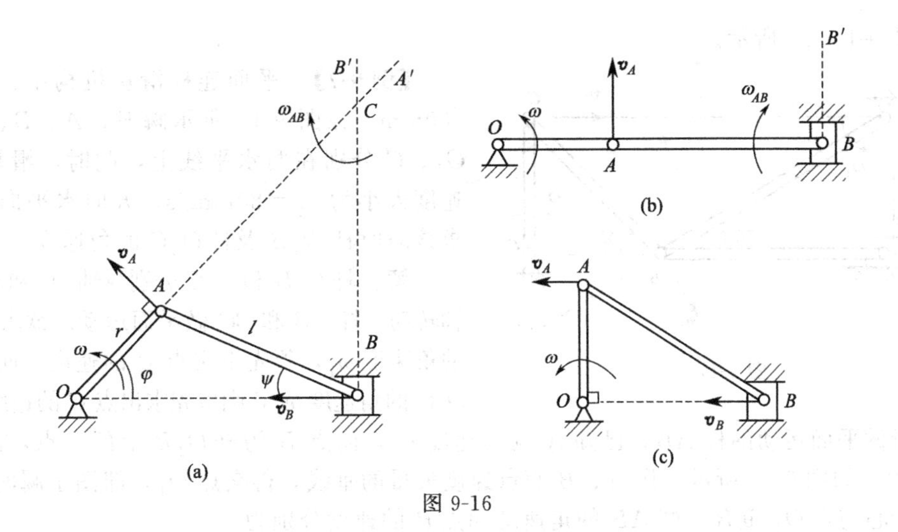

图 9-16

垂线（此线与 OAB 重合）；再过点 B 作滑槽中心线的垂线 BB'，两垂线相交在点 B，即该瞬时杆 AB 的速度瞬心与点 B 重合。此时，滑块 B 的速度等于零，杆 AB 角速度的大小为

$$\omega_{AB}=\frac{v_A}{BA}=\frac{r\omega}{l}$$

顺时针转向。

当 $\varphi=90°$时，曲柄 OA 铅直，$\boldsymbol{v}_A$ 水平向左，如图 9-16(c) 所示。该瞬时 A、B 两点的速度$\boldsymbol{v}_A$、$\boldsymbol{v}_B$的方向平行且与连线 AB 不相垂直，故杆 AB 做瞬时平动。由瞬时平动的特点知，此时杆 AB 的角速度等于零，滑块 B 的速度大小为

$$v_B=v_A=r\omega$$

方向与$\boldsymbol{v}_A$相同，也水平向左。

在任一瞬时 t，$\varphi=\omega t$，过点 A 作速度$\boldsymbol{v}_A$的垂线，再过点 B 作速度$\boldsymbol{v}_B$的垂线，两垂线的交点 C 即为杆 AB 的速度瞬心，如图 9-16(a) 所示。由几何关系知

$$CA=\frac{l\cos\psi}{\cos\varphi}$$

$$CB=(l\cos\psi+r\cos\varphi)\tan\varphi$$

$$\omega_{AB}=\frac{v_A}{CA}=\frac{r\omega\cos\varphi}{l\cos\psi} \tag{Ⅰ}$$

$$v_B=CB\times\omega_{AB}=\frac{r\omega\sin\varphi}{l\cos\psi}(l\cos\psi+r\cos\varphi) \tag{Ⅱ}$$

又由图可知 $r\sin\varphi=l\sin\psi$，求得

$$\cos\psi=\sqrt{1-\sin^2\psi}=\sqrt{1-\left(\frac{r\sin\varphi}{l}\right)^2}=\frac{1}{l}\sqrt{l^2-r^2\sin^2\varphi} \tag{Ⅲ}$$

式（Ⅲ）代入式（Ⅰ）和式（Ⅱ），最后解出任一瞬时 t 杆 AB 的角速度、滑块 B 的速度的大小分别为

$$\omega_{AB}=\frac{r\omega\cos\varphi}{\sqrt{l^2-r^2\sin^2\varphi}}=\frac{r\omega\cos\omega t}{\sqrt{l^2-r^2\sin^2\omega t}}$$

$$v_B=r\omega\sin\varphi\left(1+\frac{r\cos\varphi}{l\cos\psi}\right)=r\omega\sin\omega t\left(1+\frac{r\cos\omega t}{\sqrt{l^2-r^2\sin^2\omega t}}\right)$$

方向如图 9-16(a) 所示。

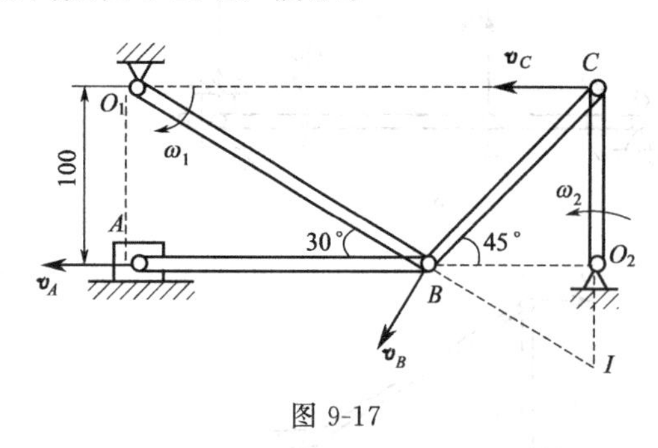

图 9-17

【例 9-7】 平面连杆滑块机构中，$O_2C=100\text{mm}$；在图 9-17 所示瞬时，A、B、O_2 和 O_1、C 分别在两水平线上，此时，滑块 A 的速度大小为$v_A=80\text{mm/s}$，方向水平向左。试求该瞬时杆 O_1B 及杆 O_2C 的角速度。

解： 杆 O_1B 和 O_2C 分别绕轴 O_1 和 O_2 做定轴转动，杆 AB 和 BC 做平面运动。欲求杆 O_1B 的角速度 ω_1，须先求出点 B 的速度；而欲求杆 O_2C 的角速度 ω_2，则应先求出点 C 的速度。

分析做平面运动的杆 AB，已知 A 端的速度$\boldsymbol{v}_A$，而点 B 为杆 O_1B 上的一点，故$\boldsymbol{v}_B$垂直于O_1B，如图 9-17 所示。作 A、B 两点速度矢量的垂线，得交点 O_1，即图示瞬时杆 AB 的速度瞬心与点 O_1 重合。杆 AB 的角速度和点 B 的速度分别为

$$\omega_{AB}=\frac{v_A}{O_1A}=\frac{80}{100}=0.8\ (\text{rad/s})$$

$$v_B=O_1B\times\omega_{AB}=\frac{100}{\sin30°}\times0.8=160\ (\text{mm/s})$$

O_1B 的角速度为

$$\omega_1=\frac{v_B}{O_1B}=\omega_{AB}=0.8\ (\text{rad/s})$$

为顺时针转向，如图 9-17 所示。

杆 BC 做平面运动，其上 B、C 两点的速度方向如图 9-17 所示。过点 B 作速度$\boldsymbol{v}_B$的垂线（即作 O_1B 的延长线）；再过点 C 作速度$\boldsymbol{v}_C$的垂线（即作 O_2C 的延长线），两垂线相交于点 I，这就是图示瞬时杆 BC 的速度瞬心。由几何关系知

$$O_2B=O_2C=100\text{mm}$$

$$BI=\frac{O_2B}{\cos30°}=115.5\ (\text{mm})$$

$$CI=O_2C+O_2I=O_2C+O_2B\tan30°=157.7\ (\text{mm})$$

于是该瞬时杆 BC 平面运动的角速度为

$$\omega_{BC}=\frac{v_B}{BI}=\frac{160}{115.5}=1.39\ (\text{rad/s})$$

点 C 的速度大小为

$$v_C=CI\times\omega_{BC}=157.7\times1.39=219\ (\text{mm/s})$$

得杆 O_2C 定轴转动的角速度为

$$\omega_2=\frac{v_C}{O_2C}=\frac{219}{100}=2.19\ (\text{rad/s})$$

为逆时针转向，如图 9-17 所示。

第三节　平面图形上各点加速度

设某瞬时平面图形 S 上点 A 的加速度为$\boldsymbol{a}_A$，图形的角速度、角加速度分别为 ω 和α，如图 9-18 所示。选取点 A 为基点，则平面图形的运动可以看成是牵连运动（随同基点 A 的

平动）与相对运动（绕基点 A 的转动）的合成，因此可用牵连运动为平动时的加速度合成定理来求解平面图形上任意一点 B 的加速度。

因为牵连运动是随同基点 A 的平动，所以点 B 的牵连加速度就等于基点 A 的加速度 $\boldsymbol{a}_A$；而点 B 的相对加速度就是点 B 随同平面图形绕基点 A 转动的加速度，用 $\boldsymbol{a}_{BA}$ 表示。由加速度合成定理，有

$$\boldsymbol{a}_B=\boldsymbol{a}_A+\boldsymbol{a}_{BA} \tag{9-4}$$

一般情况下，相对加速度 $\boldsymbol{a}_{BA}$ 由相对切向加速度 $\boldsymbol{a}_{BA}^{\mathrm{t}}$ 和相对法向加速度 $\boldsymbol{a}_{BA}^{\mathrm{n}}$ 两部分组成。其中，$\boldsymbol{a}_{BA}^{\mathrm{t}}$ 为点 B 绕基点 A 转动的切向加速度，其大小等于 $BA\times\alpha$，方向垂直于 BA 连线而指向 α 的转动方向；$\boldsymbol{a}_{BA}^{\mathrm{n}}$ 为点 B 绕基点 A 转动的法向加速度，大小等于 $BA\times\omega^2$，方向沿 BA 连线，由点 B 指向点 A，如图 9-18 所示。于是，点的加速度合成公式为

$$\boldsymbol{a}_B=\boldsymbol{a}_A+\boldsymbol{a}_{BA}^{\mathrm{t}}+\boldsymbol{a}_{BA}^{\mathrm{n}} \tag{9-5}$$

即任一瞬时，平面图形上任一点的加速度等于基点的加速度与该点随图形绕基点转动的切向加速度和法向加速度的矢量和。

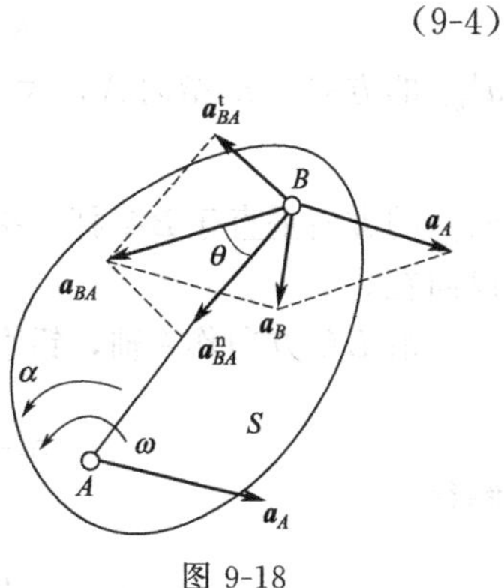

图 9-18

式(9-5) 是用基点法求解平面图形上任一点加速度的基本公式。具体解题时，若 B、A 两点都做曲线运动，则 B、A 两点的加速度也各有其切向加速度和法向加速度两个分量，这时式(9-5) 中最多可有六项，有大小、方向共计十二个要素，分析各项的方向、计算各项的大小时一定要认真仔细，式(9-5) 是一平面矢量方程式，只能求解两个未知量。具体解题时，通常是将此式向两个不相平行的坐标轴投影，得到两个投影表达式，用以求解两个未知量。

【例 9-8】 如图 9-19(a) 所示的曲柄连杆机构中，已知连杆 AB 长 1m，曲柄 OA 长 0.2m，以匀角速度 $\omega=10\mathrm{rad/s}$ 绕轴 O 转动。试求在图示位置时滑块 B 的加速度和连杆 AB 的角加速度。

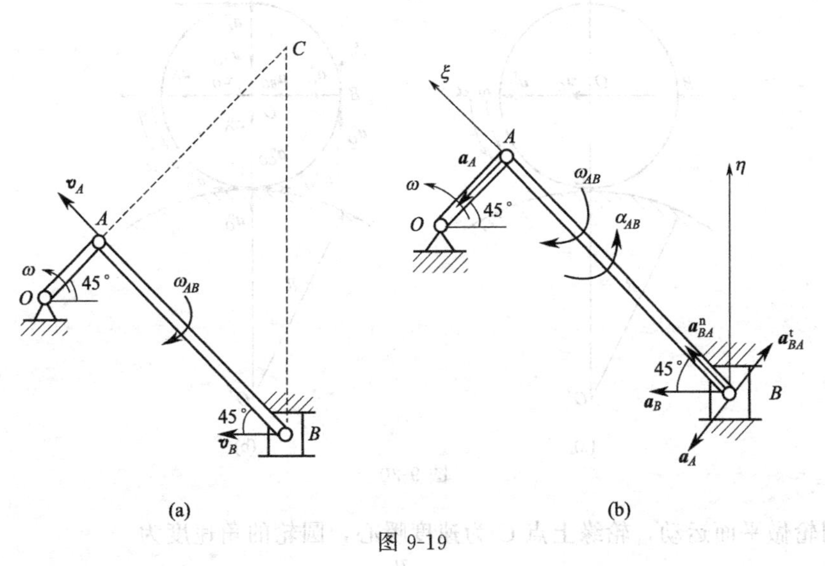

图 9-19

解： 杆 AB 做平面运动，图示位置时速度瞬心在点 C，如图 9-19(a) 所示。杆 AB 的角速度为

$$\omega_{AB}=\frac{v_A}{AC}=\frac{OA\times\omega}{AB}=\frac{0.2\times10}{1}=2\ (\mathrm{rad/s})$$

以点 A 为基点，由式(9-5) 得点 B 的加速度的矢量合成式为

$$\boldsymbol{a}_B=\boldsymbol{a}_A+\boldsymbol{a}_{BA}^{\mathrm{t}}+\boldsymbol{a}_{BA}^{\mathrm{n}}$$

式中，因为曲柄 OA 做匀速转动，故点 A 的加速度 $\boldsymbol{a}_A$ 的方向由 A 指向 O，大小为

$$a_A=OA\times\omega^2=0.2\times10^2=20\ (\mathrm{m/s^2})$$

$\boldsymbol{a}_{BA}^{\mathrm{n}}$ 的方向由 B 指向 A，大小为

$$a_{BA}^{\mathrm{n}}=BA\times\omega_{BA}^2=1\times2^2=4\ (\mathrm{m/s^2})$$

$\boldsymbol{a}_{BA}^{\mathrm{t}}$ 的方向垂直于 BA 杆，指向假设如图 9-19 (b) 所示；$\boldsymbol{a}_B$ 的方向沿滑槽中心线，指向假设向左。

沿 BA 方向作 ξ 轴，铅直向上作 η 轴，如图 9-19(b) 所示。分别向 ξ 轴和 η 轴投影，得

$$a_B\cos45°=a_{BA}^{\mathrm{n}}$$

$$0=-a_A\cos45°+a_{BA}^{\mathrm{t}}\cos45°+a_{BA}^{\mathrm{n}}\cos45°$$

解得

$$a_B=\frac{a_{BA}^{\mathrm{n}}}{\cos45°}=\frac{4}{\cos45°}=5.66\ (\mathrm{m/s^2})$$

$$a_{BA}^{\mathrm{t}}=a_A-a_{BA}^{\mathrm{n}}=(20-4)=16\ (\mathrm{m/s^2})$$

$$\alpha_{AB}=\frac{a_{BA}^{\mathrm{t}}}{BA}=\frac{16}{1}=16\ (\mathrm{rad/s})$$

所得结果都是正的，表示实际方向与图中的假设方向相同。

【例 9-9】 半径为 r 的圆轮在一静止曲面上做只滚不滑的运动，图示瞬时，曲面的曲率半径为 R，轮心 O 的速度为 $\boldsymbol{v}_O$，切向加速度为 $\boldsymbol{a}_O^{\mathrm{t}}$，如图 9-20(a) 所示。试求圆轮边缘上 A、B、C 三点的加速度。

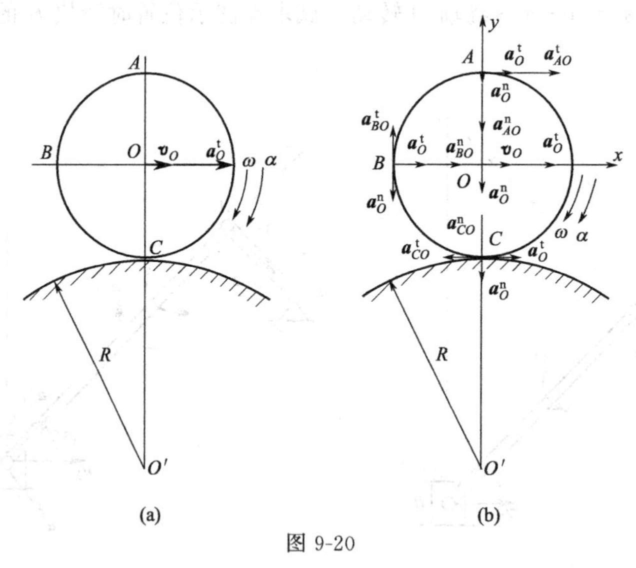

图 9-20

解： 圆轮做平面运动，轮缘上点 C 为速度瞬心，圆轮的角速度为

$$\omega=\frac{v_O}{r}\tag{Ⅰ}$$

圆轮的角加速度 α 等于角速度 ω 对时间的一阶导数。对只滚不滑的圆轮而言，式（Ⅰ）在任何瞬时都成立，所以可对时间 t 求导，得圆轮的角加速度

$$\alpha=\dot{\omega}=\frac{\dot{v}_O}{r}=\frac{a_O^t}{r} \tag{Ⅱ}$$

α、ω 的转向如图 9-20(a) 所示。

轮心 O 做曲线运动，其速度 $\boldsymbol{v}_O$、切向加速度为 $\boldsymbol{a}_O^t$ 均为已知；图示位置，轮心 O 的运动轨迹的曲率半径为 $R+r$，故其法向加速度的大小为

$$a_O^n=\frac{v_O^2}{R+r}$$

方向铅直向下，指向曲率中心 O'，如图 9-20(b) 所示。

下面求各点的加速度。以轮心 O 为基点，如图 9-20(b) 所示，轮缘上 A、B、C 三点相对于基点的切向加速度分别垂直于半径 AO、BO 和 CO，与角加速度 α 的转向一致，大小为

$$a_{AO}^t=a_{BO}^t=a_{CO}^t=r\alpha=a_O^t$$

A、B、C 三点相对于基点的法向加速度沿半径 AO、BO 和 CO 指向轮心 O，大小为

$$a_{AO}^n=a_{BO}^n=a_{CO}^n=r\omega^2=\frac{v_O^2}{r}$$

由

$$\boldsymbol{a}_A=\boldsymbol{a}_O^t+\boldsymbol{a}_O^n+\boldsymbol{a}_{AO}^t+\boldsymbol{a}_{AO}^n \tag{Ⅲ}$$

$$\boldsymbol{a}_B=\boldsymbol{a}_O^t+\boldsymbol{a}_O^n+\boldsymbol{a}_{BO}^t+\boldsymbol{a}_{BO}^n \tag{Ⅳ}$$

$$\boldsymbol{a}_C=\boldsymbol{a}_O^t+\boldsymbol{a}_O^n+\boldsymbol{a}_{CO}^t+\boldsymbol{a}_{CO}^n \tag{Ⅴ}$$

作 x 轴水平向右，y 轴铅直向上，将式(Ⅲ)、式(Ⅳ)、式(Ⅴ) 分别向 x、y 轴投影，得

$$a_{Ax}=a_O^t+a_{AO}^t=a_O^t+a_O^t=2a_O^t$$

$$a_{Ay}=-a_O^n-a_{AO}^n=-\frac{v_O^2}{R+r}-\frac{v_O^2}{r}=-\frac{R+2r}{(R+r)r}v_O^2$$

$$a_{Bx}=a_O^t+a_{BO}^n=a_O^t+\frac{v_O^2}{r}$$

$$a_{By}=-a_O^n+a_{BO}^t=-\frac{v_O^2}{R+r}+a_O^t$$

$$a_{Cx}=a_O^t-a_{CO}^t=a_O^t-a_O^t=0$$

$$a_{Cy}=-a_O^n+a_{CO}^n=-\frac{v_O^2}{R+r}+\frac{v_O^2}{r}=\frac{R}{(R+r)r}v_O^2$$

圆轮上速度瞬心 C 的加速度大小为 $a_C=\frac{R}{(R+r)r}v_O^2$，方向沿半径指向轮心 O。

由本题可以看出，虽然速度瞬心的速度为零，但加速度并不等于零。因此，切不可将速度瞬心当做加速度为零的点来求图形内其他各点的加速度。

轮心为 O、半径为 r 的圆轮沿静止不动的轨道只滚不滑时，其平面运动的角速度 ω、角加速度 α 分别由式(Ⅰ)、式(Ⅱ) 确定，若圆轮在直线轨道上纯滚动，则角加速度又可写成 $\alpha=a_O/r$，这在解题时经常用到，可作为公式加以运用。

思 考 题

9-1 为什么图形转动的角速度、角加速度与基点的选择无关？

9-2 如图 9-21 所示，试判断做平面运动的图形中所示的速度是否正确？

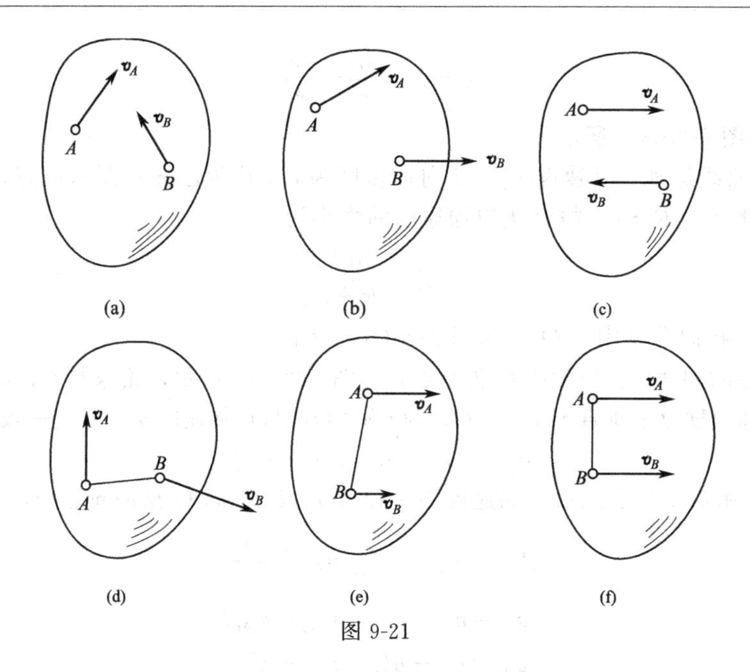

图 9-21

9-3　瞬时平动和平动有什么区别？

9-4　速度瞬心的加速度是否等于零？试举例说明。

习　　题

9-1　椭圆规尺 AB 由曲柄 OC 带动，曲柄以匀角速度 ω_0 绕轴 O 转动，初始时 OC 水平，如图 9-22 所示。$OC=BC=AC=r$，取 C 为基点，试求椭圆规尺 AB 的平面运动方程。

9-2　杆 AB 的 A 端沿水平面向右以等速 $\boldsymbol{v}$ 滑动，运动时杆恒与一半径为 R 的固定半圆柱面相切，如图 9-23 所示。设杆与水平面间的夹角为 θ，试以角 θ 表示杆的角速度。

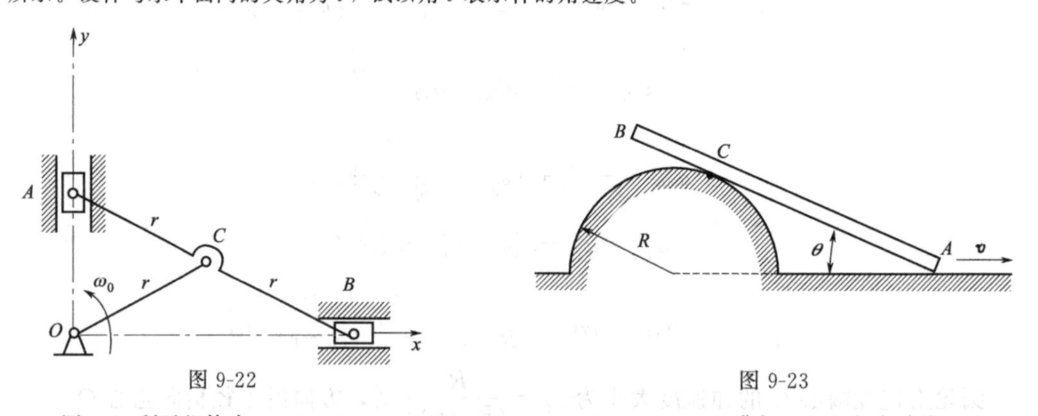

图 9-22　　　　图 9-23

9-3　图 9-24 所示机构中，$OA=200\text{mm}$，$AB=400\text{mm}$，$BD=150\text{mm}$，曲柄 OA 以匀角速度 $\omega=4\text{rad/s}$ 绕轴 O 转动。当 $\theta=45°$时，连杆 AB 恰好水平，BD 铅直，试求该瞬时连杆 AB 及构件 BD 的角速度。

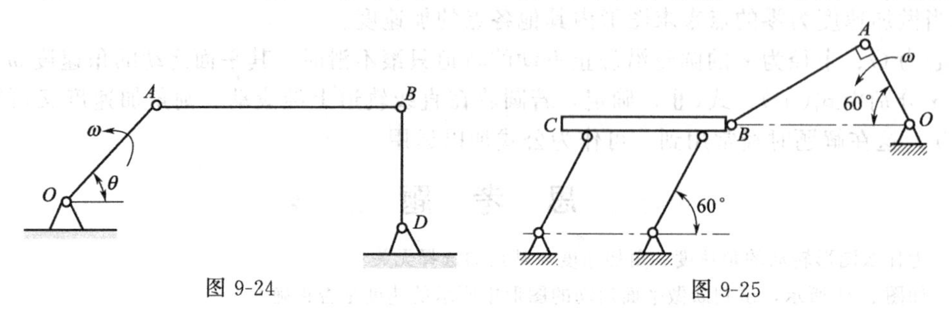

图 9-24　　　　图 9-25

9-4　在图 9-25 所示的筛动机构中，筛子 BC 的摆动是由曲柄连杆机构所带动。已知曲柄长 $OA=0.3\text{m}$，转速为 $n=40\text{r/min}$。当筛子运动到与点 O 在同一水平线上时，$\angle OAB=90°$，试求此时筛子 BC 的速度。

9-5　长为 $l=1.2\text{m}$ 的直杆 AB 做平面运动，某瞬时其中点 C 的速度大小为 $v_C=3\text{m/s}$，方向与 AB 的夹角为 60°，如图 9-26 所示。试求此时点 A 可能有的最小速度以及该瞬时杆 AB 的角速度。

9-6　如图 9-27 所示的四连杆机构中，连杆 AB 上固连一块直角三角板 ABD，曲柄 O_1A 的角速度恒为 $\omega_{O_1A}=2\text{rad/s}$，已知 $O_1A=0.1\text{m}$，$O_1O_2=AD=0.05\text{m}$，当 O_1A 铅直时，AB 平行于 O_1O_2，且 AD 与 O_1A 在同一直线上，$\varphi=30°$。试求此时直角三角板 ABD 的角速度和点 D 的速度。

9-7　在瓦特行星机构中，杆 O_1A 绕轴 O_1 转动，并借连杆 AB 带动曲柄 OB 绕轴 O 转动（曲柄 OB 活动地装在 O 轴上），如图 9-28 所示。齿轮Ⅱ与连杆 AB 固连于一体，在轴 O 上还装有齿轮Ⅰ。已知 $r_1=r_2=0.3\sqrt{3}\text{m}$，$O_1A=0.75\text{m}$，$AB=1.5\text{m}$；又杆 O_1A 的角速度 $\omega=6\text{rad/s}$。试求当 $\gamma=60°$ 且 $\beta=90°$ 时，曲柄 OB 和齿轮Ⅰ的角速度。

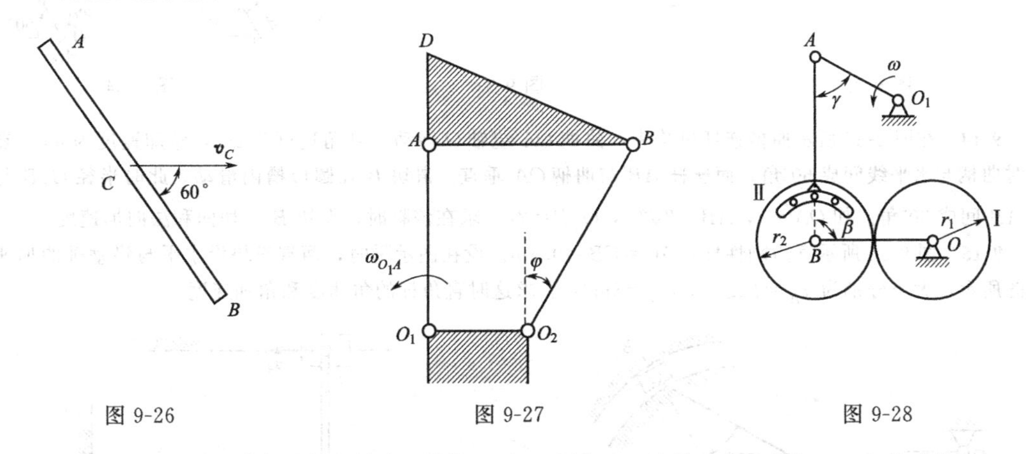

图 9-26　　图 9-27　　图 9-28

9-8　图 9-29 所示的双曲柄连杆机构中，滑块 B 和 E 用杆 BE 连接，主动曲柄 OA 和从动曲柄 OD 都绕 O 轴转动。主动曲柄 OA 做匀速转动，角速度的大小为 $\omega_O=12\text{rad/s}$。已知各部件的尺寸为：$OA=0.1\text{m}$，$OD=0.12\text{m}$，$AB=0.26\text{m}$，$BE=0.12\text{m}$，$DE=0.12\sqrt{3}\text{m}$。试求当曲柄 OA 垂直于滑块的导轨方向时，从动曲柄 OD 和连杆 DE 的角速度。

9-9　图 9-30 所示机构中，已知 $OA=0.1\text{m}$，$BD=0.1\text{m}$，$DE=0.1\text{m}$，$EF=0.1\sqrt{3}\text{m}$；曲柄 OA 的角速度为 $\omega_O=4\text{rad/s}$。在图示位置时，OA 垂直于水平线 OB；B、D 和 F 位于同一铅直线上；又 DE 垂直于 EF。试求此时杆 EF 的角速度和点 F 的速度。

9-10　半径为 r 的圆柱形滚子沿半径为 R 的固定圆弧面做纯滚。在图 9-31 所示瞬时，滚子中心 C 的速度为 $\boldsymbol{v}_C$、切向加速度为 $\boldsymbol{a}_C^t$。试求此时滚子与圆弧面的接触点 A 以及同一直径上最高点 B 的加速度。

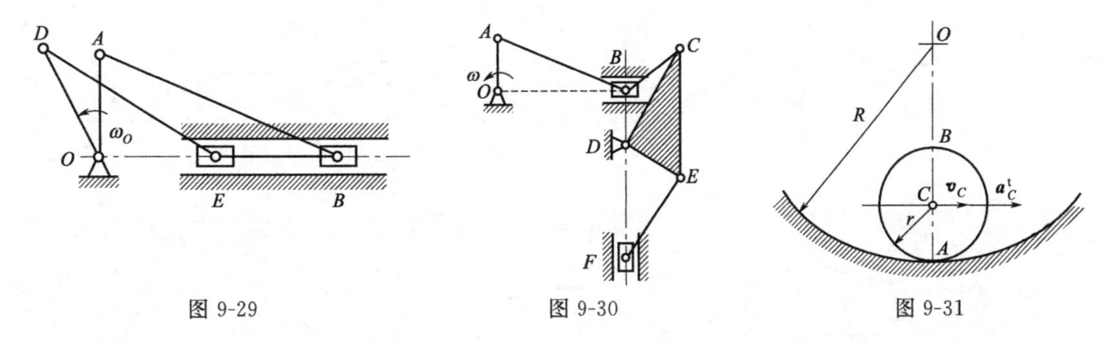

图 9-29　　图 9-30　　图 9-31

9-11　四连杆机构 $OABO_1$ 中，$OO_1=OA=O_1B=100\text{mm}$，杆 OA 以匀角速度 $\omega=2\text{rad/s}$ 绕 O 轴转动，如图 9-32 所示。当 $\varphi=90°$时，杆 O_1B 水平，试求此时杆 AB 和杆 O_1B 的角速度及角加速度。

9-12　在曲柄齿轮椭圆规中，齿轮 A 与曲柄 O_1A 固接为一体，齿轮 C 和齿轮 A 半径均为 r 并互相啮合，如图 9-33 所示。图中 $AB=O_1O_2$，$O_1A=O_2B=0.4\text{m}$。O_1A 以匀角速度 $\omega=0.2\text{rad/s}$ 绕轴 O_1 转动。M 为轮 C 上一点，$CM=0.1\text{m}$。在图示瞬时，CM 铅直，试求此时点 M 的速度和加速度。

9-13　在图 9-34 所示机构中，曲柄 OA 长为 r，绕轴 O 以等角速度 ω_O 转动，$AB=6r$，$BC=3\sqrt{3}r$。求图示位置时，滑块 C 的速度和加速度。

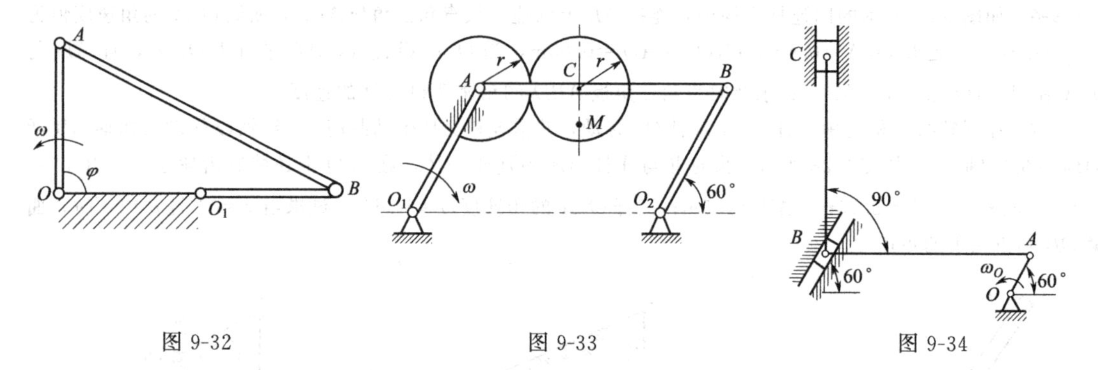

图 9-32　　　　图 9-33　　　　图 9-34

9-14　在图 9-35 所示曲柄连杆机构中，曲柄 OA 绕轴 O 转动，其角速度为 ω_O，角加速度为 α_O。在某瞬时曲柄与水平线间成 60°角，而连杆 AB 与曲柄 OA 垂直。滑块 B 在圆形槽内滑动，此时半径 O_1B 与连杆 AB 间成 30°角。如 $OA=r$，$AB=2\sqrt{3}r$，$O_1B=2r$，求在该瞬时，滑块 B 的切向和法向加速度。

9-15　图 9-36 所示直角刚性杆，$AC=CB=0.5\text{m}$。设在图示瞬时，两端滑块沿水平与铅垂轴的加速度如图所示，大小分别为 $a_A=1\text{m/s}^2$，$a_B=3\text{m/s}^2$。求这时直角杆的角速度和角加速度。

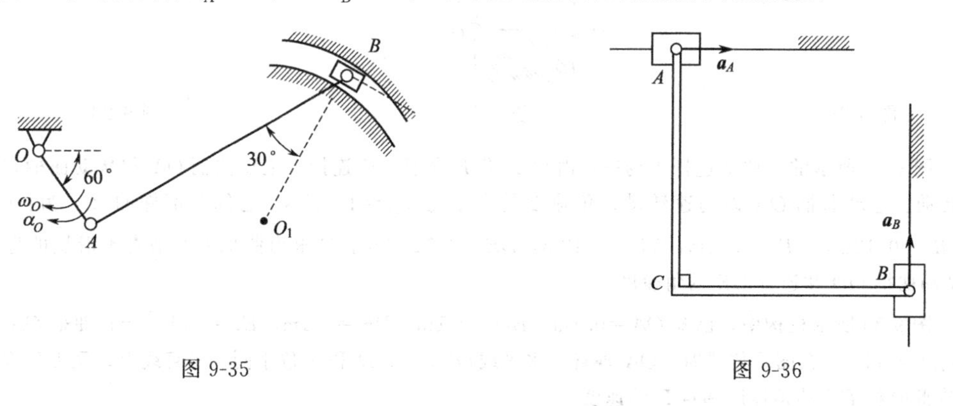

图 9-35　　　　图 9-36

第三篇　刚体动力学

引　言

动力学研究物体的机械运动与作用力之间的关系。

在静力学中，分析了作用于物体的力，并研究了物体在力系作用下的平衡问题。在运动学中，仅从几何方面分析了物体的运动，而不涉及作用力。动力学则对物体的机械运动进行全面的分析，研究作用于物体的力与物体运动之间的关系，建立物体机械运动的普遍规律。

动力学的形成和发展是与生产的发展密切联系的。特别是在现代工业和科学技术迅速发展的今天，对动力学提出了更加复杂的课题，例如高速运转机械的动力计算、高层结构受风载及地震的影响、宇宙飞行及火箭推进技术，以及机器人的动态特性等，都需要应用动力学的理论。

动力学中物体的抽象模型有**质点**和**质点系**。质点是具有一定质量而几何形状和尺寸大小可以忽略不计的物体。例如，在研究人造地球卫星的轨道时，卫星的形状和大小对所研究的问题没有什么影响，可将卫星抽象为一个质量集中在质心的质点。刚体做平动时，因刚体内个点的运动情况完全相同，也可以不考虑这个刚体的形状和大小，而将它抽象为一个质点来研究。

如果物体的形状和大小在所研究的问题中不可忽略，则物体应抽象为质点系。所谓**质点系**是由几个或无限个相互有联系的质点所组成的系统。常见的固体、流体、由几个物体组成的机构，以及太阳系等都是质点系。刚体是质点系的一种特殊情形，其中任意两个质点间的距离保持不变，也成为不变的质点系。

动力学可分为质点动力学和质点系动力学，而质点动力学是质点系动力学的基础。

第十章 质点运动微分方程

第一节 动力学的基本定律

质点动力学的基础是三个基本定律，这些定律是牛顿在总结前人、特别是伽利略研究成果的基础上提出来的，称为**牛顿三定律**。

1. 牛顿第一定律（惯性定律）

不受力作用的质点，将保持静止或做匀速直线运动。不受力作用的质点（包括受平衡力系作用的质点），不是出于静止状态，就是保持其原有的速度（包括大小和方向）不变，这种性质称为**惯性**。质点的惯性度量称为质量 m（国际单位为千克，kg）。

2. 牛顿第二定律（力与加速度之间的关系的定律）

第二定律可以表示为

$$\frac{\mathrm{d}}{\mathrm{d}t}(m\boldsymbol{v})=\boldsymbol{F}$$

式中，m 为质点的质量，$\boldsymbol{v}$ 为质点的速度，而 $\boldsymbol{F}$（国际单位为牛顿，N）为质点所受的力。在经典力学范围内，质点的质量是守恒的，牛顿第二定律给出了质点的质量、作用力和质点加速度 $\boldsymbol{a}$（国际单位为米/秒^2，m/s^2）的关系。其数学表达式为

$$m\boldsymbol{a}=\boldsymbol{F} \tag{10-1}$$

即质点的质量与加速度的乘积，等于作用于质点的力的大小，加速度的方向与力的方向相同。

式(10-1)（因质量 m 为正标量）不仅表示力 $\boldsymbol{F}$ 和加速度 $\boldsymbol{a}$ 的大小成正比，而且还表示力 $\boldsymbol{F}$ 与加速度 $\boldsymbol{a}$ 有相同的方向。应该注意，当力 $\boldsymbol{F}$ 的大小和方向都随时间变化时，式(10-1) 仍然成立。力 $\boldsymbol{F}$ 与加速度 $\boldsymbol{a}$ 两个向量在任意时刻方向都相同。但是，它们的方向一般不是质点运动轨迹的切线方向。

3. 牛顿第三定律

两个物体间的作用力与反作用力总是大小相等，方向相反，沿着同一直线，且同时分别作用在这两个物体上。这一定律就是静力学公理四，它不仅适用于平衡的物体，而且也适用于任何运动的物体。

质点动力学的三个基本定律是在观察天体运动和生产实践中的一般机械运动的基础上总结出来的，因此只在一定范围适用。三个定律适用的参考系称为**惯性参考系**。在一般的工程问题中，把固定于地面的坐标系或相对于地面做匀速直线平移的坐标系作为惯性参考系，可以得到相当精确的结果。在研究人造卫星的轨道、洲际导弹的弹道等问题时，地球自转的影响不可忽略，则应选取以地心为原点、三轴指向三个恒星的坐标系作为惯性参考系。在研究天体的运动时，地心运动的影响也不可忽略，又需取太阳为中心，三轴指向三个恒星的坐标系作为惯性参考系。在本书中，如无特别说明，均取固定在地球表面的坐标系作为惯性参考系。

以牛顿三定律为基础的力学，称为**古典力学**（又称**经典力学**）。在古典力学范畴内，认为质量是不变的量，空间和时间是“绝对的”，与物体的运动无关。近代物理已经证明，质

量、时间和空间都与物体运动的速度有关，但当物体的运动速度远小于光速时，物体的运动对于质量、时间和空间的影响是微不足道的，对于一般工程中的机械运动问题，应用古典力学都可得到足够精确的结果。

第二节　质点运动微分方程

当一个质点同时受到 n 个力的作用，牛顿第二定律表达式(10-1) 应表示为

$$m\boldsymbol{a}=\sum \boldsymbol{F} \tag{10-2}$$

其中，$\sum \boldsymbol{F}$ 表示所有作用在质点上的合力。将加速度 $\boldsymbol{a}$ 用质点的矢径 $\boldsymbol{r}$ 对时间 t 的二阶导数 $\ddot{\boldsymbol{r}}=\dfrac{\mathrm{d}^2\boldsymbol{r}}{\mathrm{d}t^2}$代替，代入式(10-2) 中，有

$$m\ddot{\boldsymbol{r}}=m\frac{\mathrm{d}^2\boldsymbol{r}}{\mathrm{d}t^2}=\sum \boldsymbol{F} \tag{10-3}$$

称为质点的运动微分方程。式(10-3) 是矢量方程，应用矢量形式的微分方程进行理论分析非常方便，但求解一些具体问题有时很困难，而且所得到的解答的物理意义也不很明显。因此，多数问题的求解仍需要根据具体问题，选择其他合适的坐标系，将式(10-3) 写成标量的形式更为方便。

一、质点运动微分方程在直角坐标轴上投影

设 $Oxyz$ 为固定的直角坐标系，将作用在质点上的力 $\boldsymbol{F}_i$ 和质点矢径 $\boldsymbol{r}$ 进行直角坐标分解，分别为 F_{xi}、F_{yi}、F_{zi} 和 x、y、z，即

$$\boldsymbol{F}_i=F_{xi}\boldsymbol{i}+F_{yi}\boldsymbol{j}+F_{zi}\boldsymbol{k}$$

$$\boldsymbol{r}=x\boldsymbol{i}+y\boldsymbol{j}+z\boldsymbol{k}$$

则矢量方程 (10-3) 在直角坐标轴上的投影具有如下方程组：

$$m\ddot{x}=m\frac{\mathrm{d}^2x}{\mathrm{d}t^2}=\sum F_{xi},\ m\ddot{y}=m\frac{\mathrm{d}^2y}{\mathrm{d}t^2}=\sum F_{yi},\ m\ddot{z}=m\frac{\mathrm{d}^2z}{\mathrm{d}t^2}=\sum F_{zi} \tag{10-4}$$

二、质点运动微分方程在自然轴上投影

假设质点在空间的运动轨迹是一条曲线，在某一确定时刻质点运动到 M 点，在自然坐标系，如图 10-1 中，$\boldsymbol{t}$、$\boldsymbol{n}$、$\boldsymbol{b}$ 分别为M 点的切线方向（质点运动方向）、法向（指向轨迹的内凹方向）和副法向的单位矢量。把质点所受的力和加速度沿质点轨迹的切线和法线方向分解，分别为 $\sum F_t$、$\sum F_n$ 和 a_t、a_n，代入式(10-3) 可得到自然轴的投影式

$$ma_t=\sum F_t,\ ma_n=\sum F_n,\ 0=\sum F_b \tag{10-5}$$

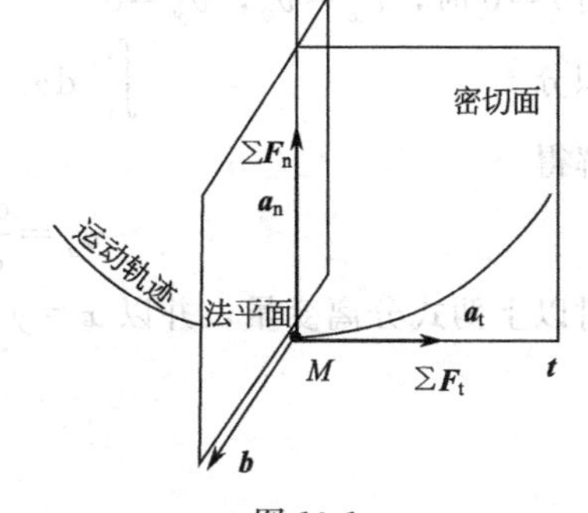

图 10-1

三、质点动力学的两类基本问题

质点动力学的基本问题分为两类：一是已知质点运动，求作用于质点上的力，它可以用简单的微分方法解决；二是已知作用于质点上的力，求质点的运动，实为解微分方程或求积分的问题，需按作用力的函数规律进行积分，根据具体问题的运动条件确定积分常数。

【例 10-1】 如图 10-2 所示，质点 M 的质量为m，运动方程是 $x=b\cos\omega t$，$y=d\sin\omega t$，

其中 b、d、ω 为常量，求作用在此质点上的力。

解：这是典型的动力学第一类基本问题。运动方程

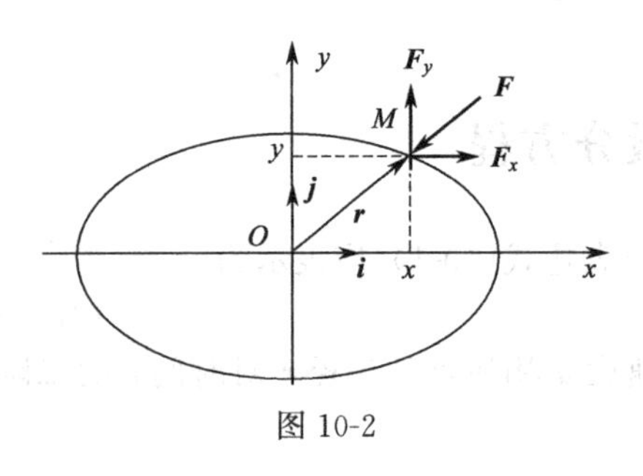

图 10-2

$$x=b\cos\omega t$$
$$y=d\sin\omega t$$

消去时间，得此质点的轨迹方程

$$\frac{x^2}{b^2}+\frac{y^2}{d^2}=1$$

由运动方程，可以得到

$$a_x=\frac{\mathrm{d}^2x}{\mathrm{d}t^2}=-b\omega^2\cos\omega t=-\omega^2x$$

$$a_y=\frac{\mathrm{d}^2y}{\mathrm{d}t^2}=-d\omega^2\sin\omega t=-\omega^2y$$

作用在此质点上的力在轴上的投影为

$$F_x=ma_x=-m\omega^2x$$
$$F_y=ma_y=-m\omega^2y$$

用矢量的形式表述质点受力

$$\boldsymbol{F}=F_x\boldsymbol{i}+F_y\boldsymbol{j}=-m\omega^2(x\boldsymbol{i}+y\boldsymbol{j})=-m\omega^2\boldsymbol{r}$$

力 $\boldsymbol{F}$ 与矢径 $\boldsymbol{r}$ 共线、反向，这表明，此质点按给定的运动方程做椭圆运动。

【例 10-2】 质量为 m 的质点带有电荷 e，以速度 v_0 进入强度按 $E=A\cos kt$ 变化的均匀电场中，初速度方向与电场强度垂直，如图 10-3 所示。质点在电场中受力 $\boldsymbol{F}=-e\boldsymbol{E}$ 作用。已知常数 A、k，忽略质点的重力，试求质点的运动轨迹。

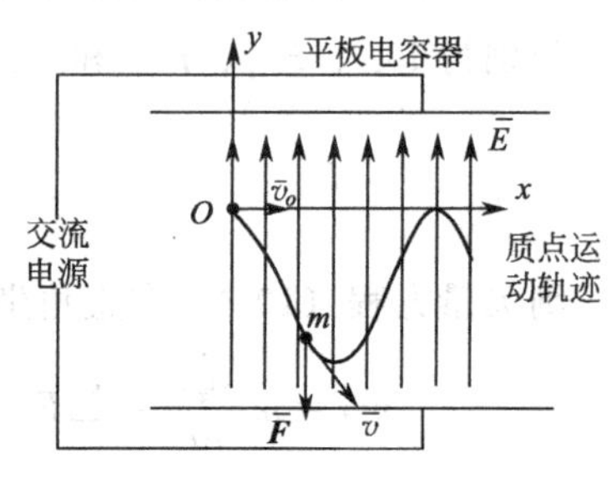

图 10-3

解：取质点的初始位置 O 为坐标原点，取 x、y 轴，如图 10-3 所示，而 z 轴与 x、y 轴垂直。因为力和初速度在 z 轴上的投影均为零，质点的轨迹必定在 Oxy 平面内。写出质点运动微分方程在 x、y 轴的投影形式。

$$m\frac{\mathrm{d}^2x}{\mathrm{d}t^2}=m\frac{\mathrm{d}v_x}{\mathrm{d}t}=0,\ m\frac{\mathrm{d}^2y}{\mathrm{d}t^2}=m\frac{\mathrm{d}v_y}{\mathrm{d}t}=-eA\cos kt$$

由 $t=0$ 时，$v_x=v_0$，$v_y=0$

积分
$$\int_{v_0}^{v_x}\mathrm{d}v_x=0,\ \int_0^{v_y}\mathrm{d}v_y=-\frac{eA}{m}\int_0^t\cos kt\,\mathrm{d}t$$

解得

$$v_x=\frac{\mathrm{d}x}{\mathrm{d}t}=v_0,\ v_y=\frac{\mathrm{d}y}{\mathrm{d}t}=-\frac{eA}{mk}\sin kt$$

对以上两式分离变量，并以 $x=y=0$ 为下限，做定积分，有

$$\int_0^x\mathrm{d}x=\int_0^t v_0\,\mathrm{d}t$$

$$\int_0^y\mathrm{d}y=-\frac{eA}{mk}\int_0^t\sin kt\,\mathrm{d}t$$

得到质点运动方程

$$x=v_0t,\ y=\frac{eA}{mk^2}(\cos kt-1)$$

消去 t，得轨迹方程

$$y=\frac{eA}{mk^2}\left[\cos\left(\frac{k}{v_0}x\right)-1\right]$$

轨迹为余弦曲线，如图10-3所示。

例10-2为质点动力学的第二类基本问题。求解过程一般需要积分，还要分析题意，合理应用运动初始条件确定积分常数，使问题得到确定的解。当质点受力复杂，特别是几个质点相互作用时，质点的运动微分方程难以积分求得解析解。使用计算机，选用适当的计算程序，逐步积分，可求其数值近似解。

本章主要内容是牛顿第二定律以及在质点运动分析中的应用。解决质点动力学问题的主要有下列几个步骤：首先，分析质点的受力，分清主动力和被动力，对非自由质点需以约束力代替约束，主动力和约束力的方向往往可以确定，画出质点的受力图；其次，分析质点的运动，画出质点运动分析图，如加速度和速度在坐标上的分量等。然后，列出质点运动方程，方程中要体现运动量和力坐标分量的正负号；最后，求解微分方程及问题的进一步讨论。

思　考　题

10-1　质点在空间运动，已知作用力。为求质点的运动方程需要几个运动初始条件？若质点在平面内运动呢？若质点沿给定的轨道运动呢？

10-2　某人用枪瞄准了空中一悬挂的靶体。如在子弹射出的同时靶体开始自由下落，不计空气阻力，问子弹能否击中靶体？

习　　题

10-1　如图10-4所示，设质量为m的质点M在平面Oxy内运动，已知其运动方程为$x=a\cos\omega t$，$y=b\sin\omega t$。求作用在质点上的力F。

10-2　半径为R的偏心轮绕O轴以匀角速度ω转动，推动导板沿铅直轨道运动，如图10-5所示。导板顶部放有一质量为m的物块A，设偏心距$OC=e$，开始时OC沿水平线。求：(1) 物块对导板的最大压力；(2) 使物块不离开导板的ω最大值。

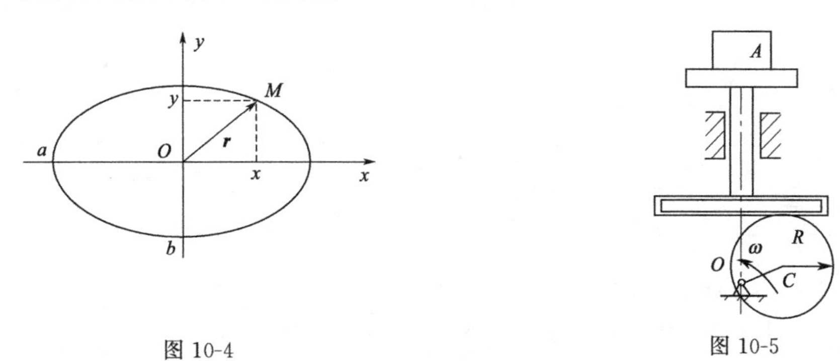

图10-4　　　　图10-5

10-3　为了使列车对铁轨的压力垂直于路基，在铁道弯曲部分，外轨要比内轨稍为提高。试就以下的数据求外轨高于内轨的高度h。轨道的曲率半径为$\rho=300\text{m}$，列车的速度为$v=12\text{m/s}$，内、外轨道间的距离为$b=1.6\text{m}$。

10-4　图10-6所示质点的质量为m，受指向原点O的力$F=kr$作用，力与质点到点O的距离成正比。如初瞬时质点的坐标为$x=x_0$，$y=0$，而速度的分量为$v_x=0$，$v_y=v_0$。试求质点的轨迹。

10-5　AB杆以$\theta=\pi t^2/6$的规律在图10-7所示铅直平面内绕A点转动，带动质量$m=1\text{kg}$的小环M沿着半径$R=1\text{m}$的固定圆弧轨道运动。不计摩擦，求$t=1\text{s}$时刻固定圆弧轨道对小环M的作用力。

10-6　如图10-8所示，质量为m的小球M由长均为l的两杆支撑，此机构以匀角速度ω绕铅直轴转动。设$AB=2a$，两杆各端均为铰接且杆重不计，求杆的内力。

10-7　铅直发射的火箭由雷达跟踪。当$r=10000\text{m}$时，火箭的仰角$\theta=60°$，$\dot{\theta}=0.02\text{rad/s}$，$\ddot{\theta}=$

0.003rad/s^2，此时火箭的质量 $m=5000$kg。求此时火箭受的推力 F。

10-8　如图 10-9 所示，质量皆为 m 的 A、B 两物块已无重杆光滑铰接，置于光滑水平及铅垂面上于 $\theta=60°$时自由释放，求此时 AB 杆所受的力。

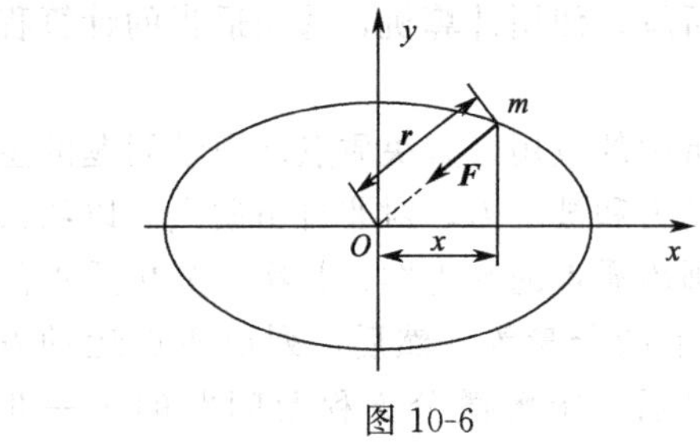

图 10-6

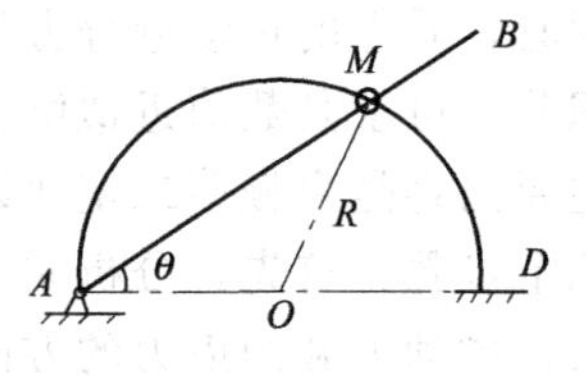

图 10-7

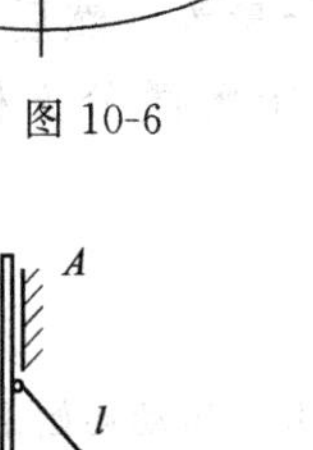

图 10-8

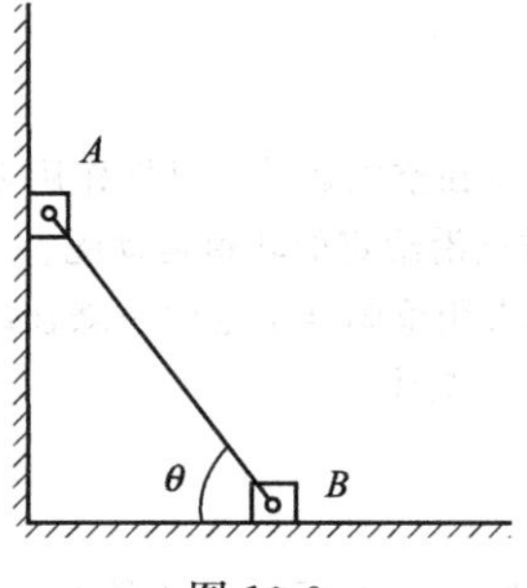

图 10-9

第十一章　动力学普遍定理

第十章研究了质点的运动与它所受的力之间的关系。

本章将建立描述整个质点系运动特征的一些物理量（如动量、动量矩、动能）与表示质点系所受机械作用的量（如力、力矩、冲量和功）之间的关系。这些关系统称为动力学普遍定理，它包括动量定理（质心运动定理）、动量矩定理、动能定理。这些定理都可从动力学基本方程推导出来。

第一节　动量定理

一、动量与冲量

质点的动量是用来度量质点机械运动的一个物理量。质点 i 的动量 $\boldsymbol{p}_i$ 等于其质量 m_i 与速度 $\boldsymbol{v}_i$ 的乘积，牛顿第一次是用这种形式表示牛顿第二定律的，即

$$\boldsymbol{p}_i=m_i\boldsymbol{v}_i$$

如图 11-1 所示，**质点系中各质点动量的矢量和**，称为**质点系的动量**，用 $\boldsymbol{p}$ 表示，即

$$\boldsymbol{p}=\sum m_i\boldsymbol{v}_i \tag{11-1}$$

质点系的动量是自由矢，是度量质点系整体运动的基本特征之一，具体计算时可采用其在直角坐标系的投影形式

$$\left.\begin{aligned}p_x&=\sum m_iv_{ix}\\p_y&=\sum m_iv_{iy}\\p_z&=\sum m_iv_{iz}\end{aligned}\right\} \tag{11-2}$$

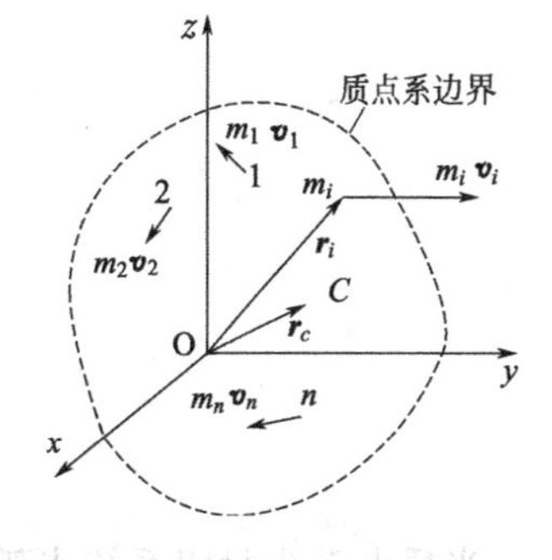

图 11-1

其中 p_x、p_y、p_z 分别为质点系的动量在 x、y、z 轴上的投影，v_{ix}、v_{iy}、v_{iz} 分别为质点 i 的速度在 x、y、z 轴上的投影。

从牛顿的第二定律可知，要使物体的速度发生一定变化，作用于该物体上的力必须持续一段时间才行。物体运动状态的变化与作用力和力作用的时间有关。这样，力 $\boldsymbol{F}$ 与其作用时间 t 的乘积叫做力的冲量，用字母 $\boldsymbol{I}$ 表示。

$$\boldsymbol{I}=\boldsymbol{F}t \tag{11-3}$$

冲量为矢量，它表明了力对物体作用时间的积累效应。

很多情况下作用在物体上的外力并不是恒力，而是时间的函数，则外力 $\boldsymbol{F}$ 在 t_1 到 t_2 时刻的冲量为

$$\boldsymbol{I}=\int_{t_1}^{t_2}\boldsymbol{F}\mathrm{d}t \tag{11-4}$$

二、质点系的动量定理

质点系由 n 个质点组成，取质点系任一质量为 m_i 的质点，速度为 $\boldsymbol{v}_i$，作用于该质点上的力有外力 $\boldsymbol{F}_i^{(\mathrm{e})}$ 和内力 $\boldsymbol{F}_i^{(\mathrm{i})}$，牛顿第二定律可表示为

$$\frac{\mathrm{d}}{\mathrm{d}t}(m_i\boldsymbol{v}_i)=\boldsymbol{F}_i^{(\mathrm{e})}+\boldsymbol{F}_i^{(\mathrm{i})}\qquad(i=1,2,\cdots,n) \tag{11-5}$$

对于由 n 个质点所组成的质点系可列出 n 个这样的方程，将方程两侧的项分别相加，则有

$$\sum\frac{\mathrm{d}}{\mathrm{d}t}(m_i\boldsymbol{v}_i)=\frac{\mathrm{d}}{\mathrm{d}t}\sum m_i\boldsymbol{v}_i=\sum\boldsymbol{F}_i^{(\mathrm{e})}+\sum\boldsymbol{F}_i^{(\mathrm{i})} \tag{11-6}$$

注意质点系内质点间的相互作用力总是成对出现，因此质点系的内力的矢量和等于零，于是式(11-6) 变为

$$\frac{\mathrm{d}}{\mathrm{d}t}\sum m_i\boldsymbol{v}_i=\sum\boldsymbol{F}_i^{(\mathrm{e})} \tag{11-7}$$

这就是微分形式的**质点系动量定理，即质点系的动量对时间的变化率等于质点系所受外力系的矢量和**。

将式（11-7）从 t_1 到 t_2 积分，便可得到积分形式的质点系动量定理：

$$\boldsymbol{p}-\boldsymbol{p}_0=\int_{t_1}^{t_2}\boldsymbol{F}_R^{(\mathrm{e})}\mathrm{d}t=\sum_{i=1}^{n}\boldsymbol{I}_i^{(\mathrm{e})}\ (i=1,2,\cdots,n) \tag{11-8}$$

即有限时间 t_2-t_1 内质点系动量变化等于在这一时间内外力冲量。它是牛顿第二定律的积分形式，或者说是动量定理的积分形式。此式将广泛应用于求解碰撞问题。

质点系的动量定理实际应用时常采用投影形式：

$$\begin{cases}\dfrac{\mathrm{d}p_x}{\mathrm{d}t}=\sum\limits_{i=1}^{n}F_{ix}^{(\mathrm{e})}=\boldsymbol{F}_{\mathrm{R}x}^{(\mathrm{e})}\\ \dfrac{\mathrm{d}p_y}{\mathrm{d}t}=\sum\limits_{i=1}^{n}F_{iy}^{(\mathrm{e})}=\boldsymbol{F}_{\mathrm{R}y}^{(\mathrm{e})}\\ \dfrac{\mathrm{d}p_z}{\mathrm{d}t}=\sum\limits_{i=1}^{n}F_{iz}^{(\mathrm{e})}=\boldsymbol{F}_{\mathrm{R}z}^{(\mathrm{e})}\end{cases} \tag{11-9}$$

$$\begin{cases}p_x-p_{Ox}=\sum\limits_{i=1}^{n}I_x^{(\mathrm{e})}\\ p_y-p_{Oy}=\sum\limits_{i=1}^{n}I_y^{(\mathrm{e})}\\ p_z-p_{Oz}=\sum\limits_{i=1}^{n}I_z^{(\mathrm{e})}\end{cases} \tag{11-10}$$

当质点系为封闭系统或孤立质点，即外力主矢恒等于零，$\boldsymbol{F}_{\mathrm{R}}^{(\mathrm{e})}=0$ 时，由式（11-8）可知，质点系的动量为一常矢量。即

$$\boldsymbol{p}=\boldsymbol{p}_0=\boldsymbol{C}$$

式中，$\boldsymbol{C}$ 是常矢量，由运动的初始条件决定。总之封闭系统的总动量守恒，这就是**质点系动量守恒定理**。

【例 11-1】 真空中斜向抛出一物体，在最高点时，物体炸裂成两块，如图 11-2 所示。一块恰好沿原轨道返回抛射点 O，另一块落地点的水平距离 OB 则是未炸裂时应有水平距离 OB_0 的 2 倍，求物体炸裂后两块质量之比。

解： 设炸裂后两物块的质量分别为 m_1 与 m_2，炸裂前共同速度为$\boldsymbol{v}$，炸裂后的速度分别为$\boldsymbol{v}_1$与$\boldsymbol{v}_2$。由于$\sum F_x=0$，所以系统在 x 方向动量守恒 $p_x=0$，即

$$(m_1+m_2)v=m_1v_1-m_2v_2 \tag{Ⅰ}$$

由于炸裂前后，水平方向的运动为匀速运动，水平方向运动的距离正比于水平速度，且 $\overline{OB}=2\overline{OB_0}$，所以 $v:v_1=\overline{AB_0}:\overline{AB}=\left(\frac{1}{2}\overline{OB_0}\right):\left(\frac{3}{2}\overline{OB_0}\right)=1:3$

则

$$v_1=3v$$

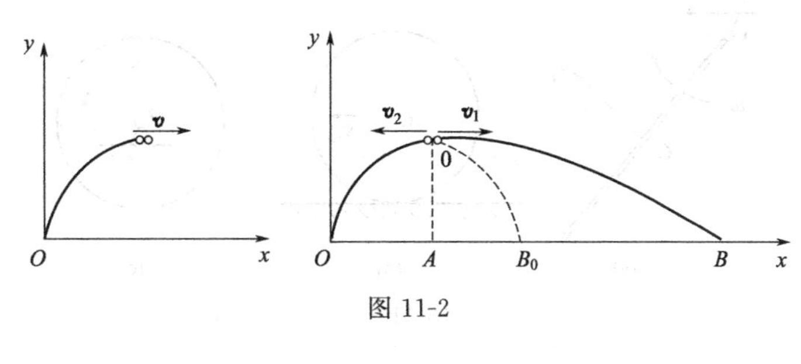

图 11-2

同理　$v_2=v$

代入(Ⅰ)，解得　$m_1=m_2$

三、质心运动定理

在静力学中曾经讨论过物体的重心这个概念，并得到了确定重心坐标的公式。与此相仿，在动力学中对于质点系，要引用质量中心或简称质心的概念。质点系的运动不仅与受力有关，而且与其质量的分布有关，质量分布的特征之一可以用质心来描述，物理学中，质点系质心 C 矢径公式为

$$\boldsymbol{r}_C=\frac{\sum m_i\boldsymbol{r}_i}{m} \tag{11-11}$$

式中，$\boldsymbol{r}_i$ 为质点 i 的矢径，$m=\sum m_i$ 为质点系的质量和。质心处于质点质量较密集的部位，反映了质量分布的情形。实际工程中，系统的质心位置一般是通过直角坐标分量来确定的。将 $\boldsymbol{r}_C$ 和 $\boldsymbol{r}_i$ 分解成直角坐标分量，得到下面 3 个标量方程：

$$mx_C=\sum_{i=1}^{n}m_ix_i,\ my_C=\sum_{i=1}^{n}m_iy_i,\ mz_C=\sum_{i=1}^{n}m_iz_i$$

式中，x_C、y_C、z_C 表示质心的坐标。

将式(11-11) 对时间求一阶导数

$$\dot{\boldsymbol{r}}_C=\frac{\sum m_i\dot{\boldsymbol{r}}_i}{m} \tag{11-12}$$

即

$$\boldsymbol{v}_C=\frac{\sum m_i\boldsymbol{v}_i}{m} \tag{11-13}$$

$\boldsymbol{v}_C$ 为质点系质心的速度，$\boldsymbol{v}_i$ 质点 i 的速度。这样，质点系的动量可改写为

$$\boldsymbol{p}=\sum m_i\boldsymbol{v}_i=m\boldsymbol{v}_C \tag{11-14}$$

这一结果表明，质点系的动量等于质点系的总质量与质心速度的乘积。相当于将质点系的总质量集中于质心一点的动量，方向与质心速度方向相同，所以说质点系的动量描述了其质心的运动。此式使质点系动量的计算大为简化，如图 11-3 所示三种情形刚体的动量的计算。

图 11-3(a) 中，长为 l、质量为 m 的均质细杆，在平面内转动的角速度为 ω，则其动量为 $p=mv_C=m\ \frac{l}{2}\omega$，方向与质心速度方向相同。图 11-3(b) 中，质量为 m 的均质滚轮，质心的速度为 v_C，则其动量为 mv_C，方向与质心速度方向相同。图 11-3(c) 中，绕中心转动的均质轮，其动量为零。

将式(11-14) 代入质点系动量定理式(11-7) 中，得

$$m\ \frac{\mathrm{d}\boldsymbol{v}_C}{\mathrm{d}t}=\boldsymbol{F}_{\mathrm{R}}^{(\mathrm{e})} \tag{11-15}$$

即

$$m\boldsymbol{a}_C=\boldsymbol{F}_{\mathrm{R}}^{(\mathrm{e})} \tag{11-16}$$

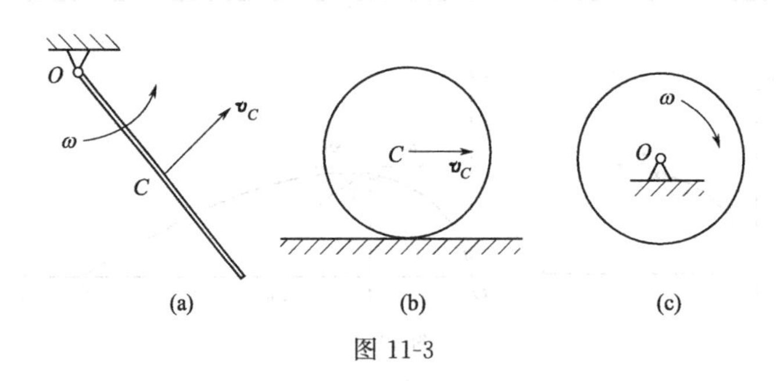

图 11-3

式(11-16) 表明，**质点系的质量与质心加速度的乘积等于作用于质点系的外力系的主矢量**，称为**质心运动定理**。由此定理可得出以下结论：

质点系质心的运动，可以视为一质点的运动，如将质点系的质量集中在质心上，同时将作用在质点系上所有外力都平移到质心上，则质心运动的加速度与所受外力的关系符合牛顿第二定律。

第二节 动量矩定理

第一节中研究的动量定理对于质点或质点系建立了作用力与动量变化之间的关系，但是，对于质点系来说，动量并不能完全描述它的运动状态。例如，当刚体绕通过质心的定轴转动时，无论转动快慢如何，转动状态有何变化，它的动量却恒为零。这就是说，动量并不能描述质点相对于定点（定轴）或相对于质心的运动状态。为了解决这方面的问题，本节将讨论质点或质点系的动量对于固定点（固定轴）或质心的矩之变化与作用于其上的力系对同一点（或轴）的矩之间的关系，也就是动量矩定理。

一、质点动量矩定理

如图 11-4 所示，设质量为 m 的质点 Q 相对于一个惯性系 $Oxyz$ 运动，该质点的动量对于 O 点的矩，定义为质点对于 O 点的动量矩，即

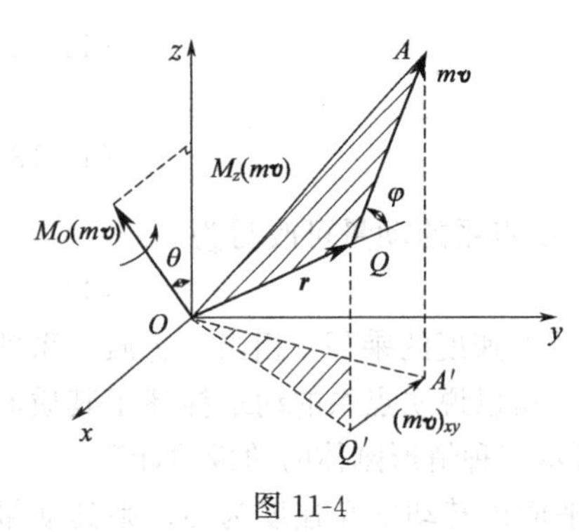

图 11-4

$$\boldsymbol{M}_O(m\boldsymbol{v})=\boldsymbol{r}\times m\boldsymbol{v} \tag{11-17}$$

质点对于 O 点的动量矩为矢量，它垂直于矢径 $\boldsymbol{r}$ 与动量 $m\boldsymbol{v}$ 所形成的平面，指向按右手法则确定，其大小为

$$|\boldsymbol{M}_O(m\boldsymbol{v})|=mvr\sin(\boldsymbol{r},m\boldsymbol{v})=mvd=2A_{\triangle OAQ}$$

质点动量 $m\boldsymbol{v}$ 在 Oxy 平面的投影 $(m\boldsymbol{v})_{xy}$ 对 O 的矩，定义为质点动量对 z 轴的矩［对 z 轴的动量矩 $M_z(m\boldsymbol{v})$］，对于平面问题，动量矩矢总是垂直于该平面，则可视为代数量，并规定逆时针方向为正，顺时针方向为负。质点 Q 对 O 的点的动量矩矢在 z 轴上的投影，等于对 z 轴的动量矩。

将式(11-17) 两边同时对时间 t 求一次导数，由矢量的微分法则，有

$$\frac{\mathrm{d}}{\mathrm{d}t}\boldsymbol{M}_O(m\boldsymbol{v})=\frac{\mathrm{d}}{\mathrm{d}t}(\boldsymbol{r}\times m\boldsymbol{v})=\frac{\mathrm{d}}{\mathrm{d}t}\boldsymbol{r}\times(m\boldsymbol{v})+\boldsymbol{r}\times\frac{\mathrm{d}}{\mathrm{d}t}(m\boldsymbol{v})$$

而

$$\frac{\mathrm{d}}{\mathrm{d}t}\boldsymbol{r}\times(m\boldsymbol{v})=\boldsymbol{v}\times m\boldsymbol{v}=0 \qquad \frac{\mathrm{d}}{\mathrm{d}t}(m\boldsymbol{v})=m\frac{\mathrm{d}\boldsymbol{v}}{\mathrm{d}t}=m\boldsymbol{a}$$

又根据牛顿第二定律，$m\boldsymbol{a}$ 等于作用于质点 Q 上的所有力的合力 $\boldsymbol{F}$。所以

$$\frac{\mathrm{d}}{\mathrm{d}t}\boldsymbol{M}_O(m\boldsymbol{v})=\boldsymbol{r}\times\boldsymbol{F}=\boldsymbol{M}_O(\boldsymbol{F}) \tag{11-18}$$

式(11-18) 为**质点的动量矩定理，即质点对固定点 $\boldsymbol{O}$ 的动量矩对时间的一阶导数等于作用于质点上的力对同一点的合力矩。**

二、质点系动量矩定理

质点系中所有各质点的动量对于固定点 O 的动量矩矢之和称之为该质点系对 O 点的动量矩 $\boldsymbol{L}_O$，即

$$\boldsymbol{L}_O=\sum_{i=1}^{n}\boldsymbol{M}_O(m_i\boldsymbol{v}_i)=\sum_{i=1}^{n}\boldsymbol{r}_i\times m_i\boldsymbol{v}_i \tag{11-19}$$

质点系对某固定点 O 的动量矩矢在通过该点的轴上的投影等于质点系对该轴的动量矩，即

$$\left.\begin{aligned}[\boldsymbol{L}_O]_x=L_x=\sum M_x(m_i\boldsymbol{v}_i)\\ [\boldsymbol{L}_O]_y=L_y=\sum M_y(m_i\boldsymbol{v}_i)\\ [\boldsymbol{L}_O]_z=L_z=\sum M_z(m_i\boldsymbol{v}_i)\end{aligned}\right\} \tag{11-20}$$

设质系内有 n 个质点，对于任意质点 M_i 有

$$\frac{\mathrm{d}}{\mathrm{d}t}\boldsymbol{M}_O(m_i\boldsymbol{v}_i)=\boldsymbol{M}_O(\boldsymbol{F}_i^{(\mathrm{i})})+\boldsymbol{M}_O(\boldsymbol{F}_i^{(\mathrm{e})})\quad(i=1,2,\cdots,n)$$

式中，$\boldsymbol{F}_i^{(\mathrm{i})}$、$\boldsymbol{F}_i^{(\mathrm{e})}$ 分别为作用于质点上的内力和外力。求 n 个方程的矢量和有

$$\sum_{i=1}^{n}\frac{\mathrm{d}}{\mathrm{d}t}\boldsymbol{M}_O(m_i\boldsymbol{v}_i)=\sum_{i=1}^{n}\boldsymbol{M}_O(\boldsymbol{F}_i^{(\mathrm{i})})+\sum_{i=1}^{n}\boldsymbol{M}_O(\boldsymbol{F}_i^{(\mathrm{e})})$$

式中，$\sum_{i=1}^{n}\boldsymbol{M}_O(\boldsymbol{F}_i^{(\mathrm{i})})=0$，$\sum_{i=1}^{n}\boldsymbol{M}_O(\boldsymbol{F}_i^{(\mathrm{e})})=\boldsymbol{M}_O^{(\mathrm{e})}=\sum_{i=1}^{n}\boldsymbol{r}_i\times\boldsymbol{F}_i^{(\mathrm{e})}$，为作用于系统上的外力系对于 O 点的主矩。交换左端求和及求导的次序，有

$$\frac{\mathrm{d}}{\mathrm{d}t}\sum_{i=1}^{n}\boldsymbol{M}_O(m_i\boldsymbol{v}_i)=\sum_{i=1}^{n}\boldsymbol{M}_O(\boldsymbol{F}_i^{(\mathrm{e})})$$

由此得

$$\frac{\mathrm{d}}{\mathrm{d}t}\boldsymbol{L}_O=\boldsymbol{M}_O^{(\mathrm{e})}=\sum_{i=1}^{n}\boldsymbol{r}_i\times\boldsymbol{F}_i^{(\mathrm{e})} \tag{11-21}$$

式(11-21) 为**质点系动量矩定理，即质点系对固定点 $\boldsymbol{O}$ 的动量矩对于时间的一阶导数等于外力系对同一点的主矩**。具体应用时，常取其在直角坐标系上的投影式

$$\left.\begin{aligned}\frac{\mathrm{d}}{\mathrm{d}t}L_x=M_x^{(\mathrm{e})}=\sum M_x(\boldsymbol{F}_i^{(\mathrm{e})})\\ \frac{\mathrm{d}}{\mathrm{d}t}L_y=M_y^{(\mathrm{e})}=\sum M_y(\boldsymbol{F}_i^{(\mathrm{e})})\\ \frac{\mathrm{d}}{\mathrm{d}t}L_z=M_z^{(\mathrm{e})}=\sum M_z(\boldsymbol{F}_i^{(\mathrm{e})})\end{aligned}\right\} \tag{11-22}$$

式中，$L_x=\sum M_x(m_i\boldsymbol{v}_i)$、$L_y=\sum M_y(m_i\boldsymbol{v}_i)$、$L_z=\sum M_z(m_i\boldsymbol{v}_i)$分别表示质系中各点动量对于 x、y、z 轴动量矩的代数和。式(11-22) 为质点系相对定点动量矩定理的投影形式，**即质点系对定轴的动量矩对时间的一阶导数等于作用于质点系上的外力系对同一轴的矩。**

内力不能改变质点系的动量矩，只有作用于质点系的外力才能使质点系的动量矩发生变化。在特殊情况下**若外力系对 $\boldsymbol{O}$ 点的主矩为零，则质点系对 $\boldsymbol{O}$ 点的动量矩为一常矢量**，即

$$\boldsymbol{M}_O^{(e)}=0, \boldsymbol{L}_O=\text{常矢量}$$

或**外力系对某轴力矩的代数和为零，则质点系对该轴的动量矩为一常数**，例如$\sum M_x[\boldsymbol{F}^{(e)}]=0$，$L_x=$常数。

【**例 11-2**】 水平杆 AB 长为 $2a$，可绕铅垂轴 z 转动，其两端各用铰链与长为 l 的杆 AC 及 BD 相连，杆端各连接重为 P 的小球 C 和 D。起初两小球用细线相连，使杆 AC 与 BD 均为铅垂，系统绕 z 轴的角速度为 ω_0。如某瞬时此细线拉断后，杆 AC 与 BD 各与铅垂线成角 α，如图 11-5 所示。不计各杆重量，求这时系统的角速度。

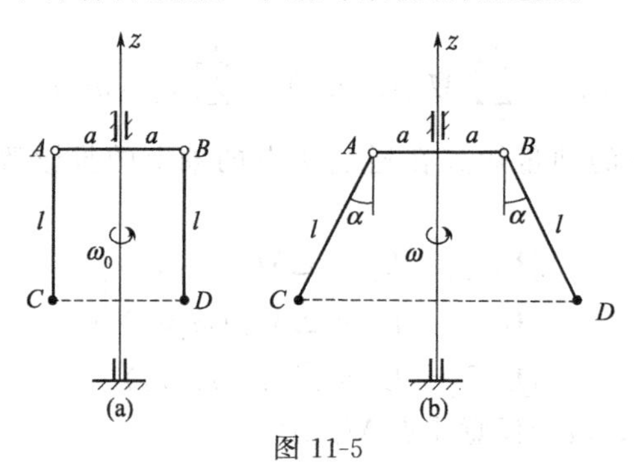

图 11-5

解：系统所受外力有小球的重力及轴承的约束力，这些力对 z 轴之矩都等于零，系统对 z 轴的动量矩守恒。

开始时系统的动量矩为

$$L_{z1}=2\left(\frac{P}{g}a\omega_0\right)a=2\frac{P}{g}a^2\omega_0$$

细线拉断后的动量矩为

$$L_{z2}=2\frac{P}{g}(a+l\sin\alpha)^2\omega$$

动量矩守恒，有

$$L_{z1}=L_{z2}$$

即

$$2\frac{P}{g}a^2\omega_0=2\frac{P}{g}(a+l\sin\alpha)^2\omega$$

则

$$\omega=\frac{a^2}{(a+l\sin\alpha)^2}\omega_0$$

第三节　刚体绕定轴转动微分方程

如图 11-6 所示定轴转动刚体，若任意瞬时的角速度为 ω，则刚体对于固定轴 z 轴的动量矩为

$$L_z=\sum r_i m_i v_i=\sum m_i r_i^2\times\omega=\omega\sum m_i r_i^2$$

令

$$J_z=\sum m_i r_i^2 \tag{11-23}$$

称为**刚体对 z 轴的转动惯量**，它是描述刚体的质量对 z 轴分布状态的一个物理量，是刚体转动惯性的度量。代入后得

$$L_z=J_z\omega \tag{11-24}$$

即刚体对转动轴的动量矩等于刚体对该轴的转动惯量与角速度的乘积。

作用于刚体上的外力有主动力及轴承约束力，受力如图 11-6 所示。由于约束力对 z 轴的力矩为零，所以方程中只需考虑主动力的矩。应用质系对 z 轴的动量矩方程，有

$$\frac{\mathrm{d}}{\mathrm{d}t}(J_z\omega)=\sum M_z(\boldsymbol{F}_i)$$

式中
$$\omega=\frac{\mathrm{d}\varphi}{\mathrm{d}t}=\dot{\varphi}$$

得
$$J_z\frac{\mathrm{d}^2\varphi}{\mathrm{d}t^2}=\sum M_z(\boldsymbol{F}_i) \tag{11-25}$$

或
$$J_z\ddot{\varphi}=\sum M_z(\boldsymbol{F}_i)$$

此式称为**刚体绕定轴转动的微分方程**。$\frac{\mathrm{d}^2\varphi}{\mathrm{d}t^2}=\alpha$ 为刚体绕定轴转动的角加速度，所以式(11-25) 可写为

$$J_z\times\alpha=\sum M_z(\boldsymbol{F}_i) \tag{11-26}$$

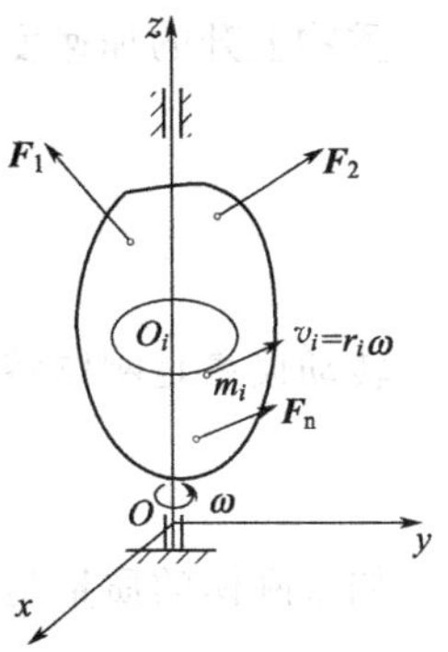

图 11-6

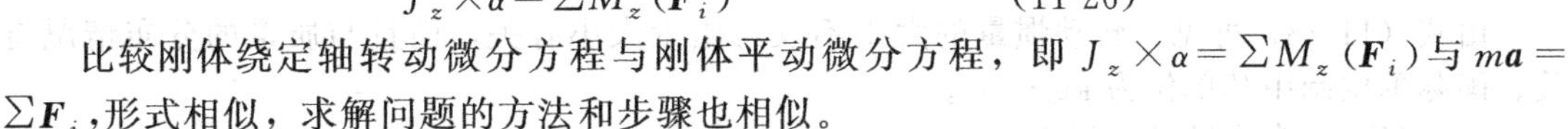

比较刚体绕定轴转动微分方程与刚体平动微分方程，即 $J_z\times\alpha=\sum M_z(\boldsymbol{F}_i)$ 与 $m\boldsymbol{a}=\sum\boldsymbol{F}_i$，形式相似，求解问题的方法和步骤也相似。

【例 11-3】 卷扬机的传动轮系如图 11-7 所示，设轴Ⅰ和Ⅱ各自转动部分对其轴的转动惯量分别为 J_1 和 J_2，轴Ⅰ的齿轮 C 上受主动力矩 M 的作用，卷筒提升的重力为 mg。齿轮 A、B 的节圆半径为 r_1、r_2，两轮角加速度之比 $\alpha_1:\alpha_2=r_2:r_1=i_{12}$。卷筒半径为 R，不计轴承摩擦及绳的质量，求重物的加速度。

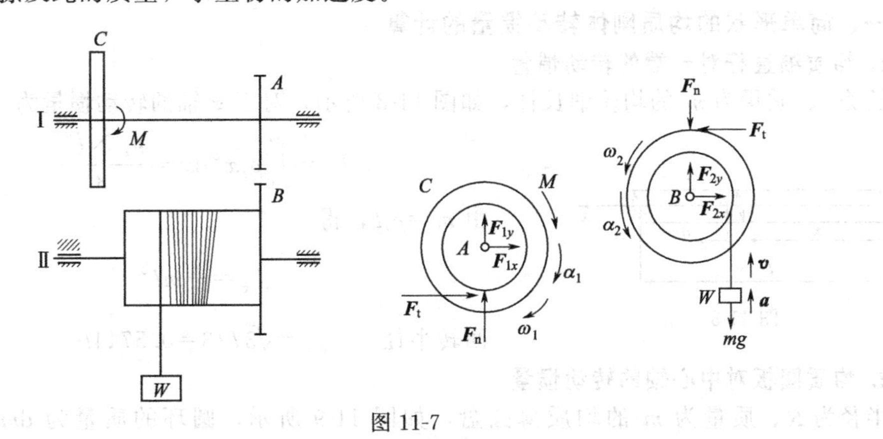

图 11-7

解： 本题两根固定轴必须拆开，分别以两轴及与固连的齿轮为研究对象。轴Ⅰ除受主动力矩 M 和重力、轴承约束力外，还受有齿轮力 F_t 及 F_n，现假设 α_1 与 M 的方向相同，如图所示。为使方程正负号简单，一般约定以轴Ⅰ的转向为正，于是轴Ⅰ的转动方程为

$$J_1\times\alpha_1=M-F_tr_1$$

再以轴Ⅱ和重物 W 为研究对象，画出其受力图。按运动学关系画出 α_2(α_1 反向)，以 α_2 转向为正，应用质点系的动量矩定理

$$\frac{\mathrm{d}}{\mathrm{d}t}(J_2\omega_2+mvR)=F_tr_2-mgR$$

$$(J_2+mR^2)\alpha_2=F_tr_2-mgR$$

式中有三个未知量 α_1、α_2 和 F_t，还需建立补充方程，由运动学得

$$\frac{\alpha_1}{\alpha_2}=\frac{r_2}{r_1}=i_{12}$$

联立解得
$$\alpha_2=\frac{Mi_{12}-mgR}{J_1i_{12}^2+J_2+mR^2}$$

重物上升的加速度　$a=R\alpha_2=\dfrac{(Mi_{12}-mgR)R}{J_1i_{12}^2+J_2+mR^2}$

第四节　转动惯量

转动惯量是刚体转动时惯性的度量，刚体对任意轴 z 的转动惯量定义为

$$J_z=\sum_{i=1}^{n}m_ir_i^2 \tag{11-27}$$

如果刚体的质量是连续分布的，则式（11-27）可写为积分形式

$$J_z=\int_m r^2\mathrm{d}m \tag{11-28}$$

由式（11-28）可见，转动惯量的大小不仅与质量大小有关，而且与质量的分布情况有关。国际单位制中其单位为 $\mathrm{kg\cdot m^2}$。

在工程中，常将转动惯量表示为

$$J_z=m\rho_z^2 \tag{11-29}$$

式中，m 为刚体的质量，ρ_z 称为回转半径，单位为 m 或 cm。回转半径的物理意义为：若将物体的质量集中在以 ρ_z 为半径、Oz 为对称轴的细圆环上，则转动惯量不变。

一、简单形状的均质刚体转动惯量的计算

1. 均质细直杆对一端的转动惯量

长为 l、质量为 m 的均质细长杆，如图 11-8 所示，对于 z 轴的转动惯量为

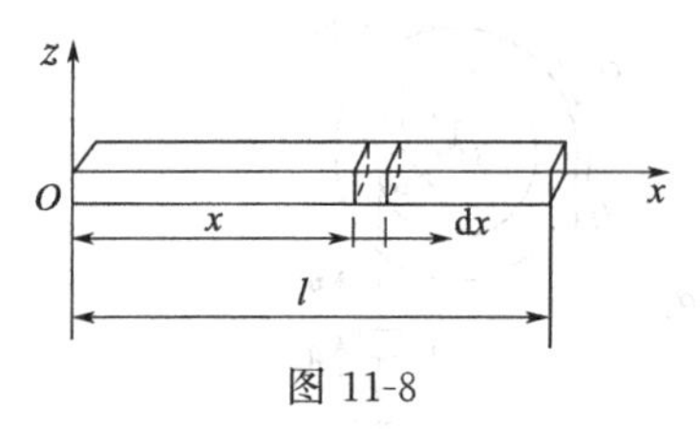

图 11-8

$$J_z=\int_0^l\rho_l x^2\mathrm{d}x=\frac{\rho_l\times l^3}{3}$$

由 $m=\rho_1 l$，得

$$J_z=\frac{1}{3}ml^2$$

回转半径　$\rho_z=\sqrt{3}l/3=0.5744l$

2. 均质圆板对中心轴的转动惯量

半径为 R、质量为 m 的均质薄圆盘，如图 11-9 所示。圆环的质量为 $\mathrm{d}m=2\pi r\mathrm{d}r\times\dfrac{m}{\pi R^2}=\dfrac{2m}{R^2}r\mathrm{d}r$，此圆环对于过中心 O 与圆盘平面相垂直的 z 轴的转动惯量为 $r^2\mathrm{d}m=\dfrac{2m}{R^2}r^3\mathrm{d}r$，于是整个圆盘对于 z 轴的转动惯量为

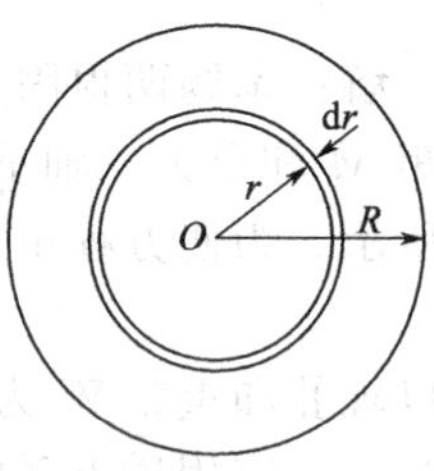

$$J_O=\int_0^R\frac{2m}{R^2}r^3\mathrm{d}r=\frac{1}{2}mR^2$$

图 11-9

回转半径

$$\rho_z=\sqrt{2}R/2=0.7071R$$

读者试计算均质圆柱体对于纵向中心轴的转动惯量。一般简单形状的均质刚体的转动惯量可以从有关手册中查到，也可用上述方法计算。

二、转动惯量的平行移轴定理

定理：**刚体对于任一轴的转动惯量等于刚体对于通过质心，并与该轴平行的轴的转动惯量，加上刚体的质量与两轴间距离平方的乘积。**即

$$J_z=J_{zC}+md^2 \tag{11-30}$$

证明：如图 11-10 所示，设 C 为刚体的质心，刚体对于过质心的轴 z_1 的转动惯量为

$$J_{z_1C}=\sum m_i(x_1^2+y_1^2)$$

对于与 z_1 轴平行的另一轴 z 的转动惯量为

$$J_z=\sum m_ir^2=\sum m_i(x^2+y^2)$$

由于 $x=x_1$，$y=y_1+d$，于是上式变为

$$J_z=\sum m_i\left[x_1^2+(y_1+d)^2\right]$$

$$=\sum m_i(x_1^2+y_1^2)+2d\sum m_iy_1+d^2\sum m_i$$

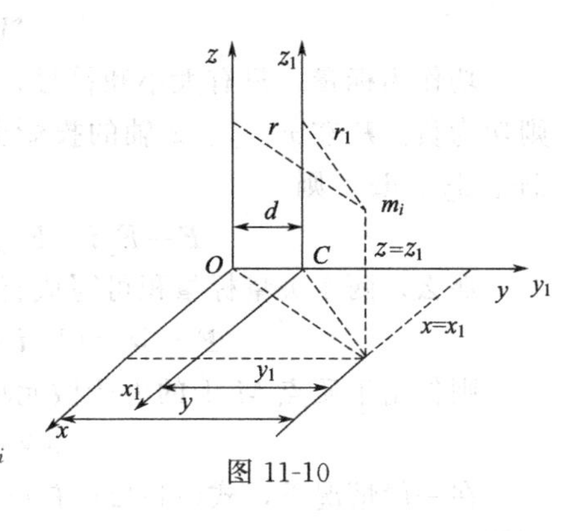

图 11-10

式中第二项 $my_C=\sum m_iy_1=0$，于是得

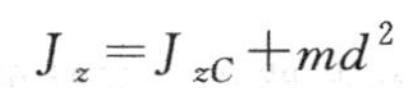

$$J_z=J_{zC}+md^2$$

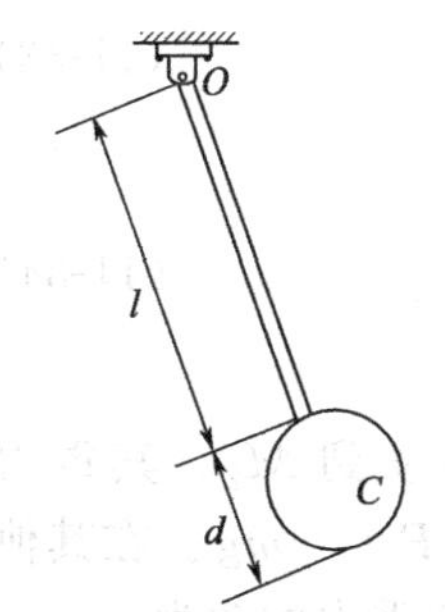

图 11-11

【例 11-4】 如图 11-11 所示，已知均质细杆长为 l，质量为 m_1，均质圆盘半径为 $d/2$，质量为 m_2，求钟摆对 O 点的转动惯量。

解： 令细杆对 O 点的转动惯量为 J_{O1}，圆盘对 O 点的转动惯量为 J_{O2}，则钟摆对 O 点的转动惯量

$$J_O=J_{O1}+J_{O2}$$

式中

$$J_{O1}=\frac{1}{3}ml^2$$

$$J_{O2}=\frac{1}{2}m_2\left(\frac{d}{2}\right)^2+m_2\left(l+\frac{d}{2}\right)^2$$

$$=m_2\left(\frac{3}{8}d^2+l^2+ld\right)$$

得

$$J_O=\frac{1}{3}m_1l^2+m_2\left(\frac{3}{8}d^2+l^2+ld\right)$$

第五节　动 能 定 理

在第一节和第二节中研究了动量定理和动量矩定理。动量是一个很重要的物理量，它被用来度量物体以机械运动的方式进行传递的运动。但自然界存在着多种运动形式，在一定条件下会相互转化。能量转换与功之间的关系是自然界中各种形式运动过的普遍规律，在机械运动中则表现为动能定理，不同于动量和动量矩定理，动能定理是从能量的角度来分析质点和质点系的动力学问题，有时这是更为方便和有效的。同时，它还可以建立机械运动与其他形式运动之间的联系。

一、力的功

功是在一段路程上对物体作用的累计效果。它的计算方法随力和路程的情况而异，现分述如下。

1. 功的一般表达形式

如图 11-12 所示，质点 M 在任意变力 F 作用下沿曲线运动，力在无限小位移 d$\boldsymbol{r}$ 中可视为常力，小弧段 ds 可视为直线，d$\boldsymbol{r}$ 可视为沿 M 点的切线。在一无限小位移中力所做的功称为**元功**，以 δW 表示。所以力的元功为

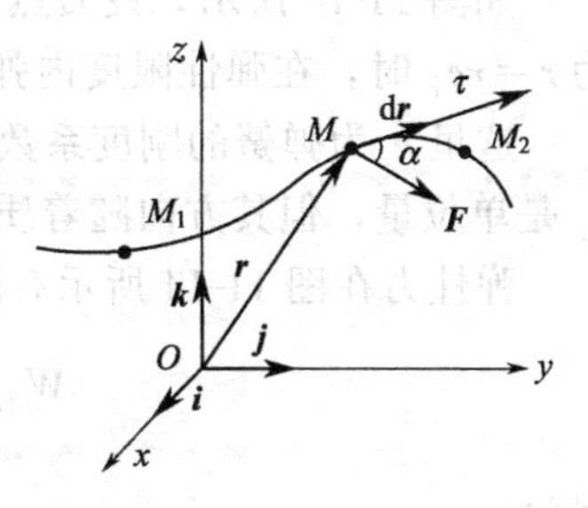

图 11-12

$$\delta W=\boldsymbol{F}\cdot \mathrm{d}\boldsymbol{r}=F\cos\alpha\,\mathrm{d}s \tag{11-31}$$

功作为标量，只有大小和符号，没有方向。若角 α 为锐角，则功为正；若角 α 为钝角，则功为负。$\boldsymbol{F}$ 在 x、y、z 轴的投影分别是 F_x、F_y、F_z，$\mathrm{d}\boldsymbol{r}$ 在 x、y、z 轴的投影分别是 $\mathrm{d}x$、$\mathrm{d}y$、$\mathrm{d}z$，则

$$\boldsymbol{F}=F_x\boldsymbol{i}+F_y\boldsymbol{j}+F_z\boldsymbol{k}\qquad \mathrm{d}\boldsymbol{r}=\mathrm{d}x\boldsymbol{i}+\mathrm{d}y\boldsymbol{j}+\mathrm{d}z\boldsymbol{k}$$

那么，两个矢量标量积可写成直角坐标形式

$$\boldsymbol{F}\cdot \mathrm{d}\boldsymbol{r}=(F_x\boldsymbol{i}+F_y\boldsymbol{j}+F_z\boldsymbol{k})\cdot(\mathrm{d}x\boldsymbol{i}+\mathrm{d}y\boldsymbol{j}+\mathrm{d}z\boldsymbol{k})$$

则作用于质点 M 上的力所做元功

$$\delta W=F_x\mathrm{d}x+F_y\mathrm{d}y+F_z\mathrm{d}z \tag{11-32}$$

在一般情况下，式(11-32) 右边不表示某个坐标函数的全微分，所以元功用符号 δW 而不用 $\mathrm{d}W$。

力在有限路程 M_1M_2 上的功为力在此路程上元功的定积分，即

$$W_{12}=\int_{M_1}^{M_2}(\boldsymbol{F}\cdot \mathrm{d}\boldsymbol{r})=\int_0^s F\cos\alpha\,\mathrm{d}s \tag{11-33}$$

如果求式(11-32) 的积分，则可得到

$$W_{12}=\int_{M_1}^{M_2}F_x\mathrm{d}x+F_y\mathrm{d}y+F_z\mathrm{d}z \tag{11-34}$$

2. 重力的功

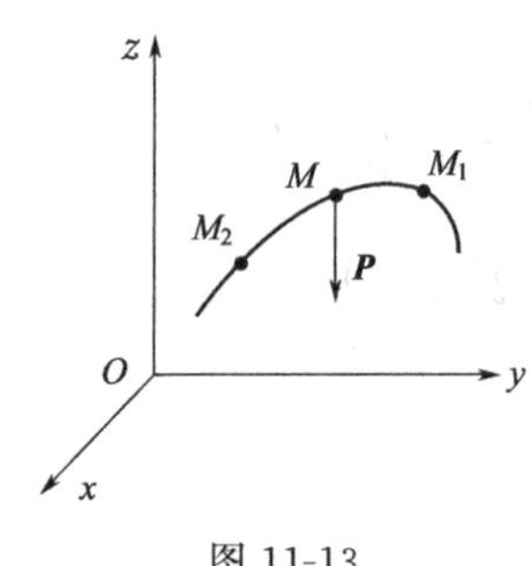

图 11-13

如图 11-13 所示，质点沿轨迹由 M_1 运动到 M_2，其重力 $\boldsymbol{P}=m\boldsymbol{g}$ 只在 z 轴上有投影，并且其投影值为 $P=-mg$。在其他轴上的投影值都为零，所以由式(11-34) 可知重力的功为

$$W_{12}=\int_{z_1}^{z_2}-mg\,\mathrm{d}z=mg(z_1-z_2) \tag{11-35}$$

由此可见，重力的功仅与质点运动开始和终了位置的高度差有关，而与运动轨迹无关。

对于质点系，所有质点重力做功之和为

$$\sum W_{12}=\sum m_i g(z_{i1}-z_{i2})$$

由质心坐标公式，有

$$mz_C=\sum m_i z_i$$

由此可得

$$\sum W_{12}=mg(z_{C1}-z_{C2}) \tag{11-36}$$

式中，m 为质量，$z_{C1}-z_{C2}$ 为质系运动起始与终了位置质心的高度差。所以质点系重力的功也与质心运动轨迹的形状无关。

3. 弹性力的功

如图 11-14 所示，设质点 M 受指向固定中心 O 点的弹性力作用，当质点 M 的矢径表示为 $\boldsymbol{r}=r\boldsymbol{e}_r$ 时，在弹性限度内弹性力可表示为 $\boldsymbol{F}=-k(r-l_0)\boldsymbol{e}_r$。

这里 k 为弹簧的刚度系数，l_0 为弹簧的原长，$\boldsymbol{e}_r$ 为沿质点矢径方向的单位矢量，虽然 $\boldsymbol{e}_r$ 是单位量，但其方向随着质点 M 位置的变化而变化，所以 $\boldsymbol{e}_r$ 是变矢量。

弹性力在图 11-14 所示有限路程 M_1—M_2 上的功为

$$W_{12}=\int_{M_1}^{M_2}\boldsymbol{F}\mathrm{d}\boldsymbol{r}=\int_{r_1}^{r_2}-k(r-l_0)\boldsymbol{e}_r\mathrm{d}\boldsymbol{r}$$

因为

$$\boldsymbol{e}_r\cdot \mathrm{d}\boldsymbol{r}=\frac{\boldsymbol{r}}{r}\cdot \mathrm{d}\boldsymbol{r}=\frac{1}{2r}\mathrm{d}(\boldsymbol{r}\cdot\boldsymbol{r})=\frac{1}{2r}\mathrm{d}r^2=\mathrm{d}r$$

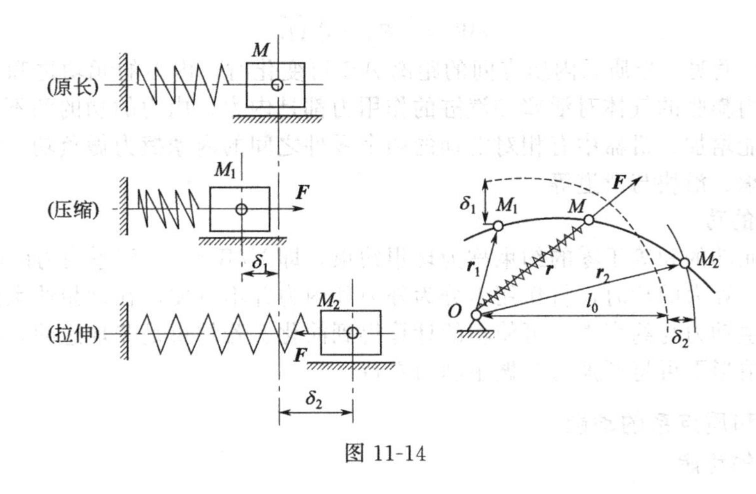

图 11-14

于是

$$W_{12}=\int_{r_1}^{r_2}-k(r-l_0)\mathrm{d}r=\frac{1}{2}k\left[(r_1-l_0)^2-(r_2-l_0)^2\right]$$

或

$$W_{12}=\frac{1}{2}k\left[\delta_1^2-\delta_2^2\right] \tag{11-37}$$

式中，δ_1、δ_2 分别为质点在起点及终点处弹簧的变形量。由式(11-37) 可知，**弹性力在有限路程上的功只决定于弹簧在起始及终了位置的变形量，而与质点的运动路径无关。**

4. 定轴转动刚体上作用力的功

如图 11-15 所示，设作用于定轴转动刚体点 A 上的力 $\boldsymbol{F}$ 与该点处的轨迹切线的夹角为 θ，则力 $\boldsymbol{F}$ 在切线上的投影为

$$F_{\mathrm{t}}=F\cos\theta$$

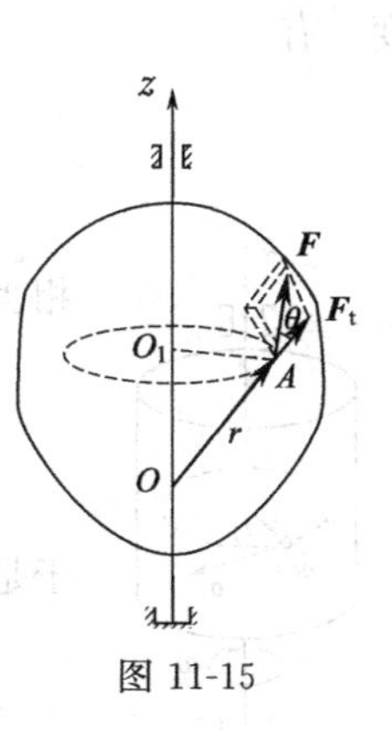

图 11-15

当刚体绕定轴转动时，转角 φ 与力作用点 A 所经过的弧长 s 的关系为

$$\mathrm{d}s=R\mathrm{d}\varphi$$

式中，R 为点 A 到轴的垂距。力 $\boldsymbol{F}$ 的元功为

$$\delta W=\boldsymbol{F}\cdot\mathrm{d}\boldsymbol{r}=F_{\mathrm{t}}\mathrm{d}s=F_{\mathrm{t}}R\mathrm{d}\varphi$$

而 $F_{\mathrm{t}}R=M_z(F)=M_z$ 为力 $\boldsymbol{F}$ 对 z 轴的力矩，于是

$$\delta W=M_z\mathrm{d}\varphi=M\mathrm{d}\varphi \tag{11-38}$$

在有限转动中，力 $\boldsymbol{F}$ 所做的功或力偶 M 所做的功可以通过将式(11-38) 从初始角度 φ_1 积分到末角度 φ_2 得到

$$W_{12}=\int_{\varphi_1}^{\varphi_2}M\mathrm{d}\varphi \tag{11-39}$$

5. 质点系内力的功

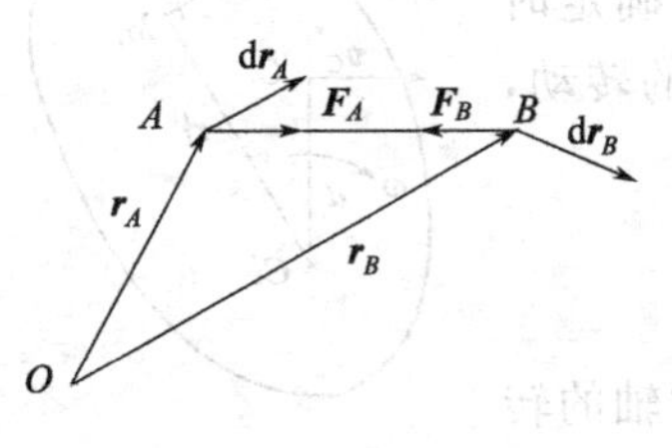

图 11-16

如图 11-16 所示，质系中 A、B 两质点间有相互作用的内力 $\boldsymbol{F}_A$ 和 $\boldsymbol{F}_B$，根据牛顿第三定律 $\boldsymbol{F}_A=-\boldsymbol{F}_B$，两点对于固定点 O 的矢径分别为 $\boldsymbol{r}_A$ 和 $\boldsymbol{r}_B$，则 $\boldsymbol{F}_A$ 和 $\boldsymbol{F}_B$ 的元功之和为

$$\begin{aligned}\delta W&=\boldsymbol{F}_A\cdot\mathrm{d}\boldsymbol{r}_A+\boldsymbol{F}_B\cdot\mathrm{d}\boldsymbol{r}_B\\&=\boldsymbol{F}_A\cdot\mathrm{d}\boldsymbol{r}_A-\boldsymbol{F}_A\cdot\mathrm{d}\boldsymbol{r}_B\\&=\boldsymbol{F}_A\cdot\mathrm{d}(\boldsymbol{r}_A-\boldsymbol{r}_B)\end{aligned}$$

$\boldsymbol{r}_A+\overrightarrow{AB}=\boldsymbol{r}_B$，考虑到 $\boldsymbol{r}_A-\boldsymbol{r}_B=-\overrightarrow{AB}$，所以有

$$\delta W = -\boldsymbol{F}_A \cdot \mathrm{d}\overrightarrow{AB} \tag{11-40}$$

式(11-40)说明，当质系内质点间的距离 AB 可变化时，内力的元功之和不为零。如汽车发动机汽缸内膨胀的气体对活塞和汽缸的作用力都是内力，内力的功的和不为零，内力的功使汽车的动能增加。机器中有相对滑动的两个零件之间的内摩擦力做负功，消耗机器的能量。如轴与轴承、滑块与滑道等。

6. 约束力的功

约束力的元功的和等于零的约束称为理想约束，即 $\sum\delta W=0$。质系内力的功之和一般不为零，因此在计算力的功时，将作用力分为外力和内力并不方便，在理想约束的情形下，若将作用力分为主动力与约束力，可使功的计算得到简化。若约束是非理想的，如需考虑摩擦力的功，在此情形下可将摩擦力当做主动力看待。

二、质点和质点系的动能

1. 质点系的动能

设质点系由 n 个质点组成，任一质点 M_i 在某瞬时的动能为 $\frac{1}{2}m_i v_i^2$，这个表达式是一个标量，质点系内所有质点在某瞬时动能的代数和称为该瞬时质点系的动能，以 T 表示，即

$$T = \sum_{i=1}^{n} \frac{1}{2} m_i v_i^2 \tag{11-41}$$

动能是描述质点系运动强度的一个物理量。动能的单位与功的单位相同。

2. 平动刚体的动能

当刚体平动时，刚体上各点速度相同。因此，可以用其质心的速度来表示刚体的速度，有

$$T = \frac{1}{2}\sum_i m_i v_C^2 = \frac{1}{2} m v_C^2 \tag{11-42}$$

式中，m 为整个刚体的质量。式(11-42)说明，刚体做平移的动能，相当于将整个刚体的质量集中于其质心上时质心的动能。

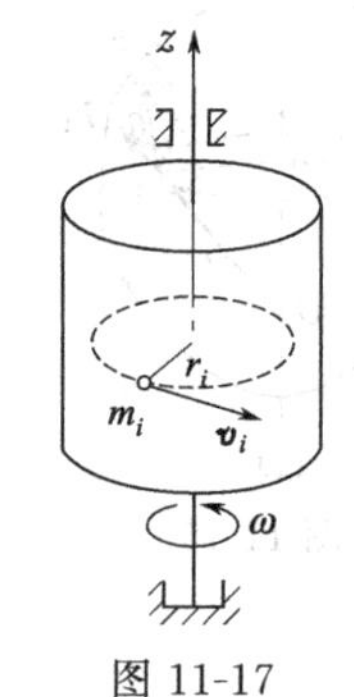

图 11-17

3. 定轴转动刚体的动能

当刚体绕固定轴 z 转动时，如图 11-17 所示，其上任一点的速度为

$$v_i = r_i \omega$$

于是绕定轴转动刚体的动能为

$$T = \frac{1}{2}\sum_i m_i v_i^2 = \frac{1}{2}\sum_i m_i \omega^2 r_i^2 = \frac{1}{2}\omega^2 \sum_i m_i r_i^2$$

$\sum_i m_i r_i^2 = J_z$ 为刚体对 z 轴的转动惯量，所以得

$$T = \frac{1}{2} J_z \omega^2 \tag{11-43}$$

4. 平面运动刚体的动能

考虑一质量为 m 的刚体做平面运动时，如图 11-18 某一确定时刻刚体运动可视为绕通过速度瞬心 C' 并与运动平面垂直的轴的转动，此时刚体动能可写为

$$T = \frac{1}{2} J_{C'} \omega^2$$

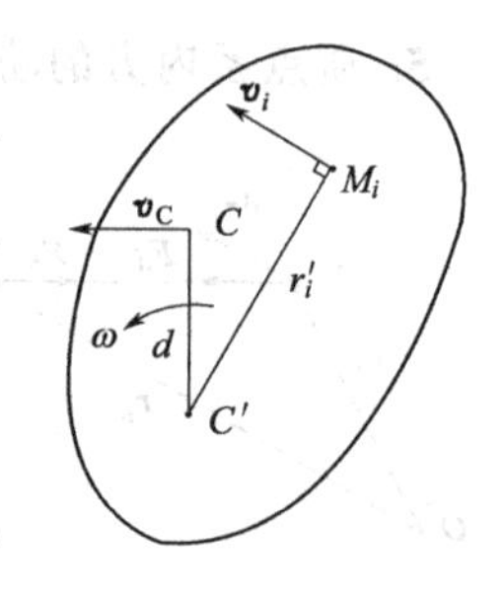

图 11-18

式中，$J_{C'}$ 为刚体对通过速度瞬心 C' 并与运动平面垂直的轴的转动惯量。根据转动惯量的平行轴定理有

$$J_{C'}=J_C+md^2$$

式中，J_C 为刚体对通过其质心 C 并与运动平面垂直的轴的转动惯量，d 为质心 C 与速度瞬心 C'之间的距离。代入上式得

$$T=\frac{1}{2}J_{C'}\omega^2=\frac{1}{2}(J_C+md^2)\omega^2=\frac{1}{2}J_C\omega^2+\frac{1}{2}md^2\omega^2$$

而质心 C 的速度的大小 $v_C=\omega d$，因此

$$T=\frac{1}{2}mv_C^2+\frac{1}{2}J_C\omega^2 \tag{11-44}$$

式(11-44) 表明，平面运动刚体的动能等于跟随质心平动的动能与绕通过质心的转轴转动的动能之和。

以上结果不仅适用于平板或相对于参考面对称的刚体的运动，而且还可以用于研究任何形状刚体的运动。

三、动能定理

1. 质点的动能定理

假设受力 $\boldsymbol{F}$ 作用的质点 M 沿直线或曲线运动。牛顿第二定律给出

$$m\frac{\mathrm{d}\boldsymbol{v}}{\mathrm{d}t}=\boldsymbol{F}$$

上式两边点乘 $\mathrm{d}\boldsymbol{r}$，得

$$m\frac{\mathrm{d}\boldsymbol{v}}{\mathrm{d}t}\cdot\mathrm{d}\boldsymbol{r}=\boldsymbol{F}\cdot\mathrm{d}\boldsymbol{r}$$

因$\boldsymbol{v}=\dfrac{\mathrm{d}\boldsymbol{r}}{\mathrm{d}t}$，于是上式可写为

$$m\boldsymbol{v}\cdot\mathrm{d}\boldsymbol{v}=\boldsymbol{F}\cdot\mathrm{d}\boldsymbol{r}$$

或

$$\mathrm{d}\left(\frac{1}{2}mv^2\right)=\delta W \tag{11-45}$$

式中，$\frac{1}{2}mv^2$称为质点的动能；$\delta W=\boldsymbol{F}\cdot\mathrm{d}\boldsymbol{r}$ 称为力的元功。式(11-45) 称为质点动能定理的微分形式，**即作用于质点上力的元功等于质点动能的微分**。将上式积分，得

$$\int_{v_1}^{v_2}\mathrm{d}\left(\frac{1}{2}mv^2\right)=W_{12}$$

$$\frac{1}{2}mv_2^2-\frac{1}{2}mv_1^2=W_{12} \tag{11-46}$$

式中，$W_{12}=\int_{M_1}^{M_2}\boldsymbol{F}\cdot\mathrm{d}\boldsymbol{r}$ 为当质点在力 $\boldsymbol{F}$ 的作用下从点 M_1 运动到点 M_2 时，力 $\boldsymbol{F}$ 对质点所做的功；v_1和v_2分别表示质点在点 M_1 和点 M_2 处的速度大小，这里提到的速度都是相对惯性坐标系的。式(11-46) 为质点动能定理的积分形式，即作用于质点上的力在有限路程上的功等于质点动能的改变量。

2. 质点系动能定理

设质点系由 n 个质点组成，其中任意一质点，质量为 m_i，速度为$\boldsymbol{v}_i$，作用于该质点上的力为 $\boldsymbol{F}_i$。根据质点动能定理的微分形式有

$$\mathrm{d}\left(\frac{1}{2}m_iv_i^2\right)=\delta W_i \quad (i=1,2,\cdots,n)$$

质点系的动能

$$T=\sum_{i=1}^{n}\frac{1}{2}m_iv_i^2$$

所以得出质点系动能定理的微分形式：在质点系无限小的位移中，质点系动能的微分等于作用于质点系全部力所做的元功之和。即

$$\mathrm{d}T=\sum_{i=1}^{n}\delta W_i \tag{11-47}$$

对式（11-47）积分，得

$$T_2-T_1=\sum W_i \tag{11-48}$$

T_1 和 T_2 分别表示质点系在任意有限路程的运动中起点和终点的动能。式(11-48）为质点系动能定理的积分形式。

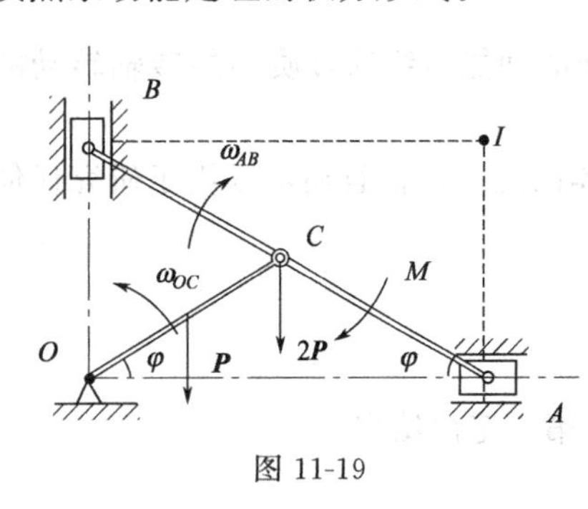

图 11-19

【例 11-5】 椭圆规位于水平面内，由曲柄带动规尺 AB 运动，如图 11-19 所示。曲柄 OC 和规尺 AB 都是均质杆，重量分别为 P 和 $2P$，且 $OC=AC=BC=l$，滑块 A 和 B 重量均为 Q。常力偶 M 作用在曲柄上，设 $\varphi=0$ 时系统静止，求曲柄角速度和角加速度（以转角 φ 表示）。

解： 规尺 AB 瞬心为 I，由几何条件，$OC=CI$，因此 $\omega_{OC}=\omega_{AB}=\omega$，系统由静止开始运动，当转过 φ 角时，系统的动能

$$T=\frac{1}{2}\frac{Q}{g}v_A^2+\frac{1}{2}\frac{Q}{g}v_B^2+\frac{1}{2}J_O\omega^2+\frac{1}{2}J_I\omega^2$$

运动关系为

$$\frac{v_A}{2l\cos\varphi}=\frac{v_B}{2l\sin\varphi}=\omega$$

$$T=\frac{1}{2}\frac{Q}{g}(2l\cos\varphi\times\omega)^2+\frac{1}{2}\frac{Q}{g}(2l\sin\varphi\times\omega)^2+\frac{1}{2}\times\frac{1}{3}\frac{P}{g}l^2\omega^2+\frac{1}{2}\times\frac{1}{3}\frac{2P}{g}(2l)^2\omega^2$$

$$=\frac{(4Q+3P)l^2\omega^2}{2g}$$

系统中力做的功为 $\Sigma W=M\varphi$

由动能定理的积分形式 $T_2-T_1=\Sigma W$，得

$$T_2-T_1=\frac{(4Q+3P)l^2\omega^2}{2g}-0=M\varphi$$

解得

$$\omega=\sqrt{\frac{2gM\varphi}{(4Q+3P)l^2}}$$

由动能定理的微分形式，得

$$\mathrm{d}T=\frac{(4Q+3P)l^2\omega}{g}\mathrm{d}\omega \qquad \Sigma\delta W=M\mathrm{d}\varphi$$

$$\frac{\mathrm{d}T}{\mathrm{d}t}=\frac{\Sigma\delta W}{\mathrm{d}t}$$

$$[(4Q+3P)l^2\omega/g]\times\alpha=M\omega$$

解得

$$\alpha=\frac{Mg}{(4Q+3P)l^2}$$

思　考　题

11-1 在光滑的水平面上放置一静止的均匀圆盘，当它受一力偶作用时，盘心将如何运动？盘心运动情况与力偶作用位置有关吗？如果圆盘面内受一大小和方向都不变的力作用，盘心将如何运动？盘心运动

情况与此力的作用点有关吗？

11-2　刚体受一群力作用，不论各力作用点如何，此刚体质心的加速度都一样吗？

11-3　某质点系对空间任一固定点的动量矩都完全相同，且不等于零。这种运动情况可能吗？

11-4　平面运动刚体，如所受外力主矢为零，刚体只能是绕质心的转动吗？如所受外力对质心的主矩为零，刚体只能平移吗？

11-5　运动员起跑时，什么力使运动员的质心加速运动？什么力使运动员的动能增加？产生加速度的力一定做功吗？

11-6　质量为 m 的质点，其矢径的变化规律为 $\boldsymbol{r}=x\boldsymbol{i}+y\boldsymbol{j}+z\boldsymbol{k}$，其中 $\boldsymbol{i}$、$\boldsymbol{j}$、$\boldsymbol{k}$ 为沿固定直角坐标轴的单位矢量，x、y、z 为时间的已知函数。试给出动能、动量及对坐标原点 O 的动量矩的表达式。

11-7　两个均质圆盘，质量相同，半径不同，静止平放于光滑水平面上。如在此二盘上同时作用相同的力偶，在下述情况下比较而圆盘的动量、动量矩和动能的大小。(1) 经过同样的时间间隔；(2) 转过同样的角度。

习　题

11-1　汽车以 36km/h 的速度在平直道上行驶。设车轮在制动后立即停止转动。问车轮对地面的动滑动摩擦因数 f 应为多大方能使汽车在制动后 6s 停止。

11-2　三物块用绳连接如图 11-20 所示，其质量为 $m_1=2m_2=4m_3$，如绳的质量和变形均不计，则三物块均以同样的速度 v 运动。求该质点系的动量。

11-3　图 11-21 所示浮动起重机举起质量 $m_1=2000$kg 的重物。设起重机质量 $m_2=20000$kg，杆长 $OA=8$m；开始时杆与铅直位置成 60°角，水的阻力和杆重均略去不计。当起重杆 OA 转到与铅直位置成 30°角时，求起重机的位移。

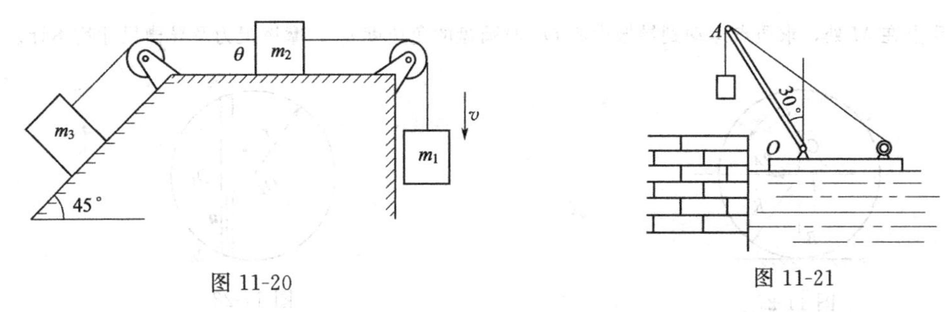

图 11-20　　　　图 11-21

11-4　平台车质量 $m_1=500$kg，可沿水平轨道运动。平台车上站有一人，质量 $m_2=70$kg，车与人以共同速度 v_0 向右方运动。如人相对平台车以速度 $v_r=2$m/s 向左方跳出，不计平台车水平方向的阻力及摩擦，问平台车增加的速度为多少？

11-5　图 11-22 所示椭圆规尺 AB 的质量为 $2m_1$，曲柄 OC 的质量为 m_1，而滑块 A 和 B 的质量均为 m_2。已知：$OC=AC=CB=l$；曲柄和尺的质心分别在其中点上；曲柄绕 O 轴转动的角速度 ω 为常数。当开始时，曲柄水平向右，求此时质点系的动量。

11-6　质量为 m 长度 $l=2R$ 的匀质细直杆 AB 的 A 端固接在匀质圆盘边缘上，如图 11-23 所示，圆盘以角速度 ω（逆时针转向）绕定轴 O 转动，其质量为 M，半径为 R，求该系统的动量大小。

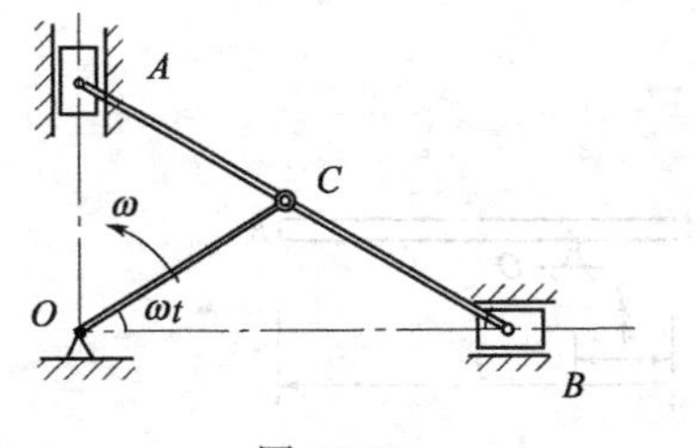

图 11-22

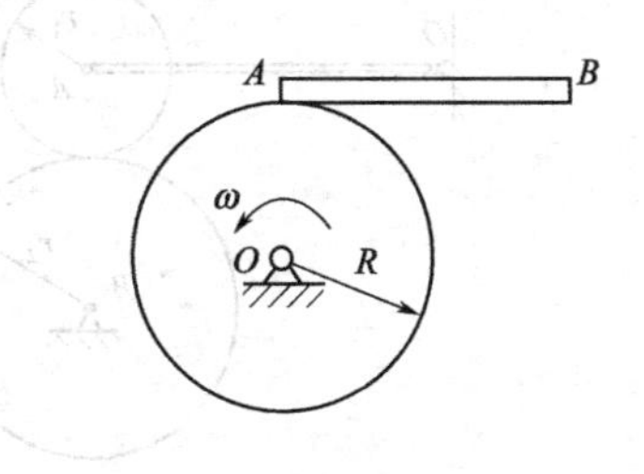

图 11-23

11-7　如图 11-24 所示，物体 A 和 B 的质量分别是 m_1 和 m_2，借一绕过滑轮 C 的不可伸长的绳索相连，这两个物体可沿直角三棱柱光滑斜面滑动，而三棱柱的底面 DE 则放在光滑水平面上。试求当物体 A 落下高度 $h=10\text{cm}$ 时三棱柱沿水平面的位移。设三棱柱的质量 $m=4m_1=16m_2$，绳索和滑轮的质量都忽略不计。初瞬时系统处于静止。

11-8　如图 11-25 所示，已知均质杆的质量为 M，对 z_1 轴的转动惯量为 J_1，求杆对 z_2 的转动惯量 J_2。

11-9　均质直角折杆尺寸如图 11-26 所示，其质量为 3m，求其对轴 O 的转动惯量。

11-10　质量为 m 的点在平面 Oxy 内运动，其运动方程为：$x=a\cos\omega t$，$y=b\sin2\omega t$。式中 a、b 和 ω 为常量。求质点对原点 O 的动量矩。

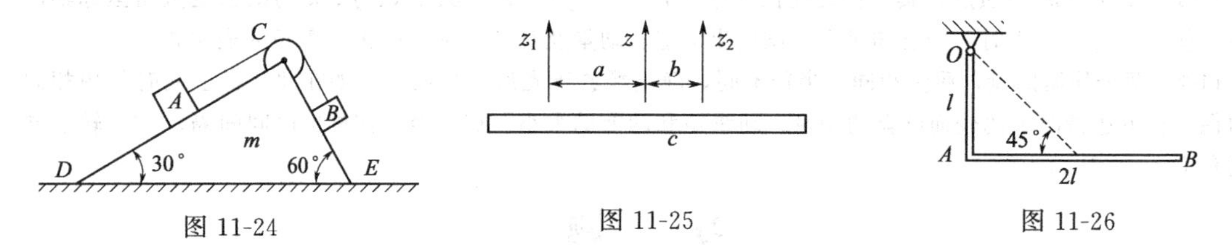

图 11-24　　图 11-25　　图 11-26

11-11　如图 11-27 所示，质量为 m 的偏心轮在水平面上做平面运动。轮子轴心为 A，质心为 C，$AC=e$；轮子半径为 R，对轴心 A 的转动惯量为 J_A；C、A、B 三点在同一铅直线上。(1) 当轮子只滚不滑时，若 v_A 已知，求轮子的动量和对地面上 B 点的动量矩。(2) 当轮子又滚又滑时，若 v_A、ω 已知，求轮子的动量和对地面上 B 点的动量矩。

11-12　如图 11-28 所示，匀质圆盘半径为 r，质量为 m。在距中心的 $\frac{r}{2}$ 处有一直线导槽 MN。质量为 $\frac{m}{4}$ 的质点相对于圆盘以匀速度 u 沿导槽运动。圆盘以角速度 ω（逆时针）绕铅垂中心轴 Oz 在水平面内转动。初始时质点在 M 处，求质点运动到导槽中心 O_1 时圆盘的角速度 ω_2，摩擦阻力及导槽尺寸均不计。

图 11-27　　图 11-28

11-13　均质圆轮 A 质量为 m_1，半径为 r_1，以角速度 ω 绕杆 OA 的 A 端转动，此时将轮放置在质量为 m_2 的另一均质圆轮 B 上，其半径为 r_2，如图 11-29 所示。轮 B 原为静止，但可绕其中心自由转动。放置后，轮 A 的重量由轮 B 支持。略去轴承的摩擦和杆 OA 的重量，并设两轮间的摩擦系数为 f。问自轮 A 放在轮 B 上到两轮间没有相对滑动为止，经过多少时间？

11-14　如图 11-30 所示，均质杆 AB 长为 l，质量为 m，绕 O 点转动角速度为 ω（顺时针），角加速度为 α（顺时针），试求杆的动量和对 O 点的动量矩的大小。

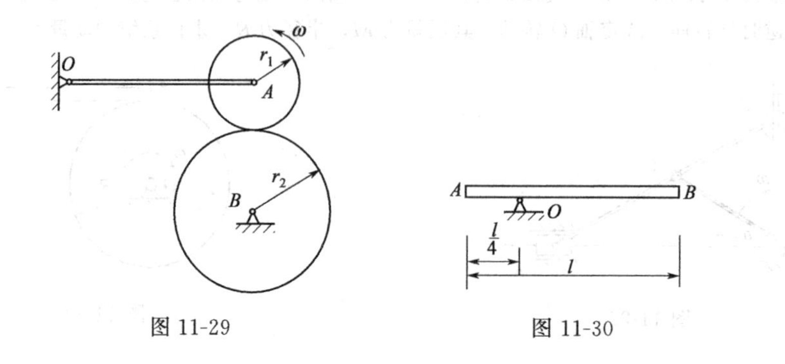

图 11-29　　图 11-30

11-15　如图 11-31 所示，均质杆 AB 质量为 m，长为 l，以两根等长的绳子悬挂在水平位置，求在其中一根绳剪断时，另一根绳的拉力。

11-16　均质圆柱体 A 的质量为 m，在外圆上绕以细绳，绳的一端 B 固定不动，如图 11-32 所示。当 BC 铅垂时圆柱下降，其初速为零。求当圆柱体的轴心降落高度为 h 时轴心的速度和绳子的张力。

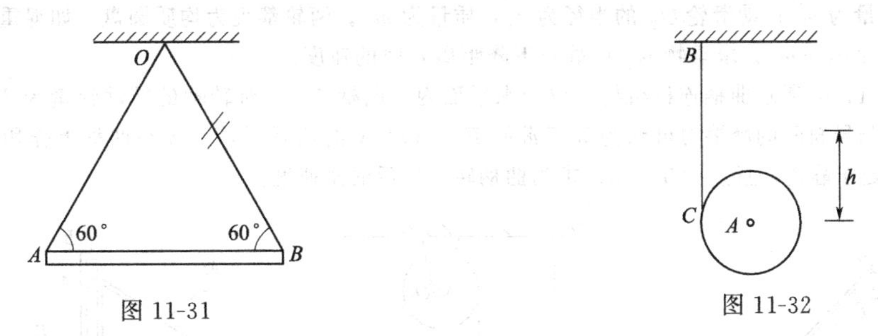

图 11-31　　　　图 11-32

11-17　在倾角为 α 的斜面上，有质量为 m_1 的小车，小车用绳索绕定滑轮 A、动滑轮 B 后与固定点 C 相连，如图 11-33 所示，设 A、B 滑轮均为质量为 m_2 半径为 R 的均质圆柱体，在动滑轮 B 下又挂一重为 m_3 的重块，略去摩擦。求：(1) 小车向下运动的条件及加速度；(2) AB 段绳索的张力。

11-18　图 11-34 所示内接行星齿轮机构位于水平面内，齿轮Ⅰ、Ⅱ的半径分别是 R、r，且 $R=4r$。不计质量的曲柄 $O_{\mathrm{I}}O_{\mathrm{II}}$ 上受常力偶矩 M（顺时针）作用，齿轮Ⅱ视为均质圆盘，其质量为 m。铰链 O_{II} 处的摩擦力矩 M' 为常量，初始系统静止，求当曲柄转过角 π 时，曲柄的角速度。

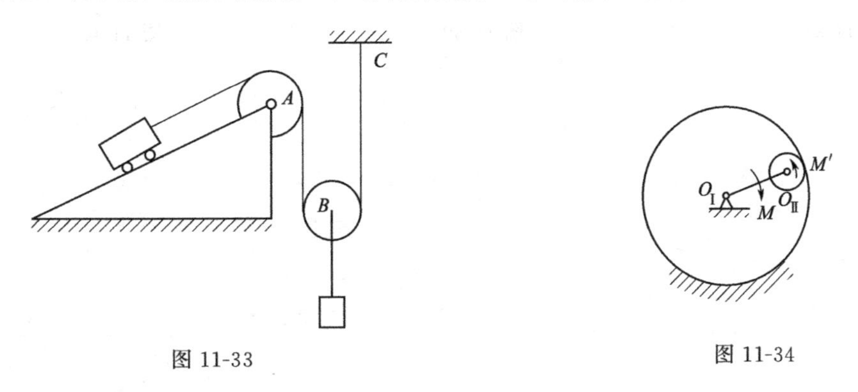

图 11-33　　　　图 11-34

11-19　曲柄连杆机构如图 11-35 所示，已知 $OA=AB=r$，ω 为常数（逆时针），均质曲柄 OA 及连杆 AB 的质量均为 m，滑块的质量为 $m/2$。图示位置时 AB 水平，OA 铅垂，试求该瞬时系统的动能。

11-20　如图 11-36 所示，圆盘的半径 $r=0.5\text{m}$，可绕水平轴 O 转动。在绕过圆盘的绳上吊有两物块 A、B，质量分别为 $m_A=3\text{kg}$，$m_B=2\text{kg}$。绳与盘之间无相对滑动。在圆盘上作用一力偶，力偶矩按 $M=4\varphi$ 的规律变化（M 以 N·m 计，φ 以 rad 计）。试求由 $\varphi=0$ 到 $\varphi=2\pi$ 时，力偶 M 与物块 A、B 重力所做的功之总和。

11-21　图 11-37 所示坦克的履带质量为 m，两个车轮的质量均为 m_1。车轮被看成均质圆盘，半径为 R，两车轮间的距离为 πR。设坦克前进速度为 v，试计算此质点系的动能。

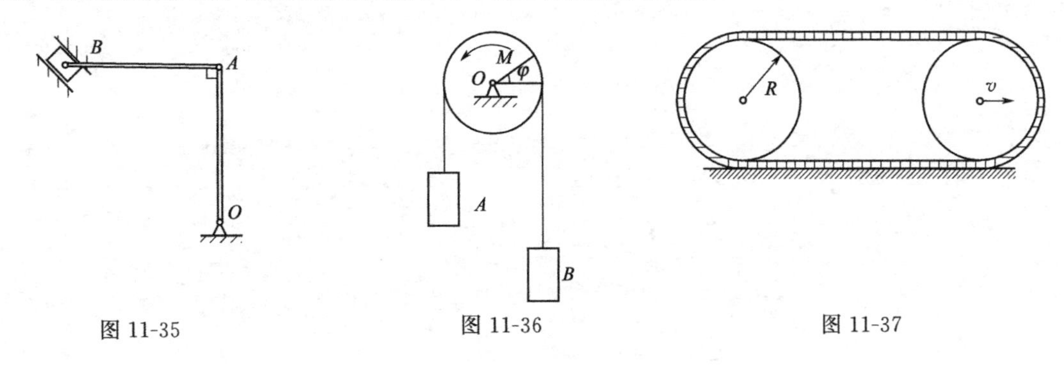

图 11-35　　　　图 11-36　　　　图 11-37

11-22 平面机构由两匀质杆 AB、BO 组成，两杆的质量均为 m，长度均为 l，在铅垂平面内运动。在杆 AB 上作用一不变的力偶矩 M，从图 11-38 所示位置由静止开始运动。不计摩擦，试求当 A 端即将碰到铰支座 O 时 A 端的速度。

11-23 在图 11-39 所示滑轮组中悬挂两个重物，其中 M_1 的质量为 m_1，M_2 的质量为 m_2。定滑轮 O_1 的半径为 r_1，质量为 m_3；动滑轮 O_2 的半径为 r_2，质量为 m_4。两轮都视为均质圆盘。如绳重和摩擦略去不计，并设 $m_2>2m_1-m_4$。求重物 m_2 由静止下降距离 h 时的速度。

11-24 如图 11-40 所示曲柄连杆机构，位于水平面内。曲柄长 r，对转轴的转动惯量为 J，滑道连杆质量为 m，连杆与导轨间的摩擦力可认为等于常值 F，滑块 A 的质量不计。今在曲柄上作用一不变转矩 M，初瞬时系统处于静止，且$\angle AOD=\varphi$。求当曲柄转一周后的角速度。

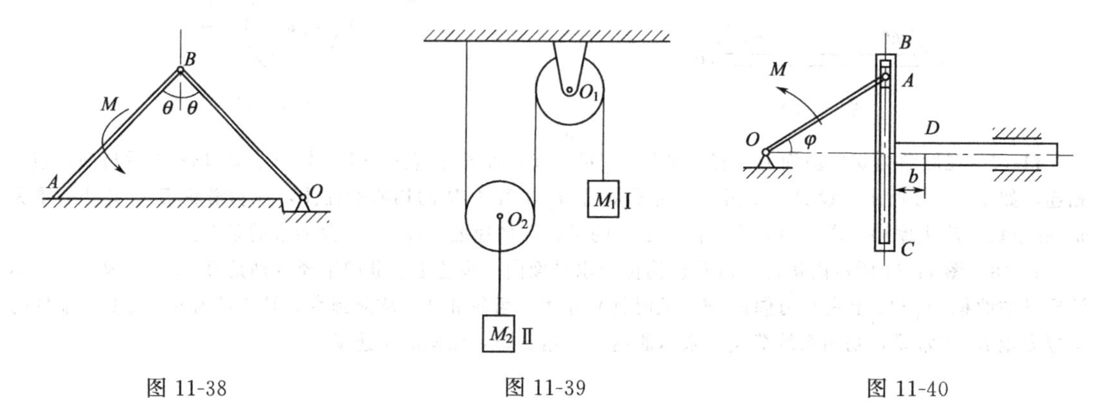

图 11-38　　图 11-39　　图 11-40

第十二章　达朗伯原理

达朗伯原理是一种解决非自由质点和质点系动力学问题的普遍方法。这种方法是引入惯性力的概念，用静力学中研究平衡问题的方法来研究动力学问题，因此又称为**动静法**。按这个方法求解某些动力学问题显得特别方便，故在工程技术中被广泛应用。

第一节　达朗伯原理

一、惯性力、质点的达朗伯原理

如图 12-1，非自由质点 A 在主动力 $\boldsymbol{F}$ 和约束力 $\boldsymbol{F}_{\mathrm{N}}$ 共同作用下，沿着曲线 s 相对惯性参考系 $Oxyz$ 运动，加速度为 $\boldsymbol{a}$。牛顿第二定律描述了一个质点的运动规律，即

$$m\boldsymbol{a}=\boldsymbol{F}_{\mathrm{R}}$$

作用在质点 A 上主动力 $\boldsymbol{F}$ 和约束力 $\boldsymbol{F}_{\mathrm{N}}$ 的合力为 $\boldsymbol{F}_{\mathrm{R}}$，则

$$m\boldsymbol{a}=\boldsymbol{F}+\boldsymbol{F}_{\mathrm{N}} \tag{12-1}$$

或写成另一形式

$$\boldsymbol{F}+\boldsymbol{F}_{\mathrm{N}}-m\boldsymbol{a}=0$$

引入记号

$$\boldsymbol{F}_{\mathrm{I}}=-m\boldsymbol{a} \tag{12-2}$$

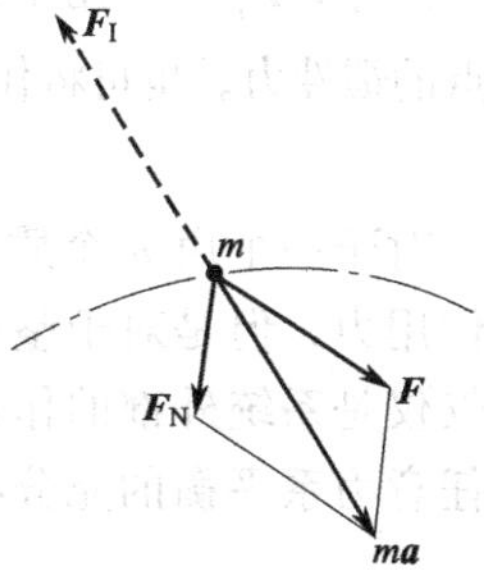

图 12-1

则有

$$\boldsymbol{F}+\boldsymbol{F}_{\mathrm{N}}+\boldsymbol{F}_{\mathrm{I}}=0 \tag{12-3}$$

矢量 $\boldsymbol{F}_{\mathrm{I}}$ 有力的量纲，称为**惯性力**。式(12-3) 表明，**任一瞬时，作用在质点上的主动力、约束力和虚加的惯性力在形式上构成平衡力系**。这就是**质点的达朗伯原理**。

质点的达朗伯原理表明，如果在运动着的质点上假想虚加上惯性力，则质点处于形式上的平衡，因而可将动力学问题转化成静力学问题。在式(12-3) 中，求解惯性力 $\boldsymbol{F}_{\mathrm{I}}$ 就是求解运动；求解 $\boldsymbol{F}_{\mathrm{N}}$ 就是求解未知的约束力。在已知运动求约束力的问题中，动静法往往十分方便。

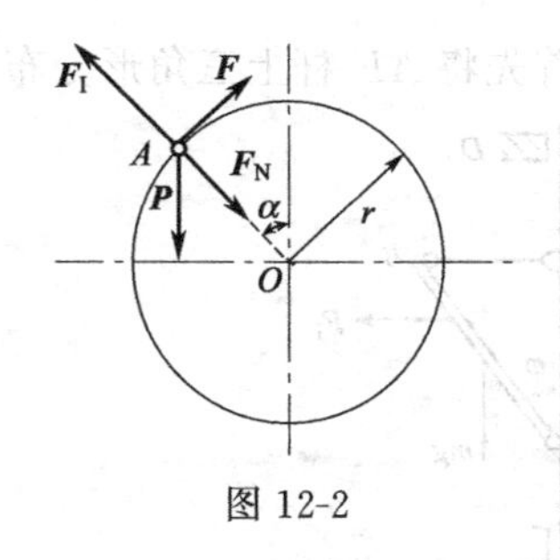

图 12-2

【例12-1】 如图 12-2，球磨机的滚筒以匀角速度 ω 绕水平轴 O 转动，内装钢球和需要粉碎的物料。钢球被筒壁带到一定高度的 A 处脱离筒壁，然后沿抛物线轨迹自由落下，从而击碎物料。设滚筒内壁半径为 r，试求脱离处半径 OA 与铅直线的夹角 α_1(脱离角)。

解： 以随着筒壁一起转动、尚未脱离筒壁的某个钢球为研究对象，它所受到的力有重力 $\boldsymbol{P}$、筒壁的法向约束力 $\boldsymbol{F}_{\mathrm{N}}$ 和切向摩擦力 $\boldsymbol{F}$ 及惯性力 $\boldsymbol{F}_{\mathrm{I}}$，如图所示。

钢球随着筒壁做匀速圆周运动，只有法向惯性力 $\boldsymbol{F}_{\mathrm{I}}$，大小 $F_{\mathrm{I}}=mr\omega^2$，方向背离中心 O。列出沿法线方向的平衡方程

$$\sum F_{ni}=0,\ F_{\mathrm{N}}+P\cos\alpha_1-F_{\mathrm{I}}=0$$

解得

$$F_N=P\left(\frac{r\omega^2}{g}-\cos\alpha\right)$$

当 $F_N=0$，钢球脱离筒壁，脱离角 $\alpha_1=\arccos\left(\frac{r\omega^2}{g}\right)$。

当 $\frac{r\omega^2}{g}=1$ 时，$\alpha_1=0$，钢球始终不脱离筒壁，球磨机不工作。钢球不脱离筒壁的角速度 $\omega_1=\sqrt{\frac{g}{r}}$，为了保证钢球在适当的角度脱离筒壁，故要求 $\omega\leqslant\omega_1$。

二、质点系的达朗伯原理

如果对质系中的每个质点，除主动力及约束力外，再加上假想的惯性力，则这些力构成形式上的平衡力系。用公式表达为

$$\boldsymbol{F}_i+\boldsymbol{F}_{Ni}+\boldsymbol{F}_{Ii}=0 \quad (i=1, 2, \cdots, n) \tag{12-4}$$

式中，$\boldsymbol{F}_i$ 为作用于第 i 质点的主动力，$\boldsymbol{F}_{Ni}$ 为作用于第 i 质点约束力，$\boldsymbol{F}_{Ii}$ 为假想地加在第 i 质点的惯性力。也可将作用于每个质点的力分为内力 $\boldsymbol{F}_i^{(i)}$ 与外力 $\boldsymbol{F}_i^{(e)}$，这时式(12-4) 可写为

$$\boldsymbol{F}_i^{(e)}+\boldsymbol{F}_i^{(i)}+\boldsymbol{F}_{Ii}=0 \quad (i=1, 2, \cdots, n) \tag{12-5}$$

对于一个由 n 个质点组成的质点系统，每个质点的外力中显然包含了系统内其他质点的作用力，但是对于整个系统而言，各质点之间的作用力相互抵消，因此，该质点系所受的力仅仅是系统外部的作用力，当然包括主动力和理想约束力。由静力学中力系的平衡知，空间任意力系平衡的充分必要条件是力系的主矢和对于任一点的主矩等于零，即

$$\left.\begin{aligned}&\sum_{i=1}^{n}\boldsymbol{F}_i^{(e)}+\sum_{i=1}^{n}\boldsymbol{F}_{Ii}=0\\&\sum_{i=1}^{n}\boldsymbol{M}_O(\boldsymbol{F}_i^{(e)})+\sum_{i=1}^{n}\boldsymbol{M}_O(\boldsymbol{F}_{Ii})=0\end{aligned}\right\} \tag{12-6}$$

式(12-6) 是**质点系达朗伯原理**的形式：**作用与质点系上的外力系与虚加在每个质点上的惯性力在形式上构成了平衡力系。**

【例12-2】 质量为 m 的均质杆 AB 用球铰链 A 和绳子 BC 与铅垂轴 OD 相连，绳子在 C 点与重量可略去的小环相连，小环可沿轴滑动，如图 12-3(a) 所示。设 $AC=BC=l$，$CD=OA=l/2$，该系统以角速度 ω 匀速转动。求绳子的张力、铰链 A 的约束力及轴承 O、D 的附加动约束力。

解： 研究 AB 杆，均质杆 AB 受力分析如图 12-3(b) 所示，首先将 AB 杆上三角形分布

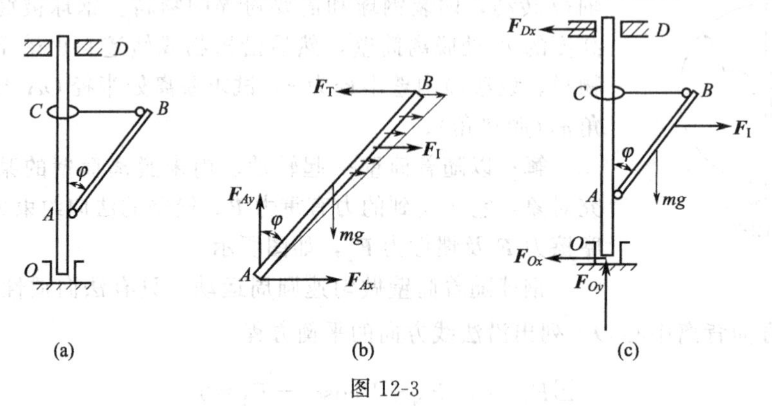

图 12-3

的惯性力简化，得

$$F_{\mathrm{I}}=\frac{1}{2}lm\omega^2$$

其作用点在距 A 点 $\frac{2}{3}AB$ 处，由达朗伯原理

$$\sum F_x=0,\ F_{Ax}+F_{\mathrm{I}}-F_{\mathrm{T}}=0$$

$$\sum F_y=0,\ F_{Ay}-mg=0$$

$$\sum M_A(\boldsymbol{F})=0,\ F_{\mathrm{T}}l-mg\times\frac{l}{2}-F_{\mathrm{I}}\times\frac{2}{3}l=0$$

解得

$$F_{\mathrm{T}}=\frac{1}{2}mg+\frac{1}{2}lm\omega^2\times\frac{2}{3}=\frac{1}{2}mg+\frac{1}{3}ml\omega^2$$

$$F_{Ax}=\frac{1}{2}mg-\frac{1}{6}ml\omega^2\qquad F_{Ay}=mg$$

研究整体，受力如图 12-3(c) 所示，由达朗伯原理

$$\sum F_x=0,\ -F_{Ox}-F_{Dx}+F_{\mathrm{I}}=0$$

$$\sum F_y=0,\ F_{Oy}-mg=0$$

$$\sum M_O(\boldsymbol{F})=0,\ F_{Dx}(CD+l+OA)-mg\ \frac{l}{2}-F_{\mathrm{I}}\left(OA+\frac{2}{3}l\right)=0$$

解得

$$F_{Dx}=\frac{1}{4}mg+\frac{7}{24}lm\omega^2\qquad F_{Ox}=\frac{5}{24}lm\omega^2-\frac{1}{4}mg\qquad F_{Oy}=mg$$

附加动约束力为

$$F_{Dx}=\frac{7}{24}lm\omega^2\qquad F_{Ox}=\frac{5}{24}lm\omega^2$$

第二节　刚体惯性力系的简化

应用达朗伯原理解决质点系的动力学问题时，从理论上讲，在每个质点上虚加上惯性力是可行的。但质点系中质点很多时计算非常困难，对于由无穷多质点组成的刚体更不可能。因此，对于刚体动力学问题，一般先用力系简化理论将刚体上的惯性力系加以简化，然后将惯性力系的简化结果直接虚加在刚体上。下面仅就刚体做平动、定轴转动和平面运动三种情况来研究惯性力系的简化。

一、刚体做平动

刚体平动时，每一瞬时刚体内任一质点 i 的加速度 $\boldsymbol{a}_i$ 与质心 C 的加速度 $\boldsymbol{a}_C$ 相同，有 $\boldsymbol{a}_i=\boldsymbol{a}_C$，惯性力系构成一个同向空间平行力系。如图 12-4 所示，将此惯性力系向刚体的质心 C 简化，得惯性力系的主矢为

$$\boldsymbol{F}_{\mathrm{IR}}=\sum\boldsymbol{F}_{\mathrm{I}i}=\sum(-m_i\boldsymbol{a}_i)=-\sum(m_i\boldsymbol{a}_i)=-m\boldsymbol{a}_C$$

即

$$\boldsymbol{F}_{\mathrm{IR}}=-m\boldsymbol{a}_C\tag{12-7}$$

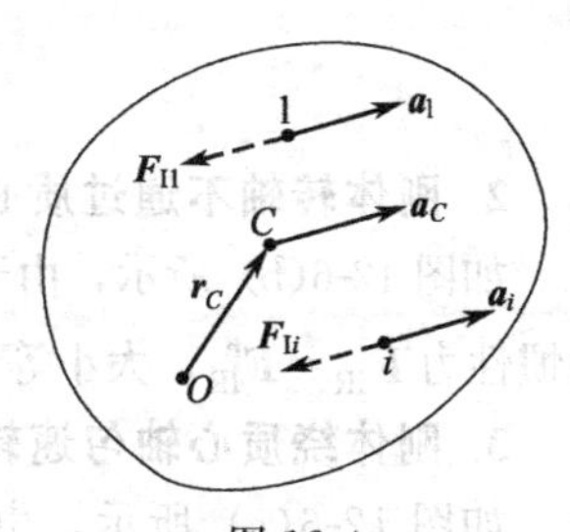

图 12-4

惯性力系对质心 C 的主矩为

$$\boldsymbol{M}_{\mathrm{IC}}=\sum\boldsymbol{M}_C(\boldsymbol{F}_{\mathrm{I}i})=\sum\boldsymbol{r}_i\times(-m_i\boldsymbol{a}_i)=-(\sum m_i\boldsymbol{r}_i)\times\boldsymbol{a}_i$$

式中，$\boldsymbol{r}_i$ 为质点 M_i 相对于质心 C 的矢径，由质心矢径表达式知

$$\sum m_i\boldsymbol{r}_i=m\boldsymbol{r}_C$$

式中，$\boldsymbol{r}_C$ 为质心的矢径，由于质心 C 为简化中心，$\boldsymbol{r}_C=0$，于是有

$$M_{\mathrm{IC}}=-m\boldsymbol{r}_C\times\boldsymbol{a}_C=0$$

上述结果表明：**刚体做平动时，惯性力系简化的结果为一个通过质心的合力 $\boldsymbol{F}_{IR}$，其大小等于刚体的质量与质心加速度的乘积，方向与质心加速度的方向相反。**

二、刚体做定轴转动

仅讨论刚体具有质量对称平面，且转轴垂直于质量对称平面的情形。此时，刚体的定轴转动可以化为具有质量的平面图形绕该平面与转轴 z 的交点 O(称为轴心) 的转动。惯性力系构成平面一般力系。

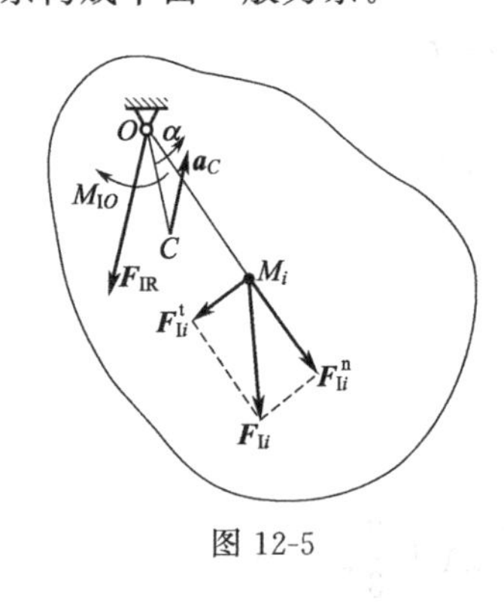

图 12-5

设某瞬时，刚体转动的角速度为 ω，角加速度为 α，平面图形上质点 M_i 的质量为 m_i，转动半径为 r_i，其切向与法向惯性力分别为 $\boldsymbol{F}_{Ii}^t$ 和 $\boldsymbol{F}_{Ii}^n$，如图 12-5 所示。现将惯性力系向轴心 O 点简化，得到一个力和一个力偶。这个力与惯性力系的主矢相同，由式(12-7) 可知，即为 $\boldsymbol{F}_{IR}=-m\boldsymbol{a}_C$，这个力偶的力偶矩与惯性力系的主矩相同，所以

$$M_{IO}=\sum M_O(\boldsymbol{F}_{Ii})=\sum M_O(\boldsymbol{F}_{Ii}^t)+\sum M_O(\boldsymbol{F}_{Ii}^n)=\sum M_O(\boldsymbol{F}_{Ii}^t)$$

$$=-\sum r_i(m_i r_i \alpha)=-\alpha\sum m_i r_i^2=-J_z\alpha$$

即

$$M_{IO}=-J_z\alpha \tag{12-8}$$

式中，J_z 为刚体对通过点 O 的转轴 z 的转动惯量，α 为刚体转动的角加速度，负号表示惯性力主矩与 α 转向相反。

上述结果表明：**刚体绕垂直于质量对称平面的转轴转动时，惯性力系向转轴与对称面的交点 O 简化的结果为一个主矢和主矩。主矢的大小等于刚体的质量与质心加速度的乘积，方向与质心加速度的方向相反；主矩的大小等于刚体对转轴的转动惯量与角加速度的乘积，转向与角加速度的转向相反。**

下面讨论几种特殊情况。

1. 刚体绕质心轴转动，角加速度 $\alpha\neq0$

如图 12-6(a) 所示，由于质心加速度 $\boldsymbol{a}_C=0$，因而 $\boldsymbol{F}_{IR}=-m\boldsymbol{a}_C=0$，惯性力系仅简化为一个力偶，其力偶矩 $M_{IO}=M_{IC}=-J_C^{\alpha}$。

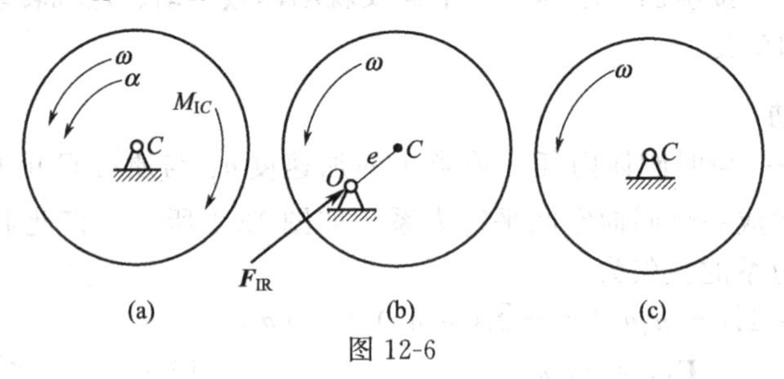

图 12-6

2. 刚体转轴不通过质心，做匀速转动

如图 12-6(b) 所示，由于角加速度 $\alpha=0$，故 $M_{IO}=0$，因而惯性力系简化为一通过 O 点的法向惯性力 $\boldsymbol{F}_{IR}=\boldsymbol{F}_{IR}^n$，大小等于 $mr_C\omega^2$，方向与质心法向加速度方向相反，其作用线通过质心 C。

3. 刚体绕质心轴匀速转动

如图 12-6(c) 所示，由于 $a_C=0$，$\alpha=0$，惯性力系向 O 点简化的主矢和主矩都等于零。

三、刚体做平面运动

仅讨论刚体具有质量对称平面，且刚体平行于对称平面做平面运动的情况。此时，刚体

惯性力系可简化为在对称平面内的平面力系。刚体的平面运动可分解为随质心的平动和绕质心的转动，将惯性力系向质心 C 简化，可得惯性主矢和主矩分别为

$$\left.\begin{aligned}\boldsymbol{F}_{\mathrm{IR}}&=-m\boldsymbol{a}_C\\M_{\mathrm{IC}}&=-J_C^{\alpha}\end{aligned}\right\}\tag{12-9}$$

式(12-9)表明：**具有质量对称平面且平行于此平面做平面运动的刚体，惯性力系向质心 C 简化的结果为一个主矢和一个主矩。主矢过质心 C，大小等于刚体质量与质心加速度的乘积，方向与质心加速度的方向相反；主矩的大小等于刚体对质心轴的转动惯量与角加速度的乘积，转向与角加速度的转向相反。**

第三节　达朗伯原理的应用

应用达朗伯原理求解刚体动力学问题时，首先应根据题意选取研究对象，分析其所受的外力，画出受力图；然后再根据刚体的运动方式在受力图上虚加惯性力及惯性力偶；最后根据达朗伯原理列平衡方程求解未知量。下面通过举例来说明达朗伯原理的应用。

【例12-3】 如图 12-7(a) 所示，两均质杆 AB 和 BD，质量均为 3kg，$AB=BD=1\mathrm{m}$，焊接成直角形刚体，以绳 AF 和两等长且平行的杆 AE、BF 支持。试求割断绳 AF 的瞬时两杆所受的力。杆的质量忽略不计，刚体质心坐标为 $x_C=0.75\mathrm{m}$，$y_C=0.25\mathrm{m}$。

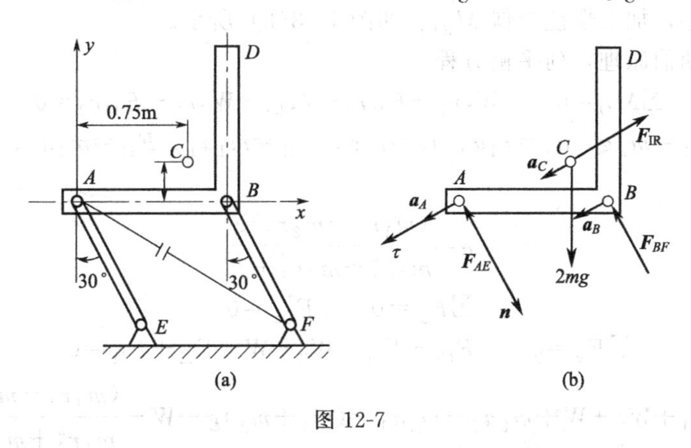

图 12-7

解：（1）取刚体 ABD 为研究对象，其所受的外力有重力 $W=2\mathrm{mg}$、两杆的约束反力 F_{AE} 和 F_{BF}。

（2）虚加惯性力。因两杆 AE 和 BF 平行且等长，故刚体 ABD 做曲线平动，刚体上各点的加速度都相等。在割断绳的瞬时，两杆的角速度为零，角加速度为 α。平动刚体的惯性力 $F_{\mathrm{IR}}=2ma_C$，加在质心上，如图 12-7(b) 所示。

（3）根据达朗伯原理，列平衡方程

$$\sum F_{\mathrm{t}}=0 \qquad 2mg\sin30^\circ-F_{\mathrm{IR}}=0$$

$$\sum F_{\mathrm{n}}=0 \qquad 2mg\cos30^\circ-F_{AE}-F_{BF}=0$$

$$\sum M_A=0 \qquad F_{BF}\cos30^\circ\times1-2mg\times0.75-F_{\mathrm{IR}}\cos30^\circ\times0.25+F_{\mathrm{IR}}\sin30^\circ\times0.75=0$$

解得
$$F_{AE}=5.4\mathrm{N} \qquad a_C=4.9\mathrm{m/s^2} \qquad F_{BF}=45.5\mathrm{N}$$

【例12-4】 如图 12-8(a) 所示，质量为 m_1 和 m_2 的物体，分别系在两条绳子上，绳子又分别绕在半径为 r_1 和 r_2 并装在同一轴的两鼓轮上。已知两轮对转轴 O 的转动惯量为 J，重力为 W，且 $m_1r_1>m_2r_2$，鼓轮的质心在转轴上，系统在重力作用下发生运动。试求鼓轮

的角加速度及轴承 O 的约束反力。

解：（1）取整个系统为研究对象，系统上作用有主动力 $\boldsymbol{W}_1$、$\boldsymbol{W}_2$、$\boldsymbol{W}$，轴承的约束反力 $\boldsymbol{F}_{Ox}$、$\boldsymbol{F}_{Oy}$，如图 12-8(b) 所示。

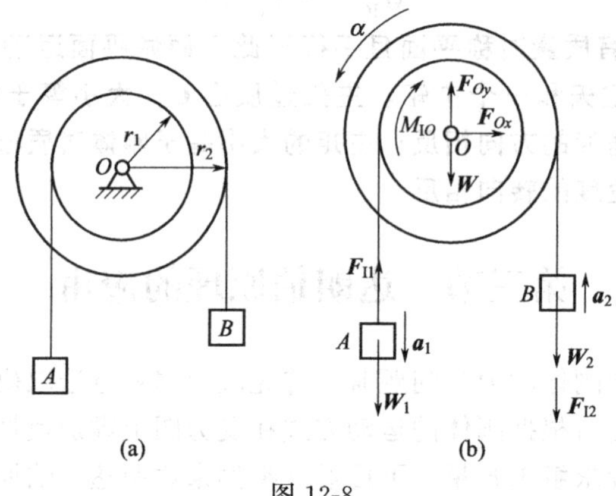

图 12-8

（2）虚加惯性力和惯性力偶。重物 A、B 做平动，因 $m_1r_1>m_2r_2$，故重物 A 的加速度 $\boldsymbol{a}_1$ 方向向下，重物 B 的加速度 $\boldsymbol{a}_2$ 方向向上，分别加上惯性力 $\boldsymbol{F}_{I1}$、$\boldsymbol{F}_{I2}$。鼓轮做定轴转动，且转轴过质心，加上惯性力偶 M_{IO}。如图 12-8(b) 所示。

（3）根据达朗伯原理，列平衡方程

$$\sum M_O=0 \qquad W_1r_1-F_{I1}r_1-M_{IO}-W_2r_2-F_{I2}r_2=0$$

将 $W_1=m_1g$、$W_2=m_2g$、$a_1=r_1\alpha$、$a_2=r_2\alpha$、$F_{I1}=m_1a_1$、$F_{I2}=m_1a_2$、$M_{IO}=J\times\alpha$ 代入上式，解得

$$\alpha=\frac{(m_1r_1-m_2r_2)g}{m_1r_1^2+m_2r_2^2+J}$$

$$\sum F_x=0 \qquad F_{Ox}=0$$

$$\sum F_y=0 \qquad F_{Oy}-W_1-W_2-W-F_{I2}+F_{I1}=0$$

得 $$F_{Oy}=W_1+W_2+W+m_2a_2-m_1a_1=(m_1+m_2)g+W-\frac{(m_1r_1-m_2r_2)^2g}{m_1r_1^2+m_2r_2^2+J}$$

【例12-5】 曲柄连杆机构如图 12-9(a) 所示。已知曲柄 OA 长为 r，连杆 AB 长为 l，质量为 m，连杆质心 C 的加速度为 $\boldsymbol{a}_{Cx}$、$\boldsymbol{a}_{Cy}$，连杆的角加速度为 α。试求曲柄销 A 和光滑导板 B 的约束反力（滑块重量不计）。

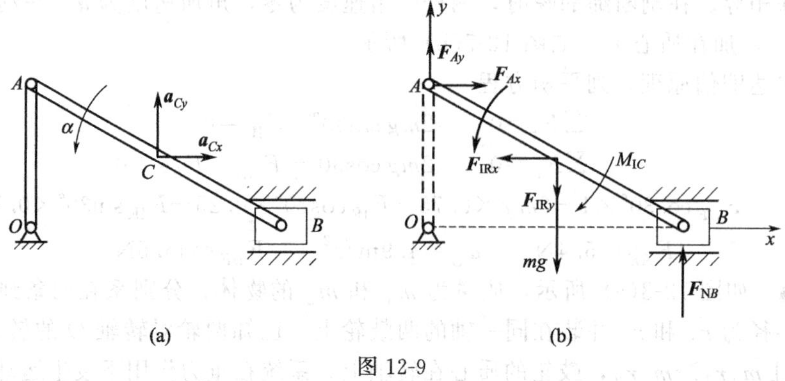

图 12-9

解：(1) 取连杆 AB 和滑块 B 为研究对象。其上作用有主动力 mg、约束反力 $\boldsymbol{F}_{Ax}$、$\boldsymbol{F}_{Ay}$ 和 $\boldsymbol{F}_{NB}$。

(2) 虚加惯性力和惯性力偶。连杆做平面运动，惯性力系向质心简化得到主矢和主矩，它们的方向如图 12-9(b) 所示，大小分别为

$$F_{IRx}=ma_{Cx}\quad F_{IRy}=ma_{Cy}\quad M_{IC}=\frac{1}{12}ml^2\alpha$$

(3) 根据达朗伯原理，列平衡方程

$$\sum F_x=0\qquad F_{Ax}-F_{IRx}=0$$

$$\sum F_y=0\qquad F_{Ay}+F_{NB}-mg-F_{IRy}=0$$

$$\sum M_A=0\qquad F_{NB}\sqrt{l^2-r^2}-(mg+F_{IRy})\frac{\sqrt{l^2-r^2}}{2}-F_{IRx}\frac{r}{2}-M_{IC}=0$$

解得

$$F_{NB}=\frac{m}{2}\left[g+a_{Cy}+\frac{1}{\sqrt{l^2-r^2}}\left(ra_{Cy}+\frac{l^2}{6}\alpha\right)\right]$$

$$F_{Ay}=\frac{m}{2}\left[g+a_{Cy}-\frac{1}{\sqrt{l^2-r^2}}\left(ra_{Cx}+\frac{l^2}{6}\alpha\right)\right]$$

$$F_{Ax}=ma_{Cx}$$

第四节　绕定轴转动刚体的轴承动约束力

如图 12-10 所示，刚体做绕定轴转动时，轴承处除有由主动力引起的约束反力外，由于刚体质量分布不均衡，还可因转动运动引起附加约束反力，此附加部分即称为轴承动反力。

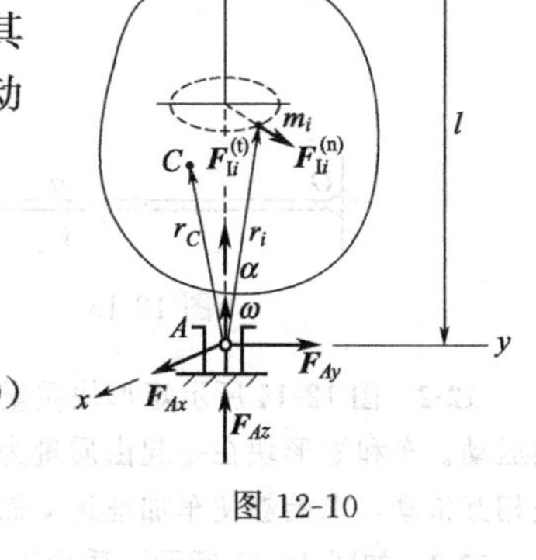

图 12-10

下面用动静法求刚体等角速转动时的轴承动反力，建立坐标系 $Axyz$ 与刚体固接，在刚体的各点加上假想的惯性力。其次应用达朗伯原理，列写平衡方程。设刚体上作用有若干主动力 $\boldsymbol{F}_i$，则得

$$\left.\begin{aligned}
&\sum F_x=0, && \sum F_{xi}+F_{Ax}+F_{Bx}+F_{Ix}=0\\
&\sum F_y=0, && \sum F_{yi}+F_{Ay}+F_{By}+F_{Iy}=0\\
&\sum F_z=0, && \sum F_{zi}+F_{Az}=0\\
&\sum M_x(\boldsymbol{F})=0, && \sum M_x(\boldsymbol{F}_i)-F_{By}l+M_{Ix}=0\\
&\sum M_y(\boldsymbol{F})=0, && \sum M_y(\boldsymbol{F}_i)+F_{Bx}l+M_{Iy}=0\\
&\sum M_z(\boldsymbol{F})=0, && \sum M_z(\boldsymbol{F}_i)+M_{Iz}=0
\end{aligned}\right\}\qquad(12\text{-}10)$$

此方程组的最后一个方程式不包含轴承约束力，这表明：惯性力主矩只作用在促使该刚体加速（或减速）转动的物体上。则此瞬时轴承的动约束力为

$$\left.\begin{aligned}
&F_{Bx}=-\frac{1}{l}\sum M_y(\boldsymbol{F}_i)-\underline{\frac{1}{l}\omega^2J_{xz}}\\
&F_{By}=\frac{1}{l}\sum M_x(\boldsymbol{F}_i)-\underline{\frac{1}{l}\omega^2J_{yz}}\\
&F_{Ax}=\left(\frac{1}{l}\sum M_y(\boldsymbol{F}_i)-\sum \boldsymbol{F}_{xi}\right)+\underline{\frac{1}{l}\omega^2J_{xz}-mx_C\omega^2}\\
&F_{Ay}=-\left(\frac{1}{l}\sum M_x(\boldsymbol{F}_i)+\sum \boldsymbol{F}_{yi}\right)+\underline{\frac{1}{l}\omega^2J_{yz}-my_C\omega^2}\\
&F_{Az}=-\sum \boldsymbol{F}_{zi}
\end{aligned}\right\}\qquad(12\text{-}11)$$

式(12-11) 中，等式右边下面有线的各项均为因转动运动引起的轴承动反力。动反力与角速度平方成正比，当高速转动时，动反力将远远大于静反力，并能引起轴承破坏。

为使动反力为零，必须有

$$x_C = y_C = 0, J_{yz} = J_{zx} = 0 \tag{12-12}$$

即转轴必须通过转动刚体的质心，且为刚体的一根主轴（旋转对称刚体的对称轴就是刚体的一根主轴），即转轴为刚体的中心惯性主轴，这时刚体（转子）是平衡的。

思　考　题

12-1　如图 12-11 所示，物体系统由质量均为 m 的两物块 A 和 B 组成，放在光滑水平面上，物体 A 上作用一水平力 $\boldsymbol{F}$，试用动静法说明 A 物体对 B 物体作用力大小是否等于 F？

12-2　如图 12-12 所示，质量为 M 的三棱柱体 A 以加速度 $\boldsymbol{a}_1$ 向右移动，质量为 m 的滑块 B 以加速度 $\boldsymbol{a}_2$ 相对三棱柱体的斜面滑动，试问滑块 B 的惯性力的大小和方向如何？

图 12-11　　图 12-12

习　　题

12-1　如图 12-13 所示，可绕 O 轴转动的匀质杆 OA 的质量为 m，将其在图示位置释放，求该瞬时 O 轴处的约束力。

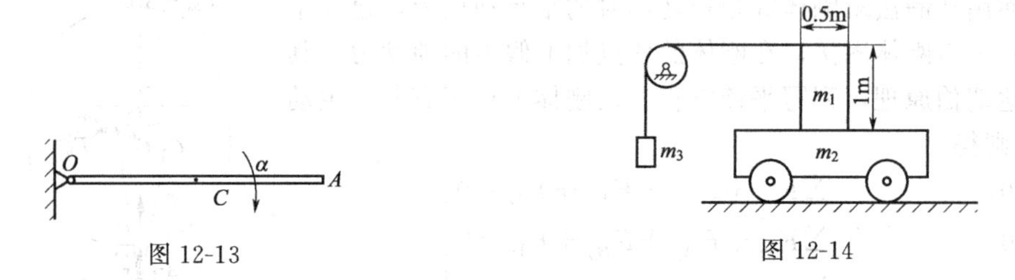

图 12-13　　图 12-14

12-2　图 12-14 所示矩形块质量 $m_1 = 100\text{kg}$，置于平台车上。车质量为 $m_2 = 50\text{kg}$，此车沿光滑的水平面运动。车和矩形块在一起由质量为 m_3 的物体牵引，使之做加速运动。设物块与车之间的摩擦力足够阻止相互滑动，求能够使车加速运动而 m_1 块不倒的质量 m_3 的最大值，以及此时车的加速度大小。

12-3　如图 12-15 所示，质量为 $m = 45.4\text{kg}$ 的匀质细杆 AB，下端 A 放在光滑水平面上，上端 B 由质量可以不计的绳子系在固定点 D。杆长 $l = 3.05\text{m}$，绳长 $h = 1.22\text{m}$。当绳子铅直时，杆的倾角 $\theta = 30°$，点 A 的速度 $v_A = 2.44\text{m/s}$，加速度 $a_A = 1.52\text{m/s}^2$，方向均水平向左。求这瞬时：(1) 作用在 A 端水平力 F 的大小；(2) 水平面反力的大小；(3) 绳子的拉力。

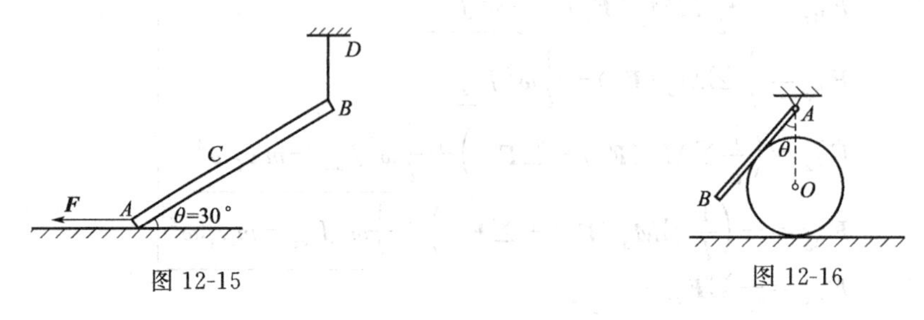

图 12-15　　图 12-16

12-4　质量为 M，长度为 $2r$ 的匀质直杆 AB 在铅垂面内绕水平固定轴 A 转动时，推动一质量为 m、半径为 r 的匀质圆盘在水平地面做纯滚动。初瞬时，圆盘中心 O 正好位于 A 点的正下方，如图 12-16 所示，且角 $\theta=45°$。不计铰 A 处和杆与圆盘间的摩擦，试求系统在杆的重力作用下，由静止开始运动时杆 AB 的角加速度。

12-5　如图 12-17 所示，滚子质量为 m，外轮半径为 R，滚子的鼓轮半径为 r，回转半径为 ρ，放在粗糙的水平面上，鼓轮上绕细绳，细绳拉力为 $\boldsymbol{F}_{\mathrm{T}}$，与水平面夹角为 α，求滚子所受的摩擦力。

12-6　质量为 m 的货箱放一平车上，货箱与平车间摩擦系数为 f，尺寸如图 12-18 所示，欲使货箱在平车上不滑也不翻，平车的加速度应为多少？

12-7　半径为 r 的均质圆柱碾子放置在水平粗糙地面上，长为 $2l$ 的均质细杆 OA 的一端铰接于碾子的中心 O，另一端 A 与地面接触。如图 12-19 所示，设碾子与杆的质量均为 m，杆与地面间的夹角为 θ，摩擦系数为 f，运动开始时碾子中心有一水平初速度 v_0，碾子只滚不滑。求碾子停止前所经过的距离。

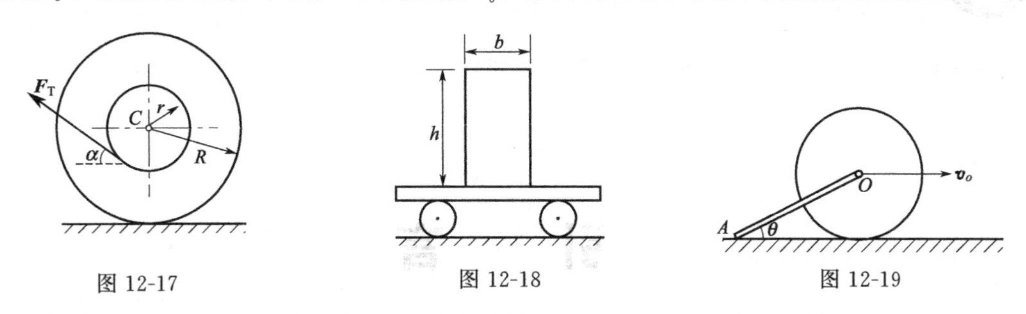

图 12-17　　图 12-18　　图 12-19

12-8　如图 12-20 所示，均质圆轮铰接在支架上，已知轮半径 $r=0.1\mathrm{m}$，重力的大小 $Q=20\mathrm{kN}$；重物 G 重力的大小 $P=100\mathrm{N}$；支架尺寸 $l=0.3\mathrm{m}$，不计支架质量；轮上作用一常力偶，其矩 $M=32\mathrm{kN\cdot m}$。试求：(1) 重物 G 上升的加速度；(2) 支座 B 的约束力。

12-9　图 12-21 所示两重物通过无重的滑轮用绳连接，滑轮又铰接在无重的支架上。已知两物块的质量分别为 $m_1=50\mathrm{kg}$，$m_2=70\mathrm{kg}$，杆 AB 长 $l_1=120\mathrm{cm}$，A、C 间的距离 $l_2=80\mathrm{cm}$，夹角 $\theta=30°$。试求杆 CD 所受的力。

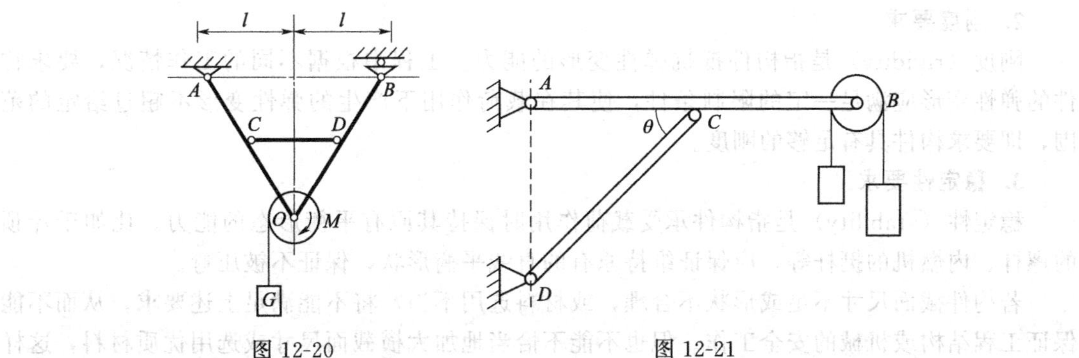

图 12-20　　图 12-21

第四篇　材料力学

引　　言

工程结构或机械的各组成部分，如房屋的梁和柱、桥梁的桥墩和桥台、机床的轴等，统称为构件。当结构承受荷载时，其结构中的各个构件都必须能够正常工作，这样才能保证整个结构或机械的正常工作。因此，工程中为保证构件能安全、正常地工作，构件应满足以下三方面要求。

1. 强度要求

强度（strength）是指构件抵抗塑性变形和断裂的能力。为了保证构件的正常工作，首先要求构件具有足够的强度，能在载荷作用下不发生塑性变形和断裂。

2. 刚度要求

刚度（rigidity）是指构件抵抗弹性变形的能力。工程中根据不同的工作情况，要求构件的弹性变形应满足一定的限制条件，使其在载荷作用下产生的弹性变形不超过给定的范围，即要求构件具有足够的刚度。

3. 稳定性要求

稳定性（stability）是指构件承受载荷作用时保持其原有平衡形态的能力。比如千斤顶的螺杆、内燃机的挺杆等，应保证维持原有的直线平衡形状，保证不被压弯。

若构件截面尺寸不足或形状不合理，或材料选用不当，将不能满足上述要求，从而不能保证工程结构或机械的安全工作。但也不能不恰当地加大横截面尺寸或选用优质材料，这样虽满足了上述要求，却增加了成本，造成了浪费。所以，在设计构件时，不仅需满足强度、刚度和稳定性的要求，还应尽可能地合理选用材料和降低材料的消耗量。材料力学的任务就是在满足强度、刚度和稳定性的要求下，为设计既安全又经济的构件提供必要的理论基础和计算方法。

第十三章　材料力学的基本知识

第一节　材料力学的主要研究对象及其基本变形形式

一、材料力学的主要研究对象

工程实际中构件的种类很多，有杆件、板、壳和块体之分，材料力学主要研究的是杆件。所谓**杆件**是指其长度远大于横截面尺寸的构件，也可简称为杆。

杆件可以分为直杆和曲杆，在材料力学中所研究的多数是等截面的直杆，而对曲杆的研究比较少。无论是直杆还是曲杆都有两个主要的几何要素：**横截面**和**轴线**。对于直杆来讲，其横截面是指沿垂直于直杆长度方向的截面，而其轴线为所有截面形心的连线，并且其横截面和轴线是相互垂直的，如图 13-1 所示。对于等截面的曲杆，其横截面是指曲杆沿垂直于其弧长方向的截面，而其轴线为所有横截面形心的连线，曲杆的轴线与横截面也是相互垂直的，如图 13-2 所示。

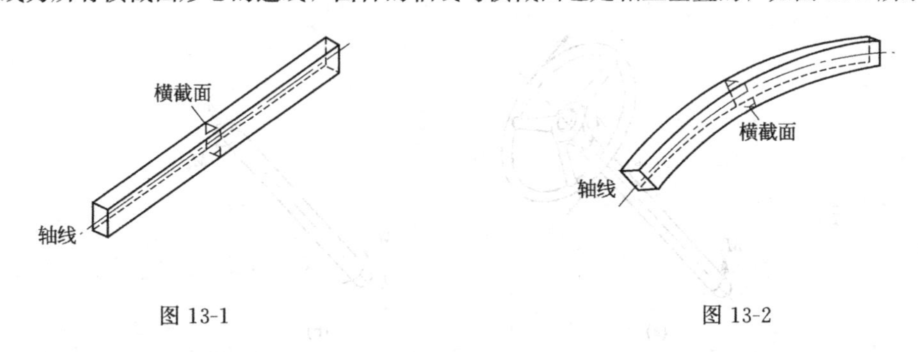

图 13-1　　　　图 13-2

二、杆件的基本变形形式

1. 轴向拉伸或轴向压缩

在一对大小相等、方向相反、作用线与杆件轴线重合的外力作用下，杆件的长度发生伸长或缩短，这种变形形式称为轴向拉伸或轴向压缩。

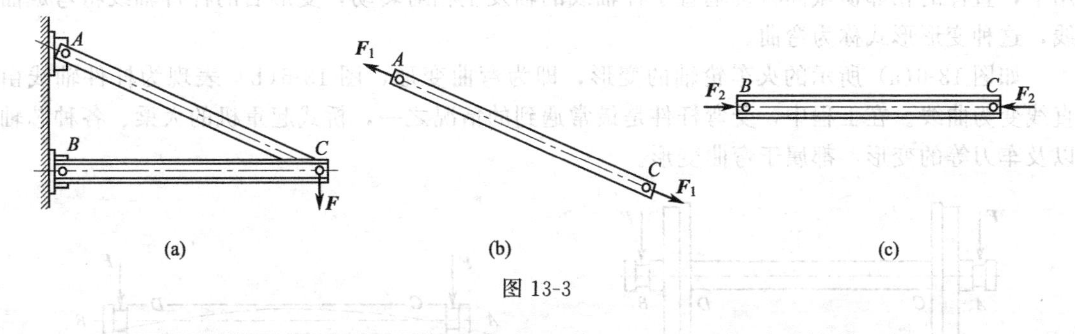

图 13-3

如图 13-3(a) 所示，一简易吊车，在载荷 $\boldsymbol{F}$ 作用下，AC 杆受到拉伸，如图 13-3(b) 所示；而 BC 杆受到压缩，如图 13-3(c) 所示。起吊重物的钢索、桁架的杆件、液压油缸的活塞杆等的变形，都属于拉伸或压缩变形。

2. 剪切

在一对相距很近、大小相同、相互平行、指向相反的横向力作用下，直杆的主要变形是横截面沿外力作用方向发生相对错动，这种变形形式称为剪切。

如图 13-4(a) 所示，一铆钉连接，在力 **F** 作用下，铆钉即受到剪切。如图 13-4(b) 所示。机械中常用的连接件，如键、销钉、螺栓等都产生剪切变形。

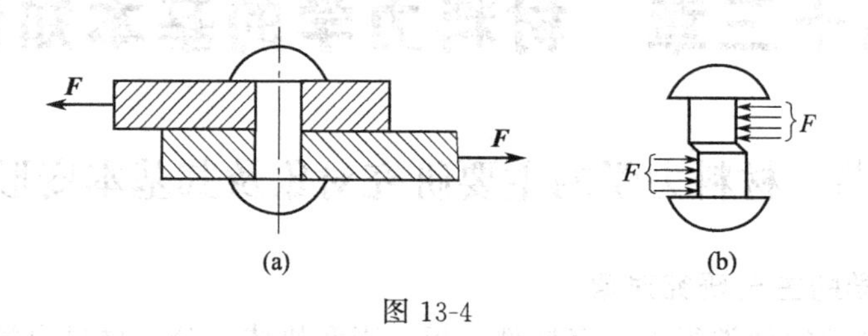

图 13-4

3. 扭转

在一对转向相反、作用面垂直于直杆轴线的外力偶作用下，直杆的相邻横截面将绕轴线发生相对转动，杆件表面纵向线将变成螺旋线，而轴线仍维持直线。这种变形形式称为扭转。

如图 13-5(a) 所示的汽车转向轴 AB，在工作时发生扭转变形，图 13-5(b) 表现为杆件的任意两个横截面发生绕轴线的相对转动。汽车的传动轴、电机和水轮机的主轴等，都是受扭杆件。

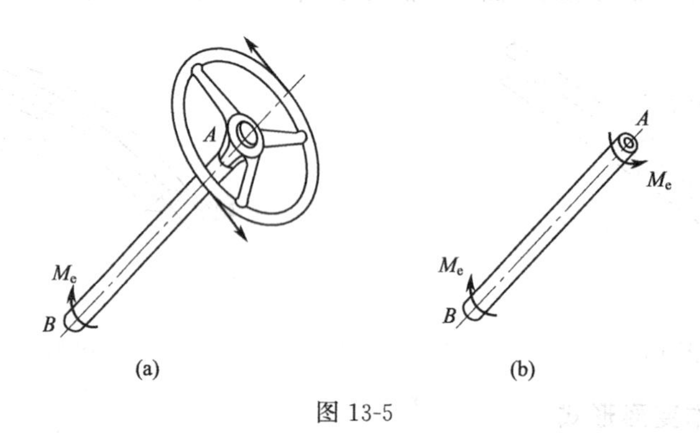

图 13-5

4. 弯曲

在一对转向相反、作用面在杆件的纵向平面（即包含杆轴线在内的平面）内的外力偶作用下，直杆的相邻横截面将绕垂直于杆轴线的轴发生相对转动，变形后的杆件轴线将弯成曲线，这种变形形式称为弯曲。

如图 13-6(a) 所示的火车轮轴的变形，即为弯曲变形，图 13-6(b) 表现为杆件轴线由直线变为曲线。在工程中，受弯杆件是最常遇到的情况之一，桥式起重机的大梁、各种芯轴以及车刀等的变形，都属于弯曲变形。

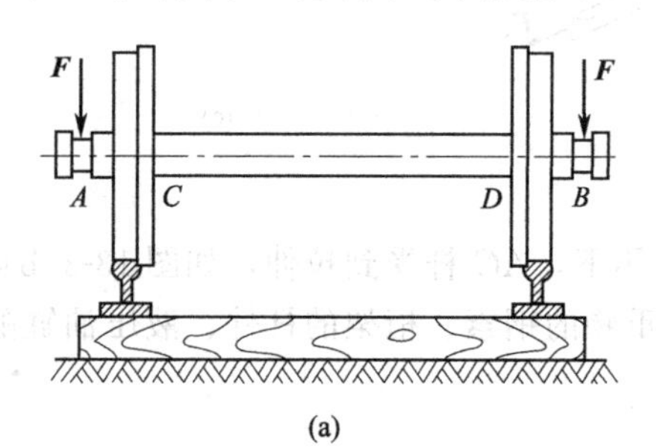

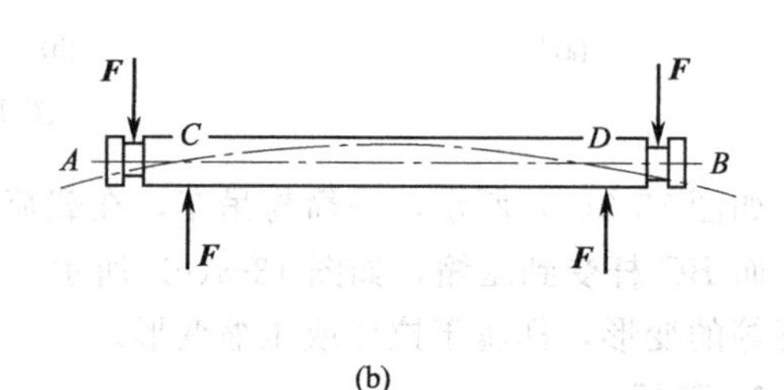

图 13-6

工程中常用构件在载荷作用下的变形，大多为上述几种基本变形形式的组合，纯属一种基本变形形式的构件较为少见，例如车床主轴工作时发生弯曲、扭转和压缩三种基本变形。但若以某一种基本变形形式为主，其他属于次要变形的，则可按该基本变形形式计算。若几种变形形式都非次要变形，则属于组合变形问题。本书将先分别讨论构件的每一种基本变形，然后再分析组合变形问题。

第二节　可变形固体及其基本假设

一、可变形固体

构件所用的材料，其物质结构和性质是多种多样的，但都具有一个共同的特点，即都是由固体组成的。在理论力学部分，将物体看成刚体，即物体在任何外力作用下，其大小和形状始终保持不变。但在实际工程中，在外力作用下，任何构件的尺寸和形状都将发生变化，即变形。由于这些构件所用的材料是由固体组成，所以可以将这些材料统称为**变形固体或可变形固体**。

材料在载荷作用下发生的变形，一般可以分为两种，当载荷不超过一定的范围时，大多数的材料在卸除载荷后可恢复原状，这种变形称为弹性变形；但当载荷过大时，则在载荷卸除后只能部分地恢复而残留下一部分变形不能恢复，这种变形称为塑性变形。例如，取一根弹簧并对弹簧两端施加拉力，当拉力在一定范围内时，放松弹簧后弹簧会收缩并恢复原状，这种变形就是弹性变形；但是当增大拉力使拉力超过一定的限度时再放松弹簧，弹簧虽然会收缩但不能恢复其原状，残留下来的这部分变形就是塑性变形。

二、变形固体的基本假设

变形固体有很多方面的性质，研究角度不同，侧重面也各不一样。但是在研究构件的强度、刚度和稳定性时，为了使问题得到简化，通常略去一些次要因素，将它们抽象为理想化的材料，然后进行理论分析，材料力学对变形固体做如下的基本假设。

1. 连续性假设

连续性假设认为物体在其整个体积内连续地充满了物质而毫无空隙。实际上，组成固体的粒子之间存在着空隙并不连续，但这种空隙的大小与构件的尺寸相比极其微小，可以不计，因此可以认为固体在整个体积内是连续的。

2. 均匀性假设

均匀性假设认为物体内各处的力学性质完全相同，也就是说从物体内任意一点处取出的体积单元，其力学性能都能代表整个物体的力学性能。根据这个假设，就可以取出物体的任意一小部分来分析研究，然后把分析的结果用于整个物体。

3. 各向同性假设

各向同性假设认为材料沿各个方向的力学性能是相同的。就使用最多的金属来讲，沿不同方向，力学性能并不一样，但金属构件包含数量极多的晶粒，且杂乱无章地排列，金属沿任意方向的力学性能，是具有方向性晶体的统计平均值，这样，沿各个方向的力学性能就接近了。具有这种属性的材料称为各向同性材料，比如钢、铁、铜等。不过对于木材、胶合板及一些复合材料等，其整体的力学性能具有明显的方向性，就不能再认为是各向同性的，而应按各向异性来进行计算，沿不同方向力学性能不同的材料，称为各向异性材料。在材料力学的研究范围内，假设构件的材料都是各向同性材料。根据这个假设，在研究了材料任一方向的力学性质后，就可以将其结论用于其他任何方向。

第三节 内力与应力的概念

一、内力的概念

物体在外力作用下将发生变形，同时杆件内部各部分之间将阻碍变形产生而产生相互作用，这种相互作用力称为**内力**。

由于假设物体是均匀连续的可变形固体，因此在物体内部相邻部分之间相互作用的内力实际上是一个连续分布的内力系，而将分布内力系的合成（力或力偶），简称内力。也就是说，内力是指由外力作用引起的、物体内相邻部分之间分布内力系的合成。

内力随外力的变化而变化，外力增加大，内力也增加，当外力达到某一极限值时，构件就会产生破坏。

二、应力的概念

应力是受力杆件某一截面上分布内力在一点处的集度。如果考察受力杆截面 $m—m$ 上一点 K 的应力如图 13-7(a)，则可在 K 点周围取一微小的面积 ΔA，设 ΔA 面积上分布的合力为 $\Delta \boldsymbol{F}$，于是在面积 ΔA 上内力 $\Delta \boldsymbol{F}$ 的平均集度为

$$p_{\mathrm{m}}=\frac{\Delta F}{\Delta A}$$

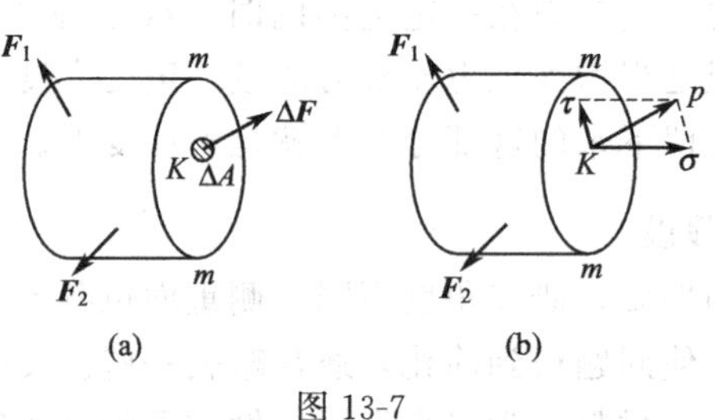

图 13-7

式中，$\boldsymbol{p}_{\mathrm{m}}$ 称为面积 ΔA 上的平均应力。一般地说，截面 $m—m$ 上的分布内力并不是均匀的，但是如果令微小面积 ΔA 无限缩小而趋于零，则可以得到 $\boldsymbol{p}_{\mathrm{m}}$ 的极限值

$$p=\lim_{\Delta A\to 0}\frac{\Delta F}{\Delta A}$$

即为 K 点处的内力集度，称为截面 $m—m$ 上 K 点处的**总应力**。由于 $\Delta \boldsymbol{F}$ 是矢量，因而总应力 $\boldsymbol{p}$ 也是个矢量，其方向一般既不与截面垂直，也不与截面相切。通常将总应力分解为与截面垂直的法向分量 σ 和与截面相切的切向分量 τ 如图 13-7(b)。法向分量 σ 称为**正应力**，切向分量 τ 称为**切应力**。

第十四章　轴向拉伸和压缩

第一节　轴向拉压杆件的轴力及轴力图

一、轴向拉伸和压缩的概念

生产实践中经常遇到承受拉伸或压缩的杆件。如图 14-1(a) 液压传动机构中的活塞杆在油压和工作阻力作用下受拉；而图 14-1(b)、(c) 操纵杆 *AB* 在工作过程中受压。此外如起重钢索在起吊重物时，拉床的拉刀在拉削工件时，都承受拉伸；千斤顶的螺杆在顶起重物时，则承受压缩。至于桁架中的杆件，则不是受拉便是受压。

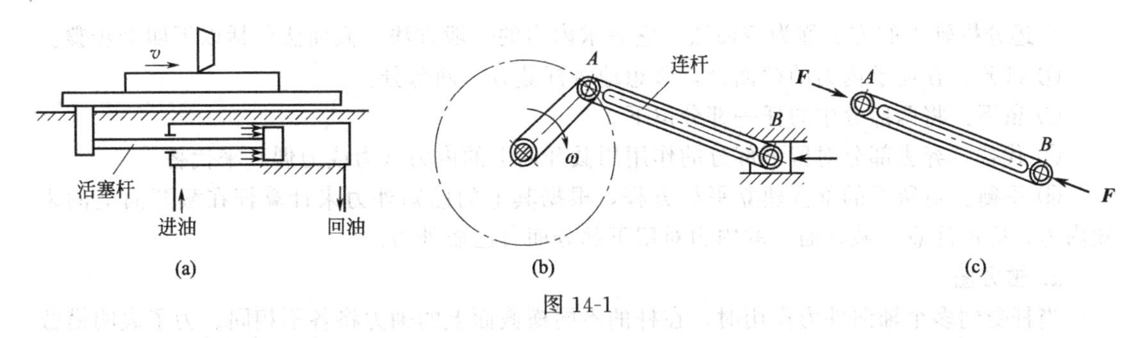

图 14-1

这些受拉或受压的杆件虽外形各有差异，加载方式也并不相同，但它们的共同特点是：作用于杆件上的外力合力的作用线与杆件轴线重合，杆件变形是沿轴线方向的伸长或缩短。所以，若把这些杆件的形状和受力情况进行简化，都可以简化成如图 14-2 所示的受力简图，图中虚线表示变形后的形状。

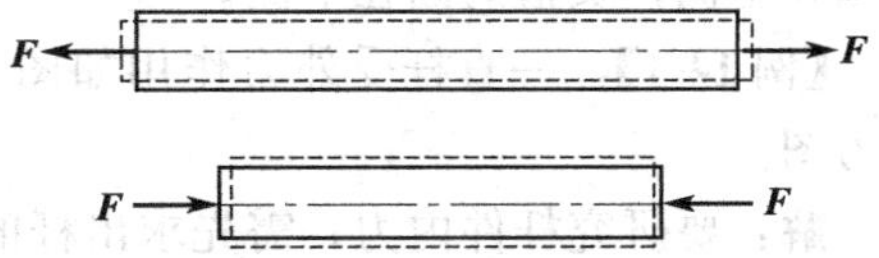

F　F

F　F

图 14-2

二、轴力和轴力图

1. 轴力

由于内力是物体内相邻部分之间的相互作用力，为了显示内力，可应用**截面法**。设一等直杆在两端轴向拉力 $\boldsymbol{F}$ 的作用下处于平衡，欲求杆件横截面 $m—m$ 上的内力，如图 14-3(a) 所示，为此，假想一平面沿横截面 m-m 将杆件截分为Ⅰ、Ⅱ两部分，任取一部分（如部分Ⅰ)，弃去另一部分（如部分Ⅱ)，并将弃去部分对留下部分的作用以截开面上的内力来代替。

对于留下部分Ⅰ而言，截开面 $m—m$ 上的内力 $\boldsymbol{F}_{\mathrm{N}}$ 就成为外力。由于整个杆件处于平衡状态，杆件的任一部分均应保持平衡。于是，杆件横截面 $m—m$ 上的内力必定是与其左端外力 $\boldsymbol{F}$ 共线的轴向力 $\boldsymbol{F}_{\mathrm{N}}$，图 14-3(b)。内力 $\boldsymbol{F}_{\mathrm{N}}$ 的数值可由平衡条件求得，由平衡方程

$$\sum F_x=0, F_{\mathrm{N}}-F=0$$

解得

$$F_{\mathrm{N}}=F$$

式中，F_{N} 为杆件任意横截面 $m—m$ 上的内力，其作用线与杆的轴线重合，即垂直于横截面并通过其形心。这种内力称为**轴力**，并规定用记号 $\boldsymbol{F}_{\mathrm{N}}$ 表示。

若取部分Ⅱ为留下部分，则由作用与反作用原理可知，部分Ⅱ在截开面上的轴力与前述部分Ⅰ

上的轴力数值相等而指向相反，如图 14-3(c) 所示。显然，也可由部分Ⅱ的平衡条件来确定。

对于压杆，同理可通过上述过程求得其任一横截面 $m—m$ 上的轴力 F_N，其指向如图 14-4 所示。

为了使由部分Ⅰ和部分Ⅱ所得同一截面 $m—m$ 上的轴力具有相同的正负号，联系变形情况，规定：**引起纵向伸长变形的轴力为正，称为拉力**，如图 14-3(b)、(c) 所示，**拉力是背离截面的；引起纵向缩短变形的轴力为负，称为压力**，如图 14-4(b)、(c) 所示，**压力是指向截面的**。

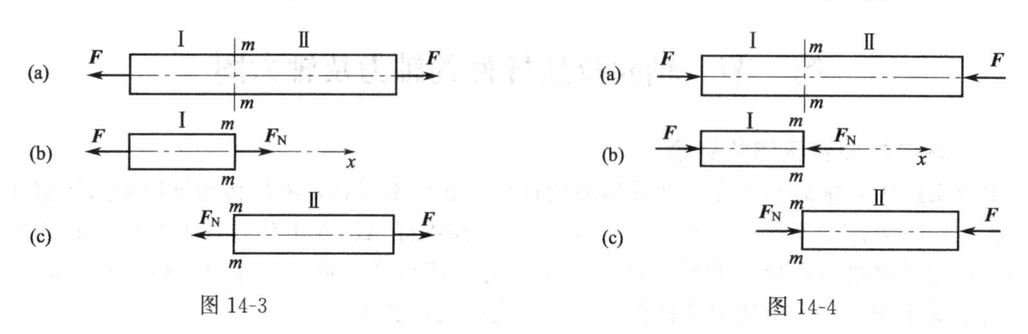

图 14-3　　　　图 14-4

上述分析轴力的方法称为截面法，它是求内力的一般方法。截面法包括以下四个步骤。

① 截开：在需求内力的截面处，假想地将杆截分为两部分。

② 留下：将两部分中的任一部分留下。

③ 代替：弃去部分对留下部分的作用用截开面上的内力（力或力偶）来代替。

④ 平衡：对留下的部分建立平衡方程，根据其上的已知外力来计算杆在截开面上的未知内力。应该注意，截开面上的内力对留下部分而言已属外力。

2. 轴力图

当杆受到多个轴向外力作用时，在杆的不同横截面上的轴力将各不相同。为了表明横截面上的轴力随横截面位置而变化的情况，可用平行于杆轴线的坐标表示横截面的位置，用垂直于杆轴线的坐标表示横截面上轴力的数值，从而绘出表示轴力与截面位置关系的图线，称为**轴力图**。从该图上即可确定最大轴力的数值及其所在横截面的位置。习惯上将正值的轴力图画在上侧，负值的画在下侧。

【例 14-1】 一直杆受外力作用如图 14-5(a) 所示，试求各段中横截面上的轴力，并绘轴力图。

解：要研究杆件内力，需先求出杆的支座约束力。

(1) 求支座约束力

设 A 端支座约束力为 $\boldsymbol{F}_{Ax}$，由整个杆的平衡方程得 $\sum F_x=0$，得

$$-F_{Ax}+10\text{kN}-8\text{kN}+4\text{kN}=0 \quad F_{Ax}=6\text{kN}$$

(2) 分段计算轴力

用截面法，分段作 1—1、2—2、3—3 三个截面，取出三个脱离体（取左段或右段为脱离体，以含外力最少为佳），如图 14-5(b)、(c)、(d) 所示，逐段计算轴力。为便于计算，可设各段的轴力 $\boldsymbol{F}_N$ 都为拉力，分别为 $\boldsymbol{F}_{N1}$、$\boldsymbol{F}_{N2}$、$\boldsymbol{F}_{N3}$，则由平衡条件可得

$$F_{N1}=6\text{kN}, F_{N2}=6\text{kN}-10\text{kN}=-4\text{kN}, F_{N3}=4\text{kN}$$

其中，F_{N2} 为负值，说明 $\boldsymbol{F}_{N2}$ 的作用方向与所设的方向相反，应为压力。

(3) 作轴力图

用平行杆轴的横坐标表示截面的位置，以垂直于杆轴的纵坐标按一定的比例表示对应截面上的轴力，绘出全杆的轴力图，如图 14-5(e) 所示。在轴力图中，将拉力绘制在 x 轴的上侧，压力绘制在 x 轴的下侧。这样轴力图不但能显示出杆件各段内轴力的大小，而且还

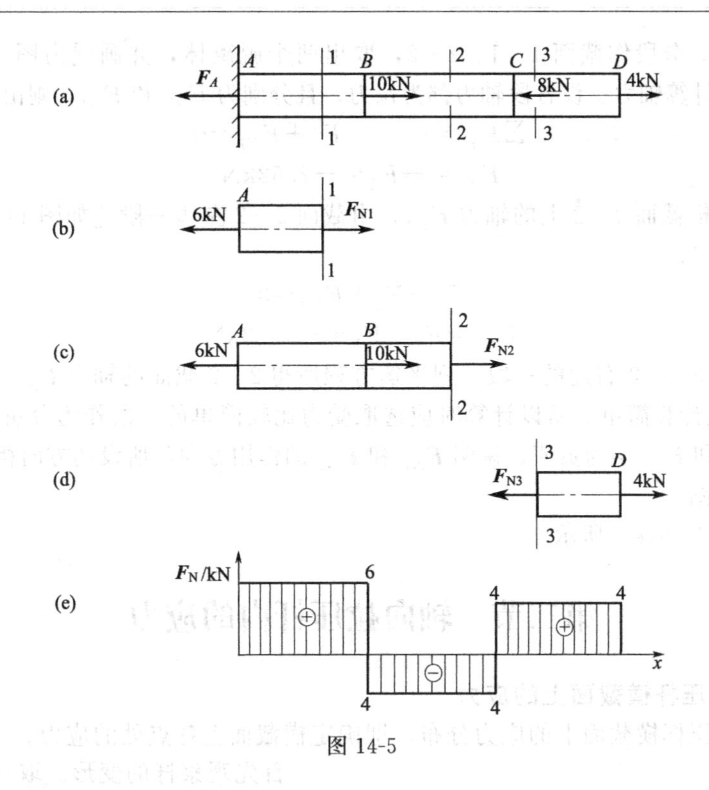

图 14-5

可以表示出各段内的变形是拉伸或者压缩。

【例 14-2】 图 14-6(a) 为一双压手铆机示意图。作用于活塞杆上的力分别简化为 $F_1=2.62\text{kN}$，$F_2=1.3\text{kN}$，$F_3=1.32\text{kN}$，计算简图如图 14-6(b) 所示。这里 F_2 和 F_3 分别是以压强 p_2 和 p_3 乘以作用面积得出的。试求活塞杆截面 1—1 和 2—2 上的轴力，并作活塞杆的轴力图。

解：(1) 分段计算轴力

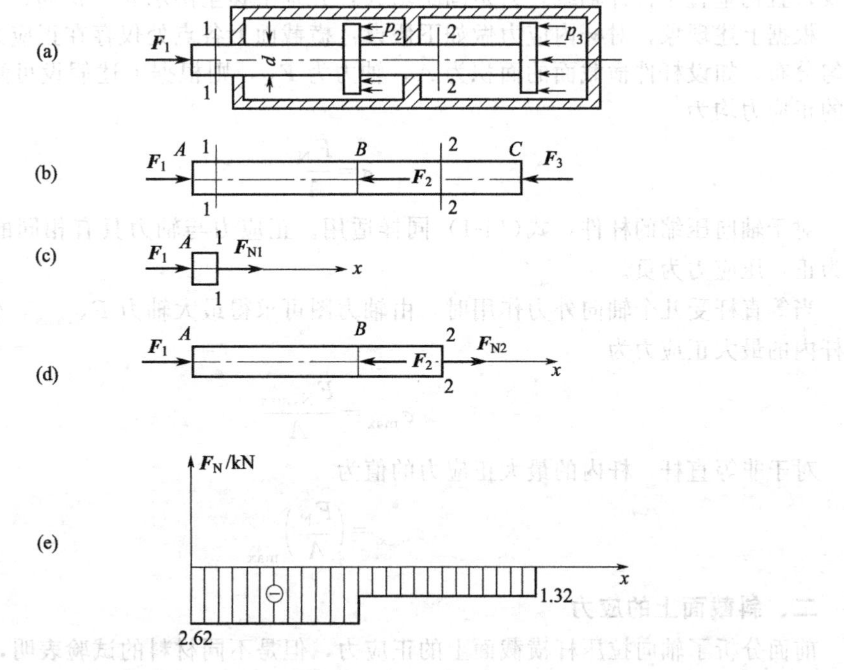

图 14-6

使用截面法，分段作截面 1—1、2—2，取出两个脱离体，并画受力图，如图 14-6(c)、(d) 所示，逐段计算轴力。设各段轴力都为拉力，且分别为 F_{N1} 和 F_{N2}，则由平衡方程可得

$$\sum F_x=0 \qquad F_1+F_{N1}=0$$

解得

$$F_{N1}=-F_1=-2.62\text{kN}$$

同理可计算横截面 2—2 上的轴力 F_{N2}，由截面 2—2 左边一段［如图 14-6(d) 所示］列平衡方程 $\sum F_x=0$，得

$$F_1-F_2+F_{N2}=0$$

$$F_{N2}=F_2-F_1=-1.32\text{kN}$$

如果研究截面 2—2 右边的一段，列平衡方程所得 2—2 截面的轴力 $\boldsymbol{F}_{N2}$ 的值仍为 $F_{N2}=-1.32\text{kN}$，而且计算简单。所以计算时应选取受力比较简单的一段作为分析对象。

其中，F_{N1} 和 F_{N2} 均为负值，说明 $\boldsymbol{F}_{N1}$ 和 $\boldsymbol{F}_{N2}$ 的作用方向与所设的方向相反，均为压力。

(2) 画轴力图

轴力图如图 14-6(e) 所示。

第二节　轴向拉压杆内的应力

一、轴向拉压杆横截面上的应力

现在研究拉压杆横截面上的应力分布，即确定横截面上各点处的应力。

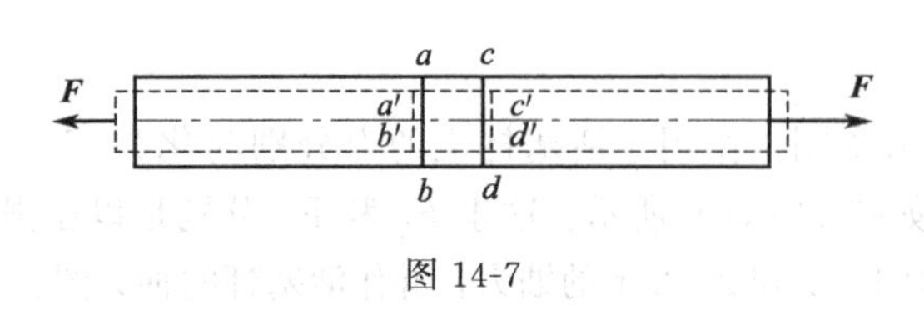

图 14-7

首先观察杆的变形。取一等截面直杆如图 14-7 所示，试验前，在杆表面画两条垂直于杆轴的横线 $a-b$ 与 $c-d$，然后，在杆两端施加一对大小相等、方向相反的轴向载荷 $\boldsymbol{F}$，使杆发生变形。从试验中观察到：施加轴向载荷 $\boldsymbol{F}$ 后，横线 $a-b$ 与 $c-d$ 仍为直线，且仍垂直于杆件轴线，只是间距增大，分别平移至图示 $a'-b'$ 与 $c'-d'$ 位置。

根据上述现象，对杆内应力做如下假设：横截面上各点处仅存在正应力 $\boldsymbol{\sigma}$，并且沿截面均匀分布，如设杆件横截面的面积为 A，轴力为 $\boldsymbol{F}_N$，则根据上述假设可知，横截面上各点处的正应力均为

$$\sigma=\frac{F_N}{A} \tag{14-1}$$

对于轴向压缩的杆件，式(14-1) 同样适用。正应力与轴力具有相同的正负号，即拉应力为正，压应力为负。

当等直杆受几个轴向外力作用时，由轴力图可求得最大轴力 $F_{N,max}$，代入式 (14-1) 即得杆内的最大正应力为

$$\sigma_{max}=\frac{F_{N,max}}{A}$$

对于非等直杆，杆内的最大正应力的值为

$$\sigma_{max}=\left(\frac{F_N}{A}\right)_{max}$$

二、斜截面上的应力

前面分析了轴向拉压杆横截面上的正应力，但是不同材料的试验表明，拉压杆的破坏并不总是沿横截面发生，有时是沿斜截面发生的，现研究与横截面成 α 角的任意斜截面 $k-k$

上的应力，如图 14-8(a) 所示。

设直杆的轴向拉力为 F，横截面面积为 A，则由式(14-1)，横截面上的正应力为

$$\sigma=\frac{F_N}{A}=\frac{F}{A} \quad (\text{Ⅰ})$$

设与横截面成 α 的斜截面 $k-k$ 的面积为 A_α，A_α 与 A 之间的关系为

$$A_\alpha=\frac{A}{\cos\alpha} \quad (\text{Ⅱ})$$

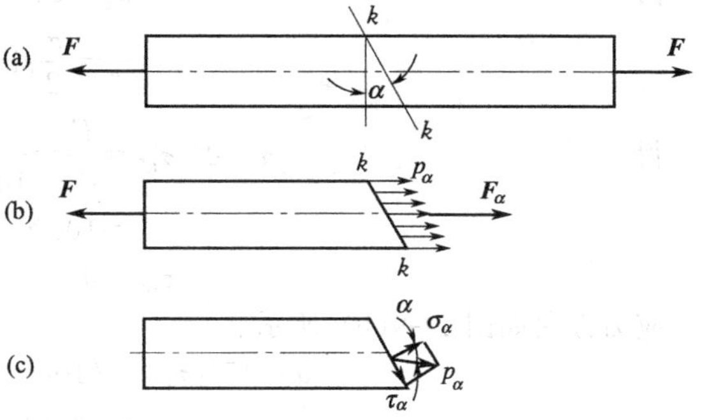

图 14-8

如果假想地用一平面沿斜截面 $k-k$ 将杆截分为二，以 F_α 表示斜截面 $k-k$ 上的内力，并由左段杆的平衡图 14-8(b) 可知

$$F_\alpha=F$$

仿照证明横截面上正应力均匀分布的方法，可知斜截面上的正应力也是均匀分布的。若以 p_α 表示斜截面上 $k-k$ 上的应力，于是有

$$p_\alpha=\frac{F_\alpha}{A_\alpha}=\frac{F}{A_\alpha}$$

把（Ⅱ）式代入上式，并注意到（Ⅰ）式所表示的关系，可得

$$p_\alpha=\frac{F}{A_\alpha}=\frac{F}{A}\cos\alpha=\sigma\cos\alpha$$

将应力 p_α 沿斜截面法向与切向分解，如图 14-8(c) 所示，得斜截面上的正应力与切应力分别为

$$\sigma_\alpha=p_\alpha\cos\alpha=\sigma\cos^2\alpha \quad (14\text{-}2)$$

$$\tau_\alpha=p_\alpha\sin\alpha=\sigma\cos\alpha\sin\alpha=\frac{\sigma}{2}\sin2\alpha \quad (14\text{-}3)$$

可见，在拉压杆的任意斜截面上，不仅存在正应力，而且存在切应力，其大小均随截面的方位角变化而变化。当 $\alpha=0$，斜截面 $k-k$ 成为垂直于轴线的横截面，σ_α 达到最大值，且为

$$\sigma_{\alpha,\max}=\sigma \quad (14\text{-}4)$$

当 $\alpha=45°$时，τ_α 达到最大值，且为

$$\tau_{\alpha,\max}=\frac{\sigma}{2} \quad (14\text{-}5)$$

即拉压杆的最大正应力发生在横截面上，其值为 σ，最大切应力发生在与杆轴成 45°的斜截面上，其值为最大正应力的 1/2。

为了便于应用上述公式，现对方位角与切应力的正负符号做如下规定：以 x 轴为始边，方位角 α 以横截面外法线至斜截面外法线为逆时针转向者为正；将斜截面外法线沿顺时针方向旋转 90°，与该方向同向的切应力为正。按此规定，图 14-8(c) 所示的 σ_α 与 τ_α 均为正值。

【例 14-3】 横截面面积 $A=100\text{mm}^2$ 的拉杆，承受轴向拉力 $F=10\text{kN}$，如图 14-9 所示。若以角度 α 表示斜截面与横截面间的夹角，试求：(1) $\alpha=0°$、45°、$-60°$、90°时各个截面上的正应力和切应力，并作图表示应力的方向；(2) 拉杆的最大正应力和最大切应力及其作用的截面。

解：(1) 计算各截面上的应力

由
$$\sigma_\alpha=\sigma\cos^2\alpha$$
$$\tau_\alpha=\frac{\sigma}{2}\sin2\alpha$$

得
$$\alpha=0°:\sigma_{0°}=\frac{F}{A}=\frac{10\times10^3\text{N}}{100\times10^{-6}\text{m}^2}$$
$$=100\times10^6\text{Pa}=100\text{MPa}$$
$$\tau_{0°}=0$$

应力方向如图 14-9(b) 所示。
$$\alpha=45°:\sigma_{45°}=(100\times10^6\text{Pa})\cos^2 45°$$
$$=50\times10^6\text{Pa}=50\text{MPa}$$
$$\tau_{45°}=\frac{100\times10^6\text{Pa}}{2}\sin(2\times45°)$$
$$=50\times10^6\text{Pa}=50\text{MPa}$$

应力方向如图 14-9(c) 所示。

$\alpha=-60°$： $\sigma_{-60°}=(100\times10^6\text{Pa})\cos^2(-60°)=25\times10^6\text{Pa}=25\text{MPa}$
$$\tau_{-60°}=\frac{100\times10^6\text{Pa}}{2}\sin[2\times(-60°)]=-43.3\times10^6\text{Pa}=-43.3\text{MPa}$$

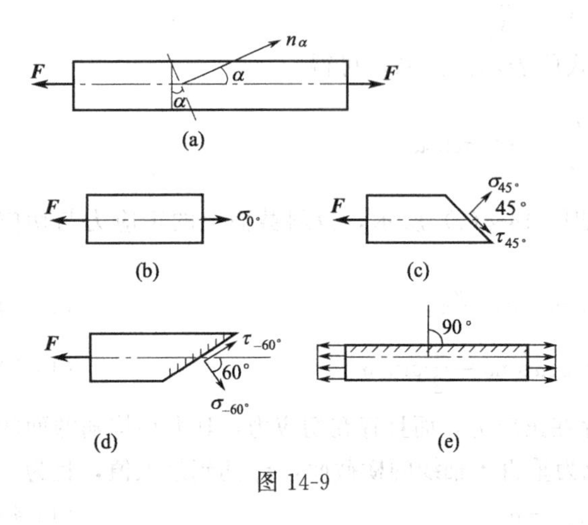

图 14-9

应力方向如图 14-9(d) 所示。

$\alpha=90°$：$\sigma_{90°}=(100\times10^6\text{Pa})\cos90°=0$
$$\tau_{90°}=\frac{100\times10^6\text{Pa}}{2}\sin(2\times45°)=0$$

应力方向如图 14-9(e) 所示。

(2) 最大应力

最大正应力：发生在 $\alpha=0°$ 的横截面上，其值为
$$\alpha_{\max}=\alpha_0=100\ (\text{MPa})$$

最大切应力：发生在 $\alpha=\pm45°$ 的截面上，其值为
$$\tau_{\max}=\frac{\sigma_0}{2}=50\ (\text{MPa})$$

第三节 轴向拉压杆件的变形

直杆在轴向拉力作用下，将引起轴向尺寸的增大和横向尺寸的缩小，如图 14-10(a) 所示，反之，在轴向压力的作用下，将引起轴向尺寸的缩短和横向尺寸的增大，如图 14-10(b) 所示。杆件沿轴线或载荷方向的变形称为纵向变形或轴线变形；垂直轴线或载荷方向的变形称为横向变形。

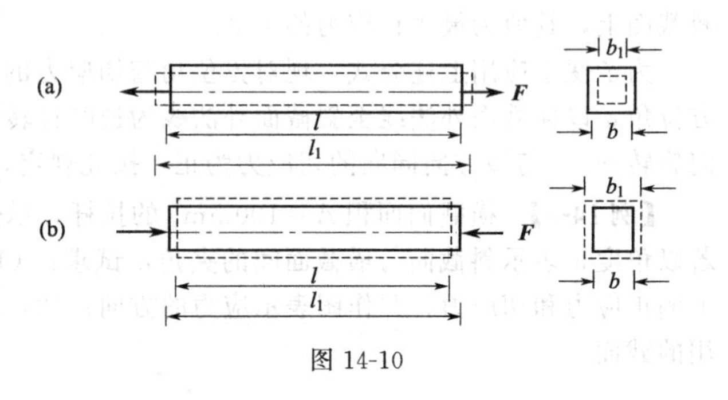

图 14-10

设等直杆的原长度为 l，宽度为 b，

受力后，杆长变为 l_1，宽度变为 b_1，则杆的纵向变形与横向变形分别为

$$\Delta l = l_1 - l$$
$$\Delta b = b_1 - b$$

由公式不难看出，拉伸时 Δl 为正，压缩时 Δl 为负，而拉伸时 Δb 为负，压缩时 Δb 为正。本节研究杆的纵向变形与横向变形的规律。

一、拉压杆的轴向变形与胡克定律

由实验表明，在比例极限内，正应力与正应变成正比，这就是胡克定律，可以写成

$$\sigma = E\varepsilon \tag{14-6}$$

其中比例系数 E 称为材料的**弹性模量**，其值随材料的不同而不同，常用单位为 GPa ($1\text{GPa}=10^9\text{Pa}$)。现在利用胡克定律研究拉压杆的轴向变形，由式(14-1) 可知

$$\sigma = \frac{F_N}{A} \tag{Ⅰ}$$

将 Δl 除以 l 得杆件轴线方向的线应变

$$\varepsilon = \frac{\Delta l}{l} \tag{Ⅱ}$$

将（Ⅰ）、（Ⅱ）代入式(14-6) 得

$$\Delta l = \frac{F_N l}{EA} \tag{14-7}$$

这表明：当应力不超过比例极限时，杆件的伸长量 Δl 与轴力 F_N 和杆件的原长度 l 成正比，与 EA 成反比，这是胡克定律的另一表达式，乘积 EA 为杆的拉压刚度。以上结果同样可以用于轴向压缩的情况。

二、拉压杆的横向变形与泊松比

拉压杆的横向应变为

$$\varepsilon' = \frac{\Delta b}{b} \tag{Ⅲ}$$

试验表明，轴向拉伸时，杆沿轴向伸长，横向尺寸减小，轴向压缩时，杆沿轴向缩短，其横向尺寸则增大，即横向应变与轴向应变恒为异号。试验结果还表明，当应力不超过比例极限时，横向应变 ε' 与轴向应变 ε 之比的绝对值是一个常数，即

$$\mu = \left|\frac{\varepsilon'}{\varepsilon}\right| = -\frac{\varepsilon'}{\varepsilon} \tag{14-8}$$

或者可以写成

$$\varepsilon' = -\mu\varepsilon \tag{14-9}$$

比例系数 μ 称为材料的泊松比。在比例极限内，μ 为一常数，其值随材料而异，并由试验测定。弹性模量 E 与泊松比 μ 均为材料的弹性常数，几种常用材料的 E、μ 值见表 14-1。

【例 14-4】 如图 14-11 所示圆截面杆，用铝合金制成，承受轴向拉力 $\boldsymbol{F}$ 作用。已知杆长 $l=100\text{mm}$，杆径 $d=10\text{mm}$，轴向伸长 $\Delta l=0.182\text{mm}$，横向变形 $\Delta d=-0.00545\text{mm}$，试计

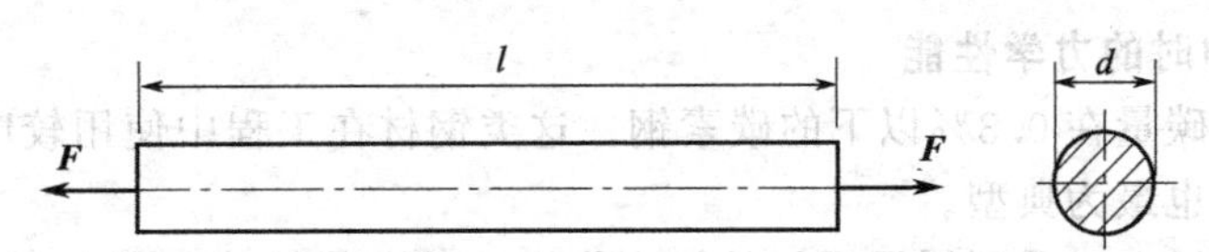

图 14-11

表 14-1　弹性模量及泊松比的约值

材料名称	牌　号	$E(10^5\text{MPa})$	μ
低碳钢		2.0～2.1	0.24～0.28
中碳钢	45	2.09	
低合金钢	16Mn	2.0	0.25～0.30
合金钢	40CrNiMoA	2.1	
灰口铸铁		0.6～1.62	0.23～0.27
球墨铸铁		1.5～1.8	
铝合金	LY12	0.72	0.33
硬质合金		3.8	
混凝土		0.15～0.36	0.16～0.18
木材(顺纹)		0.09～0.12	

算杆的轴向应变 ε、横向应变 ε' 及材料的泊松比 μ。

解：根据式(Ⅰ) 与式(Ⅱ) 得杆的轴向与横向应变分别为

$$\varepsilon=\frac{\Delta l}{l}=\frac{0.182}{100}=1.82\times10^{-3}$$

$$\varepsilon'=-\frac{\Delta d}{d}=\frac{-0.00545}{10}=-5.45\times10^{-4}$$

于是，由式(14-8) 得材料的泊松比为

$$\mu=-\frac{\varepsilon'}{\varepsilon}=\frac{5.45\times10^{-4}}{1.82\times10^{-3}}=0.299$$

第四节　材料在拉伸和压缩时的力学性能

一、材料拉伸时的力学性能

分析构件的强度时，除计算应力外，还应了解材料的力学性能。材料的力学性能也称为机械性质，是指材料在外力作用下表现出的变形、破坏等方面的特性。它要由试验来测定。在室温下，以缓慢平稳的加载方式进行试验，称为常温静载试验，是测定材料力学性能的基本试验。为了便于比较不同材料的试验结果，对试样的形状、加工精度、加载速度、试验环境等，国家标准都有统一规定。在试样上取长为 l 的一段作为试验段，如图 14-12 所示，l 称为标距。对圆截面试样，标距 l 与直径 d 有两种比例，即 $l=5d$ 和 $l=10d$。

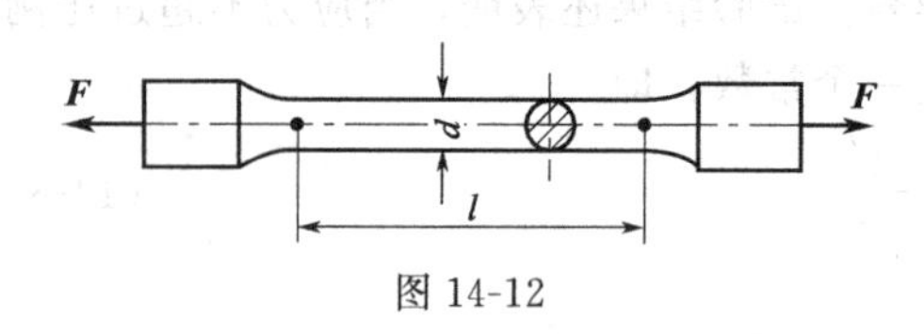

图 14-12

工程上常用的材料品种很多，下面以低碳钢和铸铁为主要代表，介绍材料拉伸时的力学性能。

1. 低碳钢拉伸时的力学性能

低碳钢是指含碳量在 0.3%以下的碳素钢。这类钢材在工程中使用较广，在拉伸试验中表现出的力学性能也最为典型。

试样装在试验机上，受到缓慢增加的拉力作用。对应着每一个拉力 F，试样标距 l 有一个伸长量 Δl。表示 F 和 Δl 的关系的曲线，称为拉伸图或 F-Δl 曲线，如图 14-13 所示。

F-Δl 曲线与试样的尺寸有关。为了消除试样尺寸的影响，把拉力 F 除以试样横截面的原始面积 A，得出正应力 $\sigma=\dfrac{F}{A}$；同时，把伸长量 Δl 除以标距的原始长度 l，得到应变 $\varepsilon=\dfrac{\Delta l}{l}$。以 σ 为纵坐标，ε 为横坐标，作图表示 σ 与 ε 的关系，图 14-14 称为应力-应变图或 σ-ε 曲线。

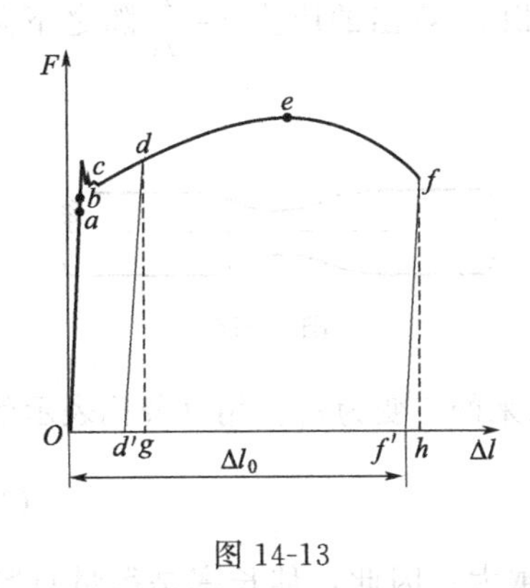

图 14-13

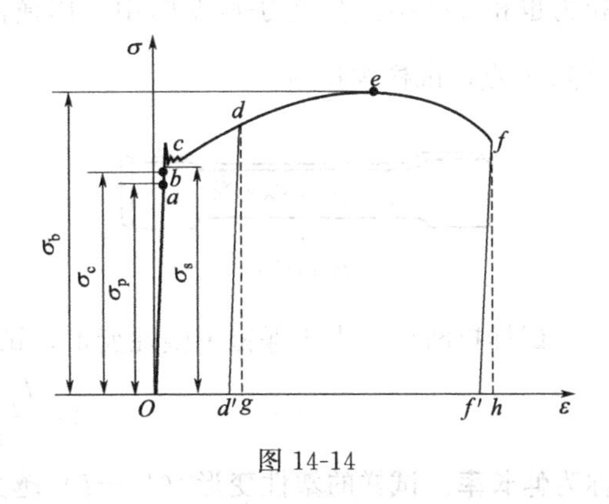

图 14-14

根据试验结果分析，低碳钢在整个拉伸试验过程中，其工作段的伸长量与载荷的关系大致可分为以下四个阶段。

(1) 弹性阶段　在拉伸的初始阶段，σ 与 ε 的关系为直线 Oa，表示在这一阶段内，应力 σ 与应变 ε 成正比，式(14-6) 表明 $\sigma=E\varepsilon$，即 $E=\dfrac{\sigma}{\varepsilon}$，而 $\dfrac{\sigma}{\varepsilon}$ 正是直线 Oa 的斜率。直线部分的最高点 a 所对应的应力 σ_p 称为**比例极限**。显然，只有应力低于比例极限时，应力才与应变成正比，材料才服从胡克定律，这时称材料是弹性的。

超过比例极限后，从 a 点到 b 点，σ 与 ε 之间的关系不再是直线，但解除拉力后变形仍能完全消失，这种变形称为弹性变形。b 点所对应的应力 σ_e 是材料只会出现弹性变形的极限值，称为**弹性极限**。在 σ-ε 曲线上，a、b 两点非常接近，所以工程上对弹性极限和比例极限并不严格区分。

在应力大于弹性极限后，如再解除拉力，则试样变形的一部分随之消失，这就是上面提到的弹性变形。但还遗留下一部分不能消失大的变形，这种变形称为塑性变形或残余变形。

(2) 屈服阶段　当应力超过 b 点增加到某一数值时，应变有非常明显的增加，而应力先是下降，然后做微小的波动，在 σ-ε 曲线上出现接近水平线的小锯齿形线段。这种应力基本保持不变，而应变显著增加的现象，称为屈服或流动。在屈服阶段内的最高应力和最低应力分别称为上屈服极限和下屈服极限。上屈服极限的数值与试样形状、加载速度等因素有关，一般是不稳定的。下屈服极限则有比较稳定的数值，能够反映材料的性能。通常就把下屈服极限称为**屈服极限**或**屈服点**，用 σ_s 来表示。

表面磨光的试样屈服时，表面将出现与轴线大致成 45°倾角的条纹，如图 14-15 所示。这是由于材料内部相对滑移形成的，称为滑移线。因为拉伸时在与杆轴成 45°倾角的斜截面上，切应力为最大值，可见屈服现象的出现与最大切应力有关。

材料屈服表现为显著的塑性变形，而零件的塑性变形将影响机器的正常工作，所以屈服极限 σ_s 是衡量材料强度的重要指标。

(3) 强化阶段　过屈服阶段后，材料又恢复了抵抗变形的能力，要使它继续变形必须增加拉力。这种现象称为材料的强化。如图 14-14 所示，强化阶段中的最高点 e 所对应的应力 σ_b 是材料所能承受的最大应力，称为**强度极限或抗拉强度**。它是衡量材料强度的另一重要指标。在强化阶段中，试样的横向尺寸有明显的缩小。

（4）颈缩阶段　过 e 点后，在试样的某一局部范围内，横向尺寸突然急剧缩小，形成缩颈现象，如图 14-16 所示。由于在缩颈部分横截面面积迅速减小，使试样继续伸长所需要的拉力也相应减小。在应力-应变图中，用横截面原始面积 A 算出的应力 $\sigma=\frac{F}{A}$ 随之下降，降落到 f 点，试样被拉断。

图 14-15　　　　图 14-16

试样拉断后，由于保留了塑性变形，试样长度由原来的 l 变为 l_1。用百分比表示的比值

$$\delta=\frac{l_1-l}{l}\times 100\% \tag{14-10}$$

称为**伸长率**。试样的塑性变形（l_1-l）越大，δ 也就越大。因此，伸长率是衡量材料塑性的指标。低碳钢的伸长率很高，其平均值约为 20%～30%，这说明低碳钢的塑性性能很好。

工程上通常按伸长率的大小把材料分成两大类，$\delta>5\%$ 的材料称为塑性材料，如碳钢、黄铜、铝合金等；而把 $\delta<5\%$ 的材料称为脆性材料，如灰铸铁、玻璃、陶瓷等。

原始横截面面积为 A 的试样，拉断后缩颈处的最小截面面积变为 A_1，用百分比表示的比值

$$\psi=\frac{A-A_1}{A}\times 100\% \tag{14-11}$$

称为**断面收缩率**。ψ 也是衡量材料塑性的指标。

如把试样拉到超过屈服极限的 d 点，如图 14-14 所示，然后逐渐卸除拉力，应力和应变关系将沿着斜直线 dd' 回到 d' 点。斜直线 dd' 近似地平行于 Oa。这说明：在卸载过程中，应力和应变按直线规律变化。这就是**卸载定律**。拉力完全卸除后，应力-应变图中，$d'g$ 表示消失了的弹性变形，而 Od' 表示不再消失的塑性变形。

卸载后，如在短期内再次加载，则应力和应变大致上沿卸载时的斜直线 $d'd$ 变化。直到 d 点后，又沿曲线 def 变化。可见在再次加载时，直到 d 点以前材料的变形是弹性的，过 d 点后才开始出现塑性变形。比较图 14-14 中的 $Oabcdef$ 和 $d'def$ 两条曲线，可见在第二次加载时，其比例极限（亦即弹性阶段）得到了提高，但塑性变形和伸长率却有所降低，这种现象称为**冷作硬化**。冷作硬化现象经退火后又可消除。

工程上经常利用冷作硬化来提高材料的弹性阶段。如起重用的钢索和建筑用的钢筋，常用冷拔工艺以提高强度。又如对某些零件进行喷丸处理，使其表面发生塑性变形，形成冷硬层，以提高零件表面层的强度。但另一方面，零件初加工后，由于冷作硬化使材料变脆变硬，给下一步加工造成困难，且容易产生裂纹，往往就需要在工序之间安排退火，以消除冷作硬化的影响。

2. 其他塑性材料拉伸时的力学性能

工程上常用的塑性材料，除低碳钢外，还有中碳钢、高碳钢和合金钢、铝合金、青铜、黄铜等。图 14-17，是几种塑性材料的 σ-ε 曲线。其中有些材料，如 Q345 钢，和低碳钢一

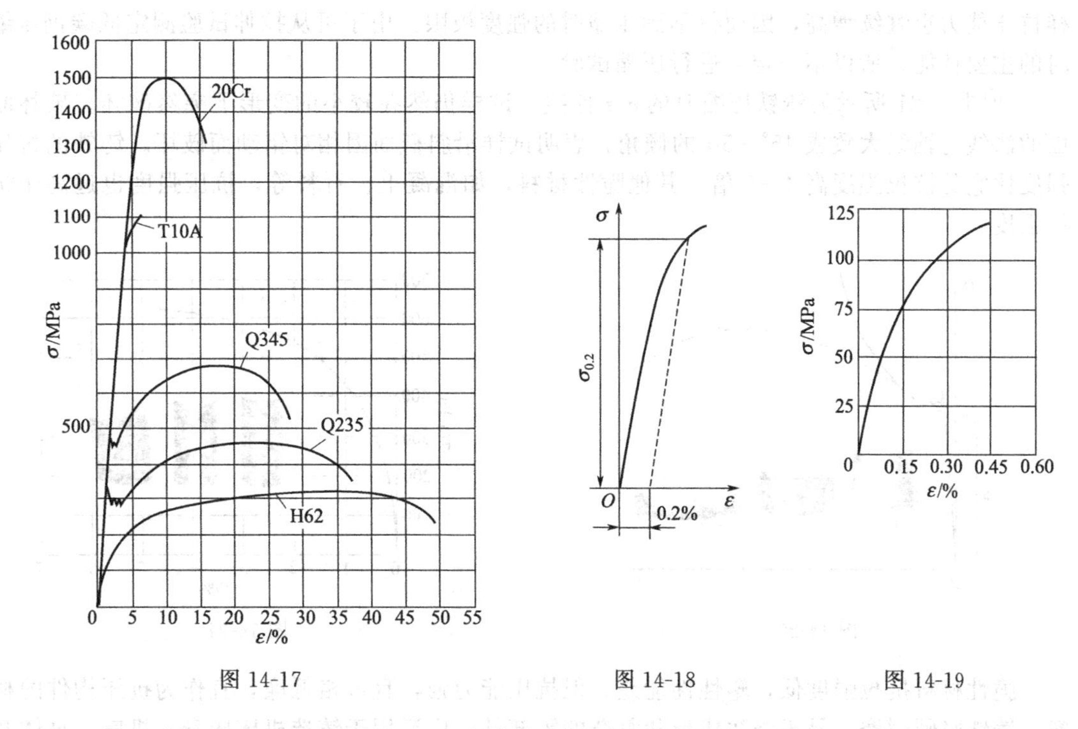

图 14-17　　图 14-18　　图 14-19

样，有明显的弹性阶段、屈服阶段、强化阶段和局部变形阶段。有些材料，如黄铜 H62，没有屈服阶段，但其他三阶段却很明显。还有些材料，如高碳钢 T10*A*，没有屈服阶段和局部变形阶段，只有弹性阶段和强化阶段。

对没有明显屈服极限的塑性材料，可以将产生 0.2%塑性应变时的应力作为屈服指标，并用 $\sigma_{0.2}$ 来表示，如图 14-18 所示。

各类碳素钢中，随含碳量的增加，屈服极限和强度极限相应提高，但伸长率降低。例如合金钢、工具钢等高强度钢材，屈服极限较高，但塑性性能却较差。

3. 铸铁拉伸时的力学性能

灰口铸铁拉伸时的应力-应变关系是一段微弯曲线，如图 14-19 所示，没有明显的直线部分。它在较小的拉应力下就被拉断，没有屈服和缩颈现象，拉断前的应变很小，伸长率也很小。灰口铸铁是典型的脆性材料。

由于铸铁的 σ-ε 图没有明显的直线部分，弹性模量 E 的数值随应力的大小而变。但在工程中铸铁的拉应力不能很高，而在较低的拉应力下，则可近似地认为服从胡克定律。通常取 σ-ε 曲线的割线代替曲线的开始部分，并以割线的斜率作为弹性模量，称为割线弹性模量。

铸铁拉断时的最大应力即为其强度极限。因为没有屈服现象，强度极限 σ_b 是衡量强度的唯一指标。铸铁等脆性材料的抗拉强度很低，所以不宜作为抗拉零件的材料。

铸铁经球化处理成为球墨铸铁后，力学性能有显著变化，不但有较高的强度，还具有较好的塑性。国内不少工厂成功地用球墨铸铁代替钢材制造曲轴、齿轮等零件。

二、材料压缩时的力学性能

金属的压缩试样一般制成很短的圆柱，以免被压弯。圆柱高度约为直径的 1.5～3 倍。混凝土、石料等则制成立方形的试块。

低碳钢压缩时的 σ-ε 曲线如图 14-20 所示。试验表明：低碳钢压缩时的弹量模量 E 和屈服极限 σ_s 都与拉伸时大致相同。屈服阶段以后，试样越压越扁，横截面面积不断增大，试样抗压能力也继续增高，因而得不到压缩时的强度极限。由于可从拉伸试验测定低碳钢压缩时的主要性能，所以不一定要进行压缩试验。

如图 14-21 所示为铸铁压缩时的 σ-ε 曲线。试样仍然在较小的变形下突然破坏。破坏断面的法线与轴线大致成 45°～50°的倾角，表明试样沿斜截面因相对错动而破坏。铸铁的抗压强度比它的抗拉强度高 4～5 倍。其他脆性材料，如混凝土、石料等，抗压强度也远高于抗拉强度。

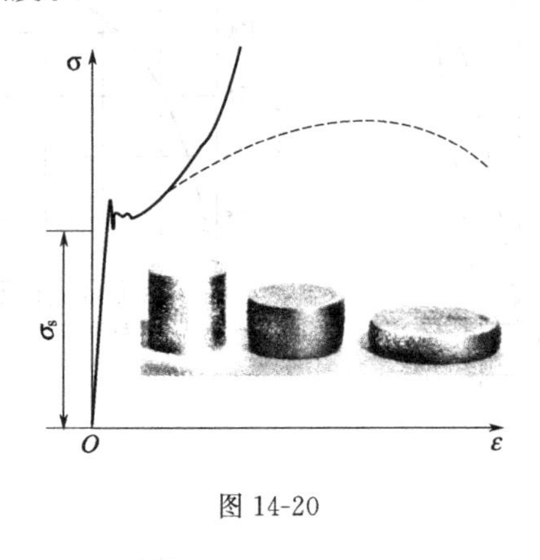

图 14-20

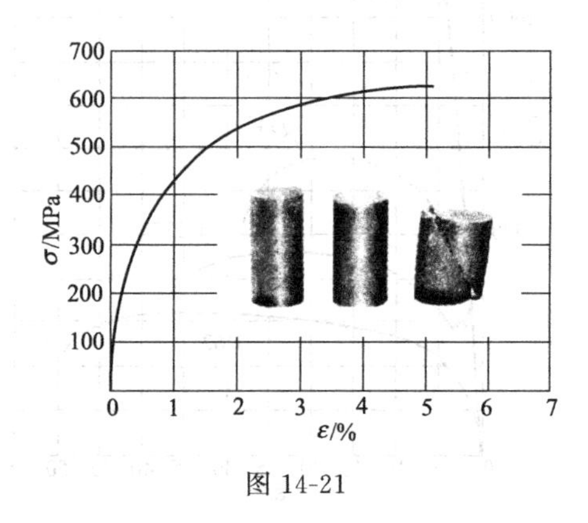

图 14-21

脆性材料抗拉强度低，塑性性能差。但抗压能力强，且价格低廉，宜作为抗压构件的材料。铸铁坚硬耐磨，易于浇注成形状复杂的零部件，广泛用于铸造机床床身、机座、缸体及轴承座等受压零部件。

综上所述，衡量材料力学性能的指标主要有：比例极限（或弹性极限）σ_p、屈服极限 σ_s、强度极限 σ_b、弹性模量 E、伸长率 δ 和断面收缩率 ψ 等。

三、两类材料的力学性能比较

工程上一般根据常温、静载下拉伸试验的伸长率的大小，将材料大致分为塑性材料和脆性材料两大类。这里再用低碳钢作为塑性材料的代表，铸铁作为脆性材料的代表，将两类材料在力学性能上的主要差别归纳如下。

（1）变形方面　塑性材料在破坏前有较大的塑性变形，一般都有屈服阶段；脆性材料则没有屈服现象，并在变形不大的情况下就发生断裂。

（2）强度方面　塑性材料在拉伸和压缩时抵抗屈服的能力是相等的，但脆性材料的抗压强度远比抗拉强度大。因此，脆性材料宜用于承压构件，而塑性材料既可用于受拉构件，也可用于承压构件。

（3）抗冲击方面　试件拉断前，塑性材料显著的塑性变形使其 σ-ε 曲线下的面积远大于脆性材料相应的面积。可见，使塑性材料试件破坏所需要的功远大于使脆性材料相同试件破坏所需的功。因使试件破坏所做功的大小可以用来衡量试件材料抗冲击性能的高低，故塑性材料抵抗冲击的性能一般要比脆性材料好得多。所以，对承受冲击或振动的构件，宜采用塑性材料。

（4）对应力集中的敏感性　当杆件上有圆孔、凹槽时，受力后，在截面突变处的附近，有**应力集中**现象，如圆孔边缘处的最大应力要比平均应力高得多，如图 14-22 所示。对于塑性材料来说，因为有较大的屈服阶段，所以在孔边最大应力到达屈服强度时（加力到 F_1），若继续加力（到 F_2），圆孔边缘的应力仍在屈服强度点，所以应力并不增加，所增加的外力只使屈服区域不断扩展。因此，塑性材料的屈服阶段对于应力集中起着应力平均化（重分布）的作用。而脆性材料随着外力的增加，孔边应力也急剧地上升并始终保持最大值，当达

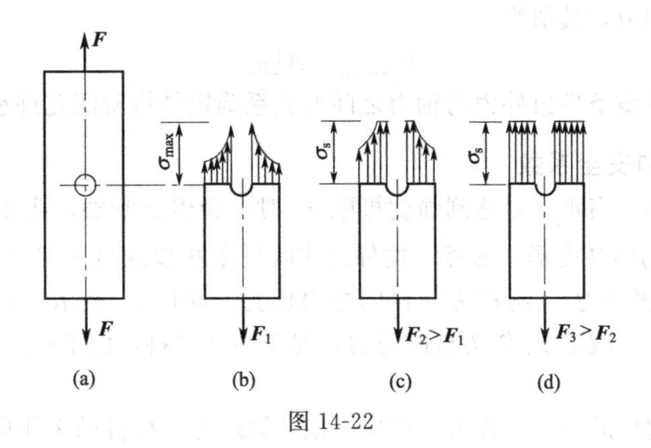

图 14-22

到强度极限时，该处首先破裂。所以，脆性材料对于应力集中十分敏感，而塑性材料则相反。因此，应力集中使脆性材料的承载能力显著降低，即使在静载下，也应考虑应力集中对构件强度的影响。

必须指出，通常所说的塑性材料和脆性材料，是根据常温、静载下拉伸试验所得的伸长率的大小来区分的。但是材料的塑性和脆性是随外界条件（如温度、应变速率、应力状态等）而互相转化的。例如，在常温、静载下塑性很好的低碳钢，在低温、高速载荷下会发生脆性破坏。所以，材料的塑性和脆性是相对的、有条件的。

第五节　强度条件、安全系数和许用应力

一、拉压杆的强度条件

构件受轴向拉伸或压缩时，构件中的工作应力为 $\sigma=\frac{F_N}{A}$，为了保证构件安全、正常地工作，构件中的最大工作应力 σ_{max} 不得超过材料拉伸（压缩）时的许用应力 $[\sigma]$，即要求

$$\sigma_{max}=\left(\frac{F_N}{A}\right)_{max}\leqslant[\sigma] \tag{14-12}$$

式中，$[\sigma]$ 是材料的许用应力，关于许用应力的确定，将在下面进一步讨论。

对于等截面直杆，拉压缩时的强度条件，又可改写成

$$\sigma_{max}=\frac{F_{N,max}}{A}\leqslant[\sigma] \tag{14-13}$$

根据拉压杆的强度条件，可以对构件进行三种不同情况的强度计算。

(1) 强度校核　当已知拉压杆的截面尺寸、许用应力和所受外力时，检查该杆是否满足强度要求，即判断该杆在所述外力作用下能否安全工作。

(2) 选择截面尺寸　如果已知拉压杆所受外力和许用应力，根据强度条件可以确定该杆所需横截面面积。为此，式(14-13) 可改写成

$$A\geqslant\frac{F_{N,max}}{[\sigma]} \tag{14-14}$$

当选用型钢等标准截面时，可能为满足强度条件而将采用过大的截面。为经济考虑，可采用小一号的截面，但由此而引起的最大工作应力超过许用应力的百分数，在设计规范上有具体规定，一般限制在5%以内，在工程计算中仍然是允许的。

(3) 确定承载能力　如果已知拉压杆的截面尺寸和许用应力，根据强度条件可以确定该

杆所能承受的最大轴力，其值为

$$F_{N,max} \leqslant A[\sigma] \tag{14-15}$$

然后可以根据静力平衡条件由外力与轴力之间的关系确定结构所能允许承受的最大载荷。

二、许用应力和安全系数

由以上试验可知，当正应力达到强度极限 σ_b 时，会引起断裂；当正应力达到屈服应力 σ_s 时，将出现显著的塑性变形，显然，构件工作时发生断裂或显著塑性变形一般均不允许，故强度极限 σ_b 与屈服应力 σ_s 统称为材料的**极限应力**，并用 σ_u 表示。对于脆性材料，强度极限为唯一强度指标，故以 σ_b 作为极限应力；对于塑性材料，由于 $\sigma_s < \sigma_b$，故通常以 σ_s 作为极限应力。

根据计算所得构件的应力，称为工作应力或计算应力。构件的工作应力不可能等于材料的极限应力，原因很多：作用在杆件上的外力估计不准确；杆件的外形与所承受的外力往往很复杂；计算所得应力通常带有近似性；实际材料的组成与质量等与预期的难免存在差异，不能保证杆件所用材料与标准试件具有完全相同的力学性能，更何况由标准试样测得的力学性质，本身也带有一定分散性，这种差别在脆性材料中尤为显著；等等。所有这些因素，都有可能使构件的实际工作条件比设想的要不安全。因此，为了拉压杆件不致因强度不足而破坏，杆件最大工作应力的允许值 $[\sigma]$ 应小于材料的极限应力 σ_u，除此之外，杆件还应该具有适当的安全储备，所以可得许用应力与极限应力的关系为

$$[\sigma]=\frac{\sigma_u}{n} \tag{14-16}$$

式中，n 为大于 1 的系数，称为**安全系数**。

如上所述，安全系数是由多种因素决定的。各种材料在不同工作条件下的安全系数或许用应力，可从有关规范或设计手册中查到。在一般强度计算中，对于塑性材料，按屈服应力所规定的安全系数 n，通常取 1.5～2.0；对于脆性材料，按强度极限所规定的安全系数 n_b，通常取 2.5～3.0，甚至更大。

在拉压杆的强度条件计算中都要用到材料的许用应力。工程上常用材料在一般情况下的许用拉压应力的约值见表 14-2。

表 14-2　常用材料的许用应力约值

材料名称	牌　号	许用应力/MPa	
		轴向拉伸	轴向压缩
低碳钢	Q235	170	170
低合金钢	16Mn	230	230
灰铸钢		34～54	160～200
混凝土	C20	0.44	7
混凝土	C30	0.6	10.3
红松(顺纹)		6.4	10

【例 14-5】 汽车离合器踏板如图 14-23 所示。已知踏板受到拉力 $F_1=400$N 作用，拉杆 1 的直径 $D=9$mm，杠杆臂长 $L=330$mm，$l=56$mm，拉杆的许用应力 $[\sigma]=50$MPa，校

核拉杆 1 的强度。

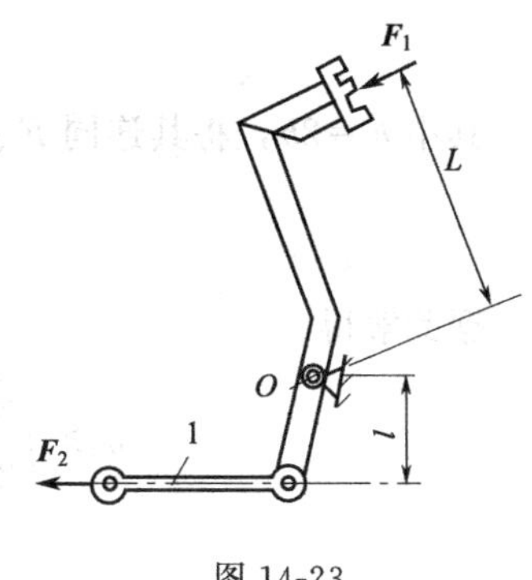

图 14-23

解：由平衡条件

$$\sum M_O=0, F_1L=F_2l$$

可得，拉杆 1 的轴力为

$$F_N=F_2=\frac{F_1L}{l}=\frac{400\times0.33}{0.056}\text{N}=2357\text{N}$$

拉杆 1 的工作应力为

$$\sigma=\frac{F_N}{A}=\frac{F_2}{\frac{\pi}{4}D^2}=\frac{4\times2357}{\pi\times0.009^2}\text{Pa}=37.1\text{MPa}<[\sigma]=50\text{MPa}$$

工作应力小于许用应力，故拉杆 1 满足强度要求。

【例 14-6】 如图 14-24(a) 所示，现场施工中起重机吊环的侧臂 AB 和 BC 均由两根矩形截面杆组成，连接处（A、B、C 均为铰链。），若已知起重机载荷 $\boldsymbol{F}_P=1400\text{kN}$，每根矩形杆的截面尺寸比例为 $b/h=1/2$，材料的许用应力 $[\sigma]=80\text{MPa}$。试设计矩形杆的横截面尺寸 b 和 h。

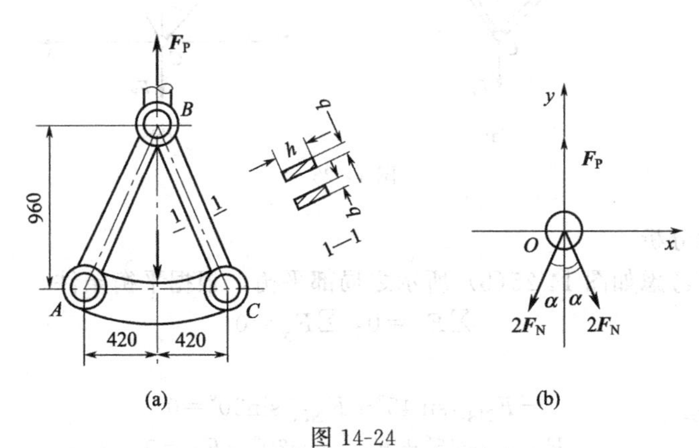

图 14-24

解：(1) 确定每根杆的受力

假设每根矩形杆所受拉力为 F_N，则每侧受拉力均为 $2F_N$。于是 B 处受力如图 14-24(b) 所示。根据平衡方程

$$\sum F_y=0$$

得

$$F_P-4F_N\cos\alpha=0$$

其中

$$\alpha=\arctan\frac{420}{960}=23.6°$$

于是

$$1400-4F_N\cos23.6°=0$$

由此解得侧臂中每一根杆横截面上的轴向力

$$F_N=\frac{1400}{4\cos23.6°}=382.1\ (\text{kN})$$

(2) 根据强度条件进行强度设计

侧臂中每一根杆的强度条件

$$\sigma=\frac{F_N}{b\times h}\leqslant[\sigma]$$

其中 $h=2b$，将其连同 F_N 和 $[\sigma]$ 值代入上式，有

$$\frac{382.1\times10^3}{b\times2b}\leqslant80\times10^6\ (\text{Pa})$$

据此解得

$$b\geqslant\sqrt{\frac{382.1\times10^3}{2\times80\times10^6}}=48.87\ (\text{mm})\approx49\ (\text{mm})$$

$$h=2b=2\times49=98\ (\text{mm})$$

【例 14-7】 如图 14-25(a) 所示的结构中 BC 和 AC 都是圆截面直杆，直径均为 $d=20\text{mm}$，材料都是 Q235 钢，其许用应力 $[\sigma]=160\text{MPa}$。求该结构的许可载荷。

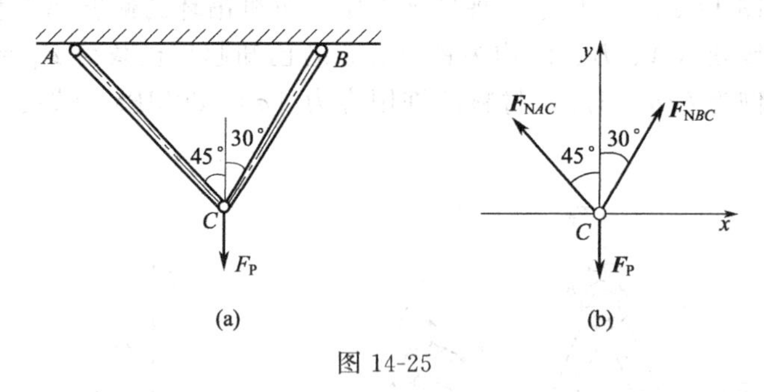

图 14-25

解：(1) 受力分析

采用截面法，考虑如图 14-25(b) 所示之局部平衡，根据平衡条件

$$\sum F_x=0,\ \sum F_y=0$$

有

$$-F_{NAC}\sin45°+F_{NBC}\sin30°=0$$

$$F_{NAC}\cos45°+F_{NBC}\cos30°-F_P=0$$

由此解得

$$F_{NBC}=0.732F_P$$

$$F_{NAC}=0.707F_{NBC}=0.5175F_P$$

可见杆 BC 的受力要比杆 AC 受力大，而两者的材料及横截面尺寸又都是相同的。因此，两根杆的危险程度不同。如果 BC 的强度安全得到满足，杆 AC 的强度也一定是安全的。

(2) 计算许可载荷

因为杆 BC 比杆 AC 危险，故只需对杆 BC 的强度计算，确定结构的许可载荷。

根据强度条件

$$\sigma_{BC}=\frac{F_{NBC}}{A}\leqslant[\sigma]$$

有

$$\frac{4\times0.732\times F_P}{\pi d^2}\leqslant[\sigma]$$

据此解得

$$F_P\leqslant\frac{[\sigma]\pi d^2}{4\times0.732}=\frac{160\times10^6\times\pi\times(20\times10^{-3})^2}{4\times0.732}$$

$$=68.67\times10^3(\text{N})=68.67\ (\text{kN})$$

所以结构的许可载荷可选取 $F_P=68\text{kN}$。

【例 14-8】 钢木架如图 14-26(a) 所示。BC 杆为钢制圆杆，AB 杆为木杆。若 $F=10\text{kN}$，木杆 AB 的横截面面积 $A_1=10000\text{mm}^2$，弹性模量 $E_1=10\text{GPa}$，许用应力 $[\sigma_1]=7\text{MPa}$；钢杆 BC 的横截面面积为 $A_2=600\text{mm}^2$，许用应力 $[\sigma_2]=160\text{MPa}$。(1) 校核两杆的强度；(2) 求许用载荷 $[F]$；(3) 根据许用载荷，重新设计钢杆 BC 的直径。

解：(1) 校核两杆强度

首先必须确定两杆的内力，由节点 B 的受力 [如图 14-26(b) 所示]，列出静力平衡方程

$$\sum F_y=0\quad F_{BC}\cos60^\circ=F\quad F_{BC}=2F=20\ (\text{kN})$$

$$\sum F_x=0\quad F_{AB}-F_{BC}\cos30^\circ=0\quad F_{AB}=\sqrt{3}F=17.3\ (\text{kN})$$

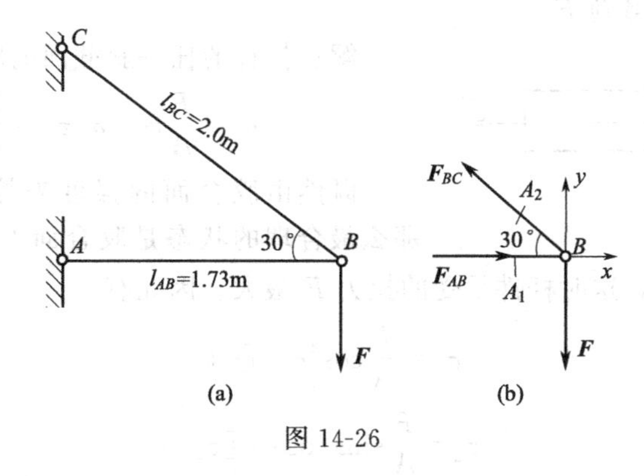

图 14-26

对两杆进行强度校核

$$\sigma_{AB}=\frac{F_{AB}}{A_1}=\frac{17.3\times10^3}{10000\times10^{-6}}\text{Pa}=1.73\ (\text{MPa})<[\sigma_1]=7\ (\text{MPa})$$

$$\sigma_{BC}=\frac{F_{BC}}{A_2}=\frac{20\times10^3}{600\times10^{-6}}\text{Pa}=33.3\ (\text{MPa})<[\sigma_2]=160\ (\text{MPa})$$

由上述计算可知，两杆内的正应力都远低于材料的许用应力，强度尚没有充分发挥。因此，悬吊物的重量还可以增加。

(2) 求许用载荷

两杆分别能承担的许用内力为

$$[F_{AB}]=[\sigma_1]A_1=7\times10^6\times10000\times10^{-6}(\text{N})=70\ (\text{kN})$$

$$[F_{BC}]=[\sigma_2]A_2=160\times10^6\times600\times10^{-6}(\text{N})=96\ (\text{kN})$$

由两杆的内力与外力 F 之间的关系可得

$$F_{AB}=\sqrt{3}F,[F]=\frac{[F_{AB}]}{\sqrt{3}}=40.4\ (\text{kN})$$

$$F_{BC}=2F,[F]=\frac{[F_{BC}]}{2}=48\ (\text{kN})$$

根据上面计算结果，若以 BC 杆为准，取 $[F]=48\text{kN}$，则 AB 杆的强度显然不够，为了结构的安全，应取 $[F]=40.4\text{kN}$。

(3) 重新设计 BC 杆的直径

根据许用载荷 $[F]=40.4\text{kN}$，对于 AB 杆来说，恰到好处，但对 BC 杆来说，强度有

余，也就是说 BC 杆的截面还可以适当减少。由 BC 杆的内力与载荷的关系可得

$$F_{BC}=2F=2\times40.4\text{kN}=80.8\text{kN}$$

根据强度条件，BC 杆的横截面面积应为

$$A\geqslant\frac{F_{BC}}{\sigma_2}=\frac{80.8\times10^3}{160\times10^6}\text{m}^2=5.05\times10^{-4}\text{m}^2=505\text{mm}^2$$

BC 杆的直径为 $d=\sqrt{\frac{4A}{\pi}}=\sqrt{\frac{4\times505}{3.14}}\text{mm}\approx25.4\text{mm}$

【例 14-9】 如图 14-27 所示的拉杆沿斜截面 m—m 由两部分胶合而成。设在胶合面上许用拉应力 $[\sigma]=100\text{MPa}$，许用切应力 $[\tau]=50\text{MPa}$。设由胶合面的强度控制杆件的拉力。试问：为使杆件承受最大拉力 F，α 角的值应为多少？若杆件横截面面积为 $A=4\text{cm}^2$，并规定 $\alpha\leqslant60°$，试确定许可载荷 F。

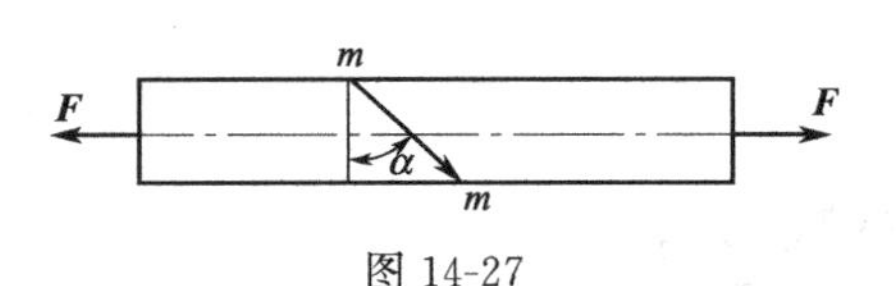

图 14-27

解：拉杆的任一斜截面的应力为

$$\sigma_\alpha=\frac{F}{A}\cos^2\alpha,\tau_\alpha=\frac{F}{A}\sin\alpha\cos\alpha$$

既然由胶合面的强度来控制杆件的拉力大小，那么最合理的状态是胶合面上的正应力和切应力同时达到各自的许用应力，这时杆件承受的拉力 F 最大。因此有

$$\sigma_\alpha=\frac{F}{A}\cos^2\alpha=[\sigma] \tag{Ⅰ}$$

$$\tau_\alpha=\frac{F}{A}\sin\alpha\cos\alpha=[\tau] \tag{Ⅱ}$$

比较式(Ⅰ)，(Ⅱ) 得

$$\tan\alpha=\frac{[\tau]}{[\sigma]}=\frac{50}{100}=0.5$$

由上式得 $\alpha=26.6°$，所以 $\alpha=26.6°$时，杆件承受的拉力最大

$$F_{\max}=\frac{A[\sigma]}{\cos^2\alpha}=\frac{4\times10^{-4}\times100\times10^6}{\cos^2 26.6°}=50\ (\text{kN})$$

第六节　简单轴向拉压杆件的超静定问题

前面所讨论的问题中，杆件的轴力可通过静力平衡方程求解，这类问题称为**静定问题**。但是在工程实际中，有时杆件的轴力不能全由静力平衡方程解出，这类不能单凭静力平衡方程求解的问题，称为**超静定问题**。

如图 14-28(a) 所示，有一个承重桁架中某一节点 A 由三杆铰接而成，由图 14-28(b) 可得节点 A 的静力平衡方程为

$$\sum F_x=0,F_{N1}\sin\alpha-F_{N2}\sin\alpha=0 \tag{Ⅰ}$$

$$\sum F_y=0,F_{N3}+F_{N1}\cos\alpha+F_{N2}\cos\alpha-F=0 \tag{Ⅱ}$$

可见，上述节点 A 的静力平衡方程有两个，而未知力却有三个。显然，仅凭两个静力平衡方程不能求出三个未知轴力，即属于超静定问题。未知力的数目与平衡方程的数目之差值，称为超静定次数。

为了求解超静定问题的未知力，除应利用平衡方程外，还必须寻求补充方程，并使补充方程的数目等于超静定次数，即求解 n 次超静定问题，应建立 n 个补充方程。因为图 14-28 的桁架结构为一次超静定问题，所以可以借助变形与内力间的关系，建立一个补充方程。设

杆 1 和杆 2 的抗拉刚度相同，均为 A_1E_1，杆 3 的抗拉刚度为 A_3E_3，桁架变形是对称的，节点 A 垂直地移动到 A_1，位移 $\overline{AA_1}$ 也就是杆 3 的伸长 Δl_3。以 B 点为圆心，杆 1 的原 $\frac{l}{\cos\alpha}$ 为半径作圆弧，圆弧以外的线段即为杆 1 的伸长 Δl_1。由于变形很小，可用垂直于 A_1B 的直线 AE 代替上述弧线，且仍可认为 $\angle AA_1B=\alpha$。于是

$$\Delta l_1=\Delta l_3\cos\alpha \tag{Ⅲ}$$

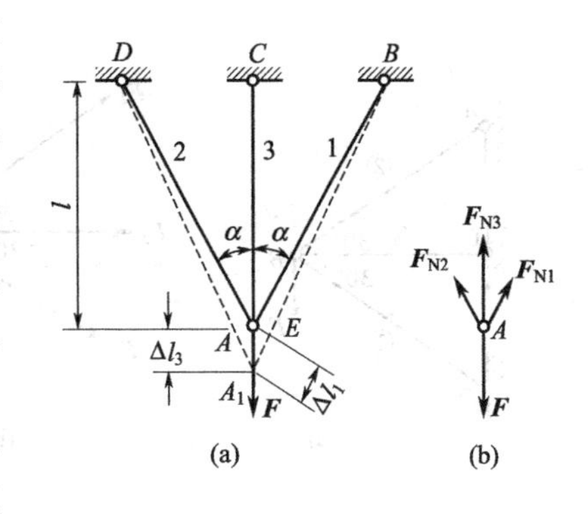

图 14-28

这是杆 1、杆 2 和杆 3 的变形必须满足的关系，只有满足了这一关系，它们才可能在变形后仍然通过节点 A_1 联系在一起，三杆的变形才是相互协调的。所以，这种几何关系称为变形协调条件或变形协调方程。

设杆 1、杆 2 和杆 3 均处于线弹性范围，则由胡克定律可知，各杆的变形和轴力间的关系分别为

$$\Delta l_1=\frac{F_{N1}l}{E_1A_1\cos\alpha} \tag{Ⅳ}$$

$$\Delta l_3=\frac{F_{N3}l}{E_3A_3} \tag{Ⅴ}$$

这两个表示变形与轴力关系的式子可称为物理方程，将式（Ⅳ）和式（Ⅴ）代入式（Ⅲ），得

$$\frac{F_{N1}l}{E_1A_1\cos\alpha}=\frac{F_{N3}l}{E_3A_3}\cos\alpha \tag{Ⅶ}$$

这是在静力平衡方程之外得到的补充方程。将式（Ⅵ）与式（Ⅰ）和式（Ⅱ）联立，可以解出

$$F_{N1}=F_{N2}=\frac{F\cos^2\alpha}{2\cos^3\alpha+\dfrac{E_3A_3}{E_1A_1}}$$

$$F_{N3}=\frac{F}{1+2\dfrac{E_1A_1}{E_3A_3}\cos^3\alpha}$$

以上例子表明，超静定问题是综合了静力方程、变形协调方程（几何方程）和物理方程等三方面的关系求解的。

【例 14-10】 如图 14-29(a) 所示构架的三根杆件由同一材料制成。各杆的截面面积分别为 $A_1=400\text{cm}^2$，$A_2=200\text{cm}^2$，$A_3=300\text{cm}^2$。在节点处承受铅垂力 $F=50\text{kN}$。试求各杆的内力。

解：(1) 画节点 B 的受力图

设三杆均受拉力，画节点 B 的受力图，如图 14-29(b) 所示。

(2) 列静力平衡方程

$\sum F_x=0$，$(F_{N1}+F_{N2})\cos30°+F_{N3}=0$，即

$$\frac{\sqrt{3}}{2}(F_{N1}+F_{N2})+F_{N3}=0 \tag{Ⅰ}$$

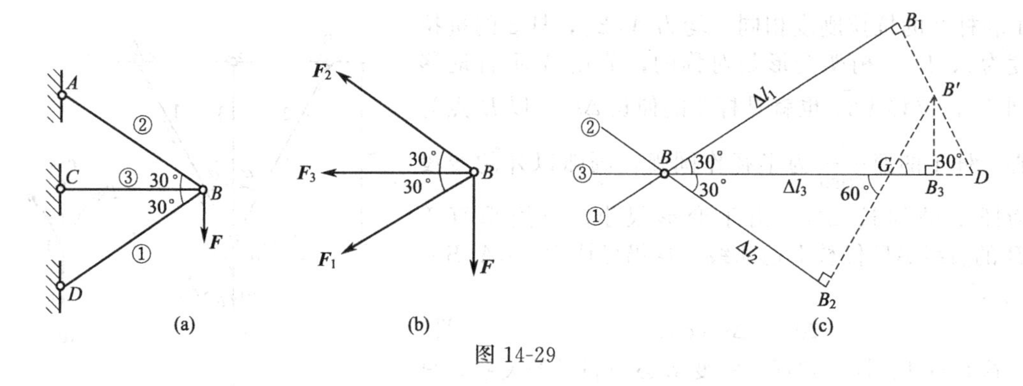

图 14-29

$\sum F_{iy}=0, (F_{N2}-F_{N1})\sin 30°-F=0$，即

$$F_{N2}-F_{N1}=2F \tag{Ⅱ}$$

(3) 画节点 B 的位移图

画节点 B 的位移图，如图 14-29(c) 所示。

(4) 建立变形几何关系

由位移图可知：

$\overline{BB_3}=\overline{BD}-\overline{B_3D}=\overline{BD}-\overline{B_3G}=\overline{BD}-(\overline{BB_3}-\overline{BG})$，即

$$\Delta l_3=\frac{\Delta l_1}{\cos 30°}-\left(\Delta l_3-\frac{\Delta l_2}{\cos 30°}\right)$$

化简后得

$$\Delta l_3=\frac{\sqrt{3}}{3}(\Delta l_1+\Delta l_2) \tag{Ⅲ}$$

(5) 建立补充方程

已知 $l_1=l_2$，$l_3=\frac{\sqrt{3}}{2}l_1$，将物理关系 $\Delta l_1=\frac{F_{N1}l_1}{EA_1}$，$\Delta l_2=\frac{F_{N2}l_2}{EA_2}$，$\Delta l_3=\frac{F_{N3}l_3}{EA_3}$代入式(Ⅲ)，并且化简后得补充方程

$$\frac{1}{2}F_{N1}+F_{N2}+F_{N3}=0 \tag{Ⅳ}$$

(6) 求解各杆内力

将式(Ⅳ) 与式(Ⅰ) 和式(Ⅱ) 联立，解得

$$F_{N1}=-57.7\text{kN}\ (压)\qquad F_{N2}=42.4\text{kN}(拉)\qquad F_{N3}=13.5\text{kN}(拉)$$

思　考　题

14-1　轴向拉伸与压缩的外力与变形有何特点？试列举轴向拉伸与压缩的实例。

14-2　何谓轴力？轴力的正负符号是如何规定的？如何计算轴力？

14-3　拉压杆横截面上的正应力公式是如何建立的？该公式的应用条件是什么？

14-4　拉压杆斜截面上的应力公式是如何建立的？最大正应力与最大切应力各位于何截面，其值为何？正应力、切应力正负符号是如何规定的？

14-5　低碳钢在拉伸过程中表现为几个阶段？各有何特点？何谓比例极限、屈服应力与强度极限？何谓弹性应变与塑性应变？

14-6　何谓塑性材料与脆性材料？如何衡量材料的塑性？试比较塑性材料与脆性材料的力学性能的特点。

14-7　金属材料试样在轴向拉伸与压缩时有几种破坏形式，各与何种应力直接有关？

14-8　何谓应力集中？

14-9　何谓许用应力？安全因数的确定原则是什么？何谓强度条件？利用强度条件可以解决哪些形式的强度问题？

14-10　试指出下列概念的区别：比例极限与弹性极限；弹性变形与塑性变形；伸长率与正应变；强度极限与极限应力；工作应力与许用应力。

14-11　现有低碳钢和铸铁两种材料，试对图 14-30 所示结构中的杆选用合适的材料，并说明理由。

14-12　图 14-31 所示两根材料相同的拉杆，试判断它们的绝对变形是否相同？哪根变形大？

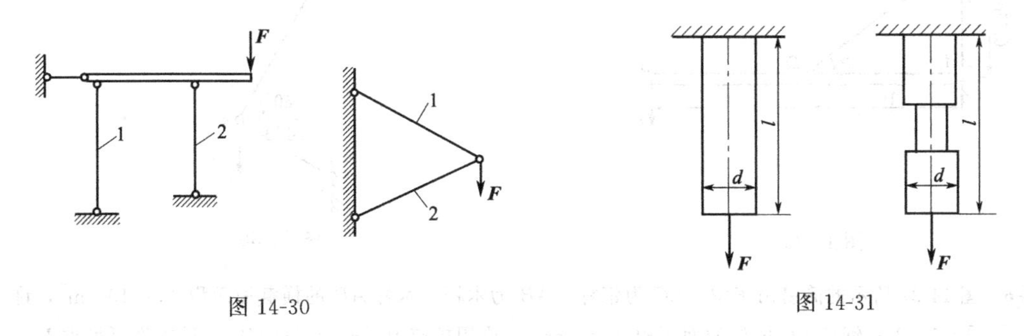

图 14-30　　　图 14-31

习　题

14-1　求图 14-32(a)、(b) 所示杆 1—1 和杆 2—2 横截面上的轴力，并作轴力图。

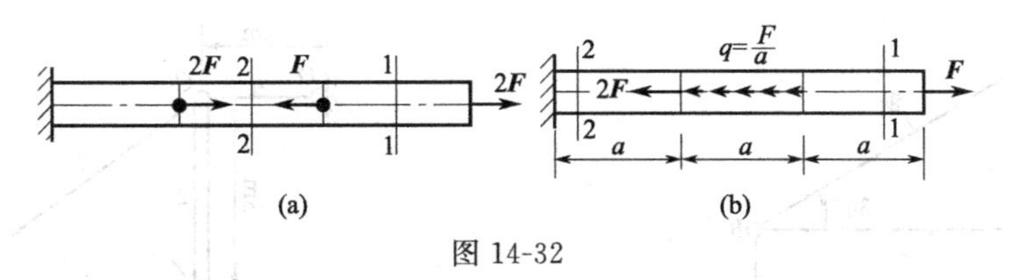

图 14-32

14-2　图 14-33 所示阶梯形圆截面杆 AC，承受轴向载荷 $F_1=200\text{kN}$ 与 $F_2=100\text{kN}$，AB 段的直径 $d_1=40\text{mm}$。如欲使 BC 与 AB 段的正应力相同，试求 BC 段的直径。

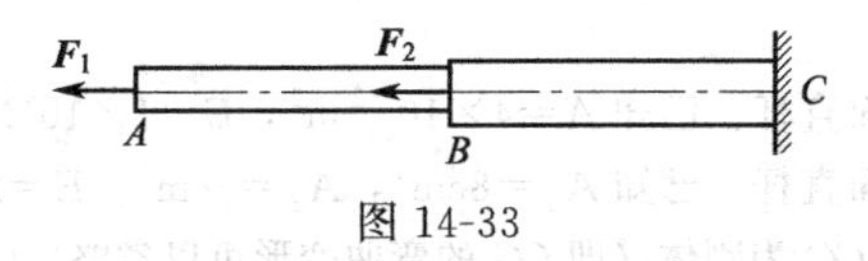

图 14-33

14-3　三角架结构尺寸及受力如图 14-34 所示。其中 $F_P=22.2\text{kN}$，钢杆 BD 的直径 $d_1=25.4\text{mm}$，钢梁 CD 的横截面面积 $A_2=2.32\times10^3\text{mm}^2$。试求：$BD$ 与 CD 杆的横截面上的正应力。

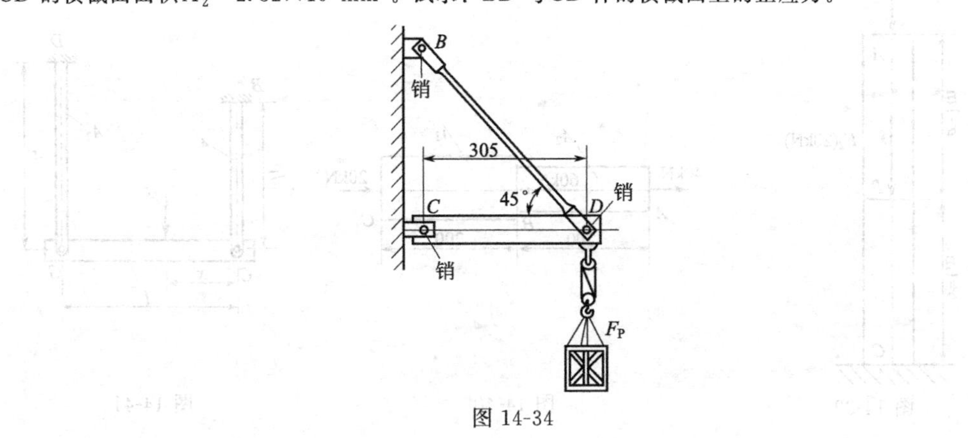

图 14-34

14-4　图 14-35 所示结构中的横梁可视为刚性，斜杆 CD 为圆杆，直径 $d=2\text{cm}$，许用应力 $[\sigma]=160\text{MPa}$，载荷 $F=15\text{kN}$。校核斜杆 CD 强度。

14-5　图 14-36 所示构架，杆 AB 为直径 $d=30\text{mm}$ 的钢杆，其许用应力 $[\sigma_1]=160\text{MPa}$；杆 BC 宽度为 $b=5\text{cm}$、高度 $h=10\text{cm}$ 的木杆，其许用应力 $[\sigma_2]=8\text{MPa}$，承受铅垂载荷 $F=80\text{kN}$。(1) 校核该结构的强度；(2) 若要求两杆的应力均达到各自的许用应力，则两杆的截面尺寸为多大？

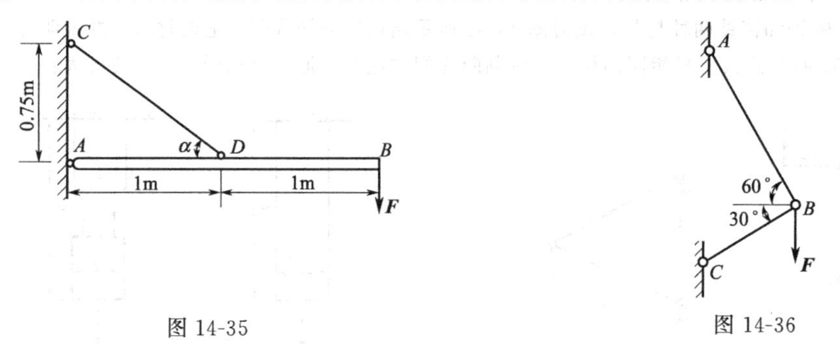

图 14-35　　图 14-36

14-6　图 14-37 所示的简易吊车中，BC 为钢杆，AB 为木杆。木杆 AB 的横截面面积 $A_1=100\text{cm}^2$，许用应力 $[\sigma_1]=7\text{MPa}$；钢杆 BC 的横截面面积 $A_2=6\text{cm}^2$，许用拉应力 $[\sigma_2]=160\text{MPa}$。试求许可吊重 F。

14-7　图 14-38 所示的杆件结构中 1、2 杆为木制，3、4 杆为钢制。已知 1、2 杆的横截面面积 $A_1=A_2=4000\text{mm}^2$，3、4 杆的横截面面积 $A_3=A_4=800\text{mm}^2$；1、2 杆的许用应力 $[\sigma_1]=20\text{MPa}$，3、4 杆的许用应力 $[\sigma_2]=120\text{MPa}$。试求结构的许用载荷 $[F_P]$。

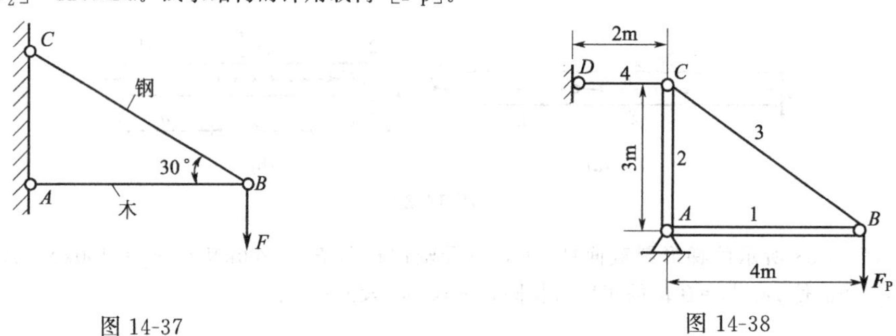

图 14-37　　图 14-38

14-8　图 14-39 所示为等截面直杆。已知 $A=4\times10^{-2}\text{m}^2$，$E=1\times10^4\text{MPa}$，求杆的长度改变量 Δl。

14-9　图 14-40 所示为变截面直杆。已知 $A_1=8\text{cm}^2$，$A_2=4\text{cm}^2$，$E=200\text{GPa}$，求杆的总伸长量 Δl。

14-10　如图 14-41 所示，设 CG 为刚体（即 CG 的弯曲变形可以省略），BC 为铜杆，DG 为钢杆，两杆

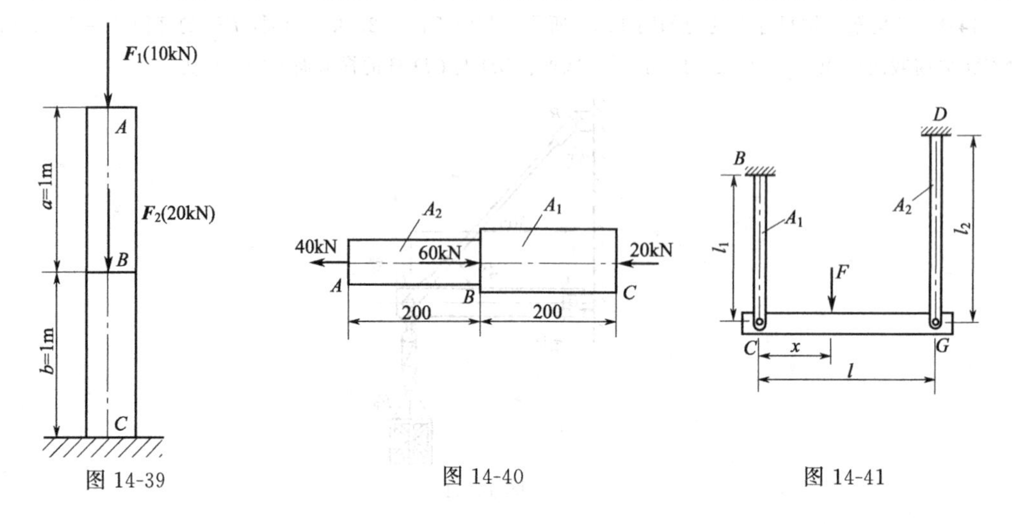

图 14-39　　图 14-40　　图 14-41

的横截面面积分别为 A_1 和 A_2，弹性模量分别为 E_1 和 E_2。如要求 CG 始终保持水平位置，试求 x。

14-11　如图 14-42 所示，两根直径不同的实心截面杆，在 B 处焊接在一起，弹性模量均为 $E=200\text{GPa}$，受力和尺寸等均标在图中。

（1）试画出轴力图；

（2）试求各段杆横截面上的工作应力；

（3）试求杆的轴向变形总量。

14-12　图 14-43 所示结构中，刚性梁 ABC 由材料相同且横截面积相等的三根立柱支撑着，各部分尺寸均示于图中。今在刚性梁上加一垂直力 $F_P=50\text{kN}$。求：（1）使刚性梁保持水平位置时，加力点的位置 x；（2）在上述情形下，每根立柱所受的力。

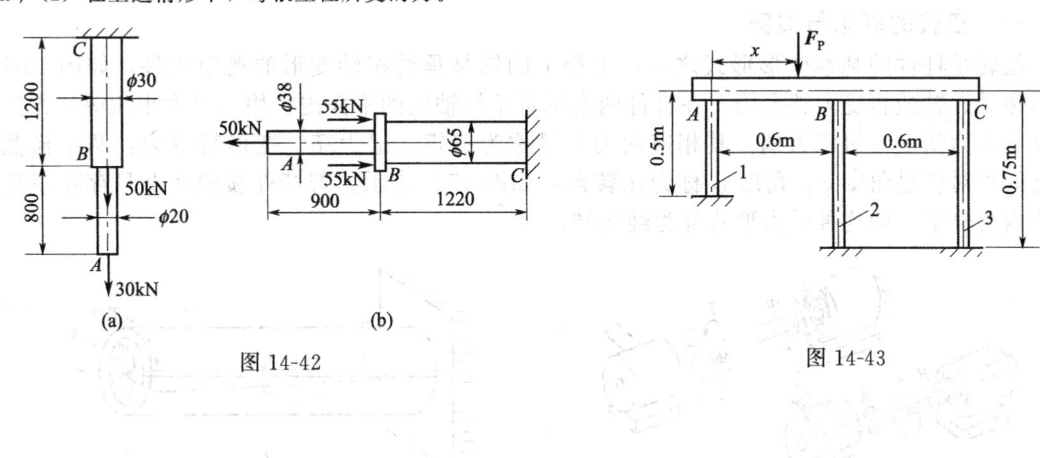

图 14-42　　　　图 14-43

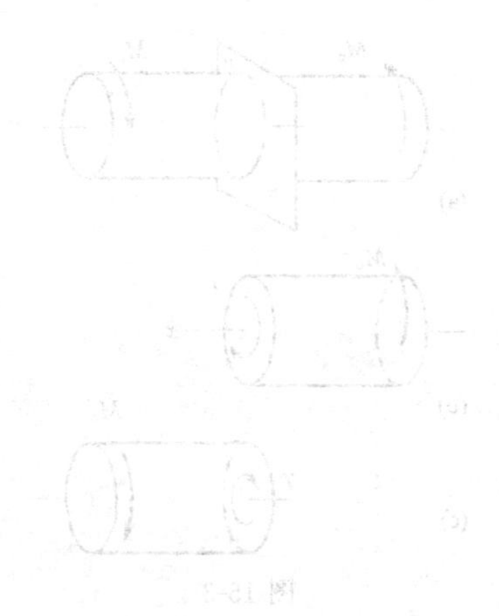

第十五章 扭 转

第一节 扭矩及扭矩图

一、扭转的概念与实例

扭转是杆件的基本变形形式之一，工程上的轴是承受扭转变形的典型构件，如图 15-1 所示传动。轴扭转受力特点为：在杆件两端垂直于杆轴线的平面内作用一对大小相等，方向相反的外力偶——扭转力偶。其相应内力分量称为**扭矩**，记为 T。变形特点为：两个横截面之间相对转过角度 φ，角度 φ 称为**扭转角**，如图 15-2 所示。若杆件横截面上只存在扭矩一个内力分量，则这种受力形式称为纯扭转。

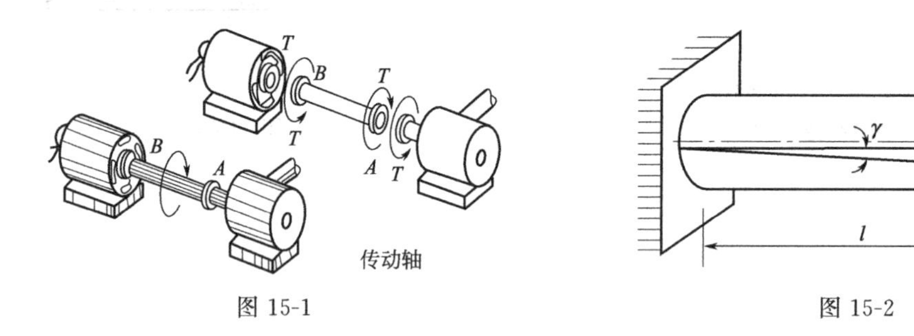

图 15-1　　　　图 15-2

本章主要分析圆截面杆的扭转。非圆截面杆受扭时，因不能用材料力学的理论求解，仅介绍用弹性力学研究的结果。

二、扭矩与扭矩图

如图 15-3 所示，圆轴上有作用面垂直于杆轴的外力偶作用，杆件的横截面上也只有作用于该平面上的内力偶，即为扭矩。运用截面法，将杆件在 $n-n$ 处截开，取其中一段为研究对象，由平衡方程 $\sum M_x=0$ 得

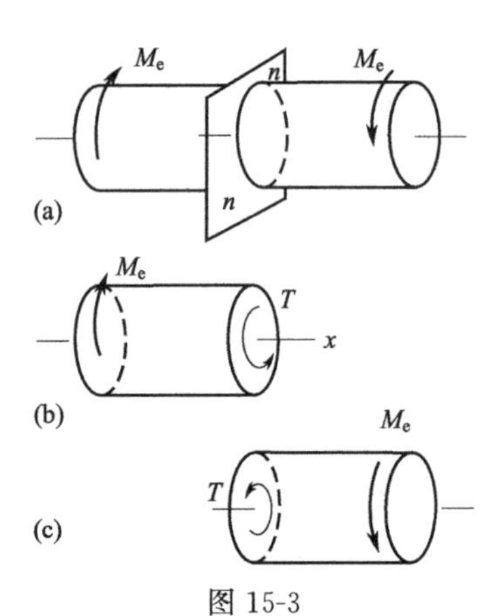

图 15-3

$$T-M_e=0$$

$$T=M_e$$

扭矩的正负号规定为：**右手四指并拢弯曲指向扭矩的转动方向，若伸开拇指的方向与横截面的外法线方向一致，则扭矩为正，反之为负**。按此规定，图中扭矩均为正值。扭矩和外力偶的单位为 N · m（牛顿 · 米）或 kN · m（千牛顿 · 米）。

当杆上受多个外力偶作用时，为了表示各横截面上的扭矩沿杆长的变化规律，并求出杆内的最大扭矩及其所在截面的位置，应画出扭矩图。

三、外力偶矩的计算

工程上的传动轴，常常是已知它所传递的功率 P 和转速 n，并不直接给出轴上所作用的

外力偶矩。因此，首先要根据它所传递的功率和转速求出作用在轴上的外力偶矩。

设传动轴功率为 P，单位为 kW(千瓦)，而 1kW=1000N·m/s，则每分钟传动轴传递的功为

$$W_1 = P\times1000\times60\ (\mathrm{N\cdot m})$$

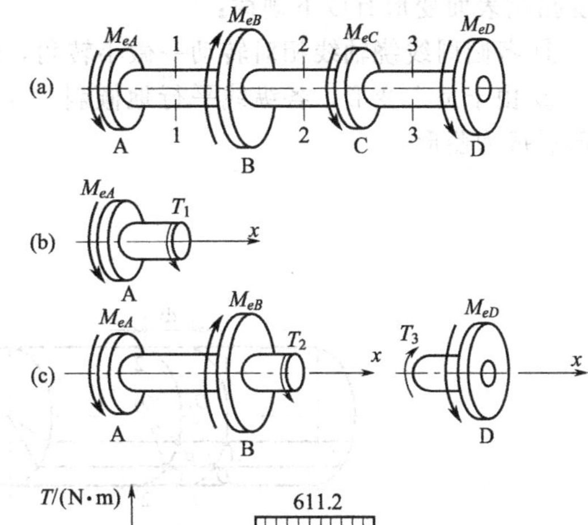

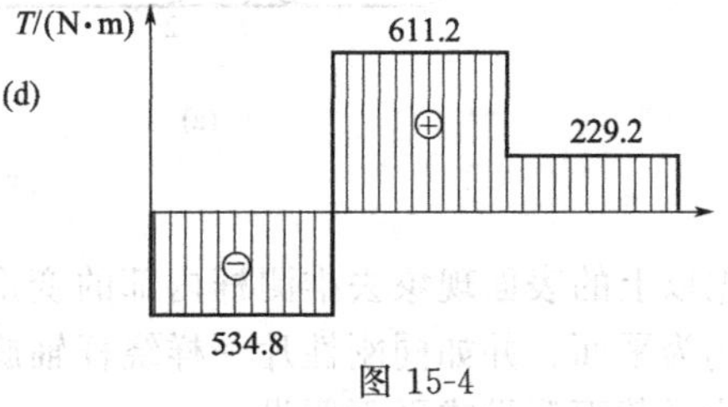

图 15-4

传递的功相当于给传动轴施加外力偶 M_e，并使之转动做功。由理论力学可知，若每分钟转动 n 转，即 n(r/min)，则外力偶 M_e 每分钟所做的功为

$$W_2 = 2\pi\times n\times M_e$$

显然，所传递的功 W_1 应等于外力偶 M_e 所做的功 W_2。由此可得计算外力偶矩 M_e 的公式为

$$M_e = 9550\,\frac{P}{n}\ (\mathrm{N\cdot m})$$

当功率为 P，单位为 Ps（马力）时（1Ps=735.5N·m/s)，外力偶矩 M_e 的公式为

$$M_e = 7024\,\frac{P}{n}\ (\mathrm{N\cdot m})$$

【例 15-1】 图 15-4(a) 所示传动轴做匀速转动，转速 n=500r/min。轴上装有四个齿轮，主动轮 B 输入的功率为 60kW，从动轮 A、C、D 的输出功率分别为 28kW、20kW、12kW。作轴的扭矩图。

解：(1) 计算外力偶矩

$$M_{eB} = 9550\times\frac{60}{500} = 1146\ (\mathrm{N\cdot m})$$

$$M_{eA} = 9550\times\frac{28}{500} = 534.8\ (\mathrm{N\cdot m})$$

$$M_{eC} = 9550\times\frac{20}{500} = 382\ (\mathrm{N\cdot m})$$

$$M_{eD} = 9550\times\frac{12}{500} = 229.2\ (\mathrm{N\cdot m})$$

(2) 用截面法计算各段轴内的扭矩

AB 段：$T_1 = -M_{eA} = -534.8\mathrm{N\cdot m}$

BC 段：$T_2 = M_{eB} - M_{eA} = 1146 - 534.8 = 611.2\mathrm{N\cdot m}$

CD 段：$T_3 = M_{eD} = 229.2\mathrm{N\cdot m}$

(3) 绘制扭矩图

扭矩图如图 15-4(d) 所示。

第二节 圆轴扭转时的应力及强度计算

一、横截面上的应力

用截面法求出圆杆横截面的内力——扭矩，现进一步研究圆杆横截面上的应力。为了确定横截面上的应力分布规律，必须首先研究扭转时轴的变形情况，得到变形的变化规律，即

变形的几何关系，然后再利用物理关系和静力学关系综合进行分析。

1. 几何关系

如用一系列平行的纵线与圆周线将圆轴表面分成一个个小方格［图 15-5(a)］，可以观察到受扭后表面变形有以下规律：

① 各圆周线绕轴线相对转动一微小转角，但大小、形状及相互间距不变；

② 由于是小变形，各纵线平行地倾斜一个微小角度 γ，认为仍为直线，因而各小方格变形后成为菱形。

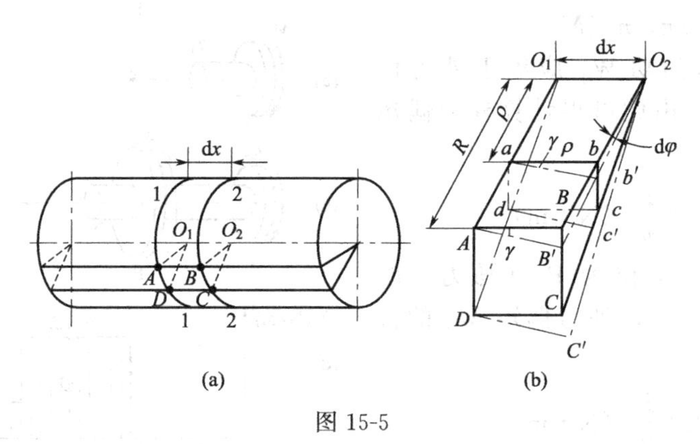

图 15-5

根据以上的表面现象去推测杆内部的变形，可做出如下假设：变形前为平面的横截面，变形后仍为平面，并如同刚性片一样绕杆轴旋转，横截面上任一半径始终保持为直线。这一假设称为平截面假设或平面假设。

从受扭圆轴中取出图 15-5(b) 所示楔形微段 dx，其中两截面 AD、BC 相对转动了扭转角 $d\varphi$，纵线 AB 倾斜小角度 γ 成为 AB'，而在半径 $\rho(\overline{O_1a})$ 处的纵线 ab 根据平面假设，转过 $d\varphi$ 后成为 ab'，相应倾角为 γ_ρ。由于是小变形，从图 15-5(b) 可知：$bb'=\gamma_\rho dx=\rho d\varphi$。于是

$$\gamma_\rho=\rho\frac{d\varphi}{dx} \tag{Ⅰ}$$

式中，$\frac{d\varphi}{dx}$是单位长度上两个截面的相对扭转角，对同一横截面，它应为不变量。式（Ⅰ）表明：切应变 γ 与该点到圆心的距离 ρ 成正比，最小值在圆心，为零；最大值在横截面的边缘，为 $\gamma=R\frac{d\varphi}{dx}$。

2. 物理条件

由于变形反映了力的作用特征，因此，当确定了受扭圆轴横截面上的应变分布规律后，将能推出应力的分布规律，进而得到应力的计算公式。

由上面的分析可以看出，扭转变形是横截面之间绕杆轴旋转式的错动（剪切变形），因而截面上各点的位移方向与半径垂直，并没有轴向位移，即表明圆轴扭转时横截面上只有切应力，没有正应力，且切应力的方向应与半径垂直。

若材料服从剪切胡克定律，有

$$\tau=G\gamma \tag{15-1}$$

将式(Ⅰ) 代入式(15-1) 得

$$\tau_\rho=G\gamma_\rho=G\rho\frac{d\varphi}{dx} \tag{Ⅱ}$$

这表明横截面上任意点的切应力 τ_ρ 与该点到圆心的距离 ρ 成正比，当 $\rho=0$ 时，$\tau_\rho=0$；当 $\rho=R$ 时，τ_ρ 为最大值。横截面上的切应力分布图如图 15-6 所示。其中图 15-6(a) 为实心圆轴的切应力分布图，图 15-6(b) 为空心圆轴的切应力分布图。

在式(Ⅱ) 中，仍需确定 $\frac{d\varphi}{dx}$ 后，才能计算切应力 τ_ρ。

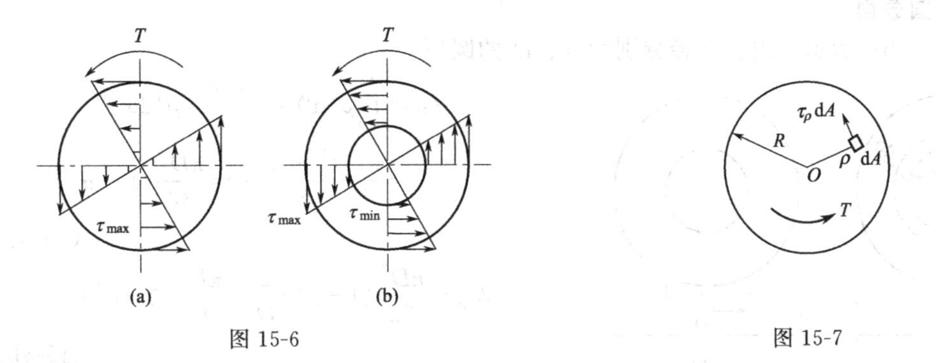

图 15-6　　　　图 15-7

3. 静力学条件

在图 15-7 所示的横截面内，取任意一点的切应力与该点处微面积的乘积 $\tau_\rho \times dA$ 作为微小内力，截面上的扭矩 T 即为全部微小内力对截面形心力矩的代数和，即

$$T=\int_A \rho\tau_\rho dA=\int_A \rho^2 G\frac{d\varphi}{dx}dA=G\frac{d\varphi}{dx}\int_A \rho^2 dA \tag{Ⅲ}$$

令

$$I_P=\int_A \rho^2 dA \tag{15-2}$$

式中的 I_P 称为截面对圆心的**极惯性矩**，单位为 m^4 或 cm^4。极惯性矩的大小可由截面的形状和尺寸计算得到。

整理式(Ⅲ) 得

$$\frac{d\varphi}{dx}=\frac{T}{GI_P} \tag{15-3}$$

将式(15-3) 代入式(Ⅱ)，得

$$\tau_\rho=\frac{T\rho}{I_P} \tag{15-4}$$

这就是圆轴扭转时，横截面上任意一点处的切应力计算公式。

横截面上的最大切应力发生在 $\rho=R$ 处，其值为

$$\tau_{max}=\frac{T}{I_P/R}$$

令

$$W_P=\frac{I_P}{R} \tag{15-5}$$

则

$$\tau_{max}=\frac{T}{W_P} \tag{15-6}$$

式中，W_P 称为扭转截面系数，它也只与横截面尺寸有关。W_P 的常用单位为 mm^3 或 m^3。

二、极惯性矩和扭转截面系数的计算

1. 实心圆截面

图 15-8(a) 所示为一直径为 d 的实心圆截面，取距离圆心为 ρ 处的窄圆环作为微面积，

则有 $dA=2\pi\rho d\rho$。将此值代入式(15-2) 及式(15-5)，得

$$I_P=\int_A \rho^2 dA=\int_0^{D/2} 2\pi\rho^3 d\rho=\frac{\pi D^4}{32} \tag{15-7a}$$

$$W_P=\frac{I_P}{R}=\frac{\pi D^4}{32}\frac{2}{D}=\frac{\pi D^3}{16} \tag{15-7b}$$

2. 空心圆截面

如图 15-8(b) 所示，内、外径分别为 d、D 的圆环

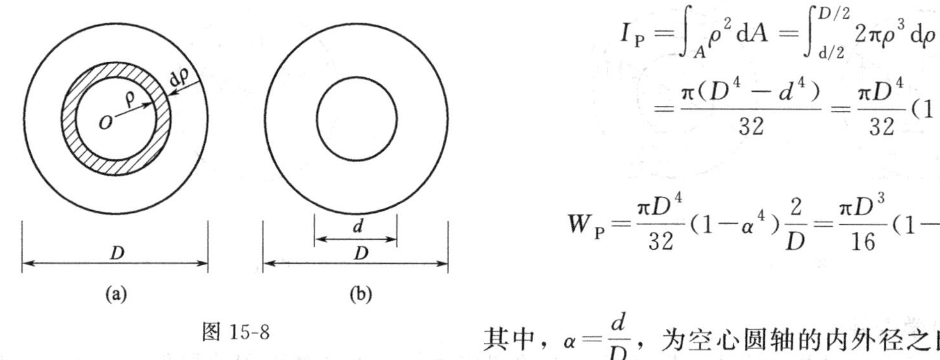

图 15-8

$$I_P=\int_A \rho^2 dA=\int_{d/2}^{D/2} 2\pi\rho^3 d\rho=\frac{\pi(D^4-d^4)}{32}=\frac{\pi D^4}{32}(1-\alpha^4) \tag{15-8a}$$

$$W_P=\frac{\pi D^4}{32}(1-\alpha^4)\frac{2}{D}=\frac{\pi D^3}{16}(1-\alpha^4) \tag{15-8b}$$

其中，$\alpha=\dfrac{d}{D}$，为空心圆轴的内外径之比。

三、强度条件

由圆轴扭转时的应力计算公式给出强度条件

$$\tau_{max}=\frac{T}{W_P}\leqslant[\tau] \tag{15-9}$$

式中，许用切应力 [τ] 由极限切应力 τ_u 除以安全因数 n 得到。

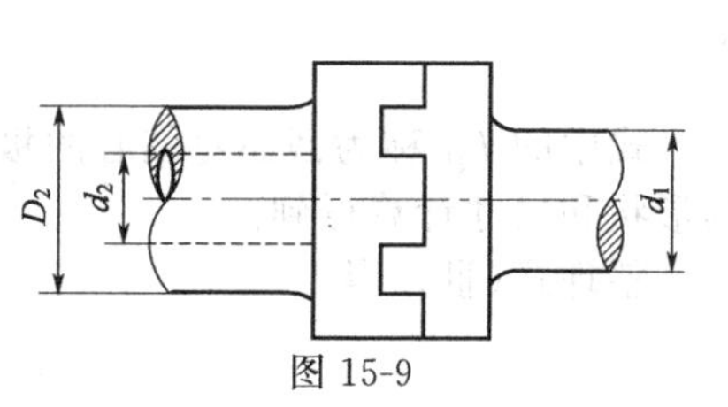

图 15-9

【例 15-2】 实心轴与空心轴通过牙嵌式联轴器相连，如图 15-9 所示。已知轴的转速 $n=100\text{r/min}$，传递的功率 $P=7.5\text{kW}$，实心轴的直径 $d_1=45\text{mm}$，空心轴的内、外径之比 $\alpha=0.8$，外径 $D_2=54\text{mm}$，两根轴材料相同，许用切应力为 $[\tau]=40\text{MPa}$。(1) 试校核轴的强度；(2) 若两轴长度相同，试比较二者的重量。

解：(1) 强度校核

由于两轴的转速和传递的功率均相同，故二者的外力偶矩以及扭矩也相同。

$$T=M_e=9550\times\frac{7.5}{100}=716.25\ (\text{N}\cdot\text{m})$$

对于实心轴：

$$\tau_{max}=\frac{T}{W_P}=\frac{16T}{\pi d_1^3}=\frac{16\times716.25\times10^3}{\pi\times45^3}=40\ (\text{MPa})\ \leqslant[\tau]$$

对于空心轴：

$$\tau_{max}=\frac{T}{W_P}=\frac{16T}{\pi D_2^3(1-\alpha^4)}=\frac{16\times716.25\times10^3}{\pi\times54^3(1-0.8^4)}=39.26(\text{MPa})<[\tau]$$

计算结果表明，轴的最大切应力小于许用应力，满足强度条件。

(2) 重量比

由于二者的材料、长度均相同，重量比即为横截面积之比。

$$\frac{A_1}{A_2}=\frac{d_1^2}{D_2^2(1-\alpha^2)}=\frac{45^2}{54^2(1-0.8^2)}=1.93$$

可见，在强度基本相同的情况下，实心轴的重量接近空心轴的 2 倍。

【例 15-3】 一直径为 d 的传动轴如图 15-10(a) 所示，$M_{eB}=1.43\text{kN}\cdot\text{m}$，$M_{eC}=0.79\text{kN}\cdot\text{m}$，$M_{eD}=0.96\text{kN}\cdot\text{m}$。(1) 画轴的扭矩图；(2) 若材料的许用切应力为 $[\tau]=80\text{MPa}$，试求轴的直径 d。

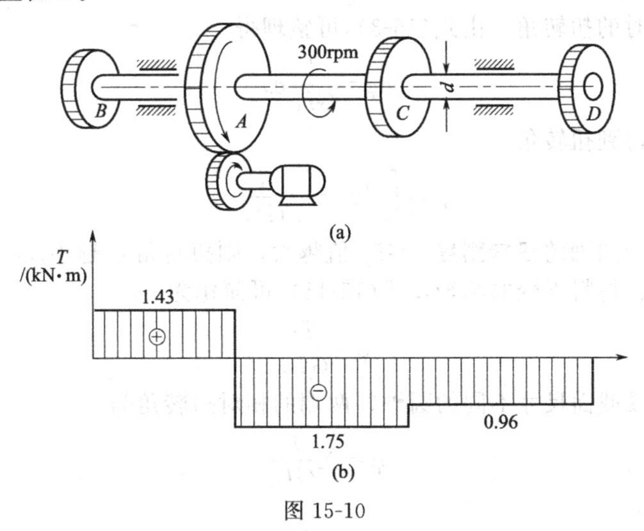

图 15-10

解：(1) 绘制扭矩图，由截面法绘制扭矩图如图 15-10(b)。

(2) 确定轴的直径 d。由扭矩图可知，最大扭矩发生在 AC 段内，$|T_{max}|=1.75\text{kN}\cdot\text{m}$。因为传动轴为等截面，故最大切应力发生在 AC 段内各横截面的边缘。

$$\tau_{max}=\frac{T_{max}}{W_P}=\frac{16T_{max}}{\pi d^3}\leqslant[\tau]$$

$$d\geqslant\sqrt[3]{\frac{16T_{max}}{\pi[\tau]}}=\sqrt[3]{\frac{16\times1.75\times10^6}{3.14\times80}}=48(\text{mm})$$

为满足强度条件，可选取 $d=48$ (mm)。

四、切应力互等定理

图 15-11 所示为取自受力构件内的微小正六面体，称为**单元体**，其长、宽、高分别为 dx、dy、dz。若单元体左、右侧面上有切应力 τ，则作用在这两个侧面上的微小剪力为 $\tau dydz$。而且这两个微小剪力大小相等而方向相反，形成一个力偶，其力偶矩为 $(\tau dydz)dx$。为了平衡这一力偶，上、下水平面上也必须有一对切应力 τ' 作用（据 $\sum F_x=0$，也应大小相等，方向相反）。对整个单元体，必须满足 $\sum M_z=0$，即

$$(\tau dydz)dx=(\tau' dxdz)dy$$

由此解得

$$\tau=\tau' \tag{15-10}$$

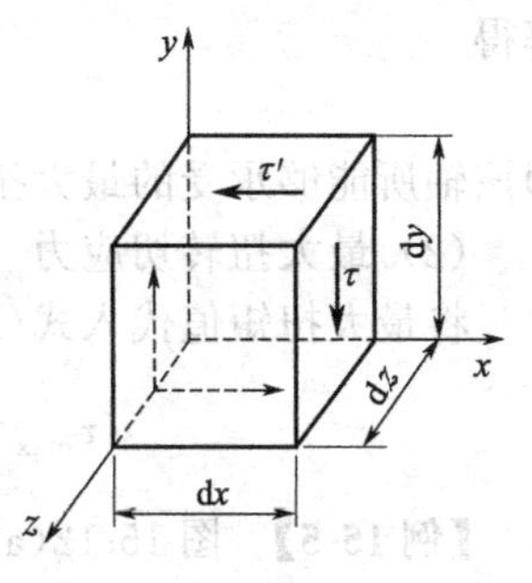

图 15-11

式(15-10) 表明：**受力构件内，在一对相互垂直的微截面上，切应力总是成对出现，它们大小相等，方向共同指向或背离微截面的交线**。这就是**切应力互等定理**。该定理是切应力相互关系的普遍规律，与截面上有几个方向的切应力、是否存在正应力无关。

第三节　圆轴扭转时的变形及刚度计算

一、扭转角的计算

对于圆轴扭转时的扭转角，由式(15-3) 可整理得

$$\mathrm{d}\varphi=\frac{T}{GI_{\mathrm{P}}}\mathrm{d}x$$

再对两侧积分，即得到扭转角

$$\varphi=\int_{l}\mathrm{d}\varphi=\int_{l}\frac{T}{GI_{\mathrm{P}}}\mathrm{d}x \tag{15-11}$$

式中，GI_{P} 称为圆轴的**扭转刚度**。GI_{P} 值越大，则扭转角 φ 越小。

对于两端受扭、材料不变的圆轴，式(15-11) 可简化为

$$\varphi=\frac{Tl}{GI_{\mathrm{P}}} \tag{15-12a}$$

对于各段扭矩不同或截面尺寸不同的圆轴，两端的相对扭转角为

$$\varphi=\sum\frac{Tl}{GI_{\mathrm{P}}} \tag{15-12b}$$

二、刚度条件

在各种机械和仪器仪表中，轴不仅要满足强度条件，而且还必须满足刚度条件才能保证加工和测量精度。

扭转刚度条件是将单位长度的扭转角限制在一定的允许范围内，即

$$\theta=\frac{\mathrm{d}\varphi}{\mathrm{d}x}=\frac{T}{GI_{\mathrm{P}}}\leqslant[\theta] \tag{15-13}$$

式中的 $[\theta]$ 是轴的许用单位长度扭转角，其值取决于轴的工作要求。需要注意的是，式(15-13) 的计算结果中，角度的单位是 rad/m，而工程实际中所采用的许用单位长度扭转角 $[\theta]$ 的单位常为°/m。因此在计算时要进行角度的单位换算。

【例 15-4】 钢制空心圆轴的外径 $D=100\mathrm{mm}$，内径 $d=50\mathrm{mm}$，材料的切变模量 $G=80\mathrm{GPa}$。若要求轴在 2m 长度内的最大相对扭转角不大于 1.5°。(1) 确定该轴所能够承受的最大扭矩；(2) 求此时轴上的最大扭转切应力。

解：(1) 许用扭矩值

内外径之比 $\alpha=50/100=0.5$。

根据刚度条件(15-13) 并换算角度单位，有

$$\theta=\frac{T}{GI_{\mathrm{P}}}\times\frac{180}{\pi}=\frac{32\times180T}{80\times10^{3}\times100^{4}(1-0.5^{4})\times\pi^{2}}\times10^{3}\leqslant\frac{1.5}{2}\ (°/\mathrm{m})$$

解得

$$T\leqslant9.638\times10^{6}\ (\mathrm{N\cdot mm})$$

即该轴所能够承受的最大扭矩为 9.638(kN·m)。

(2) 最大扭转切应力

将最大扭矩值代入式(15-6)，算得该轴承受最大扭矩时横截面上的最大切应力为

$$\tau_{\max}=\frac{T}{W_{\mathrm{P}}}=\frac{16\times9.638\times10^{6}}{\pi\times100^{3}\ (1-0.5^{4})}=52.38\ (\mathrm{MPa})$$

【例 15-5】 图 15-12(a) 所示传动轴，转速为 $n=300\mathrm{r/min}$，主动轮 A 的输入功率 $P_1=500\mathrm{kW}$；若不计功率消耗，三个从动轮 B、C、D 输出的功率分别为 $P_2=150\mathrm{kW}$、$P_3=$

150kW 和 $P_4=200$kW。该轴为 45 钢制空心圆轴，横截面的内外径之比为 0.5，材料的许用应力 $[\tau]=40$MPa，切变模量 $G=80$GPa，单位长度的许用扭转角 $[\theta]=0.3°/\text{m}$。试按照强度条件和刚度条件选择轴的直径。

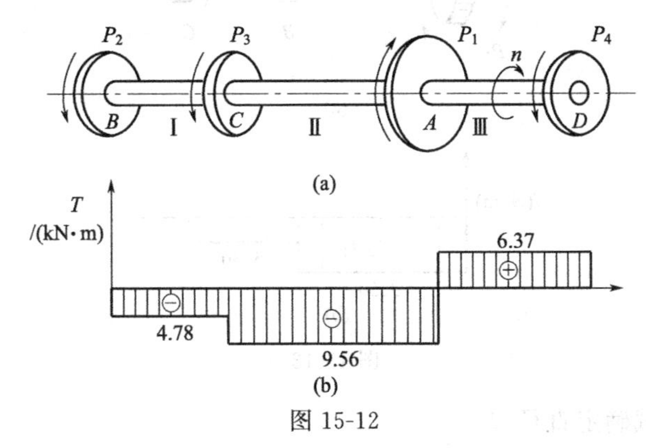

图 15-12

解：(1) 绘制扭矩图

先计算外力偶矩。

$$M_{e1}=9550\frac{P_1}{n}=9550\times\frac{500}{300}=15916.7(\text{N}\cdot\text{m})=15.9(\text{kN}\cdot\text{m})$$

$$M_{e2}=M_{e3}=9550\frac{P_2}{n}=9550\times\frac{150}{300}=4775(\text{N}\cdot\text{m})=4.78(\text{kN}\cdot\text{m})$$

$$M_{e4}=9550\frac{P_4}{n}=9550\times\frac{200}{300}=6366.7(\text{N}\cdot\text{m})=6.37(\text{kN}\cdot\text{m})$$

根据截面法画出扭矩图。因为传动轴为等截面，由扭矩图可知，危险截面在 CA 段，$|T_{max}|=9.56\text{kN}\cdot\text{m}$。

(2) 选择轴的直径

按强度条件

$$\tau_{max}=\frac{T_{max}}{W_P}=\frac{16T_{max}}{\pi\times D^3(1-\alpha^4)}\leqslant[\tau]$$

解得

$$D\geqslant\sqrt[3]{\frac{16T_{max}}{\pi(1-\alpha^4)[\tau]}}=\sqrt[3]{\frac{16\times9.56\times10^6}{\pi\times40\times(1-0.5^4)}}=109\ (\text{mm})$$

按刚度条件

$$\theta_{max}=\frac{T_{max}}{GI_P}\times\frac{180}{\pi}=\frac{32T_{max}\times180}{G\pi^2D^4(1-\alpha^4)}\leqslant[\theta]$$

解得

$$D\geqslant\sqrt[4]{\frac{32T_{max}\times180}{G\pi^2(1-\alpha^4)[\theta]}}=\sqrt[4]{\frac{32\times9.56\times10^6\times180}{80\times10^3\times\pi^2\times(1-0.5^4)\times0.3\times10^{-3}}}=126\ (\text{mm})$$

取　外径 $D=130$mm，内径 $d=\alpha D=65$mm。

可见，本题中控制横截面尺寸的是刚度条件。

【例 15-6】 图 15-13(a) 所示的传动轴的转速为 $n=500$r/min，主动轮输入功率 $P_1=500$kW，从动轮 2、3 分别输出功率 $P_2=200$kW，$P_3=300$kW。已知 $[\tau]=70$MPa，$[\theta]=1°/\text{m}$，$G=80$GPa。(1) 确定 AB 段的直径 d_1 和 BC 段的直径 d_2。(2) 若 AB 和 BC

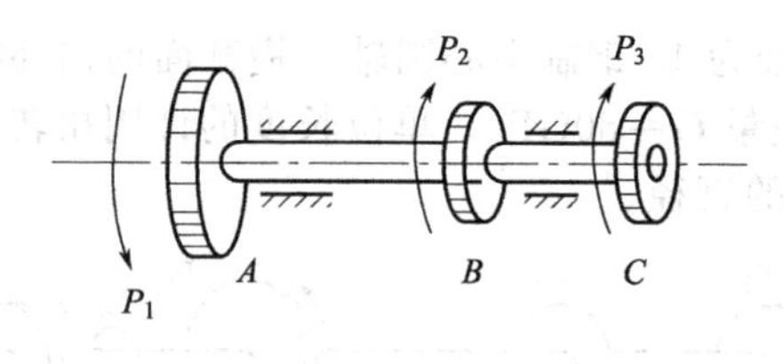

(a)

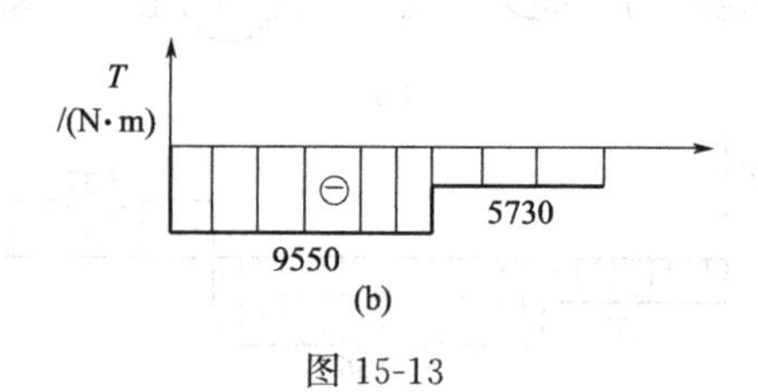

(b)

图 15-13

两段选用同一直径，试确定直径 d。

解：(1) 绘制扭矩图

先计算外力偶矩

$$M_{e1}=9550\frac{P_1}{n}=9550\times\frac{500}{500}=9550(\text{N}\cdot\text{m})$$

$$M_{e2}=9550\frac{P_2}{n}=9550\times\frac{200}{500}=3820(\text{N}\cdot\text{m})$$

$$M_{e3}=9550\frac{P_3}{n}=9550\times\frac{300}{500}=5730(\text{N}\cdot\text{m})$$

根据截面法画出扭矩图。如图 15-13（b）所示。

(2) 选择轴的直径

AB 段：

按强度条件

$$\tau_{\max}=\frac{T_{\max}}{W_P}=\frac{16T_{\max}}{\pi\times d_1^3}\leqslant[\tau]$$

解得

$$d_1\geqslant\sqrt[3]{\frac{16T_{\max}}{\pi\times[\tau]}}=\sqrt[3]{\frac{16\times 9550\times 10^3}{\pi\times 70}}=89(\text{mm})$$

按刚度条件

$$\theta_{\max}=\frac{T_{\max}}{GI_P}\times\frac{180}{\pi}=\frac{32T_{\max}\times 180}{\pi^2 G\times d_1^4}\leqslant[\theta]$$

解得

$$d_1\geqslant\sqrt[4]{\frac{32T_{\max}\times 10^3\times 180}{\pi^2 G\times 10^{-3}}}=\sqrt[4]{\frac{32\times 9550\times 10^3\times 180}{\pi^2\times 80\times 10^3\times 10^{-3}}}=91(\text{mm})$$

取 AB 段直径为 91mm。

BC 段：

按强度条件

$$\tau_{\max}=\frac{T_{\max}}{W_P}=\frac{16T_{\max}}{\pi\times d_2^3}\leqslant[\tau]$$

解得

$$d_2 \geqslant \sqrt[3]{\frac{16T_{\max}}{\pi \times [\tau]}} = \sqrt[3]{\frac{16 \times 5730 \times 10^3}{\pi \times 70}} = 75(\text{mm})$$

按刚度条件

$$\theta_{\max} = \frac{T_{\max}}{GI_P} \times \frac{180}{\pi} = \frac{32T_{\max} \times 180}{\pi^2 G \times d_2^4} \leqslant [\theta]$$

解得

$$d_2 \geqslant \sqrt[4]{\frac{32T_{\max} \times 10^3 \times 180}{\pi^2 G \times 10^{-3}}} = \sqrt[4]{\frac{32 \times 5730 \times 10^3 \times 180}{\pi^2 \times 80 \times 10^3 \times 10^{-3}}} = 80(\text{mm})$$

取 BC 段直径为 80mm。

若 AB、BC 段选取同样截面的圆轴，其直径应选为 91mm。

第四节　矩形截面杆的自由扭转

前面各节所得到的结论和公式，都是建立在平面假设基础之上的。扭转变形试验证明，平面假设对圆截面杆成立，对非圆截面杆却不成立。因此，这些结论和公式对非圆截面杆的扭转不再适用。

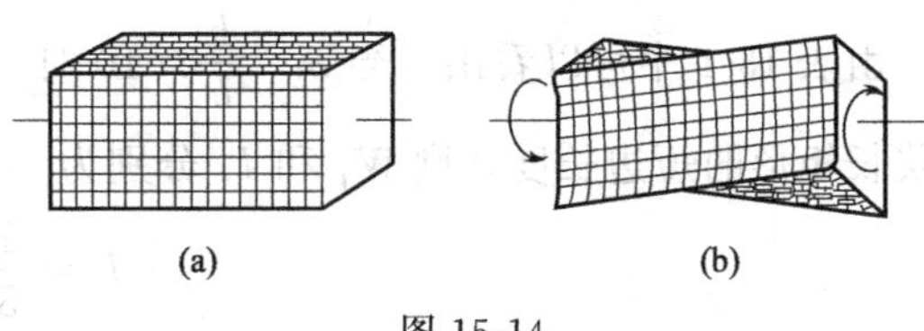

图 15-14

图 15-14 所示为一矩形截面杆扭转的情况。由图中可以看出，扭转时矩形截面杆的横截面出现了翘曲。如果扭转时杆件受到某种约束的限制，造成各截面翘曲程度不同，那么横截面上除有切应力外，还会产生附加正应力，这样的扭转称为**约束扭转**。如果不欲产生附加正应力，则应要求扭转时杆件的各截面可以自由翘曲，这样的扭转称为**自由扭转**。下面仅介绍矩形截面杆发生自由扭转时，横截面上的切应力以及单位长度扭转角的分析结果。

如图 15-15 所示，边长分别为 b 和 h 的矩形截面杆横截面，在自由扭转时四个角点处的切应力均为零，边缘各点的切应力方向均与截面周边相切，最大切应力出现在长边的中点处，其值为

$$\tau_{\max} = \frac{T}{W_t} \tag{15-14}$$

短边中点也有较大的切应力 τ_1：

$$\tau_1 = \nu \tau_{\max} \tag{15-15}$$

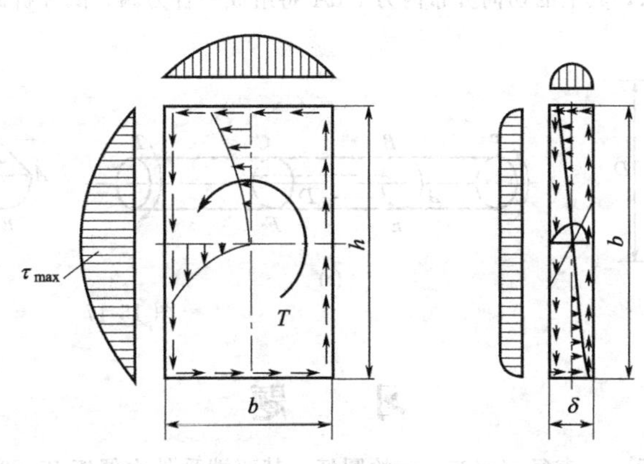

图 15-15

而单位长度扭转角的计算式为

$$\theta=\frac{T}{GI_{t}} \tag{15-16}$$

以上各式中，W_t 称为**扭转截面系数**，I_t 称为当量极惯性矩。但 W_t 和 I_t 除了在量纲上与圆轴截面的 W_t 和 I_P 相同外，并无相同的几何含义。

$$W_{t}=\alpha b^{3} \tag{15-17}$$

$$I_{t}=\beta b^{4} \tag{15-18}$$

其中的因数 α、β 和 ν 均随横截面长短边之比 h/b 而变化，可由表 15-1 查得。

表 15-1 矩形截面杆在自由扭转时的因数

$\frac{h}{b}$	1.0	1.2	1.5	2.0	2.5	3.0	4.0	6.0	8.0	10.0
α	0.140	0.199	0.294	0.457	0.622	0.790	1.123	1.789	2.456	3.123
β	0.208	0.263	0.346	0.493	0.645	0.801	1.150	1.789	2.456	3.123
ν	1.000	—	0.858	0.796	—	0.753	0.745	0.743	0.743	0.743

由表 15-1 中可以看出，当 $m=\frac{h}{b}>10$ 时，截面成狭长矩形。这时 $\alpha=\beta\approx\frac{m}{3}$。如以 δ 表示狭长矩形的短边长度，则 W_t 和 I_t 分别为

$$I_{t}=\frac{1}{3}h\delta^{3} \tag{15-19a}$$

$$W_{t}=\frac{1}{3}h\delta^{2} \tag{15-19b}$$

思考题

15-1 推导圆轴扭转切应力计算公式时，约去了材料的切变模量 G，从中能得出什么结论？

15-2 横截面积相同的空心圆轴与实心圆轴，哪一个的强度、刚度较好？

15-3 非圆截面杆与圆截面杆受扭时，应力分布规律有何异同？是何原因？

15-4 轴线与木纹平行的木质圆杆试样进行扭转试验时，试样最先出现什么样的破坏？为什么？

15-5 图 15-16 所示组合圆轴，内部为钢，外圈为铜，内、外层之间无相对滑动。若该轴受扭后，两种材料均处于弹性范围，横截面上的切应力应如何分布？两种材料各承受多少扭矩？

15-6 图 15-17(a) 所示圆杆，在外力偶矩 T 作用下发生扭转。现沿横截面 ABE、CDF 和水平纵截面 $ABCD$ 截出杆的一部分，如图 15-17(b) 所示。根据切应力互等定理可知，水平截面 $ABCD$ 上的切应力分布情况如图 15-17(b) 所示，其上的切向分布内力 $\tau'\mathrm{d}A$ 将组成一合力偶。试分析此合力偶与杆的这部分中什么合力偶相平衡。

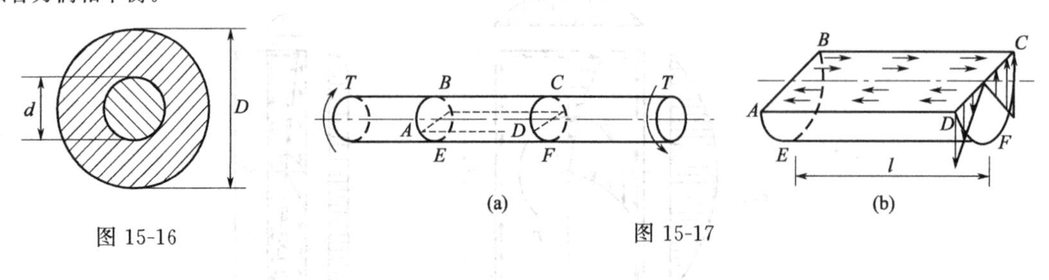

图 15-16　　图 15-17

习　题

15-1 如图 15-18 所示，一直径 $d=60\text{mm}$ 的圆杆，其两端受外力偶矩 $T=2\text{kN}\cdot\text{m}$ 的作用而发生扭

转。试求横截面上1、2、3点处的切应力和最大切应变，并在此三点处画出切应力的方向。已知材料的切变模量 $G=80\text{GPa}$。

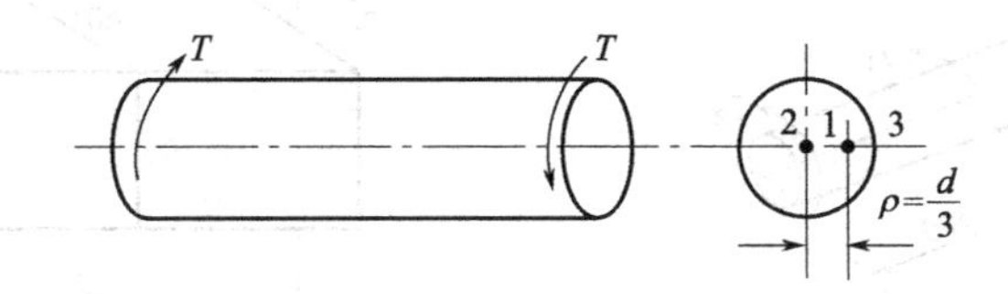

图 15-18

15-2 一变截面实心圆轴，受图15-19所示外力偶矩作用，求轴的最大切应力（图中所示直径的单位均为mm）。

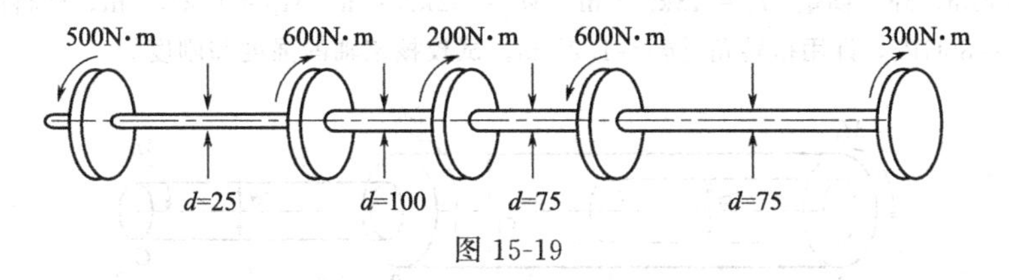

图 15-19

15-3 从直径为300mm的实心轴中镗出一个直径为150mm的通孔而成为空心轴，问最大切应力增大了百分之几？

15-4 一端固定、一端自由的钢圆轴，其几何尺寸及受力情况如图15-20所示，试求：

(1) 轴的最大切应力；

(2) 两端截面的相对扭转角。已知材料的切变模量 $G=80\text{GPa}$。

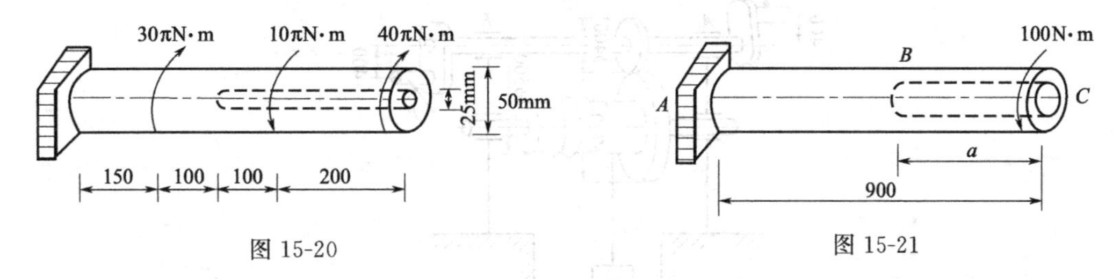

图 15-20　　图 15-21

15-5 一圆轴 AC 如图15-21所示。AB 段为实心，直径为50mm；BC 段为空心，外径为50mm，内径为35mm。要使杆的总扭转角为0.12°，试确定 BC 段的长度 a。设 $G=80\text{GPa}$。

15-6 图15-22所示传动轴的转速为200r/min，从主动轮3上输入的功率是80kW，由1、2、4、5轮分别输出的功率为25kW、15kW、30kW和10kW，设 $[\tau]=20\text{MPa}$。

(1) 试按强度条件选定轴的直径。

(2) 若轴改用变截面，试分别定出每一段轴的直径。

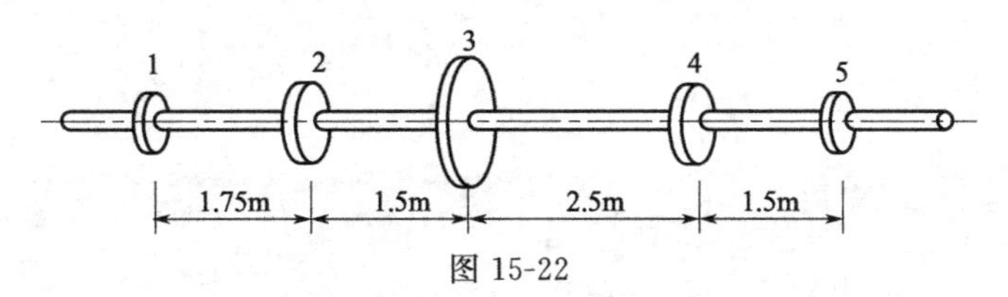

图 15-22

15-7 如图15-23所示，一实心圆钢杆，直径 $d=100\text{mm}$，受外力偶矩 T_1 和 T_2 作用。若杆的许用切应力 $[\tau]=80\text{MPa}$；900mm长度内的许用扭转角 $[\theta]=0.014\text{rad}$，求 T_1 和 T_2 的值。已知 $G=80\text{GPa}$。

15-8 图15-24所示矩形截面钢杆，受 $T=3\text{kN}\cdot\text{m}$ 的力偶矩作用，材料的切变模量 $G=80\text{GPa}$。

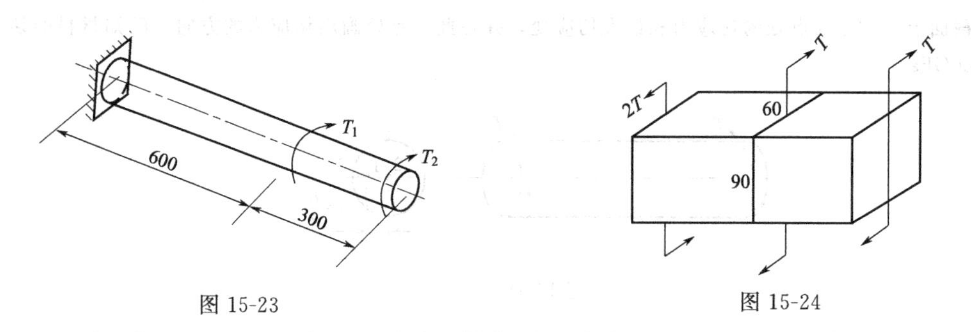

图 15-23　　图 15-24

求：(1) 杆内最大切应力的大小、方向、位置；(2) 单位长度杆的最大扭转角。

15-9 图 15-25 所示为阶梯形圆轴，AE 段为空心，外径 $D=140\text{mm}$，内径 $d=100\text{mm}$；BC 段为实心，直径 $d=100\text{mm}$。外力偶矩 $M_A=18\text{kN}\cdot\text{m}$，$M_B=32\text{kN}\cdot\text{m}$，$M_C=14\text{kN}\cdot\text{m}$。材料的剪切许用应力 $[\tau]=80\text{MPa}$，$G=80\text{GPa}$，许用扭转角 $[\theta]=1.2°/\text{m}$。试校核该轴的强度和刚度。

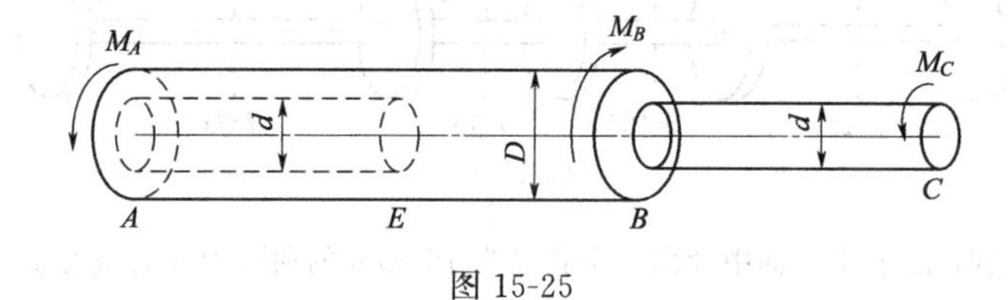

图 15-25

15-10 图 15-26 所示绞车同时由两个人操作，若每人加在手柄上的力都是 $F=200\text{N}$，已知轴的许用切应力 $[\tau]=40\text{MPa}$，试按强度条件初步设计 AB 轴的直径，并计算最大起重量 W。

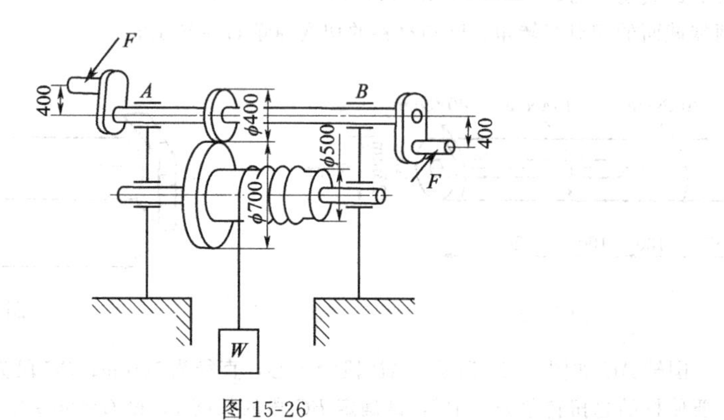

图 15-26

第十六章　弯曲应力

第一节　平面弯曲的概念

弯曲是杆件的基本变形形式之一，工程上有一类直杆以弯曲变形为主，称为梁。如图16-1(a) 中的吊车梁、图 16-2(a) 中的车轴以及图 16-3(a) 中的挡水结构的木桩等。这类构件的受力特点为：杆件受横向外力作用，即外力的方向垂直于杆轴或外力偶的作用面与杆的横截面垂直。变形特点为：杆的轴线弯成曲线，横截面之间相互倾斜。

工程上常见的梁，其横截面大多有对称轴。梁的所有截面的对称轴所联成的平面称为**纵对称面**。若所有外力都作用在该平面内，则由变形的对称性可知，梁的轴线将在此平面内弯成一条平面曲线（图 16-4），这种弯曲称为**平面弯曲**。这是最简单和最基本的一种弯曲形式。

本章将主要研究平面弯曲梁的应力和变形计算。

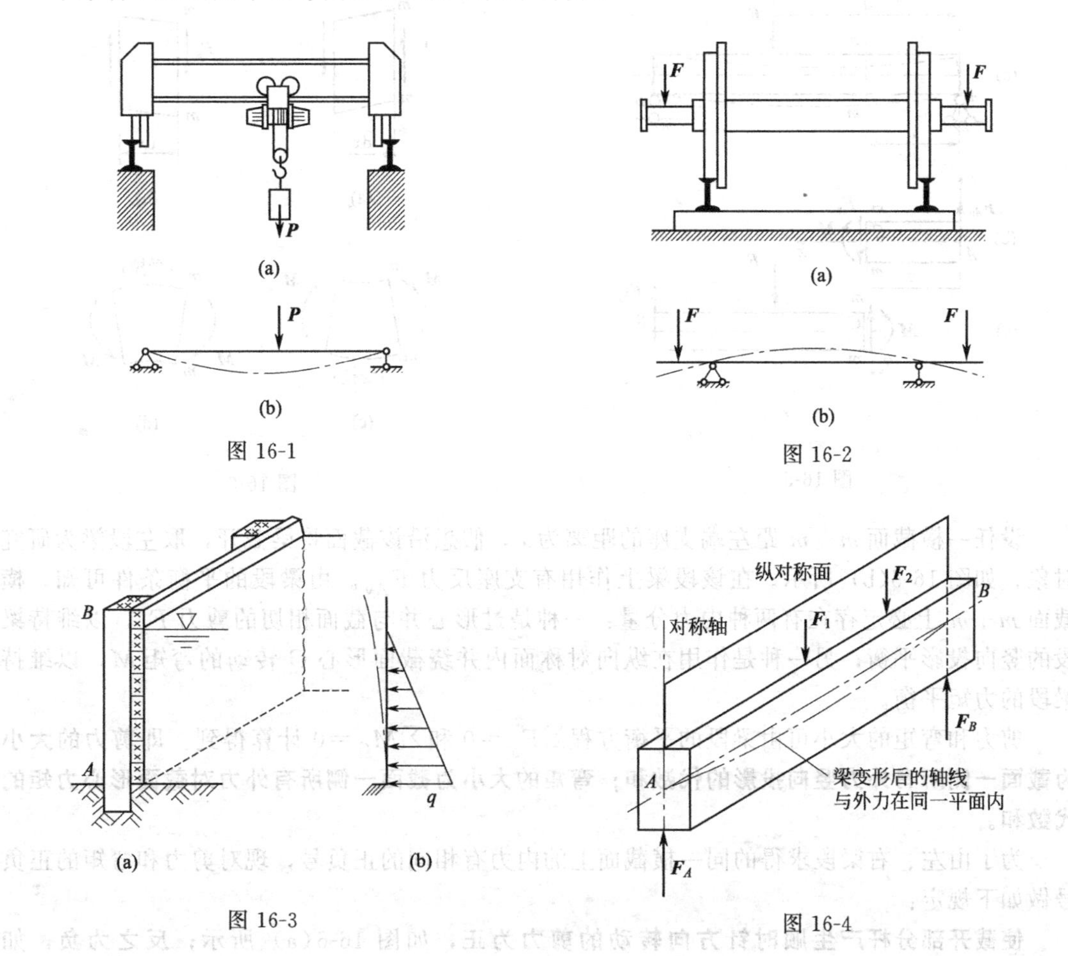

图 16-1　　图 16-2　　图 16-3　　图 16-4

尽管梁的实际支撑情况比较复杂，但在计算简图中根据对梁的约束作用，均可简化为固定铰支座、活动铰支座和固定端三类。梁在两个支座之间的部分称为跨，其长度称为跨度。根据梁的结构特征，可以分为单跨梁和多跨梁、静定梁和超静定梁。本章只对静定梁进行内力分析。

单跨静定梁的内力分析是所有受弯结构内力分析的基础。单跨静定梁有以下三种形式。

（1）简支梁　一端用固定铰支座支撑，另一端用活动铰支座支撑的梁称为简支梁，如图 16-1(b) 所示。

（2）外伸梁　用一个固定铰支座和一个活动铰支座支撑，并在一端或两端具有外伸部分的梁，称为外伸梁，如图 16-2(b) 所示。

（3）悬臂梁　一端为固定端，另一端为自由端的梁称为悬臂梁，如图 16-3(b) 所示。

第二节　梁的内力和内力图

一、梁的内力

现以图 16-5(a) 所示的简支梁为例，说明梁的内力计算方法。当梁上作用有载荷 $\boldsymbol{F}$ 后，根据平衡方程，可求得支座反力 F_{Ay} 和 F_{By}，然后再用截面法分析和计算任一横截面上的内力。

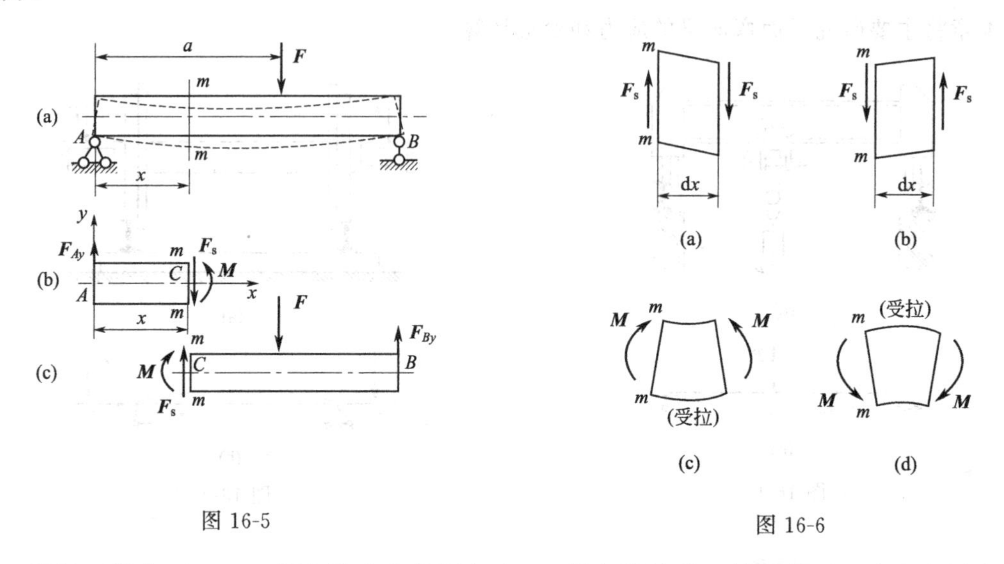

图 16-5　　　　图 16-6

设任一横截面 $m—m$ 距左端支座的距离为 x，假想沿该截面将梁截开，取左段梁为研究对象，如图 16-5(b) 所示。在该段梁上作用有支座反力 F_{Ay}。由梁段的平衡条件可知，横截面 $m—m$ 上必定存在有两种内力分量：一种是过形心并与截面相切的剪力 F_s，以维持梁段的竖向投影平衡；另一种是作用在纵向对称面内并绕截面形心 C 转动的弯矩 M，以维持梁段的力矩平衡。

剪力和弯矩的大小可由梁段的平衡方程 $\Sigma F_y=0$ 和 $\Sigma M_C=0$ 计算得到。**即剪力的大小为截面一侧所有外力竖向投影的代数和；弯矩的大小为截面一侧所有外力对截面形心力矩的代数和。**

为了由左、右梁段求得的同一横截面上的内力有相同的正负号，现对剪力和弯矩的正负号做如下规定：

使截开部分杆产生顺时针方向转动的剪力为正，如图 16-6(a) 所示；**反之为负**，如图 16-6(b) 所示。

使杆段向下凹，即上侧的纵向纤维受压缩短，下侧的纵向纤维受拉伸长的弯矩为正，如图 16-6(c) 所示；**反之为负**，如图 16-6(d) 所示。

按照上述正负号的规定，图 16-5(a) 所示简支梁的横截面 $m—m$ 上的剪力和弯矩均为正。

因为剪力和弯矩是由横截面一侧的外力计算得到的，所以在实际计算时，也可直接根据外力的方向规定剪力和弯矩的正负号。当横截面左侧的外力向上或右侧的外力向下时，该横截面的剪力为正，反之为负；当横截面左侧的外力矩顺时针转动或右侧的外力矩逆时针转动时，该横截面的弯矩为正，反之为负。

【例 16-1】 试求图 16-7 所示悬臂梁 1—1、2—2 和 3—3 截面上的内力。

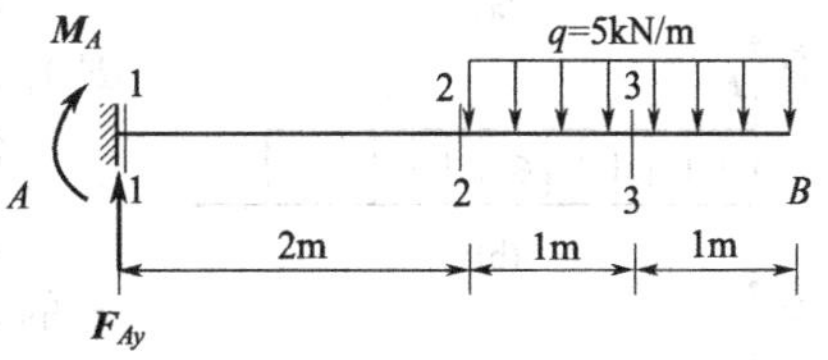

图 16-7

解：(1) 求支座反力

由 $\sum F_y=0$ 得 $F_{Ay}-2q=0$

求得　$F_{Ay}=10$ (kN)

由 $\sum M_A=0$ 得 $M_A+2q\times 3=0$

求得　$M_A=-30$ (kN·m)

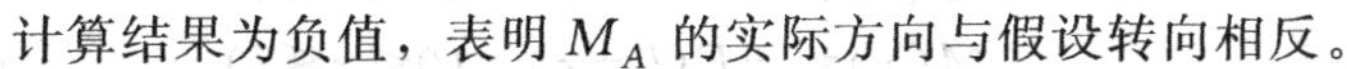

计算结果为负值，表明 M_A 的实际方向与假设转向相反。

(2) 求各指定截面上的内力

1—1 截面：$F_{s1}=F_{Ay}=10\text{kN}$　$M_1=M_A=-30\text{kN}\cdot\text{m}$

2—2 截面：$F_{s2}=F_{Ay}=10\text{kN}$　$M_2=M_A+F_{Ay}\times 2=-10\text{kN}\cdot\text{m}$

3—3 截面：$F_{s3}=q\times 1=5\text{kN}$　$M_3=q\times 1\times 0.5=-2.5\text{kN}\cdot\text{m}$

【例 16-2】 试求图 16-8 所示简支梁 A 支座右侧、C 点两侧、D 点两侧截面上的内力。

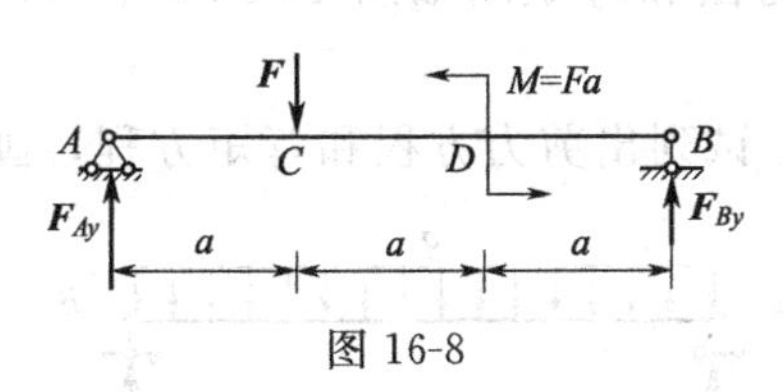

图 16-8

解：(1) 求支座反力

由 $\sum M_B=0$ 得 $F_{Ay}\times 3a-F\times 2a-M=0$

解得　$F_{Ay}=F$

由 $\sum M_A=0$ 得 $F_{By}\times 3a-F\times a-M=0$

解得　$F_{By}=0$

(2) 求各指定截面上的内力

A 支座右侧截面：$F_{sA右}=F_{Ay}=F$，$M_{A右}=0$

C 点左侧截面：$F_{sC左}=F_{Ay}=F$，$M_{C左}=Fa$

C 点右侧截面：$F_{sC右}=F_{Ay}-F=0$，$M_{C右}=Fa$

D 点左侧截面：$F_{sD左}=F_{Ay}-F=0$，$M_{D左}=Fa$

D 点右侧截面：$F_{sD右}=-F_{By}=0$，$M_{D右}=0$

由计算可知，在集中力 F 作用点左侧和右侧截面的剪力有一突变，突变值等于该集中力 F 的大小，但弯矩无变化；在集中力偶 M 作用点左侧和右侧截面的弯矩有一突变。突变值等于该集中力偶矩 M 的大小，但剪力无变化。

二、剪力图和弯矩图

一般说来，梁的不同横截面上的剪力和弯矩是不同的。为了表明梁的各横截面上剪力和弯矩的变化规律，可将横截面的位置用 x 表示，将横截面上的剪力和弯矩写成 x 的函数，即

$$F_s=F_s(x),\ M=M(x)$$

称为**剪力方程**和**弯矩方程**。

根据剪力方程和弯矩方程，可以画出表示梁的各横截面上剪力和弯矩变化情况的图线，称为**剪力图**和**弯矩图**。内力图的画法与轴力图、扭矩图相同，即正的内力画在基线的上方，负的内力画在基线的下方。画剪力图和弯矩图时，都应标出各主要截面（控制面）的内力值；并注明正负号。

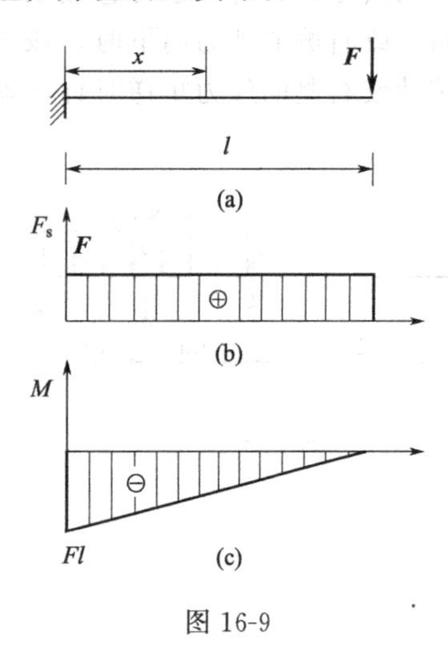

图 16-9

由剪力图和弯矩图可以看出梁的各横截面上剪力和弯矩的变化情况，确定梁上的最大剪力和最大弯矩值以及它们所在的截面，为强度和刚度计算打下基础。

【例 16-3】 图 16-9(a) 所示悬臂梁在自由端受集中力 $\boldsymbol{F}$ 作用，试列出剪力方程和弯矩方程，画剪力图和弯矩图。

解：（1）剪力方程和弯矩方程

为计算简便，将坐标原点取在梁的左端。在距左端为 x 的任意截面上，以截面右侧的梁段为研究对象，写出该截面的剪力值和弯矩值，即梁的剪力方程和弯矩方程为

$$F_s(x)=F \quad (0<x<l) \qquad (\text{Ⅰ})$$

$$M(x)=-F(l-x) \quad (0<x\leqslant l) \qquad (\text{Ⅱ})$$

（2）剪力图和弯矩图

由（Ⅰ）式可知，梁上的剪力为常数，即剪力图是平行于基线的直线；由（Ⅱ）式可知，梁的弯矩图是一条斜直线，只需要确定直线上两点即可画出。例如 $x=0$ 处 $M=-Fl$，$x=l$ 处 $M=0$。梁的剪力图和弯矩图如图 16-9(b)、(c) 所示。

【例 16-4】 图 16-10(a) 所示简支梁受均布载荷作用，试列出剪力方程和弯矩方程，画剪力图和弯矩图。

解：（1）求支座反力

根据结构与载荷的对称性可知，A、B 两处的支座反力均为$\dfrac{ql}{2}$。

（2）剪力方程和弯矩方程

在距 A 端（坐标原点）为 x 的截面处，以左侧梁段为研究对象，写出剪力方程和弯矩方程

$$F_s(x)=F_{Ay}-qx=\frac{ql}{2}-qx \quad (0<x<l) \qquad (\text{Ⅲ})$$

$$M(x)=F_{Ay}\cdot x-qx\cdot\frac{x}{2}=\frac{ql}{2}x-\frac{q}{2}x^2 \quad (0\leqslant x\leqslant l) \qquad (\text{Ⅳ})$$

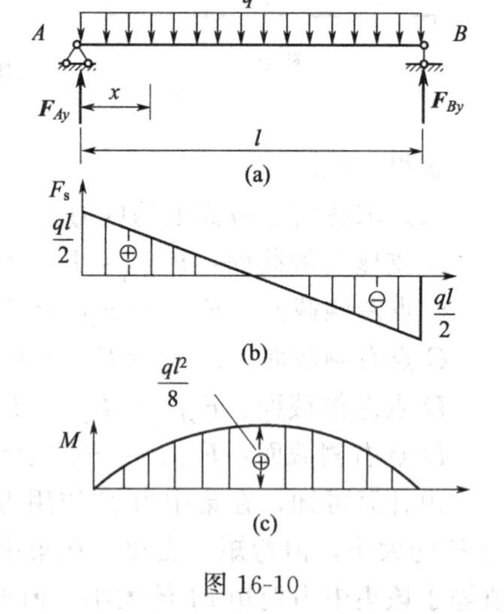

图 16-10

（3）剪力图和弯矩图

由（Ⅲ）式可知，剪力图是一条斜直线。由（Ⅳ）式可知，弯矩是 x 的二次函数，即弯矩图是二次抛物线。剪力图和弯矩图如图 16-10(b)、(c) 所示。

由图可见，剪力的最大值出现在两个支座附近，弯矩的最大值出现在跨中，而该截面上的剪力为零。

【例 16-5】 图 16-11(a) 所示简支梁在 C 点受集中力 $\boldsymbol{F}$ 作用，试列出剪力方程和弯矩方

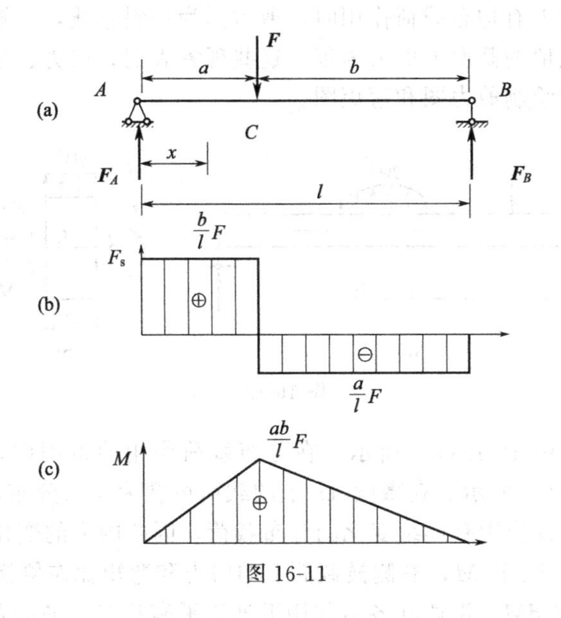

图 16-11

程，画剪力图和弯矩图。

解：（1）求支座反力

由平衡方程$\Sigma M_B=0$、$\Sigma M_A=0$分别求得

$$F_A=\frac{b}{l}F,\quad F_B=\frac{a}{l}F$$

（2）剪力方程和弯矩方程

由于梁在 C 点处有集中力 F 作用，将在两侧的梁段上引起不同的剪力和弯矩变化规律。因此，需要分段列剪力方程和弯矩方程。

AC 段的剪力方程和弯矩方程为

$$F_s(x)=\frac{b}{l}F \quad (0<x<a) \tag{Ⅴ}$$

$$M(x)=\frac{bF}{l}x \quad (0\leqslant x\leqslant a) \tag{Ⅵ}$$

CB 段的剪力方程和弯矩方程为

$$F_s(x)=\frac{b}{l}F-F=-\frac{F(l-b)}{l}=-\frac{a}{l}F \quad (a<x<l) \tag{Ⅶ}$$

$$M(x)=\frac{bF}{l}x-F(x-a)=\frac{l-x}{l}Fa \quad (a\leqslant x\leqslant l) \tag{Ⅷ}$$

（3）剪力图和弯矩图

由式(Ⅴ)、式(Ⅶ)两式可知，两段的剪力各为常数，即剪力图是平行于基线的直线。由式(Ⅵ)、式(Ⅷ)两式可知，弯矩图各为一段斜直线。画出剪力图和弯矩图，如图 16-11 (b)、(c) 所示。

由图可见，剪力的最大值出现在载荷离支座较近一侧的梁段；在集中力作用点处，弯矩有最大值，剪力发生突变。

三、剪力、弯矩与载荷集度之间的关系

由上面的例题可以看出，剪力图和弯矩图的变化有一定的规律性。例如在某段梁上如无分布载荷作用，则剪力图为一水平线，弯矩图为一斜直线，而且直线的倾斜方向与剪力的正

负号有关。当梁的某段上有均布载荷作用时，剪力图为一斜直线，弯矩图为二次抛物线。同时还可看到，弯矩有极值的截面上剪力为零。这些现象表明，剪力、弯矩与载荷集度之间有一定的关系，并能用于绘制剪力图和弯矩图。

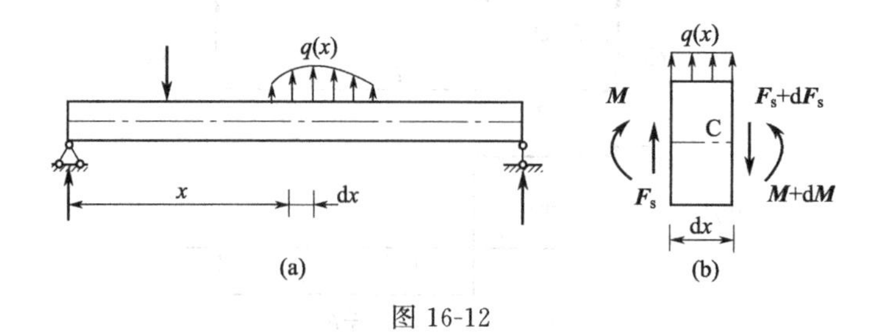

图 16-12

设一梁所受载荷如图 16-12(a) 所示。在分布载荷作用的范围内，假想截出一长为 dx 的微段梁，如图 16-12(b) 所示。在微段 dx 上的载荷可视为均匀分布，并设载荷集度 $q(x)$ 向上为正。由于梁段上仅作用有连续变化的分布载荷，因此内力的变化也是连续的。设左侧横截面的剪力和弯矩为 F_s 和 M，右侧横截面上的剪力和弯矩比左侧横截面上多一个微小增量，为 F_s+dF_s 和 $M+dM$。微段在各力作用下处于平衡状态，平衡方程为

$$\sum F_y=0,\qquad F_s-(F_s+dF_s)+q(x)dx=0 \qquad (\text{Ⅸ})$$

$$\sum M_C=0,\quad M+dM-M-F_s dx-q(x)dx\frac{dx}{2}=0 \qquad (\text{Ⅹ})$$

由式(Ⅸ)，得

$$\frac{dF_s}{dx}=q(x) \qquad (16\text{-}1)$$

由式(Ⅹ)并略去二阶微量 $q(x)(dx)^2$，得

$$\frac{dM}{dx}=F_s \qquad (16\text{-}2)$$

将式(16-1) 代入式(16-2)，又得

$$\frac{d^2M}{dx^2}=q(x) \qquad (16\text{-}3)$$

上述三个微分关系式表明：**剪力图上某点处的切线斜率等于梁上相应位置处的载荷集度；弯矩图上某点处的切线斜率等于相应横截面上的剪力；而弯矩图某点处对 x 的二阶导数则等于梁上相应位置处的载荷集度。**

由剪力、弯矩与载荷集度之间的微分关系式，可以得到剪力图和弯矩图的一些几何特征。

① 梁的某段上如无分布载荷作用，即 $q(x)=0$，则在该段内，$F_s=$常数。故剪力图为水平直线，弯矩图为斜直线。弯矩图的倾斜方向，由剪力的正负确定：正剪力梁段的弯矩图向上倾斜，负剪力梁段的弯矩图向下倾斜。

② 梁的某段上如有均布载荷作用，即 $q(x)$ =常数，则在该段内 F_s 为 x 的线性函数，而 M 为 x 的二次函数。故该段内的剪力图为斜直线，弯矩图为二次抛物线。其倾斜或凸凹方向由 $q(x)$ 的正负确定：正载荷［$q(x)$ 向上］梁段的剪力图向上倾斜，弯矩图为凹曲线；负载荷［$q(x)$ 向下］梁段的剪力图向下倾斜，弯矩图为凸曲线。在 $F_s=0$ 的截面上，弯矩出现极值。

③ 如分布载荷集度随 x 成线性变化，则剪力图为二次曲线，弯矩图为三次曲线。弯矩图的凸凹仍由 $q(x)$ 的正负确定，而剪力图的凸凹则可由

$$\frac{d^2F_s}{dx^2}=\frac{dq(x)}{dx}$$

的正负确定，且在 $q(x)=0$ 处的截面上，剪力出现极值。

④ 在集中力作用处，左右两侧截面上的剪力有突变，弯矩图有转折。

⑤ 在集中力偶作用处，左右两侧截面上的弯矩有突变，剪力图无变化。

利用上述规律，不需列出剪力方程和弯矩方程，就可以较方便地画出剪力图和弯矩图。这种方法也称为**简易法**。

【例 16-6】 图 16-13(a) 所示简支梁，在右半段受均布载荷作用。试画出梁的剪力图和弯矩图。

解：(1) 求支座反力

由平衡方程 $\sum M_B=0$、$\sum M_A=0$，分别求得 $F_{Ay}=ql/4$，$F_{By}=3ql/4$。

(2) 作剪力图和弯矩图

AC 段：该段无分布载荷作用，故剪力图为水平直线；又因剪力为正值，故弯矩图为向上倾斜的直线。各控制面上的内力如下。

A 截面：$F_s=ql/4$，$M=0$

C 左侧截面：$F_s=ql/4$，$M=ql^2/4$

CB 段：该段有方向向下的分布载荷作用，故剪力图为向下倾斜的直线，弯矩图为凸二次抛物线。各控制面上的内力如下。

C 右侧截面：$F_s=ql/4$，$M=ql^2/4$

B 左侧截面：$F_s=-3ql/4$，$M=0$

在确定弯矩极值时，应先求出该截面的位置：

① 列出该段的剪力方程，令 $F_s=0$，求出 x_0 的值；

② 根据 CB 段两端已知的剪力值，按比例算出 CD 或 DB 的长度。例如

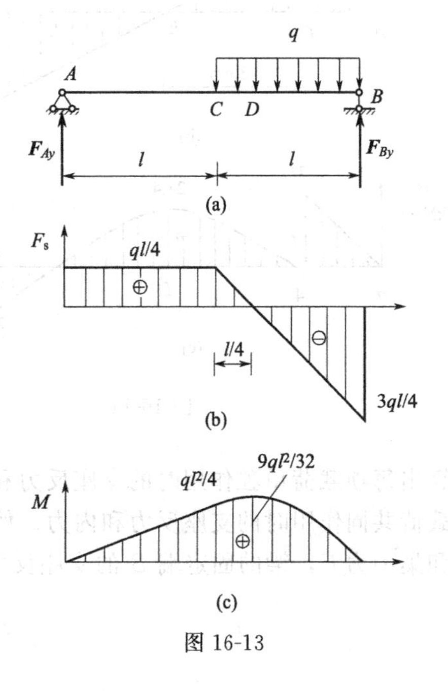

图 16-13

$$CD=\frac{1}{1+3}\times l=\frac{l}{4}$$

然后求出 $M_D=9ql^2/32$。

根据上述特征，画出梁的剪力图和弯矩图，如图 16-13(b)、(c) 所示。

【例 16-7】 图 16-14(a) 所示外伸梁受载荷作用，试画出梁的剪力图和弯矩图。

解：(1) 求支座反力

由平衡方程 $\sum M_B=0$、$\sum M_A=0$，分别求得 $F_{Ay}=18\text{kN}$，$F_{By}=37\text{kN}$。

(2) 作剪力图和弯矩图

AC 段：该段无分布载荷作用，故剪力图为水平直线；又因剪力为正值，故弯矩图为向上倾斜的直线。各控制面上的内力如下。

A 截面：$F_s=18\text{kN}$，$M=0$

C 左侧截面：$F_s=18\text{kN}$，$M=36\text{kN}\cdot\text{m}$

CB 段：该段有方向向下的分布载荷作用，故剪力图为向下倾斜的直线，弯矩图为凸二次抛物线。各控制面上的内力如下。

C 右侧截面：$F_s=18\text{kN}$，$M=-4\text{kN}\cdot\text{m}$

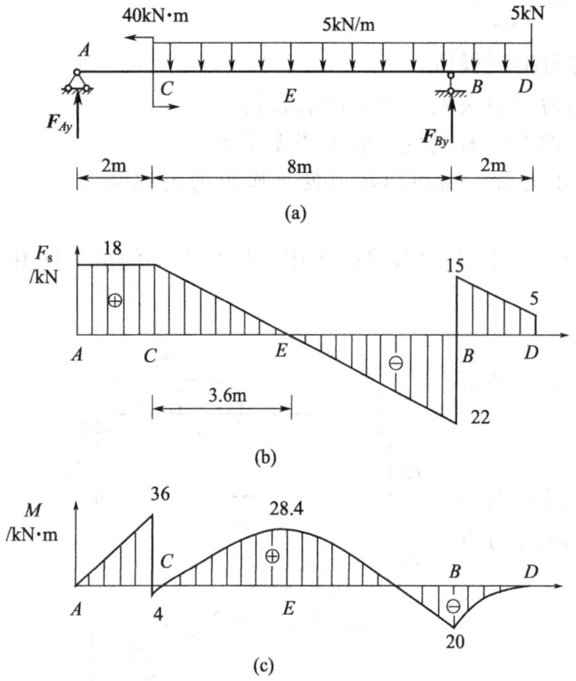

图 16-14

B 左侧截面：$F_s=-22\text{kN}$，$M=-20\text{kN}\cdot\text{m}$

因为剪力图在 E 截面处为零，故该截面上有弯矩极值。根据比例关系

$$CE=\frac{18}{18+22}\times 8\text{m}=3.6\text{m}$$

然后求出 $M_E=28.4\text{kN}\cdot\text{m}$。

BD 段：该段也有方向向下的分布载荷作用，剪力图为向下倾斜的直线，弯矩图为凸二次抛物线。因为剪力均为正值，故弯矩图并无极值。各控制面上的内力为

B 右侧截面：$F_s=15\text{kN}$，$M=-20\text{kN}\cdot\text{m}$

D 左侧截面：$F_s=5\text{kN}$，$M=0$

根据上述特征，画出梁的剪力图和弯矩图，如图 16-14(b)、(c) 所示。

四、用叠加法绘制弯矩图

当梁上有多项载荷作用时，梁的支座反力和内力可以这样计算：先分别计算出每项载荷单独作用时的支座反力和内力，然后把这些相应的计算结果相加，即得到多项载荷共同作用时的支座反力和内力。例如图 16-15(a) 所示悬臂梁，梁上作用有均布载荷 q 和集中力 F，梁的固定端 B 的支座反力为

$$F_{By}=F+ql$$

$$M_B=Fl+\frac{ql^2}{2}$$

在距 A 端 x 处任一截面上的剪力和弯矩分别为

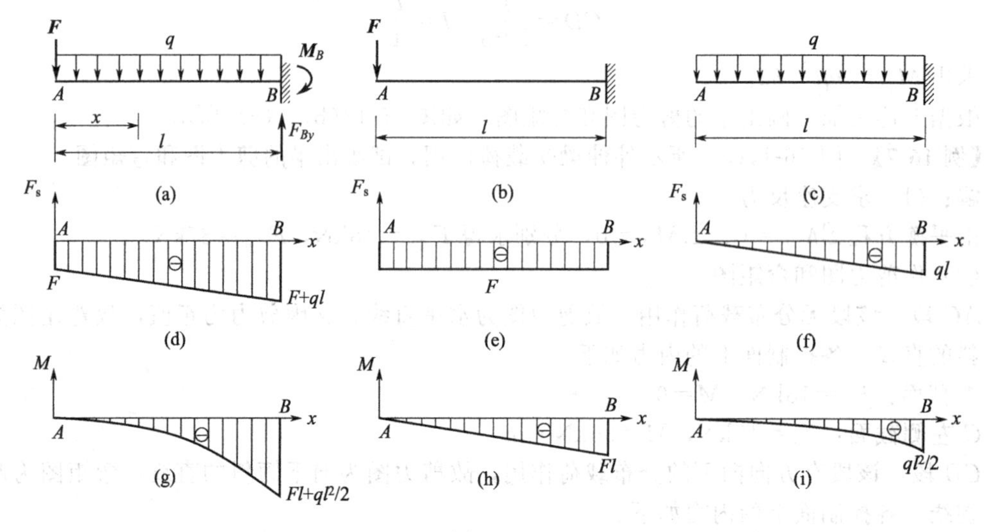

图 16-15

$$F_s(x) = -F - qx$$

$$M(x) = -Fx - \frac{1}{2}qx^2$$

由上述各式可以看出，梁的支座反力和内力都是由两部分组成：各式中第一项与集中力 F 有关，是由集中力 F 单独作用在梁上时所引起的反力和内力，如图 16-15(b)、(e)、(h) 所示；各式中第二项与均布载荷 q 有关，是由均布载荷 q 单独作用在梁上时所引起的反力和内力，如图 16-15(c)、(f)、(i) 所示。把两种情况下相应的内力值相加，即可得两项载荷共同作用下的内力值。这种方法即为叠加法。

采用叠加法作内力图会带来很大的方便，例如在图 16-15 中，可将集中力 $\boldsymbol{F}$ 和均布载荷 q 单独作用下的剪力图和弯矩图分别画出，然后再叠加，就得两项载荷共同作用时的剪力图［图 16-15(d)］和弯矩图［图 16-15(g)］。

值得注意的是，内力图的叠加是指内力图的纵坐标的叠加，而不是内力图图形的简单拼合。

【例 16-8】 试用叠加法作出图 16-16(a) 所示简支梁的弯矩图。

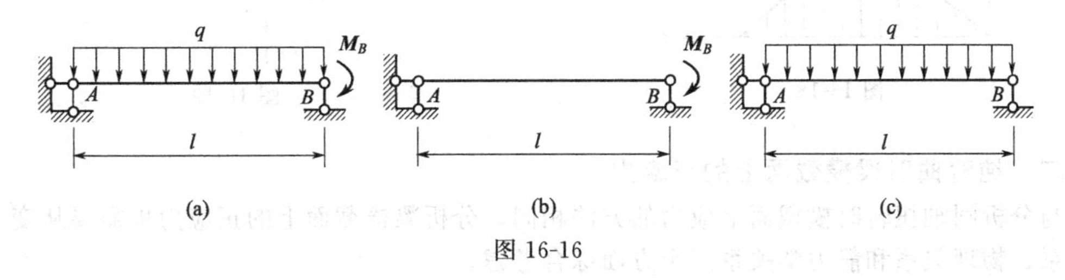

图 16-16

解： 由叠加原理可知，图 16-16(a) 所示简支梁的内力状态等于图 16-16(b)、(c) 所示两内力状态之和。

分别画出力偶 M_B 和均布载荷 q 单独作用时的弯矩图，如图 16-17(b)、(c) 所示。其中力偶 M_B 作用下的弯矩图是使梁的上侧受拉，均布载荷 q 作用下的弯矩图是使梁的下侧受拉。两个弯矩图叠加应是两个弯矩图的纵坐标相减。两个弯矩图叠加的作法是：以弯矩图 16-17(b) 的斜直线为基线，向上作铅直线，其长度等于图 16-17(c) 中相应的纵坐标，即以图 16-17(b) 上的斜直线为基线作弯矩图 16-17(c)；两图的重叠部分相互抵消，不重叠部分为叠加后的弯矩图，如图 16-17(a) 所示。

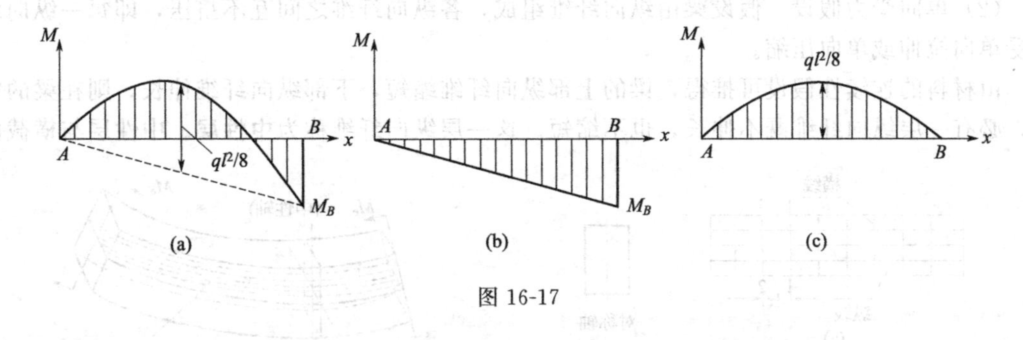

图 16-17

第三节　梁的应力及强度计算

一、概述

梁在发生平面弯曲时，一般情况下横截面上的内力既有弯矩 M，又有剪力 F_s，这样的弯曲称为**横力弯曲**；而横截面上只有弯矩没有剪力的弯曲，则被称为**纯弯曲**（图 16-18 所示的梁段 CD）。

应力是内力的分布集度。根据梁横截面上的内力情况，可以推断出横力弯曲时，横截面上任意一点处应存在与剪力相对应的切应力 τ 和与弯矩相对应的正应力 σ，如图 16-19 所示。

确定应力需要结合变形条件来进行。可以在纯弯曲的梁段上不考虑剪切变形的影响而方便、准确地得出弯曲正应力 σ。然后，再讨论梁上的切应力。

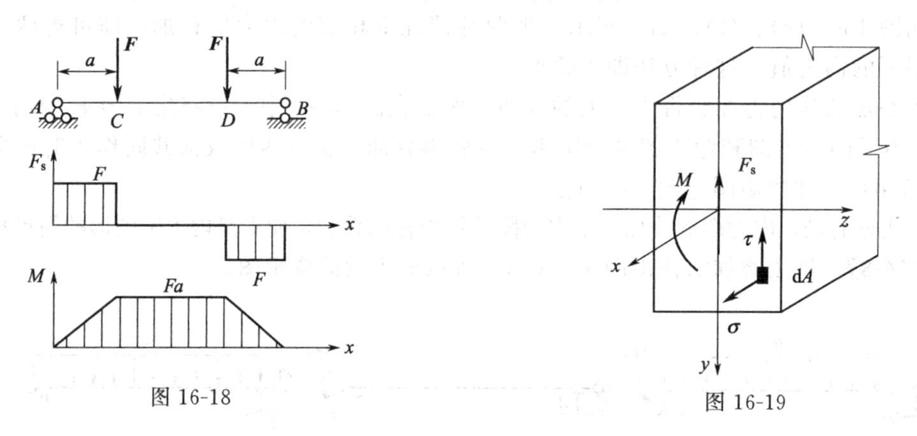

图 16-18　　图 16-19

二、纯弯曲时梁横截面上的正应力

与分析圆轴扭转时横截面上应力的方法相同，分析梁横截面上的正应力也需要从变形几何关系、物理关系和静力学关系三个方面综合考虑。

1. 变形几何关系

首先观察纯弯曲梁的变形现象。取一段有纵向对称面的直梁，在其表面画一组与轴线垂直的横向线和一组与轴线平行的纵向线，将梁的表面分为若干小方格，如图 16-20(a) 所示。当梁产生纯弯曲后，可观察到横向线在变形后仍为直线，但旋转了一个角度，并与弯曲后的纵向线正交；梁上部的纵向线缩短，下部的纵向线伸长［图 16-20(b)］；梁上部的宽度略有增大，下部的宽度略有减小。

根据上述变形现象，可做出如下假设。

(1) 平面假设　原为平面的横截面在变形后仍为平面，并和弯曲后的纵向层正交。

(2) 单向受力假设　假设梁由纵向纤维组成，各纵向纤维之间互不挤压，即每一纵向纤维受单向拉伸或单向压缩。

由材料的连续性假设可推得，梁的上部纵向纤维缩短，下部纵向纤维伸长，则在梁的中间，必有一层纵向纤维既不伸长，也不缩短。这一层纵向纤维称为**中性层**。中性层与横截面

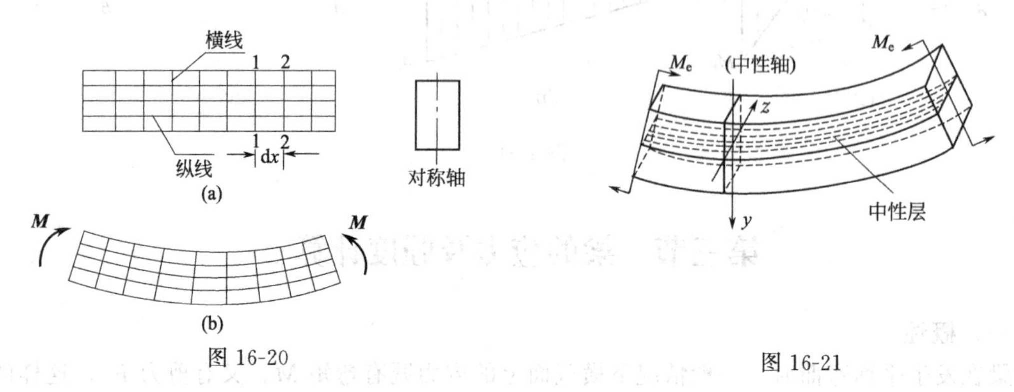

图 16-20　　图 16-21

的交线称为**中性轴**，横截面在弯曲时绕中性轴转动，如图 16-21 所示。

现在来研究相距 dx 的两个横截面之间，距中性层为任意距离 y 的纵向线段 AB［图 16-22(a)］在梁发生弯曲时的线应变 ε。

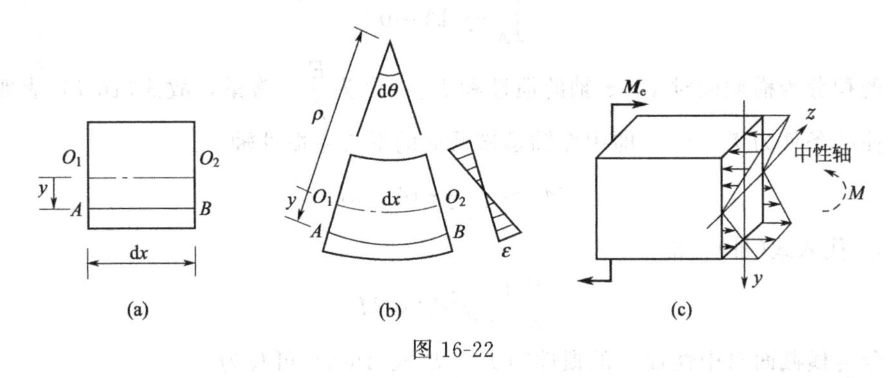

图 16-22

根据平面假设，横截面在弯曲时仍为平面，且绕中性轴转动。设相距 dx 的两个横截面之间变形后的夹角为 dθ，如图 16-22(b) 所示。若变形后中性层的曲率半径为 ρ，由于$\widehat{O_1O_2}$、$\overline{AB}$ 和$\overline{O_1O_2}$ 长度相同，即 $dx=\rho d\theta$，$\widehat{AB}=(\rho+y)d\theta$，从而 AB 的线应变为

$$\varepsilon=\frac{(\rho+y)d\theta-\rho d\theta}{\rho d\theta}=\frac{y}{\rho} \tag{16-4}$$

对同一横截面，ρ 是常量，故式(16-4) 表明，横截面上任一点处的纵向线应变与该点到中性轴的距离 y 成正比。

2. 物理关系

根据单向受力假设，梁的每根纵向纤维只受单向拉伸或压缩。当弯曲正应力不超过比例极限时，将式(16-4) 代入胡克定律，有

$$\sigma=E\varepsilon=\frac{E}{\rho}y \tag{16-5}$$

由式(16-5) 可知，当材料的拉伸和压缩弹性模量相等，均为 E 时，梁横截面上各点处的正应力 σ 与该点到中性轴的垂直距离 y 成正比，即弯曲正应力沿横截面高度方向呈线性分布，中性轴处正应力为零，最大拉应力和最大压应力分别位于截面的上下边缘。横截面上的正应力分布如图 16-22(c) 所示。

3. 静力学关系

梁横截面上各点处的法向微内力 σdA 组成空间平行力系。其合成结果为沿 x 轴的内力和绕 y、z 轴的内力矩。由截面法分析得知，平面弯曲时梁的横截面上轴力和对 y 轴的弯矩均为零，只有对 z 轴的弯矩为 M。

根据力系的合成关系

$$F_N=\int_A \sigma dA=0 \tag{Ⅰ}$$

将式(16-5) 代入式(Ⅰ)，并注意到对横截面积分时，$\frac{E}{\rho}$为常量，得

$$\int_A y dA=S_z=0 \tag{16-6}$$

式(16-6) 表明，横截面对中性轴（即 z 轴）的静矩等于零。因此，中性轴必定通过横截面的形心。

由
$$M_y=\int_A z\sigma \mathrm{d}A=0 \quad (\text{Ⅱ})$$
将式(16-5) 代入式(Ⅱ)，得
$$\int_A zy\mathrm{d}A=0 \quad (16\text{-}7)$$

式中的积分为横截面对 y、z 轴的惯性积 I_{yz}。因为 $\frac{E}{\rho}$ = 常量，故式(16-7) 表明，梁发生平面弯曲的条件为 $I_{yz}=0$，即中性轴是横截面的形心主惯性轴。
$$M_z=\int_A y\sigma \mathrm{d}A=M \quad (\text{Ⅲ})$$
将式(16-5) 代入式(Ⅲ)，得
$$\frac{E}{\rho}\int_A y^2\mathrm{d}A=M \quad (16\text{-}8)$$
式中的积分为横截面对中性轴 z 的惯性矩 I_z。故式(16-8) 可写为
$$\frac{1}{\rho}=\frac{M}{EI_z} \quad (16\text{-}9)$$

式(16-9) 表明，梁弯曲变形后，其中性层的曲率与弯矩 M 成正比，与乘积 EI_z 成反比。EI_z 称为梁的**弯曲刚度**。如梁的弯曲刚度越大，则其曲率越小，即梁的弯曲程度越小；反之，梁的弯曲程度越大。

将式(16-9) 代入式(16-5)，即得到梁的横截面上任一点处正应力的计算公式
$$\sigma=\frac{M}{I_z}y \quad (16\text{-}10)$$

式中，M 是横截面上的弯矩，I_z 是截面对中性轴 z 的惯性矩，y 是所求正应力点处到中性轴 z 的距离。

梁弯曲时，横截面被中性轴分为两个区域。在一个区域内，横截面上各点处产生拉应力，而在另一个区域内产生压应力。由式(16-10) 所计算出的某点处的正应力究竟是拉应力还是压应力，由两种方法确定：将坐标 y 及弯矩 M 的数值连同正负号一并代入式(16-10)，如果求出的应力是正，则为拉应力，如果为负则为压应力；或根据弯曲变形的形状确定，即以中性层为界，梁弯曲后，凸出边的应力为拉应力，凹入边的应力为压应力。通常按照后面这一方法确定比较方便。

4. 最大弯曲正应力与弯曲截面系数

为了进行强度计算，需要算出梁的横截面上的最大正应力。由式(16-10) 可知，当 $y=y_{max}$ 时，即在横截面上离中性轴最远的边缘各点处，正应力有最大值。
$$\sigma_{max}=\frac{M}{I_z}y_{max}=\frac{M}{W_z} \quad (16\text{-}11)$$

式中，$W_z=\frac{I_z}{y_{max}}$ 称为**弯曲截面系数**，其值与截面的形状和尺寸有关，是反映梁抗弯强度的一种截面几何性质。其单位为 m^3 或 mm^3。

当中性轴为横截面的对称轴时，最大拉应力和最大压应力的数值相等，用式(16-11) 计算比较方便。

当中性轴不是横截面的对称轴时，最大拉应力和最大压应力的数值不相等，用式(16-11) 计算并不方便，还应使用式(16-10) 计算最大拉应力和最大压应力。
$$\sigma_{t,max}=\frac{M}{I_z}y_{t,max} \quad (16\text{-}12a)$$

$$\sigma_{c,max}=\frac{M}{I_z}y_{c,max} \tag{16-12b}$$

5. 弯曲正应力计算公式的推广

式(16-10)、式(16-11) 是在纯弯曲情况下，根据平面假设和单向受力假设导出的，已为纯弯曲试验所证实。但当梁受横向外力作用时，一般来说，横截面上既有弯矩又有剪力。根据试验和弹性力学的理论分析，当存在剪力时，横截面在变形后已不再是平面；而且由于横向外力的作用，纵向线之间将产生互相挤压。但分析结果也表明，对于跨长与横截面高度之比大于 5 的梁（细长梁），采用上述公式算得的弯曲正应力值，计算误差不超过 1%，影响很小。而工程大多数梁的跨高比都大于 5，因此，用纯弯曲正应力公式计算，可满足工程上的精度要求。

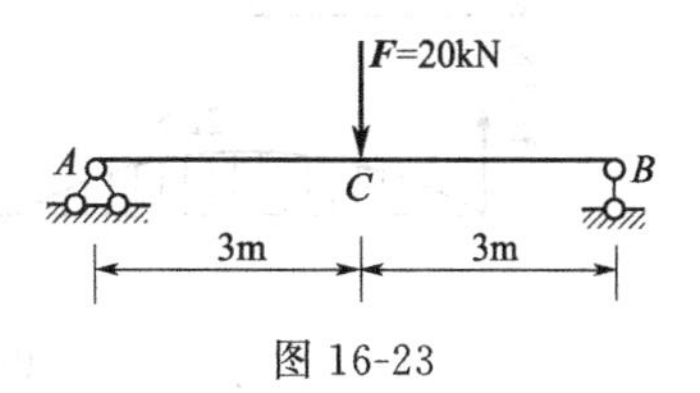

图 16-23

【例 16-9】 一简支钢梁及其所受载荷如图 16-23 所示。若分别采用截面面积相同的矩形截面、圆形截面和工字钢截面，试求以上三种截面梁的最大拉应力。设矩形截面高为 140mm，宽为 100mm。

解：由内力分析可知，该梁 C 截面有最大弯矩

$$M_{max}=\frac{1}{4}\times 20\times 6=30\ (\mathrm{kN\cdot m})$$

故全梁的最大拉应力发生在该截面的下边缘。

(1) 矩形截面梁

弯曲截面系数

$$W_z=\frac{1}{6}bh^2=\frac{1}{6}\times 100\times 140^2=3.27\times 10^5\,(\mathrm{mm}^3)$$

将弯曲截面系数值代入式(16-11)，算得最大拉应力为

$$\sigma_{max}=\frac{M_{max}}{W_z}=\frac{30\times 10^6}{3.27\times 10^5}=91.7\ (\mathrm{MPa})$$

(2) 圆形截面梁

圆形截面的面积和矩形截面面积相同，圆形截面的直径为 $d=133.5\mathrm{mm}$

弯曲截面系数　$$W_z=\frac{\pi d^3}{32}=\frac{\pi\times 133.5^3}{32}=2.34\times 10^5\ (\mathrm{mm}^3)$$

代入式(16-11)，得

$$\sigma_{max}=\frac{M_{max}}{W_z}=\frac{30\times 10^6}{2.34\times 10^5}=128.2\ (\mathrm{MPa})$$

(3) 工字钢梁

采用截面面积相同的工字形截面时，可先由附录Ⅱ的型钢表查得，50c 号工字钢的截面面积为 $139.304\mathrm{cm}^2$，与其他截面的面积最为接近，并查得 $W_z=2080\mathrm{cm}^3$。由式(16-11)，得

$$\sigma_{max}=\frac{M_{max}}{W_z}=\frac{30\times 10^6}{2080\times 10^3}=14.4\ (\mathrm{MPa})$$

以上计算结果表明，在承受相同载荷和截面面积相同（即用料相同）的条件下，工字钢梁所产生的最大拉应力最小。反过来说，如果使三种截面的梁所产生的最大拉应力相同时，工字钢梁所能承受的载荷最大。因此，工字形截面最为经济合理，矩形截面次之，圆形截面最差。

【例 16-10】 一 T 形截面外伸梁的尺寸及载荷如图 16-24(a) 所示（横截面的尺寸单位为 mm）。试求最大拉应力和最大压应力，并画出最大拉应力截面上的正应力分布图。

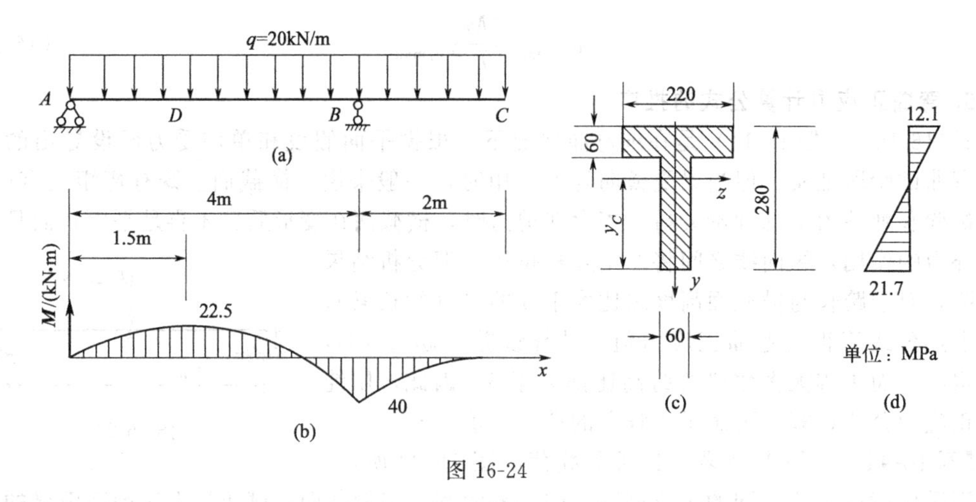

图 16-24

解：（1）弯矩图

画出梁的弯矩图如图 16-24(b) 所示。最大正弯矩发生在截面 D，最大负弯矩发生在截面 B。

（2）横截面对中性轴的惯性矩

将截面分为两个矩形，求出形心 C 的位置如图 16-24(c) 所示。

$$y_C=\frac{\sum A_i \times y_i}{\sum A_i}=\frac{220\times 60\times (250+110)}{220\times 60\times 2}=180\ (\text{mm})$$

利用平行移轴公式求得横截面对中性轴的惯性矩

$$I_z=\sum(I_{zc}^i+a_i^2\times A_i)$$
$$=\left[\frac{1}{12}\times 60\times 220^3+(180-110)^2\times 60\times 220\right]+\left[\frac{1}{12}\times 220\times 60^3+(180-250)^2\times 60\times 220\right]$$
$$=1.866\times 10^8\ (\text{mm}^4)$$

（3）最大拉应力和最大压应力

虽然截面 B 处弯矩的绝对值大于截面 D 处的弯矩，但因该梁的截面不对称于中性轴，因而横截面上、下边缘离中性轴的距离不相等，故需分别计算 B、D 截面的最大拉应力和最大压应力，然后进行比较。

截面 B 的弯矩为负，故该截面上侧受拉、下侧受压，由式(16-12) 计算最大应力值分别为

$$\sigma_{\text{t,max}}=\frac{M_B\times y_{\text{t,max}}}{I_z}=\frac{40\times 10^6\times 100}{1.866\times 10^8}=21.4\ (\text{MPa})$$

$$\sigma_{\text{c,max}}=\frac{M_B\times y_{\text{c,max}}}{I_z}=\frac{40\times 10^6\times 180}{1.866\times 10^8}=38.6\ (\text{MPa})$$

截面 D 的弯矩为正，故该截面上侧受压、下侧受拉，显而易见 $M_D\times y_{\text{c,max},D}<M_B\times y_{\text{c,max},B}$，故不需计算最大压应力，最大拉应力值为

$$\sigma_{\text{t,max}}=\frac{M_D\times y_{\text{t,max}}}{I_z}=\frac{22.5\times 10^6\times 180}{1.866\times 10^8}=21.7\ (\text{MPa})$$

由计算结果可知，全梁的最大拉应力为 21.7MPa，发生在截面 D 的下边缘；最大压应力为 38.6MPa 发生在截面 B 的下边缘。

截面 D 上的正应力分布如图 16-24(d) 所示。

三、弯曲切应力

在工程实际中，大多数梁发生的是横力弯曲，横截面上的内力除弯矩外还有剪力。因此横截面上不仅存在正应力，也存在切应力。

由于梁在弯曲时并不存在“纯粹的”剪切变形，因此不能像对正应力那样，通过对变形规律的观察和分析来推导切应力的计算公式，而只能在对切应力的分布做某种假设的前提下，结合正应力建立平衡方程，从而导出切应力，这个过程较正应力的推导过程要复杂。下面将不对梁上的切应力计算公式进行推导，而是简要地介绍在几种常见梁的截面上，切应力的分布情况和计算公式。

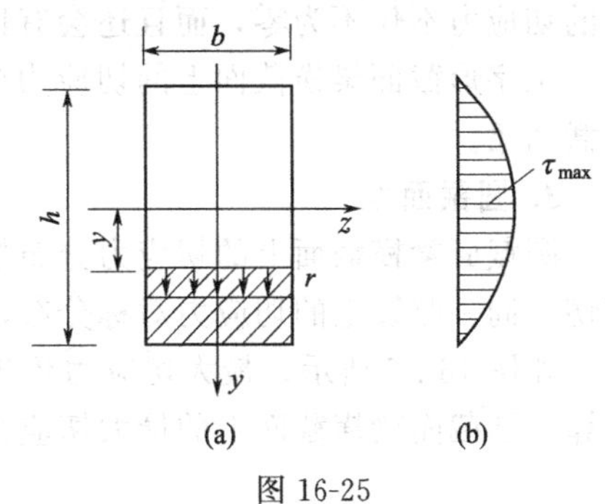

图 16-25

1. 矩形截面梁

根据切应力互等定理可以推断，在窄高矩形截面梁的横截面上切应力的分布情况是：切应力的方向与剪力平行，沿截面宽度方向均匀分布［图 16-25(a)］。

能够推导出矩形截面上任意一点处切应力的计算公式为

$$\tau=\frac{F_{s}S_{z}^{*}}{I_{z}b} \tag{16-13}$$

式中，F_s 为横截面上的剪力；I_z 为整个横截面对中性轴 z 的惯性矩；b 为横截面的宽度；S_z^* 为图 16-25 中阴影面积对中性轴 z 的静矩。

计算出静矩和惯性矩

$$S_{z}^{*}=A^{*}\times y_{0}=b\left(\frac{h}{2}-y\right)\left[y+\frac{1}{2}\left(\frac{h}{2}-y\right)\right]=\frac{b}{2}\left(\frac{h^{2}}{4}-y^{2}\right)$$

$$I_{z}=\frac{bh^{3}}{12}$$

代入式(16-13)，得到距中性轴 z 为 y 的各点处的切应力为

$$\tau=\frac{6F_{s}}{bh^{3}}\left(\frac{h^{2}}{4}-y^{2}\right) \tag{16-14}$$

式(16-14) 表明，**在矩形截面梁的横截面上，切应力沿横截面高度按二次抛物线规律变化**［图 16-25(b) ］。

在上下边缘处 $y=\pm h/2$，$\tau=0$；在中性轴上 $y=0$，

$$\tau=\tau_{\max}=\frac{3}{2}\frac{F_{s}}{bh} \tag{16-15}$$

图 16-26

即矩形截面梁中性轴上各点处的切应力最大，其值等于横截面上平均切应力的 1.5 倍。

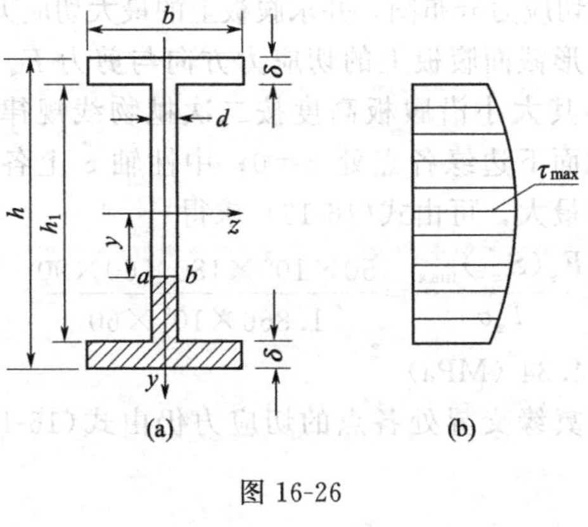

2. 工字形截面梁

图 16-26(a) 所示的工字形截面，可看做是由三块矩形组成。上、下两部分称为**翼缘**，中间部分称为**腹板**。

分析结果表明，切应力计算公式仍为

$$\tau=\frac{F_{s}S_{z}^{*}}{I_{z}d} \tag{16-16}$$

式中，d 为腹板宽度；I_z 为整个工字形截

面对中性轴 z 的惯性矩；S_z^* 为图中阴影面积对中性轴 z 的静矩（包括翼缘和腹板两部分）。

据分析，在工字形截面梁的横截面上，构成剪力的竖向切应力 95%以上分布于腹板。与矩形截面梁形似，工字形截面梁横截面腹板上的切应力也是沿高度方向按二次抛物线规律变化，如图 16-26(b) 所示。最大切应力发生在中性轴上各点处。但在腹板与翼缘交界处各点的切应力不仅不为零，而且还会有比较大的值。

工字形截面梁横截面上的切应力分布规律和计算公式，同样适用于 T 形、槽形和箱形等截面梁。

3. 圆截面梁

圆截面梁横截面上的切应力分布规律比较复杂，横截面周边各点处的切应力方向与周边相切，同一弦线上的切应力对称分布，任意一点处的切应力竖向分量也可通过式(16-13) 计算。如图 16-27 所示。最大切应力仍出现在中性轴上，方向与剪力平行 [图 16-27(a)]。经计算，圆截面梁横截面上的最大切应力值为

$$\tau_{\max}=\frac{4}{3}\times\frac{F_s}{A} \tag{16-17a}$$

式中，A 为圆截面的面积。

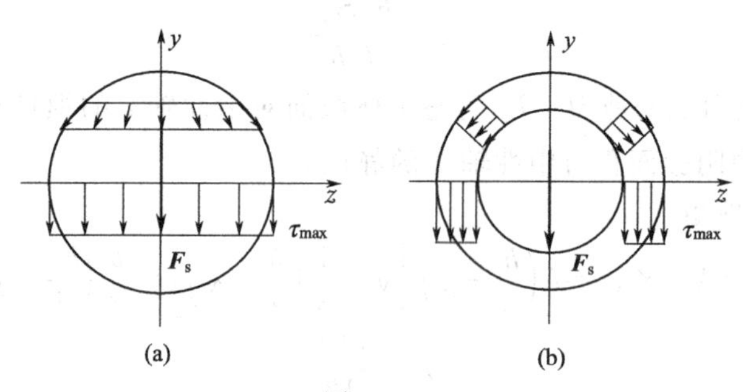

图 16-27

工程上常用的空心圆截面梁一般壁厚都比较薄（如钢管）。在其横截面上，可以认为切应力沿壁厚均匀分布，最大切应力也出现在中性轴上，方向与剪力平行 [图 16-27(b)]。当截面的壁厚为直径的 1/20 时，最大切应力值约为平均应力的 2 倍，即

$$\tau_{\max}=2\frac{F_s}{A} \tag{16-17b}$$

式中，A 为圆环截面的面积。

【例 16-11】 图 16-28(a) 所示 T 形截面。如截面上的剪力 $F_s=50\text{kN}$，与 y 轴重合，试画出腹板上的切应力分布图，并求腹板上的最大切应力。

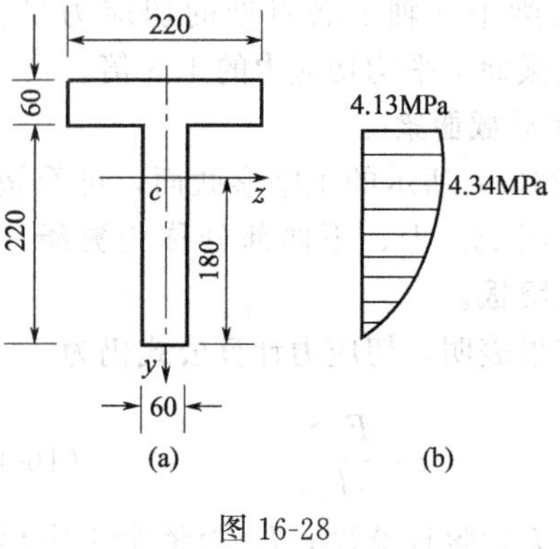

图 16-28

解： T 形截面腹板上的切应力方向与剪力 F_s 的方向相同，其大小沿腹板高度按二次抛物线规律变化。腹板截面下边缘各点处 $\tau=0$；中性轴 z 上各点处的切应力最大，可由式(16-13) 求得

$$\tau_{\max}=\frac{F_s(S_z^*)_{\max}}{I_z b}=\frac{50\times10^3\times180\times60\times90}{1.866\times10^8\times60}$$

$$=4.34\ (\text{MPa})$$

腹板与翼缘交界处各点的切应力仍由式(16-13) 求得

$$\tau=\frac{50\times10^3\times220\times60\times70}{1.866\times10^8\times60}$$
$$=4.14\ (\text{MPa})$$

腹板上的切应力分布如图 16-28(b) 所示。

【例 16-12】 试比较宽和高分别为 b、h 的矩形截面简支梁，在均布载荷作用下所产生的最大正应力和最大切应力。

解： 简支梁在均布载荷作用下最大弯矩出现在跨中截面上，最大剪力出现在支座附近的截面上。最大弯矩值和最大剪力值分别为

$$M_{\max}=\frac{1}{8}ql^2,\quad F_s=\frac{1}{2}ql$$

由式(16-11) 计算最大正应力

$$\sigma_{\max}=\frac{M_{\max}}{W_z}=\frac{1}{8}ql^2/\frac{1}{6}bh^2=\frac{3}{4}\times\frac{ql^2}{bh^2}$$

由式(16-13) 计算最大切应力

$$\tau_{\max}=\frac{3}{2}\times\frac{(F_s)_{\max}}{A}=\frac{3}{2}\times\frac{1}{2}\times\frac{ql}{bh}=\frac{3}{4}\times\frac{ql}{bh}$$

则简支梁上最大正应力和最大切应力的比值为

$$\frac{\sigma_{\max}}{\tau_{\max}}=\frac{3}{4}\times\frac{ql^2}{bh^2}/\frac{3}{4}\times\frac{ql}{bh}=\frac{l}{h}$$

即为跨高比。

一般细长梁的跨高比大于 5，因此梁上的最大正应力将远大于最大切应力。

四、梁的强度计算

一般来说，梁的横截面上同时存在弯矩和剪力两种内力，因此也同时有正应力和切应力两种应力。在等直梁的最大弯矩截面上，其上、下边缘处各点有最大正应力，而此处的切应力为零；最大剪力出现在最大剪力截面的其中性轴各点处，而此处的正应力也为零。因此，可以分别建立梁的正应力和切应力强度条件。

1. 正应力强度条件

为保证梁在载荷作用下不会因正应力过大而发生强度破坏，就必须要求梁的横截面上的最大弯曲正应力 $\sigma_{\max}$ 不超过材料的许用正应力 $[\sigma]$，即

$$\sigma_{\max}\leqslant[\sigma]\tag{16-18}$$

这就是梁的正应力强度条件。

应用梁的正应力强度条件可以对梁进行三方面的计算，即校核强度、选择截面尺寸或型钢号码、确定许用载荷。

2. 切应力强度条件

对于横力弯曲的梁，工程计算中还要求横截面上的最大切应力 $\tau_{\max}$ 不得超过材料的许用切应力 $[\tau]$，即

$$\tau_{\max}\leqslant[\tau]\tag{16-19}$$

这就是梁的切应力强度条件。

由例 16-12 的结论可知，细长梁在载荷的作用下发生弯曲变形时，梁上的最大正应力与最大切应力的比值接近跨高比，即大于 5。一般来说，脆性材料的许用切应力与许用正应力比较接近，而塑性材料的许用切应力大约是许用正应力的 50%～60%。这样一来，满足正

应力强度条件的梁同时也满足切应力强度条件。由此可见在梁的设计中，正应力强度计算起控制作用，一般不必校核切应力强度。但在下列情况下，需要校核切应力强度：梁的最大弯矩较小而最大剪力较大，例如集中载荷作用在靠近支座处的情况；焊接或铆接的组合截面（如工字形）钢梁，当腹板的厚度与梁高之比小于工字形等型钢截面的相应比值时；木梁，由于木材顺纹方向抗剪强度较低，故需校核其顺纹方向的切应力强度。

【例 16-13】 图 16-29 所示外伸梁截面为 I22a 工字型钢，$[\sigma]=170\text{MPa}$、$[\tau]=100\text{MPa}$，试校核该梁的强度。

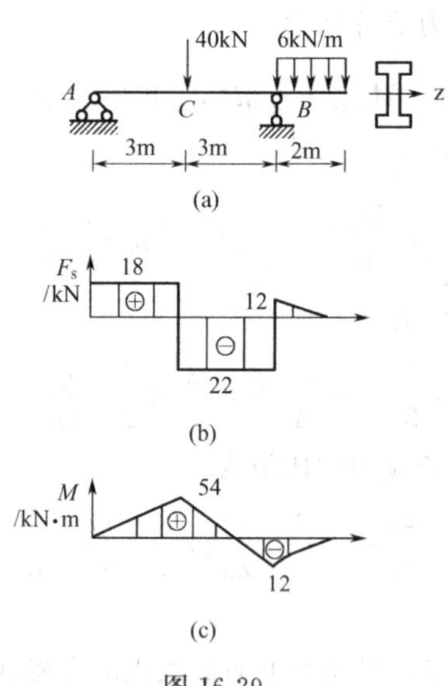

图 16-29

解：（1）绘制内力图，如图 16-29（b）、（c）所示。

（2）正应力强度校核

查表得 $W_z=309\times10^3\text{mm}^3$

$$\sigma_{\max}=\left(\frac{M}{W_z}\right)_{\max}=\frac{54\times10^6}{309\times10^3}=174.8\text{MPa}>[\sigma]=170(\text{MPa})$$

但是 $$\frac{\sigma_{\max}-[\sigma]}{[\sigma]}\times100\%=\frac{174.8-170}{170}\times100\%=2.8\%<5\%$$

故正应力强度满足要求。

（3）切应力强度校核

查表得 $I_z/S_z^*=189\text{mm}$，$d=7.5\text{mm}$

$$\tau_{\max}=\left(\frac{F_s S_z^*}{I_z d}\right)_{\max}=\frac{22\times10^3}{189\times7.5}=15.5(\text{MPa})<[\tau]=100(\text{MPa})$$

故切应力强度满足要求，该梁安全。

【例 16-14】 图 16-30 示为一简支木梁及其所受载荷。设材料的许用正应力 $[\sigma]=10\text{MPa}$，

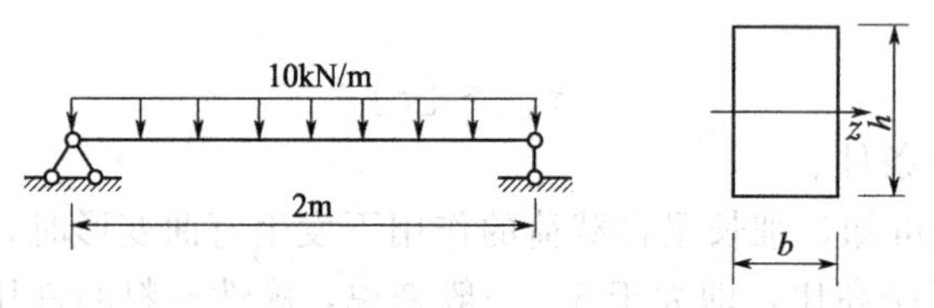

图 16-30

许用切应力 $[\tau]=2\text{MPa}$，梁的截面为矩形，宽度 $b=80\text{mm}$，求所需的截面高度 h。

解： 先由正应力强度条件确定截面高度，再校核切应力强度。

(1) 正应力强度计算

该梁的最大弯矩为

$$M_{\max}=\frac{1}{8}ql^2=\frac{1}{8}\times10\times2^2=5\ (\text{kN}\cdot\text{m})$$

由式(16-18)、式(16-11)，得

$$W_z\geqslant\frac{M_{\max}}{[\sigma]}=\frac{5\times10^6}{10}=5\times10^5\ (\text{mm}^3)$$

对于矩形截面

$$W_z=\frac{bh^2}{6}=\frac{1}{6}\times80h^2\ (\text{mm}^3)$$

由此得到

$$h\geqslant\sqrt{\frac{6\times5\times10^5}{80}}=194\ (\text{mm})$$

可取 $h=200\text{mm}$。

(2) 切应力强度校核

该梁的最大剪力为

$$(F_s)_{\max}=\frac{1}{2}ql=10\ (\text{kN})$$

由矩形截面梁的最大切应力公式(16-15)，得

$$\tau_{\max}=\frac{3(F_s)_{\max}}{2bh}=\frac{3}{2}\times\frac{10\times10^3}{80\times200}=0.94\text{MPa}<[\tau]$$

可见由正应力强度条件所确定的截面尺寸能满足切应力强度要求。

【例 16-15】 图 16-31(a) 所示为一外伸梁及其所受载荷。截面形状如图 16-31(c) 所示。若材料为铸铁，许用应力为 $[\sigma_t]=35\text{MPa}$、$[\sigma_c]=150\text{MPa}$，试求 F 的许用值。

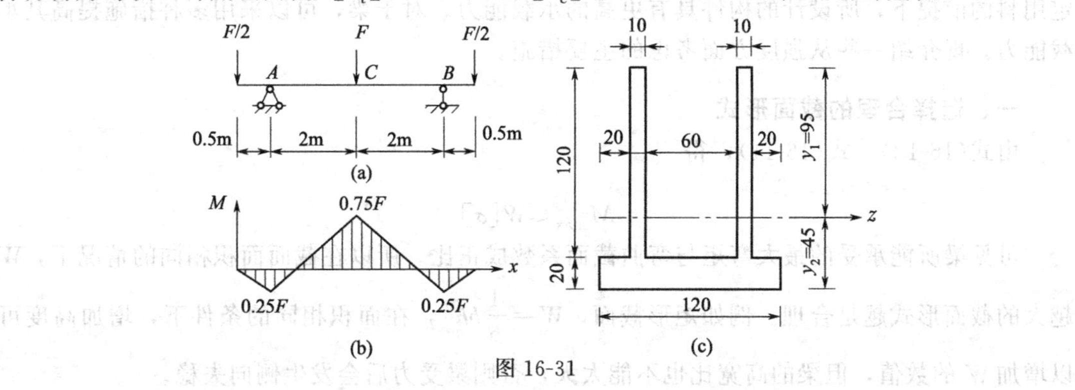

图 16-31

解： (1) 确定截面的惯性矩

截面的形心位置如图 16-31(c) 所示，利用平行移轴公式，求得惯性矩为

$$I_z=\left[\frac{1}{12}\times120\times20^3+20\times120\times(45-10)^2\right]+2\times\left[\frac{1}{12}\times10\times120^3+10\times120\times(45-80)^2\right]$$
$$=8.84\times10^6\ (\text{mm}^4)$$

(2) 判断危险截面和危险点

由弯矩图［图 16-31(b)］可见，A、B 截面的最大负弯矩相等，数值上小于 C 截面的

最大正弯矩，似乎只有 C 截面为危险截面。但因中性轴不是截面的对称轴，最大拉应力所在点和最大压应力所在点至中性轴的距离不等。因此，全梁的最大拉应力和最大压应力不一定都发生在最大弯矩的截面上，即 A、B 和 C 三个截面都可能是危险截面，这些截面上最大应力的点都可能是危险点。必须分别计算，以求得 F 的许用值。

(3) 求 F 的许用值

C 截面的下边缘各点处产生最大拉应力，上边缘各点处产生最大压应力。由式(16-12a)

$$\sigma_{t,max}=\frac{M_C y_2}{I_z}=\frac{0.75F\times10^3\times45}{8.84\times10^6}\leqslant[\sigma_t]=35\ (\mathrm{MPa})$$

解得，$F\leqslant9.17\mathrm{kN}$。

由式(16-12b)

$$\sigma_{c,max}=\frac{M_C y_1}{I_z}=\frac{0.75F\times10^3\times95}{8.84\times10^6}\leqslant[\sigma_c]=150\ (\mathrm{MPa})$$

解得，$F\leqslant18.61\mathrm{kN}$。

A、B 截面的上边缘各点处产生最大拉应力，下边缘各点处产生最大压应力。显然，该处的最大压应力小于 C 截面，因此只需计算最大拉应力。由式(16-12a)

$$\sigma_{t,max}=\frac{M_B y_2}{I_z}=\frac{0.25F\times10^3\times95}{8.84\times10^6}\leqslant35$$

解得，$F\leqslant13.03\mathrm{kN}$。

比较所得结果，该梁所受 F 的许用值为 $[F]=9.17\mathrm{kN}$。

第四节　梁的合理设计

杆件的强度计算，除了必须保证构件安全外，还应考虑如何充分利用材料，使设计更为合理。即在一定的载荷作用下，怎样能使杆件的用料最少（几何尺寸最小），或者说，在一定用料的前提下，所设计的构件具有更高的承载能力。对于梁，可以采用多种措施提高其承载能力。现介绍一些从强度方面考虑的主要措施。

一、选择合理的截面形式

由式(16-18)、式(16-11)，得

$$M_{max}\leqslant W[\sigma]$$

可见梁所能承受的最大弯矩与弯曲截面系数成正比。所以在截面面积相同的情况下，W 越大的截面形式越是合理。例如矩形截面，$W=\frac{1}{6}bh^2$，在面积相同的条件下，增加高度可以增加 W 的数值，但梁的高宽比也不能太大，否则梁受力后会发生侧向失稳。

对各种不同形状的截面，可用 W/A 的值来比较它们的合理性。现比较圆形、矩形和工字形三种截面。

为了便于比较，设三种截面的高度均为 h。

圆形截面　　$\frac{W}{A}=\frac{\pi d^3}{32}/\frac{\pi d^2}{4}=0.125h$；

矩形截面　　$\frac{W}{A}=\frac{1}{6}bh^2/bh=0.167h$；

工字钢　　$\frac{W}{A}=(0.27-0.34)h$。

由此可见，矩形截面比圆形截面合理，工字形截面比矩形截面合理。从梁的横截面上正应力沿梁高的分布看，因为离中性轴越远的点处，正应力越大，在中性轴附近的点处，正应力很小。所以为了充分利用材料，应尽可能将材料移置到离中性轴较远的地方。这就是为什么上述三种截面中，工字形截面最好，圆形截面最差。工程中经常使用空心截面梁（如箱形梁）的道理也在于此。

在选择截面形式时，还要考虑材料的性能。例如由塑性材料制成的梁，因拉伸和压缩的许用应力相同，宜采用中性轴为对称轴的截面。由脆性材料制成的梁，因许用拉应力远小于许用压应力，宜采用 T 字形或 Π 字形等中性轴为非对称轴的截面，并使最大拉应力发生在离中性轴较近的边缘上。

二、采用变截面梁

大多数梁的截面是不变化的，即等截面梁。梁的截面尺寸一般是按最大弯矩设计的。但是，等截面梁并不经济，因为在其他弯矩较小处，不需要这样大的截面。因此，为了节约材料和减轻重量，可采用变截面梁。最合理的变截面梁是等强度梁。所谓等强度梁，就是每个截面上的最大正应力都达到材料的许用应力的梁。但是，这种截面尺寸变化比较复杂的等强度梁不便于施工，所以工程上多使用截面变化比较简单的变截面梁。例如图 16-32(a) 所示的工程中常见的鱼腹梁，图 16-32(b) 所示的机器中的传动轴，采用的是阶梯形圆轴。

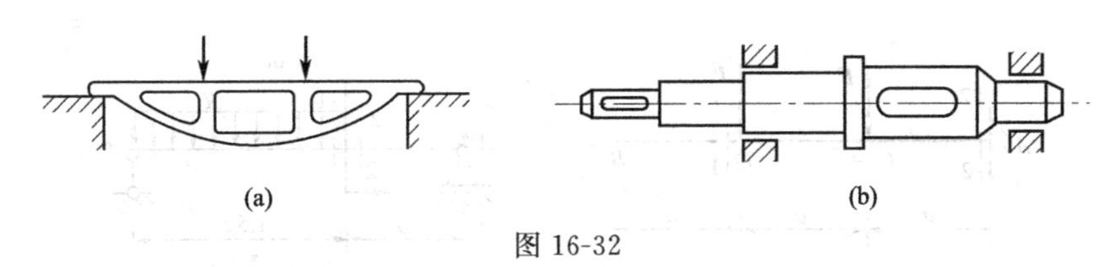

图 16-32

三、改善梁的受力状况

在承担相同载荷的前提下，减小梁上的最大弯矩值，是提高梁的抗弯强度的一项重要措施。这一措施又可以从改善梁的结构形式和改善载荷分布方式两个方面入手。

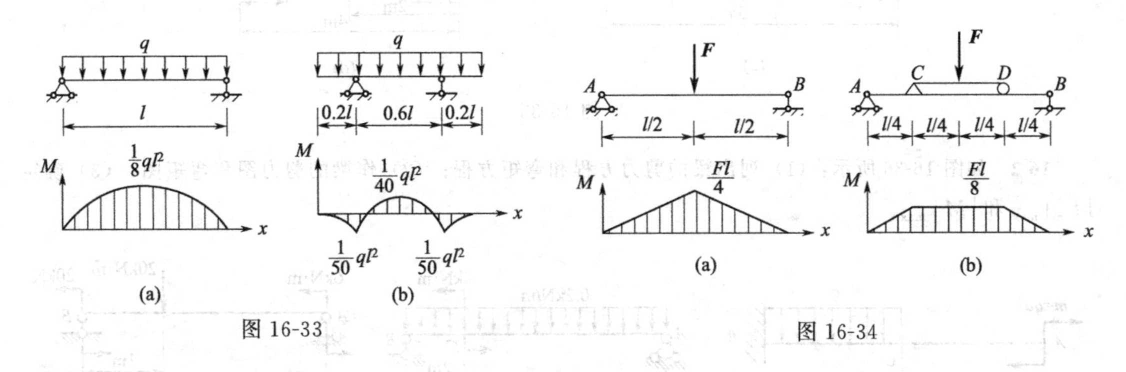

图 16-33　　图 16-34

图 16-33(a) 所示的简支梁，受均布载荷作用时，跨中截面的最大弯矩为 $M_{\max}=\frac{1}{8}ql^2$；如将两端支座分别向内移动 $0.2l$，如图 16-33(b) 所示，则最大弯矩为 $M_{\max}=\frac{1}{40}ql^2$，仅为

原来的 1/5，故截面的尺寸可以减小很多。最合理的情况是调整支座位置，使最大正弯矩和最大负弯矩的数值相等。

图 16-34(a) 所示一简支梁 AB，在跨中受一集中载荷作用最大弯矩为 $M_{max}=\dfrac{Fl}{4}$，若加一辅助梁 CD，如图 16-34(b) 所示，则简支梁的最大弯矩减小一半。

思　考　题

16-1　只根据梁上的分布载荷集度能否确定剪力图和弯矩图，还需要什么条件？如何利用三者之间的微分关系判断剪力图、弯矩图的正确性？

16-2　用叠加法画弯矩图的适用条件是什么？在用叠加法绘制直杆构件的内力图时，为什么必须是竖标的相加，而不是两个图形的简单拼合？

16-3　纯弯曲与横力弯曲有什么差别？纯弯曲条件下导出的正应力计算公式在横力弯曲的梁上能否使用？

16-4　何谓中性层和中性轴？它们在研究梁的弯曲时有何意义？

16-5　弯曲正应力计算公式的使用条件是什么？

16-6　梁横截面中性轴上的正应力是否一定为零？切应力是否一定为最大？试举例说明。

16-7　梁的最大应力一定发生在内力最大的横截面上吗？为什么？

16-8　有水平对称轴截面的梁与无水平对称轴截面的梁上的最大拉、压应力计算方法是否相同？

习　　题

16-1　利用截面法求图 16-35 所示各梁中指定截面上的剪力和弯矩。设 F、q、a 均为已知。

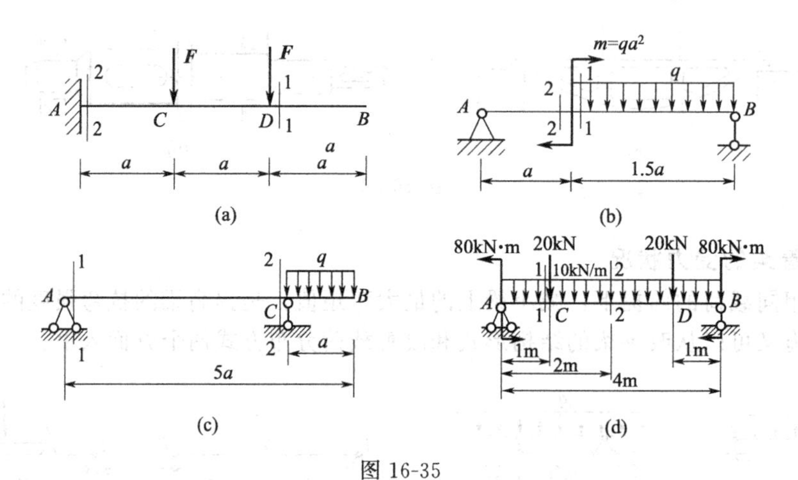

图 16-35

16-2　如图 16-36 所示：(1) 列出梁的剪力方程和弯矩方程；(2) 作梁的剪力图和弯矩图；(3) 确定 $|F_s|_{max}$ 和 $|M|_{max}$。

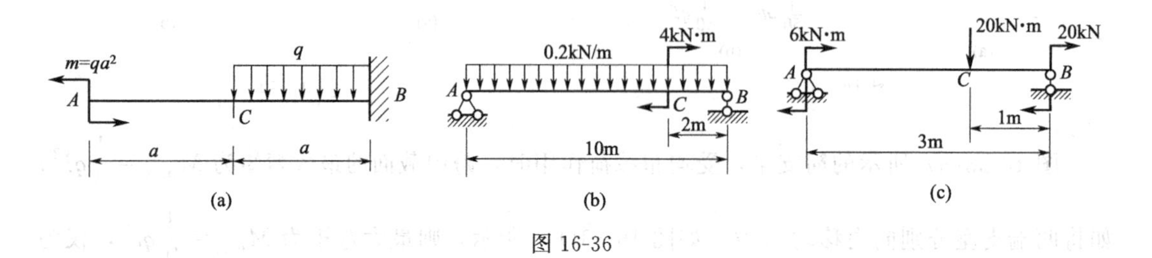

图 16-36

16-3 不列剪力方程和弯矩方程，作出图 16-37 所示各梁的剪力图和弯矩图。

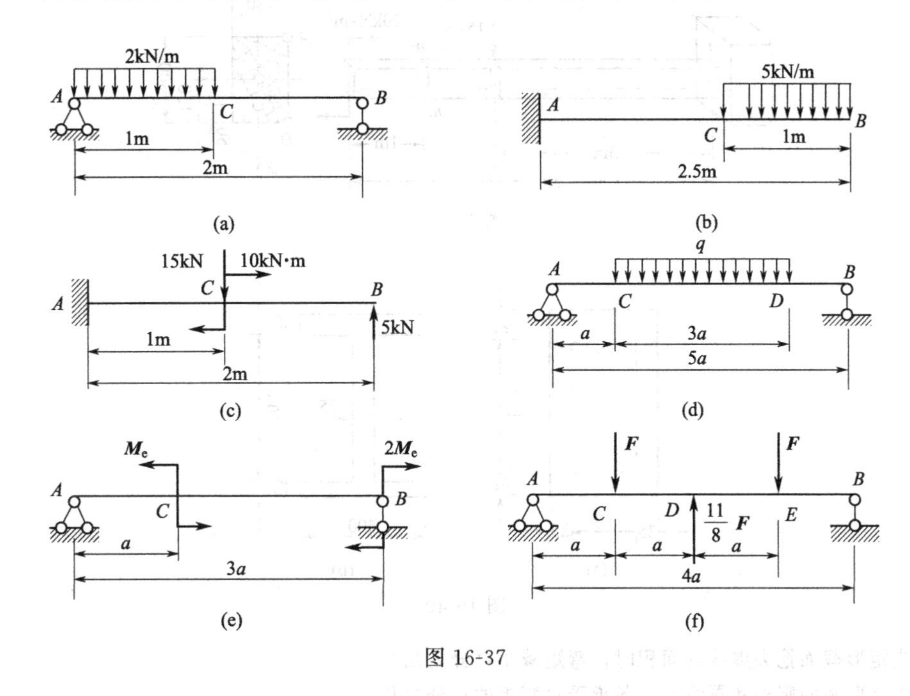

图 16-37

16-4 如图 16-38 所示，试用分段叠加法作下列梁的内力图。

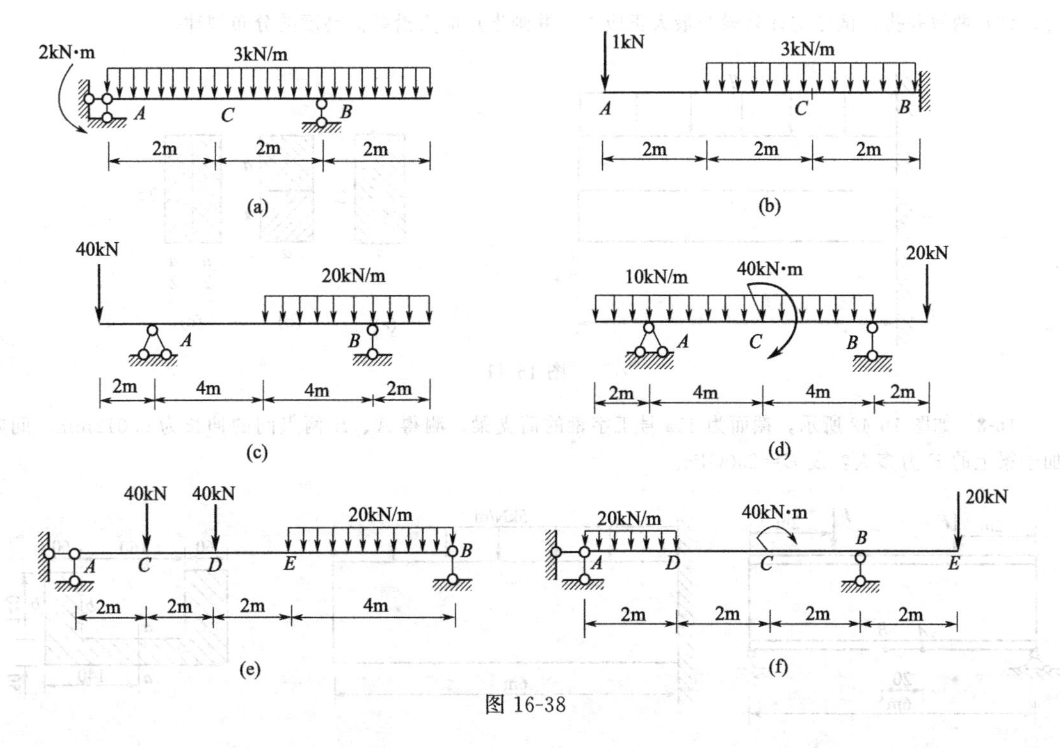

图 16-38

16-5 矩形截面的悬臂梁受集中力和集中力偶作用，如图 16-39 所示。试求截面 $m—m$ 和固定端截面 $n—n$ 上 A、B、C、D 四点处的正应力。

16-6 图 16-40 所示二梁的横截面，其上均受绕水平中性轴转动的弯矩。若横截面上的最大正应力为 40MPa，试问：

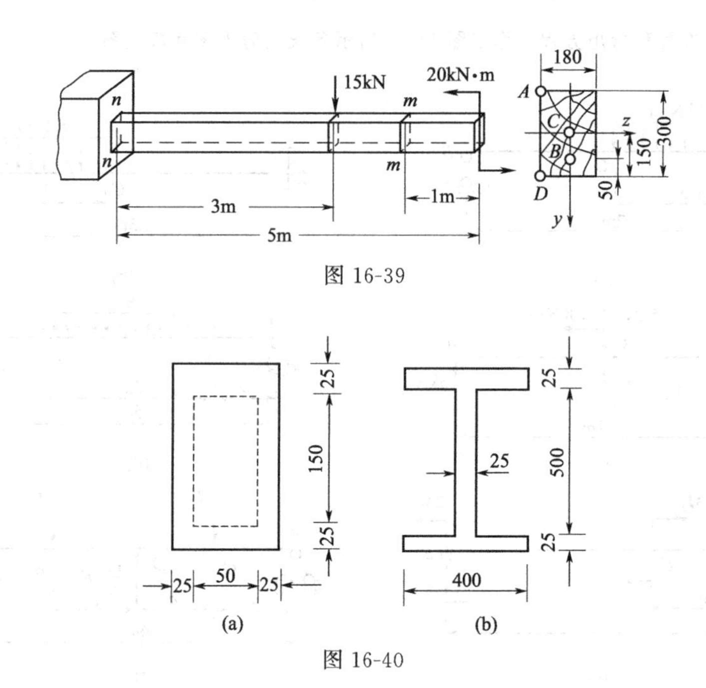

图 16-40

(1) 当矩形截面挖去虚线内面积时，弯矩减小百分之几？

(2) 工字形截面腹板和翼缘上，各承受总弯矩的百分之几？

16-7　如图 16-41 所示，一矩形截面悬臂梁，具有如下三种截面形式：(1) 整体；(2) 两块上、下叠合；(3) 两块并排。试分别计算梁的最大正应力，并画出正应力沿截面高度的分布规律。

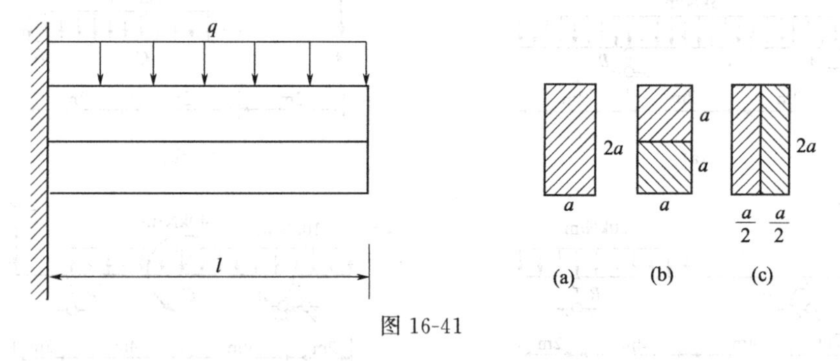

图 16-41

16-8　如图 16-42 所示，截面为 45a 号工字钢的简支梁，测得 A、B 两点间的伸长为 0.012mm，问施加于梁上的 F 力多大？设 $E=200\text{GPa}$。

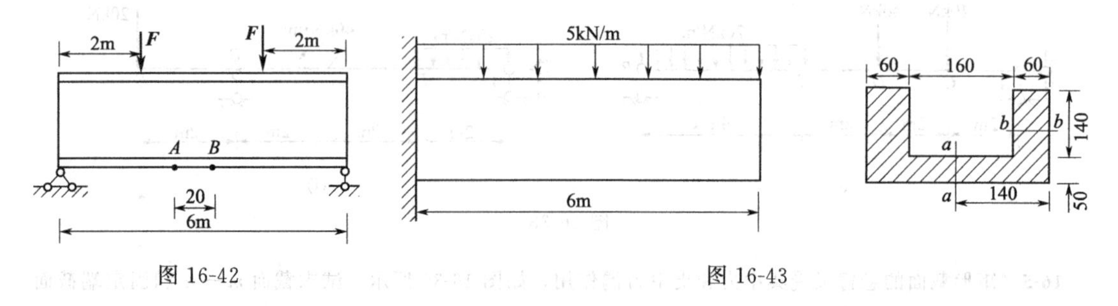

图 16-42　　　　　　图 16-43

16-9　如图 16-43 所示，一槽形截面悬臂梁，长 6m，受 $q=5\text{kN/m}$ 的均布载荷作用，求距固定端为 0.5m 处的截面上，距梁顶面 100mm 处 b—b 线上的切应力及 a—a 线上的切应力。

16-10　图 16-44 所示梁的许用应力 $[\sigma]=8.5\text{MPa}$，若单独作用 30kN 的载荷时，梁内的应力将超过许用应力，为使梁内应力不超过许用值，试求 F 的最小值。

16-11　图 16-45 所示铸铁梁，若 $[\sigma_t]=30\text{MPa}$，$[\sigma_c]=60\text{MPa}$，试校核此梁的强度。

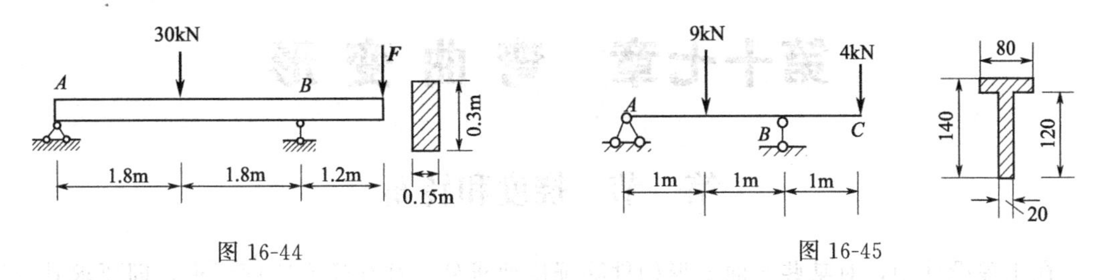

图 16-44　　　　图 16-45

16-12　如图 16-46 所示，一矩形截面简支梁，由圆柱形木料锯成。已知 $F=8\text{kN}$，$a=1.5\text{m}$，$[\sigma]=10\text{MPa}$。试确定弯曲截面系数为最大时的矩形截面的高宽比 h/b，以及锯成此梁所需要木料的最小直径 d。

16-13　试校核图 16-47 所示矩形截面木梁的强度。已知均布载荷集度 $q=1.3\text{kN/m}$，材料的许用应力 $[\sigma]=10\text{MPa}$，$[\tau]=2\text{MPa}$。

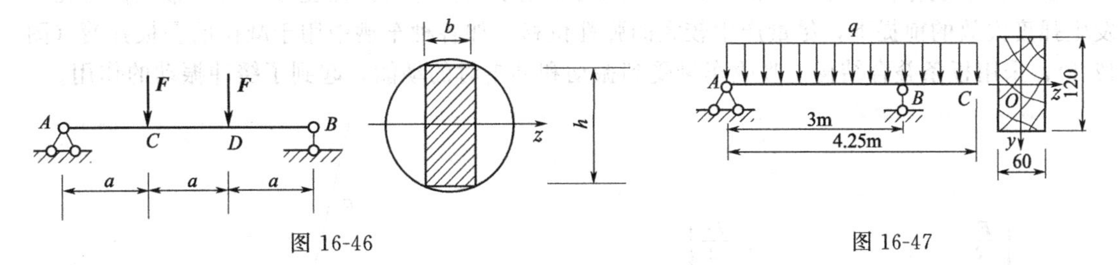

图 16-46　　　　图 16-47

16-14　由三根木条胶合而成的悬臂梁截面尺寸如图 16-48 所示，跨度 $l=1\text{m}$。若胶合面上的许用切应力为 0.34MPa，木材的许用弯曲正应力为 $[\sigma]=10\text{MPa}$，许用切应力为 $[\tau]=1\text{MPa}$，试确定许可载荷 F。

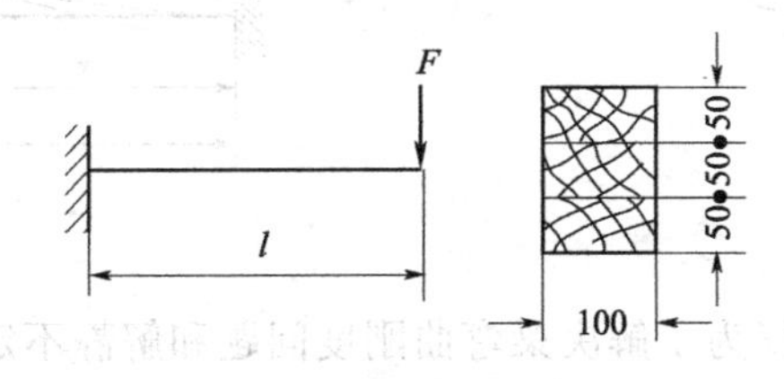

图 16-48

16-15　铸铁梁的载荷及截面尺寸如图 16-49 所示。许用拉应力为 $[\sigma_t]=40\text{MPa}$，许用压应力为 $[\sigma_c]=160\text{MPa}$。试按正应力强度条件校核梁的强度。若载荷不变，但将 T 形截面梁倒置，即翼缘在下方成为⊥形，是否合理？为何？

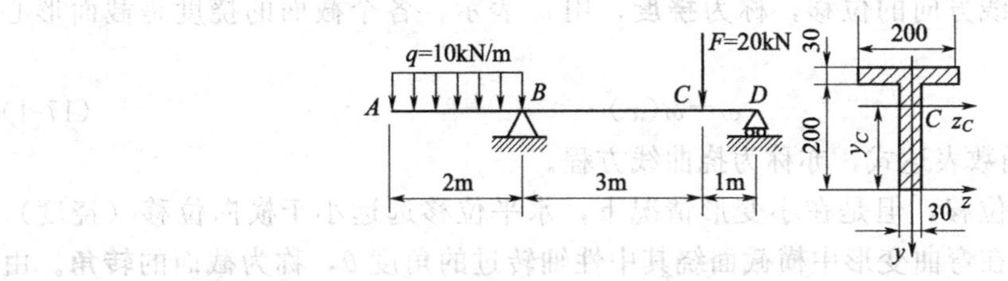

图 16-49

第十七章　弯曲变形

第一节　挠度和转角

在工程设计中，对某些弯曲变形构件除强度要求外，往往还有刚度要求，即要求其变形不能超过限定值。否则，变形过大，使结构或构件丧失正常功能，发生刚度失效。例如车床的主轴，若其变形过大，将影响齿轮的啮合和轴承的配合，造成磨损不匀，产生噪声，降低寿命，还会影响加工精度。

在工程中还存在另外一种情况，所考虑的不是限制构件的弹性变形，而是希望构件在不发生强度失效的前提下，尽量产生较大的弹性位移，如各种车辆中用于减振的叠板弹簧（图17-1），采用板条叠合结构，吸收车辆受到振动和冲击时的动能，起到了缓冲振动的作用。

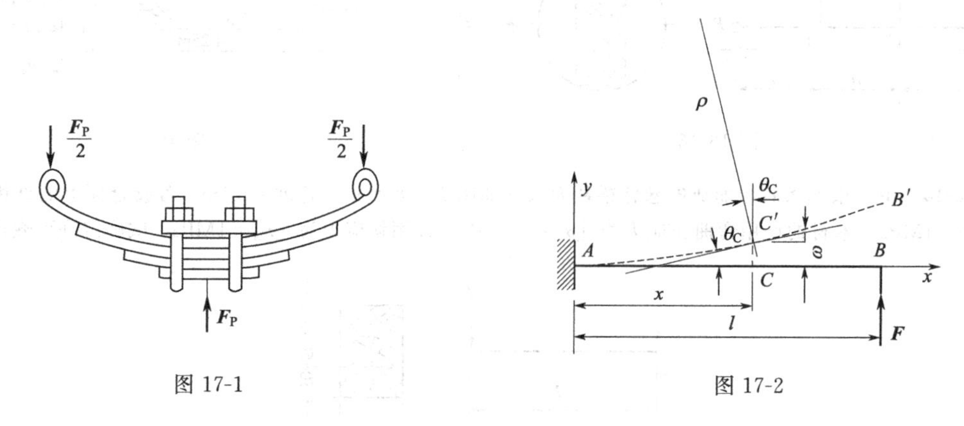

图 17-1　　　图 17-2

本章研究梁的变形，不仅为了解决梁弯曲刚度问题和解静不定系统，同时还为研究压杆稳定以及振动计算提供有关基础。

图 17-2 所示为一根任意梁，以变形前直梁的轴线为 x 轴，垂直向上的轴为 y 轴，建立 Oxy 直角坐标系。当梁在 xy 面内发生对称弯曲时，梁的轴线由直线变为 xy 面内的一条光滑连续曲线，称为**梁的挠曲线**，或弹性曲线。在小变形和忽略剪力影响的条件下，梁弯曲时截面形心沿垂直于梁轴线方向的位移，称为**挠度**，用 ω 表示，各个截面的挠度是截面形心坐标 x 的函数，即有

$$\omega=\omega(x) \tag{17-1}$$

式(17-1) 是挠曲线的函数表达式，亦称为挠曲线方程。

沿水平方向也存在位移，但是在小变形情况下，水平位移远远小于横向位移（挠度），故可忽略不计。同时，在弯曲变形中横截面绕其中性轴转过的角度 θ，称为截面的**转角**。由于忽略剪力对变形的影响，梁弯曲时横截面仍保持平面并与挠曲轴正交。因此，任一横截面的转角 θ 也等于挠曲线在该截面处的切线与 x 轴的夹角（图 17-2）。

在工程实际中，梁的转角 θ 一般均很小，于是得

$$\theta\approx\tan\theta=\frac{\mathrm{d}w}{\mathrm{d}x}=\omega'(x) \tag{17-2}$$

即横截面的转角等于挠曲线在该截面处的斜率。在图 17-2 所示的坐标系中，向上的挠度和逆时针的转角为正。

第二节　用积分法计算梁的变形

一、挠曲线近似微分方程

对细长梁，忽略剪力对变形的影响，梁平面弯曲的曲率公式为

$$\frac{1}{\rho(x)}=\frac{M(x)}{EI} \tag{17-3a}$$

式(17-3a) 表明梁轴线上任一点的曲率 $1/\rho(x)$ 与该点处横截面上的弯矩 $M(x)$ 成正比，而与该截面的抗弯刚度 EI 成反比。

而梁轴线上任一点的曲率与挠曲线方程 $\omega(x)$ 之间存在下列关系：

$$\frac{1}{\rho(x)}=\pm\frac{\omega''}{[1+(\omega')^2]^{\frac{3}{2}}} \tag{17-3b}$$

将式(17-3b) 代入式(17-3a)，得到

$$\pm\frac{\omega''}{[1+(\omega')^2]^{\frac{3}{2}}}=\frac{M(x)}{EI} \tag{17-3c}$$

小挠度条件下，$\frac{d\omega}{dx}=\theta\ll1$(一般情况下，$\theta<0.01745\text{rad}$)，式(17-3c) 可简化为

$$\pm\frac{d^2\omega}{dx^2}=\frac{M(x)}{EI} \tag{17-3d}$$

在图 17-3 所示的坐标系中，正弯矩对应着$\frac{d^2\omega}{dx^2}$的正值［图 17-3(a)］，负弯矩对应着$\frac{d^2\omega}{dx^2}$的负值［图 17-3(b)］，故式(17-3d) 左边的符号取正值：

$$\frac{d^2\omega}{dx^2}=\frac{M(x)}{EI} \tag{17-4}$$

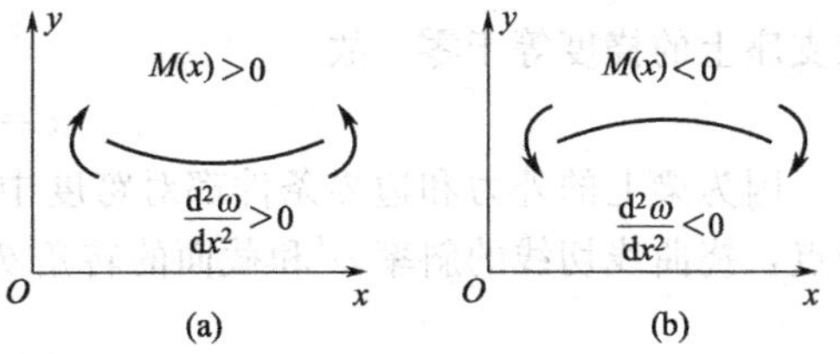

y　$M(x)>0$　$\frac{d^2\omega}{dx^2}>0$　O　x　(a)

y　$M(x)<0$　$\frac{d^2\omega}{dx^2}<0$　O　x　(b)

图 17-3

式(17-4) 由于略去了剪力 F_s 的影响，并在中 $[1+(\omega')^2]^{\frac{3}{2}}$ 略去了 $(\omega')^2$ 项，故称为**挠曲线近似微分方程**。实践表明，由此方程求得的挠度和转角，对工程计算来说，已足够精确。

二、积分法求梁弯曲变形

将式(17-4) 分别对 x 积分一次和二次，便得到梁的转角方程和挠曲线方程：

$$\theta(x)=\frac{d\omega(x)}{dx}=\int\frac{M(x)}{EI}dx+C \tag{17-5}$$

$$\omega(x)=\iint\frac{M(x)}{EI}dx\,dx+Cx+D \tag{17-6}$$

式中，C、D 为积分常数。

上述积分常数可利用梁上某些截面的已知位移来确定。如图 17-4 所示，在固定端处，横截面的挠度与转角均为零；在铰支座处，横截面的挠度为零。梁截面的已知位移条件或约束条件，称为**梁位移的边界条件**。

当弯矩方程需要分段建立时，各梁段的挠度、转角方程也将不同，但在相邻梁段的交接

处，相连两截面应具有相同的挠度与转角，即应满足连续、光滑条件，如图 17-4(b)。分段处挠曲线所应满足的连续、光滑条件，称为**梁位移的连续条件**。

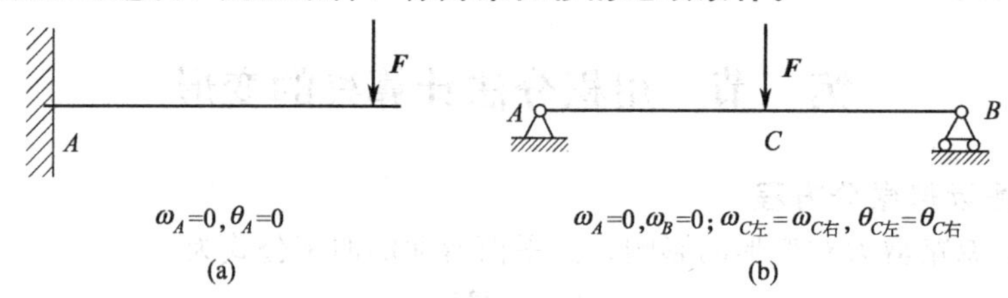

图 17-4

由以上分析可以看出，梁的位移不仅与梁的弯曲刚度及弯矩有关，而且与梁位移的边界条件及连续条件有关。

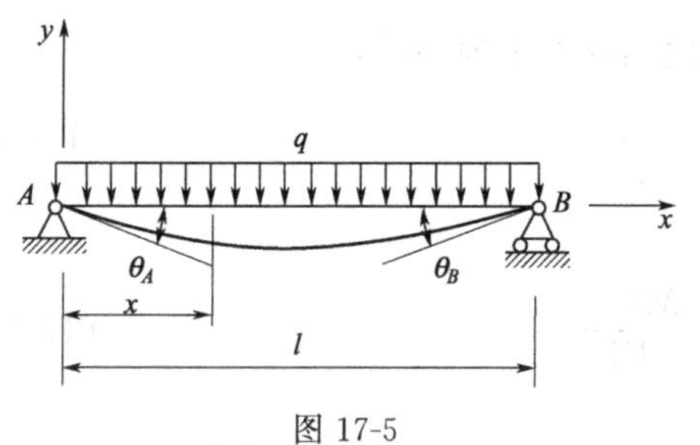

图 17-5

【例17-1】 桥式起重机的大梁和建筑中的一些梁都可简化成简支梁，梁的自重就是均布载荷。试讨论在均布载荷作用下，简支梁的弯曲变形（图 17-5）。

解：计算简支梁的反力，写出弯矩方程，利用式(17-4) 积分两次（这些计算建议由读者自行补充），最后得出

$$EI\omega'=\frac{ql}{4}x^2-\frac{q}{6}x^3+C$$

$$EI\omega=\frac{ql}{12}x^3-\frac{q}{24}x^4+Cx+D$$

铰支座上的挠度等于零，故

$$x=0,\ \omega=0$$

因为梁上的外力和边界条件都对跨度中点对称，挠曲线也应对该点对称。因此，在跨度中点，挠曲线切线的斜率 ω' 和截面的转角 θ 都应等于零，即

$$x=\frac{l}{2},\ \omega'=0$$

把以上两个边界条件分别代入 ω 和 ω' 的表达式，可以求出

$$C=-\frac{ql^3}{24},\ D=0$$

于是得转角方程及挠曲线方程为

$$EI\omega'=EI\theta=\frac{ql}{4}x^2-\frac{q}{6}x^3-\frac{ql^3}{24}$$

$$EI\omega=\frac{ql}{12}x^3-\frac{q}{24}x^4-\frac{ql^3}{24}x$$

在跨度中点，挠曲线切线的斜率等于零，挠度为极值，即

$$\omega_{\max}=\omega\Big|_{x=\frac{l}{2}}=-\frac{5ql^4}{384EI}$$

在 A、B 两端，截面转角的数值相等，符号相反，且绝对值最大。分别令 $x=0$ 和 $x=l$，得

$$\theta_{\max}=-\theta_A=\theta_B=\frac{ql^3}{24EI}$$

【例17-2】　内燃机中的凸轮轴或某些齿轮轴，可以简化成在集中力 $\boldsymbol{F}$ 作用下的简支梁，如图 17-6 所示。试讨论这一简支梁的弯曲变形。

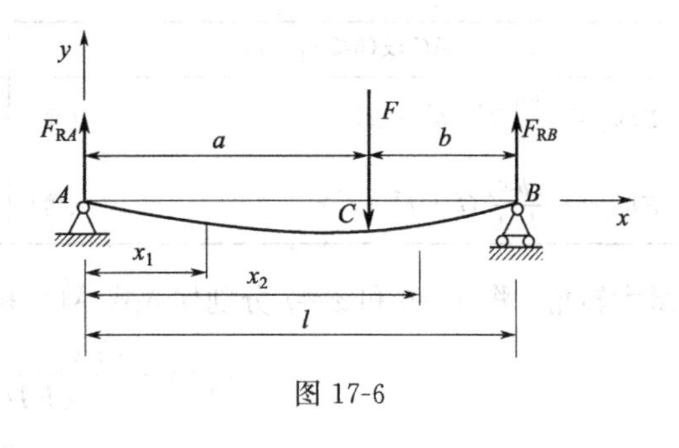

图 17-6

解：求出梁在两端的约束力

$$F_{RA}=\frac{Fb}{l},\ F_{RB}=\frac{Fa}{l}$$

分段列出弯矩方程

$$AC\text{ 段：}M_1=\frac{Fb}{l}x_1 \qquad (0\leqslant x_1\leqslant a)$$

$$CB\text{ 段：}M_2=\frac{Fb}{l}x_2-F\ (x_2-a)(a\leqslant x_2\leqslant l)$$

由于 AC 和 CB 两段内弯矩方程不同，挠曲线的微分方程也就不同，所以应分成两段进行积分。在 CB 段内积分时，对含有（x_2-a）的项就以（x_2-a）为自变量，这可使确定积分常数的运算得到简化。积分结果如下：

AC 段（$0\leqslant x_1\leqslant a$）		CB 段（$a\leqslant x_2\leqslant l$）	
$EI\omega''_1=M_1=\frac{Fb}{l}x_1$		$EI\omega''_2=M_2=\frac{Fb}{l}x_2-F(x_2-a)$	
$EI\omega'_1=\frac{Fb}{l}\frac{x_1^2}{2}+C_1$	（Ⅰ）	$EI\omega'_2=\frac{Fb}{l}\frac{x_2^2}{2}-F\frac{(x_2-a)^2}{2}+C_2$	（Ⅲ）
$EI\omega_1=\frac{Fb}{l}\frac{x_1^3}{6}+C_1x_1+D_1$	（Ⅱ）	$EI\omega_2=\frac{Fb}{l}\frac{x_2^3}{6}-\frac{F(x_2-a)^3}{6}+C_2x_2+D_2$	（Ⅳ）

积分出现的四个积分常数，需要四个条件来确定。由于挠曲线应该是一条光滑连续的曲线，因此，在 AC 和 CB 两段的交界截面 C 处，由式（Ⅰ）确定的转角应该等于由式（Ⅲ）确定的转角；而且由式（Ⅱ）确定的挠度应该等于由式（Ⅳ）确定的挠度，即

$$x_1=x_2=a\text{ 时，}\omega'_1=\omega'_2,\ \omega_1=\omega_2$$

在式（Ⅰ）、式（Ⅱ）、式（Ⅲ）和式（Ⅳ）中，令 $x_1=x_2=a$，并应用上列连续性条件，得

$$\frac{Fb}{l}\times\frac{a^2}{2}+C_1=\frac{Fb}{l}\times\frac{a^2}{2}-\frac{F(a-a)^2}{2}+C_2$$

$$\frac{Fb}{l}\times\frac{a^3}{6}+C_1a+D_1=\frac{Fb}{l}\times\frac{a^3}{6}-\frac{F(a-a)^3}{6}+C_2a+D_2$$

由以上两式即可求得

$$C_1=C_2,\ D_1=D_2$$

此外，梁在 A、B 两端皆为铰支座，边界条件为

$$x_1=0\text{ 时，}\omega_1=0 \qquad （Ⅴ）$$

$$x_2=l\text{ 时，}\omega_2=0 \qquad （Ⅵ）$$

以边界条件（Ⅴ）代入式（Ⅱ），得

$$D_1=D_2=0$$

以边界条件（Ⅵ）代入式（Ⅳ），得

$$C_1=C_2=-\frac{Fb}{6l}(l^2-b^2)$$

把所求得的四个积分常数代回式（Ⅰ）、式（Ⅱ）、式（Ⅲ）和（Ⅳ），得转角和挠度方程如下：

AC 段$(0\leqslant x_1\leqslant a)$	CB 段$(a\leqslant x_2\leqslant l)$
$EI\omega'_1=-\dfrac{Fb}{6l}(l^2-b^2-3x_1^2)$　（Ⅶ）	$EI\omega'_2=-\dfrac{Fb}{6l}\left[(l^2-b^2-3x_2^2)+\dfrac{3l}{b}(x_2-a)^2\right]$　（Ⅸ）
$EI\omega_1=-\dfrac{Fb}{l}\dfrac{x_1}{6}(l^2-b^2-x_1^2)$　（Ⅷ）	$EI\omega_2=-\dfrac{Fb}{6l}\left[(l^2-b^2-x_2^2)x_2+\dfrac{l}{b}(x_2-a)^3\right]$　（Ⅹ）

最大转角：将 $x=0$ 和 $x=l$ 分别代入式(Ⅶ) 和式(Ⅸ)，即得左、右两支座处截面的转角分别为

$$\theta_A=-\frac{Fb(l^2-b^2)}{6EIl}=-\frac{Fab(l+b)}{6EIl}\tag{Ⅺ}$$

$$\theta_B=\frac{Fab(l+a)}{6EIl}\tag{Ⅻ}$$

当 $a>b$ 时，右支座处截面的转角 θ_B 为最大。

最大挠度：简支梁的最大挠度应在 $\omega'=0$ 处。先研究梁段 AC，令 $\omega'_1=0$，由式(Ⅶ)解得

$$x_1=\sqrt{\frac{l^2-b^2}{3}}=\sqrt{\frac{a(a+2b)}{3}}\tag{XIII}$$

当 $a>b$ 时，由式(XIII) 可见 x_1 值将小于 a。由此可知，最大挠度确在梁段 AC 中。将 x_1 值代入式(Ⅷ)，经简化后即得最大挠度为

$$\omega_{\max}=\omega_1\big|_{x=x_1}=-\frac{Fb}{9\sqrt{3}\,lEI}\sqrt{(l^2-b^2)^3}\tag{XIV}$$

由式(XIII) 可见，b 值越小，则 x_1 值越大。即载荷越靠近右支座，梁的最大挠度点离中点就越远，而且梁的最大挠度与梁跨中点挠度的差值也随之增加。在极端情况下，当 b 值甚小，以致 b^2 与 l^2 项相比可略去不计时，则从式(XIII)、式(XIV) 两式可得

$$x_1=\frac{l}{\sqrt{3}}=0.577l$$

$$\omega_{\max}\approx-\frac{Fbl^2}{9\sqrt{3}EI}=-0.0642\frac{Fbl^2}{EI}$$

而梁跨中点 C 处截面的挠度为

$$\omega_C=\omega_1\big|_{x=\frac{l}{2}}=-\frac{Fb}{48EI}(3l^2-4b^2)$$

在集中力 $\boldsymbol{F}$ 无限靠近支座 B 时，略去 b^2 项，得

$$\omega_C=\omega_1\big|_{x=\frac{l}{2}}\approx-\frac{Fbl^2}{16EI}=-0.0625\frac{Fbl^2}{EI}$$

在这一极端情况下，两者相差也不超过梁跨中点挠度的 3%。由此可知，在简支梁中，不论它受什么载荷作用，只要挠曲线上无拐点，其最大挠度值都可用梁跨中点处的挠度值来代替，其精确度能满足工程计算的要求。

当集中载荷 $\boldsymbol{F}$ 作用在简支梁的中点处，即 $a=b=\dfrac{l}{2}$时，则

$$\theta_{\max}=\pm\frac{Fl^2}{16EI},\ \omega_{\max}=\omega_C=-\frac{Fl^3}{48EI}$$

第三节　用叠加法计算梁的变形

在材料服从胡克定律和小变形的条件下，由小挠度曲线微分方程得到的挠度和转角均与

载荷成线性关系。因此，当梁承受复杂载荷时，可将其分解成几种简单载荷，利用梁在简单载荷作用下的变形计算结果（表 17-1），叠加后得到梁在复杂载荷作用下的挠度和转角，这就是叠加法。

例如对于图 17-7 所示梁，若载荷 M_e、F 与 q 单独作用时截面 A 的挠度分别为 ω_{M_e}、ω_F 与 ω_q，则当它们同时作用时该截面的挠度为

$$\omega=\omega_{M_e}+\omega_F+\omega_q=\frac{M_e l^2}{2EI}-\frac{Fl^3}{3EI}-\frac{ql^4}{8EI}$$

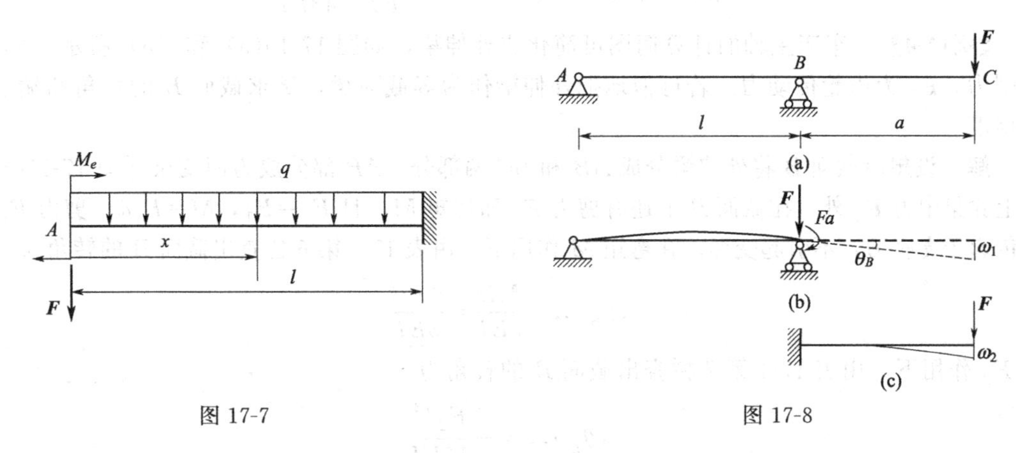

图 17-7　　图 17-8

例如，为了计算图 17-8(a) 所示梁截面 C 的挠度，可将该梁看做是由简支梁 AB 与固定在横截面 B 的悬臂梁 BC 所组成，当简支梁 AB 与悬臂梁 BC 变形时，均在截面 C 引起挠度，而其总和即为该截面的总挠度。

仅分析简支梁 AB 的变形，而将 BC 梁视为刚体。对梁 AB 的受力进行分析，将载荷 F 平移到截面 B，得作用在该截面的集中力 F 与矩为 Fa 的附加力偶［图 17-8(b)］，于是得截面 B 的转角为

$$\theta_B=\frac{Fal}{3EI}$$

并由此得截面 C 的相应挠度为

$$\omega_1=\theta_B a=\frac{Fa^2 l}{3EI}\ (\downarrow)$$

再分析悬臂梁 BC 的变形，而将 AB 梁视为刚体。在载荷 $\boldsymbol{F}$ 作用下［图 17-8(c)］，悬臂梁 BC 的端点挠度为

$$\omega_2=\frac{Fa^3}{3EI}\ (\downarrow)$$

由此可见，截面 C 的总挠度为

$$\omega_C=\omega_1+\omega_2=\frac{Fa^2}{3EI}(a+l)\ (\downarrow)$$

【例17-3】　桥式起重机的大梁的自重为均布载荷，集度为 q。作用于跨度中点的吊重为集中力 $\boldsymbol{F}$，如图 17-9 所示。试求大梁跨度中点的挠度。

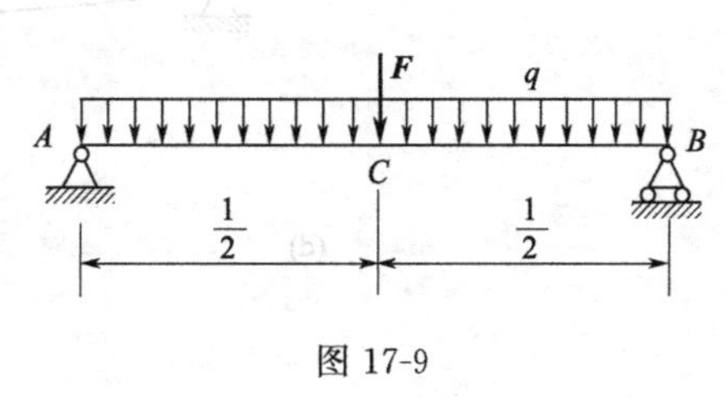

图 17-9

解： 大梁的变形是集度为 q 的均布载荷和集中力 F 共同作用引起的。在均布载荷 q 单独作用下，大梁跨度中点的挠度由表 17-1 第 9 栏查出为

$$(\omega_C)_q = -\frac{5ql^4}{384EI}$$

在集中力 F 单独作用下，大梁跨度中点的挠度由表 17-1 第 7 栏查出为

$$(\omega_C)_F = -\frac{Fl^3}{48EI}$$

叠加以上结果，求得在均布载荷和集中力共同作用下，大梁跨度中点的挠度是

$$\omega_C = (\omega_C)_q + (\omega_C)_F = -\frac{5ql^4}{384EI} - \frac{Fl^3}{48EI}$$

【例17-4】　车床主轴的计算简图可简化成外伸梁，如图 17-10(a) 和 (b) 所示。$\boldsymbol{F}_1$ 为切削力，$\boldsymbol{F}_2$ 为齿轮传动力。若近似地把外伸梁作为等截面梁，试求截面 B 的转角和端点 C 的挠度。

解：设想沿截面 B 将外伸梁分成 AB 和 BC 两部分。AB 部分成为简支梁［图 17-10(c)］，梁上除集中力 $\boldsymbol{F}_2$ 外，在截面 B 上还有剪力 $\boldsymbol{F}_s$ 和弯矩 M，且 $F_s = F_1$，$M = F_1 a$。剪力 F_s 直接传递于支座 B，不引起变形。在弯矩 M 作用下，由表 17-1 第 6 栏查出截面 B 的转角为

$$(\theta_B)_M = \frac{ML}{3EI} = \frac{F_1 al}{3EI}$$

在 F_2 作用下，由表 17-1 第 7 栏查出截面 B 的转角为

$$(\theta_B)_{F2} = -\frac{F_2 l^2}{16EI}$$

右边的负号表示截面 B 因 F_2 引起的转角是顺时针的。叠加 $(\theta_B)_M$ 和 $(\theta_B)_{F2}$，得 M 和 F 共同作用下截面 B 的转角为

$$\theta_B = \frac{F_1 al}{3EI} - \frac{F_2 l^2}{16EI}$$

这也就是图 17-10(b) 中外伸梁在截面 B 的转角。单独由于这一转角引起 C 点向上的挠度是

$$\omega_{C1} = a\theta_B = \frac{F_1 a^2 l}{3EI} - \frac{F_2 a l^2}{16EI}$$

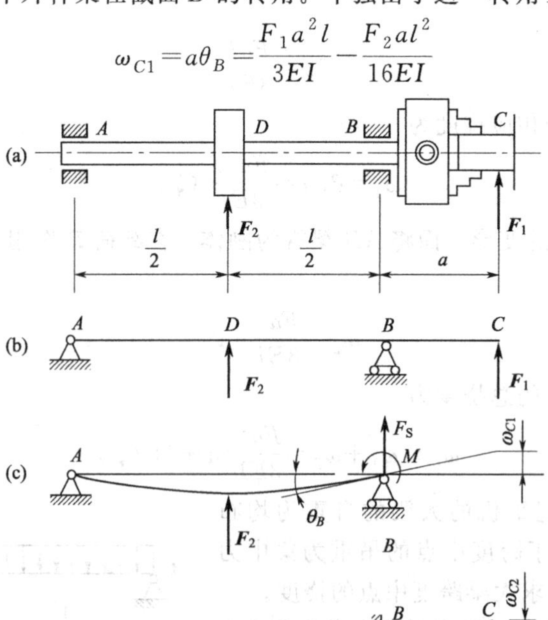

图 17-10

先把 BC 部分作为悬臂梁［图 17-10(d)］，在 $\boldsymbol{F}_1$ 作用下，由表 17-1 第 2 栏查出 C 点的挠度是

$$\omega_{C2}=\frac{F_1a^3}{3EI}$$

其次，把外伸梁的 BC 部分看做是整体转动了一个 θ_B 的悬臂梁，于是 C 点的挠度应为 ω_{C1} 和 ω_{C2} 的叠加，故有

$$\omega_C=\omega_{C1}+\omega_{C2}=\frac{F_1a^2}{3EI}(a+l)-\frac{F_2al^2}{16EI}$$

梁在几种荷载单独作用下的挠度和转角见表 17-1。

表 17-1　梁在简单荷载单独作用下的变形

序号	梁的简图	挠曲线方程	端截面转角	最大挠度
1		$\omega=-\frac{M_ex^2}{2EI}$	$\theta_B=-\frac{M_el}{EI}$	$\omega_B=-\frac{M_el^2}{2EI}$
2		$\omega=-\frac{Fx^2}{6EI}(3l-x)$	$\theta_B=-\frac{Fl^2}{2EI}$	$\omega_B=-\frac{Fl^3}{3EI}$
3		$\omega=-\frac{Fx^2}{6EI}(3a-x)(0\leqslant x\leqslant a)$ $\omega=-\frac{Fa^2}{6EI}(3x-a)(a\leqslant x\leqslant l)$	$\theta_B=-\frac{Fa^2}{2EI}$	$\omega_B=-\frac{Fa^2}{6EI}(3l-a)$
4		$\omega=-\frac{qx^2}{24EI}(x^2-4lx+6l^2)$	$\theta_B=-\frac{ql^3}{6EI}$	$\omega_B=-\frac{ql^4}{8EI}$
5		$\omega=-\frac{M_Ax}{6EIl}(l-x)(2l-x)$	$\theta_A=-\frac{M_el}{3EI}$ $\theta_B=+\frac{M_el}{6EI}$	$x=\left(1-\frac{1}{\sqrt{3}}\right)l$， $\omega_{max}=-\frac{M_el^2}{9\sqrt{3}EI}$ $x=\frac{l}{2}$，$\omega_{\frac{l}{2}}=-\frac{M_el^2}{16EI}$
6		$\omega=-\frac{M_ex}{6EIl}(l^2-x^2)$	$\theta_A=-\frac{M_el}{6EI}$ $\theta_B=+\frac{M_el}{3EI}$	$x=\frac{l}{\sqrt{3}}$， $\omega_{max}=-\frac{M_el^2}{9\sqrt{3}EI}$ $x=\frac{l}{2}$，$\omega_{\frac{l}{2}}=-\frac{M_el^2}{16EI}$
7		$\omega=-\frac{Fx}{48EI}(3l^2-4x^2)$ $\left(0\leqslant x\leqslant\frac{l}{2}\right)$	$\theta_A=-\theta_B=-\frac{Fl^2}{16EI}$	$\omega_{max}=-\frac{Fl^3}{48EI}$

续表

序号	梁的简图	挠曲线方程	端截面转角	最大挠度
8	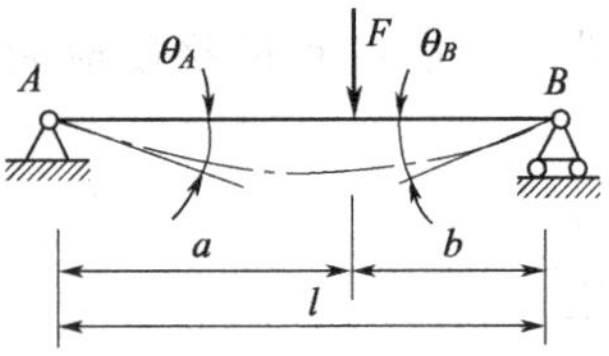 A, B, F, θ_A, θ_B, a, b, l	$\omega=-\frac{Fbx}{6EIl}(l^2-x^2-b^2)$ $(0\leqslant x\leqslant a)$ $\omega=-\frac{Fb}{6EIl}\left[\frac{l}{b}(x-a)^2+(l^2-b^2)x-x^3\right]$ $(a\leqslant x\leqslant l)$	$\theta_A=-\frac{Fab(l+b)}{6EIl}$ $\theta_B=\frac{Fab(l+a)}{6EIl}$	设 $a\geqslant b$，在 $x=\sqrt{\frac{l^2-b^2}{3}}$ 处， $\omega_{max}=-\frac{Fb(l^2-b^2)^{3/2}}{9\sqrt{3}EIl}$ 在 $x=\frac{l}{2}$ 处， $\omega_{\frac{1}{2}}=-\frac{Fb(3l^2-4b^2)}{48EI}$
9	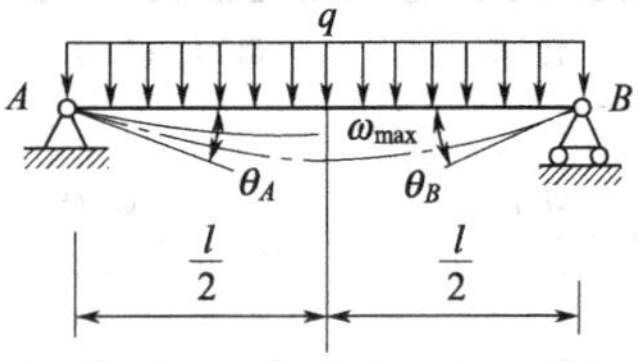 q, A, B, ω_{max}, θ_A, θ_B, $\frac{l}{2}$, $\frac{l}{2}$	$\omega=-\frac{qx}{24EI}(l^3-2lx^2+x^3)$	$\theta_A=-\theta_B=-\frac{ql^3}{24EI}$	$\omega_{max}=-\frac{5ql^4}{384EI}$

第四节　梁的刚度校核与提高梁的刚度的措施

一、梁的刚度校核

对于机械和工程结构中的许多梁，除应满足强度要求外，具备足够的刚度也是非常重要的。例如，如果机床主轴的变形过大，将影响加工精度；齿轮轴的变形过大，将影响齿间的正常啮合；传动轴在支承处的转角过大，将加速轴承磨损等。

设以 $[\omega]$ 表示许用挠度，$[\theta]$ 表示许用转角，则梁的刚度条件为

$$|\omega|_{max}\leqslant[\omega],\quad|\theta|_{max}\leqslant[\theta]$$

即要求梁的最大挠度与最大转角分别不超过各自的许用值。

许用挠度与许用转角之值随梁的工作要求而异。例如，对跨度为 l 的桥式起重机梁，其许用挠度为

$$[\omega]=\frac{l}{500}\sim\frac{l}{750}$$

对于一般用途的轴，其许用挠度为

$$[\omega]=\frac{3l}{10000}\sim\frac{5l}{10000}$$

在安装齿轮或滑动轴承处，轴的许用转角则为

$$[\theta]=0.001\text{rad}$$

至于其他梁或轴的许用位移值，可从有关设计规范或手册中查得。

二、提高梁刚度的措施

从挠曲线的近似微分方程及其积分可以看出，弯曲变形与弯矩大小、跨度长短、支座条件、梁截面的惯性矩 I、材料的弹性模量 E 有关。故提高梁刚度的措施如下。

① 选用合适的材料，增加弹性模量 E。但因各种钢材的弹性模量基本相同，所以为提高梁的刚度而采用高强度钢，效果并不显著。

② 选择合理的截面形状，提高惯性矩 I。如工字形截面、空心截面等。

③ 改善结构形式，减小弯矩 M。如，对于在跨度中点承受集中载荷的简支梁，如果将该载荷改为均布载荷施加在同一梁上，则梁的最大挠度将仅为受集中载荷的 62.5%。

④ 合理安排支撑，减小跨度 l。如图 17-11 所示跨度为 l 的简支梁，承受均布载荷 q 作用，如果将梁两端的铰支座各向内移动 $l/4$［图 17-11(b)］，则最大挠度将仅为跨度为 l 的 8.75%。由表 17-1 第 7 栏可以看出，在集中力作用下，简支梁的最大挠度与其跨度 l 的三次方成正比，如将跨度缩短 20%，最大挠度将相应减少 48.8%，减小梁的跨度将能显著提高其刚度。

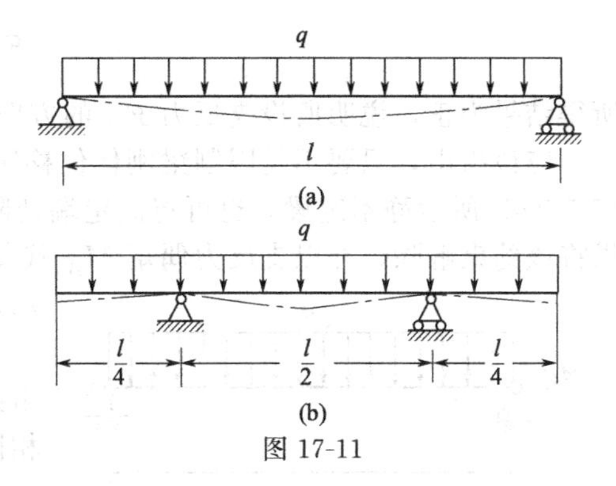

图 17-11

梁的最大弯曲正应力取决于一个最危险截面的弯矩与抗弯截面系数；而梁的位移，则与梁内所有微段的弯曲变形均有关。因此，对于梁的危险区采用局部加强的措施，即可提高梁的强度，但是，为了提高梁的刚度，则必须在更大范围内增加梁整体的弯曲刚度。

第五节　简单超静定梁的计算

前面所研究的梁均为静定梁。在工程实际中，有时为了提高梁的强度与刚度，或由于构造上的需要，往往给静定梁再增加约束，于是，梁的约束力（含约束力偶矩）的数目，超过有效平衡方程的数目，即成为静不定梁，两者数目的差称为静不定次数。

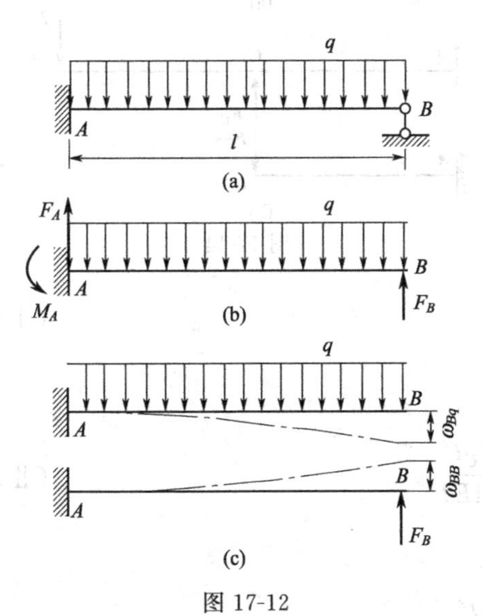

图 17-12

为了求解静不定梁，除应建立平衡方程外，还应利用变形协调条件以及力与位移间的物理关系，来建立变形补充方程。现以图 17-12(a) 所示梁为例，说明分析静不定梁的基本方法。

该梁具有一个多余约束，即具有一个多余支反力。为了求解，假想将支座 B 解除，而以支反力 $\boldsymbol{F}_B$ 代替其作用，于是得一承受载荷 $\boldsymbol{F}_q$ 与未知支反力 $\boldsymbol{F}_B$ 的静定悬臂梁［图 17-12(b)］。多余约束解除后，所得之受力与原静不定梁相同的静定梁，称为原静不定梁的相当系统。

相当系统在载荷 q 与多余支反力 $\boldsymbol{F}_B$ 作用下发生变形，为了使其变形与原静不定梁相同，多余约束处的位移，必须符合原静不定梁在该处的约束条件，即应满足变形协调条件。

在本例中，即要求 B 点挠度为

$$\omega_B = 0 \tag{17-7}$$

利用叠加法，得相当系统截面 B 的挠度为

$$\omega_B = \omega_{Bq} + \omega_{BB} = -\frac{ql^4}{8EI} + \frac{F_B l^3}{3EI}$$

将上述物理关系代入式(17-7)，得变形补充方程为

$$\frac{F_B l^3}{3EI}-\frac{ql^4}{8EI}=0$$

由此得

$$F_B=\frac{3}{8}ql$$

所得结果为正，说明所设支反力 $\boldsymbol{F}_B$ 的方向正确。

应该指出，只要不是限制梁刚体位移所必需的约束，均可作为多余约束。因此，对于图17-12(a) 所示静不定梁，也可将固定端处限制截面 A 转动的约束当做多余约束。于是，如果将该约束解除，并以支反力偶矩 M_A 代替其作用，则原静不定梁的相当系统如图 17-13 所示，而相应的变形协调条件为

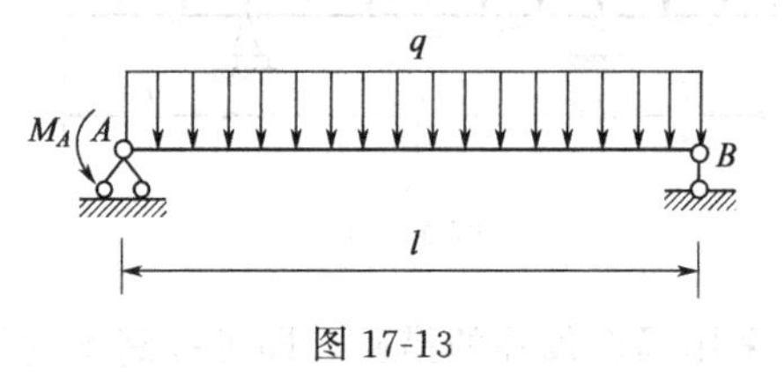

图 17-13

$$\theta_A=0$$

由此求得的支反力与支反力偶矩与上述解答完全相同。

【例17-5】　一悬臂梁 AB，承受集中载荷 $\boldsymbol{F}$ 作用，因其刚度不够，用一短梁加固，如图 17-14(a) 所示。试计算梁 AB 的最大挠度的减少量。设二梁各截面的弯曲刚度均为 EI。

解：梁 AB 与梁 AC 均为静定梁，但由于在截面 C 处用铰链相连，即增加一约束，因而由它们组成的结构属于一次静不定，需要建立一个补充方程才能求解。

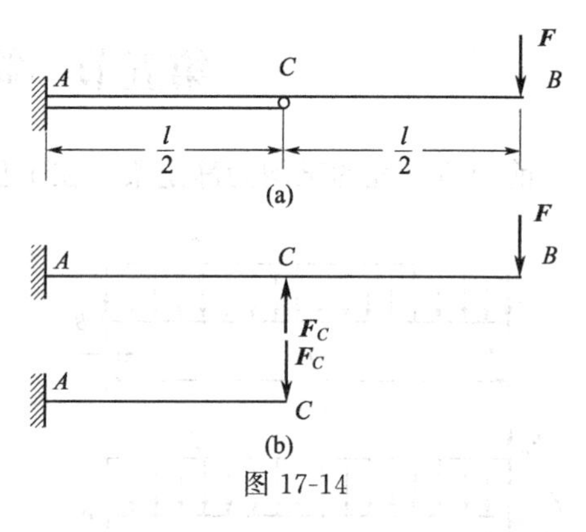

图 17-14

如果选择铰链 C 为多余约束予以解除，并以相应多余力 $\boldsymbol{F}_C$ 代替其作用，则原结构的相当系统如图 17-14(b) 所示。在多余力 $\boldsymbol{F}_C$ 作用下，梁 AC 的截面 C 铅垂下移；在载荷 $\boldsymbol{F}$ 与多余力 $\boldsymbol{F}_C$ 作用下，梁 AB 的截面 C 也应铅垂下移。设梁 AC 截面 C 位移为 ω_1，梁 AB 截面 C 位移为 ω_2，则变形协调条件为

$$\omega_1=\omega_2 \tag{Ⅰ}$$

由表 17-1 查得

$$\omega_1=\frac{F_C\left(\dfrac{l}{2}\right)^3}{3EI}=\frac{F_C l^3}{24EI} \tag{Ⅱ}$$

根据梁变形表并利用叠加法，得

$$\omega_2=\frac{(5F-2F_C)l^3}{48EI} \tag{Ⅲ}$$

将式(Ⅱ) 和式(Ⅲ) 代入式(Ⅰ)，得变形补充方程为

$$\frac{F_C l^3}{24EI}=\frac{(5F-2F_C)l^3}{48EI}$$

由此得

$$F_C=\frac{5F}{4}$$

未加固时，梁 AB 的端点挠度即最大挠度为

$$\omega_B=\frac{FL^3}{3EI}$$

加固后，该截面的挠度变为

$$\omega_B'=\frac{FL^3}{3EI}-\frac{5F_Cl^3}{48EI}=\frac{13Fl^3}{64EI}$$

仅为未加固的 60.9%。由此可见，经加固后，梁 AB 的最大挠度显著减小。

思　考　题

17-1　梁的截面位移与变形有何区别？有何联系？图 17-15(a)、(b) 所示两梁的尺寸及材料完全相同，所受外力也一样，只是支座处的几何约束条件不同。试问：(1) 两梁的弯曲变形是否相同？(2) 两梁相应横截面的位移是否相等？

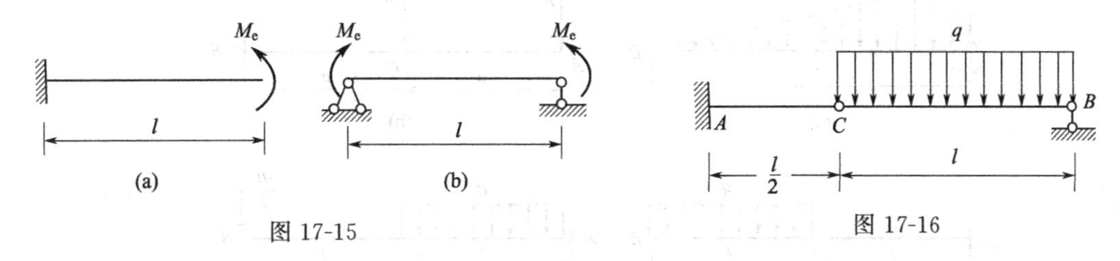

图 17-15　　图 17-16

17-2　试用积分法求图 17-16 所示中间铰梁截面 C 的挠度 ω_C 及相对转角 θ_C。

17-3　如图 17-17 所示，外径 $D=500\text{mm}$、壁厚 $\delta=10\text{mm}$ 的钢管自由放在地面上，设管子为无限长而地基是刚性的。已知钢管材料的弹性模量 $E=200\text{GPa}$，密度 $\rho=8.0\text{kN/m}^3$。若起吊高度 $h=100\text{mm}$，试问起吊部分的长度 l 及起吊力 F 应为多大？

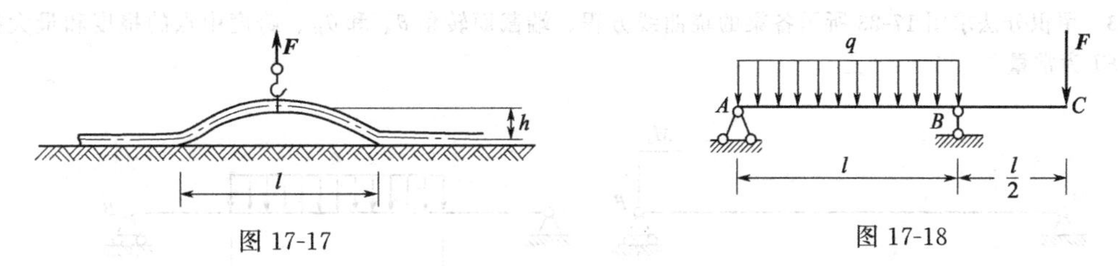

图 17-17　　图 17-18

17-4　如图 17-18 所示，为使载荷 $\boldsymbol{F}$ 作用点之挠度 ω_C 等于零，试求载荷 $\boldsymbol{F}$ 与 q 间的关系。

17-5　欲在直径为 d 的圆木中锯出弯曲刚度为最大的矩形截面梁（如图 17-19），试求截面高度 h 与宽度 b 的合理比值。

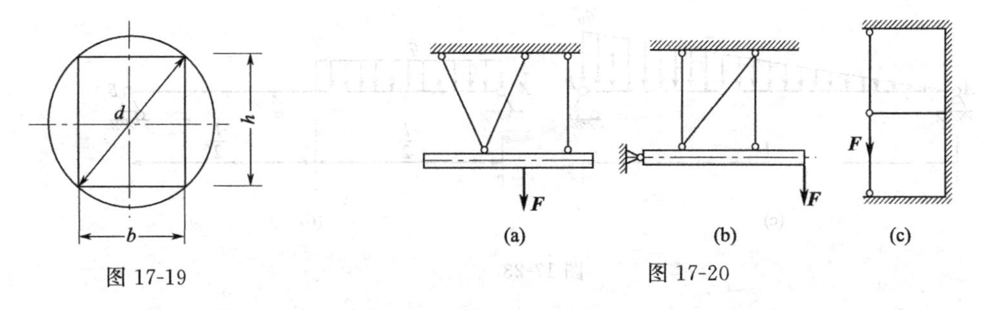

图 17-19　　图 17-20

17-6　试判别图 17-20 所示各结构是静定的还是超静定的？若是超静定，则为几次超静定？

习　　题

17-1　写出图 17-21 所示各梁的边界条件。

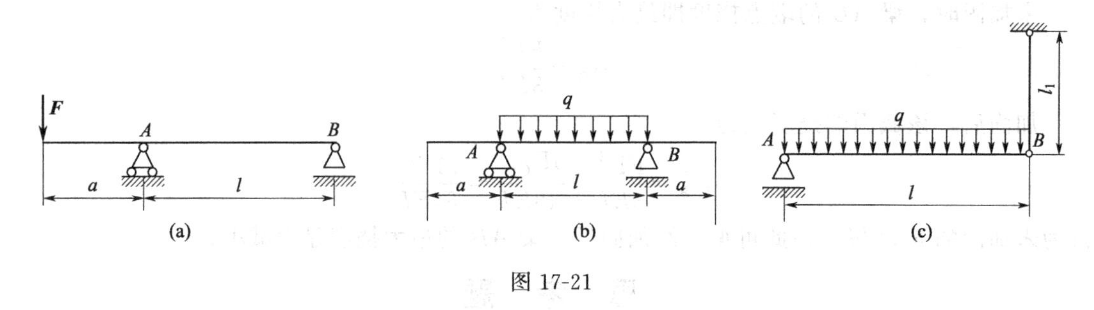

图 17-21

17-2　用积分法求图 17-22 所示各梁的挠曲线方程及自由端的挠度和转角。设 EI 为常量。

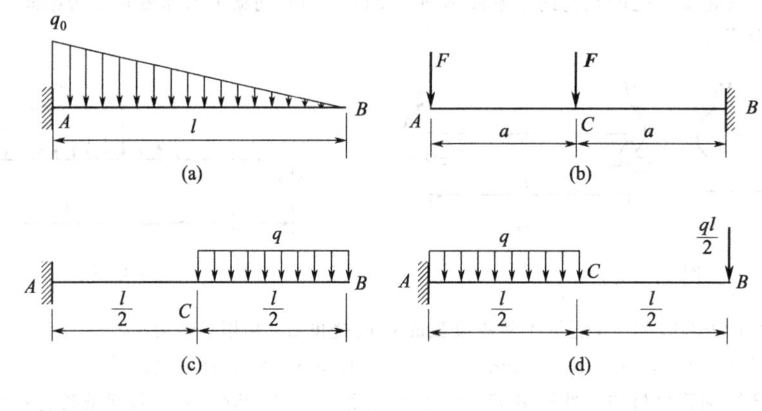

图 17-22

17-3　用积分法求图 17-23 所示各梁的挠曲线方程、端截面转角 θ_A 和 θ_B、跨度中点的挠度和最大挠度。设 EI 为常量。

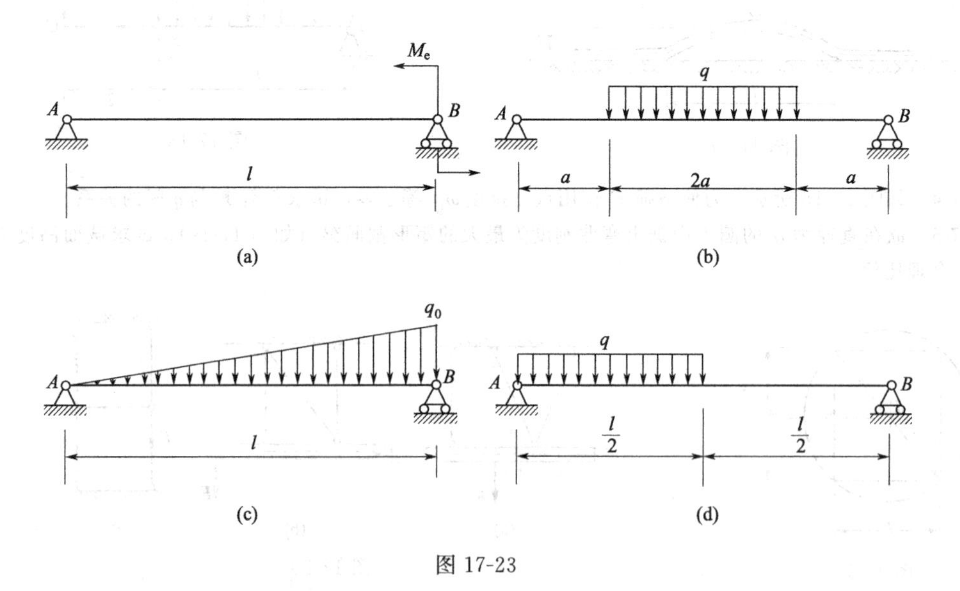

图 17-23

17-4　求图 17-24 所示悬臂梁的挠曲线方程及自由端的挠度和转角。设 EI＝常量。求解时应注意梁在 CB 段内无载荷，故 CB 仍为直线。

17-5　用积分法求梁的最大挠度和最大转角。在图 17-25(b) 的情况下，梁对跨度中点对称，所以可以只考虑梁的 1/2。

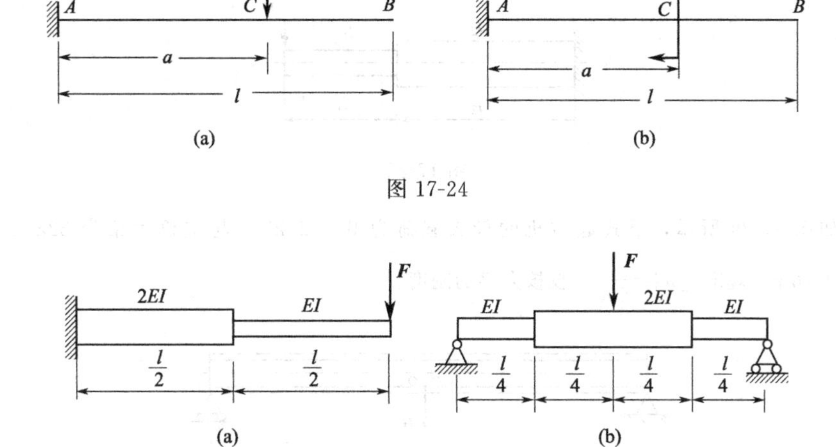

图 17-24

图 17-25

17-6　用叠加法求图 17-26 所示各梁截面 A 的挠度和截面 B 的转角。EI 为已知常数。

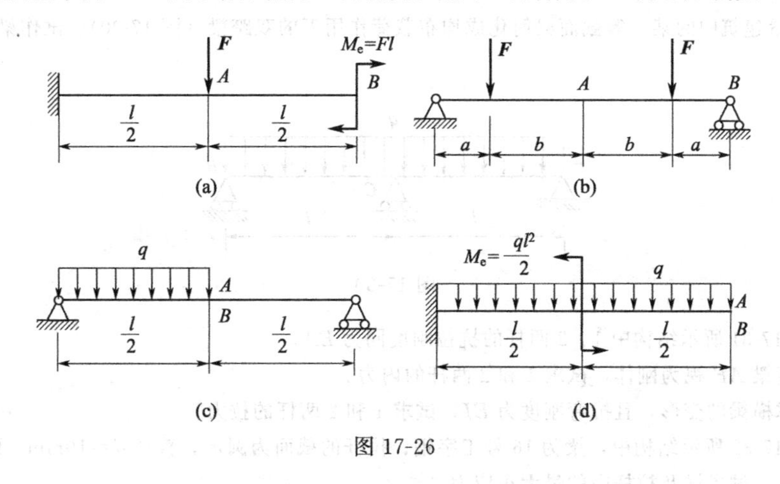

图 17-26

17-7　用叠加法求图 17-27 所示外伸梁外伸端的挠度和转角。设 EI 为常数。

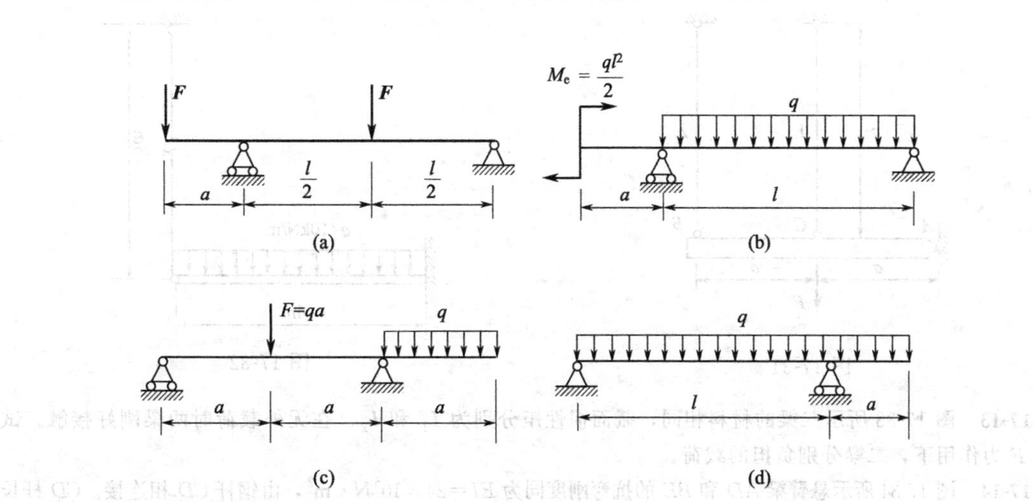

图 17-27

17-8　求图 17-28 所示变截面梁自由端的挠度和转角。

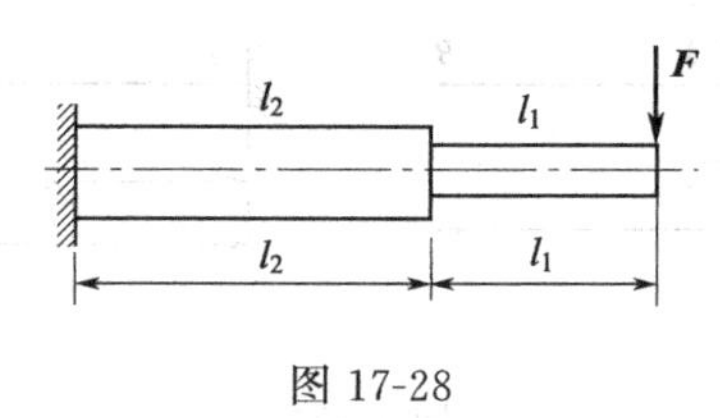

图 17-28

17-9　如图 17-29 所示，桥式起重机的最大载荷为 $W=20\text{kN}$。起重机大梁为 32a 工字钢，$E=210\text{GPa}$，$l=8.76\text{m}$。规定 $[\omega]=\dfrac{l}{500}$。校核大梁的刚度。

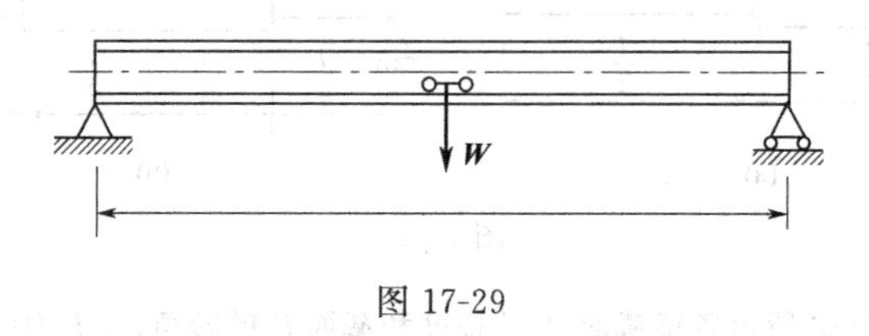

图 17-29

17-10　房屋建筑中的某一等截面梁简化成均布载荷作用下的双跨梁（图 17-30）。试作梁的剪力图和弯矩图。

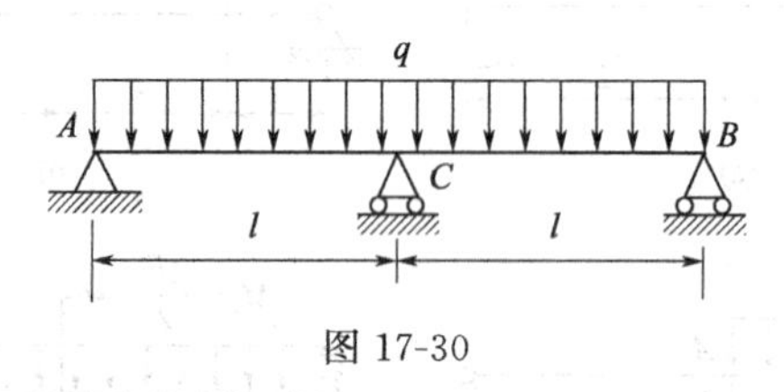

图 17-30

17-11　图 17-31 所示结构中 1、2 两杆的抗拉刚度同为 EA。

(1) 若将横梁 AB 视为刚体，试求 1 和 2 两杆的内力。

(2) 若考虑横梁的变形，且抗弯刚度为 EI，试求 1 和 2 两杆的拉力。

17-12　图 17-32 所示结构中，梁为 16 号工字钢；拉杆的截面为圆形，直径 $d=10\text{mm}$。两者均为 Q235 钢，$E=200\text{GPa}$。试求梁及拉杆内的最大正应力。

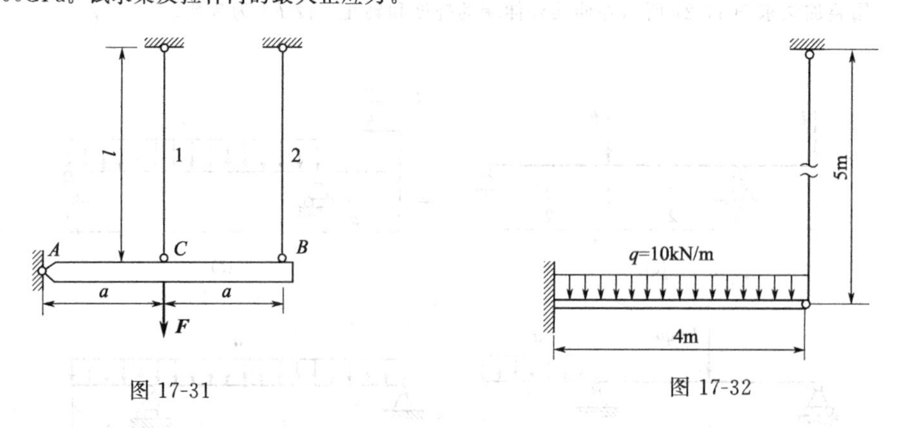

图 17-31　　　　图 17-32

17-13　图 17-33 所示二梁的材料相同，截面惯性矩分别为 I_1 和 I_2。在无外载荷时两梁刚好接触。试求在 F 力作用下，二梁分别负担的载荷。

17-14　图 17-34 所示悬臂梁 AD 和 BE 的抗弯刚度同为 $EI=24\times10^6\text{N}\cdot\text{m}^2$，由钢杆 CD 相连接。CD 杆长 $l=5\text{m}$，横截面面积 $A=3\times10^{-4}\text{m}^2$，材料的弹性模量 $E=200\text{GPa}$。若 $F=50\text{kN}$，试求悬臂梁 AD 在 D 点的挠度。

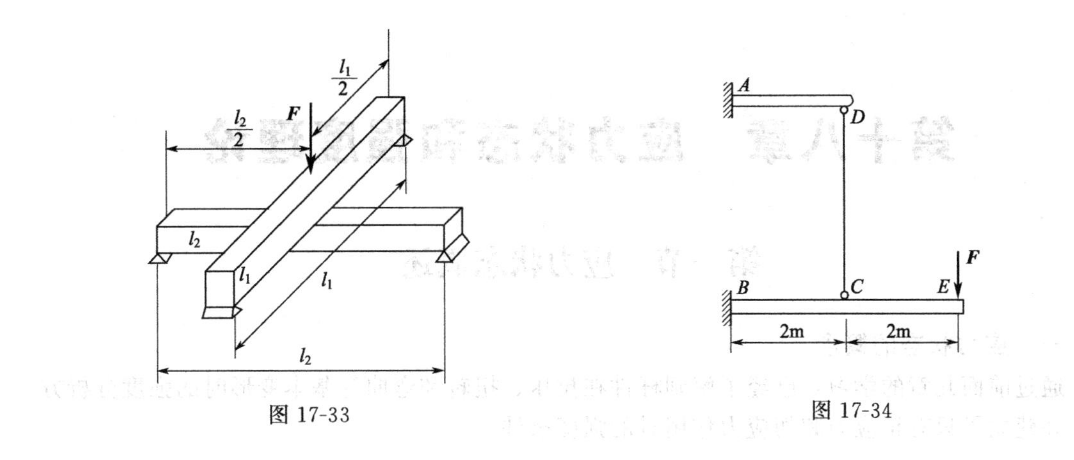

图 17-33　　图 17-34

第十八章　应力状态和强度理论

第一节　应力状态概述

一、应力状态的概念

通过前面几章的学习，已经了解到杆件在拉压、扭转和弯曲等基本变形时的强度分析方法，并建立了只有正应力和切应力作用时的强度条件。

$$\sigma_{max} \leqslant [\sigma]$$

$$\tau_{max} \leqslant [\tau]$$

在工程实际中，杆件受到外部载荷的作用，往往同时发生多种基本变形，在小变形情况下，可将这种复杂的变形视为几种变形的叠加，称为组合变形。如梁弯曲时，一般情况下，横截面上既有剪力，又有弯矩，此时横截面某一点既可能有正应力又可能有切应力。对于这种情况，能否对正应力和切应力分别进行强度分析呢？另外，在研究构件基本变形的强度问题时，是用横截面的危险点处的应力建立强度条件并进行强度计算的，但是工程中的大部分被破坏的杆件，其断口大多发生在某一斜截面上，如铸铁轴向压缩破坏时其断口与轴向成45°，铸铁扭转破坏时断口发生在与轴线成45°的螺旋面上。为什么会出现这种现象呢？那么，对于复杂的组合变形情况，破坏又会发生在哪一个斜截面上呢？为分析上述问题，需要研究**一点应力状态**，即构件内某一点各个面上的应力情况，并结合斜截面上的应力分析方法，研究不同状态下杆件破坏的本质原因。

为了深入研究构件的强度，必须了解构件各点的应力状态，找出哪个截面上作用着最大正应力，哪个截面上作用着最大切应力，据此进行构件的强度计算。其次，一些构件的破坏现象，也需通过应力状态分析，才能解释其破坏的原因。再者，在测定构件应力的试验应力分析中，在其他力学学科的研究中，都要广泛用到应力状态理论，或由它得出的一些结论。构件中一点处的应力状态，是用围绕该点截取出的微正六面体，即**单元体**各个面上的应力来表示。从构件中截取单元体是应力状态分析的基础工作。单元体的尺寸可以无限小，因此，各个侧面上的应力可以看成是均匀分布的，并认为相对两个侧面上的应力，大小相等而方向相反。从所取的单元体出发，根据各侧面上的已知应力，借助于截面法和静力平衡条件，可求出通过这一单元体的各个截面上的应力，从而确定最大正应力、最大切应力等，这就是研究一点应力状态的基本方法。

二、应力状态的分类

从受力构件内某一点取出的单元体，一般地说，该单元体的各个面上既有正应力，又有切应力。但是可以证明：在该点处以各种不同方位截取的单元体（微正六面体）中；必定可以找到一个特殊的单元体，在这个单元体的各个面上只有正应力而无切应力。单元体上没有切应力的面称为**主平面**，主平面上的正应力称为**主应力**，通过受力构件的任一点均可找到3个相互垂直的主平面。因此，每一点都有3个主应力。这3个主应力用σ_1、σ_2、σ_3。表示，并按代数值的大小顺序排列，即$\sigma_1 \geqslant \sigma_2 \geqslant \sigma_3$。

如果3个主应力中只有1个主应力不为零而其余2个均为零，该点的应力状态称为**单向**

应力状态；若3个主应力中有2个主应力不为零，该点的应力状态称为**二向应力状态**，又称**平面应力状态**；若3个主应力都不为零，该点的应力状态称为**三向应力状态**；其中二向应力状态和三向应力状态统称为复杂应力状态。

三、二向和三向应力状态举例

以两端封闭、承受内压 p 的薄壁圆筒$\left(\text{壁厚 } t\text{，} t \text{ 远小于它的直径 } D\text{，如 } t<\dfrac{D}{20}\right)$为研究对象，如图18-1(a)所示，分析其应力状态。

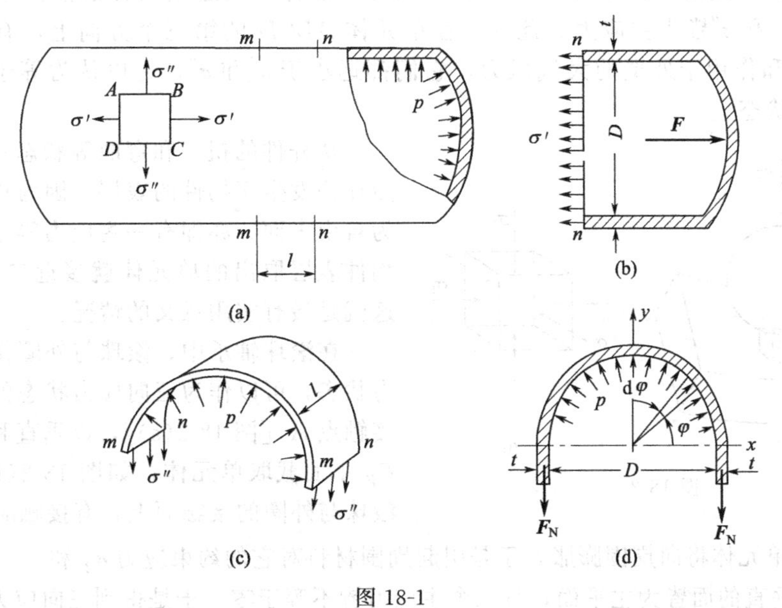

图18-1

1. 圆筒横截面上正应力 σ'

用 $n—n$ 截面将圆筒截开，受力如图18-1(b)所示，则沿圆筒轴线作用于筒底的总压力 F 为

$$F=p\ \frac{\pi D^2}{4}$$

因为薄壁圆筒的横截面面积是 $A=\pi Dt$，故有

$$\sigma'=\frac{F}{A}=\frac{p\ \dfrac{\pi D^2}{4}}{\pi Dt}=\frac{pD}{4t} \tag{18-1}$$

2. 圆筒纵向截面上的应力 σ''

用相距 l 的两个横截面和包含直径的纵向平面，从圆筒中截取一部分，如图18-1(c)所示。

$$F_{\mathrm{N}}=\sigma'' tl$$

在这一部分圆筒内壁的微分面积 $l\ \dfrac{D}{2}\mathrm{d}\varphi$ 上压力为 $pl\ \dfrac{D}{2}\mathrm{d}\varphi$。它在 y 方向的投影为 $pl\ \dfrac{D}{2}\mathrm{d}\varphi\sin\varphi$。通过积分求出上述投影的总和为

$$\int_0^{\pi} pl\times\frac{D}{2}\sin\varphi\mathrm{d}\varphi=plD$$

积分结果表明，截出部分在纵向平面上的投影面积 lD 与 p 的乘积，就等于内压力的合力，

由平衡方程

$$\sum F_y=0 \quad 2\sigma'' tl-plD=0$$

得

$$\sigma''=\frac{pD}{2t} \tag{18-2}$$

从式(18-1) 和式(18-2) 看出，纵向截面上的应力 σ''是横截面上应力 σ'的 2 倍。σ'作用的截面就是直杆轴向拉伸的横截面，这类截面上没有切应力。又因内压力是轴对称载荷，所以在 σ''作用的纵向截面上也没有切应力。这样，通过壁内任意点的纵横两截面皆为主平面，σ'和 σ''皆为主应力。此外，在单元体 $ABCD$ 的第三个方向上，有作用于内壁的内压力 p 和作用于外壁的大气压力，它们都远小于 σ'和 σ''，可以认为等于零，于是得到二向应力状态。

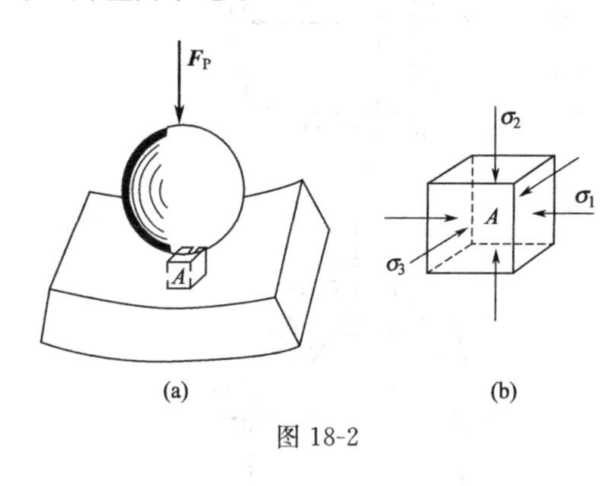

图 18-2

从杆件的扭转和弯曲等状态看出，最大应力往往发生于构件的表层。因为构件表面一般为自由表面，亦即有一主应力等于零，因而从构件表层取出的单元体就接近二向应力状态，这就是最有实用意义的情况。

在滚珠轴承中，滚珠与外圈接触点处的应力状态，可以作为三向应力状态的实例。围绕接触点 A [图 18-2(a)]，以垂直和平行于压力 $\boldsymbol{F}_{\mathrm{P}}$ 平面截取单元体，如图 18-2(b) 所示。在滚珠与外圈的接触面上，有接触应力 σ_3。由于 σ_3 的作用，单元体将向周围膨胀，于是引起周围材料对它的约束应力 σ_2 和 σ_1。所取单元体的三个相互垂直的面皆为主平面，且三个主应力皆不等于零，于是得到三向应力状态。与此相似，桥式起重机大梁两端的滚动轮与轨道的接触处，火车车轮与钢轨的接触处，也都是三向应力状态。

第二节　平面应力状态分析——解析法

由受力构件中一点处取一平面应力单元体，如图 18-3(a) 所示。设在垂直于 x 轴的截面上有正应力 σ_x 和切应力 τ_{xy}；垂直于 y 轴的截面上有正应力 σ_y 和切应力 τ_{yx}；垂直于 z 轴的前后两个截面上无应力。此状态为二向应力状态的一般情形。

由于在二向应力状态下，相对两个面上无应力，因此也可以用平面图形表示，如图 18-3(b) 所示。图中 α 为垂直于 xy 平面的任意斜截面 ef 的外法线 n 与 x 轴的夹角。将 aef 由原单元体中取出，在棱柱体 aef 的 ae 和 af 面上的应力仍为原单元体上 ad 和 ab 面上的应力，即为 σ_x、σ_y、τ_{xy} 和 τ_{yx}，在 ef 面上暴露出未知正应力 σ_α 和切应力 τ_α，如图 18-3(c) 所示。

设斜截面 ef 的面积为 $\mathrm{d}A$，则 af 面和 ae 面的面积分别为 $\mathrm{d}A\sin\alpha$ 和 $\mathrm{d}A\cos\alpha$，可根据棱柱体各面上应力，求出各面上所受的力。外力使棱柱体保持平衡，由此平衡条件可求得任意斜截面上的应力 σ_α 和 τ_α，分别沿着外法线方向 n 和切线方向 τ 列平衡方程可得

$$\sigma_\alpha \mathrm{d}A+\tau_{xy}(\mathrm{d}A\cos\alpha)\sin\alpha-\sigma_x(\mathrm{d}A\cos\alpha)\cos\alpha+\tau_{yx}(\mathrm{d}A\sin\alpha)\cos\alpha-\sigma_y(\mathrm{d}A\sin\alpha)\sin\alpha=0$$

$$\tau_\alpha \mathrm{d}A-\tau_{xy}(\mathrm{d}A\cos\alpha)\cos\alpha-\sigma_x(\mathrm{d}A\cos\alpha)\sin\alpha+\tau_{yx}(\mathrm{d}A\sin\alpha)\sin\alpha+\sigma_y(\mathrm{d}A\sin\alpha)\cos\alpha=0$$

另外，由切应力互等定理可知 $\tau_{xy}=\tau_{yx}$，并由三角函数公式可得

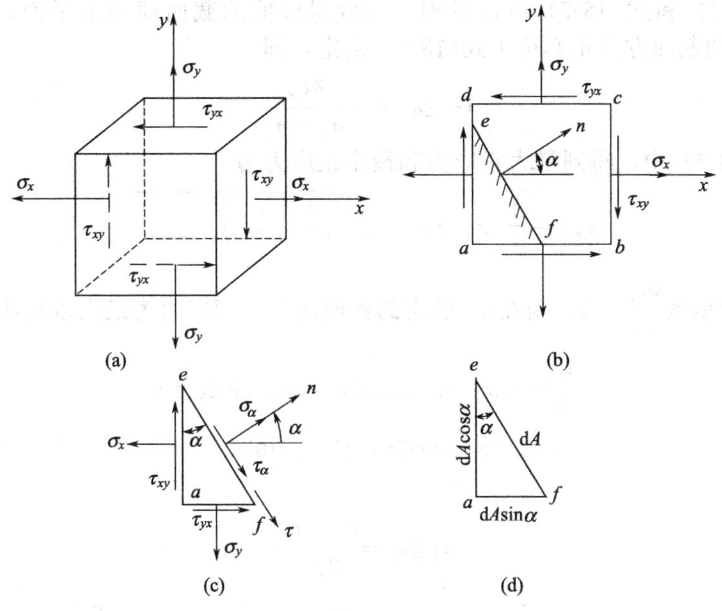

图 18-3

$$\cos^2\alpha=\frac{1}{2}(1+\cos2\alpha)$$

$$\sin^2\alpha=\frac{1}{2}(1-\cos2\alpha)$$

$$2\sin\alpha\cos\alpha=\sin2\alpha$$

进行简化整理可得

$$\begin{aligned}\sigma_\alpha&=\sigma_x\cos^2\alpha+\sigma_y\sin^2\alpha-2\tau_{xy}\sin\alpha\cos\alpha\\&=\frac{1}{2}(\sigma_x+\sigma_y)+\frac{1}{2}(\sigma_x-\sigma_y)\cos2\alpha-\tau_{xy}\sin2\alpha\end{aligned}\tag{18-3}$$

$$\begin{aligned}\tau_\alpha&=\sigma_x\sin\alpha\cos\alpha-\sigma_y\sin\alpha\cos\alpha+\tau_{xy}(\cos^2\alpha-\sin^2\alpha)\\&=\frac{1}{2}(\sigma_x-\sigma_y)\sin2\alpha+\tau_{xy}\cos2\alpha\end{aligned}\tag{18-4}$$

其中，正应力以拉为正，以压为负；切应力对单元体内任意点的矩为顺时针方向时为正，逆时针方向为负；α 角规定由 x 轴正向反时针转到斜截面 ef 的外法线 n 时为正。

由式(18-3)、式(18-4) 可知，斜截面上的正应力和切应力是 α 角的函数，若当 $\alpha=\alpha_0$ 时，该斜截面上切应力等于零，由主平面之定义，可以确定该面为主平面。因此，当 $\tau_\alpha=0$ 时，求解出的 $\alpha=\alpha_0$ 的斜截面为主平面，即

$$\tau_{\alpha_0}=\frac{1}{2}(\sigma_x-\sigma_y)\sin2\alpha_0+\tau_{xy}\cos2\alpha_0=0\tag{18-5}$$

解得

$$\tan2\alpha_0=-\frac{2\tau_{xy}}{\sigma_x-\sigma_y}\tag{18-6}$$

由式(18-6) 可求出 α_0 的两组解，并有 $\alpha_{02}=\alpha_{01}+\frac{\pi}{2}$，由此便可确定相互垂直的两个主平面。将 α_{01} 和 α_{02} 分别代入式(18-3) 中，即可求解出相应主平面上的主应力。

另外，σ_α 为角 α 的函数，对变量 α 求导，令导函数为零，可求得 σ_α 的极值，即

$$\frac{d\sigma_\alpha}{d\alpha}=-(\sigma_x-\sigma_y)\sin2\alpha-2\tau_{xy}\cos2\alpha=0\tag{18-7}$$

比较式(18-5) 和式(18-7) 可以发现，其取得极值的截面即为主平面，其极值正应力（主应力）所在的截面方位角亦可由式(18-6) 确定，即

$$\tan 2\alpha_0=-\frac{2\tau_{xy}}{\sigma_x-\sigma_y}$$

将 α_0 代入式(18-3) 中，得到最大正应力和最小正应力为

$$\sigma_{\substack{\max\\\min}}=\frac{1}{2}(\sigma_x+\sigma_y)\pm\sqrt{\left(\frac{\sigma_x-\sigma_y}{2}\right)^2+\tau_{xy}^2} \tag{18-8}$$

若 $\alpha=\alpha_1$ 时，导函数 $\frac{d\tau_\alpha}{d\alpha}=0$，则在 α_1 确定的斜截面上，切应力为最大或最小值，令

$$\frac{d\tau_\alpha}{d\alpha}=(\sigma_x-\sigma_y)\cos 2\alpha-2\tau_{xy}\sin 2\alpha=0 \tag{18-9}$$

即

$$(\sigma_x-\sigma_y)\cos 2\alpha_1-2\tau_{xy}\sin 2\alpha_1=0$$

解得

$$\tan 2\alpha_1=\frac{\sigma_x-\sigma_y}{2\tau_{xy}} \tag{18-10}$$

由式(18-10) 可以解出相差 $\frac{\pi}{2}$ 的两个角度 α_{11} 和 $\alpha_{12}\left(\alpha_{11}=\alpha_{12}+\frac{\pi}{2}\right)$，从而可确定两个相互垂直的平面。其中一平面作用有最大切应力，另一个平面作用有最小切应力。将式(18-10) 代入式(18-4) 中，可求得最大和最小切应力为

$$\tau_{\substack{\max\\\min}}=\pm\sqrt{\left(\frac{\sigma_x-\sigma_y}{2}\right)^2+\tau_{xy}^2} \tag{18-11}$$

比较式(18-6) 和式(18-10) 可知

$$\tan 2\alpha_0=-\frac{1}{\tan 2\alpha_1} \tag{18-12}$$

即

$$2\alpha_1=2\alpha_0\pm\frac{\pi}{2},\ \alpha_1=\alpha_0\pm\frac{\pi}{4}$$

因此，可知最大切应力和最小切应力所在平面与主平面的夹角为45°。

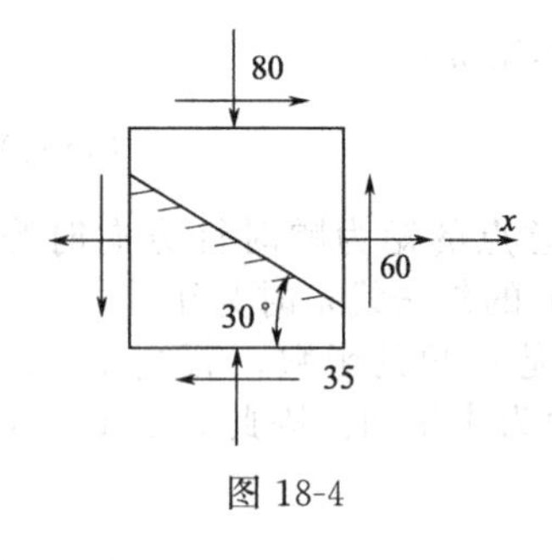

图 18-4

【例 18-1】 试求图 18-4 所示单元体指定斜截面上的正应力和切应力。图中应力单位为 MPa。

解： 按 α 角的定义及正负号规定，知 $\alpha=60°$，根据应力的正负号规定，$\sigma_x=60\text{MPa}$，$\sigma_y=-80\text{MPa}$，$\tau_{xy}=-35\text{MPa}$，所求斜截面上的应力可由式(18-3) 和式(18-4) 求得

$$\sigma_{60°}=\frac{1}{2}(\sigma_x+\sigma_y)+\frac{1}{2}(\sigma_x-\sigma_y)\cos 2\alpha-\tau_{xy}\sin 2\alpha$$

$$=\frac{1}{2}(60-80)+\frac{1}{2}[60-(-80)]\times\cos 120°-(-35)\times\sin 120°=-14.69\ (\text{MPa})$$

$$\tau_{60°}=\frac{1}{2}(\sigma_x-\sigma_y)\sin 2\alpha+\tau_{xy}\cos 2\alpha$$

$$=\frac{1}{2}[60-(-80)]\times\sin 120°-35\times\cos 120°=78.1\ (\text{MPa})$$

【例 18-2】 试求图 18-5 所示单元体中 $\beta=\alpha+\frac{\pi}{2}$ 面上的正应力和切应力。

解： 将 $\beta=\alpha+90°$ 代入式(18-3) 和式(18-4)，得

$$\sigma_\beta=\frac{1}{2}(\sigma_x+\sigma_y)+\frac{1}{2}(\sigma_x-\sigma_y)\cos2(\alpha+90°)-\tau_{xy}\sin2(\alpha+90°)$$

$$=\frac{1}{2}(\sigma_x+\sigma_y)-\frac{1}{2}(\sigma_x-\sigma_y)\cos2\alpha+\tau_{xy}\sin2\alpha \tag{18-13}$$

$$\tau_\beta=\frac{1}{2}(\sigma_x-\sigma_y)\sin2(\alpha+90°)+\tau_{xy}\cos2(\alpha+90°)$$

$$=-\frac{1}{2}(\sigma_x-\sigma_y)\sin2\alpha-\tau_{xy}\cos2\alpha \tag{18-14}$$

将式(18-13) 和式(18-14) 相加，得

$$\sigma_\alpha+\sigma_\beta=\sigma_x+\sigma_y \tag{18-15}$$

即通过一点的任意两个相互垂直截面上的正应力之和为一常数。

比较式(18-14) 和式(18-4) 可知

$$\tau_\beta=-\tau_\alpha \tag{18-16}$$

这就是熟知的切应力互等定理。

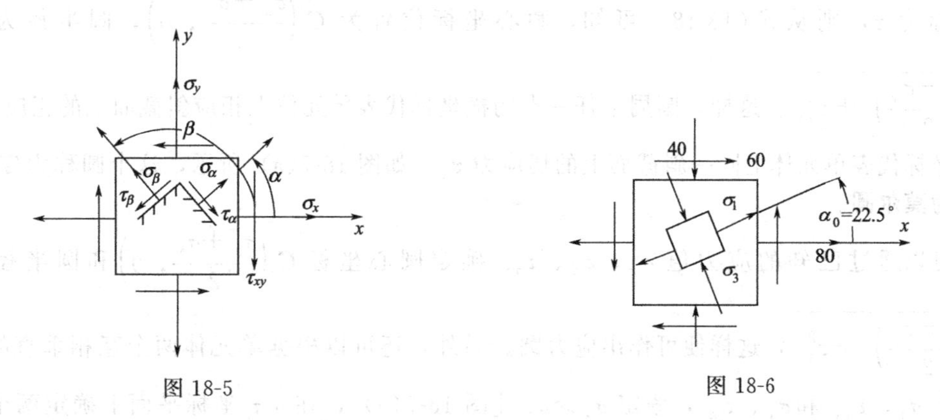

图 18-5　　图 18-6

【例 18-3】 试求图 18-6 所示单元体的主应力及主平面方位。图中应力单位为 MPa。

解： 先利用式(18-6) 求出主平面方位角为

$$\tan2\alpha_0=-\frac{2\tau_{xy}}{\sigma_x-\sigma_y}=-\frac{2\times(-60)}{80+40}=1$$

于是 $\alpha_{01}=22.5°$，$\alpha_{02}=112.5°$，将以上角度代入式(18-3)，可分别求出这两个主平面上的主应力为

$$\sigma_{22.5°}=\frac{1}{2}(\sigma_x+\sigma_y)+\frac{1}{2}(\sigma_x-\sigma_y)\cos2\alpha_{01}-\tau_{xy}\sin2\alpha_{01}$$

$$=\frac{1}{2}(80-40)+\frac{1}{2}[80+40]\times\cos45°+60\times\sin45°$$

$$=104.9\ (\text{MPa})$$

同理求得

$$\sigma_{112.5°}=-64.9\text{MPa}$$

由此可知，在 $\alpha_{01}=22.5°$ 的主平面上，有最大主应力 $\sigma_1=104.9$MPa，在 $\alpha_{02}=112.5°$ 的主平面上，有最小主应力 $\sigma_3=-64.9$MPa。根据主应力的排序规定，另一个主应力为 $\sigma_2=0$MPa。图 18-6 中内部的单元体表示主单元体。

第三节　平面应力状态分析——应力圆

通过第二节推导可知，式(18-3)、式(18-4) 是以 α 为参变量的参数方程，消去 α 可直接建立 σ_α 和 τ_α 之间的函数关系式。对式(18-3)、式(18-4) 移项可得式(18-17)：

$$\left.\begin{aligned}\sigma_\alpha-\frac{1}{2}(\sigma_x+\sigma_y)&=\frac{1}{2}(\sigma_x-\sigma_y)\cos 2\alpha-\tau_{xy}\sin 2\alpha\\ \tau_\alpha&=\frac{1}{2}(\sigma_x-\sigma_y)\sin 2\alpha+\tau_{xy}\cos 2\alpha\end{aligned}\right\}\tag{18-17}$$

将式(18-17) 两式各自平方后相加，得

$$\left(\sigma_\alpha-\frac{\sigma_x+\sigma_y}{2}\right)^2+\tau_\alpha^2=\left(\frac{\sigma_x-\sigma_y}{2}\right)^2+\tau_{xy}^2\tag{18-18}$$

其中 σ_x、σ_y、τ_{xy} 均已知，因此式(18-18) 为关于 σ_α 和 τ_α 方程。

又由解析几何可知，圆的一般方程为

$$(x-x_0)^2+(y-y_0)^2=R^2\tag{18-19}$$

比较式(18-18) 和式(18-19) 可知，式(18-18) 也是一个圆的方程。如取横坐标为 σ，纵坐标为 τ，则从式(18-18) 可知，圆心坐标位置为 $C\left(\frac{\sigma_x+\sigma_y}{2},\ 0\right)$，圆半径为 $R=\sqrt{\left(\frac{\sigma_x-\sigma_y}{2}\right)^2+\tau_{xy}^2}$。这样，圆周上任一点的横坐标代表单元体上相应斜截面上的正应力 σ_α，其纵坐标代表单元体上同一斜截面上的切应力 τ_α，如图 18-7(a) 所示，这个圆称为**应力圆**，也称为**莫尔圆**。

可以通过已知的应力值 σ_x、σ_y、τ_{xy} 确定圆心坐标 $C\left(\frac{\sigma_x+\sigma_y}{2},\ 0\right)$和圆半径 $R=\sqrt{\left(\frac{\sigma_x-\sigma_y}{2}\right)^2+\tau_{xy}^2}$，这样便可作出应力圆。另外，还可以根据单元体两个互相垂直的面上的应力 σ_x、τ_{xy} 和 σ_y、τ_{yx}，假定 $\sigma_x>\sigma_y$ [图 18-7(a)]，在 σ-τ 坐标平面上确定两个点 $D(\sigma_x,\ \tau_{xy})$ 和 $D'(\sigma_y,\ \tau_{yx})$ [图 18-7(b)]，连接 DD'，与 σ 坐标轴交于 C 点。以 C 为圆心，$\frac{1}{2}\overline{DD'}$为半径作圆。

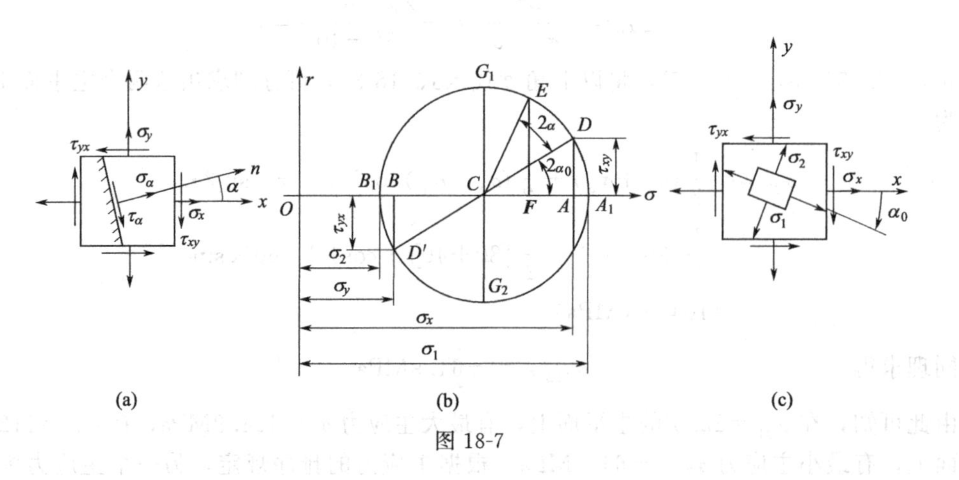

图 18-7

可以证明，单元体内任意斜截面上的应力皆为应力圆上的一点。图 18-7 中，设任一斜

截面的外法线 n 与 x 轴的夹角为 α，且 α 角由 x 轴逆时针旋转，相应地在应力圆上，从 D 点也按逆时针沿圆周转到 E 点，并使 DE 弧所对的圆心角为 2α，则 E 点的横坐标$\overline{OF}$ 代表该斜截面上的正应力 σ_α，纵坐标$\overline{EF}$ 代表切应力 τ_α。

$$
\begin{aligned}
\overline{OF} &= \overline{OC}+\overline{CF}=\overline{OC}+\overline{CE}\cos(2\alpha+2\alpha_0)\\
&=\overline{OC}+\overline{CD}\cos(2\alpha+2\alpha_0)\\
&=\overline{OC}+\overline{CD}\cos2\alpha\cos2\alpha_0-\overline{CD}\sin2\alpha\sin2\alpha_0\\
&=\overline{OC}+\overline{CA}\cos2\alpha-\overline{DA}\sin2\alpha\\
&=\frac{1}{2}(\sigma_x+\sigma_y)+\frac{1}{2}(\sigma_x-\sigma_y)\cos2\alpha-\tau_{xy}\sin2\alpha
\end{aligned} \tag{18-20}
$$

$$
\begin{aligned}
\overline{EF} &= \overline{CE}\sin(2\alpha+2\alpha_0)=\overline{CD}\sin(2\alpha+2\alpha_0)\\
&=\overline{CD}\sin2\alpha\cos2\alpha_0+\overline{CD}\cos2\alpha\sin2\alpha_0\\
&=\overline{CA}\sin2\alpha+\overline{DA}\cos2\alpha\\
&=\frac{1}{2}(\sigma_x-\sigma_y)\sin2\alpha+\tau_{xy}\cos2\alpha
\end{aligned} \tag{18-21}
$$

由式(18-20) 和式(18-21) 分别与式(18-3) 和式(18-4) 比较，可得

$$\overline{OF}=\sigma_\alpha,\ \overline{EF}=\tau_\alpha$$

这就证明了 E 点的坐标代表法线倾角为 α 的斜截面上的应力。

利用应力圆还可以得出关于平面应力的其他结论，可以确定主应力及主平面的方位，应力圆上 A_1 和 B_1 两点的横坐标，分别为正应力最大值与最小值，而纵坐标均为零，因此这两点的横坐标值代表两个主平面上的主应力。有

$$\sigma_{\max}=\overline{OC}+\overline{CA_1}=\overline{OC}+\overline{CD}=\overline{OC}+R$$

$$\sigma_{\min}=\overline{OC}-\overline{CB_1}=\overline{OC}-\overline{CD}=\overline{OC}-R$$

由图 18-7 中的几何关系，上式可改写为

$$\sigma_{\min}^{\max}=\frac{1}{2}(\sigma_x+\sigma_y)\pm\sqrt{\left(\frac{\sigma_x-\sigma_y}{2}\right)^2+\tau_{xy}^2}$$

即为式(18-8)。图 18-7 中所示，应力圆上的 A_1 点对应一个主平面，A_1 点是从由 D 点顺时针转 $2\alpha_0$ 得到的。相应的在单元体上，x 轴依顺时针转 α_0 为 $\sigma_{\max}$ 所在主平面的法线，B_1 点对应另一个主平面。在应力圆上，由 A_1 到 B_1 所夹圆心角为 π，在单元体上 $\sigma_{\max}$ 与 $\sigma_{\min}$ 所在主平面的法线相夹 $\pi/2$。由图可得 $\tan(-2\alpha_0)=\dfrac{\overline{DA}}{\overline{CA}}=\dfrac{2\tau_{xy}}{(\sigma_x-\sigma_y)}$，于是 $\tan2\alpha_0=-\dfrac{2\tau_{xy}}{\sigma_x-\sigma_y}$，即为式(18-6)。

另外，还可以确定最大切应力和最小切应力值及其所在平面的方位。应力圆的最高点和最低点代表最大和最小切应力，都等于应力圆半径，所以可写成 $\tau_{\substack{\max\\\min}}=\pm R=\pm\sqrt{\left(\dfrac{\sigma_x-\sigma_y}{2}\right)^2+\tau_{xy}^2}$，即为式(18-11)。应力圆上，由 A_1 点到 G_1 点所夹圆心角为逆时针方向 $\pi/2$，在单元体内，由 $\sigma_{\max}$ 所在主平面的法线到 $\tau_{\max}$ 所在平面的法线应为逆时针方向 $\pi/4$。

【例 18-4】 图 18-8(a) 为某轴向拉伸直杆中取出的单元体。试用图解法求出最大切应力及其所在截面的方位，图中单位为 MPa。

解： 图 18-8(a) 中单元体以 x 为法线的平面上，$\sigma_x=0$，$\tau_{xy}=0$，在图 18-8(b) 中由坐标原点 O 来代表。以 y 轴为法线的平面上，$\sigma_y=100\text{MPa}$，$\tau_{yx}=0$，在图 18-8(b) 中由 A

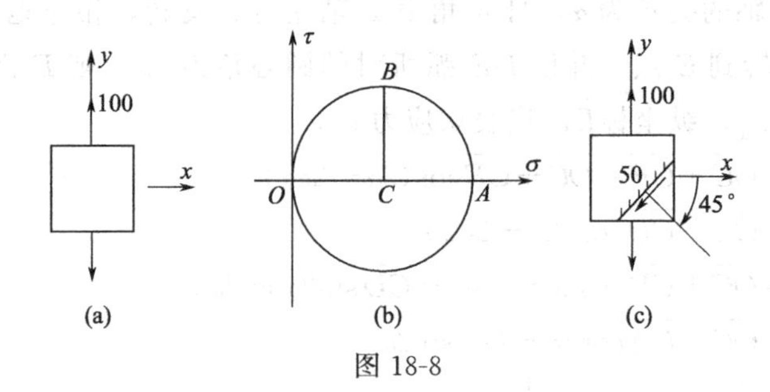

图 18-8

点来代表。由于 O、A 二点在应力圆的圆周上，且圆心在横轴上，故以$\overline{OA}$为直径的圆为该单元体的应力圆。从应力圆可以看出，B 点具有最大切应力，其值

$$\tau_{\max}=\overline{CB}=\frac{1}{2}\overline{OA}=50\ (\text{MPa})$$

在应力圆上，从 O 点开始，顺时针转 90°到达 B 点，故在单元体上，从 x 轴开始，顺时针转 45°为最大切应力所在截面的法线。最大切应力及其所在截面方位如图 18-8(c) 所示。

【例 18-5】 试用图解法求图 18-9(a) 所示单元体 $\alpha=30°$的截面上的应力，并求出主应力大小和主平面的方位，在单元体上画出主应力单元。图中单位为 MPa。

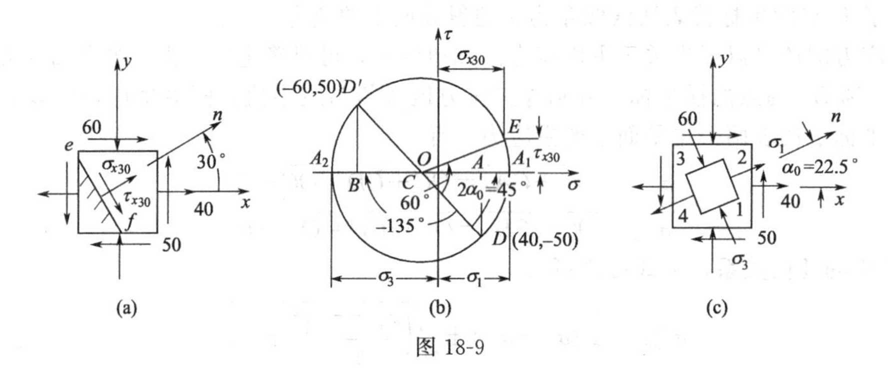

图 18-9

解：作 $O\sigma\tau$ 坐标系，按选定的比例尺，量取$\overline{OA}=\sigma_x=40\text{MPa}$，$\overline{AD}=\tau_{xy}=-50\text{MPa}$ 得 D 点；再量取$\overline{OB}=\sigma_y=-60\text{MPa}$，$\overline{BD'}=\tau_{yx}=50\text{MPa}$ 得 D'点。连接 DD'，与横坐标轴交于 C 点，以 C 为圆心，$\overline{CD}$ 为半径，画出应力圆，如图 18-9(b) 所示。

为求 $\alpha=30°$的斜截面上的应力。由 D 点沿逆时针旋转 60°角至 E 点。按选定的比例尺量出 E 点的横坐标和纵坐标，得到

$$\sigma_{30°}=58.3\text{MPa},\ \tau_{30°}=18.3\text{MPa}$$

应力的方向画在图 18-9(a) 的单元体上。

应力圆和横坐标的交点为 A_1 和 A_2 [图 18-9(b)]，其横坐标即为主应力。由图上量得

$$\sigma_{\max}=\sigma_1=\overline{OA_1}=60.7\text{MPa}$$

$$\sigma_{\min}=\sigma_3=\overline{OA_2}=-80.7\text{MPa}$$

由于单元体的前后平面上无应力作用，按主应力的顺序规定，主应力 $\sigma_2=0$。

在应力圆上量得 CA_1 和 CD 的夹角为 45°，由 D 点至 A_1 点为逆时针转向，所以在单元体上也按逆时针转$\frac{45°}{2}=22.5°$，得主应力 σ_1 的方向，由此可定出主平面位置。主应力单元

体如图 18-9(c) 所示。

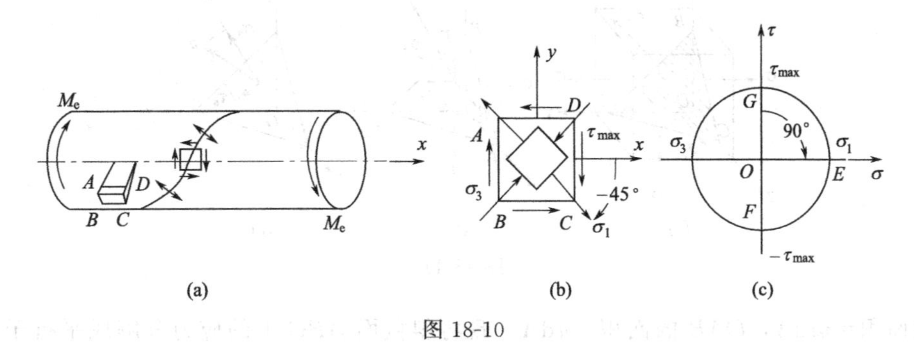

图 18-10

【例 18-6】 试分析如图 18-10(a) 所示圆轴受扭时的应力状态，并讨论铸铁试件扭转时的破坏现象。

解： 在前面的章节中已初步分析了圆轴扭转的应力状态，现在对此做一较深入的讨论。圆轴扭转时，在横截面的边缘处切应力最大，其值为

$$\tau_{max}=\frac{M_e}{W_p}$$

在圆轴的最外层，按图 18-10(a) 所示的方式取出单元体 $ABCD$，单元体各面上的应力如图 18-10(b) 所示。这就是纯剪切应力状态。

法线为 x 的面上，$\sigma_x=0$，$\tau_{xy}=\tau_{max}$，在图 18-10(c) 中由 G 点来代表。法线为 y 的面上，$\sigma_y=0$，$\tau_{yx}=-\tau_{max}$，在图 18-10(c) 中由 F 点来代表。连接 G、F 点，与横轴交在坐标原点 O，应力圆如图 18-10(c) 所示。由图可知

$$\sigma_{max}=\sigma_1=\tau_{max} \qquad \sigma_{min}=\sigma_3=-\tau_{max}$$

由于单元体前后平面上无应力作用，按主应力的顺序规定，主应力 $\sigma_2=0$。所以，纯剪切应力状态是二向应力状态的一种特殊情形。它的两个主应力的绝对值相等，都等于切应力 τ_{max}，但一个为拉应力，另一个为压应力。

圆轴扭转试验时，铸铁试件沿与轴线成 45°角的螺旋面破坏，其方位如图 18-10(a) 所示。从图 18-10(b)、(c) 可知，以 x 为法线的面上具有最大切应力，应力圆上以 G 为代表。从 G 顺时针转 90°，到达 E 点，该点具有最大拉应力。在单元体上，从 x 轴顺时针转 45°。为法线的面上，具有最大拉应力 σ_1。由于铸铁的抗拉强度较低，所以试件沿着与轴线夹 45°角的螺旋面被拉开。

第四节　三向应力状态概述

三个主应力均不为零的应力状态，即为三向应力状态，前面已经提到的，平面应力状态其实也有三个主应力，只是其中部分主应力为零，因此平面应力其实为三向应力状态的特例。对三向应力状态，这里只讨论当三个主应力已知时［图 18-11(a)］，任意斜截面上的应力计算。

从微元体中任意取出一四面体 ABC，如图 18-11(b) 所示。设 ABC 的法线 n 同三个坐标轴方向的余弦值分别为 l、m、n，它们之间满足如下关系：

$$l^2+m^2+n^2=1 \tag{18-22}$$

若 ABC 的面积为 dA，则四面体其余三个面的面积应分别为：OBC 的面积 $=l dA$，

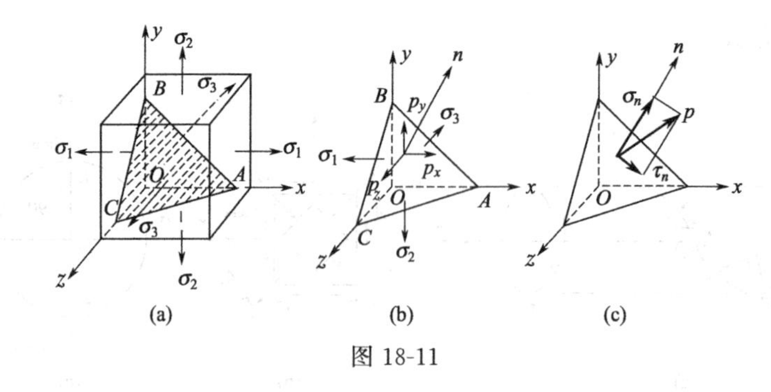

图 18-11

OCA 的面积$=m\mathrm{d}A$，OAB 的面积$=n\mathrm{d}A$。现将斜截面 ABC 上的应力分解成平行于 x、y、z 轴的三个分量 p_x、p_y、p_z。由四面体的平衡方程$\sum F_x=0$，得

$$p_x\mathrm{d}A-\sigma_1 l\mathrm{d}A=0$$

$$p_x=\sigma_1 l$$

同理，由平衡方程$\sum F_y=0$ 和$\sum F_z=0$，又可求得 p_y 和 p_z。最后得出

$$p_x=\sigma_1 l,\ p_y=\sigma_2 m,\ p_z=\sigma_3 n \tag{18-23}$$

由以上三个分量求得斜截面 ABC 上的总应力为

$$p=\sqrt{p_x^2+p_y^2+p_z^2}=\sqrt{\sigma_1^2 l^2+\sigma_2^2 m^2+\sigma_3^2 n^2} \tag{18-24}$$

还可以把总应力分解成与斜截面垂直的正应力 σ_n 和相切的切应力 τ_n。如图 18-11(c)，显然有

$$p^2=\sigma_n^2+\tau_n^2 \tag{18-25}$$

σ_n 为总应力 p 在斜截面法线 n 方向上的投影值，同样也等于 p 的三个分量 p_x、p_y、p_z 在法线上投影的代数和，即

$$\sigma_n=p_x l+p_y m+p_z n$$

将式(18-23) 代入上式，得

$$\sigma_n=\sigma_1 l^2+\sigma_2 m^2+\sigma_3 n^2 \tag{18-26}$$

另外，将式(18-24) 代入式(18-25)，还可求出

$$\tau_n^2=\sigma_1^2 l^2+\sigma_2^2 m^2+\sigma_3^2 n^2-\sigma_n^2 \tag{18-27}$$

将式(18-22)、式(18-26)、式(18-27) 三式联立成方程组，并求解 l^2、m^2 和 n^2 的结果为

$$\left.\begin{aligned}
l^2&=\frac{\tau_n^2+(\sigma_n-\sigma_2)(\sigma_n-\sigma_3)}{(\sigma_1-\sigma_2)(\sigma_1-\sigma_3)}\\
m^2&=\frac{\tau_n^2+(\sigma_n-\sigma_1)(\sigma_n-\sigma_3)}{(\sigma_2-\sigma_1)(\sigma_2-\sigma_3)}\\
n^2&=\frac{\tau_n^2+(\sigma_n-\sigma_1)(\sigma_n-\sigma_2)}{(\sigma_3-\sigma_1)(\sigma_3-\sigma_2)}
\end{aligned}\right\} \tag{18-28}$$

将式(18-28) 改写成为如下形式：

$$\left.\begin{aligned}
\left(\sigma_n-\frac{\sigma_2+\sigma_3}{2}\right)^2+\tau_n^2&=\left(\frac{\sigma_2-\sigma_3}{2}\right)^2+l^2(\sigma_1-\sigma_2)(\sigma_1-\sigma_3)\\
\left(\sigma_n-\frac{\sigma_1+\sigma_3}{2}\right)^2+\tau_n^2&=\left(\frac{\sigma_3-\sigma_1}{2}\right)^2+m^2(\sigma_2-\sigma_3)(\sigma_2-\sigma_1)\\
\left(\sigma_n-\frac{\sigma_1+\sigma_2}{2}\right)^2+\tau_n^2&=\left(\frac{\sigma_1-\sigma_2}{2}\right)^2+n^2(\sigma_3-\sigma_1)(\sigma_3-\sigma_2)
\end{aligned}\right\} \tag{18-29}$$

可以发现，式(18-29) 中的三式为三个圆的方程式（以 σ_n 为横坐标，τ_n 为纵坐标），斜截面 ABC 上的应力值 σ_n、τ_n 必须同时满足式(18-29) 三个圆方程，也就是说通过三个圆方程的交点就可以得到斜截面 ABC 上的应力。可见，在 σ_1、σ_2、σ_3 和 l、m、n 已知后，可以作出上述三个圆中的任意两个，其交点的坐标即为所求斜截面上的应力。

若三个主应力的大小关系为 $\sigma_1>\sigma_2>\sigma_3$，且因 $l^2\geqslant 0$，则在式(18-29) 的第一式中有

$$l^2(\sigma_1-\sigma_2)(\sigma_1-\sigma_3)\geqslant 0$$

所以，式(18-29) 中的第一式所确定的圆的半径，大于和它同心的圆的半径。

$$\left(\sigma_n-\frac{\sigma_2+\sigma_3}{2}\right)^2+\tau_n^2=\left(\frac{\sigma_2-\sigma_3}{2}\right)^2$$

这样，在图 18-12 中，由式(18-29) 中第一式所确定的圆在圆 B_1C_1 之外。用同样的方法可以说明，式(18-29) 中第二式所表示的圆在圆 A_1B_1 之内；第三式所表示的圆在圆 A_1C_1 之外。因而式(18-29) 三个圆的交点 D，亦即斜面 ABC 上的应力应在图 18-12 中画阴影线的部分之内。

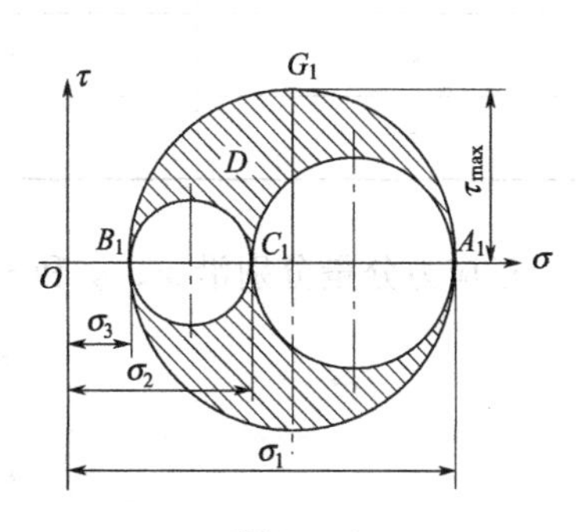

图 18-12

在图 18-12 画阴影线的部分内，任何点的横坐标都小于 A_1 点的横坐标，并大于 B_1 点的横坐标；任何点的纵坐标都小于 G_1 点的纵坐标。于是得正应力和切应力的极值分别为

$$\sigma_{\max}=\sigma_1\text{，}\sigma_{\min}=\sigma_3\text{，}\tau_{\max}=\frac{\sigma_1-\sigma_3}{2} \qquad (18\text{-}30)$$

若所取平面平行于 σ_2，则 $m=0$。这时从式(18-26) 及式(18-27) 可以看出，斜截面上的应力与 σ_2 无关，只受 σ_1 和 σ_3 的影响。同时，由式(18-29) 中第二式所表示的圆变成圆 A_1B_1。这表明，在这类截面上的应力由 σ_1 和 σ_3 所确定的应力圆来表示。$\tau_{\max}$ 所在平面就是这类截面中的一个，其法线与 σ_1 所在平面法线成 45°。同理平行于 σ_1 或 σ_3 的平面上的应力分别与 σ_1 或 σ_3 无关。

如将二向应力状态看做是三向应力状态的特殊情况，当 $\sigma_1>\sigma_2>0$、$\sigma_3=0$ 时，按式(18-30) 又可表示为

$$\tau_{\max}=\frac{\sigma_1}{2} \qquad (18\text{-}31)$$

第五节　广义胡克定律

在弹性范围内应力与应变存在如下关系

$$\sigma=E\varepsilon \quad \text{或} \quad \varepsilon=\frac{\sigma}{E} \qquad (18\text{-}32)$$

即为胡克定律。另外，轴向的变形还将引起横向尺寸的变化，且二者之比为常数，横向应变 ε' 可表示为

$$\varepsilon'=-\mu\varepsilon=-\mu\frac{\sigma}{E} \qquad (18\text{-}33)$$

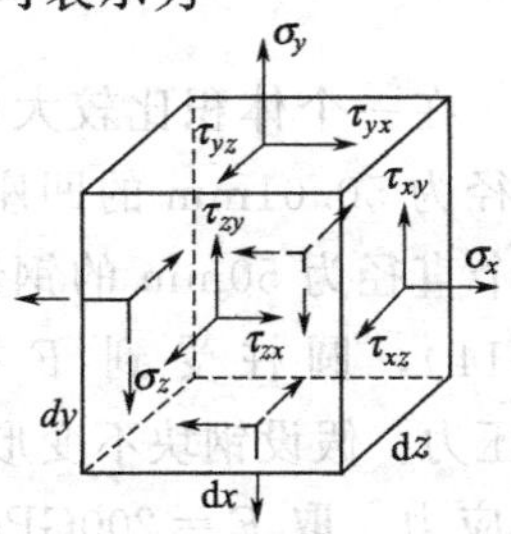

图 18-13

通过试验发现，在纯剪切的情况下，当切应力不超过剪切比例极限时，切应力和切应变之间的关系服从剪切胡克定律。即

$$\tau=G\gamma \quad \text{或} \quad \gamma=\frac{\tau}{G} \qquad (18\text{-}34)$$

一般情况下，一个单元体存在 6 个面，每个面上有 3 个应力分量，如图 18-13 所示。但是若借助平衡关系，仅需 9 个应力分量便

可描述一点的应力状态。另据切应力互等定理可知，$\tau_{xy}=\tau_{yx}$，$\tau_{yz}=\tau_{zy}$ 和 $\tau_{xz}=\tau_{zx}$。这样，只需 6 个独立分量即可。这种普遍情况，可以看做是三组单向应力和三组纯剪切的组合。

对于各向同性材料，在小变形情况下，线应变只与正应力有关，而与切应力无关；切应变只与切应力有关，而与正应力无关。这样，就可利用式(18-32)、式(18-33) 求出各应力分量沿不同方向的应变，然后再进行叠加。正应力分量分别沿 x、y 和 z 方向对应的应变见表 18-1。

表 18-1　正应力分量在不同方向对应的应变

	σ_x	σ_y	σ_z
ε_x	$\frac{1}{E}\sigma_x$	$-\frac{\mu}{E}\sigma_y$	$-\frac{\mu}{E}\sigma_z$
ε_y	$-\frac{\mu}{E}\sigma_x$	$\frac{1}{E}\sigma_y$	$-\frac{\mu}{E}\sigma_z$
ε_z	$-\frac{\mu}{E}\sigma_x$	$-\frac{\mu}{E}\sigma_y$	$\frac{1}{E}\sigma_z$

正应力分量分别沿 x、y 和 z 方向的线应变的表达为

$$\left.\begin{aligned}\varepsilon_x&=\frac{1}{E}[\sigma_x-\mu(\sigma_y+\sigma_z)]\\ \varepsilon_y&=\frac{1}{E}[\sigma_y-\mu(\sigma_x+\sigma_z)]\\ \varepsilon_z&=\frac{1}{E}[\sigma_z-\mu(\sigma_y+\sigma_x)]\end{aligned}\right\} \tag{18-35}$$

根据剪切胡克定律，在 xy、yz、xz 三个面内的切应变分别是

$$\gamma_{xy}=\frac{\tau_{xy}}{G},\ \gamma_{yz}=\frac{\tau_{yz}}{G},\ \gamma_{zx}=\frac{\tau_{zx}}{G} \tag{18-36}$$

式(18-35) 和式(18-36) 称为广义胡克定律。

当单元体为主单元体时，且使 x、y、z 的方向分别与 σ_1、σ_2、σ_3 的方向一致。这时

$$\sigma_x=\sigma_1,\ \sigma_y=\sigma_2,\ \sigma_z=\sigma_3$$

$$\tau_{xy}=0,\ \tau_{yz}=0,\ \tau_{zx}=0$$

广义胡克定律可简化为

$$\left.\begin{aligned}\varepsilon_1&=\frac{1}{E}[\sigma_1-\mu(\sigma_2+\sigma_3)]\\ \varepsilon_2&=\frac{1}{E}[\sigma_2-\mu(\sigma_1+\sigma_3)]\\ \varepsilon_3&=\frac{1}{E}[\sigma_3-\mu(\sigma_1+\sigma_2)]\\ \gamma_{xy}&=0,\ \gamma_{yz}=0,\ \gamma_{zx}=0\end{aligned}\right\} \tag{18-37}$$

式(18-37) 表明，在三个坐标平面内的切应变等于零，故坐标 x、y、z 的方向就是主应变的方向，也就是说主应变和主应力的方向是重合的。

【例 18-7】 在一个体积比较大的钢块上有一直径为 50.01mm 的凹座，凹座内放置一个直径为 50mm 的钢制圆柱（图 18-14），圆柱受到 $F=300\text{kN}$ 的轴向压力。假设钢块不变形，试求圆柱的主应力。取 $E=200\text{GPa}$，$\mu=0.30$。

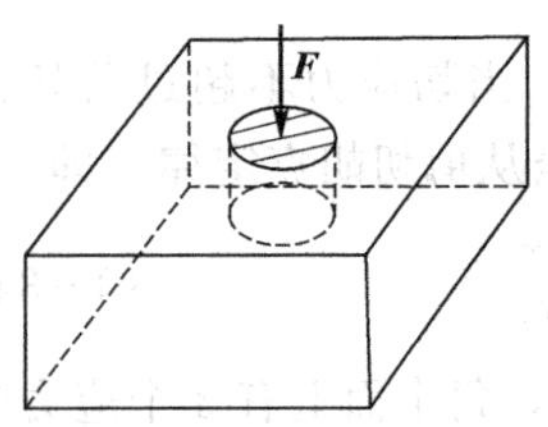

图 18-14

解： 在柱体横截面上的压应力为

$$\sigma_3=-\frac{p}{A}=-\frac{300\times10^3}{\frac{1}{4}\pi(50\times10^{-3})^2}=-153\times10^6(\text{Pa})=-153\ (\text{MPa})$$

这是柱体内各点的三个主应力中绝对值最大的一个。

在轴向压缩下，圆柱将产生横向膨胀。在它胀到塞满凹座后，凹座与柱体之间将产生径向均匀压力 p [图 18-14(b)]。在柱体横截面内，这是一个二向均匀应力状态，这种情况下，柱体中任一点的径向和周向应力皆为 p。又由于假设钢块不变形，所以柱体在径向只能发生由于塞满凹座而引起的应变，其数值为

$$\varepsilon_2=\frac{50.01-50}{50}=0.0002$$

于是由广义胡克定律

$$\varepsilon_2=\frac{\sigma_2}{E}-\mu\frac{\sigma_3}{E}-\mu\frac{\sigma_1}{E}=-\frac{p}{E}+\mu\frac{153\times10^6}{E}+\mu\frac{p}{E}=0.0002$$

求得

$$p=\frac{153\times10^6\times0.3-0.0002\times200\times10^9}{1-0.3}=-8.43\times10^6(\text{Pa})=-8.43\ (\text{MPa})$$

所以柱体内各点的三个主应力为

$$\sigma_1=\sigma_2=-p=-8.43\text{MPa},\ \sigma_3=-153\text{MPa}$$

第六节　强度理论

当材料处于单向应力状态时，其极限应力可以通过试验测定。但实际构件危险点的应力状态往往不是单向的，而是处于二向或三向应力状态，模拟复杂应力状态下的试验比较困难。一个典型的试验是将材料加工成薄壁圆筒，在筒内施加内压，同时配以轴力和扭矩，这样可以构造多种应力状态。尽管如此，还是很难重现工程实际中遇到的各种复杂的应力状态。因此，研究材料在复杂的二向或三向应力状态下的破坏及失效的规律极为必要。

工程中虽然杆件的失效现象比较复杂，但无论在复杂应力状态还是简单应力状态下材料的破坏形式却是有限的，归纳起来主要有两种：一种为断裂，另一种为屈服。衡量受力和变形程度的量有应力、应变和应变能，对于同一种破坏形式，可能存在相同的破坏原因。于是假定材料的失效（断裂或屈服）是由于应力、应变和应变能等因素中某一个因素引起的。长期以来人们根据破坏形式，提出了种种关于破坏原因的假说，根据这些假说就可以通过简单的试验结果，建立材料在复杂应力状态下的破坏判据，预测材料在复杂应力状态下，何时发生破坏，进而建立复杂应力状态下的强度条件。经过试验研究及工程实践检验证实了的有关破坏原因的假说被称为强度理论。

材料的破坏形式归纳为两类，即断裂和屈服；因而强度理论也分为两类，即关于脆性断裂的强度理论和关于塑性屈服的强度理论，下面介绍的是比较经典的四个基本的强度理论。

1. 最大拉应力理论（第一强度理论）

这一理论是人们根据早期使用的脆性材料（如天然石、砖和铸铁等）易于拉断而提出的。它认为材料的断裂是由于最大拉应力 σ_1 达到该种材料在轴向拉伸时的强度极限 σ_b，与其他两个主应力无关，即 $\sigma_1=\sigma_b$ 时材料将发生断裂。为了强度储备，应引入安全因数 n，则有

$$\sigma_1\leqslant\frac{\sigma_b}{n}$$

或
$$\sigma_1 \leqslant [\sigma] \tag{18-38}$$

式中，$[\sigma]$是单向拉伸时材料的许用应力。这一理论基本上能正确反映出某些脆性材料的特性。人们用铸铁圆筒做试验，给铸铁圆筒同时加内压力和轴向拉力，其试验结果与最大拉应力理论符合得较好。所以，这一理论可用于承受拉应力的某些脆性材料，如铸铁。

2. 最大拉应变理论（第二强度理论）

这一理论认为材料的断裂是由于最大伸长线应变 ε_1 达到了材料所能承受的极限。无论材料处于何种应力状态，只要这一应变值达到该种材料在单向拉伸断裂时的应变值 ε_u，材料就发生脆性断裂。对于铸铁等脆性材料，从受载到断裂，其应力与应变关系基本上服从胡克定律，所以利用三向应力状态的胡克定律可写出断裂条件 $\varepsilon_1=\dfrac{\sigma_1-\mu(\sigma_2+\sigma_3)}{E}=\dfrac{\sigma_b}{E}$。引入安全因数，写出强度条件，即

$$\sigma_1-\mu(\sigma_2+\sigma_3) \leqslant [\sigma] \tag{18-39}$$

式中，$[\sigma]$是单向拉伸时材料的许用应力。相比于第一强度理论，在第二强度理论中，考虑了三个主应力对材料破坏的影响，从形式上更加完美了。但是薄壁圆筒铸铁试件在内压、轴力和扭矩联合作用下的试验表明，第二强度理论并不比第一强度理论更符合试验结果。

3. 最大切应力理论（第三强度理论）

人们发现碳钢的屈服与最大切应力有关，例如，直杆拉伸时在与杆轴成45°角的方向上出现滑移线而显现出屈服现象，目前认为这是沿最大切应力方向滑移的结果，即塑性变形是由于金属晶格沿剪切面滑移的结果。因此，该理论认为处于复杂应力状态下的材料，只要其最大切应力 τ_{max} 达到该材料在简单拉伸下出现屈服时的最大切应力值 τ_s，材料就发生屈服而进入塑性状态。因此材料在复杂应力状态下的屈服条件为

$$\tau_{max}=\tau_s$$

三向应力状态时的最大切应力

$$\tau_{max}=\frac{\sigma_1-\sigma_3}{2}$$

而简单拉伸下出现屈服时的最大切应力值

$$\tau_s=\frac{\sigma_s}{2}$$

故屈服条件变为

$$\sigma_1-\sigma_3=\sigma_s$$

引入安全因数 n，取许用应力为$[\sigma]=\dfrac{\sigma_s}{n}$，那么第三强度理论的强度条件为

$$\sigma_1-\sigma_3 \leqslant [\sigma] \tag{18-40}$$

人们用塑性金属材料做试验，证实了当材料出现塑性变形时最大切应力基本上保持为常值。这一理论将金属材料的屈服视为材料发生破坏，它适用于具有明显屈服平台的金属材料。由于最大切应力理论与试验结果比较接近，因此在工程上得到了广泛应用。但缺点是没有考虑主应力 σ_2 对材料屈服的影响。事实上，主应力 σ_2 对材料屈服确实有一定的影响。

4. 畸变能理论（第四强度理论）

这一理论认为畸变能密度是引起屈服的主要因素。单元体在三向应力状态下储存有体积改变能密度 v_V 和畸变能密度 v_d，如果材料处于三向等值压缩，即 $\sigma_1=\sigma_2=\sigma_3=-p$，人们发现三向压应力可达到很大，而材料并不过渡到失效状态，这时单元体只有体积改变能，而无畸变能。这表明体积改变能的大小与材料的失效无关，于是有人提出畸变能理论。该理论

认为：当单元体储存的畸变能密度 v_d 达到单向拉伸发生屈服的畸变能密度 v_{ds} 时，材料就进入塑性屈服。即

$$v_d = v_{ds}$$

单向拉伸时，$\sigma_1=\sigma_s$，$\sigma_2=\sigma_3=0$，利用材料畸变能密度 v_d 的表达式得

$$v_{ds}=\frac{1+\mu}{3E}\sigma_s^2$$

$$v_d=\frac{1+\mu}{6E}[(\sigma_1-\sigma_2)^2+(\sigma_2-\sigma_3)^2+(\sigma_3-\sigma_1)^2]$$

材料在复杂应力状态下的屈服条件为

$$\frac{1+\mu}{6E}[(\sigma_1-\sigma_2)^2+(\sigma_2-\sigma_3)^2+(\sigma_3-\sigma_1)^2]=\frac{1+\mu}{3E}\sigma_s^2$$

即

$$\sqrt{\frac{[(\sigma_1-\sigma_2)^2+(\sigma_2-\sigma_3)^2+(\sigma_3-\sigma_1)^2]}{2}}=\sigma_s$$

在上式中引入安全因数，得到第四强度理论的强度条件：

$$\sqrt{\frac{[(\sigma_1-\sigma_2)^2+(\sigma_2-\sigma_3)^2+(\sigma_3-\sigma_1)^2]}{2}}\leqslant[\sigma] \tag{18-41}$$

第四强度理论有时也被称为形状改变比能理论。人们用塑性金属如碳钢、铝等材料制成薄壁圆筒，使之承受内压、轴向力和扭矩的联合作用，然后通过改变内压、轴向力和扭矩的大小及方向改变单元体的主应力大小及方向。这类试验表明，第三强度理论的屈服条件与试验结果基本符合，而第四理论的屈服条件与试验结果符合得更好些。

综合式(18-38)、式(18-39)、式(18-40)、式(18-41)，把各种强度理论的强度条件写成统一的形式

$$\sigma_r\leqslant[\sigma] \tag{18-42}$$

这里 σ_r 称为相当应力，代表本节给出的上述四个基本强度理论表达式的左端项，即

$$\left.\begin{aligned}
&\sigma_{r1}=\sigma_1\\
&\sigma_{r2}=\sigma_1-\mu(\sigma_2+\sigma_3)\\
&\sigma_{r3}=\sigma_1-\sigma_3\\
&\sigma_{r4}=\sqrt{\frac{1}{2}[(\sigma_1-\sigma_2)^2+(\sigma_2-\sigma_3)^2+(\sigma_3-\sigma_1)^2]}
\end{aligned}\right\} \tag{18-43}$$

以上介绍的四种强度理论，铸铁、石料等脆性材料，通常以断裂形式失效，适宜采用第一和第二强度理论。碳钢、铜、铝等塑性材料，通常以屈服形式失效，适宜采用第三和第四强度理论。上述强度理论只适用于某种确定的破坏形式。因此，在实际应用中，应当先判别将会发生什么形式的破坏——屈服还是断裂，然后选用合适的强度理论。

但是，需要指出材料的破坏形式还会受到其所处的应力状态、温度和加载速度等因素的影响。试验表明，塑性材料在一定的条件下（如低温或三向拉伸时）也会表现为脆性断裂；而脆性材料在一定的应力状态（如三向压缩）下也会出现塑性屈服或剪断。

【例 18-8】 若图 18-1 中的锅炉为 Q235 钢，壁厚 $\delta=10\text{mm}$，内径 $D=1\text{m}$，蒸汽压力 $p=3\text{MPa}$，其许用应力为 $[\sigma]=160\text{MPa}$，试校核其强度。

解： 图 18-1 中锅炉圆筒任意点的主应力为

$$\sigma'=\frac{pD}{4\delta}=\frac{3\times10^6\times1}{4\times10\times10^{-3}}=75\times10^6\text{Pa}=75\text{MPa}$$

$$\sigma''=\frac{pD}{2\delta}=\frac{3\times10^6\times1}{2\times10\times10^{-3}}=150\times10^6\text{Pa}=150\text{MPa}$$

$$\sigma_1=150\text{MPa},\ \sigma_2=75\text{MPa},\ \sigma_3\approx0\text{MPa}$$

对 Q235 钢这类塑性材料，应采用第四强度理论。由式(18-43)，得

$$\sigma_{r4}=\sqrt{\frac{1}{2}\left[(\sigma_1-\sigma_2)^2+(\sigma_1-\sigma_3)^2+(\sigma_2-\sigma_3)^2\right]}$$

$$=\sqrt{\frac{1}{2}\left[(150-75)^2+(150-0)^2+(75-0)^2\right]}=130\text{MPa}<[\sigma]$$

所以，锅炉圆筒满足第四强度理论的强度条件。

也可以用第三强度理论进行强度校核

$$\sigma_1-\sigma_3=150-0=150\text{MPa}<[\sigma]$$

可见也满足第三强度理论的强度条件。

思　考　题

18-1　什么是一点的应力状态？为什么要研究一点的应力状态？

18-2　用于分析一点应力状态的单元体有哪些基本特点？

18-3　如图 18-15 所示单元体的应力状态，哪些属于二向应力状态？

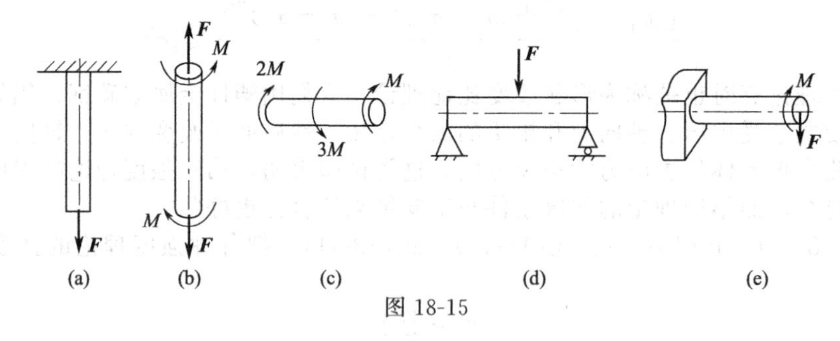

图 18-15

18-4　ε_α 和 γ_α 的含义是什么？

18-5　二向应力状态中，互相垂直的两个截面上的正应力有何关系？

18-6　三向等拉和三向等压单元体的最大切应力各为何值？

18-7　在什么情况下，广义胡克定律适用于有正应力和切应力同时作用的单元体？

习　　题

18-1　试用单元体表示图 18-16 中各构件 A、B 点的应力状态，并算出单元体各面上的应力数值。

18-2　图 18-17 中沿与杆轴线成±45°斜截面截取单元体 C，此单元体的应力状态如图所示。此单元体是否是二向应力状态？

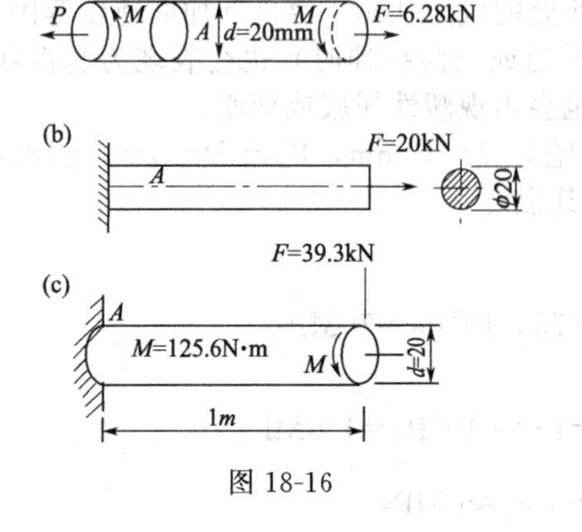

图 18-16

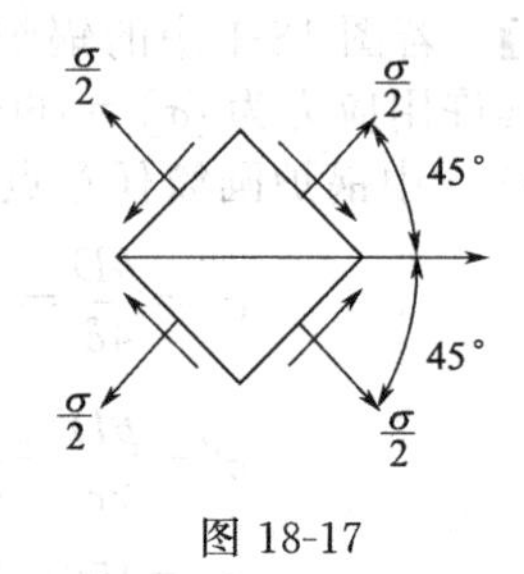

图 18-17

18-3　在图 18-18 所示的各单元体中，试用解析法和图解法求斜截面 ab 上的应力（图中应力单位为 MPa）。

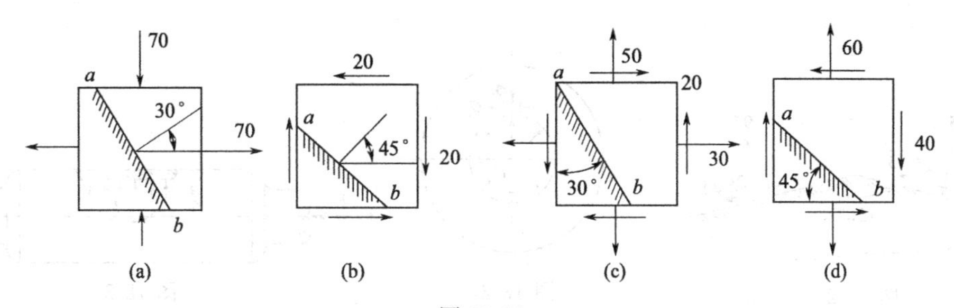

图 18-18

18-4　已知应力状态如图 18-19 所示。试用解析法及图解法：（1）求主应力的大小，主平面的位置；（2）在单元体上绘出主平面位置及主应力方向；（3）求最大剪应力。图中应力单位皆为 MPa。

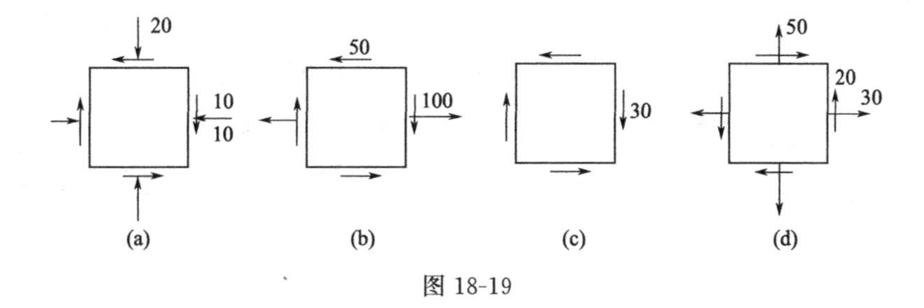

图 18-19

18-5　图 18-20 所示简支梁为 36a 工字钢，$F=140\text{kN}$，$l=4\text{m}$。A 点所在截面在集中力 $\boldsymbol{F}$ 的左侧，且无限接近 $\boldsymbol{F}$ 力作用的截面。试求：

（1）A 点在指定斜截面上的应力；

（2）A 点的主应力及主平面位置（用单元体表示）。

18-6　如图 18-21 所示，已知矩形截面梁某截面上的弯矩及剪力分别为 $M=10\text{kN}\cdot\text{m}$，$F_s=120\text{kN}$，试绘出截面上 1、2、3、4 各点应力状态的单元体，并求其主应力。

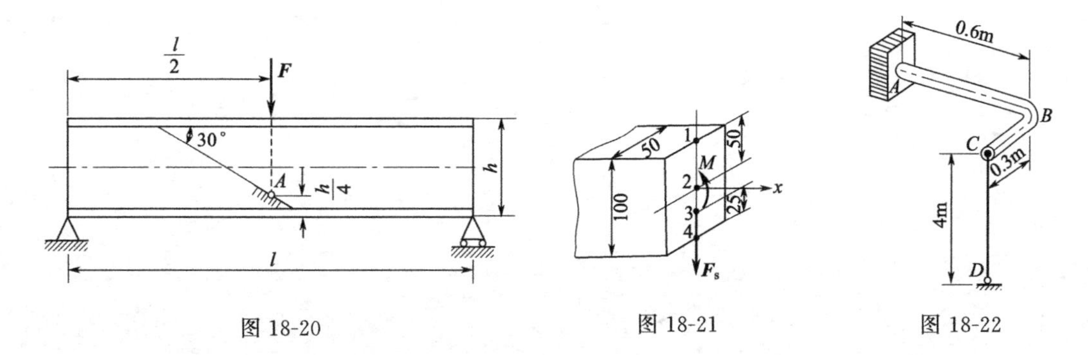

图 18-20　　图 18-21　　图 18-22

18-7　如图 18-22 所示，钢制曲拐的横截面直径为 20mm，C 端与钢丝相连，钢丝的横截面面积 $A=6.5\text{mm}^2$。曲拐和钢丝的弹性模量同为 $E=200\text{GPa}$，$G=84\text{GPa}$。若钢丝的温度降低 50℃，且 $a=12.5\times10^{-6}\text{℃}^{-1}$，试求曲拐截面 A 的顶点的应力状态。

18-8　在通过一点的两个平面上，应力如图 18-23 所示，单位为 MPa。试求主应力的数值及主平面的位置，并用单元体的草图表示出来。

18-9　炮筒横截面如图 18-24 所示。在危险点处，$\sigma_t=550\text{MPa}$，$\sigma_r=-350\text{MPa}$，第三个主应力垂直于图面，是拉应力，且其大小为 420MPa。试按第三和第四强度理论，计算其相当应力。

18-10　铸铁薄管如图 18-25 所示。管的外径为 200mm，壁厚 $\delta=15\text{mm}$，内压 $p=4\text{MPa}$，$F=200\text{kN}$。铸铁的抗拉及抗压许用应力分别为 $[\sigma_t]=30\text{MPa}$，$[\sigma_c]=120\text{MPa}$，$\mu=0.25$。试用第二强度理论校核薄管的强度。

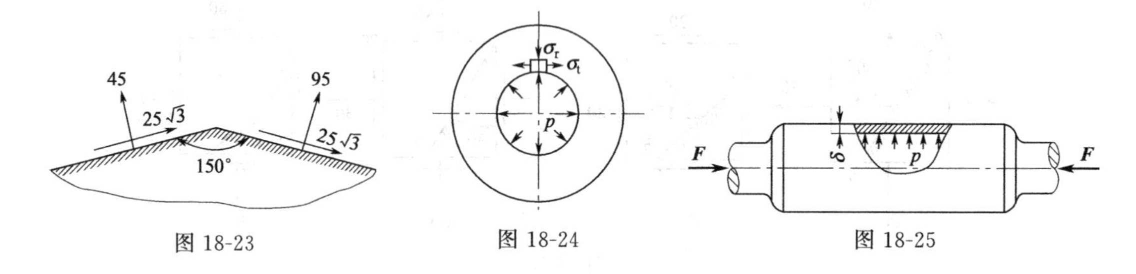

图 18-23　　图 18-24　　图 18-25

第十九章 组合变形

第一节 概　　述

在工程实际中，构件在载荷作用下往往发生两种或两种以上的基本变形。若其中有一种变形是主要的，其余变形所引起的应力（或变形）很小，则构件可按主要的基本变形进行计算。若几种变形所对应的应力（或变形）属于同一数量级，则构件的变形称为组合变形。例如，烟囱［图 19-1(a)］除自重引起的轴向压缩外，还有水平风力引起的弯曲；机械中的齿轮传动轴［图 19-1(b)］在外力作用下，将同时发生扭转变形及在水平平面和垂直平面内的弯曲变形；厂房中吊车立柱除受轴向压力 $\boldsymbol{F}_1$ 外，还受到偏心压力 $\boldsymbol{F}_2$ 的作用［图 19-1(c)］，立柱将同时发生轴向压缩和弯曲变形。

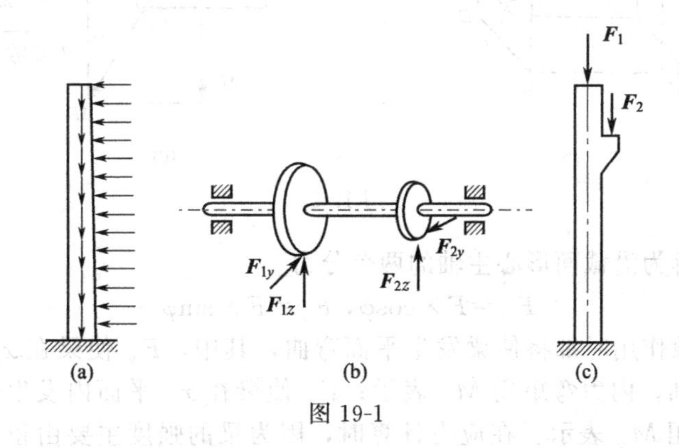

图 19-1

对于组合变形下的构件，在线弹性范围内，小变形条件下，可按构件的原始形状和尺寸进行计算。因而，可先将载荷简化为符合基本变形外力作用条件的外力系，分别计算构件在每一种基本变形下的内力、应力或变形。然后，利用叠加原理，综合考虑各基本变形的组合情况，以确定构件的危险截面、危险点的位置及危险点的应力状态，并据此进行强度计算。

本章先讨论在工程中经常遇到的几种组合变形问题，最后讨论连接件的实用计算。

第二节 斜 弯 曲

对于横截面具有对称轴的梁，当横向外力或外力偶作用在梁的纵向对称面内时，梁发生对称弯曲。这时，梁变形后的轴线是一条位于外力所在平面内的平面曲线，因而也称为平面弯曲。在工程实际中，有时会碰到载荷不是在两纵向对称平面（xz 平面和 xy 平面）内，梁弯曲后的挠曲线并不在外力的作用平面内，通常称这种弯曲为**斜弯曲**。

现以图 19-2 所示矩形截面悬臂梁为例来说明斜弯曲时应力和变形的计算。设自由端作用一个垂直于轴线的集中力 $\boldsymbol{F}$，其作用线通过截面形心（也是弯心），并与形心主惯性轴 y 轴夹角为 φ。

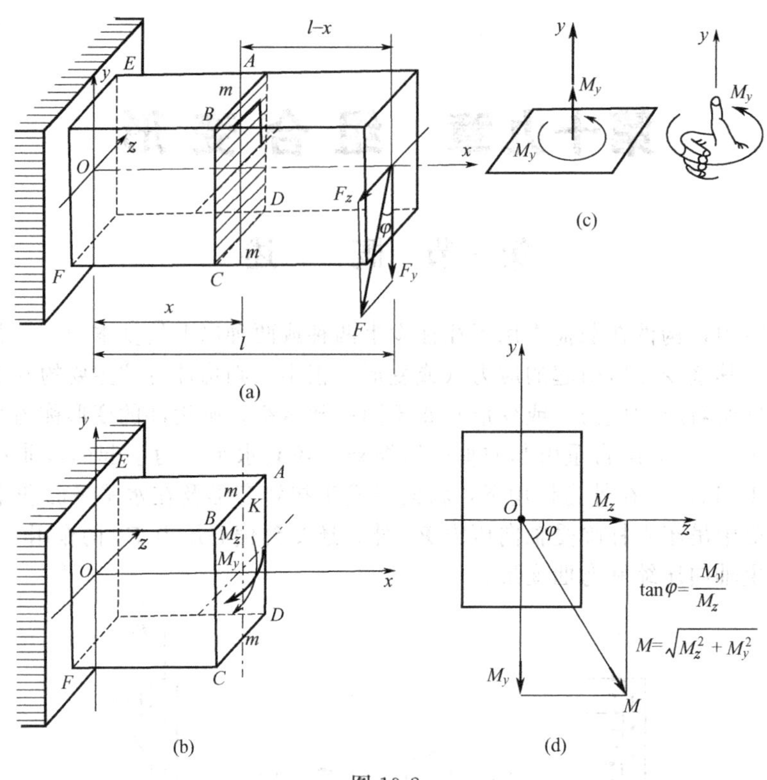

图 19-2

首先将外力分解为沿截面形心主轴的两个分力

$$F_y=F\times\cos\varphi，F_z=F\times\sin\varphi$$

这两个分力单独作用时都将使梁发生平面弯曲，其中，F_y 使梁在 xy 平面内发生平面弯曲，中性轴为 z 轴，内力弯矩用 M_z 表示；F_z 使梁在 xz 平面内发生平面弯曲，中性轴为 y 轴，内力弯矩用 M_y 表示。在应力计算时，因为梁的强度主要由正应力控制，所以通常只考虑弯矩引起的正应力，而不计切应力。

任意横截面 $m-m$ 上的内力为

$$M_z=F_y\times(l-x)=F(l-x)\cos\varphi=M\cos\varphi$$

$$M_y=F_z\times(l-x)=F(l-x)\sin\varphi=M\sin\varphi$$

式中，$M=F(l-x)$ 是横截面上的总弯矩。

$$M=\sqrt{M_z^2+M_y^2}$$

横截面 $m-m$ 上第一象限内任一点 $k(y,z)$ 处，对应于 M_z、M_y 引起的正应力分别为

$$\sigma'=\frac{M_z}{I_z}y=\frac{M\cos\varphi}{I_z}y$$

$$\sigma''=\frac{M_y}{I_y}z=\frac{M\sin\varphi}{I_y}z$$

式中，I_y、I_z 分别为横截面对 y、z 轴的惯性矩。

因为 σ' 和 σ'' 都垂直于横截面，所以 k 点的正应力为

$$\sigma=\sigma'+\sigma''=M\left(\frac{y\cos\varphi}{I_z}+\frac{z\sin\varphi}{I_y}\right) \tag{19-1}$$

注意：求横截面上任一点的正应力时，只需将此点的坐标（含符号）代入式(19-1) 即可。

设中性轴上各点的坐标为（y_0，z_0），因为中性轴上各点的正应力等于零，于是有

$$\sigma = M\left(\frac{y_0}{I_z}\cos\varphi + \frac{z_0}{I_y}\sin\varphi\right) = 0$$

即

$$\frac{y_0}{I_z}\cos\varphi + \frac{z_0}{I_y}\sin\varphi = 0 \tag{19-2}$$

此即为中性轴方程，可见中性轴是一条通过截面形心的直线。设中性轴与 z 轴夹角为 α，如图 19-3 所示，则

$$\tan\alpha = \left|\frac{y_0}{z_0}\right| = \frac{I_z}{I_y}\tan\varphi$$

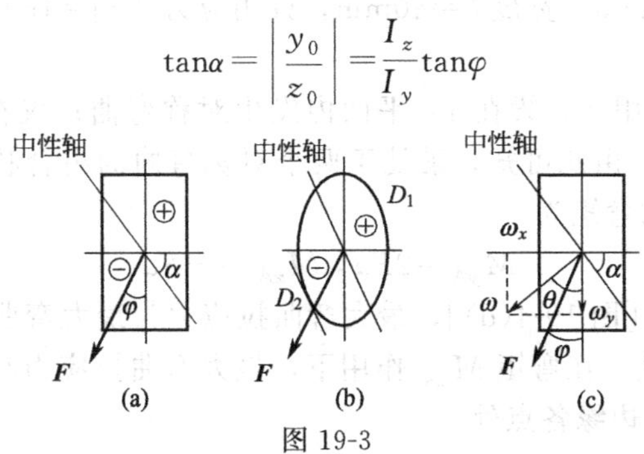

图 19-3

上式表明：中性轴的位置只与 φ 和截面的形状、大小有关，而与外力的大小无关；一般情况下，$I_y \neq I_z$，则 $\alpha \neq \varphi$，即中性轴不与外力作用平面垂直；对于圆形、正方形和正多边形 $I_y = I_z$ 的截面，有 $\alpha = \varphi$，此时梁不会发生斜弯曲。

1. 强度计算

危险点发生在弯矩最大截面上距中性轴最远的地方，对于图 19-2 所示梁，两个方向的弯矩 M_z、M_y 在固定端截面上最大，所以危险截面为固定端截面。M_z 产生的最大拉应力发生在 AB 边上，M_y 产生的最大拉应力发生在 AD 边上，所以梁的最大拉应力发生在 A 点。同理最大压应力发生在 C 点，因为此两点处于单向拉伸或单向压缩应力状态，可得强度条件为

$$\sigma_{\max} = \frac{M_{z\max}}{W_z} + \frac{M_{y\max}}{W_y} \leqslant [\sigma] \tag{19-3}$$

若截面形状无明显的棱角时，如图 19-3(b) 所示，则作中性轴的平行线并与截面相切于 D_1、D_2 两点，此两点的正应力即为最大正应力。

当 $I_y = I_z$，$\alpha = \varphi$，即载荷通过截面形心任意方向均形成平面弯曲时，若圆截面直径为 D，则有

$$|\sigma|_{\max} = \frac{M}{W} = \frac{32}{\pi D^3}\sqrt{M_y^2 + M_z^2} \tag{19-4}$$

2. 变形计算

现用叠加原理计算图 19-2 所示梁自由端挠度 ω。F_y、F_z 分别引起梁在 xy、xz 平面内的自由端挠度为

$$\omega_y = \frac{F_y l^3}{3EI_z} = \frac{Fl^3}{3EIz}\cos\varphi$$

$$\omega_z = \frac{F_z l^3}{3EI_y} = \frac{Fl^3}{3EI_y}\sin\varphi$$

则自由端的总挠度为

$$\omega=\sqrt{\omega_y^2+\omega_z^2}\text{（矢量和）} \tag{19-5}$$

设总挠度 ω 与 y 轴的夹角为 θ，则

$$\tan\theta=\frac{\omega_z}{\omega_y}=\frac{I_z}{I_y}\tan\varphi=\tan\alpha$$

可见，一般情况下，$I_z\neq I_y$，$\theta\neq\varphi$，说明斜弯曲梁的变形不发生在外力作用面内，这与平面弯曲有本质区别；$\theta=\alpha$，即 ω 方向与中性轴垂直。

【例 19-1】 图 19-4(a) 所示矩形截面悬臂梁，承受载荷 $\boldsymbol{F}_y$ 与 $\boldsymbol{F}_z$ 作用，且 $F_y=F_z=1.0\text{kN}$，截面高度 $h=80\text{mm}$，宽度 $b=40\text{mm}$，许用应力 $[\sigma]=160\text{MPa}$，$a=800\text{mm}$。试校核梁的强度。

解：仅在载荷 $\boldsymbol{F}_y$ 作用下，梁在 xy 平面内发生对称弯曲；仅在载荷 $\boldsymbol{F}_z$ 作用下，梁在 xz 平面内发生对称弯曲。由此可知，梁处于两个对称弯曲的组合状态，固定端处的横截面 A 为危险截面，该截面的弯矩为

$$M_{yA}=2Fa\text{，}M_{zA}=-Fa$$

在弯矩 M_{yA} 作用下［图 19-4(d)］，最大弯曲拉应力与最大弯曲压应力，分别发生在截面的 ad 与 ef 边缘各点处；在弯矩 M_{zA} 作用下，最大弯曲拉应力与最大弯曲压应力，则分别发生在截面的 de 与 fa 边缘各点处。

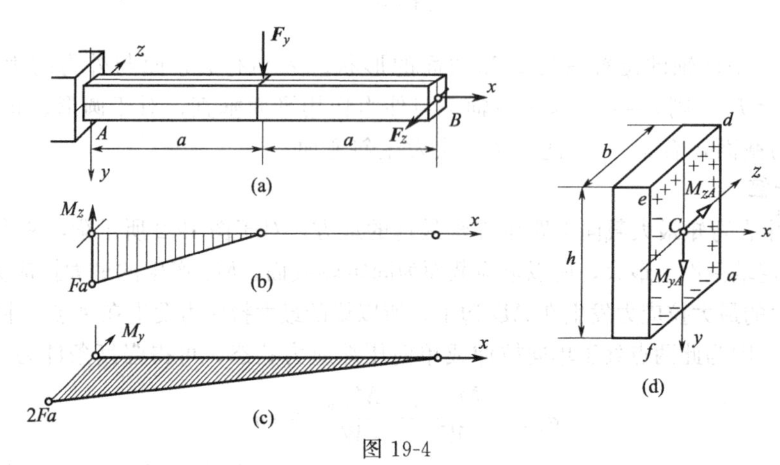

图 19-4

由叠加原理可知，d 点处的拉应力最大，f 点处的压应力最大，其值则均为

$$\sigma_{\max}=\frac{M_{yA}}{W_y}+\frac{M_{zA}}{W_z}=\frac{6\times2Fa}{hb^2}+\frac{6\times Fa}{bh^2}=\frac{12\times1\times10^3\times0.8}{0.08\times(0.04)^2}+\frac{6\times1\times10^3\times0.8}{0.04\times(0.08)^2}$$

$$=93.75\times10^6(\text{Pa})=93.75(\text{MPa})$$

由强度条件

$$\sigma_{\max}\leqslant[\sigma]$$

可知，梁的弯曲强度符合要求。

第三节　拉伸（压缩）与弯曲组合变形

在杆件受横向力和轴向力共同作用时，杆将发生弯曲与拉伸（压缩）的组合变形。图 19-5(a) 所示为一梁在水平拉力 $\boldsymbol{F}$ 和竖向均布力 q 共同作用下产生拉伸与弯曲组合变形的实例。

在任意横截面 $m-m$ 上，内力有轴力 $\boldsymbol{F}_{\mathrm{N}}$、弯矩 M 和剪力 $\boldsymbol{F}_{\mathrm{s}}$［图 19-5(b)］，由于剪力的作

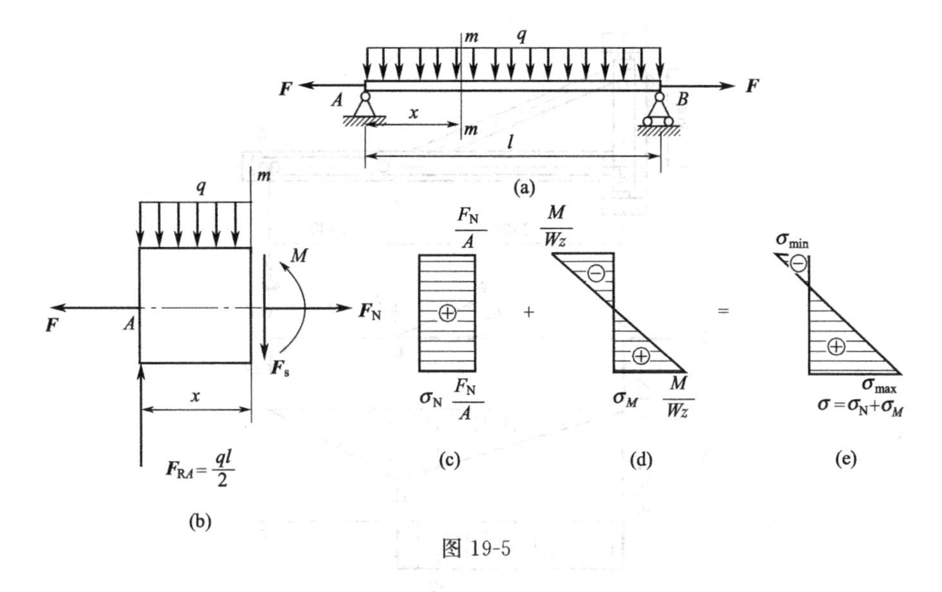

图 19-5

用甚小，常忽略不计，从而只考虑轴力和弯矩的作用。轴力 F_N 引起的正应力，在截面上是均匀分布的，用 σ_N 表示[图 19-5(c)]，而弯矩 M 引起的正应力呈线性分布，用 σ_M 表示[图 19-5(d)]，两种应力叠加后如图 19-5(e) 所示。截面上离中性轴距离为 y 处的应力为

$$\sigma=\sigma_N+\sigma_M=\frac{F_N}{A}\pm\frac{M}{I_z}y$$

显然，最大正应力和最小正应力将发生在弯矩最大的横截面上且离中性轴最远的下边缘和上边缘处，其计算式为

$$\begin{matrix}\sigma_{max}\\\sigma_{min}\end{matrix}=\frac{F_N}{A}\pm\frac{M_{max}}{W_z}$$

因为横截面的上、下边缘处均为单向应力状态，所以拉伸（压缩）与弯曲组合变形杆的强度条件表示为

$$\begin{matrix}\sigma_{max}\\\sigma_{min}\end{matrix}=\frac{F_N}{A}\pm\frac{M_{max}}{W_z}\leqslant[\sigma]$$

【例 19-2】 最大吊重 $W=8\text{kN}$ 的起重机如图 19-6(a) 所示。若 AB 杆为工字钢，材料为 Q235 钢，$[\sigma]=100\text{MPa}$，试选择工字钢型号。

解：先求出 CD 杆的长度为

$$l=\sqrt{(2.5\text{m})^2+(0.8\text{m})^2}=2.62\text{m}$$

AB 杆的受力简图如图 19-6(b) 所示。设 CD 杆的拉力为 F，由平衡方程

$$\Sigma M_A=0\qquad F\times\frac{0.8}{2.62}\times2.5-8\times(2.5+1.5)=0$$

得

$$F=42\text{kN}$$

把 F 分解为沿 AB 杆轴线的分量 F_x 和垂直于 AB 杆轴线的分量 F_y，可见 AB 杆在 AC 段内产生压缩与弯曲的组合变形：

$$F_x=F\times\frac{2.5}{2.62}=40\text{kN}$$

$$F_y=F\times\frac{0.8}{2.62}=12.8\text{kN}$$

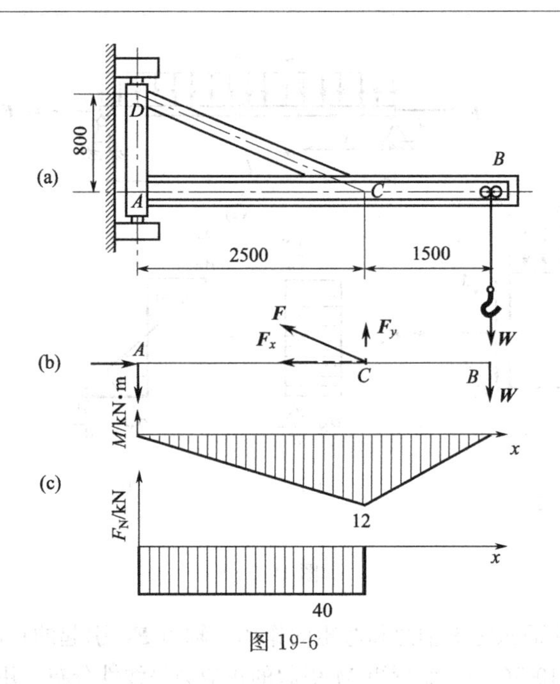

图 19-6

作 AB 杆的弯矩图和 AC 段的轴力图如图 19-6(c) 所示。从图中看出，在 C 点左侧的截面上弯矩为最大值，而轴力与其他截面相同，故为危险截面。

开始试算时，可以先不考虑轴力 F_N 的影响，只根据弯曲强度条件选取工字钢。这时

$$W \geqslant \frac{M_{\max}}{[\sigma]} = \frac{12\times10^3}{100\times10^6} = 12\times10^{-5}\,\mathrm{m}^3 = 120\mathrm{cm}^3$$

查型钢表，选取 16 号工字钢，$W=141\mathrm{cm}^3$，$A=26.1\mathrm{cm}^2$。选定工字钢后，同时考虑轴力 $\boldsymbol{F}_N$ 及弯矩 M 的影响，再进行强度校核。在危险截面 C 的下边缘各点上发生最大压应力，且为

$$|\sigma_{\max}| = \left|\frac{F_N}{A} + \frac{M_{\max}}{W_z}\right| = \left|\frac{40\times10^3}{26.1\times10^{-4}} - \frac{12\times10^3}{141\times10^{-6}}\right| = 100.5\times10^6\,(\mathrm{Pa})$$

结果表明，最大压应力与许用应力接近相等，故无需重新选择截面的型号。

第四节　偏心压缩（拉伸）

当外力作用线与杆的轴线平行，但不重合时，杆件的变形称为偏心拉伸（压缩）。现在以受偏心压缩的短柱为例，讨论偏心拉压时的强度计算。

取图 19-7 短柱的轴线为 x 轴，截面的形心主惯性轴为 y、z 轴。设偏心压力 F 作用在柱顶面上的 $A(y_F，z_F)$ 点，y_F、z_F 分别为压力 F 至 z 轴和 y 轴的偏心距。将偏心压力 F 向顶面的形心 O 点简化，得到轴向压力 F 以及力偶矩 Fe。将 Fe 再分解为形心主惯性平面 xy 和 xz 内的弯矩 M_z 和 M_y，且 $M_z=F\times y_F$，$M_y=F\times z_F$。与轴线重合的 F 引起压缩，M_z 和 M_y 引起弯曲。所以，偏心压缩也是压缩与弯曲的组合，且任意两个横截面上的内力和应力都是相同的。在任意横截面上，坐标为（y,z）的 B 点（图 19-8）与三种变形对应的应力分别是

$$\sigma_{F_N} = \frac{F_N}{A} = -\frac{F}{A},\ \sigma_{M_z} = -\frac{M_z y}{I_z},\sigma_{M_y} = -\frac{M_y z}{I_y}$$

B 点的总应力用叠加法（代数和）求得

$$\sigma = \sigma_{F_N} + \sigma_{M_z} + \sigma_{M_y}$$

即
$$\sigma=-\frac{F_{\mathrm{N}}}{A}-\frac{M_z y}{I_z}-\frac{M_y z}{I_y} \tag{19-6}$$

或
$$\sigma=-\frac{F}{A}\left(1+\frac{y_F y}{i_z^2}+\frac{z_F z}{i_y^2}\right) \tag{19-7}$$

式中，惯性半径 $i_z=\sqrt{\dfrac{I_z}{A}}$；$i_y=\sqrt{\dfrac{I_y}{A}}$。

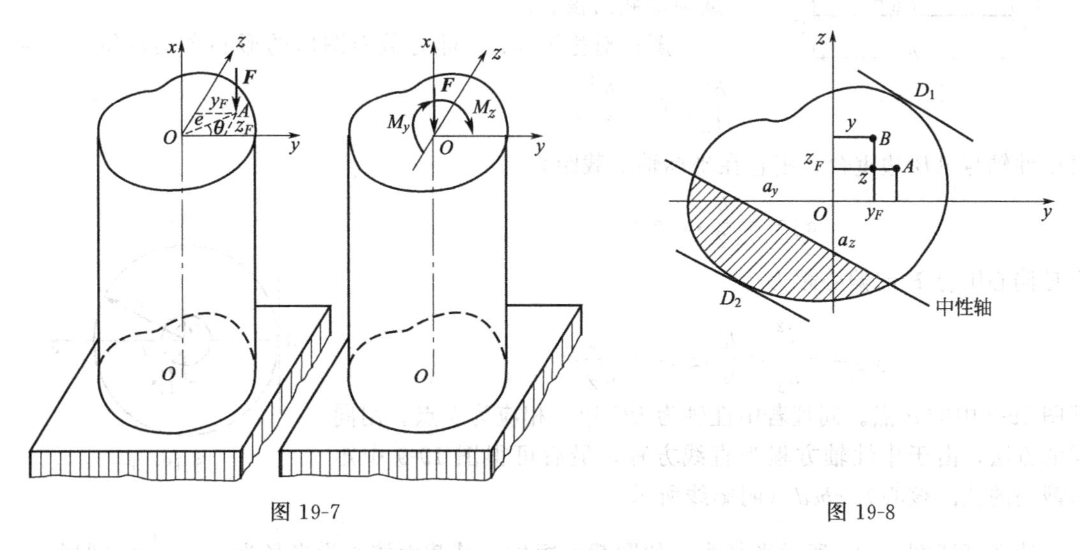

图 19-7　　图 19-8

横截面上离中性轴最远的点应力最大，为此应先确定中性轴的位置。若中性轴上各点的坐标为（y_0，z_0），则由于中性轴上各点的应力等于零，把 y_0 和 z_0 代入公式(19-7)，应有

$$-\frac{F}{A}\left(1+\frac{y_F y_0}{i_z^2}+\frac{z_F z_0}{i_y^2}\right)=0$$

或者写成

$$1+\frac{y_F y_0}{i_z^2}+\frac{z_F z_0}{i_y^2}=0 \tag{19-8}$$

由以上式可见，偏心拉压时，横截面上中性轴为一条不通过截面形心的直线。设 a_y 和 a_z 分别为中性轴在坐标轴上的截距，则在式(19-8) 中分别令 $y_0=a_y$、$z_0=0$ 和 $y_0=0$、$z_0=a_z$ 即可得

$$a_y=-\frac{i_z^2}{y_F},\ a_z=-\frac{i_y^2}{z_F} \tag{19-9}$$

式(19-9) 表明，a_y 与 y_F、a_z 与 z_F 总是符号相反，所以中性轴与偏心压力 F 的作用点 A，分别在坐标原点（截面形心）的两侧，如图 19-8 所示。中性轴把截面划分成两部分，画阴影线的部分受拉，另一部分受压，在截面周边上 D_1 和 D_2 两点的切线平行于中性轴，它们是离中性轴最远的点，应力为极值。

式(19-9) 还表明，若偏心压力 F 逐渐向截面形心靠近，即 y_F 和 z_F 逐渐减小，则 a_y 和 a_z 逐渐增加，即中性轴逐渐远离形心。当中性轴与边缘相切时，整个截面上就只有一种压应力。工程上常用的砖石、混凝土、铸铁等脆性材料的抗压性能好而抗拉能力差，对于这些材料制成的偏心受压杆，应避免截面上出现拉应力。为此，要对偏心距（即偏心力作用点到截面形心的距离）的大小加以限制。外力作用点离形心越近，中性轴离形心就越远。当偏心外力作用在截面形心周围一个小区域内，而对应的中性轴与截面周边相切或位于截面之外时，整个横截面上就只有压应力而无拉应力。这个围绕截面形心的特定小区域称为**截面核心**。图 19-9、图

19-10 中的阴影区域即为矩形和圆形的截面核心。由截面核心的定义可知，当偏心力的作用点位于截面核心边界的确定方法是：以截面周边上若干点的切线作为中性轴，算出其在坐标轴上的截距，然后利用式（19-9）求出各中性轴所对应的外力作用点的坐标，顺序连接所求得的各外力作用点，于是得到一条围绕截面形心的封闭曲线，它所包围的区域就是截面核心。

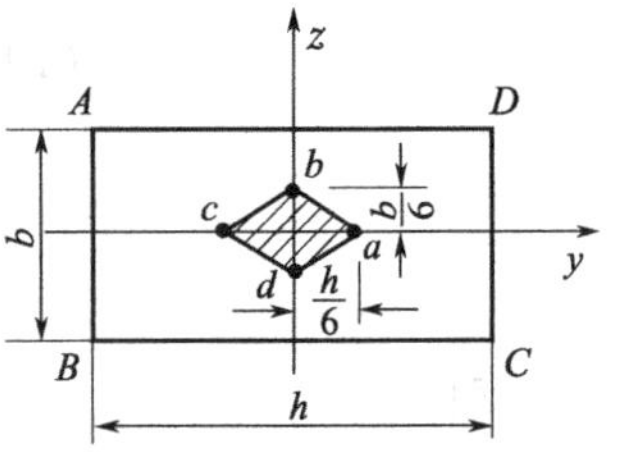

图 19-9

【例 19-3】 短柱的截面为矩形，尺寸为 $b \times h$（图 19-9）。试确定截面核心。

解： 对称轴 y、z 即为截面图形的形心主惯性轴，$i_y^2=\dfrac{b^2}{12}$，$i_z^2=\dfrac{h^2}{12}$。

设中性轴与 AB 边重合，则它在坐标轴上截距为

$$\alpha_y=-\frac{h}{2},\alpha_z=\infty$$

于是偏心压力 $\boldsymbol{F}$ 的偏心距为

$$y_F=-\frac{i_z^2}{\alpha_y}=\frac{h}{6},z_F=-\frac{i_y^2}{\alpha_Z}=0$$

即图 19-9 中的 a 点。同理若中性轴为 BC 边，相应为 b 点。用同样的方法，由于中性轴方程为直线方程，最后可得图 19-9 中矩形截面的截面核心为 $abcd$（阴影线所示）。

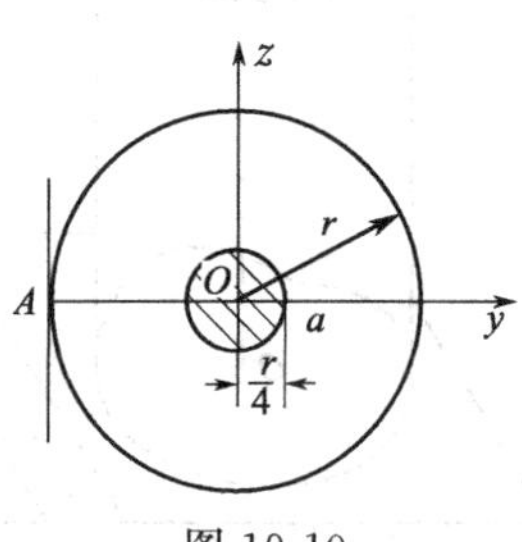

图 19-10

读者可证图 19-10 所示半径为 r 的圆截面短柱，其截面核心为半径为 $y_F=\dfrac{r}{4}$ 的圆形。

第五节　扭转与弯曲组合变形

一般机械传动轴，大多同时受到扭转力偶和横向力的作用，发生扭转与弯曲组合变形。现以圆截面的钢制摇臂轴（如图 19-11 所示）为例说明弯扭组合变形时的强度计算方法。

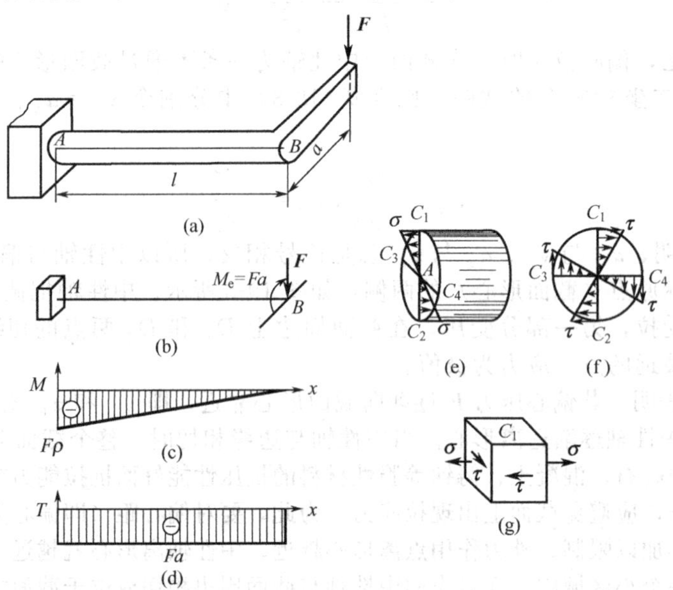

图 19-11

设一直径为 d 的等直圆杆 AB，A 端固定，B 端具有与 AB 成直角的刚性臂，并承受铅垂力 $\boldsymbol{F}$ 作用，如图 19-11(a) 所示。为分析杆 AB 的内力，可将力 $\boldsymbol{F}$ 向 AB 杆右端截面的形心 B 简化，简化后为一作用于杆端的横向力 $\boldsymbol{F}$ 和一作用于杆端截面的力偶矩 $M_e=Fa$ [图 19-11(b)]，可见，杆 AB 将发生弯曲与扭转组合变形。分别作杆的弯矩图和扭矩图 [图 19-11(c)、(d)]，可见，杆的危险截面为固定端截面，其内力分量分别为

$$M=Fl$$

$$T=M_e=Fa$$

由弯曲和扭转的应力变化规律可知，危险截面上的最大弯曲正应力 $\boldsymbol{\sigma}$ 发生在铅垂直径的上、下两端点 C_1 和 C_2 处 [图 19-11(e)]，而最大扭转切应力 $\boldsymbol{\tau}$ 发生在截面周边上的各点处 [图 19-11(f)]。因此，危险截面上的危险点为 C_1 和 C_2。对于许用拉、压应力相等的塑性材料制成的杆，这两点的危险程度是相同的。为此，取其中的任一点（如 C_1 点）来研究。其应力为

$$\sigma=\frac{M}{W_z}$$

$$\tau=\frac{T}{W_p} \tag{Ⅰ}$$

式中，$W_z=\dfrac{\pi d^3}{32}$，$W_p=\dfrac{\pi d^3}{16}$，它们分别为圆轴的抗弯和抗扭截面模量。围绕 C_1 点分别用横截面、径向纵截面和切向纵截面截取单元体，可得 C_1 点处的应力状态，如图 19-11(g) 所示。可见，C_1 点处于平面应力状态，其三个主应力为

$$\sigma_1=\frac{\sigma}{2}+\sqrt{\left(\frac{\sigma}{2}\right)^2+\tau^2},\sigma_3=\frac{\sigma}{2}-\sqrt{\left(\frac{\sigma}{2}\right)^2+\tau^2},\ \sigma_2=0 \tag{Ⅱ}$$

对于塑性材料，在复杂应力状态下可按第三或第四强度理论建立强度条件。若采用第三强度理论，则轴的强度条件为

$$\sigma_{r3}=\sigma_1-\sigma_3\leqslant[\sigma]$$

将式(Ⅱ) 代入上式，得

$$\sigma_{r3}=\sqrt{\sigma^2+4\tau^2}\leqslant[\sigma] \tag{19-10}$$

若采用第四强度理论，则轴的强度条件为

$$\sigma_{r4}=\sqrt{\sigma^2+3\tau^2}\leqslant[\sigma] \tag{19-11}$$

将式(Ⅰ) 中的 σ 和 τ 代入式(19-10) 和式(19-11)，并注意到圆截面的 $W_p=2W_z$，可得到用危险截面上的弯矩和扭矩表示的强度条件：

$$\sigma_{r3}=\frac{1}{W}\sqrt{M^2+T^2}\leqslant[\sigma] \tag{19-12}$$

或

$$\sigma_{r4}=\frac{1}{W}\sqrt{M^2+0.75T^2}\leqslant[\sigma] \tag{19-13}$$

式(19-12) 和式(19-13) 中 M 可以是危险截面处的组合弯矩，若同时存在 M_z 和 M_y，则组合弯矩 $M=\sqrt{M_z^2+M_y^2}$。

值得注意的是，式(19-10) 和式(19-11) 适用于如图 19-11(g) 所示的平面应力状态，而不论正应力 σ 是由弯曲还是由其他变形引起的，切应力 τ 是由扭转还是由其他变形引起的。

【例 19-4】 图 19-12(a) 表示的齿轮传动轴中，齿轮 1 上作用有向下的切向力 $F_1=5\text{kN}$，齿轮 2 上作用有水平向外的切向力 $F_2=10\text{kN}$。已知齿轮 1 的直径 $D_1=300\text{mm}$，齿轮 2 的直径 $D_2=150\text{mm}$，传动轴材料的许用应力为 $[\sigma]=100\text{MPa}$。试按第四强度理论设计传动轴的直径 d。

解：由已知作出传动轴的计算简图，如图 19-12（b）所示。图中

$$M_e = F_1 \times \frac{D_1}{2} = F_2 \times \frac{D_2}{2} = 750(\text{N} \cdot \text{m})$$

根据传动轴的计算简图，画出其内力图，包括 T 图、M_y 图和 M_z 图，分别如图 19-12（c）、（d）和（e）所示。由内力图可以看出，该轴的危险截面为截面 2。危险截面上的内力分量：$T=750\text{N}\cdot\text{m}$，$M_y=187.5\text{N}\cdot\text{m}$，$M_z=1125\text{N}\cdot\text{m}$。

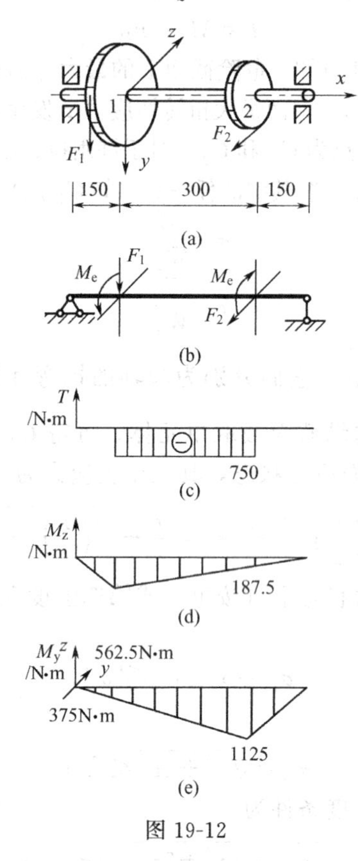

图 19-12

按第四强度理论建立强度条件，得到

$$\frac{1}{W}\sqrt{M_y^2 + M_z^2 + 0.75T^2} \leqslant [\sigma]$$

将危险截面上的内力分量值代入上式，注意 $W = \pi d^3/32$，得

$$d^3 \geqslant \frac{32}{\pi[\sigma]}\sqrt{M_y^2 + M_z^2 + 0.75T^2}$$

$$= \frac{32}{3.14 \times 100}\sqrt{187.5^2 + 125^2 + 0.75 \times 750^2}$$

解得

$$d \geqslant 51 \times 10^{-3}\text{m} = 51(\text{mm})$$

即按第四强度理论设计该轴直径应取 51mm。

第六节　连接件的实用计算

在工程实际中，经常需要将构件相互连接。例如桥梁桁架节点处的铆钉（或高强度螺栓）

连接［图 19-13(a)］、机械中的轴与齿轮间的键连接［图 19-13(b)］，以及木结构中的榫齿连接［图 19-13(c)］等。铆钉、螺栓、键等起连接作用的部件，统称为连接件。由图 19-13(a)、(b) 中铆钉和键的受力图可以看出，连接件（或构件连接处）的变形往往是比较复杂的，而其本身的尺寸都比较小。在工程设计中，通常按照连接的破坏可能性，采用既能反映受力的基本特征，又能简化计算的假设，计算其名义应力，然后根据直接试验的结果，确定其相应的许用应力，来进行强度计算。这种简化计算的方法，称为工程实用计算法。

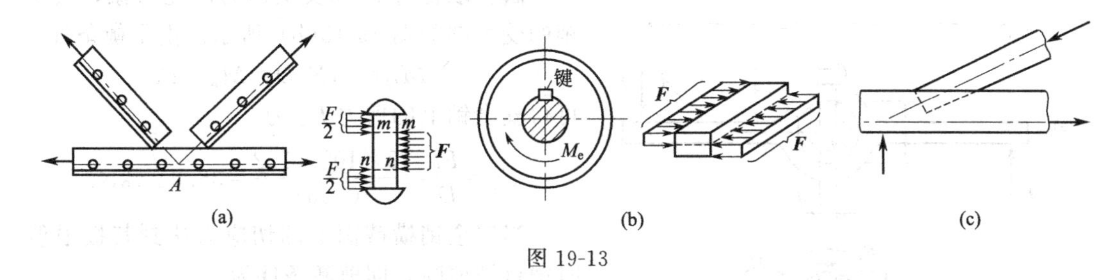

图 19-13

以螺栓（或铆钉）连接［图 19-14(a)］为例，连接处的破坏可能性有三种：螺栓在两侧与钢板接触面的压力 $\boldsymbol{F}$ 作用下，沿截面［图 19-14(b)］被剪断；螺栓与钢板在相互接触面上因挤压而使连接松动；钢板在受螺栓孔削弱的截面处被拉断。其他的连接也都有类似的破坏可能性，下面分别介绍剪切和挤压的实用计算。

一、剪切的实用计算

设两块钢板用螺栓连接后承受拉力 $\boldsymbol{F}$［图 19-14(a)］，显然，螺栓在两侧面上分别受到大小相等、方向相反、作用线相距很近的两组分布外力系的作用［图 19-14(b)］。螺栓在这样的外力作用下，将沿两侧外力之间，并与外力作用线平行的截面 $m—m$ 发生相对错动［如图 19-14(b) 中虚线所示］，这种变形形式为**剪切**。发生剪切变形的截面，称为**剪切面**。

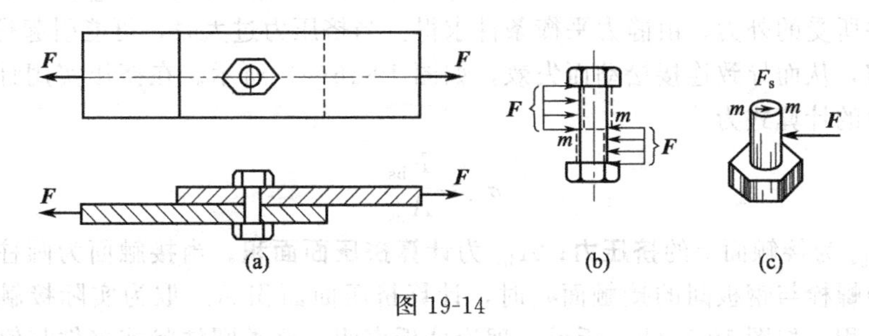

图 19-14

应用截面法，可得剪切面上的内力，即剪力 $\boldsymbol{F}_s$［图 19-13(c)］。在剪切实用计算中，假设剪切面上各点处的切应力相等，于是，得剪切面上的名义切应力为

$$\tau=\frac{F_s}{A_s} \tag{19-14}$$

式中，F_s 为剪切面上的剪力；A_s 为剪切面的面积。

然后，通过直接试验，并按名义切应力公式(19-14)，得到剪切破坏时材料的极限切应力 τ_u。再除以安全因数，即得材料的许用切应力［τ］。于是，剪切的强度条件可表示为

$$\tau=\frac{F_s}{A_s}\leqslant[\tau] \tag{19-15}$$

虽然按名义切应力公式(19-14) 求得的切应力值，并不反映剪切面上切应力的精确理论值，它只是剪切面上的平均切应力，但对于用低碳钢等塑性材料制成的连接件，当变形较大

而且接近破坏时，剪切面上的切应力将逐渐趋于均匀。而且，满足剪切强度条件式(19-15)时，显然不至于发生剪切破坏，从而满足工程实用的要求。对于大多数的连接件（或连接）来说，剪切变形及剪切强度是主要的。

【例 19-5】 图 19-15(a) 所示的销钉连接中，构件 A 通过安全销 C 将力偶矩传递到构件 B。已知载荷 $F=2\text{kN}$，加力臂长 $l=1.2\text{m}$，构件 B 的直径 $D=65\text{mm}$，销钉的极限切应力 $\tau_u=200\text{MPa}$。试求安全销所需的直径 d。

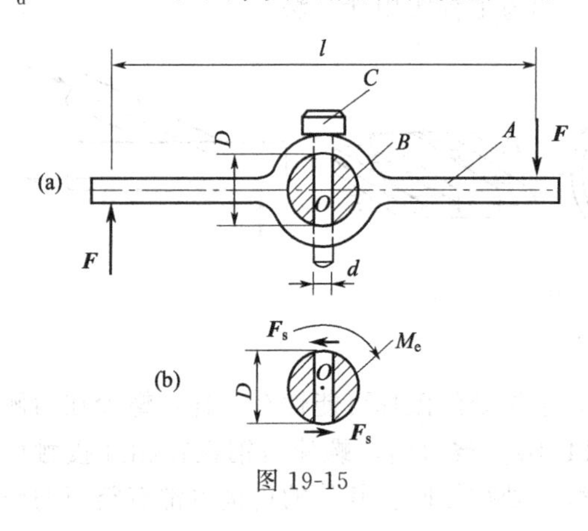

图 19-15

解：取构件 B 和安全销为研究对象，安全销的受力图如图 19-15(b) 所示。由平衡条件

$$\sum M_O=0, F_sD=M_e=Fl$$

可得安全销上的剪力 F_s 为

$$F_s=\frac{Fl}{D}=\frac{2\times10^3\times1.2}{0.065}=36.92\ (\text{kN})$$

当安全销横截面上的切应力达到其极限值时销钉被剪断，即剪断条件为

$$\tau=\frac{F_s}{A_s}=\frac{F_s}{\frac{\pi d^2}{4}}=\tau_u$$

由此可得安全销所需的直径为

$$d=\sqrt{\frac{4F_s}{\pi\tau_u}}=\sqrt{\frac{4\times36.92\times10^3\text{N}}{\pi\times200\times10^6\text{Pa}}}=0.0153\text{m}=15.3\text{mm}$$

二、挤压的实用计算

在图 19-14(a) 所示的螺栓连接中，在螺栓与钢板相互接触的侧面上，将发生彼此间的局部承压现象，称为**挤压**。在接触面上的压力，称为**挤压力**，并记为 $\boldsymbol{F}_{bs}$。显然，挤压力可根据被连接件所受的外力，由静力平衡条件求得。当挤压力过大时，可能引起螺栓压扁或钢板在孔缘压皱，从而导致连接松动而失效，如图 19-16(a) 所示。在挤压实用计算中，假设名义挤压应力的计算式为

$$\sigma_{bs}=\frac{F_{bs}}{A_{bs}} \tag{19-16}$$

式中，F_{bs} 为接触面上的**挤压力**；A_{bs} 为计算**挤压面面积**。当接触面为圆柱面（如螺栓或铆钉连接中螺栓与钢板间的接触面）时，计算挤压面面积 A_{bs} 取为实际接触面在直径平面上的投影面积，如图 19-16(b) 所示。理论分析表明，这类圆柱状连接件与钢板孔壁间接触面上的理论挤压应力沿圆柱面的变化情况如图 19-16(c) 所示，而按式(19-16) 算得的名义挤压应力与接触面中点处的最大理论挤压应力值相近。当连接件与被连接构件的接触面为平面［如图 19-13(b) 所示键连接中键与轴或轮毂间的接触面］时，计算挤压面面积 A_{bs} 即为实际接触面的面积。

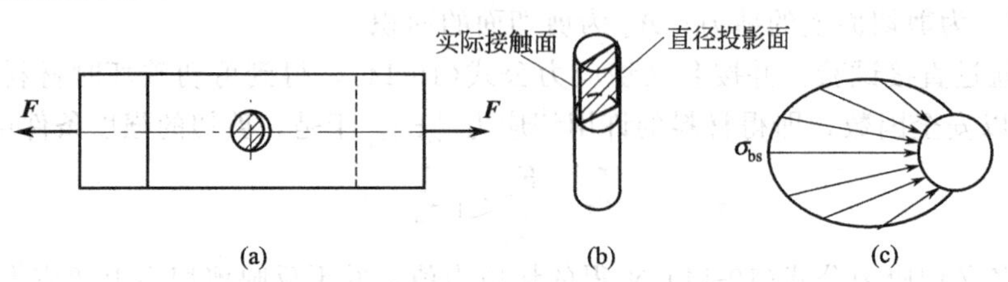

图 19-16

然后，通过直接试验，并按名义挤压应力公式得到材料的极限挤压应力，从而确定许用挤压应力 $[\sigma_{bs}]$。于是，挤压强度条件可表达为

$$\sigma_{bs}=\frac{F_{bs}}{A_{bs}}\leqslant[\sigma_{bs}] \tag{19-17}$$

【例 19-6】 图 19-17(a) 表示齿轮用平键与轴连接（图中只画出了轴与键，没有画出齿轮）。已知轴的直径 $d=70\text{mm}$，键的尺寸为 $b\times h\times l=20\times12\times100(\text{mm})$，传递的扭转力偶矩 $M_e=2\text{kN}\cdot\text{m}$，键的许用应力 $[\tau]=60\text{MPa}$，$[\sigma_{bs}]=100\text{MPa}$。试校核键的强度。

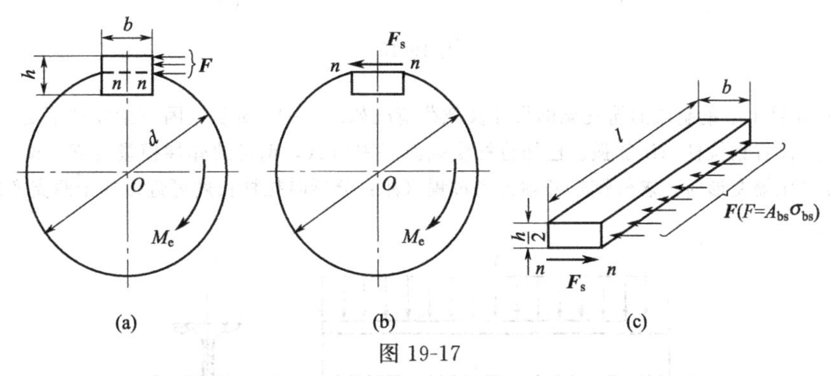

图 19-17

解：首先校核键的剪切强度。将平键沿 n—n 截面分成两部分，并把 n—n 以下部分和轴作为一个整体来考虑［图 19-17(b)］。因为假设在 n—n 截面上切应力均匀分布，故 n—n 截面上的剪力 F_s 为

$$F_s=A\tau=bl\tau$$

对轴心取矩，由平衡方程 $\Sigma M_0=0$，得

$$F_s\times\frac{d}{2}=bl\tau\times\frac{d}{2}=M_e$$

故有

$$\tau=\frac{2M_e}{bld}=\frac{2\times2000}{20\times100\times70\times10^{-9}}=28.6\times10^6\text{Pa}=28.6\text{MPa}<[\tau]$$

可见平键满足剪切强度条件。

其次校核键的挤压强度。考虑键在 n—n 截面以上部分的平衡［图 19-17(c)］，在 n—n 截面上的剪力 $F_s=bl\tau$，右侧面上的挤压力为

$$F=A_{bs}\sigma_{bs}=\frac{h}{2}l\sigma_{bs}$$

投影于水平方向，由平衡方程得

$$F_s=F\quad 或\quad bl\tau=\frac{h}{2}l\sigma_{bs}$$

由此求得

$$\sigma_{bs}=\frac{F_{bs}}{A_{bs}}=\frac{2b\tau}{h}=\frac{2\times20\times10^{-3}\times28.6\times10^6}{12\times10^{-3}}=95.3\times10^6\text{Pa}=95.3\text{MPa}<[\sigma_{bs}]$$

故平键也满足挤压强度要求。

思　考　题

19-1　试问构件发生弯曲与拉伸（压缩）组合变形时，在什么条件下可按叠加原理计算其横截面上的

最大正应力。

19-2　某工厂修理机器时，发现一受拉的矩形截面杆在一侧有一小裂纹。为了防止裂纹扩展，有人建议在裂纹尖端处钻一个光滑小圆孔即可［图 19-18(a)］，还有人认为除在上述位置钻孔外，还应当在其对称位置再钻一个同样大小的圆孔［图 19-18(b)］。试问哪一种做法好？为什么？

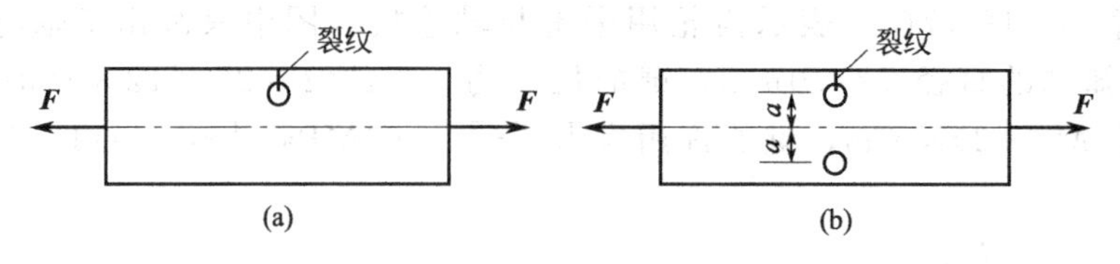

图 19-18

19-3　由 16 号工字钢制成的简支梁的尺寸及载荷情况如图 19-19 所示。因该梁强度不足，在紧靠支座处焊上钢板，并设置钢拉杆 AB 加强。已知拉杆横截面面积为 A，钢材的弹性模量为 E。试写出在考虑和不考虑梁的轴向压缩变形时，求解钢拉杆轴力的过程（注：分析时拉杆长度可近似等于两支座间的距离）。

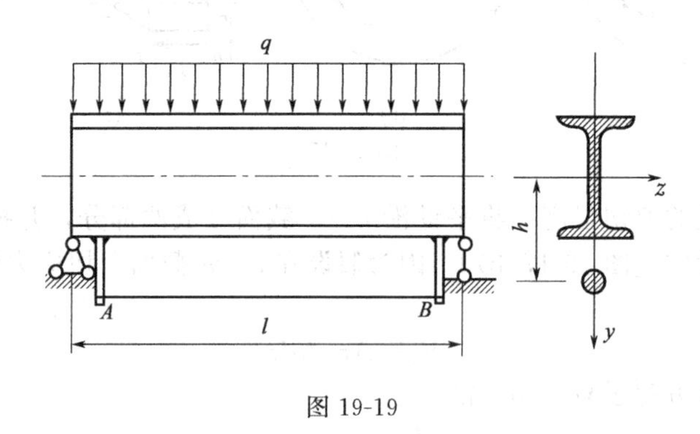

图 19-19

19-4　试问压缩与挤压有何区别？为何挤压许用应力大于压缩许用应力？

习　　题

19-1　14 号工字钢悬臂梁受力情况如图 19-20 所示。已知 $l=0.8\text{m}$，$F_1=2.5\text{kN}$，$F_2=1.0\text{kN}$，试求危险截面上的最大正应力。

19-2　图 19-21 所示起重架的最大起吊重量（包括行走小车等）为 $W=40\text{kN}$，横梁 AC 由两根 No. 18 槽钢组成，材料为 Q235 钢，许用应力 $[\sigma]=120\text{MPa}$。试校核横梁的强度。

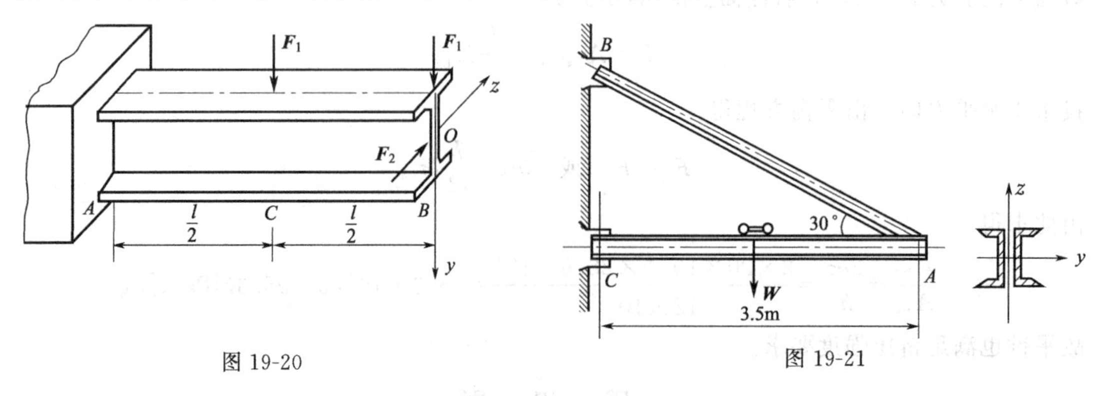

图 19-20　　　图 19-21

19-3　材料为灰铸铁 HT15-33 的压力机框架如图 19-22 所示。许用拉应力为 $[\sigma_t]=30\text{MPa}$，许用压应力为 $[\sigma_c]=80\text{MPa}$。试校核框架立柱的强度。

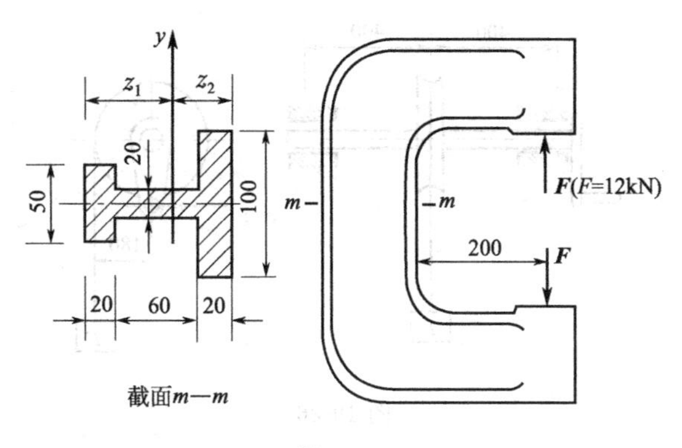

图 19-22

19-4 图 19-23 所示短柱受载荷 $\boldsymbol{F}_1$ 和 $\boldsymbol{F}_2$ 的作用，试求固定端截面上角点 A、B、C 和 D 的正应力，并确定其中性轴的位置。

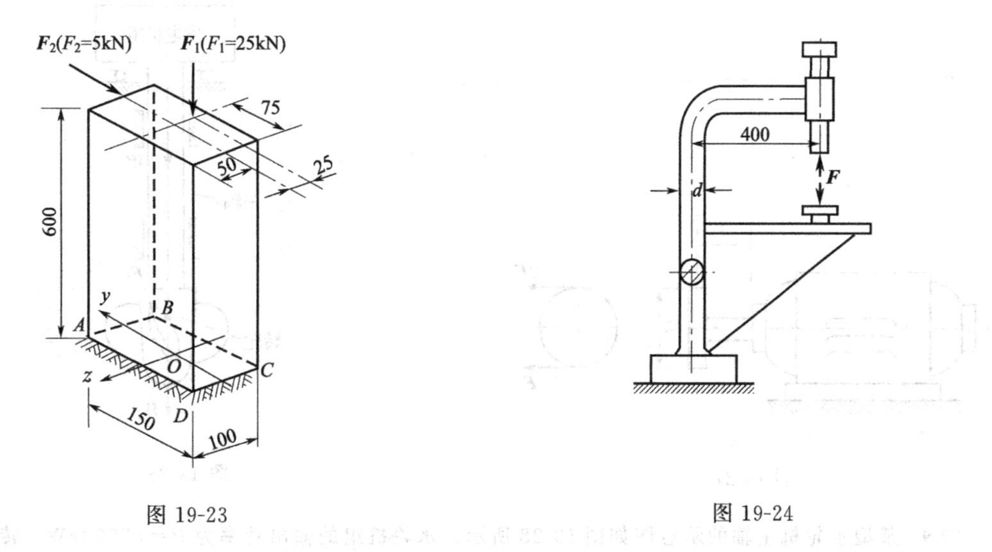

图 19-23　　图 19-24

19-5 图 19-24 所示钻床的立柱为铸铁制成，$F=15\text{kN}$，许用拉应力 $[\sigma_t]=35\text{MPa}$。试确定立柱所需直径 d。

19-6 短柱的截面形状如图 19-25 所示，试确定截面核心。

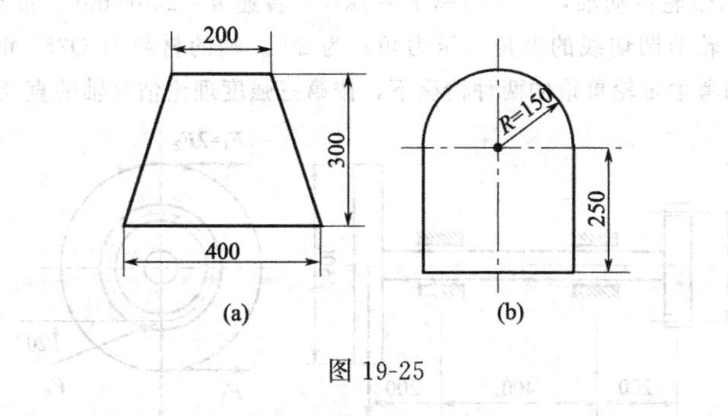

图 19-25

19-7 手摇绞车如图 19-26 所示，轴的直径 $d=30\text{mm}$，材料为 Q235 钢，$[\sigma]=80\text{MPa}$。试按第三强度理论，求绞车的最大起吊重量 P。

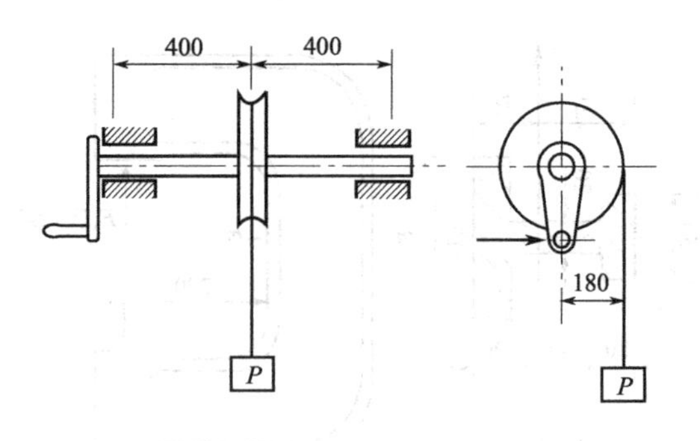

图 19-26

19-8　如图 19-27 所示电动机的功率为 9kW，转速 715r/min，带轮直径 $D=250\text{mm}$ 主轴外伸部分长度为 $l=120\text{mm}$，主轴直径 $d=40\text{mm}$。若 $[\sigma]=60\text{MPa}$，试用第三强度理论校核轴的强度。

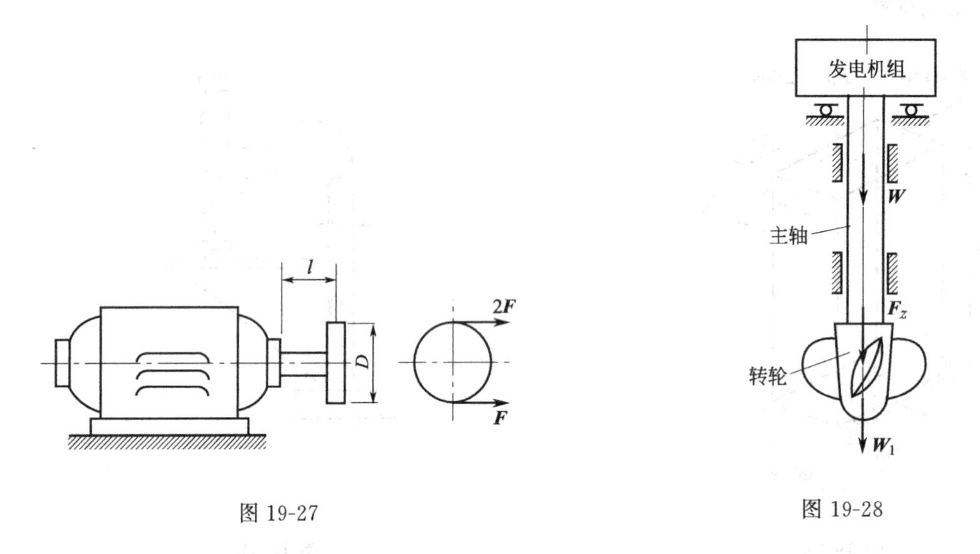

图 19-27　　　　图 19-28

19-9　某型水轮机主轴的示意图如图 19-28 所示。水轮机组的输出功率为 $P=37500\text{kW}$，转速 $n=150\text{r/min}$。已知轴向推力 $F_z=4800\text{kN}$，转轮重 $W_1=390\text{kN}$；主轴的内径 $d=340\text{mm}$，外径 $D=750\text{mm}$，自重 $W=285\text{kN}$。主轴材料为 45 钢，其许用应力为 $[\sigma]=80\text{MPa}$。试按第四强度理论校核该主轴的强度。

19-10　图 19-29 所示带轮传动轴，传递功率 $P=7\text{kW}$，转速 $n=200\text{r/min}$。带轮重量 $W=1.8\text{kN}$。左端齿轮上啮合力 F_n 与齿轮节圆切线的夹角（压力角）为 20°。轴的材料为 Q255 钢，其许用应力 $[\sigma]=80\text{MPa}$。试分别在忽略和考虑带轮重量的两种情况下，按第三强度理论估算轴的直径。

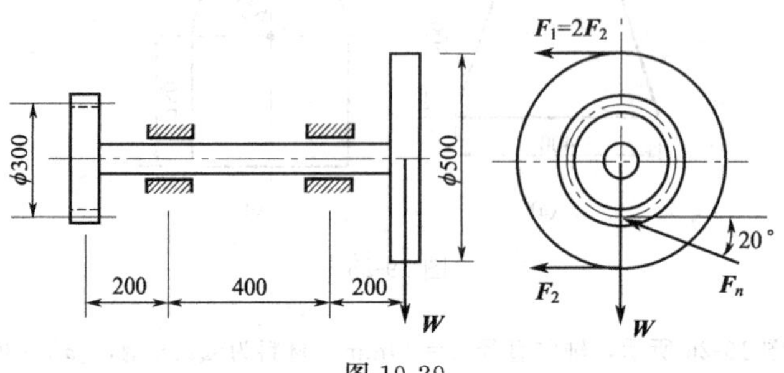

图 19-29

19-11 如图 19-30 所示飞机起落架的折轴为管状截面，内径 $d=70\text{mm}$，外径 $D=80\text{mm}$。材料的许用应力 $[\sigma]=100\text{MPa}$，若 $F_1=1\text{kN}$，$F_2=4\text{kN}$。试按第三强度理论校核该折轴的强度。

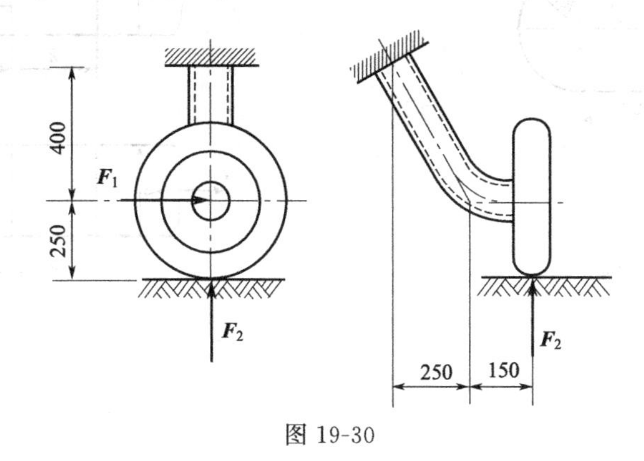

图 19-30

19-12 试确定图 19-31 所示连接或接头中的剪切面和挤压面。

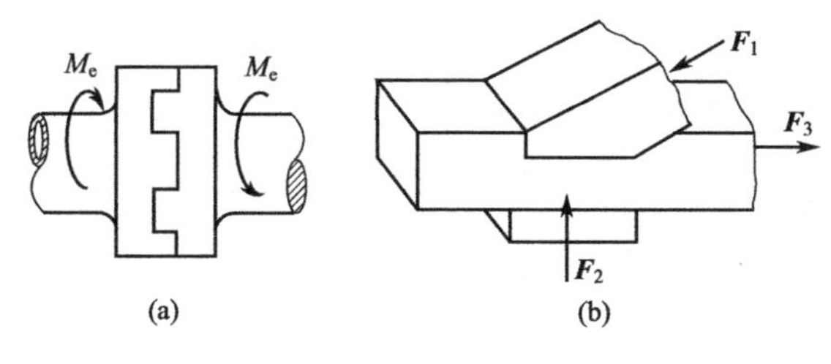

图 19-31

19-13 试校核图 19-32 所示连接销钉的剪切强度。已知 $F=100\text{kN}$，销钉直径 $d=30\text{mm}$，材料的许用切应力 $[\tau]=60\text{MPa}$。若强度不够，应改用多大直径的销钉。

19-14 一螺栓将拉杆与厚为 8mm 的两块盖板相连接，如图 19-33 所示。各零件材料相同，许用应力均为 $[\sigma]=80\text{MPa}$，$[\tau]=60\text{MPa}$，$[\sigma_{bs}]=160\text{MPa}$。若拉杆的厚度 $\delta=15\text{mm}$，拉力 $F=120\text{kN}$，试设计螺栓直径 d 及拉杆宽度 b。

19-15 如图 19-34 所示，在厚度 $\delta=5\text{mm}$ 的钢板上，冲出一个形状如图所示的孔，钢板剪断时的剪切极限应力 $\tau_u=300\text{MPa}$；求冲床所需的冲力 F。

19-16 木榫接头如图 19-35 所示。$a=b=12\text{cm}$，$h=35\text{cm}$，$c=4.5\text{cm}$。$F=40\text{kN}$。试求接头的剪切和挤压应力。

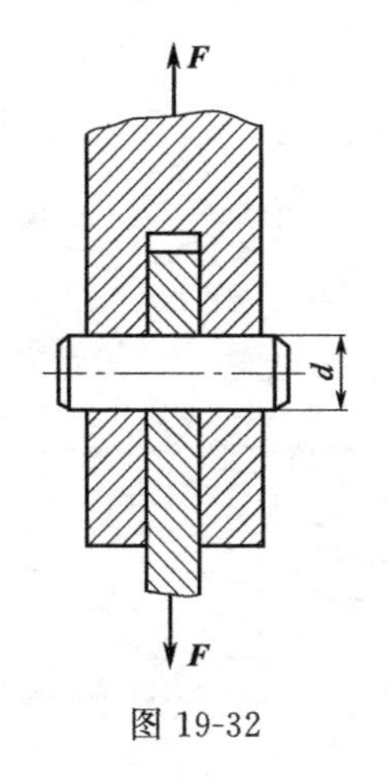

图 19-32

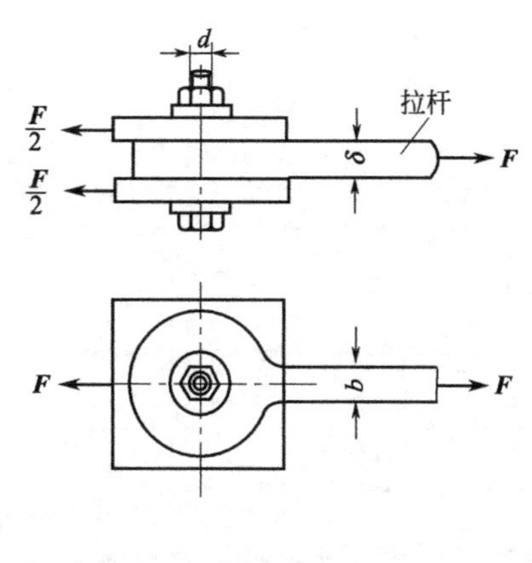

图 19-33

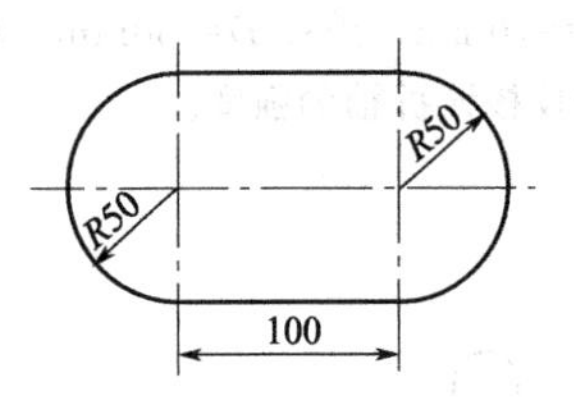

图 19-34

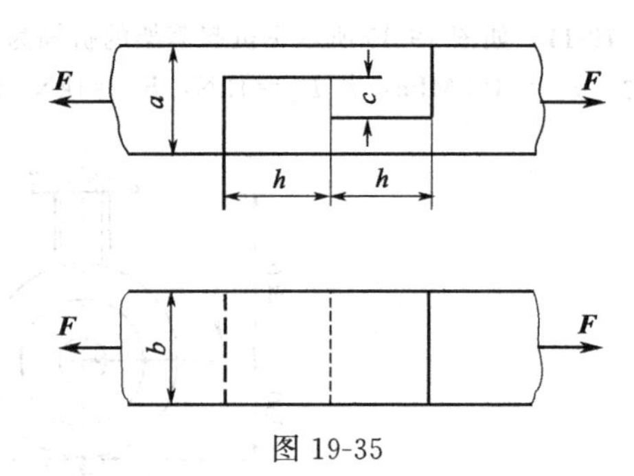

图 19-35

第二十章　压杆稳定

第一节　压杆稳定的概念

在前面几章中讨论了杆件的强度和刚度问题，工程中杆件除了由于强度、刚度不够而不能正常工作外，还有一种破坏形式就是失稳。对于受压的细长直杆，在轴向压力并不太大的情况下，杆横截面上的应力远小于压缩强度极限，会突然发生弯曲而丧失其工作能力。因此，细长杆受压时，其轴线不能维持原有直线形式的平衡状态而突然变弯这一现象称为**丧失稳定性**，或称**失稳**。杆件失稳不仅使压杆本身失去了承载能力，而且整个结构会因局部构件的失稳而导致破坏。

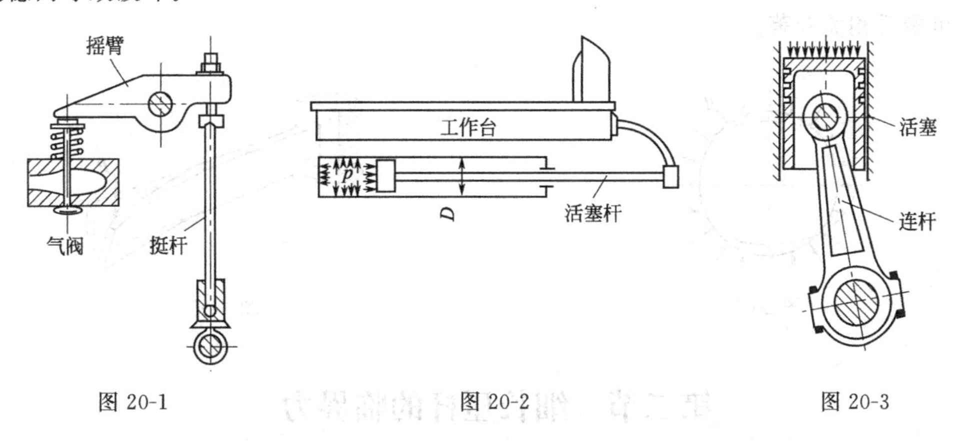

图 20-1　　图 20-2　　图 20-3

工程结构就存在着很多这样的受压细长杆。例如内燃机配气机构中的挺杆(图 20-1)，在它推动摇臂打开气阀时，就受压力作用。又如磨床液压装置的活塞杆(图 20-2)，当驱动工作台向右移动时，油缸活塞上的压力和工作台的阻力使活塞杆受到压缩。同样，内燃机(图 20-3)、空气压缩机、蒸汽机的连杆也是受压杆件。还有，桁架结构中的抗压杆、建筑物中的柱也都是压杆。因此，对于轴向受压杆件，除应考虑强度与刚度问题外，还应考虑其稳定性问题。所谓稳定性指的是平衡状态的稳定性，亦即物体保持其当前平衡状态的能力。

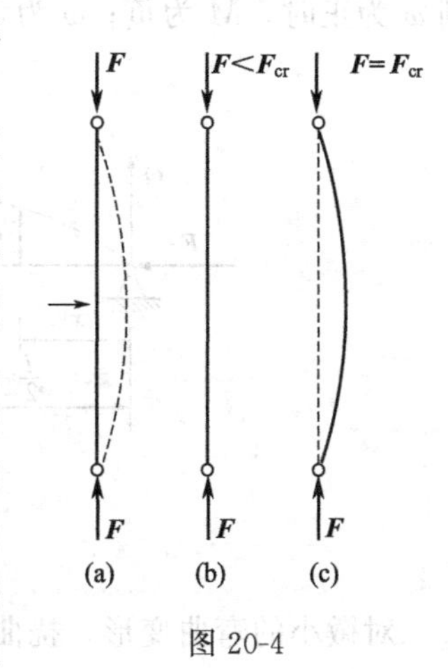

图 20-4

如图 20-4(a) 所示，两端铰支的细长压杆，当受到轴向压力时，如果是所用材料、几何形状等无缺陷的理想直杆，则杆受力后仍将保持直线形状。当轴向压力较小时，如果给杆一个侧向干扰力使其稍微弯曲，则当干扰力去掉后，杆仍会恢复原来的直线形状，说明压杆处于稳定的平衡状态 [图 20-4(b)]。当轴向压力达到某一值时，加干扰力杆件变弯，而撤除干扰力后，杆件在微弯状态下平衡，不再恢复到原来的直线状态 [图 20-4(c)]，说明压杆处于不稳定的平衡状态，即失稳。当轴向压力继续增加并超过一定值时，压杆会产生显著的弯曲变形甚至破坏。称这个使杆在微弯状态下平衡的轴向荷载为**临界载**

荷，简称为**临界力**，并用 $\boldsymbol{F}_{cr}$ 表示。它是压杆保持直线平衡时能承受的最大压力。对于一个具体的压杆(材料、尺寸、约束等情况均已确定）来说，临界力 F_{cr} 是一个确定的数值。因此，根据杆件所受的实际压力是小于、大于该压杆的临界力，就能判定该压杆所处的平衡状态是稳定的还是不稳定的。

杆件失稳后，压力的微小增加将引起弯曲变形的显著增大，杆件已丧失了承载能力。这是因失稳造成的失效，可以导致整个机器或结构的损坏。但细长压杆失稳时，应力并不一定很高，有时甚至低于比例极限。可见这种形式的失效，并非强度不足，而是稳定性不够。

除压杆外，其他构件也存在稳定失效问题。例如，在内压作用下的圆柱形薄壳，壁内应力为拉应力，这就是一个强度问题，蒸汽锅炉、圆柱形壁容器就是这种情况。但如圆柱形薄壳在均匀外压作用下，壁内应力变为压应力(图 20-5)，则当外压达到临界值时，薄壳的圆形平衡就变为不稳定，会突然变为由虚线表示的长圆形。与此相似，板条或工字梁在最大抗弯刚度平面内弯曲时，会因载荷达到临界值而发生侧向弯曲(图 20-6)。薄壳在轴向压力或扭矩作用下，会出现局部褶皱。这些都是稳定性问题。本章只讨论压杆稳定，其他形式的稳定问题可参看相关专著。

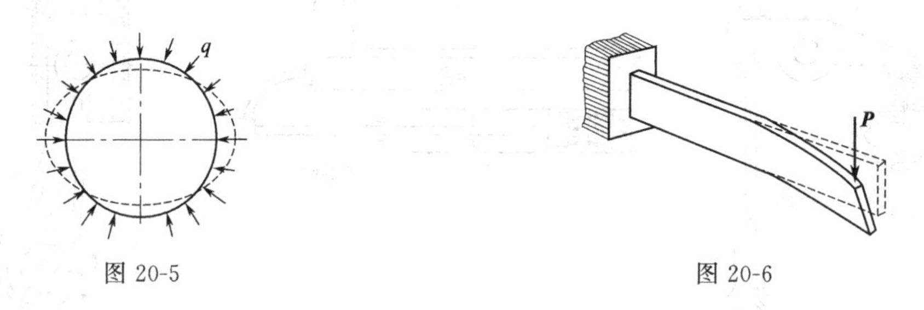

图 20-5　　　　图 20-6

第二节　细长压杆的临界力

细长中心受压直杆在临界力作用下，处于不稳定平衡的直线形态下，其材料仍处于理想的线弹性范围内。现以两端球形铰支、长度为 l 的等截面细长中心受压直杆为例，推导其临界力的计算公式。如图 20-7 所示，两端铰支的细长杆在临界力 $\boldsymbol{F}_{cr}$ 下处于微弯平衡状态，距左端点为 x 的任意截面的挠度为 ω，弯矩 M 的绝对值为 $F_{cr}\omega$。若只取压力 $\boldsymbol{F}$ 的绝对值，则 ω 为正时，M 为负；ω 为负时，M 为正，所以

$$M(x)=-F_{cr}\omega \tag{20-1}$$

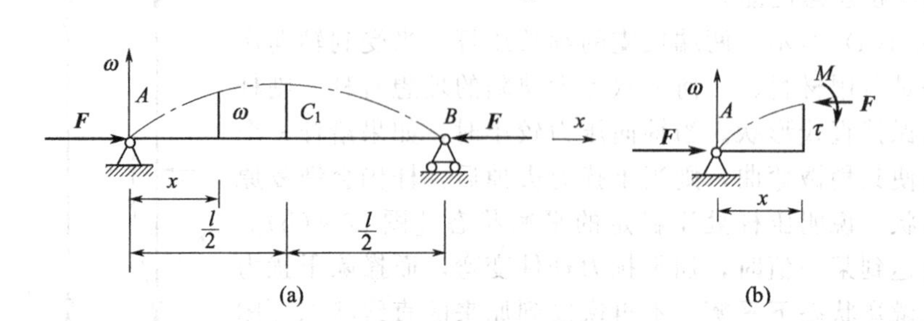

图 20-7

对微小的弯曲变形，挠曲线近似微分方程为

$$\frac{d^2\omega}{dx^2}=\frac{F_{cr}\omega}{EI} \quad (20\text{-}2)$$

$$k^2=\frac{F_{cr}}{EI} \quad (20\text{-}3)$$

则有

$$\frac{d^2\omega}{dx^2}+k^2\omega=0 \quad (20\text{-}4)$$

此微分方程的通解为

$$\omega=C_1\sin kx+C_2\cos kx \quad (20\text{-}5)$$

式中，C_1 和 C_2 为积分常数，可通过压杆的位移边界条件确定。

对于 A 点：$x=0$，$\omega=0$，将 x、ω 值代入式(20-5) 得 $C_2=0$，故式(20-5) 变为

$$\omega=C_1\sin kx \quad (20\text{-}6)$$

对于 B 点：$x=l$，$\omega=0$，将 x、ω 值代入式(20-6) 得

$$0=C_1\sin kl \quad (20\text{-}7)$$

式(20-7) 的第一个可能解是 $C_1=0$，将 $C_1=0$ 代入式(20-6)，得 $\omega=0$，推出杆轴为直线，这与压杆处于微弯状态的前提不符合。所以满足式(20-7) 的只能是第二个可能解 $\sin kl=0$，所以 $kl=n\pi$，即 $k=\frac{n\pi}{l}$($n=0$，1，2，3…)。将 k 值代入式(20-3) 和式(20-6)，便可得到临界力及与之对应的挠曲线方程

$$F_{cr}=\frac{n^2\pi^2EI}{l^2},\omega=C_1\sin\left(\frac{n\pi x}{l}\right) \quad (20\text{-}8)$$

当 $n=0$ 时 $F_{cr}=0$，与原假设不符合，所以 $n\neq0$。当 $n=1$，2，3 时，对应的挠曲线如图 20-8 所示，这些挠曲线分别包含半个、一个、一个半正弦波形，直杆形成半个正弦波时的临界力最小，所以只有 $n=1$ 才有现实意义，此时

$$F_{cr}=\frac{\pi^2EI}{l^2} \quad (20\text{-}9)$$

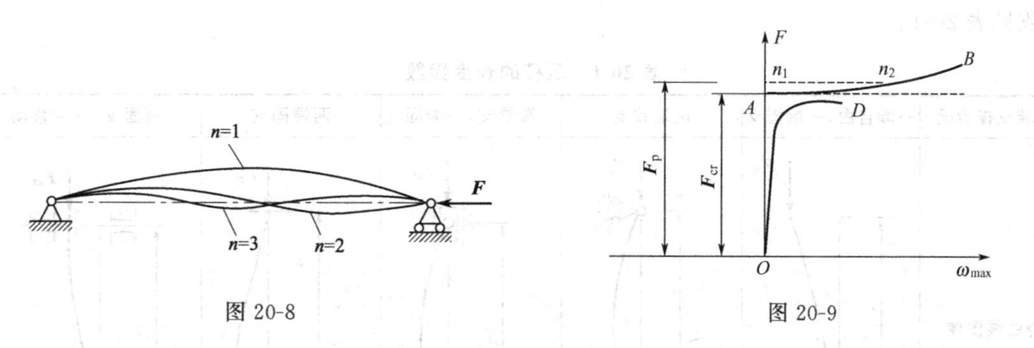

图 20-8　　图 20-9

式(20-9) 通常称为临界载荷的**欧拉公式**，与之对应的挠曲线是半个正弦曲线 $\omega=C_1\sin(\pi x/l)$。C_1 是杆中点的最大挠度，这里要求 C_1 极小，但其值不确定，这是由于采用了挠曲线的近似微分方程 $EI\ \frac{d^2\omega}{dx^2}=M$ 所致。如果从挠曲线的精确微分方程 $k(x)=M/(EI)$ 出发，可以求出最大挠度 ω_{max} 与轴向压力 F 之间的理论关系，如图 20-9 所示的曲线 OAB。从图中可以看出：当 $F<F_{cr}$ 时，压杆直线状态的平衡是稳定的。当 $F>F_{cr}$ 时，压杆既可在直线状态保持平衡也可在曲线状态保持平衡。但前者是不稳定的，后者是稳定的。A 点

是压杆直线形式的稳定性发生改变的点，F-ω_{max} 曲线到达 A 点后出现平衡途径的分岔。A 点称为平衡的分岔点，与分岔点对应的载荷即是临界载荷 $\boldsymbol{F}_{cr}$。曲线 AB 在 A 点的切线是水平的，这说明：在该载荷下，压杆既可在直线位置保持平衡，也可在任意微弯位置保持平衡。这就是采用小挠度理论可以正确确定临界力的原因。

此外，当压力超过 F_{cr} 后挠度将快速增长，例如，当 $F=1.015F_{cr}$ 时，$\omega_{max}=0.11l$，即压力超过临界值 1.5%而挠度已达杆长的 11%。但是实际压杆的失稳试验给出载荷与挠度间的关系如图 20-9 所示的曲线 OD。这是由于前面提到的实际缺陷的影响。由于这些缺陷，当 F 低于 F_{cr} 时，弯曲就已开始，但增长比较缓慢。当载荷接近 F_{cr} 时挠曲增长加快。杆件制作愈精确，加载愈对中，则曲线 OD 与理论曲线 OAB 将愈接近。

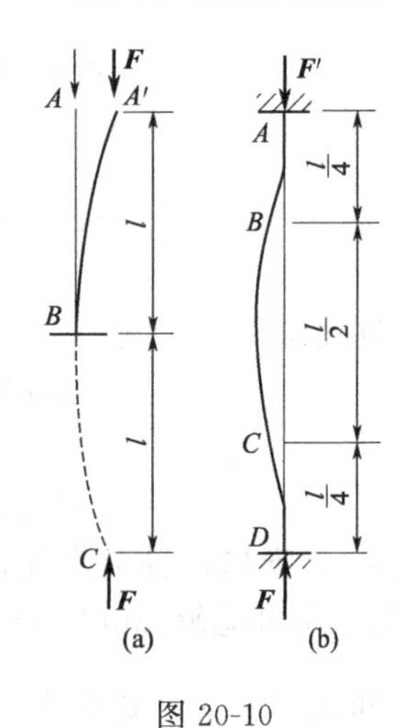

图 20-10

当压杆两端的约束情况不同时，其临界力也不同。例如，图 20-10(a) 所示的一端固支、一端自由的压杆，失稳时挠曲线为 $A'B$。因为 B 截面不转动，故此挠曲线与长为 $2l$ 的两端铰支压杆 $A'C$ 失稳时的上半段相符合。故此压杆的临界力与长为 $2l$ 的铰支压杆的临界力相等，临界力 $F_{cr}=\dfrac{\pi^2 EI}{(2l)^2}$。又如，图 20-10(b) 所示的两端固支的压杆，失稳时的挠曲线是 $ABCD$，由对称性可知挠曲线的 B、C 两点为反弯点(挠曲线的拐点)，该两点的弯矩为零而相当于铰链。故知此压杆的临界力与长为 $l/2$ 的两端铰支压杆 BC 的相同，临界力 $F_{cr}=\dfrac{\pi^2 EI}{(l/2)^2}$。对于压杆两端约束的更复杂情况须从挠曲线微分方程出发求其临界力。

由上面的讨论，可将不同杆端约束的等截面压杆的临界载荷的欧拉公式统一写成

$$F_{cr}=\frac{\pi^2 EI}{(\mu l)^2} \tag{20-10}$$

式中，μ 是随杆端约束而异的一个因数(长度因数)，而 μl 称为有效长度。压杆的长度因数见表 20-1。

表 20-1　压杆的长度因数

杆端支撑情况	一端自由，一端固支	两端铰支	一端铰支，一端固支	两端固支	一端固支，一端移动
挠曲线图像	F_{cr}　l	F_{cr}　l	F_{cr}　l	F_{cr}　l	F_{cr}　l
长度因数 μ	2	1	0.7	0.5	1

【例20-1】　柴油机的挺杆是钢制空心圆管，外径和内径分别为 12mm 和 10mm，杆长

383mm，可视为两端铰支，钢材的 $E=210\text{GPa}$。试计算其临界力。

解：挺杆横截面的惯性矩是

$$I=\frac{\pi}{64}(D^2-d^2)=\frac{\pi}{64}(0.012^4-0.01^4)=0.0526\times10^{-8}\ (\text{m}^4)$$

两端铰支 $\mu=1$

由公式(20-10) 算出挺杆的临界压力为

$$F_{cr}=\frac{\pi^2EI}{l^2}=\frac{\pi^2\times(210\times10^9)\times(0.0526\times10^{-8})}{0.383^2}=7400\ (\text{N})$$

第三节 欧拉公式的适用范围和临界应力总图

一、欧拉公式的适用范围

下面分析压杆在临界状态时横截面上的应力。将式(20-10) 中的 F_{cr} 除以压杆横截面的面积 A，得到压杆的临界应力

$$\sigma_{cr}=\frac{F_{cr}}{A}=\frac{\pi^2EI}{(\mu l)^2A}=\frac{\pi^2Ei^2}{(\mu l)^2}=\frac{\pi^2E}{(\mu l/i)^2} \tag{20-11}$$

引入符号

$$\lambda=\frac{\mu l}{i} \tag{20-12}$$

得到临界应力公式

$$\sigma_{cr}=\frac{\pi^2E}{\lambda^2} \tag{20-13}$$

这里 $i=\sqrt{I/A}$ 为惯性半径，而 λ 无量纲，称为**长细比**或**柔度**。因为欧拉公式是由弹性挠曲线导出的，所以式(20-13) 只适用于弹性范围，即要求 σ_{cr} 不超过比例极限 σ_p，即 $\frac{\pi^2E}{\lambda^2}\leqslant\sigma_p$。于是欧拉公式的适用范围为

$$\lambda\geqslant\sqrt{\frac{\pi^2E}{\sigma_p}}=\pi\sqrt{\frac{E}{\sigma_p}}=\lambda_p$$

柔度 $\lambda\geqslant\lambda_p$ 的压杆，称为大柔度杆，即前面提到的细长压杆。

二、临界应力的经验公式

在工程实际中，绝大多数压杆不是大柔度杆，对于柔度小于 λ_p 的压杆，其临界应力通常采用基于试验和分析的经验公式进行计算，常见的经验公式有直线型公式和抛物线型公式。

1. 直线型公式

直线型临界应力的表达式为

$$\sigma_{cr}=a-b\lambda \tag{20-14}$$

式中，a 和 b 为与材料性能有关的常数，单位为 MPa，可参阅相关设计手册。在使用直线公式时，柔度应满足 $\lambda\geqslant\lambda_s$，$\lambda_s$ 与材料的压缩极限应力 σ_u 有关。对塑性材料而言，σ_u 为屈服应力 σ_s，利用式(20-14) 可得

$$\lambda_s=\frac{a-\sigma_s}{b} \tag{20-15}$$

若$\lambda<\lambda_s$，σ_{cr}达到σ_s时，压杆因强度不足而失效。

根据压杆的柔度，可将其分为三类，应按不同的公式分别计算压杆的临界应力。

① 大柔度杆或细长杆：$\lambda \geqslant \lambda_p$，利用欧拉公式计算$\sigma_{cr}$。

② 中柔度杆：$\lambda_s \leqslant \lambda \leqslant \lambda_p$，利用直线型经验公式计算$\sigma_{cr}$。

③ 小柔度杆：$\lambda<\lambda_s$，利用强度问题的相关理论计算σ_{cr}。

将这三种类型的σ_{cr}-λ曲线汇总，称为**临界应力总图**，如图 20-11 所示。

2. 抛物线型公式

抛物线型经验公式计算非细长压杆临界应力的一般表达式为

$$\sigma_{cr}=a_1-b_1\lambda^2 \tag{20-16}$$

式中，a_1和b_1为与材料性能有关的常数。例如，Q235 钢压杆在弹塑性阶段的临界应力公式是

$$\sigma_{cr}=235-0.00668\lambda^2(\lambda=0\sim123) \tag{20-17}$$

由式(20-17) 算得的σ_{cr}，单位是 MPa。按此理论，临界应力总图如图 20-12 所示。式(20-17) 对应于曲线 EC 段，此曲线与欧拉公式曲线 $ABCD$ 交于 C 点，C 点的横坐标$\lambda_C=123$，由于实际压杆不可能是理想系统，由试验得出的 EC 曲线更能反映压杆的实际情况。以λ_C为分界点，将压杆分为两类，一类用欧拉公式计算临界应力，另一类用经验公式计算临界应力。例如，对于 Q345 钢，($\sigma_s=345$MPa，$E=206$GPa) 的临界应力的经验公式及其适用范围是

$$\sigma_{cr}=345-0.014\lambda^2 \qquad (\lambda=0\sim102) \tag{20-18}$$

利用式(20-18) 计算的σ_{cr}，其单位为 MPa。

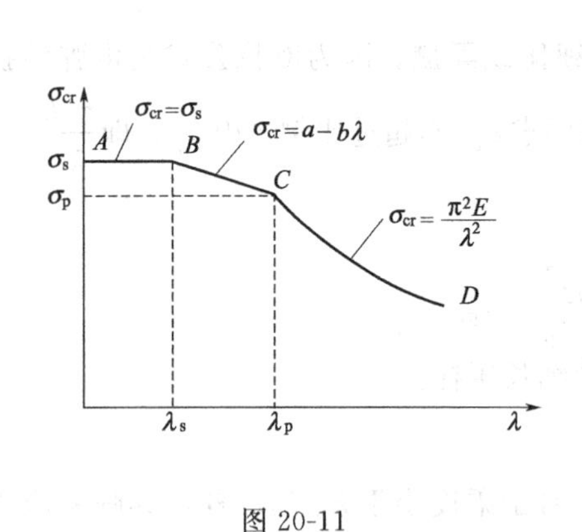

图 20-11

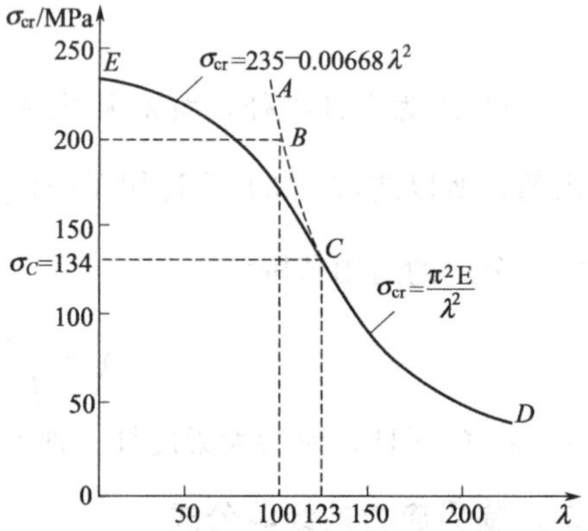

图 20-12

第四节 压杆的稳定计算

一、安全因数法

对于各类柔度的杆件，总可用欧拉公式或经验公式求出相应的临界应力，乘以相应的横截面积 A 便可以得到临界载荷F_{cr}，临界载荷F_{cr}与工作压力 F 之比为称为压杆的**工作安全因数** n，它应大于规定的**稳定安全因数** n_{st}，故有

$$n=\frac{F_{cr}}{F}\geqslant n_{st} \tag{20-19}$$

规定的稳定安全因数 n_{st} 一般要高于强度安全因数。这是因为一些难以避免的因素，如杆件的初弯曲、压力偏心、材料不均匀等，都严重影响压杆的稳定性，降低了临界应力。而面对同样的因素，对于杆件强度的影响就不像对稳定性的影响那么严重了。

常见的几种钢制压杆的 n_{st} 值见表 20-2。

表 20-2　常见钢制压杆的稳定安全因数

压杆类型	稳定安全因数 n_{st}	压杆类型	稳定安全因数 n_{st}
金属结构中的压杆	1.8～3.0	磨床油缸活塞杆	2～5
矿山、冶金设备中的压杆	4～8	低速发动机挺杆	4～6
机床的丝杠	2.5～4	高速发动机挺杆	2～5
水平长丝杠或精密丝杠	>4	拖拉机转向纵、横推杆	>5

需要注意的是，在用式(20-19) 做稳定校核时，须先根据长细比 λ 值决定用哪个公式计算临界应力后再计算压力值。在稳定计算时，无论计算惯矩 I 或截面面积 A 均不考虑由于铆钉孔或螺栓孔造成的局部削弱，因为截面上这种局部削弱对压杆整体稳定的影响很小。

【例20-2】 一连杆如图 20-13 所示，材料为 Q235 钢，承受的轴向压力为 $F=120\text{kN}$，稳定安全因数 $n_{st}=2$，试校核连杆的稳定性。

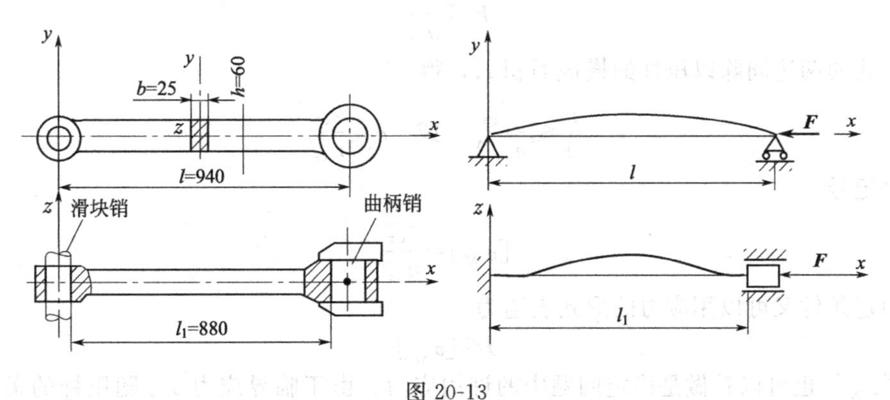

图 20-13

解： 设连杆在 xy 面内失稳，两端为铰支，长度系数 $\mu=1$，此时截面以 z 轴为中性轴，惯性半径及长细比分别为

$$i_z=\sqrt{\frac{I_z}{A}}=\sqrt{\frac{bh^3/12}{bh}}=\frac{h}{2\sqrt{3}}=17.32\ (\text{mm})$$

$$\lambda_z=\frac{\mu l}{i_z}=\frac{1\times 940}{17.32}=54.3$$

此外，连杆也可能在 xz 面内失稳，曲柄销与滑块销的约束近于固支端，长度系数 $\mu=0.5$，此时截面以 y 轴为中性轴，于是

$$i_y=\sqrt{\frac{I_y}{A}}=\frac{b}{2\sqrt{3}}=7.22\ (\text{mm})$$

$$\lambda_y=\frac{\mu l_1}{i_y}=\frac{0.5\times 880}{7.22}=61>\lambda_z$$

由于 $\lambda_y>\lambda_z$，故连杆在 xz 面内失稳先于 xy 面内失稳，所以应以 λ_y 来求临界力。因为 $\lambda_y=61<123$，所以用式(20-17) 计算临界应力

$$\sigma_{cr}=(235-0.00668\times61^2)\text{MPa}=210\text{MPa}$$

代入式(20-19)

$$\frac{F_{cr}}{F}=\frac{210\times60\times25}{120\times10^3}=2.63>n_{st}$$

此例中，如果要求连杆在 xy 和 xz 两平面内失稳时的临界力相等，就必须使 $\lambda_y=\lambda_z$，亦即

$$\frac{l}{\sqrt{I_z/A}}=\frac{0.5l_1}{\sqrt{I_y/A}}$$

由于 l_1 和 l 相差不多，上式近似为 $I_z\approx4I_y$，可见，为使连杆在两个方向抵抗失稳的能力接近相等，在截面设计时，应大致保持 $I_z\approx4I_y$ 这一关系。

二、折减因数法

用安全因数表示的稳定条件式(20-19) 为

$$n=\frac{F_{cr}}{F}\geqslant n_{st}$$

把上式可改写为

$$F\leqslant\frac{F_{cr}}{n_{st}}$$

若上式的两边同除以压杆的横截面积 A，得

$$\frac{F}{A}\leqslant\frac{F_{cr}}{n_{st}A}\quad 或\quad \sigma\leqslant\frac{\sigma_{cr}}{n_{st}}$$

引进记号

$$[\sigma_W]=\frac{\sigma_{cr}}{n_{st}}$$

于是，稳定条件又可以用应力的形式表达为

$$\sigma\leqslant[\sigma_W] \tag{20-20}$$

这里的 $[\sigma_W]$ 也可以看做是稳定问题中的许用应力。由于临界应力 σ_{cr} 随压杆的柔度而变，而且对不同柔度的压杆又规定不同的稳定安全因数 n_{st}，所以，$[\sigma_W]$ 是柔度 λ 的函数。在起重机械和桥梁、房屋的结构设计中，往往用 $[\sigma_W]$ 与强度许用应力 $[\sigma]$ 之间比值的方法来确定 $[\sigma_W]$。即规定

$$\frac{[\sigma_W]}{[\sigma]}=\varphi \tag{20-21}$$

式中，φ 称为**折减因数**，因为 $[\sigma_W]$ 是柔度 λ 的函数，所以 φ 也是柔度 λ 的函数。又因为 $[\sigma_W]$ 总小于 $[\sigma]$，只有当柔度 λ 很小时，$[\sigma_W]$ 才接近 $[\sigma]$，所以 φ 是一个小于 1 的因数。有关折减系数可查阅我国《钢结构设计规范》(GB 50017—2017) 和《木结构设计规范》(GB 50005—2017)。引用了折减因数 φ 后，稳定条件式(20-20) 可以改写成

$$\sigma=\frac{F}{A}\leqslant\varphi[\sigma] \tag{20-22}$$

利用式(20-22) 也可进行压杆的稳定计算。

第五节 提高压杆稳定性的措施

由以上各节的研究可知，影响压杆稳定性的主要因素有：压杆长度与端部约束、压杆截面的

形状以及压杆的材料等。因此，如要采用适当的措施提高压杆稳定性，就必须从这些方面入手。

一、尽量减小压杆长度和加强约束的牢固性

由式(20-13)、式(20-14) 和式(20-16) 看到，随着压杆长度增加(λ 也增大)，其临界应力迅速下降。所以在结构许可的条件下应尽量减小压杆长度。例如，有些车床、丝杠与溜板间的联系除对开螺母外，还增加了导套(图 20-14)，这样加强了溜板对丝杠的约束作用，因而增强了丝杠的稳定性。又如，滑动轴承应尽可能增加其宽度 l_0，因为滑动轴承对轴的约束是根据 l_0/d_0 (图 20-14) 的数值来确定的。$l_0/d_0<1.5$ 时简化为铰链，$l_0/d_0>3$ 时，简化为固支端；$\leqslant 1.5l_0/d_0<3$ 时看做不完全固支。当轴一端为固支，另一端为不完全固支时，稳定计算中取长度因数 $\mu=0.6$；当两端皆为不完全固支时，取 $\mu=0.75$。

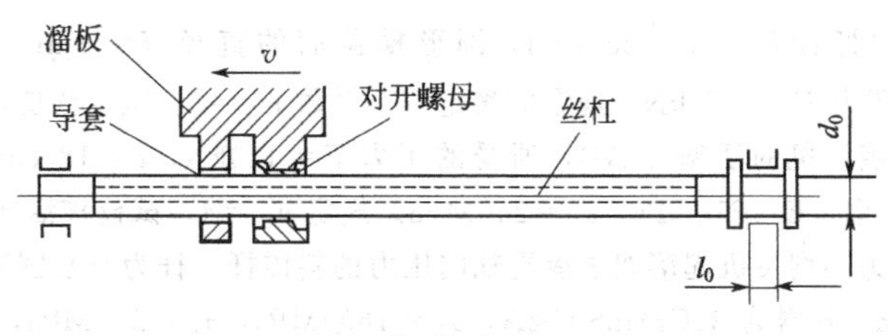

图 20-14

二、合理选择截面

压杆的临界应力会随柔度 λ 的增大而迅速降低，设法减低柔度是提高压杆稳定性的重要措施，柔度

$$\lambda=\frac{\mu l}{i}=\mu l\sqrt{\frac{A}{I}}$$

对于一定长度和约束方式的压杆，在保持横截面面积 A 一定的情况下，应选择惯性矩 I 较大的截面形状。所以，压杆常采用空心截面。这样做可增大惯性半径 i，减小柔度 λ，从而提高压杆的临界力。在选择截面形状和尺寸时，通常还应考虑到失稳的方向性。

三、合理选用材料

由细长压杆临界应力的欧拉公式可知，临界应力的大小只与材料的弹性模量 E 有关。由于各种钢材的弹性模量 E 大致相等，所以选用优质钢材与选用低碳钢并无很大差别。但是，对于中等柔度杆，情况有所不同。无论是根据经验公式或理论分析，都说明临界应力与材料的强度有关。如优质钢的系数 a 值较高。所以，选用优质钢材在一定程度上可以提高临界应力的数值。至于柔度很小的短杆，本来就是强度问题，优质钢材的强度高，其优越性自然是明显的。

思　考　题

20-1　如何区别压杆的稳定平衡和不稳定平衡？

20-2　欧拉公式是如何建立的？应用该公式的条件是什么？

20-3　何谓长度因数、相当长度、柔度？

20-4　如何区分大、中、小柔度杆？它们的临界应力是如何确定的？如何绘制临界应力总图？

20-5　证明所有几何相似，且材料、端部支撑方式都相同的压杆，其临界应力相同。

20-6　在对压杆进行稳定计算时，怎样判别杆在哪个平面内失稳？

20-7　为什么梁通常采用矩形截面，对压杆则宜采用正方形截面？

20-8　判定一根压杆属于细长杆、中长杆还是短粗杆时，需全面考虑压杆的哪些因素？

20-9　今有两种压杆，一为中长杆，另一为细长杆。在计算压杆临界力时，如中长杆误用细长杆公式，而细长杆误用中长杆公式，其后果是什么？

20-10　如图 20-15 所示结构由 4 段等长的细长杆组成，且各段 EI 相同。在力 $\boldsymbol{F}$ 作用下，哪段最先失稳？

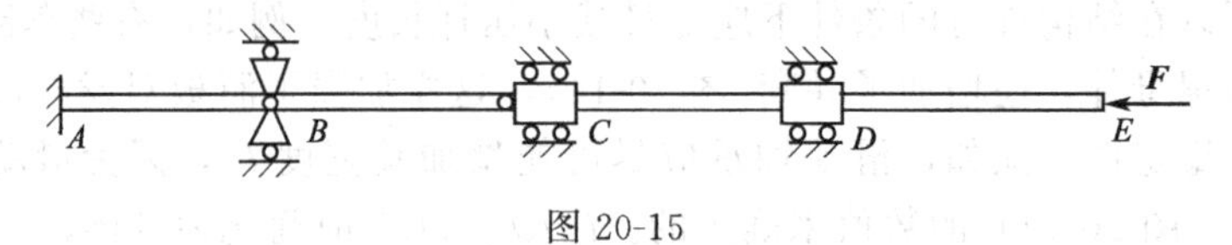

图 20-15

习　题

20-1　某型柴油机的挺杆长度 $l=25.7\text{cm}$，圆形横截面的直径 $d=8\text{mm}$，钢 $E=210\text{GPa}$，$\sigma_p=240\text{MPa}$。挺杆所受最大压力 $F=1.76\text{kN}$。规定的稳定安全系数 $n_{st}=3$。试校核挺杆的稳定性。

20-2　图 20-16 所示蒸汽机的活塞杆 AB，所受的压力 $F=120\text{kN}$，$l=180\text{cm}$，横截面为圆形，直径 $d=50\text{mm}$。材料为 Q275 钢，$E=210\text{GPa}$，$\sigma_p=240\text{MPa}$。规定 $n_{st}=4$，试校核活塞杆的稳定性。

20-3　图 20-17 所示为某型飞机起落架中承受轴向压力的斜撑杆。杆为空心圆管。外径 $D=52\text{mm}$，内径 $d=44\text{mm}$，$l=950\text{mm}$。材料为 30CrMnSiNi2A，$\sigma_b=1600\text{MPa}$，$\sigma_p=240\text{MPa}$，$E=210\text{GPa}$。试求斜撑杆的临界压力 F_{cr} 和临界应力 σ_{cr}。

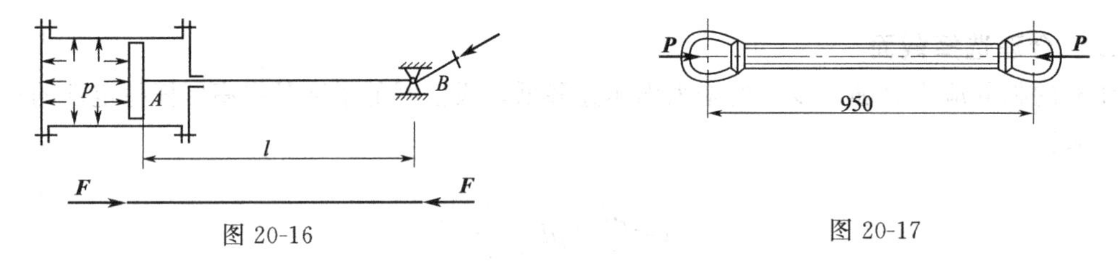

图 20-16　　　　图 20-17

20-4　三根圆截面压杆，直径均为 $d=160\text{mm}$，材料为 Q235 钢，$E=200\text{GPa}$，$\sigma_s=240\text{MPa}$。两端均为铰支，长度分别为 l_1、l_2 和 l_3，且 $l_1=2l_2=4l_3=5\text{m}$。试求各杆的临界压力 F_{cr}。

20-5　蒸汽机车的连杆如图 20-18 所示，截面为工字形，材料为 Q235 钢。连杆所受最大轴向压力为 465kN。连杆在摆动平面(xy 平面）内发生弯曲时，两端可认为铰支；而在与摆动平面垂直的 xz 平面内发生弯曲时，两端可认为是固定支座。试确定其工作安全系数。

20-6　一木柱两端铰支，其横截面为 120mm×200mm 的矩形，长度为 4m。木材的 $E=10\text{MPa}$，$\sigma_p=20\text{MPa}$。试求木柱的临界应力。计算临界应力的公式有：(1) 欧拉公式；(2) 直线公式 $\sigma_{cr}=28.7-0.19\lambda$。

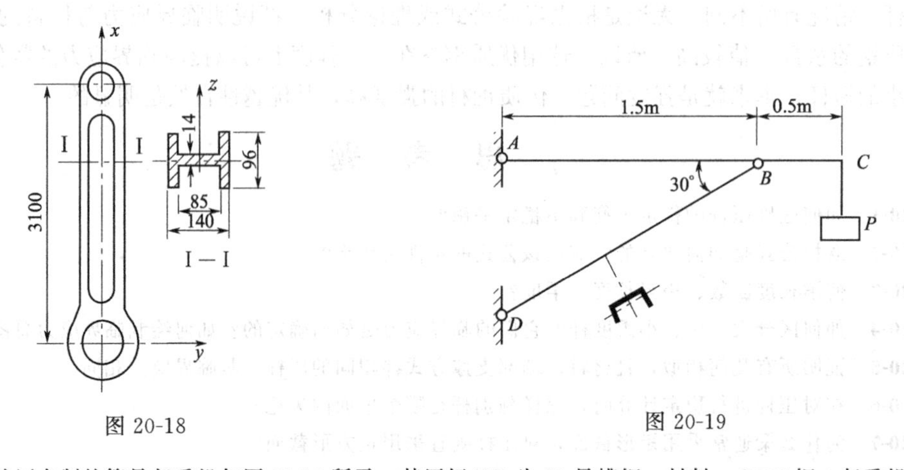

图 20-18　　　　图 20-19

20-7　某厂自制的简易起重机如图 20-19 所示，其压杆 BD 为 20 号槽钢，材料：Q235 钢。起重机的最大起重量为 40kN。若规定的稳定安全系数 $n_{st}=5$。试校核 BD 杆的稳定性。

20-8　图 20-20(a) 为万能机的示意图，四根立柱的长度为 $l=3\text{m}$，钢材 $E=210\text{GPa}$。立柱丧失稳定后的变形曲线如图 20-20(b) 所示。若 F 的最大值为 1000kN，规定的稳定安全系数为 $n_{st}=4$，试按稳定条件设计立柱的直径。

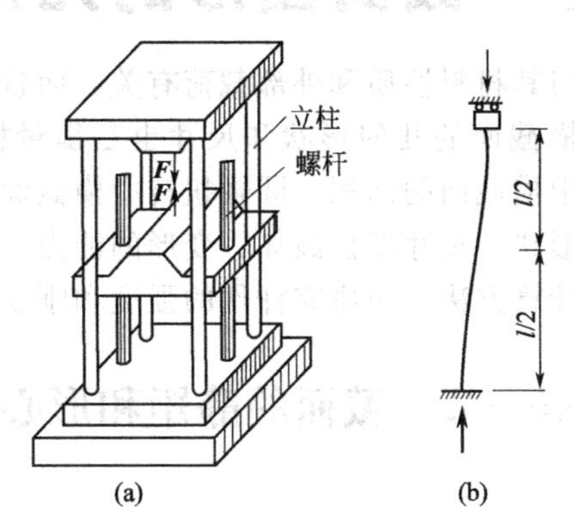

图 20-20

20-9　图 20-21 所示结构中杆 AC 与 CD 均由 Q235 钢制成，C，D 两处均为球铰。已知：$d=20\text{mm}$，$b=100\text{mm}$，$h=180\text{mm}$，$E=200\text{GPa}$，$\sigma_p=200\text{MPa}$，$\sigma_s=235\text{MPa}$，$\sigma_b=400\text{MPa}$，强度安全因数 $n=2.0$，稳定安全因数$n_{st}=3.0$。试确定该结构的许可载荷。

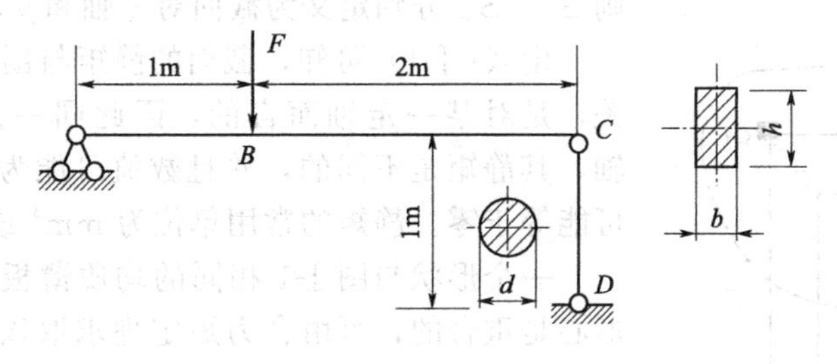

图 20-21

附录Ⅰ　截面图形的几何性质

杆件的承载能力，不仅与其材料性质和外部载荷有关，而且还与杆件横截面的几何形状和尺寸有关，也就是说杆件横截面的几何形状和尺寸也是衡量杆件承载能力的一个重要因素。例如，在轴向拉（压）中横截面的面积、圆轴扭转中横截面的极惯性矩和抗扭截面模量等，均反映了横截面的几何形状、尺寸抵抗破坏、变形的能力。本附录将集中介绍杆件截面图形几何性质的基本概念及计算方法，为研究杆件的强度和刚度奠定基础。

第一节　截面的静矩和形心

一、静矩和形心

如图Ⅰ-1所示，任意形状的截面图形面积为 A。将该图形置于一 Oyz 坐标系内，在坐标（y,z）处取一微面积记为 $\mathrm{d}A$，则遍及整个截面面积 A 的积分

$$S_z=\int_A y\,\mathrm{d}A,S_y=\int_A z\,\mathrm{d}A \tag{Ⅰ-1}$$

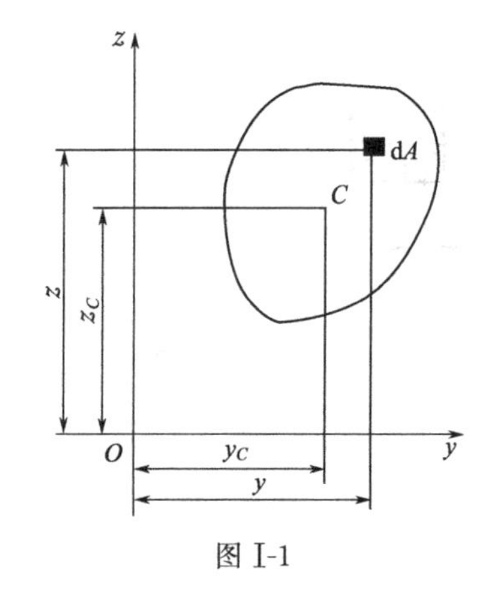

图Ⅰ-1

则 S_z、S_y 分别定义为截面对 z 轴和 y 轴的**静矩**。

由式（Ⅰ-1）可知，截面的静矩与图形位置和形状均有关，是对某一定轴而言的，因此同一截面对不同的坐标轴，其静矩是不同的，并且数值可能为正，可能为负，也可能等于零。静矩的常用单位为 mm^3 或 m^3。

一个形状与图Ⅰ-1相同的均质薄板，其重心与截面的形心是重合的，可由合力矩定理求取该均质薄板的重心坐标，即为该截面形心的坐标公式

$$y_C=\frac{\int_A y\,\mathrm{d}A}{A},z_C=\frac{\int_A z\,\mathrm{d}A}{A} \tag{Ⅰ-2}$$

结合式（Ⅰ-1）、式（Ⅰ-2），形心的坐标公式又可表示为

$$y_C=\frac{S_z}{A},z_C=\frac{S_y}{A} \tag{Ⅰ-3}$$

也就是说，分别将截面对 z 轴和 y 轴的静矩除以截面面积 A，就可得到该截面的形心坐标，若将式（Ⅰ-3）改写为

$$S_z=Ay_C,S_y=Az_C \tag{Ⅰ-4}$$

这样截面对 z 轴和 y 轴的静矩，就可以表示为截面面积 A 与形心坐标 y_C 和 z_C 的乘积。

由式（Ⅰ-3）和式（Ⅰ-4）可得，若 $S_z=0(S_y=0)$，即截面对于某轴的静矩为零，则该轴必通过截面的形心；反之，若某一轴通过形心，则截面对该轴的静矩也为零。

二、组合图形的静矩与形心

工程中有诸多构件的截面是由若干简单图形（例如矩形、圆形、三角形等）组成的，这类截面图形称为组合图形（如图Ⅰ-2），由静矩的定义可知，组合图形对某一轴的静矩等于各组成部分对该轴静矩之代数和，即

$$S_z = \sum_{i=1}^{n} S_{z_i} = \sum_{i=1}^{n} A_i y_{C_i}, S_y = \sum_{i=1}^{n} S_{y_i} = \sum_{i=1}^{n} A_i z_{C_i} \tag{Ⅰ-5}$$

式中，S_y（或S_z）为组合图形对 y（或 z）的静矩；S_{y_i}（或S_{z_i}）为简单图形对 y（或 z）的静矩；z_{C_i}（或 y_{C_i}）为简单图形的形心坐标；n 为组成此截面的简单图形的个数；A_i 为简单图形的面积。

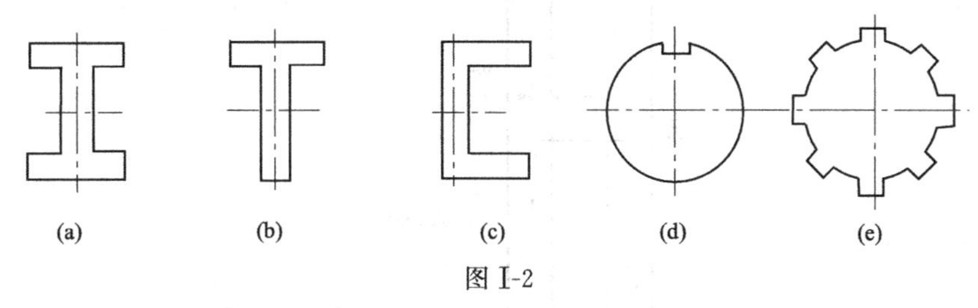

图Ⅰ-2

当确定了各简单图形的面积及形心坐标后，便可轻易求得组合图形的静矩，也可由式（Ⅰ-5）反求组合图形的形心的坐标，即为

$$y_C = \frac{\sum_{i=1}^{n} A_i y_{C_i}}{\sum_{i=1}^{n} A_i}, z_C = \frac{\sum_{i=1}^{n} A_i z_{C_i}}{\sum_{i=1}^{n} A_i} \tag{Ⅰ-6}$$

【例Ⅰ-1】 试计算图Ⅰ-3所示三角形截面对与其底边重合的 y 轴的静矩及形心坐标 z_C。

解： 如图Ⅰ-3所示，取微面积 $\mathrm{d}A$。

$$\mathrm{d}A = b(z)\mathrm{d}z = \frac{b}{h}(h-z)\mathrm{d}z$$

则截面对 y 轴的静矩为

$$S_y = \int_A z\mathrm{d}A = \int_0^h \frac{b}{h}(h-z)z\mathrm{d}z = \frac{bh^2}{6}$$

形心坐标 z_C 为

$$z_C = \frac{S_y}{A} = \frac{\frac{1}{6}bh^2}{\frac{1}{2}bh} = \frac{1}{3}h$$

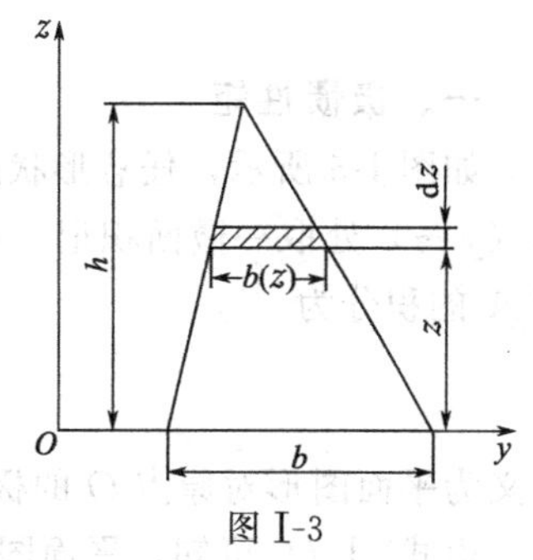

图Ⅰ-3

【例Ⅰ-2】 试确定图Ⅰ-4所示图形形心的位置。

解： 将L形截面分解为如图Ⅰ-4所示的两个矩形Ⅰ和Ⅱ。每个矩形的面积和形心坐标为

矩形Ⅰ：$A_1 = 120 \times 10 = 1200(\mathrm{mm}^2)$，$y_{C_1} = \frac{10}{2} = 5(\mathrm{mm})$，$z_{C_1} = \frac{120}{2} = 60(\mathrm{mm})$

矩形Ⅱ：$A_2 = 70 \times 10 = 700(\mathrm{mm}^2)$　$y_{C_2} = 10 + \frac{70}{2} = 45(\mathrm{mm})$　$z_{C_2} = \frac{10}{2} = 5(\mathrm{mm})$

图形的形心坐标为

$$y_C = \frac{A_1 y_{C_1} + A_2 y_{C_2}}{A_1 + A_2} = \frac{1200 \times 5 + 700 \times 45}{1200 + 700} = 19.7\mathrm{mm}$$

$$z_C = \frac{A_1 z_{C_1} + A_2 z_{C_2}}{A_1 + A_2} = \frac{1200 \times 60 + 700 \times 5}{1200 + 700} = 39.7\mathrm{mm}$$

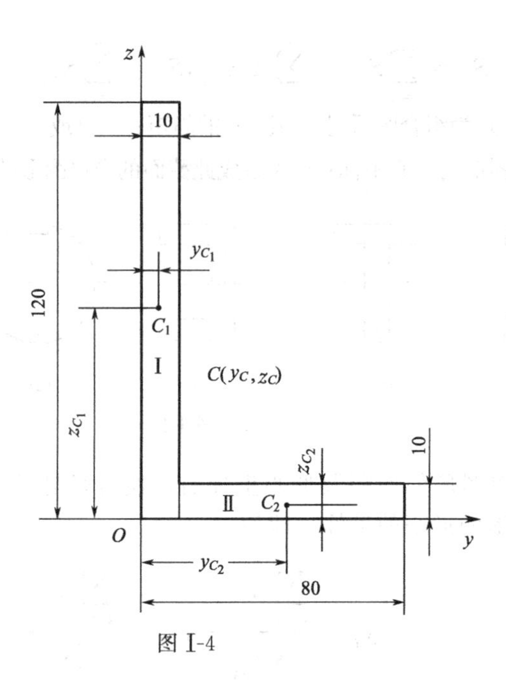

图Ⅰ-4

第二节　极惯性矩、惯性矩和惯性积

一、极惯性矩

如图Ⅰ-5所示，任意形状的截面图形面积为 A。将该图形置于一 Oyz 坐标系内，由坐标（y,z）处取一微面积记为 $\mathrm{d}A$，ρ 为微面积 $\mathrm{d}A$ 到坐标原点 O 的距离，则遍及整个图形面积 A 的积分为

$$I_{\mathrm{p}}=\int_A \rho^2\,\mathrm{d}A \tag{Ⅰ-7}$$

定义为平面图形对原点 O 的**极惯性矩**。

由式(Ⅰ-7)可知，平面图形的极惯性矩是对平面内某一点而言的，因此同一图形对不同点之极惯性矩一般也是不同的。极惯性矩 I_{p} 恒为正值，常用的单位为 mm^4。

二、惯性矩和惯性半径

1. 惯性矩

同样对于图Ⅰ-5所示任意平面图形，微面积 $\mathrm{d}A$ 与坐标 y 轴和 z 轴的距离分别为 z、y，则遍及整个截面图形面积 A 的积分为

$$I_y=\int_A z^2\,\mathrm{d}A,\quad I_z=\int_A y^2\,\mathrm{d}A \tag{Ⅰ-8}$$

分别定义为截面对 y 轴和 z 轴的**惯性矩**。

由式(Ⅰ-8)可知，平面图形的惯性矩是对某一坐标轴而言的，同一图形对不同的坐标轴之惯性矩一般也不同。惯性矩 $I_y(I_z)$ 恒为正值，常用的单位为 mm^4。

由图Ⅰ-5可见，$\rho^2=x^2+y^2$，故有

$$I_{\mathrm{p}}=\int_A \rho^2\,\mathrm{d}A=\int_A z^2\,\mathrm{d}A+\int_A y^2\,\mathrm{d}A=I_z+I_y \tag{Ⅰ-9}$$

由此可见，平面图形对任意一对互相垂直的坐标轴的惯性矩之和，等于它对该两轴交点

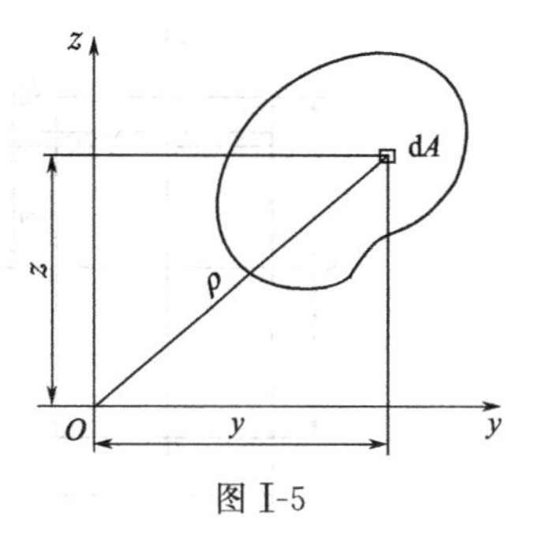

图Ⅰ-5

的极惯性矩。因此，尽管过一点可以作出无穷多对直角坐标轴。但截面对其中每一对直角坐标轴的两个惯性矩之和为定值，且等于截面对坐标原点的极惯性矩。

2. 惯性半径

在某些应用中，有时把惯性矩表示为平面图形面积与某一长度平方的乘积，即

$$I_y = Ai_y^2, \quad I_z = Ai_z^2 \qquad (\text{Ⅰ-10})$$

或

$$i_y = \sqrt{\frac{I_y}{A}}, \quad i_z = \sqrt{\frac{I_z}{A}}$$

式中，i_y 和 i_z 分别称为截面对 y 轴和 z 轴的惯性半径，常用的单位为 mm。

三、惯性积

仍对于图Ⅰ-5所示任意截面图形，遍及整个截面面积 A 的积分

$$I_{yz} = \int_A yz\,\mathrm{d}A \qquad (\text{Ⅰ-11})$$

定义为截面对 y、z 两坐标轴的**惯性积**。

由式(Ⅰ-11)可知，平面图形对不同的坐标轴，其惯性积一般也就不同。因坐标乘积 yz 的数值可能为正或负，所以惯性积的数值也可能为正或负，其常用单位为 mm^4。

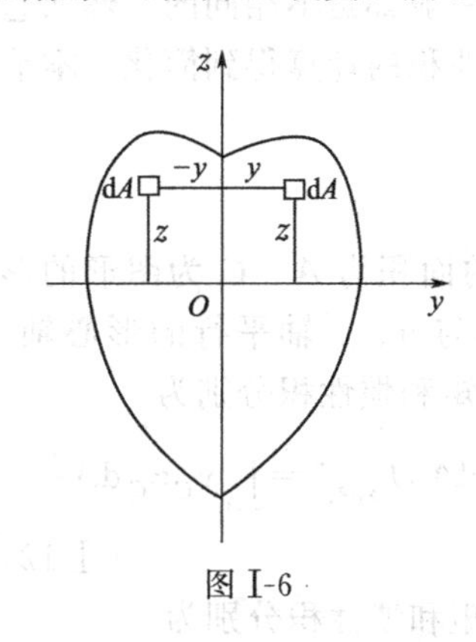

图Ⅰ-6

若在坐标系的两个坐标轴中，只要有一个轴是平面图形的对称轴，则该图形对这一对坐标轴的惯性积等于零。以图Ⅰ-6为例，z 为对称轴，在 z 轴左右两侧的对称位置处，各取一微面积 $\mathrm{d}A$，两者的 z 坐标相同，y 坐标的数值相等而符号相反。因而，两个微面积与坐标 y、z 的乘积，数值相等而符号相反，它们在积分中相互抵消，因而导致遍及整个截面面积 A 的积分 $I_{yz}=0$。即在坐标轴 y、z 中只要有一个是平面图形的对称轴，则截面对 y、z 两坐标轴的惯性积恒为零。

【例Ⅰ-3】 计算图Ⅰ-7所示矩形对其对称轴 y 和 z 的惯性矩。

解： 如图Ⅰ-7所示，取微面积 $\mathrm{d}A$，则

$$\mathrm{d}A = b\,\mathrm{d}z$$

$$I_y = \int_A z^2\,\mathrm{d}A = \int_{-\frac{h}{2}}^{\frac{h}{2}} bz^2\,\mathrm{d}z = \frac{bh^3}{12}$$

同理可求得

$$I_z = \frac{hb^3}{12}$$

【例Ⅰ-4】 计算图Ⅰ-8所示圆形对其直径轴的惯性矩。

解： 如图Ⅰ-8所示，取微面积 $\mathrm{d}A$，则

$$\mathrm{d}A = 2y\,\mathrm{d}z = 2\sqrt{R^2 - z^2}\,\mathrm{d}z$$

$$I_y = \int_A z^2\,\mathrm{d}A = 2\int_{-R}^{R} z^2\sqrt{R^2 - z^2}\,\mathrm{d}z = \frac{\pi D^4}{64}$$

由于圆形是极对称图形，它对任一直径轴的惯性矩都相同，因而

$$I_z = I_y = \frac{\pi D^4}{64}$$

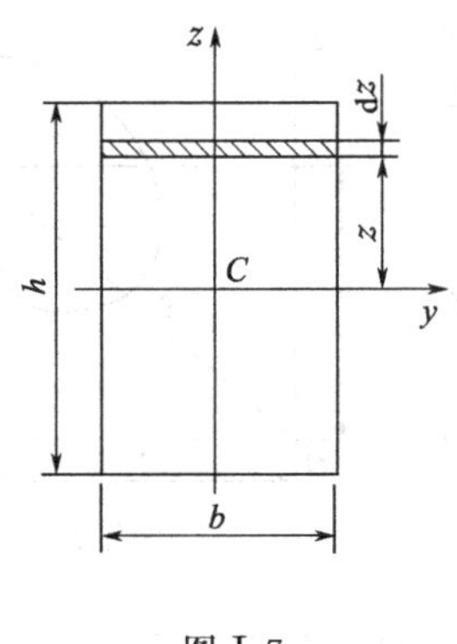

图Ⅰ-7

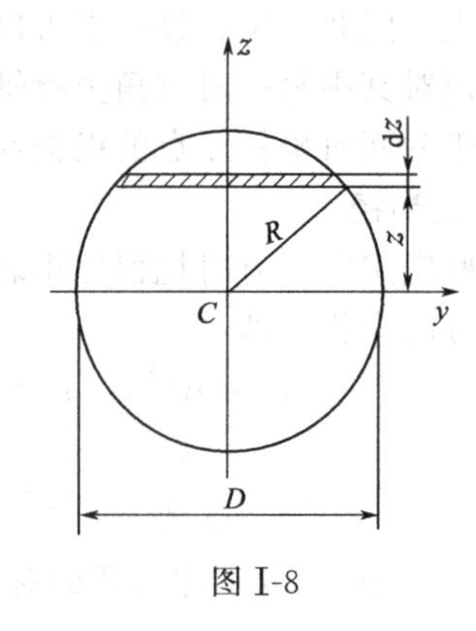

图Ⅰ-8

对于图Ⅰ-7和图Ⅰ-8两个图形，由于 y、z 两轴均为截面的对称轴，由式(Ⅰ-11)可知，它们对 y、z 轴的惯性积 $I_{yz}=0$。

第三节　惯性矩和惯性积的平行移轴公式 组合截面的惯性矩和惯性积

由第二节可知，同一图形对不同坐标轴的惯性矩（惯性积）一般都是不相同的，然而它们之间却存在一定的关系，掌握并应用该规律，可使惯性矩和惯性积的计算得到简化。本节讨论截面对于两互相平行的坐标轴的惯性矩和惯性积之间的关系。

一、平行移轴公式

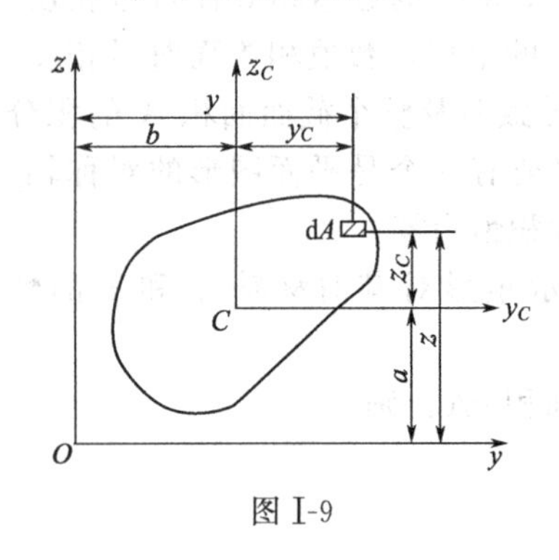

图Ⅰ-9

如图Ⅰ-9所示，平面图形的面积为 A，C 为图形的形心，y_C 和 z_C 是通过形心分别与 y、z 轴平行的形心轴。图形对形心轴 y_C 和 z_C 的惯性矩和惯性积分别为

$$I_{y_C}=\int_A z_C^2\mathrm{d}A,I_{z_C}=\int_A y_C^2\mathrm{d}A,I_{y_Cz_C}=\int_A y_Cz_C\mathrm{d}A \tag{Ⅰ-12}$$

图形对 y 轴和 z 轴的惯性矩和惯性积分别为

$$I_y=\int_A z^2\mathrm{d}A,I_z=\int_A y^2\mathrm{d}A,I_{yz}=\int_A yz\mathrm{d}A \tag{Ⅰ-13}$$

由图Ⅰ-9可知，$y=y_C+b$，$z=z_C+a$，a、b 是截面形心在 Oyz 坐标系内的坐标。则式(Ⅰ-13)可改写为

$$I_y=\int_A z^2\mathrm{d}A=\int_A(z_C+a)^2\mathrm{d}A=\int_A z_C^2\mathrm{d}A+2a\int_A z_C\mathrm{d}A+a^2\int_A\mathrm{d}A \tag{Ⅰ-14a}$$

$$I_z=\int_A y^2\mathrm{d}A=\int_A(y_C+b)^2\mathrm{d}A=\int_A y_C^2\mathrm{d}A+2b\int_A y_C\mathrm{d}A+b^2\int_A\mathrm{d}A \tag{Ⅰ-14b}$$

$$I_{yz}=\int_A yz\mathrm{d}A=\int_A(y_C+b)(z_C+a)\mathrm{d}A=\int_A y_Cz_C\mathrm{d}A+a\int_A y_C\mathrm{d}A+b\int_A z_C\mathrm{d}A+ab\int_A\mathrm{d}A \tag{Ⅰ-14c}$$

由于式(Ⅰ-14)中，$\int_A z_C\mathrm{d}A=0$，$\int_A y_C\mathrm{d}A=0$，$\int_A\mathrm{d}A=A$，因此式(Ⅰ-14a)、式(Ⅰ-14b)、式(Ⅰ-14c)可分别简化为

$$I_y=I_{y_C}+a^2A \tag{Ⅰ-15a}$$

$$I_z = I_{z_C} + b^2 A \tag{Ⅰ-15b}$$

$$I_{yz} = I_{y_C z_C} + abA \tag{Ⅰ-15c}$$

式(Ⅰ-15)为惯性矩和惯性积的**平行移轴公式**。利用这一公式可使惯性矩、惯性积的计算得到简化，由于 a、b 是截面图形的形心坐标值，因此由平行移轴定理求得的惯性积值或正或负，惯性矩的值恒为正。

二、组合截面的惯性矩和惯性积

工程中常见的组合图形，有的是由若干个矩形、圆形等简单图形所组成的，也有的是由几个型钢（T形钢、工字钢等）组合而成的。根据惯性矩和惯性积的定义，组合截面对于某一坐标轴的惯性矩（或惯性积）就等于其各组成部分对同一坐标轴的惯性矩（或惯性积）之和。因此，若截面由 n 个部分组成，则此截面对 y、z 两轴的惯性矩和惯性积可分别按下式计算：

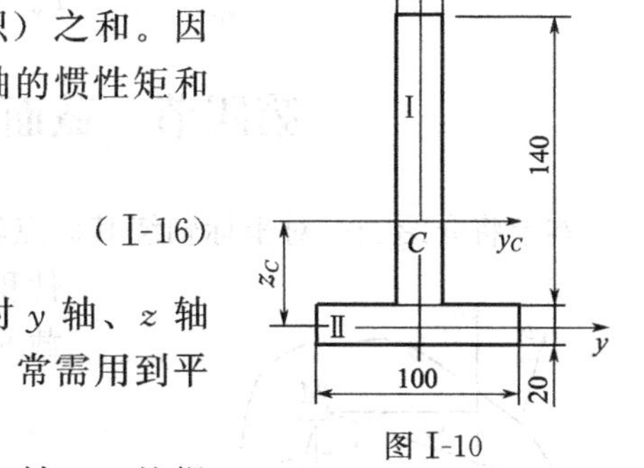

图Ⅰ-10

$$I_y = \sum_{i=1}^{n} I_{yi}, I_z = \sum_{i=1}^{n} I_{zi}, I_{yz} = \sum_{i=1}^{n} I_{yizi} \tag{Ⅰ-16}$$

其中，I_{yi}、I_{zi}、I_{yizi} 分别为组合图形中各子图形对 y 轴、z 轴的惯性矩及对 y 轴和 z 轴的惯性积。在计算它们时，常需用到平行移轴公式。

【例Ⅰ-5】 计算图Ⅰ-10所示T形截面对其形心轴 y_C 的惯性矩。

解： 首先将T形截面分解为两个矩形Ⅰ和Ⅱ(如图Ⅰ-10所示)。

(1) 计算截面的形心坐标

截面的形心坐标必在对称轴 z_C 上，取通过矩形Ⅱ的形心，且平行于底边的参考轴 y，则截面的形心坐标为

$$z_C = \frac{A_1 z_1 + A_2 z_2}{A_1 + A_2} = \frac{0.14\times0.02\times0.08 + 0.1\times0.02\times0}{0.14\times0.02 + 0.1\times0.02} = 0.0467\ (\text{m})$$

(2) 计算截面对其形心轴 y_C 的惯性矩：

利用平行移轴公式，分别计算出矩形Ⅰ和矩形Ⅱ对 y_C 轴的惯性矩：

$$I_{y_C}^{\text{I}} = \frac{1}{12}\times0.02\times(0.14)^3 + (0.08-0.0467)^2\times0.02\times0.14 = 7.67\times10^{-6}(\text{m}^4)$$

$$I_{y_C}^{\text{II}} = \frac{1}{12}\times0.1\times(0.02)^3 + (0.0467)^2\times0.02\times0.1 = 4.43\times10^{-6}(\text{m}^4)$$

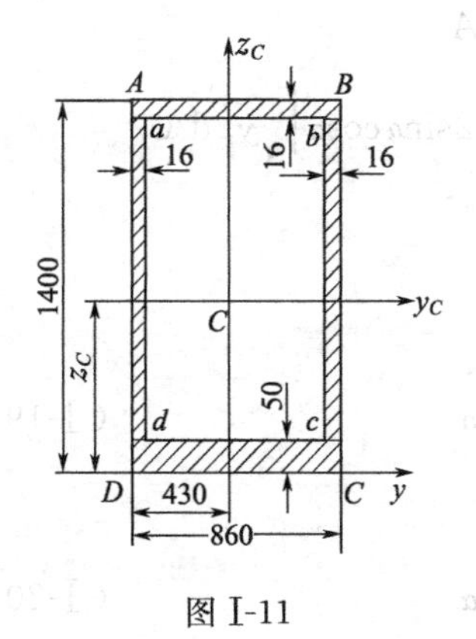

图Ⅰ-11

则对整个截面对 y_C 轴惯性矩为

$$I_{y_C} = I_{y_C}^{\text{I}} + I_{y_C}^{\text{II}} = 7.67\times10^{-6} + 4.43\times10^{-6} = 12.12\times10^{-6}(\text{m}^4)$$

【例Ⅰ-6】 一机架的横截面尺寸如图Ⅰ-11所示。计算该截面对形心轴 y_C 的惯性矩。

解： (1) 将截面图形分解为若干个简单图形的组合

将截面图形看成由外部的大矩形减去内部的小矩形，如图(Ⅰ-11)所示，令大矩形 $ABCD$ 的面积为 A_1，小矩形的面积为 A_2。

(2) 确定截面的形心位置

由于该截面图形关于 z_C 轴对称，因此形心必在 z_C 上。取底边 DC 为参考轴 y，则截面的形心坐标为

$$z_C=\frac{A_1z_1+A_2z_2}{A_1+A_2}=\frac{1.204\times0.7-1.105\times0.717}{1.204-1.105}=0.51\ (\text{m})$$

(3) 计算截面对其形心轴 y_C 的惯性矩

应用平行移轴公式，分别计算出矩形 $ABCD$ 和 $abcd$ 对 y_C 轴的惯性矩为

$$I_{y_C}^{\text{I}}=\frac{1}{12}\times0.86\times1.4^3+(0.7-0.51)^2\times0.86\times1.4=0.24\ (\text{m}^4)$$

$$I_{y_C}^{\text{II}}=\frac{1}{12}\times0.828\times1.334^3+(0.667+0.05-0.51)^2\times0.828\times1.334=0.211\ (\text{m}^4)$$

则，截面图形对 y_C 轴的惯性矩为

$$I_{y_C}=I_{y_C}^{\text{I}}-I_{y_C}^{\text{II}}=0.24-0.211=0.029\ (\text{m}^4)$$

第四节　截面的主惯性轴和主惯性矩

本节将介绍当一对坐标轴绕其原点转动时，截面对转动前、后两组坐标轴的惯性矩、惯性积之间的关系，并利用它来确定截面主惯性轴，计算截面的主惯性矩。

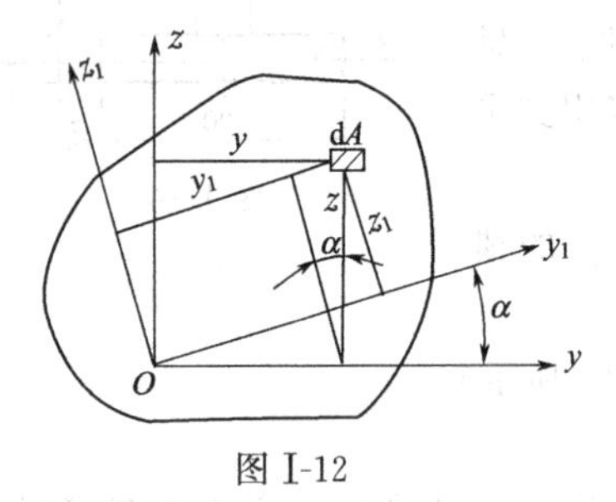

图Ⅰ-12

一、转轴公式

如图Ⅰ-12 所示，任意截面图形对 y、z 轴的惯性矩和惯性积分别为

$$I_y=\int_A z^2\text{d}A,I_z=\int_A y^2\text{d}A,I_{yz}=\int_A yz\text{d}A$$

若将坐标轴绕原点 O 旋转 α 角，且以逆时针转向为正，旋转后得新的坐标轴为 y_1、z_1，截面对 y_1、z_1 轴的惯性矩和惯性积分别为

$$I_{y_1}=\int_A z_1^2\text{d}A,I_{z_1}=\int_A y_1^2\text{d}A,I_{y_1z_1}=\int_A y_1z_1\text{d}A \tag{Ⅰ-17}$$

由图Ⅰ-12 可知，微面积 dA 在新、旧两个坐标系中的坐标 $(y_1,\ z_1)$ 和 (y,z) 之间的关系为

$$\left.\begin{aligned}y_1&=y\cos\alpha+z\sin\alpha\\z_1&=z\cos\alpha-y\sin\alpha\end{aligned}\right\} \tag{Ⅰ-18}$$

把式(Ⅰ-18) 中的第二式代入式(Ⅰ-17) 的第一式，得

$$\begin{aligned}I_{y_1}&=\int_A z_1^2\text{d}A=\int_A(z\cos\alpha-y\sin\alpha)^2\text{d}A\\&=\cos^2\alpha\int_A z^2\text{d}A+\sin^2\alpha\int_A y^2\text{d}A-2\sin\alpha\cos\alpha\int_A yz\text{d}A\\&=I_y\cos^2\alpha+I_z\sin^2\alpha-I_{yz}\sin2\alpha\end{aligned}$$

将 $\cos^2\alpha=\frac{1}{2}(1+\cos2\alpha)$和 $\sin^2\alpha=\frac{1}{2}(1-\cos2\alpha)$代入上式，可得

$$I_{y_1}=\frac{I_y+I_z}{2}+\frac{I_y-I_z}{2}\cos2\alpha-I_{yz}\sin2\alpha \tag{Ⅰ-19}$$

同理，由式(Ⅰ-17) 的第二式和第三式可以求得

$$I_{z_1}=\frac{I_y+I_z}{2}-\frac{I_y-I_z}{2}\cos2\alpha+I_{yz}\sin2\alpha \tag{Ⅰ-20}$$

$$I_{y_1z_1}=\frac{I_y-I_z}{2}\sin 2\alpha+I_{yz}\cos 2\alpha \tag{Ⅰ-21}$$

式(Ⅰ-19)、式(Ⅰ-20)、式(Ⅰ-21)就是惯性矩和惯性积的转轴公式。显然，I_{y_1}、I_{z_1}、I_{y_1}随角的改变而变化，它们都是α的函数。

将式(Ⅰ-19)和式(Ⅰ-20)中的I_{y_1}和I_{z_1}相加，可得

$$I_{y_1}+I_{z_1}=I_y+I_z \tag{Ⅰ-22}$$

式(Ⅰ-22)进一步说明，截面对过同一点的任意一对互相垂直轴的两惯性矩之和为一常数。

二、截面的主惯性轴和主惯性矩

由式(Ⅰ-21)可知，当坐标轴旋转时，惯性积$I_{y_1z_1}$将随之变化，且有正、有负。因此，总可以找到一个特定的角度α，使截面对新坐标轴y_1、z_1的惯性积等于零。这一对坐标轴就称为**主惯性轴**。截面对主惯性轴的惯性矩称为**主惯性矩**。通过截面形心的主惯性轴称为**形心主惯性轴**，截面对形心主惯性轴的惯性矩称为**形心主惯性矩**。截面的形心主惯性轴与杆件轴线所确定的平面称为**形心主惯性平面**。

设α_0角为主惯性轴与原坐标轴之间的夹角（如图Ⅰ-12所示），则将角α_0代入惯性积的转轴公式(Ⅰ-21)，并令其等于零，即

$$\frac{I_y-I_z}{2}\sin 2\alpha_0+I_{yz}\cos 2\alpha_0=0 \tag{Ⅰ-23}$$

由式(Ⅰ-23)求得

$$\tan 2\alpha_0=-\frac{2I_{yz}}{I_y-I_z} \tag{Ⅰ-24}$$

由式(Ⅰ-24)可解出相差90°的两个角度α_0，从而确定一对主惯性轴y_0、z_0的位置。

将式(Ⅰ-24)求出的角度α_0的数值，代入式(Ⅰ-19)、式(Ⅰ-20)就可求得相应的截面主惯性矩。为了计算方便，下面导出直接计算主惯性矩的公式。由式(Ⅰ-24)可以求得

$$\cos 2\alpha_0=\frac{1}{\sqrt{1+\tan^2\alpha_0}}=\frac{I_y-I_z}{\sqrt{(I_y-I_z)^2+4I_{yz}^2}}$$

$$\sin 2\alpha_0=\tan 2\alpha_0\cos 2\alpha_0=\frac{-2I_{yz}}{\sqrt{(I_y-I_z)^2+4I_{yz}^2}}$$

将以上两式代入式(Ⅰ-19)和式(Ⅰ-20)，经简化后得出主惯性矩的计算公式是

$$\left.\begin{aligned}I_{y_0}&=\frac{I_y+I_z}{2}+\frac{1}{2}\sqrt{(I_y-I_z)^2+4I_{yz}^2}\\I_{z_0}&=\frac{I_y+I_z}{2}-\frac{1}{2}\sqrt{(I_y-I_z)^2+4I_{yz}^2}\end{aligned}\right\} \tag{Ⅰ-25}$$

另外，由式(Ⅰ-19)和式(Ⅰ-20)可知，惯性矩I_{y_1}和I_{z_1}都是α的连续函数，当α角在0°～360°的范围内变化时，I_{y_1}和I_{z_1}必然有极值。又由式(Ⅰ-22)可知，惯性矩I_{y_1}和I_{z_1}之和为一常数，因此它们中的一个为极大值，而另一个则为极小值。

由
$$\frac{dI_{y_1}}{d\alpha}=0 \quad 和 \quad \frac{dI_{z_1}}{d\alpha}=0$$

解得的使惯性矩取得极值的坐标轴位置的表达式，与式(Ⅰ-24)完全一致。所以，截面对于通过任一点的主惯性轴的主惯性矩之值，也就是它对于通过该点的所有轴的惯性矩中的极大值I_{max}和极小值I_{min}。从式(Ⅰ-25)可知，I_{y_0}就是极大值，而I_{z_0}则是极小值。

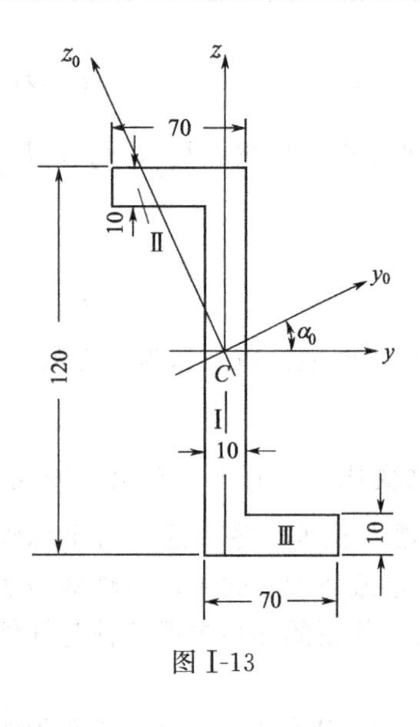

图Ⅰ-13

在确定形心主惯性轴的位置并计算形心主惯性矩时，同样可应用式(Ⅰ-24)和式(Ⅰ-25)，但此时式中的 I_y、I_z 和 I_{yz} 应为截面对通过其形心的某一对轴的惯性矩和惯性积。当截面具有一个对称轴时，由于截面对于对称轴的惯性积等于零，截面的形心又必然在对称轴上，所以截面的对称轴就是形心主惯性轴。此时，只需利用移轴公式(Ⅰ-15)来计算截面的形心主惯性矩。

【例Ⅰ-7】 试求图Ⅰ-13所示图形的形心主惯性轴和形心主惯性矩。

解：(1) 确定形心位置

由于图形有对称中心 C，故点 C 即为图形的形心。以形心 C 作为坐标原点，平行于图形棱边的 y、z 轴作为参考坐标系，把图形看做是3个矩形Ⅰ、Ⅱ和Ⅲ的组合图形。矩形Ⅰ的形心 C_1 与 C 重合。矩形Ⅱ的形心 C_2 的坐标为(−35,55)。矩形Ⅲ的形心坐标为(35,−55)。

(2) 计算图形对 y 轴和 z 轴的惯性矩和惯性积

$$
\begin{aligned}
I_y &= (I_y)_{\text{Ⅰ}} + (I_y)_{\text{Ⅱ}} + (I_y)_{\text{Ⅲ}} \\
&= \frac{10\times 120^3}{12} + 2\left[\frac{60\times 10^3}{12} + 55^2\times(60\times 10)\right] \\
&= 508\times 10^4(\text{mm}^4)
\end{aligned}
$$

$$
\begin{aligned}
I_z &= (I_z)_{\text{Ⅰ}} + (I_z)_{\text{Ⅱ}} + (I_z)_{\text{Ⅲ}} \\
&= \frac{120\times 10^3}{12} + 2\left[\frac{10\times 60^3}{12} + 35^2\times(60\times 10)\right] \\
&= 184\times 10^4(\text{mm}^4)
\end{aligned}
$$

$$
\begin{aligned}
I_{yz} &= (I_{yz})_{\text{Ⅰ}} + (I_{yz})_{\text{Ⅱ}} + (I_{yz})_{\text{Ⅲ}} \\
&= 0 + (-35\times 55)\times 60\times 10 + (-55\times 35)\times 60\times 10 \\
&= -231\times 10^4(\text{mm}^4)
\end{aligned}
$$

(3) 确定形心主惯性轴的位置

$$
\tan 2\alpha_0 = -\frac{2I_{yz}}{I_y - I_z} = -\frac{2\times(231\times 10^4)}{508\times 10^4 - 184\times 10^4} = 1.426
$$

解得 $2\alpha = 54.9°$ 或 $234.9°$，则 $\alpha_0 = 27.4°$ 或 $117.4°$。

由于 α_0 为正值，故将 y 轴绕点逆时针旋转 27.5°，即得到形心主惯性轴 y_0 和 z_0 的位置。

(4) 求形心主惯性矩

$$
\begin{aligned}
I_{y_0} = I_{\max} &= \frac{1}{2}(I_y + I_z) + \sqrt{\left(\frac{(I_y - I_z)}{2}\right)^2 + (I_{yz})^2} \\
&= \left[\frac{1}{2}(508+184) + \sqrt{\left(\frac{508-184}{2}\right)^2 + (-231)^2}\right]\times 10^4 \\
&= 628\times 10^4(\text{mm}^4)
\end{aligned}
$$

$$
\begin{aligned}
I_{z_0} = I_{\min} &= \frac{1}{2}(I_y + I_z) - \sqrt{\left(\frac{(I_y - I_z)}{2}\right)^2 + (I_{yz})^2} \\
&= \left[\frac{1}{2}(508+184) - \sqrt{\left(\frac{508-184}{2}\right)^2 + (-231)^2}\right]\times 10^4 \\
&= 64\times 10^4(\text{mm}^4)
\end{aligned}
$$

思　考　题

Ⅰ-1　平面图形的形心和静矩是如何定义的？二者有何关系？

Ⅰ-2　平面图形的惯性矩、极惯性矩、惯性积和惯性半径是如何定义的？对过一点的任一对正交坐标轴的惯性矩与对该点的极惯性矩有何关系？

Ⅰ-3　惯性矩和惯性积的量纲同为长度的四次方，为什么惯性矩总是正值而惯性积的值却有正负值之分？

Ⅰ-4　何为主惯性轴、形心主惯性轴、形心主惯性矩？计算某平面图形形心主惯性矩的步骤是什么？如何判断最大和最小惯性矩所对应的轴的方位？

Ⅰ-5　如何利用对称条件简化形心坐标、静矩、惯性矩和主轴位置的计算？

习　题

Ⅰ-1　求图Ⅰ-14所示各图形中阴影部分对 y 轴的静矩。

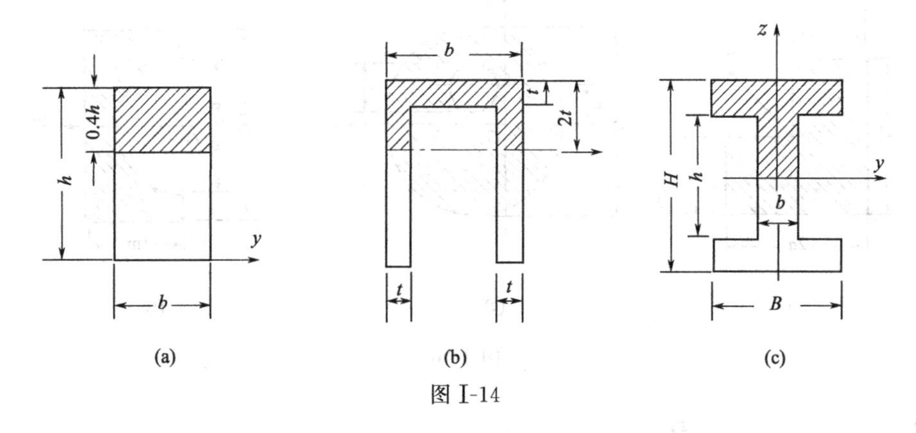

图Ⅰ-14

Ⅰ-2　图Ⅰ-15中抛物线方程为 $z=h\left(1-\frac{y^2}{b^2}\right)$。试求图形对 y、z 轴的静矩，并确定形心 C。

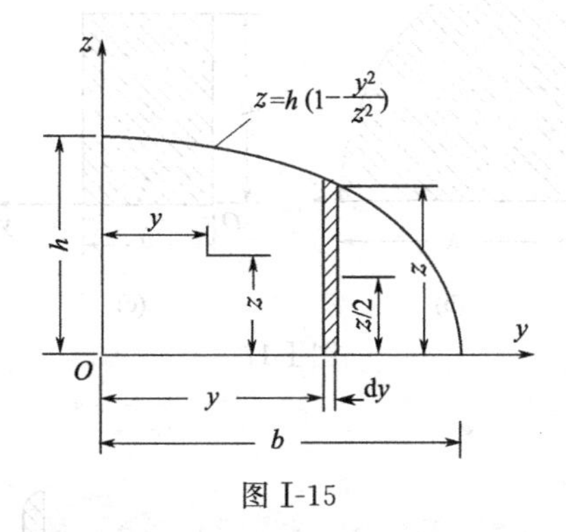

图Ⅰ-15

Ⅰ-3　确定图Ⅰ-16所示各图形的形心位置。

Ⅰ-4　试求图Ⅰ-17所示各图形对 y、z 轴的惯性矩和惯性积。

Ⅰ-5　图Ⅰ-18所示矩形 $b=\frac{2}{3}h$，在左右两侧切去两个半圆形 $\left(d=\frac{h}{2}\right)$。试求切去部分的面积与原面积的百分比和惯性矩 I_y、I_z 比原来减少了百分之几。

Ⅰ-6　如图Ⅰ-19所示，求组合图形的形心坐标 z_C 及对形心轴 y_C 轴的惯性矩。

Ⅰ-7　如图Ⅰ-20所示，求图形对形心轴 y 轴的惯性矩和惯性积。

Ⅰ-8　如图Ⅰ-21所示，试求图形开键槽后，图形对直径轴 y 轴的惯性矩（键槽可按矩形计算）。

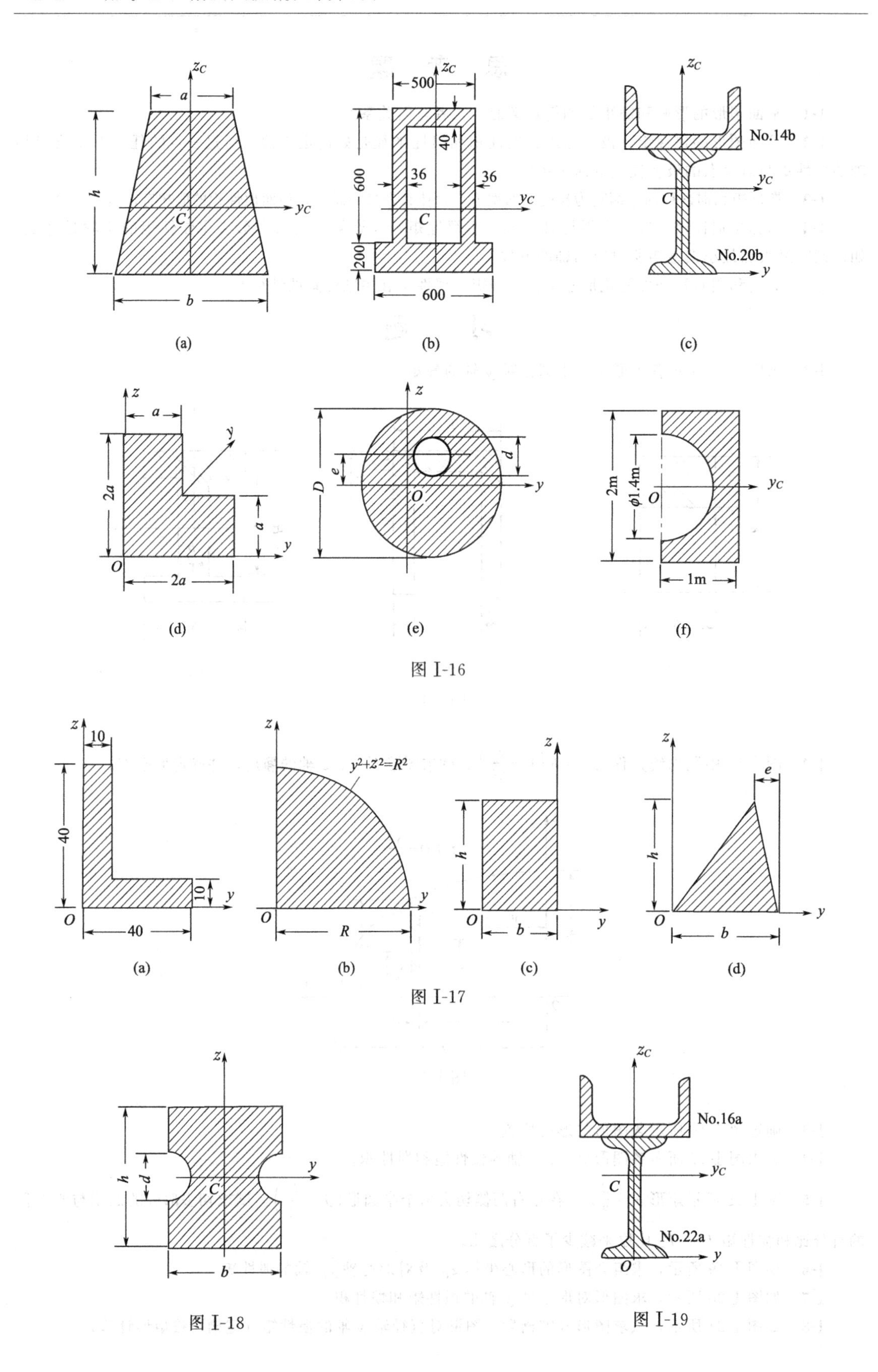

图Ⅰ-16

图Ⅰ-17

图Ⅰ-18

图Ⅰ-19

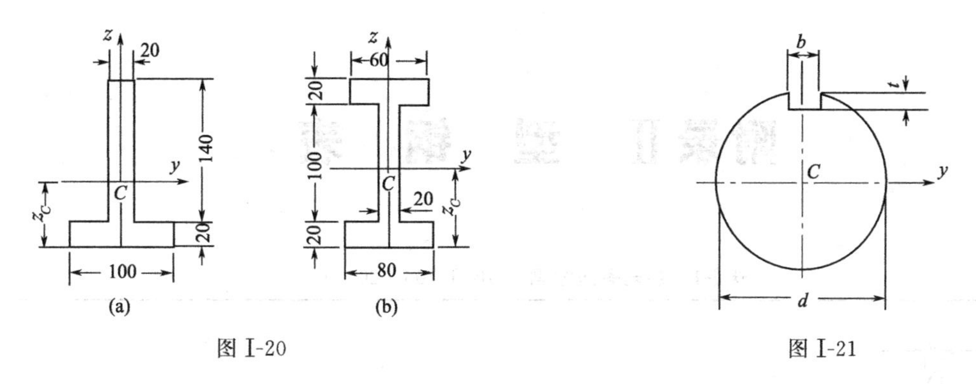

图Ⅰ-20　　　　图Ⅰ-21

Ⅰ-9　试确定图Ⅰ-22所示图形对通过坐标原点 O 的主惯性轴的位置，并计算主惯性矩。

Ⅰ-10　试求图Ⅰ-23所示图形的形心主惯性轴的位置和形心主惯性矩。

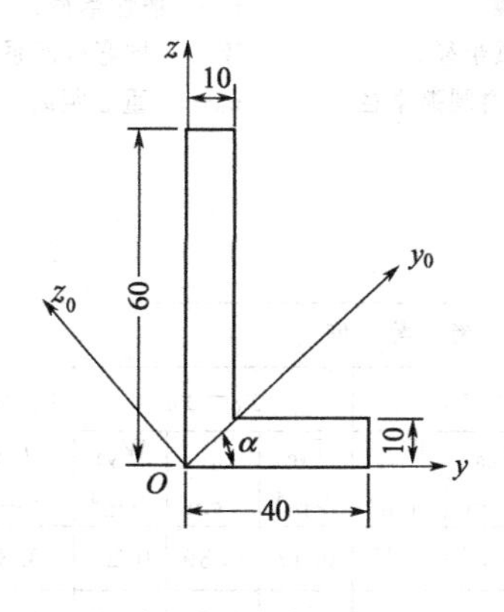

图Ⅰ-22

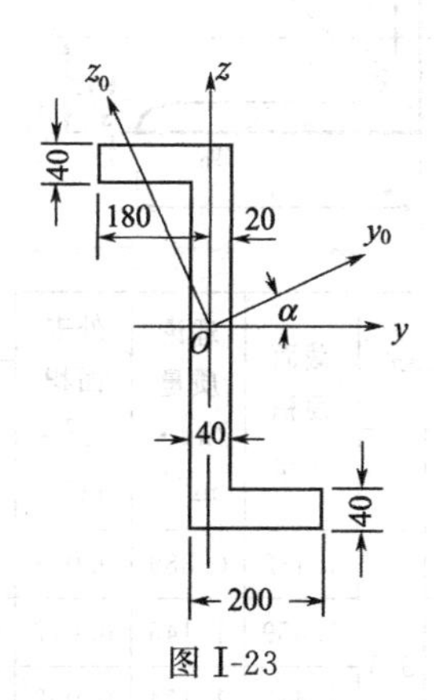

图Ⅰ-23

附录Ⅱ　型　钢　表

表Ⅱ-1　热轧等边角钢（GB/T 706—2016）

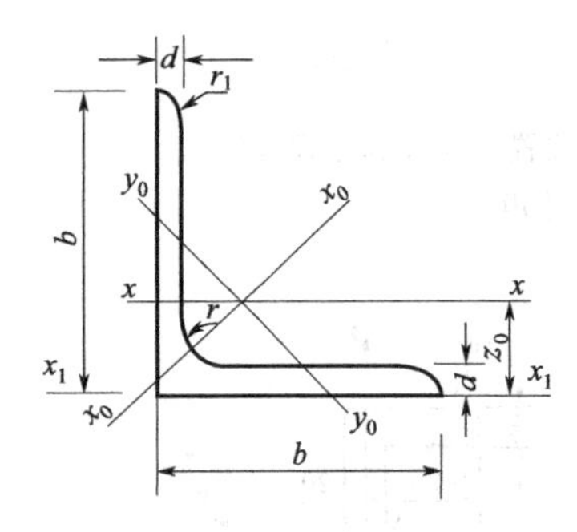

符号意义：b——边宽度；　　I——惯性矩；

d——边厚度；　　i——惯性半径；

r——内圆弧半径；　　W——抗弯截面系数；

r_1——边端内圆弧半径；　　z_0——重心距离。

角钢号数	尺寸/mm			截面面积/cm²	理论质量/kg·m⁻¹	外表面积/m²·m⁻¹	参考数值										z_0/cm
							x—x			x_0—x_0			y_0—y_0			x_1—x_1	
	b	d	r				I_x/cm⁴	i_x/cm	W_x/cm³	I_{x0}/cm⁴	i_{x0}/cm	W_{x0}/cm³	I_{y0}/cm⁴	i_{y0}/cm	W_{y0}/cm³	I_{x1}/cm⁴	
2	20	3	3.5	1.132	0.889	0.078	0.40	0.59	0.29	0.63	0.75	0.45	0.17	0.39	0.20	0.81	0.60
		4		1.459	1.145	0.077	0.50	0.58	0.36	0.78	0.73	0.55	0.22	0.38	0.24	1.09	0.64
2.5	25	3		1.432	1.124	0.098	0.82	0.76	0.46	1.29	0.95	0.73	0.34	0.49	0.33	1.57	0.73
		4		1.859	1.459	0.097	1.03	0.74	0.59	1.62	0.93	0.92	0.43	0.48	0.40	2.11	0.76
3.0	30	3	4.5	1.749	1.373	0.117	1.46	0.91	0.68	2.31	1.15	1.09	0.61	0.59	0.51	2.71	0.85
		4		2.276	1.786	0.117	1.84	0.90	0.87	2.92	1.13	1.37	0.77	0.58	0.62	3.63	0.89
3.6	36	3		2.109	1.656	0.141	2.58	1.11	0.99	4.09	1.39	1.61	1.07	0.71	0.76	4.68	1.00
		4		2.756	2.163	0.141	3.29	1.09	1.28	5.22	1.38	2.05	1.37	0.70	0.93	6.25	1.04
		5		3.382	2.654	0.141	3.95	1.08	1.56	6.24	1.36	2.45	1.65	0.70	1.09	7.84	1.07
4.0	40	3	5	2.359	1.852	0.157	3.58	1.23	1.23	5.69	1.55	2.01	1.49	0.79	0.96	6.41	1.09
		4		3.086	2.422	0.157	4.60	1.22	1.60	7.29	1.54	2.58	1.91	0.79	1.19	8.56	1.13
		5		3.791	2.976	0.156	5.53	1.21	1.96	8.76	1.52	3.10	2.30	0.78	1.39	10.74	1.17
4.5	45	3		2.659	2.088	0.177	5.17	1.40	1.58	8.20	1.76	2.58	2.14	0.89	1.24	9.12	1.22
		4		3.486	2.736	0.177	6.65	1.38	2.05	10.56	1.74	3.32	2.75	0.89	1.54	12.18	1.26
		5		4.292	3.369	0.176	8.04	1.37	2.51	12.74	1.72	4.00	3.33	0.88	1.81	15.25	1.30
		6		5.076	3.985	0.176	9.33	1.36	2.95	14.76	1.70	4.64	3.89	0.88	2.06	18.36	1.33
5	50	3	5.5	2.971	2.332	0.197	7.18	1.55	1.96	11.37	1.96	3.22	2.98	1.00	1.57	12.50	1.34
		4		3.897	3.059	0.197	9.26	1.54	2.56	14.70	1.94	4.16	3.82	0.99	1.96	16.69	1.38
		5		4.803	3.770	0.196	11.21	1.53	3.13	17.79	1.92	5.03	4.64	0.98	2.31	20.90	1.42
		6		5.688	4.465	0.196	13.05	1.52	3.68	20.68	1.91	5.85	5.42	0.98	2.63	25.14	1.46

续表

角钢号数	尺寸/mm			截面面积 $/cm^2$	理论质量 $/kg\cdot m^{-1}$	外表面积 $/m^2\cdot m^{-1}$	参考数值										z_0 /cm
							$x-x$			x_0-x_0			y_0-y_0			x_1-x_1	
	b	d	r				I_x $/cm^4$	i_x /cm	W_x $/cm^3$	I_{x0} $/cm^4$	i_{x0} /cm	W_{x0} $/cm^3$	I_{y0} $/cm^4$	i_{y0} /cm	W_{y0} $/cm^3$	I_{x1} $/cm^4$	
5.6	56	3	6	3.343	2.624	0.221	10.19	1.75	2.48	16.14	2.20	4.08	4.24	1.13	2.02	17.56	1.48
		4		4.390	3.446	0.220	13.18	1.73	3.24	20.92	2.18	5.28	5.46	1.11	2.52	23.43	1.53
		5		5.415	4.251	0.220	16.02	1.72	3.97	25.42	2.17	6.42	6.61	1.10	2.98	29.33	1.57
		6		8.367	6.568	0.219	23.63	1.68	6.03	37.37	2.11	9.44	9.89	1.09	4.16	46.24	1.68
6.3	63	4	7	4.978	3.907	0.248	19.03	1.96	4.13	30.17	2.46	6.78	7.89	1.26	3.29	33.35	1.70
		5		6.143	4.822	0.248	23.17	1.94	5.08	36.77	2.45	8.25	9.57	1.25	3.90	41.73	1.74
		6		7.288	5.721	0.247	27.12	1.93	6.00	43.03	2.43	9.66	11.20	1.24	4.46	50.14	1.78
		8		9.515	7.469	0.247	34.46	1.90	7.75	54.56	2.40	12.25	14.33	1.23	5.47	67.11	1.85
		10		11.657	9.151	0.246	41.09	1.88	9.39	64.85	2.36	14.56	17.33	1.22	6.36	84.31	1.93
7	70	4	8	5.570	4.372	0.275	26.39	2.18	5.14	41.80	2.74	8.44	10.99	1.40	4.17	45.74	1.86
		5		6.875	5.397	0.275	32.21	2.16	6.32	51.08	2.73	10.32	13.34	1.39	4.95	57.21	1.91
		6		8.160	6.406	0.275	37.77	2.15	7.48	59.93	2.71	12.11	15.61	1.38	5.67	68.73	1.95
		7		9.424	7.398	0.275	43.09	2.14	8.59	68.35	2.69	13.81	17.82	1.38	6.34	80.29	1.99
		8		10.667	8.373	0.274	48.17	2.12	9.68	76.37	2.68	15.43	19.98	1.37	6.98	91.92	2.03
7.5	75	5	9	7.412	5.818	0.295	39.97	2.33	7.32	63.30	2.92	11.94	16.63	1.50	5.77	70.56	2.04
		6		8.797	6.905	0.294	46.95	2.31	8.64	74.38	2.90	14.02	19.51	1.49	6.67	84.55	2.07
		7		10.160	7.976	0.294	53.57	2.30	9.93	84.96	2.89	16.02	22.18	1.48	7.44	98.71	2.11
		8		11.503	9.030	0.294	59.96	2.28	11.20	95.07	2.88	17.93	24.86	1.47	8.19	112.97	2.15
		10		14.126	11.089	0.293	71.98	2.26	13.64	113.92	2.84	21.48	30.05	1.46	9.56	141.71	2.22
8	80	5	9	7.912	6.211	0.315	48.79	2.48	8.34	77.33	3.13	13.67	20.25	1.60	6.66	85.36	2.15
		6		9.397	7.376	0.314	57.35	2.47	9.87	90.98	3.11	16.08	23.72	1.59	7.65	102.50	2.19
		7		10.860	8.525	0.314	65.58	2.46	11.37	104.07	3.10	18.40	27.09	1.58	8.58	119.70	2.23
		8		12.303	9.658	0.314	73.49	2.44	12.83	116.60	3.08	20.61	30.39	1.57	9.46	136.97	2.27
		10		15.126	11.874	0.313	88.43	2.42	15.64	140.09	3.04	24.76	36.77	1.56	11.08	171.74	2.35
9	90	6	10	10.637	8.350	0.354	82.77	2.79	12.61	131.26	3.51	20.63	34.28	1.80	9.95	145.87	2.44
		7		12.301	9.656	0.354	94.83	2.78	14.54	150.47	3.50	23.64	39.18	1.78	11.19	170.30	2.48
		8		13.944	10.946	0.353	106.47	2.76	16.42	168.97	3.48	26.55	43.97	1.78	12.35	194.80	2.52
		10		17.167	13.476	0.353	128.58	2.74	20.07	203.90	3.45	32.04	53.26	1.76	14.52	244.07	2.59
		12		20.306	15.940	0.352	149.22	2.71	23.57	236.21	3.41	37.12	62.22	1.75	16.49	293.76	2.67
10	100	6	12	11.932	9.366	0.393	114.95	3.10	15.68	181.98	3.90	25.74	47.92	2.00	12.69	200.07	2.67
		7		13.796	10.830	0.393	131.86	3.09	18.10	208.97	3.89	29.55	54.74	1.99	14.26	233.54	2.71
		8		15.638	12.276	0.393	148.24	3.08	20.47	235.07	3.88	33.24	61.41	1.98	15.75	267.09	2.76
		10		19.261	15.120	0.392	179.51	3.05	25.06	284.68	3.84	40.26	74.35	1.96	18.54	334.48	2.84
		12		22.800	17.898	0.391	208.90	3.03	29.48	330.95	3.81	46.80	86.84	1.95	21.08	402.34	2.91
		14		26.256	20.611	0.391	236.53	3.00	33.73	374.06	3.77	52.90	99.00	1.94	23.44	470.75	2.99
		16		29.267	23.257	0.390	262.53	2.98	37.82	414.16	3.74	58.57	110.89	1.94	25.63	539.80	3.06

续表

角钢号数	尺寸/mm			截面面积/cm^2	理论质量/kg·m^{-1}	外表面积/m^2·m^{-1}	参考数值										z_0/cm
							$x—x$			$x_0—x_0$			$y_0—y_0$			$x_1—x_1$	
	b	d	r				I_x/cm^4	i_x/cm	W_x/cm^3	I_{x0}/cm^4	i_{x0}/cm	W_{x0}/cm^3	I_{y0}/cm^4	i_{y0}/cm	W_{y0}/cm^3	I_{x1}/cm^4	
11	110	7	12	15.196	11.928	0.433	177.16	3.41	22.05	280.94	4.30	36.12	73.38	2.20	17.51	310.64	2.96
		8		17.238	13.532	0.433	199.46	3.40	24.95	316.49	4.28	40.69	82.42	2.19	19.39	355.20	3.01
		10		21.261	16.690	0.432	242.19	3.39	30.60	384.39	4.25	49.42	99.98	2.17	22.91	444.65	3.09
		12		25.200	19.782	0.431	282.55	3.35	36.05	448.17	4.22	57.62	116.93	2.15	26.15	534.60	3.16
		14		29.056	22.809	0.431	320.71	3.32	41.31	508.01	4.18	65.31	133.40	2.14	29.14	625.16	3.24
12.5	125	8	14	19.750	15.504	0.492	297.03	3.88	32.52	470.89	4.88	53.28	123.16	2.50	25.86	521.01	3.37
		10		24.373	19.133	0.491	361.67	3.85	39.97	573.89	4.85	64.93	149.46	2.48	30.62	651.93	3.45
		12		28.912	22.696	0.491	423.16	3.83	41.17	671.44	4.82	75.96	174.88	2.46	35.03	783.42	3.53
		14		33.367	26.193	0.490	481.65	3.80	54.16	763.73	4.78	86.41	199.57	2.45	39.13	915.61	3.61
14	140	10		27.373	21.488	0.551	514.65	4.34	50.58	817.27	5.46	82.56	212.04	2.78	39.20	915.11	3.82
		12		32.512	25.522	0.551	603.68	4.31	59.80	958.79	5.43	96.85	248.57	2.76	45.02	1099.28	3.90
		14		37.567	29.490	0.550	688.81	4.28	68.75	1093.56	5.40	110.47	284.06	2.75	50.45	1284.22	3.98
		16		42.539	33.393	0.549	770.24	4.26	77.46	1221.81	5.36	123.42	318.67	2.74	55.55	1470.07	4.06
16	160	10	16	31.502	24.729	0.630	779.53	4.98	66.70	1237.30	6.27	109.36	321.76	3.20	52.76	1365.33	4.31
		12		37.441	29.391	0.630	916.58	4.95	78.98	1455.68	6.24	128.67	377.49	3.18	60.74	1639.57	4.39
		14		43.296	33.987	0.629	1048.36	4.92	90.95	1665.02	6.20	147.17	431.70	3.16	68.24	1914.68	4.47
		16		49.067	38.518	0.629	1175.08	4.89	102.63	1865.57	6.17	164.89	484.59	3.14	75.31	2190.82	4.55
18	180	12	16	42.241	33.159	0.710	1321.35	5.59	100.82	2100.10	7.05	165.00	542.61	3.58	78.41	2332.80	4.89
		14		48.896	38.383	0.709	1514.48	5.56	116.25	2407.42	7.02	189.14	621.53	3.56	88.38	2723.48	4.97
		16		55.467	43.542	0.709	1700.99	5.54	131.13	2703.37	6.98	212.40	698.60	3.55	97.83	3115.29	5.05
		18		61.955	48.634	0.708	1875.12	5.50	145.64	2988.24	6.94	234.78	762.01	3.51	105.14	3502.43	5.13
20	200	14	18	54.642	42.894	0.788	2103.55	6.20	144.70	3343.26	7.82	236.40	863.83	3.98	111.82	3734.10	5.46
		16		62.013	48.680	0.788	2366.15	6.18	163.65	3760.89	7.79	265.93	971.41	3.96	123.96	4270.39	5.54
		18		69.301	54.401	0.787	2620.64	6.15	182.22	4164.54	7.75	294.48	1076.74	3.94	135.52	4808.13	5.62
		20		76.505	60.056	0.787	2867.30	6.12	200.42	4554.55	7.72	322.06	1180.04	3.93	146.55	5347.51	5.69
		24		90.661	71.168	0.785	3338.25	6.07	236.17	5294.97	7.64	374.41	1381.53	3.90	166.65	6457.16	5.87

注：截面图中的 $r_1=d/3$ 及表中 r 值，用于孔型设计，不作为交货条件。

表Ⅱ-2 热轧不等边角钢（GB/T 706—2016）

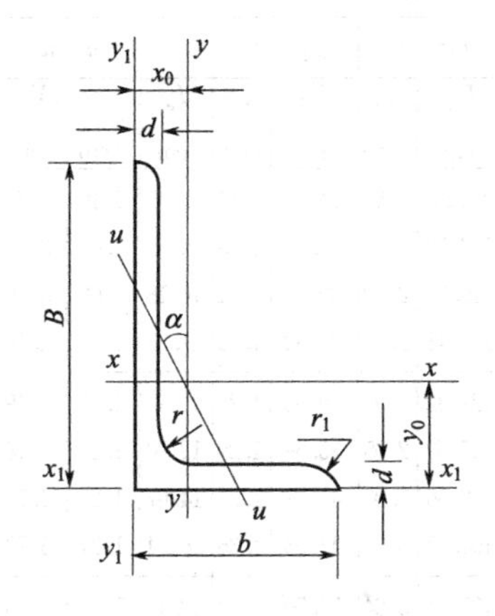

符号意义：B——长边宽度； b——短边宽度；
d——边厚； r——内圆弧半径；
r_1——边端内弧半径； x_0——重心坐标；
y_0——重心坐标； I——惯性矩；
i——惯性半径； W——抗弯截面系数。

角钢号数	尺寸 mm				截面面积 /cm²	理论质量 /kg·m⁻¹	外表面积 /m²·m⁻¹	参考数值													
								$x—x$			$y—y$			$x_1—x_1$		$y_1—y_1$		$u—u$			
	B	b	d	r				I_x /cm⁴	i_x /cm	W_x /cm³	I_y /cm⁴	i_y /cm	W_y /cm³	I_{x1} /cm⁴	y_0 /cm	I_{y1} /cm⁴	x_0 /cm	I_u /cm⁴	i_u /cm	W_u /cm³	tanα
2.5/1.6	25	16	3	3.5	1.162	0.912	0.080	0.70	0.78	0.43	0.22	0.44	0.19	1.56	0.86	0.43	0.42	0.14	0.34	0.16	0.392
			4		1.499	1.176	0.079	0.88	0.77	0.55	0.27	0.43	0.24	2.09	0.90	0.59	0.46	0.17	0.34	0.20	0.381
3.2/2	32	20	3		1.492	1.171	0.102	1.53	1.01	0.72	0.46	0.55	0.30	3.27	1.08	0.82	0.49	0.28	0.43	0.25	0.382
			4		1.939	1.22	0.101	1.93	1.00	0.93	0.57	0.54	0.39	4.37	1.12	1.12	0.53	0.35	0.42	0.32	0.374
4/2.5	40	25	3	4	1.890	1.484	0.127	3.08	1.28	1.15	0.93	0.70	0.49	5.39	1.32	1.59	0.59	0.56	0.54	0.40	0.385
			4		2.467	1.936	0.127	3.93	1.26	1.49	1.18	0.69	0.63	8.53	1.37	2.14	0.63	0.71	0.54	0.52	0.381
4.5/2.8	45	28	3	5	2.149	1.687	0.143	4.45	1.44	1.47	1.34	0.79	0.62	9.10	1.47	2.23	0.64	0.80	0.61	0.51	0.383
			4		2.806	2.203	0.143	5.69	1.42	1.91	1.70	0.78	0.80	12.13	1.51	3.00	0.68	1.02	0.60	0.66	0.380
5/3.2	50	32	3	5.5	2.431	1.908	0.161	6.24	1.60	1.84	2.02	0.91	0.82	12.49	1.60	3.31	0.73	1.20	0.70	0.68	0.404
			4		3.177	2.494	0.160	8.02	1.59	2.39	2.58	0.90	1.06	16.65	1.65	4.45	0.77	1.53	0.69	0.87	0.402
5.6/3.6	56	36	3	6	2.743	2.153	0.181	8.88	1.80	2.32	2.92	1.03	1.05	17.54	1.78	4.70	0.80	1.73	0.79	0.87	0.408
			4		3.590	2.818	0.180	11.45	1.78	3.03	3.76	1.02	1.37	23.39	1.82	6.33	0.85	2.23	0.79	1.13	0.408
			5		4.415	3.466	0.180	13.86	1.77	3.71	4.49	1.01	1.65	29.25	1.87	7.94	0.88	2.67	0.79	1.36	0.404
6.3/4	63	40	4	7	4.058	3.185	0.202	16.49	2.02	3.87	5.23	1.14	1.70	33.30	2.04	8.63	0.92	3.12	0.88	1.40	0.398
			5		4.993	3.920	0.202	20.02	2.00	4.74	6.31	1.12	2.71	41.63	2.08	10.86	0.95	3.76	0.87	1.71	0.396
			6		5.908	4.638	0.201	23.36	1.96	5.59	7.29	1.11	2.43	49.98	2.12	13.12	0.99	4.34	0.86	1.99	0.393
			7		6.802	5.339	0.201	26.53	1.98	6.40	8.24	1.10	2.78	58.07	2.15	15.47	1.03	4.97	0.86	2.29	0.389
7/4.5	70	45	4	7.5	4.547	3.570	0.226	23.17	2.26	4.86	7.55	1.29	2.17	45.92	2.24	12.26	1.02	4.40	0.98	1.77	0.410
			5		5.609	4.403	0.225	27.95	2.23	5.92	9.13	1.28	2.65	57.10	2.28	15.39	1.06	5.40	0.98	2.19	0.407
			6		6.647	5.218	0.225	32.54	2.21	6.95	10.62	1.26	3.12	68.35	2.32	18.58	1.09	6.35	0.93	2.59	0.404
			7		7.657	6.011	0.225	37.22	2.20	8.03	12.01	1.25	3.57	79.99	2.36	21.84	1.13	7.16	0.97	2.94	0.402
(7.5/5)	75	50	5	8	6.125	4.808	0.245	34.86	2.39	6.83	12.61	1.44	3.30	70.00	2.40	21.04	1.17	7.41	1.10	2.74	0.435
			6		7.260	5.699	0.245	41.12	2.38	8.12	14.70	1.42	3.88	84.30	2.44	25.37	1.21	8.54	1.08	3.19	0.435
			8		9.467	7.431	0.244	52.39	2.35	10.52	18.53	1.40	4.99	112.50	2.52	34.23	1.29	10.87	1.07	4.10	0.429
			10		11.590	9.098	0.244	62.71	2.33	12.79	21.96	1.38	6.04	140.80	2.60	43.43	1.36	13.10	1.06	4.99	0.423

续表

角钢号数	尺寸mm				截面面积 /cm²	理论质量 /kg·m⁻¹	外表面积 /m²·m⁻¹	参考数值													
								x—x			y—y			x_1—x_1		y_1—y_1		u—u			
	B	b	d	r				I_x /cm⁴	i_x /cm	W_x /cm³	I_y /cm⁴	i_y /cm	W_y /cm³	I_{x1} /cm⁴	y_0 /cm	I_{y1} /cm⁴	x_0 /cm	I_u /cm⁴	i_u /cm	W_u /cm³	tanα
8/5	80	50	5	8	6.375	5.005	0.255	41.96	2.56	7.78	12.82	1.42	3.32	85.21	2.60	21.06	1.14	7.66	1.10	2.74	0.388
			6		7.560	5.935	0.255	49.49	2.56	9.25	14.95	1.41	3.91	102.53	2.65	25.41	1.18	8.85	1.08	3.20	0.387
			7		8.724	6.848	0.255	56.16	2.54	10.58	16.96	1.39	4.48	119.33	2.69	29.82	1.21	10.18	1.08	3.70	0.384
			8		9.867	7.745	0.254	62.83	2.52	11.92	18.85	1.38	5.03	136.41	2.73	34.32	1.25	11.38	1.07	4.16	0.381
9/5.6	90	56	5	9	7.212	5.661	0.287	60.45	2.90	9.92	18.32	1.59	4.21	121.32	2.91	29.53	1.25	10.98	1.23	3.49	0.385
			6		8.557	6.717	0.286	71.03	2.88	11.74	21.42	1.58	4.96	145.59	2.95	35.58	1.29	12.90	1.23	4.18	0.384
			7		9.880	7.756	0.286	81.01	2.86	13.49	24.36	1.57	5.70	169.66	3.00	41.71	1.33	14.67	1.22	4.72	0.382
			8		11.183	8.779	0.286	91.03	2.85	15.27	27.15	1.56	6.41	194.17	3.04	47.93	1.36	16.34	1.21	5.29	0.380
10/6.3	100	63	6	10	9.617	7.550	0.320	99.06	3.21	14.64	30.94	1.79	6.35	199.71	3.24	50.50	1.43	18.42	1.38	5.25	0.394
			7		11.111	8.722	0.320	113.45	3.20	16.88	35.26	1.78	7.29	233.00	3.28	59.14	1.47	21.00	1.38	6.02	0.394
			8		12.584	9.878	0.319	127.37	3.18	19.08	39.39	1.77	8.21	266.32	3.32	67.88	1.50	23.50	1.37	6.78	0.391
			10		15.467	12.142	0.319	153.81	3.15	23.32	47.12	1.74	9.98	333.06	3.40	85.73	1.58	28.33	1.35	8.24	0.387
10/8	100	80	6	10	10.637	8.350	0.354	107.04	3.17	15.19	61.24	2.40	10.16	199.83	2.95	102.68	1.97	31.65	1.72	8.37	0.627
			7		12.301	9.656	0.354	122.73	3.16	17.52	70.08	2.39	11.71	233.20	3.00	119.98	2.01	36.17	1.72	9.60	0.626
			8		13.944	10.946	0.353	137.92	3.14	19.81	78.58	2.37	13.21	266.61	3.04	137.37	2.05	40.58	1.71	10.80	0.625
			10		17.167	13.476	0.353	166.87	3.12	24.24	94.65	2.35	16.12	333.63	3.12	172.48	2.13	49.10	1.69	13.12	0.622
11/7	110	70	6	10	10.637	8.350	0.354	133.37	3.54	17.85	42.92	2.01	7.90	265.78	3.53	69.08	1.57	25.36	1.54	6.53	0.403
			7		12.301	9.656	0.354	153.00	3.53	20.60	49.01	2.00	9.09	310.07	3.57	80.82	1.61	28.95	1.53	7.50	0.402
			8		13.944	10.946	0.353	172.04	3.51	23.30	54.87	1.98	10.25	354.39	3.62	92.70	1.65	32.45	1.53	8.45	0.401
			10		17.167	13.467	0.353	208.39	3.48	28.54	65.88	1.96	12.48	443.13	3.70	116.83	1.72	39.20	1.51	10.29	0.397
12.5/8	125	80	7	11	14.096	11.066	0.403	227.98	4.02	26.86	74.42	2.30	12.01	454.99	4.01	120.32	1.80	43.81	1.76	9.92	0.408
			8		15.989	12.551	0.403	256.77	4.01	30.41	83.49	2.28	13.56	519.99	4.06	137.85	1.84	49.15	1.75	11.18	0.407
			10		19.712	15.474	0.402	312.04	3.98	37.33	100.67	2.26	16.56	650.09	4.14	173.40	1.92	59.45	1.74	13.64	0.404
			12		23.351	18.330	0.402	364.41	3.95	44.01	116.67	2.24	19.43	780.39	4.22	209.67	2.00	69.35	1.72	16.01	0.400
14/9	140	90	8	12	18.038	14.160	0.453	365.64	4.50	38.48	120.69	2.59	17.34	730.53	4.50	195.79	2.04	70.83	1.98	14.31	0.411
			10		22.261	17.475	0.452	445.50	4.47	47.31	146.03	2.56	21.22	913.20	4.58	245.92	2.21	85.82	1.96	17.48	0.409
			12		26.400	20.724	0.451	521.59	4.44	55.87	169.79	2.54	24.95	1096.09	4.66	296.89	2.19	100.21	1.95	20.54	0.406
			14		30.456	23.908	0.451	594.10	4.42	64.18	192.10	2.51	28.54	1279.26	4.74	348.82	2.27	114.13	1.94	23.52	0.403
16/10	160	100	10	13	25.315	19.872	0.512	668.69	5.14	62.13	205.03	2.85	26.56	1362.89	5.24	336.59	2.28	121.74	2.19	21.92	0.390
			12		30.054	23.592	0.511	784.91	5.11	73.49	239.09	2.82	31.28	1635.56	5.32	405.94	2.36	142.33	2.17	25.79	0.388
			14		34.709	27.247	0.510	896.30	5.08	84.56	271.20	2.80	35.83	1908.50	5.40	476.42	2.43	162.23	2.16	29.56	0.385
			16		39.281	30.835	0.510	1003.04	5.05	95.33	301.60	2.77	40.24	2181.79	5.48	548.22	2.51	182.57	2.16	33.44	0.382
18/11	180	110	10	14	28.373	22.273	0.571	956.25	5.80	78.96	278.11	3.13	32.49	1940.40	5.89	447.22	2.44	166.50	2.42	26.88	0.376
			12		33.712	26.464	0.571	1124.72	5.78	93.53	325.03	3.10	38.32	2328.35	5.98	538.94	2.52	194.87	2.40	31.66	0.374
			14		38.967	30.589	0.570	1286.91	5.75	107.76	369.55	3.08	43.97	2716.60	6.06	631.95	2.59	222.30	2.39	36.32	0.372
			16		44.139	34.649	0.569	1443.06	5.72	121.64	411.85	3.06	49.44	3105.15	6.14	726.46	2.67	248.84	2.38	40.87	0.369
20/12.5	200	125	12		37.912	29.761	0.641	1570.90	6.44	116.73	483.16	3.57	49.99	3193.85	6.54	787.74	2.83	285.79	2.74	41.23	0.392
			14		43.867	34.436	0.640	1800.97	6.41	134.65	550.83	3.54	57.44	3726.17	6.62	922.47	2.91	326.58	2.73	47.34	0.390
			16		49.739	39.045	0.639	2023.35	6.38	152.18	615.44	3.52	64.69	4258.86	6.70	1058.86	2.99	366.21	2.71	53.32	0.388
			18		55.526	43.588	0.639	2238.30	6.35	169.33	677.19	3.49	71.74	4792.00	6.78	1197.13	3.06	404.83	2.70	59.18	0.385

注：1. 括号内型号不推荐使用。

2. 截面图中的 $r_1=d/3$ 及表中 r 值，用于孔型设计，不作为交货条件。

表Ⅱ-3 热轧槽钢（GB/T 706—2016）

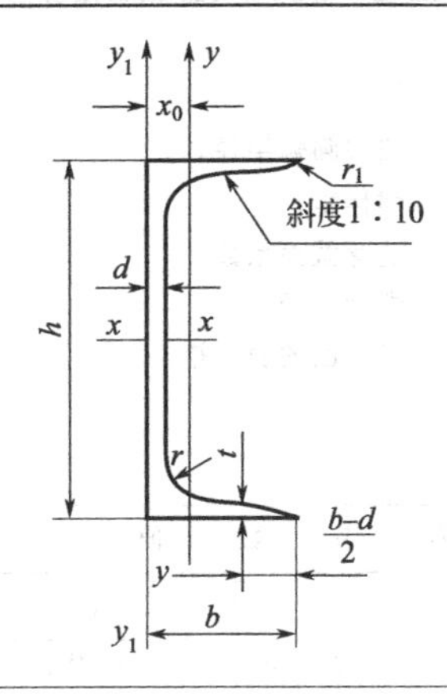

符号意义：h——高度；r_1——腿端圆弧半径；
b——腿宽度；I——惯性矩；
d——腰厚度；W——抗弯截面系数；
t——平均腿厚度；i——惯性半径；
r——内圆弧半径；x_0——y—y 轴与 y_1—y_1 轴间距。

型号	尺寸/mm						截面面积/cm²	理论质量/kg·m^{-1}	参考数值							
									x—x			y—y			y_1—y_1	z_0/cm
	h	b	d	t	r	r_1			W_x/cm³	I_x/cm⁴	i_x/cm	W_y/cm³	I_y/cm⁴	i_y/cm	I_{y1}/cm⁴	
5	50	37	4.5	7	7.0	3.5	6.928	5.438	10.4	26.0	1.94	3.55	8.30	1.10	20.9	1.35
6.3	63	40	4.8	7.5	7.5	3.8	8.451	6.634	16.1	50.8	2.45	4.50	11.9	1.19	28.4	1.36
8	80	43	5.0	8	8.0	4.0	10.248	8.045	25.3	101	3.15	5.79	16.6	1.27	37.4	1.43
10	100	48	5.3	8.5	8.5	4.2	12.748	10.007	39.7	198	3.95	7.8	25.6	1.41	54.9	1.52
12.6	126	53	5.5	9	9.0	4.5	15.692	12.318	62.1	391	4.95	10.2	38.0	1.57	77.1	1.59
14a	140	58	6.0	9.5	9.5	4.8	18.516	14.535	80.5	564	5.52	13.0	53.2	1.70	107	1.71
14b	140	60	8.0	9.5	9.5	4.8	21.316	16.733	87.1	609	5.35	14.1	61.1	1.69	121	1.67
16a	160	63	6.5	10	10.0	5.0	21.962	17.240	108	866	6.28	16.3	73.3	1.83	144	1.80
16	160	65	8.5	10	10.0	5.0	25.162	19.752	117	935	6.10	17.6	83.4	1.82	161	1.75
18a	180	68	7.0	10.5	10.5	5.2	25.699	20.174	141	1270	7.04	20.0	98.6	1.96	190	1.88
18	180	70	9.0	10.5	10.5	5.2	29.299	23.000	152	1370	6.84	21.5	111	1.95	210	1.84
20a	200	73	7.0	11	11.0	5.5	28.837	22.637	178	1780	7.86	24.2	128	2.11	244	2.01
20	200	75	9.0	11	11.0	5.5	32.837	25.777	191	1910	7.64	25.9	144	2.09	268	1.95
22a	220	77	7.0	11.5	11.5	5.8	31.846	24.999	218	2390	8.67	28.2	158	2.23	298	2.10
22	220	79	9.0	11.5	11.5	5.8	36.246	28.453	234	2570	8.42	30.1	176	2.21	326	2.03
a	250	78	7.0	12	12.0	6.0	34.917	27.410	270	3370	9.82	30.6	176	2.24	322	2.07
25b	250	80	9.0	12	12.0	6.0	39.917	31.335	282	3530	9.41	32.7	196	2.22	353	1.98
c	250	82	11.0	12	12.0	6.0	44.917	35.260	295	3690	9.07	35.9	218	2.21	384	1.92
a	280	82	7.5	12.5	12.5	6.2	40.034	31.427	340	4760	10.9	35.7	218	2.33	388	2.10
28b	280	84	9.5	12.5	12.5	6.2	45.634	35.823	366	5130	10.6	37.9	242	2.30	428	2.02
c	280	86	11.5	12.5	12.5	6.2	51.234	40.219	393	5500	10.4	40.3	268	2.29	463	1.95
a	320	88	8.0	14	14.0	7.0	48.513	38.083	475	7600	12.5	46.5	305	2.50	552	2.24
32b	320	90	10.0	14	14.0	7.0	54.913	43.107	509	8140	12.2	59.2	336	2.47	593	2.16
c	320	92	12.0	14	14.0	7.0	61.313	48.131	543	8690	11.9	52.6	374	2.47	643	2.09
a	360	96	9.0	16	16.0	8.0	60.910	47.814	660	11900	14.0	63.5	455	2.73	818	2.44
36b	360	98	11.0	16	16.0	8.0	68.110	53.466	703	12700	13.6	66.9	497	2.70	880	2.37
c	360	100	13.0	16	16.0	8.0	75.310	59.118	746	13400	13.4	70.0	536	2.67	948	2.34
a	400	100	10.5	18	18.0	9.0	75.068	58.928	879	17600	15.3	78.8	592	2.81	1070	2.49
40b	400	102	12.5	18	18.0	9.0	83.068	65.208	932	18600	15.0	82.5	640	2.78	1140	2.44
c	400	104	14.5	18	18.0	9.0	91.068	71.488	986	19700	14.7	86.2	688	2.75	1220	2.42

表Ⅱ-4 热轧工字钢（GB/T 706—2016）

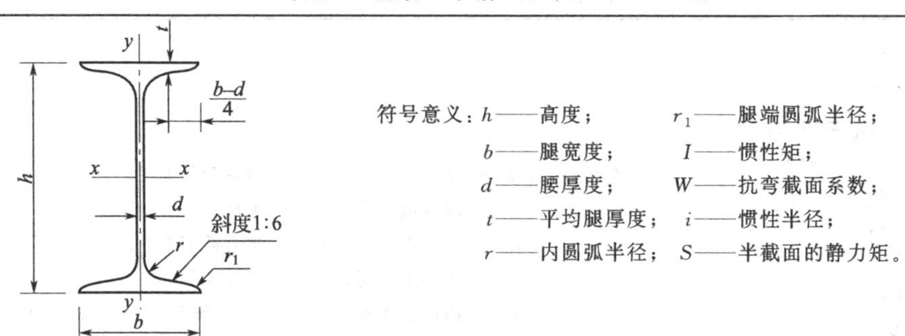

符号意义：h——高度；　r_1——腿端圆弧半径；
b——腿宽度；　I——惯性矩；
d——腰厚度；　W——抗弯截面系数；
t——平均腿厚度；　i——惯性半径；
r——内圆弧半径；　S——半截面的静力矩。

型号	尺寸/mm						截面面积/cm²	理论质量/kg·m⁻¹	参考数值						
									x—x				y—y		
	h	b	d	t	r	r_1			I_x/cm⁴	W_x/cm³	i_x/cm	$I_x:S_x$/cm	I_y/cm⁴	W_y/cm³	i_y/cm
10	100	68	4.5	7.6	6.5	3.3	14.345	11.261	245	49.0	4.14	8.59	33.0	9.72	1.52
12.6	126	74	5.0	8.4	7.0	3.5	18.118	14.223	488	77.5	5.20	10.8	46.9	12.7	1.61
14	140	80	5.5	9.1	7.5	3.8	21.516	16.890	712	102	5.76	12.0	64.4	16.1	1.73
16	160	88	6.0	9.9	8.0	4.0	26.131	20.513	1130	141	6.58	13.8	93.1	21.2	1.89
18	180	94	6.5	10.7	8.5	4.3	30.756	24.143	1660	185	7.36	15.4	122	26.0	2.00
20a	200	100	7.0	11.4	9.0	4.5	35.578	27.929	2370	237	8.15	17.2	158	31.5	2.12
20b	200	102	9.0	11.4	9.0	4.5	39.578	31.069	2500	250	7.96	16.9	169	33.1	2.06
22a	220	110	7.5	12.3	9.5	4.8	42.128	33.070	3400	309	8.99	18.9	225	40.9	2.31
22b	220	112	9.5	12.3	9.5	4.8	46.528	36.524	3570	325	8.78	18.7	239	42.7	2.27
25a	250	116	8.0	13.0	10.0	5.0	48.541	38.105	5020	402	10.2	21.6	280	48.3	2.40
25b	250	118	10.0	13.0	10.0	5.0	53.541	42.030	5280	423	9.94	21.3	309	52.4	2.40
28a	280	122	8.5	13.7	10.5	5.3	55.404	43.492	7110	508	11.3	24.6	345	56.6	2.50
28b	280	124	10.5	13.7	10.5	5.3	61.004	47.888	7480	534	11.1	24.2	379	61.2	2.49
32a	320	130	9.5	15.0	11.5	5.8	67.156	52.717	11100	692	12.8	27.5	460	70.8	2.62
32b	320	132	11.5	15.0	11.5	5.8	73.556	57.741	11600	726	12.6	27.1	502	76.0	2.61
32c	320	134	13.5	15.0	11.5	5.8	79.956	62.765	12200	760	12.3	26.3	544	81.2	2.61
36a	360	136	10.0	15.8	12.0	6.0	76.480	60.037	15800	875	14.4	30.7	552	81.2	2.69
36b	360	138	12.0	15.8	12.0	6.0	83.680	65.689	16500	919	14.1	30.3	582	84.3	2.64
36c	360	140	14.0	15.8	12.0	6.0	90.880	71.341	17300	962	13.8	29.9	612	87.4	2.60
40a	400	142	10.5	16.5	12.5	6.3	86.112	67.598	21700	1090	15.9	34.1	660	93.2	2.77
40b	400	144	12.5	16.5	12.5	6.3	94.112	73.878	22800	1140	16.5	33.6	692	96.2	2.71
40c	400	146	14.5	16.5	12.5	6.3	102.112	80.158	23900	1190	15.2	33.2	727	99.6	2.65
45a	450	150	11.5	18.0	13.5	6.8	102.446	80.420	32200	1430	17.7	38.6	855	114	2.89
45b	450	152	13.5	18.0	13.5	6.8	111.446	87.485	33800	1500	17.4	38.0	894	118	2.84
45c	450	154	15.5	18.0	13.5	6.8	120.446	94.550	35300	1570	17.1	37.6	938	122	2.79
50a	500	158	12.0	20.0	14.0	7.0	119.304	93.654	46500	1860	19.7	42.8	1120	142	3.07
50b	500	160	14.0	20.0	14.0	7.0	129.304	101.504	48600	1940	19.4	42.4	1170	146	3.01
50c	500	162	16.0	20.0	14.0	7.0	139.304	109.354	50600	2080	19.0	41.8	1220	151	2.96
56a	560	166	12.5	21.0	14.5	7.3	135.435	106.316	65600	2340	22.0	47.7	1370	165	3.18
56b	560	168	14.5	21.0	14.5	7.3	146.635	115.108	68500	2450	21.6	47.2	1490	174	3.16
56c	560	170	16.5	21.0	14.5	7.3	157.835	123.900	71400	2550	21.3	46.7	1560	183	3.16
63a	630	176	13.0	22.0	15.0	7.5	154.658	121.407	93900	2980	24.5	54.2	1700	193	3.31
63b	630	178	15.0	22.0	15.0	7.5	167.258	131.298	98100	3160	24.2	53.5	1810	204	3.29
63c	630	180	17.0	22.0	15.0	7.5	179.858	141.189	102000	3300	23.8	52.9	1920	214	3.27

注：截面图和表中标注的圆弧半径 r 和 r_1 值，用于孔型设计，不作为交货条件。

部分习题答案

第二章

2-1 $F_R=5000N$，$\angle(\boldsymbol{F}_R,\boldsymbol{F}_1)=38°28'$

2-2 $G=81.8kN$

2-3 (1) $Q=P\cot\alpha$；(2) $Q=\frac{P}{2}\cot\alpha$

2-4 $F_{CA}=10kN$，$F_{BC}=5kN$

2-5 (a) $F_{AB}=0.577W$(拉力)；$F_{AC}=1.155W$(压力)

(b) $F_{AB}=1.064W$(拉力)；$F_{AC}=0.364W$(压力)

(c) $F_{AB}=0.5W$(拉力)；$F_{AC}=0.866W$(压力)

2-6 $F_{ND}=\frac{1}{2}F\uparrow$，$F_{NA}=\frac{\sqrt{5}}{2}F\swarrow$

2-7 $F_N=W-\sqrt{G_2^2-G_1^2}$

2-8 $F_{NH}=\frac{P}{2\sin^2\alpha}$

2-9 $\tan\alpha=\frac{3\cos^2\theta-2}{3\sin\theta\cos\theta}$

第三章

3-1 $M=-60N\cdot m$

3-2 $115N\cdot m$

3-3 (1) $F_A=F_B=-2.25kN$；(2) $F_A=F_B=3.5kN$

3-4 $F_N=100kN$

3-5 正常工作：$F_A=F_B=325kN$；非正常工作：$F_A=-875kN$，$F_B=1525kN$

3-6 $M_2=0.33N\cdot m$，$F_{AB}=1.67N$

3-7 $F_{NA}=F_{NB}=750N$

3-8 $F_{NA}=F_{NB}=\frac{Wa}{b}$，$F_{NE}=0N$

3-9 $F_A=F_C=50N$，$M_2=100N\cdot m$

第四章

4-1 $M_A=17.075N\cdot m$，$M_B=9.485N\cdot m$，$M_O=6.25N\cdot m$

4-2 $F'_R=466.5N$，$M_O=21.44N\cdot m$，$F_R=466.5N$，$d=45.96mm$

4-3 (1) $F'_O=150N(\leftarrow)$，$M_O=900N\cdot mm(\hookleftarrow)$ (2) $F=150N(\leftarrow)$，$y=-6mm$

4-4 $x\geqslant3.5m$，$P_3\leqslant35kN$

4-5 (a) $F_A=5kN$，$F_B=4kN$ (b) $F_A=1kN$，$M_A=-10kN\cdot m$

(c) $F_A=50kN$，$F_B=40kN$ (d) $F_A=6kN$，$F_B=8kN$

4-6 (a) $F_A=F_B=ql/2\cos\alpha$

(b) $F_{Ax}=ql\sin\alpha$，$F_{Ay}=ql(1+\sin^2\alpha)/2\cos\alpha$，$F_B=ql/2$

(c) $F_A=F_B=ql/2$

4-7 (a) $F_{Ax}=70\text{kN}(\rightarrow)$，$F_{Ay}=45\text{kN}(\uparrow)$，$F_B=-25\text{kN}(\downarrow)$

(b) $F_{Ax}=44\text{kN}(\rightarrow)$，$F_{Ay}=24.5\text{kN}(\uparrow)$，$F_B=-21.5\text{kN}(\downarrow)$

4-8 (a) $F_A=4\text{kN}$，$F_B=6\text{kN}$，$F_C=2\text{kN}$；

(b) $F_A=9\text{kN}$，$M_A=15\text{kN}\cdot\text{m}$，$F_D=9\text{kN}$，$F_E=0$

(c) $F_A=4\text{kN}$，$F_B=8.5\text{kN}$，$F_C=-0.5\text{kN}$；

(d) $F_A=1\text{kN}$，$F_B=4\text{kN}$，$F_E=5\text{kN}$，$M_E=-6\text{kN}\cdot\text{m}$

4-9 $F_A=48.33\text{kN}$，$F_B=100\text{kN}$，$F_D=8.33\text{kN}$

4-10 $F_{Ax}=1200\text{N}$，$F_{Ay}=150\text{N}$，$F_B=1050\text{N}$，$F_{BC}=-1500\text{N}$

4-11 $F_{Ex}=5\text{kN}$，$F_{Ey}=5\sqrt{3}\,\text{kN}$

4-12 $F_{Cx}=0.375\text{kN}$，$F_{Cy}=1.5\text{kN}$，$F_{Ex}=-1.375\text{kN}$，$F_{Ey}=-0.5\text{kN}$

4-13 $F_{CO}=-F$，$F_{GD}=2\sqrt{2}F$，$F_{GF}=0$

4-14 $F_4=21.83\text{kN}$，$F_7=-6.771\text{kN}$，$F_9=10\text{kN}$，$F_{10}=14.39\text{kN}$

4-15 $F_1=-\dfrac{4}{9}F$，$F_2=-\dfrac{2}{3}F$，$F_3=0$

4-16 $F=192\text{N}$

4-17 $\alpha\geqslant\text{arccot}(2f_s)$

4-18 $f_s=2\tan(\theta/2)$

第五章

5-1 $F_{Rx}=-345.4\text{N}$，$F_{Ry}=249.6\text{N}$，$F_{Rz}=10.56\text{N}$

$M_x=-51.78\text{N}\cdot\text{m}$，$M_y=-36.65\text{N}\cdot\text{m}$，$M_z=103.6\text{N}\cdot\text{m}$

5-2 $F_R=20\text{N}$，$x_C=60\text{mm}$，$y_C=32.5\text{mm}$

5-3 $M_x=-43.3\text{N}\cdot\text{m}$，$M_y=-10\text{N}\cdot\text{m}$，$M_z=-7.5\text{N}\cdot\text{m}$

5-4 $M_x=-14.4\text{N}\cdot\text{m}$，$M_y=-8\text{N}\cdot\text{m}$，$M_z=-12.8\text{N}\cdot\text{m}$

5-5 $F_A=F_B=-26.39\text{N}$，$F_C=33.46\text{N}$

5-6 $F_1=F_2=-5\text{kN}$，$F_3=-0.707\text{kN}$，$F_4=F_5=5\text{kN}$，$F_6=-10\text{kN}$

5-7 $F=800\text{N}$，$F_{Ax}=320\text{N}$，$F_{Az}=-480\text{N}$，$F_{Bx}=-1120\text{N}$，$F_{Bz}=-320\text{N}$

5-8 $F=71.0\text{N}$，$F_{Ax}=-68.4\text{N}$，$F_{Ay}=-47.6\text{N}$，$F_{Bx}=-207\text{N}$，$F_{By}=-19.0\text{N}$

5-9 $F_{GB}=F_{HB}=28.3\text{kN}$，$F_{Ax}=0$，$F_{Ay}=20\text{kN}$，$F_{Az}=69\text{kN}$

5-10 $F_1=F$，$F_2=-\sqrt{2}F$，$F_3=F_6=-F$，$F_4=F_5=\sqrt{2}F$

5-11 (a) $x_C=2\text{mm}$，$y_C=27\text{mm}$；(b) $x_C=90\text{mm}$，$y_C=0$；(c) $x_C=0$，$y_C=40.01\text{mm}$

5-12 $x_C=21.72\text{mm}$，$y_C=40.69\text{mm}$，$z_C=-23.62\text{mm}$

第六章

6-1 轨迹方程：$y^2-2y-4x=0$；$v_x=2t-1\text{m/s}$，$v_y=2\text{m/s}$；$a_x=2\text{m/s}^2$，$a_y=0$

6-2 $v_M=v_0\sqrt{1+(\omega t)^2}$；$a_M=v_0\omega\sqrt{4+(\omega t)^2}$

6-3 $v_M=\dfrac{4\pi}{45}\text{m/s}$；$a_M=\dfrac{4\sqrt{3}\pi^2}{385}\text{m/s}^2$

6-4 $y=e\sin\omega t+\sqrt{R^2-e^2\cos^2\omega t}$；$v=e\omega\left[\cos\omega t+\dfrac{e\sin2\omega t}{2\sqrt{R^2-e^2\cos^2\omega t}}\right]$

6-5 $x=20t-\sin20t$，$y=1-\cos20t$；$t=0$ 时，$v=0$，$a=400\text{m/s}^2$(向上)

6-6 $t=0$ 时，$a=10\text{m/s}^2$；$t=1\text{s}$ 时，$a_t=10\text{m/s}^2$，$a_n=106.5\text{m/s}^2$

$t=2\text{s}$ 时，$a_t=10\text{m/s}^2$，$a_n=83.3\text{m/s}^2$；$t=4\text{s}$ 时，动点不在此段轨迹上 $\cos(\boldsymbol{a},\boldsymbol{i})=-\cos2\omega t$

6-7 直角坐标法：$x=R+R\cos2\omega t$，$y=R\sin2\omega t$；$v=2R\omega$，$\cos(\boldsymbol{v},\boldsymbol{i})=-\sin2\omega t$，$\cos(\boldsymbol{v},\boldsymbol{j})=\cos2\omega t$；

$a=4R\omega^2$，$\cos(\boldsymbol{a},\boldsymbol{i})=-\cos2\omega t$，$\cos(\boldsymbol{a},\boldsymbol{j})=-\sin2\omega t$

自然法：$s=2R\omega t$；$v=2R\omega$；$a_t=0$，$a_n=4R\omega^2$

6-8 $a_t=0.04\text{m/s}^2$，$a_n=90\text{m/s}^2$

6-9 $a_t=0$，$a_n=10\text{m/s}^2$；$\rho=250\text{m}$

第七章

7-1 轨迹：圆；$v=314.2\text{mm/s}$；$a=987\text{mm/s}^2$

7-2 $x=0.2\cos 4t\,\text{m}$；$v=-0.4\text{m/s}$；$a=-2.771\text{m/s}^2$

7-3 $t=0$ 时，$v=2\text{m/s}$，$a_t=0$，$a_n=8\text{m/s}^2$；$t=1\text{s}$ 时，$v=-2.5\text{m/s}$，$a_t=-9\text{m/s}^2$，$a_n=12.5\text{m/s}^2$；$t=\dfrac{2}{3}\text{s}$ 时改变转向

7-4 $\omega=80\text{rad/s}$；$\alpha=120\text{rad/s}^2$；$r=0.05\text{m}$

7-5 $\varphi=25t$(单位为 rad)；$a_n=25000\text{m/s}^2$；$v=100\text{m/s}$

7-6 $\omega=\dfrac{v}{2l}$；$a=-\dfrac{v^2}{2l^2}$

7-7 $v=168\text{cm/s}$；$a_{AB}=a_{CD}=0$，$a_{DA}=3300\text{cm/s}^2$，$a_{BC}=1320\text{cm/s}^2$

7-8 $\omega_2=0$；$\alpha_2=-\dfrac{lb\omega^2}{r_2}$

7-9 $\varphi=4\text{rad}$

7-10 (1) $\alpha=\dfrac{50\pi}{d^2}\text{rad/s}^2$；(2) $a=592.2\text{m/s}^2$

第八章

8-1 $y'=A\cos\left(\dfrac{\omega}{v_e}x'+\theta\right)$

8-2 $v_r=3.98\text{m/s}$；$v_B=1.04\text{m/s}$ 时，v_r 与传送带 B 垂直

8-3 $v_a=3.059\text{m/s}$

8-4 (a) $\omega_2=1.5\text{rad/s}$；(b) $\omega_2=2\text{rad/s}$

8-5 $v_a=462\text{mm/s}$；$v_r=231\text{mm/s}$

8-6 $v_r=316.2\text{mm/s}$；$a_r=500\text{mm/s}^2$

8-7 $v_M=0.529\text{m/s}$

8-8 $\omega_{OB}=0.3333\text{rad/s}$；$\alpha_{OB}=-0.06415\text{rad/s}^2$

8-9 $v=0.173\text{m/s}$；$a=0.05\text{m/s}^2$

8-10 $\omega_{EG}=\dfrac{4}{3}\omega$；$\alpha_{EG}=\dfrac{16\sqrt{3}}{9}\omega^2$

8-11 $\boldsymbol{v}_a=-282.7\boldsymbol{i}\,\text{mm/s}$；$\boldsymbol{a}_a=(-62.83\boldsymbol{i}-246.7\boldsymbol{j})\ \text{mm/s}^2$

8-12 $v_{AB}=e\omega$

8-13 $\omega_1=1.54\text{rad/s}$；$\alpha_1=-0.3974\text{rad/s}$

8-14 $v_M=0.173\text{m/s}$，$a_M=0.35\text{m/s}^2$

8-15 $\omega_1=\dfrac{\omega}{2}$，$\alpha_1=\dfrac{\sqrt{3}}{12}\omega^2$

第九章

9-1 $x_C=r\cos\omega_0 t$，$y_C=r\sin\omega_0 t$；$\varphi=\omega_0 t$

9-2 $\omega=\dfrac{v\sin^2\theta}{R\cos\theta}$

9-3 $\omega_{AB}=\sqrt{2}\,\text{rad/s}$；$\omega_{BD}=\dfrac{8}{3}\sqrt{2}\,\text{rad/s}$

9-4 $v_{BC}=2.513\text{m/s}$

9-5 $v_A=1.5\text{m/s}$，$\omega_{AB}=4.33\text{rad/s}$

9-6 $\omega_{ABD}=1.072\text{rad/s}$；$v_D=0.254\text{m/s}$

9-7 $\omega_{OB}=3.75\text{rad/s}$；$\omega_{\mathrm{I}}=6\text{rad/s}$

9-8 $\omega_{OD}=10\sqrt{3}\,\text{rad/s}$；$\omega_{DE}=\frac{10}{3}\sqrt{3}\,\text{rad/s}$

9-9 $v_F=0.462\text{m/s}$；$\omega_{EF}=1.333\text{rad/s}$

9-10 $a_A=\frac{Rv_C^2}{(R-r)r}$，$a_B^{\mathrm{t}}=2a_C^{\mathrm{t}}$，$a_B^{\mathrm{n}}=\frac{R-2r}{(R-r)r}v_C^2$

9-11 $\omega_{AB}=2\text{rad/s}$，$\alpha_{AB}=8\text{rad/s}^2$；$\omega_{O_1B}=4\text{rad/s}$，$\alpha_{O_1B}=16\text{rad/s}^2$

9-12 $v_M=0.098\text{m/s}$；$a_M=0.013\text{m/s}^2$

9-13 $v_C=\frac{3}{2}r\omega_0$；$a_C=\frac{\sqrt{3}}{12}r\omega_0^2$

9-14 $a_{\mathrm{n}}=2r\omega_0^2$，$a_{\mathrm{t}}=r(\sqrt{3}\omega_0^2-2\alpha_0)$

9-15 $\omega=2\text{rad/s}$；$\alpha=2\text{rad/s}^2$

第十章

10-1 $\boldsymbol{F}=-m\omega^2\boldsymbol{r}$

10-2 （1）$F_{\mathrm{N}}=m(g+e\omega^2)$；（2）$\omega_{\max}=\sqrt{\frac{g}{e}}$

10-3 $h=78.4\text{mm}$

10-4 $\frac{x^2}{x_0^2}+\frac{k}{m}\frac{y^2}{v_0^2}=1$

10-5 $F_{\mathrm{N}}=0.06235\text{N}$

10-6 $F_A=\frac{ml}{2a}(a\omega^2+g)$，$F_B=\frac{ml}{2a}(a\omega^2-g)$

10-7 $F=487564\text{N}$

10-8 $F=\frac{\sqrt{3}}{2}mg$

第十一章

11-1 $f=0.17$

11-2 $p=4.263m_3v$

11-3 0.266m

11-4 $\Delta v=0.246\text{m/s}$

11-5 $p=\frac{l\omega}{2}(5m_1+4m_2)$

11-6 $\sqrt{2}mR\omega$

11-7 向右移动 3.77cm

11-8 $J_2=J_1+M\ (b^2-a^2)$

11-9 $J_O=5ml^2$

11-10 $L_O=2mab\omega\cos^3\omega t$

11-11 （1）$p=\frac{R+e}{R}mv_A$；$L_B=[J_A-me^2+m(R+e)^2]\frac{v_A}{R}$

（2）$p=mv_C=m(v_A+\omega e)$；$L_B=mv_A(R+e)+\omega(J_A+mRe)$

11-12 $\omega_2=\frac{4}{3}\omega$

11-13 $t=\dfrac{\omega r_1}{2fg\left(1+\dfrac{m_1}{m_2}\right)}$

11-14 $p=\dfrac{1}{4}ml\omega$，$L_O=\dfrac{7}{48}ml^2\omega$

11-15 $F_A=0.27mg$

11-16 $v=\dfrac{2}{3}\sqrt{3gh}$，$F_T=\dfrac{1}{3}mg$

11-17 (1) $a=\dfrac{4(2m_1g\sin\alpha-m_2g-m_3g)}{8m_1g+7m_2g+2m_3g}g$；(2) $F_T=m_1g\sin\alpha-\left(m_1+\dfrac{m_2}{2}\right)a$

11-18 $\omega_1=\dfrac{2}{3r}\sqrt{\dfrac{\pi(M-M_O)}{3m}}$

11-19 $T=\dfrac{4}{3}mr^2\omega^2$

11-20 $W=110\text{J}$

11-21 $mv^2+\dfrac{3}{2}m_1v^2$

11-22 $v_A=\sqrt{\dfrac{3}{m}\left[M\theta-mgl(1-\cos\theta)\right]}$

11-23 $v=\sqrt{\dfrac{4gh(m_2-2m_1+m_4)}{2m_2+8m_1+4m_3+3m_4}}$

11-24 $\omega=2\sqrt{\dfrac{\pi M-2Fr}{J+mr^2\sin^2\varphi}}$

第十二章

12-1 $\dfrac{1}{4}mg$

12-2 50kg，$a=\dfrac{g}{4}=2.45\text{m/s}^2$

12-3 (1) 133N；(2) 215N；(3) 341N

12-4 $\dfrac{3\sqrt{2}mg}{2(4m+9M)r}$（逆时针）

12-5 $\dfrac{(\rho^2\cos\alpha+Rr)}{\rho^2+R^2}T$

12-6 $a\leqslant\dfrac{b}{h}g$

12-7 $\dfrac{v_0^2}{fg}\left(\dfrac{5}{2}+2f\tan\theta\right)$

12-8 (1) $a=310.4\text{m/s}^2$；(2) $F_B=11.64\text{kN}$

12-9 $F_{CD}=2.43\text{kN}$

第十四章

14-1 略

14-2 $d_2=49.0\text{mm}$

14-3 BD 杆：$\sigma_1=62.0\text{MPa}$

CD 杆：$\sigma_2=-9.75\text{MPa}$

14-4 安全

14-5 (1) 结构满足强度要求；(2) $d=23.5\text{mm}$

14-6 $[F]=40.4\text{kN}$

14-7 $[F_P]=\min(57.6\text{kN}, 60\text{kN})=57.6\text{kN}$

14-8 $\Delta l=-1\times10^{-4}\text{m}$

14-9 $\Delta l=0.075\text{mm}$

14-10 $x=\dfrac{ll_1E_2A_2}{l_1E_2A_2+l_2E_1A_1}$

14-11 图(a)：(2) $\sigma_{AB}=95.5\text{MPa}$，$\sigma_{BC}=113\text{MPa}$；(3) $\Delta l=1.06\text{mm}$；

图(b)：(2) $\sigma_{AB}=44.1\text{MPa}$，$\sigma_{BC}=-18.1\text{MPa}$；(3) $\Delta l=0.0881\text{mm}$

14-12 (1) $x=0.515\text{m}$；(2) $F_{N1}=21.4\text{kN}$，$F_{N2}=F_{N3}=14.3\text{kN}$

第十五章

15-1 $\tau_1=31.4\text{MPa}$，$\tau_2=0$，$\tau_3=47.2\text{MPa}$，$\gamma=0.59\times10^{-3}\text{rad}$

15-2 $\tau_{\max}=163\text{MPa}$

15-3 6.67%

15-4 (1) $\tau_{\max}=35.5\text{MPa}$；(2) $\varphi=0.0113\text{rad}$

15-5 $a=402\text{mm}$

15-6 (1) $d=79\text{mm}$；(2) $d_1=66\text{mm}$，$d_2=79\text{mm}$，$d_3=79\text{mm}$，$d_4=50\text{mm}$

15-7 $T_1=5.23\text{kN}\cdot\text{m}$，$T_2=10.5\text{kN}\cdot\text{m}$

15-8 (1) $\tau_{\max}=80\text{MPa}$；(2) $\theta_{\max}=0.0197\text{rad/m}$

15-9 AE 段：$\tau_{\max}=45.2\text{MPa}$；$\theta_{\max}=0.462\ (^\circ)/\text{m}$

BC 段：$\tau_{\max}=71.3\text{MPa}$；$\theta_{\max}=1.02\ (^\circ)/\text{m}$

故，该轴强度、刚度足够。

15-10 $d\geqslant21.7\text{mm}$，$W=1120\text{N}$

第十六章

16-5 m—m 截面 $\sigma_A=-7.41\text{MPa}$，$\sigma_B=4.94\text{MPa}$，$\sigma_C=0$，$\sigma_D=7.41\text{MPa}$

n—n 截面 $\sigma_A=9.26\text{MPa}$，$\sigma_B=-6.18\text{MPa}$，$\sigma_C=0$，$\sigma_D=-9.26\text{MPa}$

16-6 (1) 21%；(2) 腹板约 15.9%；翼缘约 84.1%

16-7 (a) $\sigma_{\max}=\dfrac{3}{4}\dfrac{ql^2}{a^3}$；(b) $\sigma_{\max}=\dfrac{3}{2}\dfrac{ql^2}{a^3}$；(c) $\sigma_{\max}=\dfrac{3}{4}\dfrac{ql^2}{a^3}$

16-8 $F=85.8\text{kN}$

16-9 $\tau_{a-a}=0$，$\tau_{b-b}=1.75\text{MPa}$

16-10 $F=13.1\text{kN}$

16-11 $\sigma_{t,\max}=28.8\text{MPa}$，$\sigma_{c,\max}=46.1\text{MPa}$

16-12 $d=266\text{mm}$

16-13 安全

16-14 $F=3.75\text{kN}$

16-15 $\sigma_{t\max}=26.2\text{MPa}<[\sigma_t]$，$\sigma_{c\max}=52.4\text{MPa}<[\sigma_c]$，安全

第十七章

17-2 (a) $\omega=-\dfrac{q_0l^4}{30EI}$，$\theta=-\dfrac{q_0l^3}{24EI}$

(b) $\omega=-\dfrac{7Fa^3}{2EI}$，$\theta=\dfrac{5Fa^2}{2EI}$

(c) $\omega=-\dfrac{41ql^4}{384EI}$，$\theta=-\dfrac{7ql^3}{48EI}$

(d) $\omega=-\dfrac{71ql^4}{384EI}$，$\theta=-\dfrac{13ql^3}{48EI}$

17-3 (a) $\theta_A=-\dfrac{M_e l}{6EI}$，$\theta_B=\dfrac{M_e l}{3EI}$，$\omega_{\frac{l}{2}}=-\dfrac{M_e l^2}{16EI}$，$\omega_{max}=-\dfrac{M_e l^2}{9\sqrt{3}EI}$

(b) $\theta_A=-\theta_B=-\dfrac{11qa^3}{6EI}$，$\omega_{\frac{l}{2}=2a}=\omega_{max}=-\dfrac{19qa^4}{8EI}$

(c) $\theta_A=-\dfrac{7q_0 l^3}{360EI}$，$\theta_B=\dfrac{q_0 l^3}{45EI}$，$\omega_{\frac{l}{2}}=-\dfrac{5q_0 l^4}{768EI}$，$\omega_{max}=-\dfrac{5.01q_0 l^4}{768EI}$

(d) $\theta_A=-\dfrac{3ql^3}{128EI}$，$\theta_B=\dfrac{7ql^3}{384EI}$，$\omega_{\frac{l}{2}}=-\dfrac{5ql^4}{768EI}$，$\omega_{max}=-\dfrac{5.04q_0 l^4}{768EI}$

17-4 (a) $\theta_B=-\dfrac{Fa^2}{2EI}$，$\omega_B=-\dfrac{Fa^2}{6EI}(3l-a)$

(b) $\theta_B=-\dfrac{M_e a}{EI}$，$\omega_B=-\dfrac{M_e a}{EI}\left(l-\dfrac{a}{2}\right)$

17-5 (a) $|\theta|_{max}=\dfrac{5Fl^2}{16EI}$，$|\omega|_{max}=\dfrac{3Fl^3}{16EI}$

(b) $|\theta|_{max}=\dfrac{5Fl^2}{128EI}$，$|\omega|_{max}=\dfrac{3Fl^3}{256EI}$

17-6 (a) $\omega_A=-\dfrac{Fl^3}{6EI}$，$\theta_B=-\dfrac{9Fl^2}{8EI}$

(b) $\omega_A=-\dfrac{Fa}{6EI}(3b^2+6ab+2a^2)$，$\theta_B=\dfrac{Fa(2b+a)}{2EI}$

(c) $\omega_A=-\dfrac{5ql^4}{768EI}$，$\theta_B=-\dfrac{ql^3}{384EI}$

(d) $\omega_A=\dfrac{ql^4}{16EI}$，$\theta_B=\dfrac{ql^3}{12EI}$

17-7 (a) $\omega=\dfrac{Fa}{48EI}(3l^2-16al-16a^2)$，$\theta=\dfrac{F}{48EI}(24a^2+16al-3l^2)$

(b) $\omega=\dfrac{qal^2}{24EI}(5l+6a)$，$\theta=-\dfrac{ql^2}{24EI}(5l+12a)$

(c) $\omega=-\dfrac{5qa^4}{24EI}$，$\theta=-\dfrac{qa^3}{4EI}$

(d) $\omega=-\dfrac{qa}{24EI}(3a^3+4a^2l-l^3)$，$\theta=-\dfrac{q}{24EI}(4a^3+4a^2l-l^3)$

17-8 $\omega=-\dfrac{F}{3E}\left(\dfrac{l_1^3}{I_1}+\dfrac{l_2^3}{I_2}\right)-\dfrac{Fl_1 l_2}{EI_2}(l_1+l_2)$，$\theta=-\dfrac{Fl_1^2}{2EI_1}-\dfrac{Fl_2}{EI_2}\left(\dfrac{l_2}{2}+l_1\right)$

17-9 $\omega=12.1\text{mm}<[\omega]$，安全

17-10 $|F_s|_{max}=0.625ql$，$|M|_{max}=0.125ql^2$

17-11 (1) $F_{N1}=\dfrac{F}{5}$，$F_{N2}=\dfrac{2}{5}F$

(2) $F_{N1}=\dfrac{(3lI+2a^3A)}{15lI+2a^3A}F$，$F_{N2}=\dfrac{6lI}{15lI+2a^3A}F$

17-12 梁内最大正应力 $\sigma_{max}=156\text{MPa}$；拉杆的正应力 $\sigma_{max}=185\text{MPa}$

17-13 $F_1=\dfrac{I_1 l_2^3}{I_2 l_1^3+I_1 l_2^3}F$，$F_2=\dfrac{I_2 l_1^3}{I_2 l_1^3+I_1 l_2^3}F$

17-14 $\omega_D=5.06\text{mm}$(向下)

第十八章

18-3 (a) $\alpha=30°$，$\sigma_\alpha=35\text{MPa}$，$\tau_\alpha=60.6\text{MPa}$

(b) $\alpha=45°$，$\sigma_\alpha=-20\text{MPa}$，$\tau_\alpha=0\text{MPa}$

(c) $\alpha=30°$，$\sigma_\alpha=52.3\text{MPa}$，$\tau_\alpha=-18.7\text{MPa}$

(d) $\alpha=45°$，$\sigma_\alpha=-10\text{MPa}$，$\tau_\alpha=-30\text{MPa}$

18-5 (1) $\sigma_\alpha=2.13\text{MPa}$，$\tau_\alpha=24.3\text{MPa}$

(2) $\sigma_1=84.9\text{MPa}$，$\sigma_3=-5\text{MPa}$，$\alpha_0=13°16'$

18-6 1点：$\sigma_1=\sigma_2=0$，$\sigma_3=-120\text{MPa}$

2点：$\sigma_1=36\text{MPa}$，$\sigma_2=0$，$\sigma_3=-36\text{MPa}$

3点：$\sigma_1=70.3\text{MPa}$，$\sigma_2=0$，$\sigma_3=-10.3\text{MPa}$

4点：$\sigma_1=120\text{MPa}$，$\sigma_2=\sigma_3=0$

18-7 $\sigma_A=19.9\text{MPa}$，$\tau_A=4.99\text{MPa}$

18-8 $\sigma_1=120\text{MPa}$，$\sigma_2=20\text{MPa}$，$\sigma_3=0$，$\alpha_0=30°$

18-9 $\sigma_{r3}=900\text{MPa}$，$\sigma_{r4}=842\text{MPa}$

18-10 $\sigma_{r2}=26.8\text{MPa}<[\sigma_t]$，安全

第十九章

19-1 $\sigma_{\max}=79.1\text{MPa}$

19-2 $\sigma_{\max}=121\text{MPa}$，超过许用应力0.75%，故仍可使用

19-3 $\sigma_{t,\max}=26.9\text{MPa}<[\sigma_t]$，$\sigma_{c,\max}=32.3\text{MPa}<[\sigma_c]$，安全

19-4 $\sigma_A=8.83\text{MPa}$，$\sigma_B=3.83\text{MPa}$，$\sigma_C=-12.2\text{MPa}$，$\sigma_D=-7.17\text{MPa}$

中性轴的截距 $a_y=15.6\text{mm}$，$a_z=33.4\text{mm}$

19-5 $d=122\text{mm}$

19-7 $P=788\text{N}$

19-8 $\sigma_{r3}=58.3\text{MPa}<[\sigma]$，安全

19-9 $\sigma_{r4}=54.4\text{MPa}<[\sigma]$，安全

19-10 忽略带轮重量，$d\geqslant48\text{mm}$；考虑带轮重量，$d\geqslant49.3\text{mm}$

19-11 $\sigma_{r3}=84.2\text{MPa}<[\sigma]$，安全

19-13 $\tau=70.7\text{MPa}>[\tau]$，销钉强度不够，应改用 $d\geqslant32.6\text{mm}$ 的销钉

19-14 $d\geqslant50\text{mm}$，$b\geqslant100\text{mm}$

19-15 $F\geqslant771\text{kN}$

19-16 $\tau=0.952\text{MPa}$，$\sigma_{bs}=7.41\text{MPa}$

第二十章

20-1 $n=3.57$，安全

20-2 $n=4.33>n_{st}$，安全

20-3 $F_{cr}=400\text{kN}$，$\sigma_{cr}=665\text{MPa}$

20-4 1杆：$F_{cr}=2540\text{kN}$；2杆：$F_{cr}=4710\text{kN}$；3杆：$F_{cr}=4820\text{kN}$

20-5 $n=3.27$

20-6 $\sigma_{cr}=7.41\text{MPa}$

20-7 $n=6.5>n_{st}$，安全

20-8 $d=97\text{mm}$

20-9 $[F]=15.5\text{kN}$

附录Ⅰ

Ⅰ-1 (a) $S_y=0.32bh^2$；(b) $S_y=t^2\left(t+\dfrac{3}{2}b\right)$；(c) $S_y=\dfrac{B(H^2-h^2)}{8}+\dfrac{bh^2}{8}$

Ⅰ-2 $S_y=\dfrac{4}{15}bh^2$，$S_z=\dfrac{1}{4}bh^2$，$y_C=\dfrac{3}{8}b$，$z_C=\dfrac{2}{5}h$

Ⅰ-3 (a) $y_C=0$，$z_C=\dfrac{h(2a+b)}{3(a+b)}$

(b) $y_C=0$，$z_C=261\text{mm}$

(c) $y_C=0$，$z_C=141\text{mm}$

(d) $y_C=z_C=\frac{5}{6}a$

(e) $y_C=0$，$z_C=\frac{d^2e}{D^2-d^2}$

(f) $y_C=0.627\text{m}$，$z_C=0$

Ⅰ-4 (a) $I_y=I_z=5.58\times10^4\text{mm}^4$，$I_{yz}=7.75\times10^4\text{mm}^4$

(b) $I_y=I_z=\frac{\pi R^4}{16}$，$I_{yz}=\frac{R^4}{8}$

(c) $I_y=\frac{1}{3}bh^3$，$I_z=\frac{1}{3}hb^3$，$I_{yz}=-\frac{b^2h^2}{3}$

(d) $I_y=\frac{1}{12}bh^3$，$I_z=\frac{1}{12}bh\ (3b^2-3bc+c^2)$，$I_{yz}=\frac{1}{24}bh^2(3b-2c)$

Ⅰ-5 29%，95%

Ⅰ-6 $z_C=154\text{mm}$，$I_{y_C}=5832\times10^4\text{mm}^4$

Ⅰ-7 (a) $I_{y_C}=I_{z_C}=1630\times10^4\text{mm}^4$

(b) $I_{y_C}=I_{z_C}=5358\times10^4\text{mm}^4$

Ⅰ-8 $I_y=\frac{\pi d^4}{64}-\frac{1}{4}tb(d-t)^2$

Ⅰ-9 $\alpha_0=-13.5°$，$I_{y_0}=76.1\times10^4\text{mm}^4$，$I_{z_0}=19.9\times10^4\text{mm}^4$

Ⅰ-10 $\alpha_0=20.4°$，$I_{y_0}=7039\times10^4\text{mm}^4$，$I_{z_0}=5390\times10^4\text{mm}^4$

参考文献

[1] 哈尔滨工业大学理论力学教研室. 理论力学Ⅰ、Ⅱ [M]. 第六版. 北京：高等教育出版社，2002.
[2] 郭应征，周知红. 理论力学 [M]. 北京：清华大学出版社，2005.
[3] 孙训芳，方孝淑，关来泰. 材料力学 [M]. 第四版. 北京：高等教育出版社，2002.
[4] 范钦珊，蔡新. 材料力学 [M]. 北京：清华大学出版社，2006.
[5] 邹昭文，程光均，张祥东. 理论力学（建筑力学第一分册）[M]. 第四版. 北京：高等教育出版社，2006.
[6] 干光瑜，秦惠民. 材料力学（建筑力学第二分册）[M]. 第四版. 北京：高等教育出版社，2006.
[7] 胡运康，景春荣. 理论力学 [M]. 北京：高等教育出版社，2006.
[8] 顾晓勤，刘申全. 工程力学Ⅰ、Ⅱ [M]. 北京：机械工业出版社，2006.
[9] 刘鸿文. 材料力学 [M]. 北京：高等教育出版社，1992.